3회독 플래너

SMART
스스로 마스터하는 트렌디한 수험서

실내건축기능사 필기

KB144462

" 수험생 여러분을 성안당이 응원합니다! "

30일 완성! 15일 완성! 10일 완성!

" 수험생 여러분을 성안당이 응원합니다! "

Craftsman Interior Architecture

저자 블로그(http://blog.naver.com/hdh1470)를 통한 실시간 질의응답

실내건축 기능사

필기

황두환 지음

" 이 책을 선택한 당신, 당신은 이미 위너입니다! "

BM (주)도서출판 **성안당**

■ 도서 A/S 안내

성안당에서 발행하는 모든 도서는 저자와 출판사, 그리고 독자가 함께 만들어 나갑니다.

좋은 책을 펴내기 위해 많은 노력을 기울이고 있습니다. 혹시라도 내용상의 오류나 오탈자 등이 발견되면 "좋은 책은 나라의 보배"로서 우리 모두가 함께 만들어 간다는 마음으로 연락주시기 바랍니다. 수정 보완하여 더 나은 책이 되도록 최선을 다하겠습니다.

성안당은 늘 독자 여러분들의 소중한 의견을 기다리고 있습니다. 좋은 의견을 보내주시는 분께는 성안당 쇼핑몰의 포인트(3,000포인트)를 적립해 드립니다.

잘못 만들어진 책이나 부록 등이 파손된 경우에는 교환해 드립니다.

저자 문의 e-mail : hdh1470@naver.com(황두환)

본서 기획자 e-mail : coh@cyber.co.kr(최옥현)

홈페이지 : http://www.cyber.co.kr   전화 : 031) 950-6300

머리말 Preface

　독자 여러분과 마찬가지로 필자도 건축을 공부하면서 자격증 취득과정을 거쳤습니다. 1998년 건축제도기능사를 시작으로 조적기능사, 도장기능사, 건축산업기사, 실내건축기사 등 많은 자격을 취득하였습니다. 이렇게 자격을 취득하고 해당 교과를 강의하면서 건축이론 및 필기시험을 공부하는 학생들이 건축분야의 전문용어 및 구조적인 부분을 이해하기가 쉽지 않다는 것을 느꼈습니다.

　필기시험 관련 교재의 대부분이 내용을 이해하는 데 설명이 충분하지 않고 이론 위주로 서술되어 있어서 내용을 이해하기보다는 암기를 유도하는 방식으로 구성되어 있습니다. 건축을 처음 접하거나 실무 경험이 전혀 없는 학생들은 전문적인 내용을 이해하기가 쉽지 않아서 다른 전문서적이나 인터넷 검색을 통해 내용을 찾아보는 경우가 많습니다. 이에 필자는 건축 전공자나 실무자가 아니더라도 쉽게 이해할 수 있도록 용어의 해설과 충분한 그림을 통해 이해도를 높이고, 필기시험을 준비하면서 문제와 정답만 암기하는 것이 아니라 건축의 전문적인 내용을 학습할 수 있는 효과적인 교재의 필요성을 통감하고 이 교재를 집필하게 되었습니다.

　기능사 시험은 필기부터 실기까지 많은 시간과 노력, 비용을 들여 자격시험에 응시합니다. 본 교재가 수험생의 자격취득과 목표달성에 조금이나마 힘이 되고, 강사님들에게는 지식을 전달하는 데 효과적인 참고자료가 될 수 있기를 희망합니다.

　끝으로 필자의 의견을 적극 검토해주시고 출판할 수 있도록 이끌어주신 성안당출판사 임직원 여러분께 감사드립니다. 아울러 본서의 교정과 내용을 검토해 주신 이일곤 강사님과 부족한 필자를 늘 곁에서 응원하고 힘이 되어준 영이, 재인, 지현에게 감사의 말을 전합니다.

저자 황두환

차례

Contents

Contents

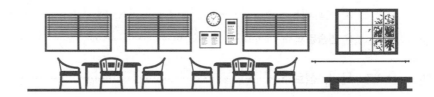

PART **04** 실내건축제도

PART 0

실내건축기능사 개요

실내건축기능사는 건축 및 인테리어 전반에 대한 지식을 바탕으로 실내공간을
기능적이고 합리적인 디자인과 시공 등의 업무를 수행할 인력양성을 목적으로
1997년에 신설되었다.

자격시험의 응시

실내건축기능사는 학력 등 응시자격에 대한 제한이 없으므로 누구나 응시하여 취득할 수 있다.

SECTION 1 자격검정 홈페이지 '큐넷'

한국산업인력공단에서 운영하는 큐넷은 국가기술자격의 정보제공은 물론 접수, 시행, 관리 등 다양한 업무를 지원한다.

http://www.q-net.or.kr

큐넷 홈페이지에서 회원가입을 시작으로 필기시험과 실기시험으로 나누어 응시하게 된다.

(1) 큐넷의 회원가입

개인정보와 사진을 등록한다(무료).

(2) 필기시험 접수

접수기간 시작일에 접수해야 거주지와 가까운 곳에서 응시할 수 있으며, 접수 마감일에 임박하여 접수할 경우 시 외곽이나 타 지역에서 응시할 수도 있다.

(3) 필기시험 응시

- 시험시간 : 60분(CBT – 컴퓨터 기반 시험)
- 합격기준 : 60문제 중 36문제 이상 맞으면 합격(4지선다형)

(4) 필기시험 합격

필기시험에 합격하면 2년간 실기시험에 응시할 수 있다.

(5) 실기시험 접수

필기시험과는 다르게 수도권 이외 지역은 시험장이 많지 않아 되도록 빠른 시일 내에 접수해야 시험장 선택에 문제가 없다.

(6) 실기시험 응시

시험장에 따라 자신이 연습한 제도기와 차이가 있을 수 있으므로 응시 전 시험장에 연락하여 사용하게 될 제도기에 대해 필히 확인하고 안내를 받아 준비하는 것이 좋다.
- 시험시간 : 5시간 정도(문제 유형에 따라 다를 수 있음.)
- 합격기준 : 제시된 공간의 평면도, 천장도, 입면도, 투시도를 완성한 후 제출하여 60점 이상
* 도면작성은 제도기와 샤프펜, 채색도구를 사용하여 수작업으로 한다(2019년 현재).

(7) 실기시험 합격

문자 메시지로 통보하며 발표일에 홈페이지 "큐넷"에서 확인할 수 있다.

(8) 자격증 발급

수수료를 지급하고 발급을 신청하면 회원가입 시 등록한 사진으로 자격증이 발급된다.

실내건축기능사 2024년 시험일정

2025년 국가기술자격시험 시행 공고는 큐넷(http://www.q-net.or.kr)에서 확인할 수 있다.

(1) 원서 접수방법

인터넷 접수만 가능하다(http://www.q-net.or.kr).

(2) 원서 접수시간

원서접수 첫날 10:00부터 원서접수 마지막 날 18:00까지이다.

- 검정형 자격 시험일정

구분	필기시험			실기시험		
	원서접수 (휴일 제외)	시험시행	합격(예정)자 발표	원서접수 (휴일 제외)	시험시행	합격자 발표
제1회	1. 2.(화)~ 1. 5.(금)	1. 21.(일)~ 1. 24.(수)	1. 31.(수)	2. 5.(월)~ 2. 8.(목)	3. 16.(토)~ 3. 29.(금)	1차: 4. 9.(화) 2차: 4. 17.(수)
제2회	3. 12.(화)~ 3. 15.(금)	3. 31.(일)~ 4. 4.(목)	4. 17.(수)	4. 23.(화)~ 4. 26.(금)	6. 1.(토)~ 6. 16.(일)	1차: 6. 26.(수) 2차: 7. 3.(수)
✕	산업수요 맞춤형 고등학교 및 특성화고 등 필기시험 면제자 검정 (일반 필기시험 면제자 응시 불가)			5. 21.(화)~ 5. 26.(금)	6. 16.(일)~ 6. 21.(금)	1차: 7. 3.(수) 2차: 7. 10.(수)
제3회	5. 28.(화)~ 5. 31.(금)	6. 16.(일)~ 6. 20.(목)	6. 26.(수)	7. 16.(화)~ 7. 19.(금)	8. 17.(토)~ 9. 3.(화)	1차: 9. 11.(수) 2차: 9. 25.(수)
제4회	8. 20.(화)~ 8. 23.(금)	9. 8.(일)~ 9. 12.(목)	9. 25.(수)	9. 30.(월)~ 10. 4.(금)	11. 9.(토)~ 11. 24.(일)	1차: 12. 4.(수) 2차: 12. 11.(수)

시험정보

SECTION 1 **필기시험 출제기준(한국산업인력공단 '큐넷' 공지)**

직무 분야	건설	중직무 분야	건축	자격 종목	실내건축기능사	적용 기간	2025. 1. 1.~ 2027. 12. 31.

○ **직무내용** : 기능적, 미적 요소를 고려하여 건축 실내공간을 계획하고, 기본 설계도서를 작성하며, 완료된 설계도서에 따라 시공 등의 현장업무를 수행하는 직무이다.

필기검정방법	객관식	문제 수	60	시험시간	1시간

필기과목명	문제 수	주요 항목	세부항목	세세항목
실내디자인, 실내환경, 실내건축재료, 건축일반	60	1. 실내디자인의 이해	(1) 실내디자인 일반	① 실내디자인의 개념 ② 실내디자인의 분류 및 특성
			(2) 디자인 요소	① 점, 선 ② 면, 형 ③ 균형 ④ 리듬 ⑤ 강조 ⑥ 조화와 통일
			(3) 실내디자인의 요소	① 바닥, 천장, 벽 ② 기둥, 보 ③ 개구부, 통로 ④ 조명 ⑤ 가구
			(4) 실내계획	① 주거공간 ② 상업공간
		2. 실내환경	(1) 열 및 습기환경	① 건물과열, 습기, 실내환경 ② 복사 및 습기와 결로
			(2) 공기환경	① 실내공기의 오염 및 환기
			(3) 빛환경	① 빛환경
			(4) 음환경	① 음의 기초 및 실내음향

필기과목명	문제 수	주요 항목	세부항목	세세항목
		3. 실내건축재료	(1) 건축재료의 개요	① 재료의 발달 및 분류 ② 구조별 사용재료의 특성
			(2) 각종 재료의 특성, 용도, 규격에 관한 지식	① 목재의 분류 및 성질 ② 목재의 이용 ③ 석재의 분류 및 성질 ④ 석재의 이용 ⑤ 시멘트의 분류 및 성질 ⑥ 콘크리트 골재 및 혼화재료 ⑦ 콘크리트의 성질 ⑧ 콘크리트의 이용 ⑨ 점토의 성질 ⑩ 점토의 이용 ⑪ 금속재료의 분류 및 성질 ⑫ 금속재료의 이용 ⑬ 유리의 성질 및 이용 ⑭ 미장재료의 성질 및 이용 ⑮ 합성수지의 분류 및 성질 ⑯ 합성수지의 이용 ⑰ 도장재료의 성질 및 이용 ⑱ 방수재료의 성질 및 이용 ⑲ 기타 수장재료의 성질 및 이용
		4. 실내건축제도	(1) 건축제도 용구 및 재료	① 건축제도 용구 ② 건축제도 재료
			(2) 각종 제도 규약	① 건축제도통칙(일반사항 – 도면의 크기, 척도, 표제란 등) ② 건축제도통칙(선, 글자, 치수) ③ 도면의 표시방법
			(3) 건축물의 묘사와 표현	① 건축물의 묘사 ② 건축물의 표현
			(4) 건축설계도면	① 설계도면의 종류 ② 설계도면의 작도법 ③ 도면의 구성요소
		5. 일반구조	(1) 건축구조의 일반사항	① 목구조 ② 조적구조 ③ 철근콘크리트구조 ④ 철골구조 ⑤ 조립식 구조 ⑥ 기타 구조

필기시험 과목별 출제비중

세분화된 과목을 간단히 정리하면 크게 실내디자인론, 실내환경, 실내건축재료, 실내건축제도, 일반구조의 5개 과목으로 나눌 수 있다. 총 60문제 중 출제비중이 높은 과목은 실내건축재료, 실내디자인론, 일반구조이며 실내환경, 실내건축제도 과목의 출제비중은 낮다.

[과목별 출제비중]

필기시험 과목별 출제문제 유형

(1) 실내디자인론 – 15문제 내외

> 실내공간을 구성하는 가구의 형태는 무엇을 기준으로 하여 디자인하여야 하는가?
> ① 인체치수　　　　　　　　　　　② 실내공간의 크기
> ③ 가족의 구성 수　　　　　　　　　④ 건물의 형태　　　　　답 ①

(2) 실내환경 – 5문제 내외

> 다음 실내공기의 오염원인 중 간접적인 원인에 속하지 않는 것은?
> ① 의복의 먼지　　　　　　　　　　② 냉 · 난방기 및 기계류
> ③ 흡연　　　　　　　　　　　　　④ 기온의 상승　　　　　답 ④

(3) 실내건축재료 – 20문제 내외

건축재료를 사용목적에 의해 분류할 때 구조재료에 속하는 것은?
① 유리　　　　　　　　　　　② 모래
③ 금속판　　　　　　　　　　④ 목재　　　　　　　　답 ④

(4) 실내건축제도 – 5문제 내외

실제 길이 16m는 축척 1/200의 도면에서 얼마의 길이로 표시되는가?
① 32mm　　　　　　　　　　② 40mm
③ 80mm　　　　　　　　　　④ 160mm　　　　　　답 ③

(5) 일반구조 – 15문제 내외

철근콘크리트구조의 특성으로 옳지 않은 것은?
① 부재의 크기와 형상을 자유자재로 제작할 수 있다.
② 내화성이 우수하다.
③ 작업방법, 기후 등에 영향을 받지 않으므로 균질한 시공이 가능하다.
④ 철골조에 비해 내식성이 뛰어나다.　　　　　　　　답 ③

직무 분야	건설	중직무 분야	건축	자격 종목	실내건축기능사	적용 기간	2025. 1. 1.~ 2027. 12. 31.

○ 직무내용 : 기능적, 미적 요소를 고려하여 건축 실내공간을 계획하고, 기본 설계도서를 작성하며, 완료된 설계도서에 따라 시공 등의 현장업무를 수행하는 직무이다.

○ 수행준거 : 1. 계획설계도면, 실시설계도면 등을 작도할 수 있다.
　　　　　　 2. 실내투시도 및 투상도를 작도할 수 있다.

실기검정방법	작업형	시험시간	5시간 정도

실기과목명	주요 항목	세부항목	세세항목
실내건축작업	1. 실내디자인 계획	(1) 공간계획하기	① 실내디자인 기획 단계의 내용을 토대로 통합적이고 구체적인 실내공간을 계획할 수 있다. ② 실내디자인 기획 단계의 내용을 토대로 마감재, 색채, 조명, 가구, 장비, 에너지 절약, 친환경 계획을 적용할 수 있다. ③ 실내디자인 공간 계획에 따른 기본 설계 도면을 작성할 수 있다. ④ 실내디자인 공간 계획에 따른 개략적인 물량을 산출할 수 있다. ⑤ 공사 공정에 따라 제반 비용을 포함한 총공사예가를 산출할 수 있다.
		(2) 마감계획하기	① 실내디자인 공간 계획의 내용을 토대로 마감계획을 구체화할 수 있다. ② 실내공간의 용도와 사용자의 행태적 · 심리적 특성, 시공성 등을 고려한 마감계획을 할 수 있다. ③ 마감재의 안전기준, 장애인, 노유자의 편의 증진에 관한 기준을 검토하고 적용할 수 있다.
		(3) 가구계획하기	① 실내디자인 공간 계획의 내용을 토대로 가구계획을 구체화할 수 있다. ② 계획된 공간의 특성에 따라 행태적 · 심리적 특성을 고려한 가구계획을 할 수 있다. ③ 계획된 공간에 전기, 기계설비요소들을 고려한 가구 배치를 할 수 있다. ④ 계획된 공간의 특성에 따라 인체공학적 · 심리적 특성을 고려한 가구를 선정할 수 있다. ⑤ 장애인, 노유자의 특성을 고려한 가구계획을 할 수 있다.

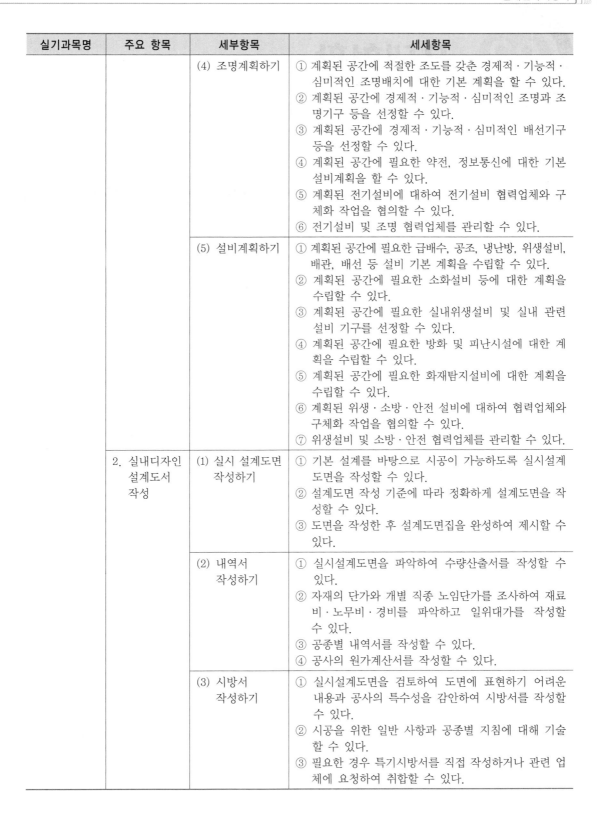

실기과목명	주요 항목	세부항목	세세항목
		(4) 조명계획하기	① 계획된 공간에 적절한 조도를 갖춘 경제적·기능적·심미적인 조명배치에 대한 기본 계획을 할 수 있다. ② 계획된 공간에 경제적·기능적·심미적인 조명과 조명기구 등을 선정할 수 있다. ③ 계획된 공간에 경제적·기능적·심미적인 배선기구 등을 선정할 수 있다. ④ 계획된 공간에 필요한 약전, 정보통신에 대한 기본 설비계획을 할 수 있다. ⑤ 계획된 전기설비에 대하여 전기설비 협력업체와 구체화 작업을 협의할 수 있다. ⑥ 전기설비 및 조명 협력업체를 관리할 수 있다.
		(5) 설비계획하기	① 계획된 공간에 필요한 급배수, 공조, 냉난방, 위생설비, 배관, 배선 등 설비 기본 계획을 수립할 수 있다. ② 계획된 공간에 필요한 소화설비 등에 대한 계획을 수립할 수 있다. ③ 계획된 공간에 필요한 실내위생설비 및 실내 관련 설비 기구를 선정할 수 있다. ④ 계획된 공간에 필요한 방화 및 피난시설에 대한 계획을 수립할 수 있다. ⑤ 계획된 공간에 필요한 화재탐지설비에 대한 계획을 수립할 수 있다. ⑥ 계획된 위생·소방·안전 설비에 대하여 협력업체와 구체화 작업을 협의할 수 있다. ⑦ 위생설비 및 소방·안전 협력업체를 관리할 수 있다.
	2. 실내디자인 설계도서 작성	(1) 실시 설계도면 작성하기	① 기본 설계를 바탕으로 시공이 가능하도록 실시설계도면을 작성할 수 있다. ② 설계도면 작성 기준에 따라 정확하게 설계도면을 작성할 수 있다. ③ 도면을 작성한 후 설계도면집을 완성하여 제시할 수 있다.
		(2) 내역서 작성하기	① 실시설계도면을 파악하여 수량산출서를 작성할 수 있다. ② 자재의 단가와 개별 직종 노임단가를 조사하여 재료비·노무비·경비를 파악하고 일위대가를 작성할 수 있다. ③ 공종별 내역서를 작성할 수 있다. ④ 공사의 원가계산서를 작성할 수 있다.
		(3) 시방서 작성하기	① 실시설계도면을 검토하여 도면에 표현하기 어려운 내용과 공사의 특수성을 감안하여 시방서를 작성할 수 있다. ② 시공을 위한 일반 사항과 공종별 지침에 대해 기술할 수 있다. ③ 필요한 경우 특기시방서를 직접 작성하거나 관련 업체에 요청하여 취합할 수 있다.

CHAPTER 03 우대현황

SECTION 1 법령상 우대현황 (한국산업인력공단 '큐넷' 공지, 2020년 기준)

법령명	조문내역	활용내용
건축물관리법 시행령	제13조 점검자의 자격 등(별표 2)	점검책임자 및 점검자의 자격기준
건축물관리법 시행령	제13조 점검자의 자격 등(별표 2)	점검책임자 및 점검자의 자격기준
공무원임용시험령	제31조 자격증 소지자 등에 대한 우대 (별표 12)	6급 이하 공무원 채용시험 가산대상 자격증
공연법 시행령	제10조의 4 무대예술전문인 자격검정의 응시기준(별표 2)	무대예술전문인 자격검정의 등급별 응시기준
교육감 소속 지방공무원 평정 규칙	제23조 자격증 등의 가산점	5급 이하 공무원, 연구사 및 지도사 관련 가점사항
국가공무원법	제36조의 2 채용시험의 가점	공무원 채용시험 응시 가점
군인사법 시행규칙	제14조 부사관의 임용	부사관 임용자격
근로자직업능력개발법 시행령	제27조 직업능력개발훈련을 위하여 근로자를 가르칠 수 있는 사람	직업능력개발훈련교사의 정의
근로자직업능력개발법 시행령	제28조 직업능력개발훈련교사의 자격 취득(별표 2)	직업능력개발훈련교사의 자격
근로자직업능력개발법 시행령	제44조 교원 등의 임용	교원 임용 시 자격증 소지자에 대한 우대
선거관리위원회 공무원 규칙	제89조 채용시험의 특전(별표 15)	6급 이하 공무원 채용시험에 응시하는 경우 가산
지방공무원법	제34조의 2 신규 임용시험의 가점	지방공무원 신규 임용시험 시 가점
지방공무원 임용령	제55조의 3 자격증 소지자에 대한 신규 임용시험의 특전	6급 이하 공무원 신규 임용 시 필기시험 점수 가산
지방공무원 평정 규칙	제23조 자격증 등의 가산점	5급 이하 공무원 연구사 및 지도사 관련 가점사항
헌법재판소공무원 규칙	제14조 경력경쟁채용의 요건(별표 3)	동종직무에 관한 자격증 소지자에 대한 경력경쟁채용
국가기술자격법	제14조 국가기술자격 취득자에 대한 우대	국가기술자격 취득자 우대
국가기술자격법 시행령	제27조 국가기술자격 취득자의 취업 등에 대한 우대	공공기관 등 채용 시 국가기술자격 취득자 우대

실내디자인의 이해

실내디자인이란 건축과 더불어 인간이 생활하고 머무르는 모든 공간을 사용자가
필요로 하는 기능에 맞추어 적합하게 구성하는 종합예술의 한 분야이다.

01 실내디자인 일반

SECTION 1 실내디자인의 개념

(1) 실내디자인의 정의

건축물의 내부 및 외부를 사용목적에 따라 아름다움은 물론, 편리하고 쾌적하게 생활할 수 있도록 공간을 창조하는 활동이다.

(2) 실내디자인의 조건

실내디자인은 기능성, 경제성, 심미성, 개성을 추구해야 한다.

❶ 기능성(효율, 환경)

공간의 사용목적에 적합하고 편리하도록 물리적 · 환경적 조건을 디자인하는 것으로, 인간의 척도를 기준으로 기능에 필요한 공간의 배치, 동선 등이 해당되며 여러 가지 조건 중 가장 중요시된다.

❷ 경제성

최소한의 비용과 시간으로 클라이언트의 조건을 최대한 만족시키며 설정한 비용 내에서 디자인해야 한다.

❸ 심미성(아름다움)

내부 및 외부 공간을 예술적 · 정서적으로 아름답고 보기 좋게 디자인해야 한다.

❹ 개성

건축주 및 디자이너의 독창적인 생각, 성향, 특징을 나타낼 수 있는 디자인이어야 한다.

(3) 실내디자인의 목적

실내디자인의 목적은 사용자가 생활하는 데 있어 욕구를 충족시키는 데 있다. 유행이나 공익, 개인적인 성향을 목표로 하지 않는다.

① 생활하기 쾌적한 환경을 추구한다.

② 공간에서 예술적 · 서정적 욕구를 해결한다.

③ 편리한 환경이 되도록 물리적 · 환경적 조건을 해결한다.

(4) 실내디자인의 범위

실내디자인은 건축물의 내부와 외부 공간을 모두 포함한다. 사무실, 거실, 침실, 회의실 등 실내의 공간뿐 아니라 내부의 복도, 홀, 출입구 및 건축물의 전면(파사드)까지 인간이 사용하는 모든 공간을 실내디자인의 영역으로 볼 수 있다.

❶ 내부 공간

바닥, 벽, 천장으로 둘러싸인 공간으로 작업, 휴식, 위생 등의 활동이 이루어지는 공간이다.

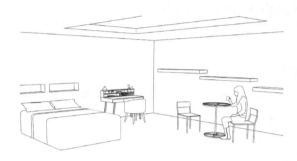

❷ 외부 공간

내부 공간을 연결하는 복도, 계단, 출입구 등 통로나 머무르는 공간이다.

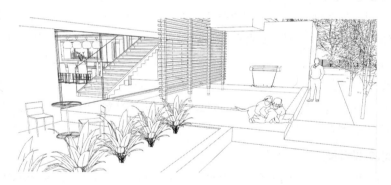

(5) 실내디자이너의 역할

① 인간의 기본적인 욕구 및 클라이언트의 성향을 분석하여 이해해야 한다.
② 건축 및 기초디자인을 바탕으로 주어진 공간에 대해 계획해야 한다.
③ 시대적 흐름과 요구에 맞는 독창적이고 쾌적한 공간을 설계할 수 있도록 관련분야와 협력해야 한다.
④ 업무적인 신뢰를 중요시하면서 클라이언트의 경제성, 가치관, 구성원을 고려하여 디자이너의 의도와 조화시켜야 한다.

SECTION 2 실내디자인의 분류 및 특성

(1) 실내디자인의 분류

❶ 작업대상에 의한 분류

분류	시설
주거공간	의식주 생활이 목적이 되는 단독주택, 공동주택(아파트) 등
상업공간	공공 또는 개인에게 다양한 서비스를 제공하고 판매를 통해 수익을 창출하는 공간으로 상점, 호텔, 병원, 백화점 등
업무공간	정신적·육체적 노동을 포함한 작업공간으로 일반 사무실, 공장, 관공서 등
전시공간	감상, 교육, 사고, 예술, 홍보 등을 목적으로 한 공간으로 박람회장, 회관, 도서관, 미술관, 홍보관, 기업전시관 등
특수공간	특수한 용도로 쓰이는 다목적 차량, 선박, 항공기의 실내공간 등

❷ 수익 여부에 따른 분류

분류	시설
비영리공간	주거시설, 박물관, 전시관, 기념관 등 수익을 목적으로 하지 않는 공간
영리공간	상점, 전문상가, 백화점, 호텔, 병원, 극장 등 수익을 목적으로 하는 공간

❸ 디자인의 분류

- **환경디자인** : 인간의 주변을 에워싸고 있는 환경 전반의 대상물로 공원, 산책로, 정원, 도로, 광장 등 이와 연계되는 디자인의 총칭이다.
- **시각디자인** : 인간이 볼 수 있는 시각전달 매체인 문자, 그림 등의 표현수단과 신문, 잡지, 영상, 간판과 같은 광고수단 등 정보 전달을 목적으로 한 디자인의 총칭이다.
- **실내디자인** : 인간이 사용하는 데 있어 기능적·심미적·경제적으로 편안한 공간을 창출하는 종합적인 예술활동의 총칭이다.

(2) 실내디자인의 특성

❶ 실내디자인의 프로그래밍 단계는 목표설정 → 조사 → 분석 → 종합 → 평가 → 발전의 과정을 거쳐 목표를 실행한다.

❷ 실내디자인의 설계과정(process)은 기획 → 계획 → 설계(기본설계, 실시설계) → 시공 → 평가로 진행된다.

❸ 실내디자인의 진행과정은 설계자의 요구분석 → 각종 자료분석 → 기본설계 → 대안제시 → 실시설계순으로 설계가 진행된다.

❹ 실내디자인의 프레젠테이션

건축주(클라이언트)에게 설계자의 계획을 표현하는 기술을 총괄하는 말로, 기본 설계 단계에서 설계자가 고객에게 자신의 의견이나 방안 등을 설명하는 것을 말한다. 이 과정을 통해 건축주는 디자이너의 의도를 파악할 수 있다.

❺ 실내디자인 기본 용어

- **블록플래닝** : 공간의 영역을 구분하는 배치계획으로 사용자의 활동시간, 공간의 사용목적, 기능 등의 특성을 기준으로 공간을 배치한다.
- **색채계획** : 디자인의 이미지를 결정하는 중요한 요소로 대상에 적절한 색채를 선택하는 과정이다.

(3) 역사 속 각국의 실내디자인

❶ 이집트의 피라미드

무덤에서 유래한 피라미드는 석재를 쌓아올린 조적식 구조로, 계단식에서 사각뿔모양으로 발전했다.

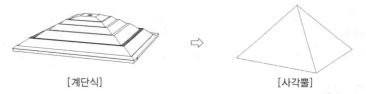

[계단식]　　　　　[사각뿔]

❷ 서아시아(메소포타미아)의 지구라트

메소포타미아 지역에서 발견된 고대 건축물이다. 지구라트는 피라미드와 유사하지만 계단식의 테라스 구조를 적용한 사각형의 신전건축으로, 지그재그의 곡절통로와 정사각형을 기초로 한 중앙집중식 배치가 특징이다.

❸ 그리스의 파르테논 신전

파르테논 신전은 도리스식 신전의 걸작으로 황금비(1 : 1.618)를 사용해 안정된 비례와 장중함이 돋보인다.

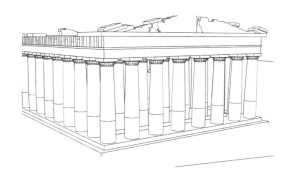

Part
1

✔️ **참고**

고대건축양식의 발달순서
이집트 → 서아시아(메소포타미아) → 그리스 → 로마 → 초기 기독교 → 비잔틴 → 이슬람(사라센) →
로마네스크 → 고딕 → 르네상스 → 바로크 → 로코코

④ 로마의 콜로세움과 판테온

- 콜로세움: 콜로세움은 이탈리아 로마에 있는 투기장으로, 아치와 볼트구조를 대표하는 건축물이다.
- 판테온: 거대한 원형의 돔을 얹은 로툰다와 열주 현관이 결합된 구조로, 화려한 로마건축을 대표하는 신전이다.

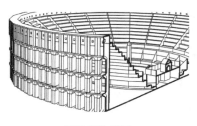

[콜로세움 내부]

[콜로세움 외부]

[판테온 내부]

[판테온 외부]

볼트구조 : 아치에서 발전된 형식으로 연속된 아치로 공간을 형성하는 구조이다. 배럴볼트, 크로스볼트 등이 있다.

[아치]   [배럴볼트]   [크로스볼트]

❺ 독일의 바우하우스

건축가 발터 그로피우스가 공업과 디자인을 결합시켜 설립한 조형학교로, 양질의 건축, 가구, 시설물 등 산업적으로 중요한 예술교육기관이다. 독일어로 바우(bau)는 건축, 하우스(haus)는 집을 뜻하는 것으로, 집을 짓는 건축기술 교육을 주축으로 하였다.

[바우하우스, 1926년]

❻ 미국의 루이스 설리번

미국의 건축가 루이스 설리번은 '형태는 기능을 따른다'는 주장을 하며 유기적인 건축을 지향했는데, 그의 이념은 제자 프랭크 로이드 라이트에 의해 완성되었다. 대표적인 작품으로는 세인트루이스의 웨인라이트 빌딩, 시카고의 박람회 교통관, 카슨 파이어리 스코트 백화점, 오디토리엄 빌딩 등이 있다.

[웨인라이트 빌딩, 1891년]

❼ 프랑스의 르 코르뷔지에(스위스 출생)

'인간을 위한 건축'을 주장한 현대건축의 거장으로 불리는 건축가이다. 인체척도(human scale)와 황금비를 건축에 적용한 천재 건축가로, 합리적이고 혁신적인 건축설계로 건축사에 큰 업적을 남겼다. 대표적인 작품으로는 빌라 사보아(주택), 롱샹 교회, 유니테 다비타시옹(집합주택으로 아파트의 원형) 등이 있다.

[빌라 사보아, 1929년]

❽ 미국의 프랭크 로이드 라이트

20세기 근대건축에 공헌한 건축가로, 자연과 조화되고 공감할 수 있는 건축을 만들어 나갔다. 대표적인 작품으로는 낙수장(Fallingwater), 구겐하임미술관(뉴욕) 등이 있다.

[낙수장. 1939년]

⑨ 스페인의 안토니오 가우디

자유로운 생각을 가진 20세기의 미켈란젤로로 불린다. 가우디는 이슬람 건축양식을 발전시켜 유기성을 강조한 곡선 및 곡면, 자연적 형태를 건축물에 사용하였다. 대표적인 작품으로는 바로셀로나의 카사밀라 주택, 사그라다 파밀리아(Sagrada Familia) 등이 있다.

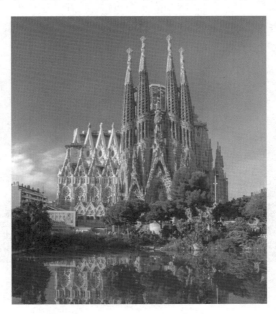

[사그라다 파밀리아 대성당(성 가족 성당), 1882년~]

CHAPTER

01 연습문제

제1장 실내디자인 일반

01 실내디자인의 조건 중 가장 중요시되는 사항은?

① 경제성 추구 ② 기능성 추구
③ 아름다움 추구 ④ 개성 추구

해설 실내디자인은 기능성, 경제성, 심미성, 개성을 추구해야 하며 사용목적과 관련된 기능성은 여러 가지 조건 중 가장 중요시된다.

02 다음 보기의 정의로 올바른 것은?

> 건축물의 내부 및 외부를 사용목적에 따라 아름다움은 물론이고 편리하고 쾌적하게 생활할 수 있도록 공간을 창조하는 활동이다.

① 환경디자인 ② 시각디자인
③ 실내디자인 ④ 공공디자인

해설
- **환경디자인** : 인간의 주변을 에워싸고 있는 환경 전반에 대한 디자인
- **시각디자인** : 문자, 그림과 같은 시각적 표현에 의해 실용적 정보를 전달하는 디자인
- **공공디자인** : 가로등, 공중전화, 역사, 정류장 등 공적인 공간의 시설물을 디자인

03 다음 중 실내디자인의 목표로 보기 어려운 것은?

① 쾌적한 환경을 추구
② 예술적, 서정적 욕구를 해결
③ 물리적, 환경적 조건을 해결
④ 공익성을 추구

힌트 공익성은 공공디자인과 관련된다.

04 실내디자인의 조건 중 최소한의 비용을 투입하여 클라이언트를 만족하게 하는 것은 어디에 해당되는가?

① 기능성 ② 심미성
③ 경제성 ④ 효율성

힌트 실내디자인의 경제성은 클라이언트가 지불하는 비용과 연관된다.

05 건축물의 실내공간을 목적과 용도에 적합하도록 형태화하는 활동을 무엇이라 하는가?

① 공간디자인 ② 실내디자인
③ 가구디자인 ④ 시각디자인

힌트 실내공간을 목적에 부합하도록 형태화하는 활동을 실내디자인이라 한다.

06 우수한 실내디자인을 판단하는 가장 중요한 기준은?

① 개성 ② 심미성
③ 경제성 ④ 기능성

힌트 실내디자인 욕구 충족에 있어 가장 중요한 조건은 공간의 기능이다.

07 실내디자인의 조건 중 공간을 예술적, 정서적으로 아름답게 하는 것은?

① 심미성 ② 개성
③ 기능성 ④ 쾌적성

힌트 심미성(審美性)은 설계의 기본요소로 색상, 디자인 등 미적인 요소를 말한다.

정답 1. ② 2. ③ 3. ④ 4. ③ 5. ② 6. ④ 7. ①

08 실내디자인에서 내부 공간으로 볼 수 없는 공간은?

① 사무실　　　② 복도

③ 거실　　　　④ 회의실

> **해설** 내부 공간을 연결하는 복도, 계단, 출입구 등 통로나 머무르는 공간은 외부공간으로 구분된다.

09 실내디자이너가 갖추어야 할 능력과 조건에 해당되지 않는 것은?

① 인간의 기본적인 욕구 및 클라이언트를 분석하여 이해하여야 한다.

② 건축 및 기초디자인을 바탕으로 주어진 공간에 대해 계획하여야 한다.

③ 시대적 흐름과 요구에 맞는 독창적이고 쾌적한 공간이 설계될 수 있도록 관련분야와 협력해야 한다.

④ 업무와 관련된 예술적 감각과 디자인 능력은 우수해야 하고 경영과 심리적인 부분은 필요하지 않다.

> **해설** 실내디자이너의 역할
> • 인간의 기본적인 욕구 및 클라이언트의 성향을 분석하여 이해해야 한다.
> • 건축 및 기초디자인을 바탕으로 주어진 공간에 대해 계획해야 한다.
> • 시대적 흐름과 요구에 맞는 독창적이고 쾌적한 공간을 설계할 수 있도록 관련분야와 협력해야 한다.
> • 업무적인 신뢰를 중요시하면서 클라이언트의 경제성, 가치관, 구성원을 고려하여 디자이너의 의도와 조화시켜야 한다.

10 실내디자인의 범위로 보기 어려운 것은?

① 사무실　　　② 출입구

③ 도로　　　　④ 홀

> **힌트** 실내디자인은 건축물의 내부와 외부 공간을 포함한다.

11 건축물이 가져야 할 3대 요소가 아닌 것은?

① 미　　　　　② 기능

③ 구조　　　　④ 효율

> **힌트** 건축의 3요소 : 구조, 기능, 미

12 실내공간 중 정신적, 육체적으로 노동을 하는 공간은?

① 상업공간　　② 업무공간

③ 특수공간　　④ 주거공간

> **힌트** 업무공간은 육체적인 노동, 정신적인 노동을 모두 포함한다.

13 실내공간 중 공공 또는 개인에게 다양한 서비스를 제공해 수익을 창출하는 공간은?

① 상업공간　　② 업무공간

③ 특수공간　　④ 주거공간

> **해설** • 상업공간 : 다양한 서비스를 제공하고 판매를 통해 수익을 창출하는 공간
> • 업무공간 : 정신적 · 육체적 노동을 포함하는 작업 공간
> • 특수공간 : 특수한 용도로 쓰이는 다목적 차량, 선박, 항공기의 실내
> • 주거공간 : 의식주 생활이 목적이 되는 주택

14 다음 중 환경디자인에 해당되지 않는 것은?

① 캘리그래피　　② 공원디자인

③ 도로설계　　　④ 조경디자인

> **힌트** 캘리그래피 : 문자를 아름답게 쓰는 디자인의 한 분야

15 실내디자인의 설계과정에서 고려해야 할 조건과 거리가 먼 것은?

① 적절한 마감재 선정

② 동선의 순환

③ 조명의 설계

④ 정보의 전달

힌트 실내디자인은 공간의 구성, 동선, 마감, 조명, 가구 등이 적절하도록 설계한다.

16 다음 중 실내디자인의 프로그래밍 단계로 올바른 것은?

① 목표설정-조사-분석-종합-결정
② 목표설정-조사-종합-분석-결정
③ 목표설정-종합-분석-종합-결정
④ 목표설정-종합-조사-분석-결정

해설 실내디자인의 프로그래밍 단계는 목표설정 → 조사 → 분석 → 종합 → 평가 → 발전의 과정을 거치며, 평가와 발전은 결정과정에 해당된다.

17 실내디자인의 설계과정(프로세스)으로 적절한 것은?

① 기획 – 계획 – 설계 – 시공 – 평가
② 계획 – 기획 – 설계 – 시공 – 평가
③ 기획 – 설계 – 계획 – 시공 – 평가
④ 기획 – 계획 – 설계 – 평가 – 시공

해설 실내디자인의 설계과정(process)은 기획 → 계획 → 설계(기본설계, 실시설계) → 시공 → 평가로 진행된다.

18 실내디자인의 진행과정으로 적절한 것은?

① 요구분석 – 각종 자료분석 – 대안제시 – 기본설계 – 실시설계
② 요구분석 – 기본설계 – 각종 자료분석 – 대안제시 – 실시설계
③ 요구분석 – 각종 자료분석 – 기본설계 – 대안제시 – 실시설계
④ 요구분석 – 기본설계 – 대안제시 – 각종 자료분석 – 실시설계

해설 실내디자인의 진행과정은 설계자의 요구분석 → 각종 자료분석 → 기본설계 → 대안제시 → 실시설계순으로 설계가 진행된다.

19 고객에게 설계자의 계획을 표현하는 용어로 디자이너의 의견이나 방안을 설명하는 것을 무엇이라고 하는가?

① 클라이언트
② 시방서
③ 프레젠테이션
④ 레이아웃

해설
• 클라이언트 : 건축주(고객)
• 시방서 : 공사의 시공 순서나 방법 등을 작성한 문서
• 프레젠테이션 : 발표에 사용되는 문서 자료의 하나로 설득을 목적으로 한다.
• 레이아웃 : 실내디자인에서는 공간에 필요한 가구 및 집기를 배치하는 작업을 뜻한다.

20 실내디자인에서 공간의 영역을 사용자 특성에 맞추어 구분하는 방법을 무엇이라 하는가?

① 블록플래닝
② 에스키스
③ 실내레이아웃
④ 커스텀

힌트 블록플래닝 : 공간의 영역을 구분하는 배치계획

21 실내디자인 등 다양한 디자인 활동에서 디자인의 적응상황 등을 연구하여 색채를 선정하는 과정을 무엇이라 하는가?

① 색감계획
② 색채관리
③ 색채계획
④ 색채조합

힌트 색채계획 : 디자인 대상에 적절한 색채를 선택하는 과정

22 로마의 대표적인 건축물인 콜로세움에 적용된 축조술로 아치에서 발전된 형식으로 공간을 형성하는 구조는?

① 크로스구조
② 볼트구조
③ 조적구조
④ 돌구조

힌트 볼트구조는 아치에서 발전된 형식으로, 연속된 아치로 공간을 형성하는 구조

Part 1

정답 16. ① 17. ① 18. ③ 19. ③ 20. ① 21. ③ 22. ②

23 인간을 위한 건축으로 인체척도, 황금비를 중요시한 현대건축의 거장으로 불리며 빌라 사보아, 롱샹 교회 등을 설계한 건축가는?

① 루이스 설리번
② 르 코르뷔지에
③ 프랭크 로이드 라이트
④ 발터 그로피우스

힌트 르 코르뷔지에는 '인간을 위한 건축'을 주장한 현대건축의 거장으로 불린다.

24 그리스의 파르테논 신전에서 사용된 아름다운 비례의 전형으로 사용된 황금비율은?

① 1 : 1.414 ② 1 : 1.532
③ 1 : 1.618 ④ 1 : 3.141

해설 선이나 면을 둘로 나누었을 때 작은 부분과 큰 부분의 비와 큰 부분과 전체의 비가 1 : 1.618이 되는 비를 황금비라 한다.

25 현대건축의 형성에 많은 영향을 끼친 독일의 바우하우스를 설립한 건축가는?

① 루이스 설리번
② 르 코르뷔지에
③ 프랭크 로이드 라이트
④ 발터 그로피우스

해설
• 루이스 설리번 : 세인트루이스의 웨인라이트 빌딩, 시카고의 박람회 교통관, 오디토리엄 빌딩
• 르 코르뷔지에 : 빌라 사보아(주택), 롱샹 교회, 유니테 다비타시옹
• 프랭크 로이드 라이트 : 낙수장(Fallingwater), 구겐하임미술관(뉴욕)

26 실내디자인에서 실의 규모, 가구의 크기를 결정하는 데 있어 가장 중요한 기준은?

① 모듈   ② 휴먼스케일
③ 사용자의 직업 ④ 디자이너의 개성

힌트 실내디자인에서 공간의 규모, 가구의 크기는 인체척도를 기준으로 한다.

디자인 요소

CHAPTER 02

SECTION 1 점, 선, 면, 형, 형태(입체)

디자인의 기본 요소는 점, 선, 면, 형, 형태(입체)로 구분된다. 이러한 요소는 디자인의 질서를 확립하고 구성과 창조의 역할을 한다.

(1) 점

점은 기하학적으로 볼 때 크기는 없고 위치만 가지고 있는 요소이다.

❶ 점의 특징

- 점은 디자인의 요소로 면 위에 표시될 수 있다.
- 점이 이동한 궤적은 선이 되고, 점이 밀집하면 면으로 나타난다.

용어해설 📋

> 궤적 : 이동한 물체가 남긴 자국

[점의 이동]   [점의 밀집]

- 점이 하나일 경우 시선이 집중되는 효과를 나타내고, 두 개인 경우에는 서로 당기는 힘이 작용하며 선이 암시된다. 서로 다른 크기의 점인 경우에는 주의력이 큰 점에서 작은 점으로 이동하게 된다.

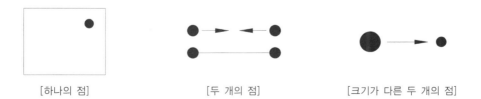

[하나의 점]   [두 개의 점]   [크기가 다른 두 개의 점]

• 큰 점 주위의 작은 점은 더 작게 보이며, 반대의 경우에는 중심의 점이 더 작게 보인다.

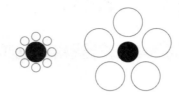

• 일직선상에 있는 3개의 점은 연결되는 느낌을 주며, 위치가 다른 경우 삼각형으로 인식 될 수 있다.

[선으로 인식]   [삼각형으로 인식]   [사각형으로 인식]

(2) 선

선은 점이 이동한 궤적이나 확장된 것으로 길이와 위치를 나타낸다. 또한 종류, 길이, 방향, 굵기 등에 따라 다양한 성격을 보여주며 공간의 크기나 분위기를 다르게 할 수 있다.

❶ 선의 특징
• 선은 점이 이동한 궤적이다.
• 선은 길이와 방향, 속도와 운동감을 나타낼 수 있다.
• 가는 선이 이동한 궤적은 면이 되고, 굵은 선이 이동한 궤적은 형태(입체)가 될 수 있다.

[선의 이동]   [굵은 선의 이동]

• 선은 형상을 규정하고 면을 분할한다.

형상을 규정   형상을 규정

면을 분할   면을 분할

❷ 선의 종류

• 수평선 : 평화, 고요, 안정, 침착 등의 느낌을 준다.

───────

• 수직선 : 엄숙, 고결, 상승, 숭배, 권위, 희망 등의 느낌을 준다.

• 사선 : 불안, 운동감, 반항 등 동적인 느낌을 준다.

• 곡선 : 선의 유형 중 가장 동적이고 유연한 느낌을 주며, 기하곡선과 자유곡선으로 구분된다.

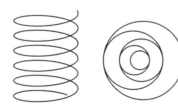

[기하곡선의 질서 있고 부드러운 느낌]　　　[자유곡선의 자유롭고 부드러운 느낌]

(3) 면

면은 점의 확대나 선의 이동 등으로 생겨나고 형태(입체)를 절단해도 나타날 수 있다. 면은 2차원 평면과 3차원의 깊이를 표현할 수 있다.

❶ 면의 특징

• 선을 반복, 밀집, 집합시켜 나타낼 수 있다.

[선의 반복과 밀집]

• 면은 형태(입체)의 기본적인 단위가 된다.

면은 형태(입체)를 만드는 단위

• 형태(입체)를 절단하거나 선을 이동시켜 나타낼 수 있다.

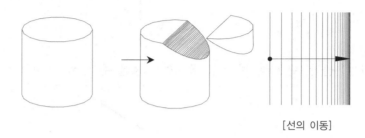

[선의 이동]

• 면이 이동한 궤적은 형태(입체)가 된다.

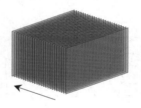

❷ 면의 종류
• **수평면** : 안정, 편안함, 정지, 침착 등의 느낌을 준다(수평선의 느낌과 유사).

• **수직면** : 분할, 긴장, 상승, 숭배 등의 느낌을 준다(수직선의 느낌과 유사).

• **경사면** : 불안함, 운동감 등 동적인 느낌을 준다(사선의 느낌과 유사).

- 곡면 : 곡면은 기하곡면과 자유곡면으로 구분된다. 기하곡면은 정돈된 부드러움을 표현하고, 자유곡면은 취급방법에 따라 다양한 효과를 내며 풍부한 자유로운 느낌을 준다.

(4) 형(形)

형은 점, 선, 면이 구성하는 외형적인 모양으로 현실적·이념적·유기적 형태로 구분된다.

❶ 형의 구분

- **현실적 형태** : 구름, 파도 등 자연이 만들어낸 자연형태와 건축물, 가구 등 사람의 힘으로 만들어낸 인위형태로 구분된다.
- **이념적 형태** : 시각, 촉각 등으로 직접 느끼지 못하고 개념적으로 보이는 형태로 점, 선, 면, 형으로 구성된 순수한 형태와 요소를 단순 또는 과장하여 재구성한 추상적인 형태로 구분된다.
- **유기적 형태** : 자연적인 생물이 지니고 있는 구조와 형태를 변형시킨 것으로 편안하고 친근한 느낌을 줄 수 있다.

❷ 형의 지각심리

- **연속성** : 유사한 배열로 구성된 형들이 방향성을 지니고 연속되어 보이는 하나의 그룹으로 지각되는 법칙으로 공동운명의 법칙이라고도 한다.

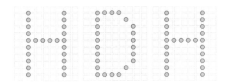

- **유사성** : 크기, 색상, 모양 등이 서로 비슷해서 연관되어 보이는 현상을 말한다.

• **근접성** : 비슷한 조건에서는 근접한 대상을 그룹으로 인식하는 것으로, 형태가 반복되어 하나의 선이나 면과 같은 형태로 보이는 현상을 말한다.

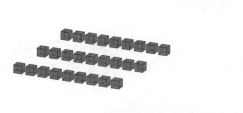
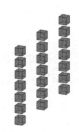

[수평적 그룹으로 인지]　　　　　　　　　　[수직적 그룹으로 인지]

• **배경의 법칙** : 루빈의 항아리처럼 배경과 도형이 반전되어 보이나 동시에 인지할 수 없는 현상을 말한다.

• **폐쇄성** : 미완성된 익숙한 선이나 형태는 불완전하지만 완전하게 보일 수 있다. 아래 그림과 같이 연속된 점은 원이 아닌 사각형과 오각형으로 인지되고, 연결되지 않은 선은 삼각형과 원으로 인지할 수 있다.

[사각형과 오각형으로 인지]　　　　　　　　　　[삼각형과 원으로 인지]

❸ 착시현상

착시현상은 거리, 면적, 방향, 위치에 의한 착시로 구분된다. 이러한 현상은 주변 대상의 간섭으로 인해 시각적으로 착시를 불러온다.

• **방향에 의한 착시** : 가로선은 실제로 평행이지만 휘어진 것처럼 보인다.

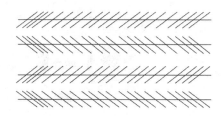

• 거리에 의한 착시 : 같은 크기이지만 거리에 따라 다르게 보일 수 있다.

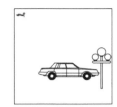 

• 위치에 의한 착시 : 같은 다각형이지만 오른쪽 도형이 더 다각으로 보인다.

• 면적에 의한 착시 : 같은 크기의 원이지만 어두운 바탕의 흰색 원이 더 크게 보인다.

• 대비에 의한 착시 : 중앙의 도형 크기는 같지만 왼쪽의 도형이 더 커 보인다.

• 길이에 의한 착시 : 왼쪽은 세로선이, 오른쪽은 아래쪽 선분이 길어 보인다.

• 속도에 의한 착시 : 달리는 차 안에서 표지판의 글자나 도형을 보면 길이가 축소되어 보이므로 세로로 길게 표시한다.

(5) 형태(입체)

형태는 3차원의 입체적 형상으로 물체의 전체적인 모양을 뜻한다.

❶ 형태(입체)의 종류

형태는 입방체(육면체), 원통, 원추(원뿔), 구, 사각뿔 등이 있다.

❷ 형태(입체)의 특징

• 형태는 면으로 둘러싸여 있으며, 면의 이동이나 회전으로도 표현된다.
• 형태는 면의 모양, 재질, 색상, 음영 등에 따라 변화한다.

*점, 선, 면, 형, 형태(입체)의 구분

점	선	면	형	형태(입체)
●	—	▭	✳	(입체 형상)

균형, 비례, 리듬과 질감, 강조, 패턴

(1) 균형

인간의 시각적 주의력으로 느끼는 무게감의 평형을 의미한다. 실내디자인에서의 균형은 공간의 안정 및 평형 효과로 인해 쾌적한 느낌을 줄 수 있다. 실내공간에 균형 요소를 부여하지 않으면 불안감을 유발할 수 있다. 균형은 대칭적 균형, 비대칭적 균형, 방사형 균형으로 구분된다.

일반적인 시각적 중량감		
수직선	<	수평선
크기가 작은 것	<	크기가 큰 것
부드러운 질감	<	거친 질감
규칙적인 형태 (기하학적 형태)	<	불규칙한 형태
차갑고 어두운 색	<	따뜻하고 밝은 색

❶ 대칭적 균형

정적인 균형으로 가장 일반적이면서 완벽한 균형감을 준다. 형태, 크기, 위치가 대칭축을 중심으로 양쪽이 균등한 대칭이다. 대칭적 균형은 안정, 엄숙, 단순한 느낌을 주어 기념비적인 조형물이나 종교건축에 많이 사용된다. 안정감과 견고함 등을 쉽게 표현할 수 있으나 무겁고 경직된 느낌을 줄 수 있다.

[독립기념관 겨레의 탑]

[불국사 다보탑]

❷ 비대칭적 균형

동적인 균형으로 서로 다른 요소가 중심축을 마주한 형태이다. 물리적인 무게감은 다르지만 시각적 균형을 이루어 활동적이면서 긴장감을 주어 개성적인 표현을 할 수 있다.

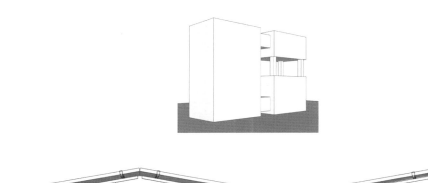

[대칭 구조물]   [비대칭 구조물]

❸ 방사형 균형

방사란 중심으로부터 퍼져나가 확장되는 것으로 신선하고 개성적인 느낌을 연출할 수 있다. 방사형의 예로는 차량이나 자전거의 바퀴, 원형 테이블의 의자 배치, 나선계단, 베어링 등이 있다.

[바퀴]

[원형 테이블과 의자]

[나선계단]

(2) 비례

비례는 부분과 부분, 부분과 전체의 수량적인 관계나 크기의 관계 등을 말한다. 실내공간에서의 좋은 비례는 공간의 형태와 크기에 맞는 적절한 요소가 시각적으로 조화로워야 한다.
비례의 종류로는 황금비, 피보나치 수열(상가 수열비), 정수비, 루트비 등이 있다.

① 황금비

선이나 면을 둘로 나누었을 때 작은 부분과 큰 부분의 비와 큰 부분과 전체의 비가 1 : 1.618이 되는 비를 황금비라 한다. 황금비는 고대 그리스인들이 창안한 분할방식으로 대표적인 건축물로는 파르테논 신전이 있다.

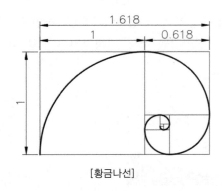
[황금나선]

[황금비]

② 피보나치 수열(상가 수열비)

앞의 두 수의 합이 다음 수가 되는 배열로 이탈리아의 피보나치가 발견하였다. 이 배열은 1, 2, 3, 5, 8, 13, …순으로 배열된다.

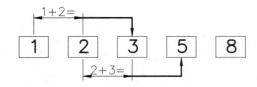

❸ **정수비**

정수비적 관계의 단순한 반복의 비례로 실용적 가치가 높다.

❹ **루트비**

$1 : \sqrt{2}$ 의 비율로 A열 용지크기가 대표적이다.

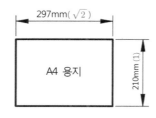

❺ **등차수열비와 등비수열비**

- 등차수열비 : 같은 간격의 비 $1 : 3 : 5 : 7 : 9 \cdots$
- 등비수열비 : 같은 비율의 비 $1 : 2 : 4 : 8 : 16 \cdots$

❻ **모듈**

모듈은 건축의 공업화와 대량생산을 위한 치수나 단위, 척도를 뜻하는 것으로 1M(module) =10cm를 기본모듈로 한다. 건축가 르 코르뷔지에는 건축에 인체척도(human scale)를 사용하였다.

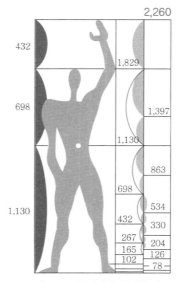

[르 코르뷔지에의 인체척도]

(3) 리듬과 질감

리듬은 요소의 규칙적인 반복으로 만들어내는 운동감으로 반복, 점층, 억양, 대비(대립), 방사 등이 있다.

❶ 반복

색채, 형태, 질감 등의 요소가 규칙적으로 반복되어 리듬감을 주는 것으로, 건축물의 기둥 배열, 창호 배열, 바닥의 반복된 타일패턴 등에서 나타난다. 통일된 질서, 연속성, 운동감을 표현해 동적인 질서를 만든다.

❷ 점층

색채, 형태, 질감이 규칙적으로 점점 크기가 변하거나 강조되면서 자연스러운 변화를 통해 동적인 리듬감을 만들어낸다. 점층은 반복보다 동적이고 강한 느낌을 준다.

❸ 억양

힘의 변화에 따른 강약을 표현해 리듬감을 나타낸다. 억양에 따른 강약이 없으면 공간이나 형태가 단조로울 수 있다.

❹ 대립

서로 다른 것의 조합이나 색채, 형태, 질감의 빠른 변화로 만들어내는 리듬감으로, 개성적이고 강한 느낌을 준다.

❺ 방사

빗물이 떨어져 물결이 퍼지는 것과 같이 디자인을 이루는 요소가 중심으로부터 바깥으로 퍼져나가 동적인 리듬감을 만든다.

❻ 질감(texture)

촉감이나 시각으로 지각할 수 있는 표면상의 특징을 뜻한다. 질감이 거칠면 무거운 느낌을 주고, 부드러우면 가벼운 느낌을 줄 수 있다. 조명을 사용하면 마감재나 가구의 질감을 효과적으로 표현할 수 있다.

(4) 강조

색채, 형태, 질감이 시각적으로 중요한 것과 그렇지 않은 것을 구분한다. 강조를 통해 흥미나 관심의 초점을 만들어 공간의 주제를 부각시킨다. 강조는 평범하고 단순한 실내에 주제가 되는 요소를 적용해 흥미로운 공간이 될 수 있도록 한다.

(5) 패턴

색채, 형태, 질감을 일정한 규칙이나 양식으로 배열해 나타낸 단위의 일종으로, 양식화하거나 추상적, 자연적인 것으로부터 만들어낸다.

SECTION 3 조화와 통일

(1) 조화

조화(harmony)는 두 개 이상의 디자인 요소(선, 면, 형 등)가 동일한 영역에서 서로 다른 성격을 미적으로 자연스럽게 결합하여 상호 간에 공감을 가져오는 효과로, 전체적인 구성이 모순 없이 질서를 유지하는 실내디자인의 구성원리이며, 유사조화와 대비조화로 나뉜다.

❶ 유사조화

성격이 같거나 유사한 요소들의 조합으로 한 부분이 같지 않아도 동일한 부분으로 인해 자연스러운 질서를 유지한다.

❷ 대비조화

성격이 다른 요소들이 결합해 상호 간에 특징이 대립하여 긴장감을 주고 개성을 나타내면서 조화를 이룬다.

(2) 통일

색, 형태, 재료 등이 질서를 가지며 조화롭게 통합되어 하나된 느낌을 주는 것이다. 통일감은 시각적 질서와 안정감을 나타내는 디자인의 기본원리이지만 지나치면 단조로움을 느낄 수 있다.

❶ 동적 통일

성장과 변화를 가져오는 생동감 있는 통일로, 상업시설, 운동시설, 레크리에이션 등 다목적 공간에 사용된다.

❷ 정적 통일

주로 하나의 명확한 목적이 있는 공간에 사용되는 방법으로, 동일한 요소의 연속적인 반복으로 안정감을 준다. 기념적이거나 교육, 훈련과 같은 공간에 사용된다.

❸ 양적 통일

관련된 기능이 유사한 요소를 배열하여 통일감을 주는 방법으로, 교통과 휴양을 목적으로 하는 공간에 사용된다.

(1) 솔리드(solid)

내부가 채워진 것을 의미하는 솔리드는 공간을 구성하는 기둥, 바닥, 벽, 지붕으로 매스(mass)가 되는 부분이다. 시각적으로는 건축물의 구조체와 외관을 의미한다.

(2) 보이드(void)

비어 있는 것을 의미하는 보이드는 오픈된 공간으로 열려 있는 것을 뜻한다. 공간(볼륨)뿐만이 아닌 벽이나 바닥의 일부분이 비어 있는 것을 보이드라 한다.

(3) 텍스처(texture)

피부에 닿아 느껴지거나 시각을 통해 알 수 있는 물체의 표면적 느낌으로 부드럽다, 거칠다는 표면적 감촉을 뜻한다.

❶ 텍스처의 표현
- 거친 질감은 무겁고 어두운 느낌을 준다.
- 질감의 효과적인 표현을 위해 색채와 조명도 고려해야 한다.
- 질감은 여러 물체를 구분하는 정보가 된다.

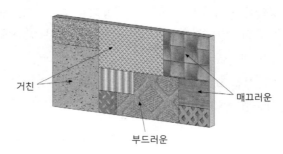

(4) 색채

눈을 통해 지각되는 색으로 감정, 태도, 무게 등 다양한 성질이나 경향을 표현한다. 색으로 지각되는 무게감은 색의 3요소(색상, 명도, 채도) 중 색상, 밝고 어두움은 명도로 표현할 수 있다. 일반적인 실내의 천장은 벽보다 밝은 색을 사용해서 가볍게 하고, 바닥은 벽보다 어두운 색을 사용해서 안정감 있게 한다.

01 디자인의 기본요소 중 기하학적 정의로 볼 때 크기와 방향성이 없고 위치만 가지는 요소는?

① 점 　　　　　② 선
③ 면 　　　　　④ 형태

🔓힌트 선은 방향성, 면은 크기나 깊이를 나타낼 수 있다.

02 거리가 가까운 두 점 사이에서 발생되는 느낌으로 적절한 것은?

① 연속성 　　　② 공간의 확장
③ 당기는 힘 　　④ 시각적 착시현상

🔓힌트 점이 하나일 경우 시선이 집중되는 효과를 나타내고, 두 개인 경우 다음과 같은 효과를 나타낸다.

03 디자인 요소 중 면에 대한 설명으로 올바른 것은?

① 위치만 나타낸다.
② 점이 모여 만들어진 요소이다.
③ 선이 이동한 궤적이다.
④ 입체적인 느낌을 준다.

🔓힌트 면은 점의 확대나 선의 이동 등으로 생겨나고 형태(입체)를 절단해도 나타날 수 있다.

04 안정, 평화, 단조로움과 같은 느낌을 주는 선은?

① 수직선 　　　② 수평선
③ 곡선 　　　　④ 와선

해설 • 수평선 : 평화, 고요, 안정, 침착 등의 느낌을 준다.
• 수직선 : 엄숙, 고결, 상승, 숭배, 권위, 희망 등의 느낌을 준다.
• 사선 : 불안, 운동감, 반항 등 동적인 느낌을 준다.
• 기하곡선 : 포물선은 속도감, 쌍곡선은 단순 반복, 와선은 동적인 느낌이 강하다.

05 사선이 주는 느낌과 거리가 먼 것은?

① 활동적 　　　② 흥미유발
③ 불안 　　　　④ 평화

🔓힌트 사선은 불안, 운동감, 반항 등 동적인 느낌을 준다.

06 엄숙함, 종교적, 상승감 등을 줄 수 있는 형태의 선은?

① 수직선 　　　② 수평선
③ 자유곡선 　　④ 포물선

🔓힌트 교회나 성당의 내·외부는 종교적 엄숙함을 위해 높게 설계한다.

07 실내분위기를 활동적이면서 부드러운 분위기를 연출하기 위해서 사용되는 선은?

① 수직선 　　　② 수평선
③ 곡선 　　　　④ 사선

🔓힌트 곡선은 여성적이면서 부드러운 느낌과 우아하고 흥미로운 느낌을 준다.

08 기념비적인 큰 공간에서 가장 많이 느낄 수 있는 것은?

① 평화 　　　　② 엄숙
③ 구속 　　　　④ 부드러움

Part 1

09 다음 선의 유형 중 가장 동적이고 유연한 느낌을 주는 선은?

① 수직선　　　② 수평선

③ 곡선　　　　④ 사선

[기하곡선]　　　　[자유곡선]

10 다음 내용 중 선의 느낌으로 잘못된 것은?

① 수직선-남성적인 느낌과 상승감을 준다.

② 수평선-서정적이면서 안정감을 준다.

③ 사선-강하고 엄숙한 느낌을 준다.

④ 곡선-여성적이면서 부드러운 느낌을 준다.

11 조형요소에 대한 설명으로 옳지 않은 것은?

① 곡선-속도감과 동적인 우아함

② 곡면-부드럽고 동적인 느낌

③ 자유곡면-자유롭고 풍부한 감정

④ 경사면-안정감과 평화로움

12 자연적인 형태와 가장 가까운 성격의 도형은?

① 다각형　　　② 자유곡면형

③ 타원형　　　④ 원형

13 자연적인 생물이 지니고 있는 구조와 형태를 변형시킨 것으로 친근한 느낌을 주는 형태는?

① 현실적 형태　　　② 이념적 형태

③ 유기적 형태　　　④ 창의적 형태

14 점, 선, 면이 구성하는 외형적인 모양을 무엇이라 하는가?

① 형　　　　　② 종

③ 양　　　　　④ 감

15 형의 지각심리 중 유사한 배열로 구성된 형들이 방향성을 지니고 연속되어 보이는 하나의 그룹으로 지각되는 법칙은?

① 공동운명의 법칙　② 유사성의 법칙

③ 근접성의 법칙　　④ 배경의 법칙

16 루빈의 항아리처럼 배경과 도형이 반전되어 보이나 동시에 인지할 수 없는 현상은?

① 공동운명의 법칙

② 유사성의 법칙

③ 근접성의 법칙

④ 배경의 법칙

해설 배경의 법칙: 루빈의 항아리처럼 배경과 도형이 반전되어 보이나 동시에 인지할 수 없는 현상을 말한다.

해설 황금비: 선이나 면을 둘로 나누었을 때 작은 부분과 큰 부분의 비와 큰 부분과 전체의 비가 1:1.618이 되는 비

17 다음 그림으로 알 수 있는 착시현상은?

① 대비에 의한 착시
② 면적에 의한 착시
③ 길이에 의한 착시
④ 위치에 의한 착시

힌트 좌측의 그림은 세로선이 길게 보이며, 우측은 두 번째 선이 길어 보인다.

18 디자인 요소 중 3차원의 입체적 형상을 뜻하는 요소는?

① 선   ② 면
③ 형   ④ 형태

힌트 선, 면, 형은 2차원적인 평면요소로 볼 수 있다.

19 방사형 균형과 거리가 먼 형태는?

① 우산   ② 나선형 계단
③ 기차   ④ 자전거 바퀴

힌트 방사란 중심으로부터 퍼져나가 확장되는 것을 뜻한다.

20 고대 그리스인들이 창안한 분할방식으로 선이나 면을 둘로 나누었을 때 작은 부분과 큰 부분의 비와 큰 부분과 전체의 비가 동일한 비율은?

① 황금비-1:1.618
② 상가수열비-1:1.618
③ 황금비-1:1.681
④ 상가수열비-1:1.681

21 앞의 두 수의 합이 다음 수의 합이 되는 것으로 다음 그림과 같은 배열은?

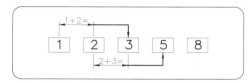

① 정수비   ② 피보나치 수열
③ 등차수열   ④ 등비수열

해설 상가수열비(피보나치 수열): 앞의 두 수의 합이 다음 수가 되는 배열로 이탈리아의 피보나치가 발견하였다. 이 배열은 1, 2, 3, 5, 8, 13, …순으로 배열

22 A4 용지의 가로, 세로 비율로 올바른 것은?

① 정수비   ② 루트비
③ 등차수열비   ④ 등비수열비

힌트 A열 용지크기의 비율은 $1:\sqrt{2}$ 다.

23 건축의 공업화와 대량생산을 위한 치수나 단위를 뜻하는 것은?

① 비례   ② 비율
③ 척도   ④ 모듈

힌트 모듈은 건축의 공업화와 대량생산을 위한 치수나 단위, 척도를 뜻한다.

24 실내공간을 디자인하는 데 있어 리듬감을 주기에 가장 좋은 것은?

① 강조   ② 대칭
③ 반복   ④ 조화

힌트 리듬은 요소의 규칙적인 반복으로 만들어내는 운동감으로 반복, 점층, 억양, 대비(대립), 방사 등이 있다.

정답 17. ③ 18. ④ 19. ③ 20. ① 21. ② 22. ② 23. ④ 24. ③

25 규칙적인 요소들의 반복으로 질서 있는 운동감을 주는 것은?

① 비례   ② 균형
③ 리듬   ④ 조화

해설 • 비례 : 부분과 부분, 부분과 전체의 수량적인 관계나 크기의 관계
• 균형 : 인간의 시각적 주의력으로 느끼는 무게감의 평형을 의미
• 리듬 : 요소의 규칙적인 반복으로 만들어내는 운동감
• 조화 : 두 개 이상의 디자인 요소가 자연스럽게 결합하여 상호 간에 공감을 가져오는 효과

26 디자인 요소 중 강조의 설명으로 잘못된 것은?

① 주택의 거실에서 초점이 되는 대상은 벽난로와 응접세트이다.
② 실내에서의 강조란 흥미와 관심의 초점이다.
③ 강조란 시각적으로 중요한 것과 그렇지 않은 것을 구분하는 것이다.
④ 강조는 공간에서 통일감과 질서감을 줄 수 없다.

힌트 강조는 색채, 형태, 질감이 시각적으로 중요한 것과 그렇지 않은 것을 구분한다.

27 조화의 설명으로 잘못된 것은?

① 조화란 둘 이상의 다른 요소가 결합하여 미적효과를 주는 것이다.
② 조형에서는 형태와 색채의 조화됨을 뜻한다.
③ 전혀 다른 성질의 요소들을 한 공간에 배열하는 것이다.
④ 그리스어의 "harmonia"에서 유래한 뜻이다.

힌트 조화(harmony) : 두 개 이상의 디자인 요소(선, 면, 형 등)가 동일한 영역에서 서로 다른 성격을 미적으로 자연스럽게 결합하여 상호 간에 공감을 가져오는 효과

28 실내공간의 디자인 주제와 관련 깊은 디자인 원리는?

① 강조   ② 대칭
③ 반복   ④ 조화

힌트 강조를 통해 흥미나 관심의 초점을 만들어 공간의 주제를 부각시킬 수 있다.

29 건축에서 동일한 크기의 창과 문이 연속되어 배치되는 것은 형태 구성 중 무엇에 해당되는가?

① 리듬   ② 조화
③ 균형   ④ 통일

힌트 통일 : 색, 형태, 재료 등이 질서를 가지며 조화롭게 통합되어 하나된 느낌을 주는 것

30 실내에 사용되는 색채 계획으로 거리가 먼 것은?

① 넓은 면적인 벽은 바닥보다는 밝은 색을 선택한다.
② 천장은 명도가 낮은 색으로 하여 무게감과 안정감을 준다.
③ 실내에 명도가 높은 색을 사용해 밝고 시원한 느낌을 준다.
④ 바닥은 벽보다 어두운 색으로 하여 안정감을 준다.

힌트 일반적인 실내의 천장은 벽보다 밝은 색을 사용해서 가볍게 하고, 바닥은 벽보다 어두운 색을 사용해서 안정감 있게 한다.

31 실내디자인에서 실의 크기, 가구의 크기를 결정하는 기준이 되는 것은?

① 공간의 용도   ② 사용 인원
③ 인체척도   ④ 모듈

힌트 실내디자인에서 공간의 규모, 가구의 크기는·휴먼스케일을 기준으로 한다.

정답 25.③ 26.④ 27.③ 28.① 29.④ 30.② 31.③

실내디자인의 요소

03

SECTION 1 바닥, 천장, 벽

(1) 바닥

❶ 바닥의 특징

- 공간을 구성하는 기본적인 수평적 요소로, 공간 전체의 디자인에 영향을 준다.
- 건축구조물에서 생활공간을 떠받쳐 지탱하고 추위와 습기를 차단한다.
- 천장과 벽에 비해 양식에 대한 변화가 적다.

❷ 바닥의 기능

- 가구를 배치하는 데 있어 기준면이 된다.
- 공간의 형태와 크기를 결정한다.
- 실내공간을 형성한다.

❸ 바닥의 형태

- 바닥의 단차가 없는 경우 연속성이 있어 공간이 넓어 보이고 안정적이다.

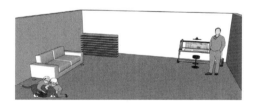

- 바닥의 단차가 있는 경우 심리적인 변화를 주어 공간의 기능 및 성격을 구분하는 효과가 있다.

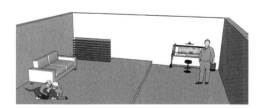

④ 바닥의 재료

바닥의 재료는 보행이나 가구의 이동 등에 의해 쉽게 마모되고 오염되기 쉬우므로 내구성이 우수하고 유지관리가 용이해야 한다.

(2) 천장

① 천장의 특징

건축물 상부의 구조나 외기로부터 사람이나 실내를 보호한다.

② 천장의 기능

- 실내공간의 분위기를 결정하는 수평적 요소로, 빛, 소리, 열환경을 조절한다.
- 천장 형태에 따라 공간의 음향에 큰 영향을 준다.

③ 천장의 종류

천장은 공간의 기능에 따라 크게 평형 천장, 경사형 천장, 높은 천장으로 구분되며, 천장을 높게 구성하면 공간에 확장감을 준다.

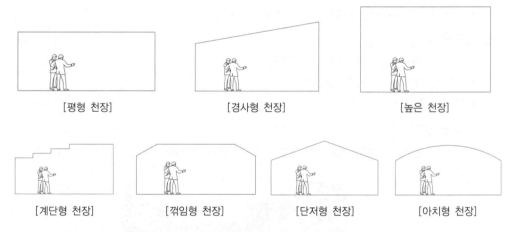

[평형 천장]　　　　[경사형 천장]　　　　[높은 천장]

[계단형 천장]　　　[꺾임형 천장]　　　[단저형 천장]　　　[아치형 천장]

④ 천장의 재료

천장의 재료는 자중이 무거운 석재를 제외한 대부분의 재료로 구성이 가능하다. 합판, 금속판, PVC, 섬유판 등 목적과 기능에 따라 다양한 재료가 사용된다.

(3) 벽

① 벽의 특징

벽은 바닥과 천장을 이어주는 수직적인 요소로, 공간의 구분, 형태, 크기를 결정한다.

② 벽의 기능

- 천장과 바닥을 구조적으로 지지한다.
- 개구부(창, 문)를 포함하여 내부와 외부를 연결한다.
- 벽의 높이에 따라 심리적·시각적으로 공간을 분리하고 프라이버시를 확보한다.
- 외부로부터 바람, 소리, 열의 이동 등을 차단하고 제어한다.

③ 벽의 종류

벽은 외기와 접해 있는 외벽과 각 실을 구분하는 내벽으로 구분된다. 외벽은 외부환경으로부터 실내공간을 보호하고, 내벽은 주로 실내공간을 구분하는 것으로 기능적 목적에 따라 다양하게 구성된다.

④ 벽의 재료

- 목재 : 다양한 무늬와 색상을 나타낼 수 있어 많이 사용된다. 반드시 내화처리를 한 후 사용해야 한다.
- 벽판 : 공장에서 생산한 것으로 가볍고 값이 저렴하다.
- 유리 : 유리벽, 창문과 같이 한쪽 벽에 사용하며 실내공간을 주변 환경에 개방시키는 데 사용한다.
- 플라스틱 : 라미네이트 패널이 사용된다. 유지관리가 용이하고 차음 효과가 있다.

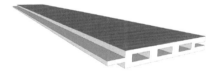

[라미네이트 패널]

- 벽 마감재료 : 회반죽, 벽지, 페인트, 직물 등 다양한 재료를 바르거나 붙여 실내공간의 분위기를 연출할 수 있다.

⑤ 벽 높이에 따른 효과

- 상징적 경계 : 높이 600mm 이하의 낮은 벽이나 가구, 담장으로 두 공간을 상징적으로 구분할 수 있다.

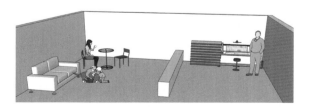

- 시각적 개방 : 높이 1,200mm 정도의 칸막이로 커피숍, 레스토랑에 사용하면 시각적으로 구분되면서 편안한 공간을 형성할 수 있다.

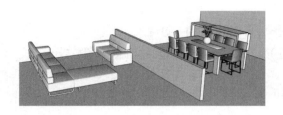

- **시각적 차단** : 높이 1,800mm 정도의 벽으로 공간이 시각적으로 완전히 차단되어 프라이버시를 보호할 수 있다.

(1) 기둥

❶ 기둥의 특징
- 공간을 구성하는 수직적 요소로 다양한 크기와 형상이 있다.
- 공간에서 하중을 지지하는 구조적 요소 또는 상징적이거나 강조적인 요소로 사용된다.
- 건축물의 주요 구성요소로서 바닥판과 같은 가로재의 하중을 받아 기초로 전달한다.

❷ 기둥의 종류
- 실내 한가운데에 있는 기둥은 위치에 따라 공간의 흐름과 동선에 변화를 준다.
- 두 개 이상의 기둥은 시간적·공간적 연속성을 유지하며 영역의 분류와 제한 및 동선을 유도하고 방향성을 나타낸다.
- 모서리에 부착된 기둥은 영역을 강조해 입체적 형태를 구성하고 형태나 리듬, 비례에 관계한다.

❸ 기둥에 의한 공간의 영역 구분
- 나란하지 않은 3개 이상의 기둥은 눈에 보이지 않는 막을 형성하여 공간 안의 또 다른 영역을 규정한다.

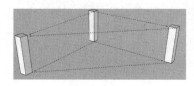 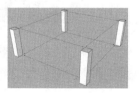

- 2개 이상의 나란한 기둥은 시각적으로 기둥 열을 기준으로 공간의 막을 형성한다. 3개 이상의 기둥은 강한 방향성을 제시한다.

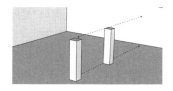 

- 공간 속에 위치한 하나의 기둥

공간의 크기 및 기둥의 위치에 따라 형태가 다른 위계적 공간을 형성한다.

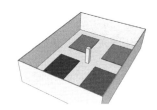 

(2) 보

❶ 보의 특징

상부의 하중을 기둥에 전달하는 수평적 요소로 공간에 미치는 영향은 적지만 보를 노출시켜 리듬감을 주고 개성을 나타낼 수 있다. 천장 및 조명계획에 있어서는 제한적인 요소로 작용한다.

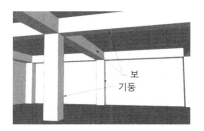

SECTION 3 개구부, 문, 아치, 창문, 통로

(1) 개구부

개구부는 창이나 문을 내거나 출입하기 위해 벽의 일부를 비워 놓은 부분을 총칭하는 것으로, 실내공간의 분위기나 성격을 나타내는 중요한 요소이다. 개구부의 위치와 크기에 따라 가구의 배치 및 동선에 영향을 준다.

(2) 문

❶ 문의 크기

일반적인 출입문의 크기는 900mm×2,100mm(폭×높이)로 하며 실의 유형이나 출입 빈도에 따라 결정된다(창호의 크기는 개폐되는 부분뿐만 아니라 틀 전체를 포함한다).

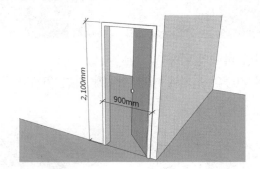

❷ 문의 기능

• 사람이나 사물이 출입하고 공간을 연결한다.
• 문은 동선을 결정하고 가구 배치에 결정적인 영향을 준다. 주요 가구는 출입구에서 멀리 두는 것이 좋다.
• 전망이 좋거나 내·외부의 상황을 파악해야 하는 공간은 투명한 재료를 사용하고, 프라이버시가 확보되어야 하는 공간은 불투명한 재료를 사용한다.

❸ 재료에 따른 분류

• 목재문 : 울거미를 짜고 중간살을 30cm 이내로 대어 양면에 합판을 붙인 플러시문과 울거미를 짜고 중간에 합판이나 유리를 끼운 양판문이 있다.

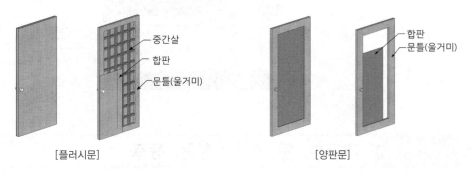

[플러시문]　　　　　　　　　　　　　　　　[양판문]

• 유리문 : 채광과 시각적인 개방감이 필요한 곳에 사용된다. 복층유리와 접합유리는 방음과 단열이 필요한 공간에 사용되고, 강화유리는 출입이 잦은 공간에 사용된다.
• 철재문 : 차갑고 딱딱한 느낌을 주는 문으로, 화재를 막기 위한 방화문과 도난을 방지하기 위한 곳에 사용된다.

❹ **개폐형식에 따른 분류**

- **미닫이문** : 위쪽과 아래쪽에 홈을 내어 벽의 옆쪽이나 벽 속으로 밀어서 여닫는 형식이다. 밀폐가 되지 않아 방음 · 방서 · 방한에 좋지 않다.

- **미서기문** : 거실의 분합문과 같이 한쪽을 밀면 다른 한쪽으로 포개지는 형식으로 슬라이딩 도어라고도 한다. 시공이 용이하고 가격이 저렴하여 널리 사용된다.

- **여닫이문** : 가장 일반적인 문으로 한쪽에 경첩이나 힌지를 달아 한쪽으로 여닫으며, 문골이 1m를 넘는 경우 쌍여닫이 구조로 한다. 문을 열고 닫을 때 실내 바닥의 유효면적을 차지해 가구 등 집기를 배치할 수 없는 단점이 있다.

- **자재문** : 자유경첩을 달아 안쪽과 바깥쪽으로 자유롭게 여닫는 문으로 상가 등 출입이 잦은 공간에 설치되며 스윙 도어라고도 한다.

- **주름문** : 접이문, 아코디언 도어, 폴딩 도어라고도 불리며, 칸막이, 간이문 및 커튼 대신 사용된다.

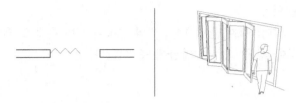

- 회전문 : 대형건물에서 출입구의 통풍이나 기류를 방지하기 위한 문으로 출입 인원의 조절이 가능하다.

(3) 아치

아치는 형태에 따라 평아치, 고형아치, 반원아치, 첨두아치 등으로 나누어지며, 구조 및 용도에 따라 빗아치, 역아치, 정빗아치, 정아치로 나뉜다.

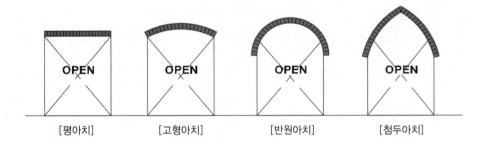

(4) 창문

❶ 창문의 기능
- 창은 채광, 환기, 조망 등의 다양한 역할을 한다.
- 실내와 실외공간을 시각적으로 연결한다.
- 창은 실내의 조명계획과 직접적인 관련이 있다.
- 공간의 유형이나 목적에 따라 모양과 크기를 정한다.

❷ 위치에 따른 창의 분류
- 측창은 벽면에 낮게 설치되어 개폐 및 유지관리가 용이하지만 조도의 분포가 균일하지 못하다.

- 고창은 천장과 가까운 높은 위치에 수직으로 설치되는 창으로, 주로 환기를 목적으로 한다.
- 정측창은 측창 채광이 어려운 경우나 실의 조도를 높이기 위해 사용된다.
- 천창은 지붕면에 수평으로 설치되는 창으로, 채광효과가 가장 우수하고 조도의 분포가 균일하나 시야가 차단되어 폐쇄된 분위기가 되기 쉽다.

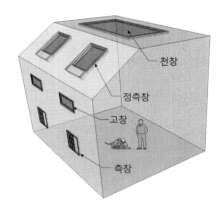

❸ 개폐형식에 따른 창의 분류

- 고정창(붙박이창) : 열리지 않아 채광만 가능한 창으로, 바닥부터 천장까지 닿는 픽처 윈도, 벽면 전체를 창으로 한 윈도 월, 벽면에서 돌출시킨 베이 윈도 등이 있다.
- 이동창 : 개폐가 가능하여 환기와 채광이 가능한 창으로, 개폐형식에 따라 미서기창, 미닫이창, 여닫이창, 오르내리창, 들창 등이 있다.

창					
창 일반	일반		회전창		
여닫이창	외여닫이창		붙박이창 (고정창)		
	쌍여닫이창		망사창		
미닫이창	외미닫이창		셔터 달린 창		
미서기창	두 짝 미서기창		오르내리창		
	네 짝 미서기창		미들창		

❹ **창문의 처리**

창문에 프라이버시, 조망, 조명, 환기, 냉난방을 보완하기 위해 설치된다.
- **가리개** : 햇빛을 차단하고 프라이버시를 확보하는 기능으로 로만 셰이드, 롤 셰이드 등이 사용된다.
- **커튼** : 휘장의 가장 합리적이고 대중적인 형태로 보온, 프라이버시의 확보, 열과 빛의 양을 조절한다.
- **루버** : 유리창 전면에 평평한 부재를 설치해 일조의 조절과 환기를 가능하게 하는 것으로, 격자형·수평형·수직형 등이 있다.

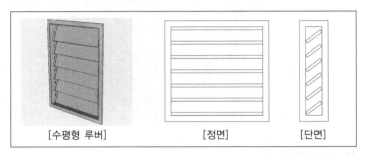

| [수평형 루버] | [정면] | [단면] |

- **블라인드** : 촘촘한 면으로 구성된 날개의 각도를 조절해 일광·조망 등을 조절하는 장치로, 롤 블라인드, 로만 블라인드, 수직(버티컬) 블라인드, 수평(베니션) 블라인드 등이 있다.

구분		특징
롤 블라인드	[롤 블라인드]	롤에 말리면서 감김
로만 블라인드	[로만 블라인드]	주름과 층이 지면서 감김
수직(버티컬) 블라인드	[수직(버티컬) 블라인드]	• 좌우 개폐(출입 가능) • 산만해 보일 수 있음
수평(베니션) 블라인드	[수평(베니션) 블라인드]	• 시각적 안정감 • 날개에 먼지가 쉽게 쌓임

❺ **창문 계획 시 주의사항**
- 조명과 프라이버시 확보를 고려한다.
- 자연채광을 활용한다.
- 실내의 환기효과를 고려해야 한다.
- 냉·난방을 고려하여 창의 방향과 위치를 결정한다.
- 유지관리, 기구와 가구배치를 고려해야 한다.

(5) 통로

❶ **통로의 특징**
- 통로는 연결공간으로 공간구성과 밀접하게 관련된다.
- 통로의 폭과 높이는 통로의 유형과 통행량에 따라 결정된다.
- 모든 통로는 선으로 구성되며, 직선통로는 연속공간을 위한 최우선의 구성 형태이다.

❷ **통로의 종류**
- 계단, 경사로 : 계단과 경사로는 공간과 공간을 수직적으로 이어주는 통로로, 건축법규에 의해 단의 높이와 너비, 난간의 설치, 계단참 등이 규정되어 있다.

[장소에 따른 계단의 형식]

장소	초등학교	중·고등학교 판매, 관람시설 등 유사한 용도의 건축물	주택
단의 높이 (챌판)	160mm 이상	180mm 이하	230mm 이하
단의 너비 (디딤판)	260mm 이상	260mm 이상	150mm 이상
계단 및 계단참의 높이	1,500mm 이상	1,500mm 이상	–

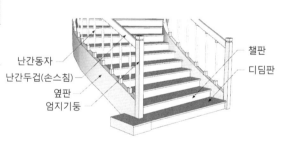

난간동자
난간두겁(손스침)
옆판
엄지기둥
챌판
디딤판

- 복도 : 성격이 같거나 다른 공간을 평면적으로 연결하고 각 공간이 독립적으로 유지되도록 분리시킨다. 복도의 폭은 통행량, 목적, 공간의 성격 등에 따라 결정된다.
한쪽 복도인 경우 통로 폭은 0.9~1m 정도이어야 하며 통행이 많은 경우 1.3~1.4m가 필요하다.

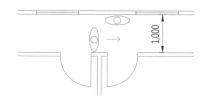

1,000

중간 복도인 경우 1.6m 정도가 필요하며 3명이 엇갈리는 경우를 고려하여 2m 이상으로 하는 것이 좋다.

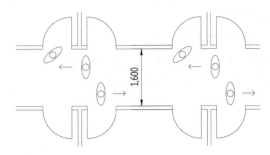

- **홀** : 동선이 교차하는 중앙의 넓은 통로공간으로, 동선을 집중시키거나 분산시킨다.
- **출입구** : 외부와 내부를 서로 연결하는 통로로, 건물의 첫인상을 주는 파사드(façade) 역할을 한다.

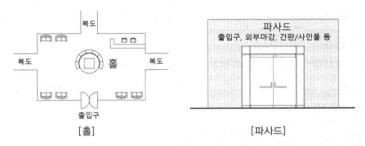

[홀] [파사드]

(1) 조명

태양빛이 아닌 조명기구의 인공적인 빛을 사용하여 실내 및 실외 공간을 밝히는 것을 말한다. 인공의 조명기구를 사용하므로 밝기를 균일하고 일정하게 유지시킬 수 있다. 조명은 실내는 물론이고 실외 환경에서 전문적인 분야로, 현대사회에서 업무, 가정생활 등 다양한 활동을 야간에도 가능하게 하고 쾌적한 환경을 갖추는 데 있어 중요한 요소이다.

❶ 조명설계

조명은 명도, 노출시간, 눈부심, 대비의 4가지 요소를 기준으로 다음과 같은 순서로 설계한다. 조명기구는 사용하고자 하는 공간의 목적, 조화, 유지관리, 안정성 등을 고려하여 선택한다.

- 조명설계의 과정

> 소요조도 결정 → 광원(전등) 종류 결정 → 조명방식 및 기구 결정 → 광원 수량 결정 및 배치
> → 광속계산 → 검토

(2) 조명의 분류

❶ 조명배치에 따른 분류

구분	특징	장소
국부조명	필요한 영역, 작업면 등 공간의 일부분을 고조도로 비추는 방식으로 부분조명이라고도 한다.	백화점, 쇼핑센터 등 효과적인 연출이 필요한 공간에 사용된다.
전반조명	공간 전체를 균일한 조도로 비추는 방식으로 전체조명이라고도 한다.	사무실, 작업실, 전시판매 공간에 효과적이다.
전반국부병용조명	전반조명과 국부조명을 혼합한 방식으로 혼합조명이라고도 한다.	레스토랑과 같은 공간에 사용된다.
장식조명	조명기구가 장식품이나 예술품처럼 공간의 분위기를 돋보이게 하는 조명이다.	크리스마스트리, 펜던트, 샹들리에, 브래킷 등이 있다.

❷ 기구에 의한 조명의 종류

- 천장매입형 : 특수한 장소나 일부분을 강조하는 데 사용된다.

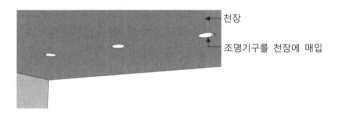

- 벽부형(브래킷) : 조명기구를 벽에 부착시켜 간접조명이나 장식적인 목적으로 사용된다.

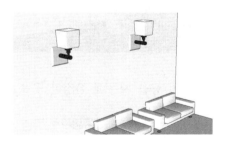

• **이동형** : 이동이 가능한 조명기구로 바닥에 두는 플로어 스탠드와 테이블 스탠드로 구분하여 사용된다.

• **직부형(실링라이트)** : 천장면에 부착되는 일반적인 조명기구로 가장 많이 사용된다.

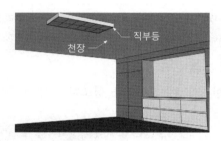

• **펜던트** : 천장에 매달아 늘어뜨린 조명기구로 공간에 포인트를 주기 위해 사용된다.

• **스포트라이트** : 할로겐 광원 등을 사용해 특정한 곳을 집중 조명하기 위해 사용된다.

❸ 배광방식에 따른 분류

구분	형태	특징
직접조명	상향 : 0~10%, 하향 : 90~100%	조명효율이 좋고 설비비용이 저렴하다. • 밝고 어두운 정도의 차이가 작다. • 천장면의 반사영향이 작다.
반직접조명	상향 : 10~40%, 하향 : 60~90%	• 조명효율이 좋고 설비비용이 저렴하다. • 밝고 어두운 정도의 차이가 작다. • 천장면의 반사영향이 작다.
전반확산조명 (직간접조명)	상향 : 40~60%, 하향 : 40~60%	
반간접조명	상향 : 60~90%, 하향 : 10~40%	직접조명과 간접조명의 중간 정도의 효율과 밝기이다.
간접조명	상향 : 90~100%, 하향 : 0~10%	조도가 가장 균일하고 음영이 적지만 효율은 가장 좋지 않다.

(3) 건축화 조명

건축의 일부분인 기둥, 벽, 천장, 바닥과 일체가 되어 빛을 발산하는 조명을 말한다.

❶ 건축화 조명의 장점
- 빛의 발광면을 넓게 할 수 있다.
- 동선 유도 등 기능적으로도 사용될 수 있다.
- 조명설비가 보이지 않아 세련된 느낌을 준다.

❷ 건축화 조명의 단점
- 설비비용이 많이 든다.
- 유지보수가 용이하지 않다.

❸ 건축화 조명의 종류

• **코브 조명** : 천장이나 벽 상부에 광원이 설치되는 선반을 두어 균일한 휘도를 갖는 조명방식이다.

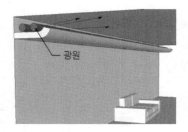

• **코니스 조명** : 벽과 천장이 만나는 모서리 부분에 광원을 길게 심어 넣은 건축화 조명방식이다.

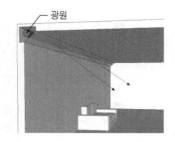

• **광천장 조명** : 천장면에 넓게 배치하는 건축화 조명방식이다.

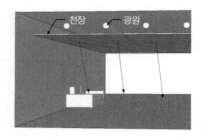

• **루버 조명** : 천장면에 루버를 설치해 빛을 확산시키는 조명방식이다.

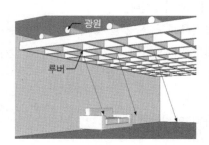

• **캐노피 조명** : 벽면, 천장면으로부터 돌출되어 하향으로 비추는 방식이다.

• **밸런스 조명** : 커튼과 같은 형태로 벽의 상부나 벽에 설치되는 방식으로, 코브조명(하향)과 코니스조명(상향)의 효과를 얻을 수 있는 방식이다.

• **광창 조명** : 벽면 전체 또는 일부분을 광원화하는 방식이다.

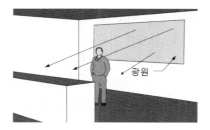

❹ **기타 조명**

• **작업환경조명** : TAL(Task Ambient Lighting)로 불리는 조명방식으로, 작업대(가구)와 조명을 일체화시켜 작업에 필요한 밝기를 확보하는 방식이다.

가구(家具)는 집안에서 사용되는 기구로 장롱, 책장, 테이블, 의자 등 사람이 살아가는 데 있어 휴식, 작업, 수납 등에 꼭 필요한 생활도구이다.

(1) 가구의 기능

① 가구는 공간을 창조하고 인간생활에 편리성을 부여한다.
② 휴식, 작업, 수납의 기능을 가지면서 공간의 미적 효과를 증대시킨다.
③ 가구는 크게 공간적 · 인간적 · 환경적 · 사회적 기능으로 구분된다.

(2) 가구의 분류

가구는 기능, 용도, 구조, 재료에 따라 분류된다.

❶ 기능(인체동작)에 따른 분류

- 인체계 가구(인체지지) : 사람의 몸을 직접적으로 받쳐주어 휴식을 취하거나 장시간의 작업에 따른 피로를 풀 수 있는 가구로, 소파, 휴식용 의자, 작업용 의자, 침대 등이 있다. 인체계 가구는 인체와 많은 부분이 닿으므로 쿠션, 기울기, 크기, 높이 등을 고려해야 한다.
- 준인체계 가구(작업) : 인간의 동작에 보조적인 수단이 되는 가구로, 작업대, 책상, 테이블, 싱크대, 카운터 등이 있다. 인체계 가구에 비해 인체가 닿는 면적이 적다. 작업의 능률을 올릴 수 있도록 가구의 높이, 면적, 크기를 고려해야 한다.
- 건축계 가구(수납) : 물건을 저장 및 보관하기 위한 셸터계 가구로, 선반, 장(옷장, 신발장, 수납장, 책장), 서랍장 등이 있으며 사용빈도, 용적, 공간에서의 중요도에 따라 위치가 결정된다.

❷ 구조에 따른 분류

- 가동 가구 : 소파, 식탁, 책상, 장식장 등 일반적인 가구로 위치 이동이 가능한 가구
- 붙박이 가구 : 신발장, 주방의 싱크대와 같이 건축물에 고정시킨 가구로, 건축공사 시 병행해서 제작한 가구(건축물에 내장된 가구라고 하여 흔히 빌트인 가구라고 한다.)
- 조립식 가구 : 모듈러 가구, 시스템 가구로도 불리는 가구. 일정한 모듈을 적용해 형태와 크기의 변형이 자유롭고 부품의 교환이 용이한 가구로 사무용 · 교육용 책상이나 장식장과 같은 수납장에 많이 활용된다.

❸ 용도에 따른 분류

- 주거용도 : 가정에서 사용되는 일반적인 가구로, 침대, 화장대, 소파, 장, 테이블, 책상, 책장, 의자 등이 있다. 주거용 가구는 사용자의 성향에 맞는 기능과 장식성을 두루 겸비해야 한다.

- **상업용도** : 영업을 목적으로 사용되는 가구로, 매장의 카운터, 진열대, 장식장 등이 있다. 상업용 가구는 영업의 이익을 증대시킬 수 있도록 기능은 물론 시각적인 특징과 개성을 나타낼 수 있어야 한다.
- **공공용도** : 공공기관에서 많은 사람들이 공동으로 사용하는 가구로, 벤치, 사물함, 작업대 등이 있다. 공공의 목적으로 사용되는 만큼 장식보다는 기능과 편의성, 내구성 등을 우선해야 한다.

(3) 가구의 배치

가구는 사용목적에 따라 배치하지만 일반적으로 벽에 붙여서 배치한다. 배치되는 공간에서 시각적·기능적·심미적 균형을 고려하되 기능적인 부분이 가장 중요시되어야 한다. 또한 가구의 배치는 공간의 규모와 형태, 개구부의 위치와 크기에 유의해야 하며, 사용자의 성향에 맞추어야 한다.

❶ 집중배치와 분산배치

집중배치는 형식적인 배치로 공간을 적게 차지하고 동선이 짧아서 업무적인 공간에 적절하다. 분산배치는 공간의 크기와 형태를 활용해 개성적이며 자유로운 분위기를 연출할 수 있으나 공간의 활용도가 낮다.

❷ 거실가구의 배치(소파와 테이블)

- **대면형** : 테이블을 중심으로 서로 마주보게 하는 방식으로 대화에 집중하기 용이하다.
- **코너형(ㄱ자형)** : 소파를 두 벽이 만나는 코너에 배치하는 방식으로 시선이 마주치지 않게 하여 어색함을 해소하고 안정감을 준다.

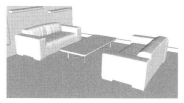
[대면형]

[코너형]

(4) 가구의 유형

❶ 의자

의자는 작업, 휴식, 대화 등 실의 목적과 용도에 맞는 다양한 종류로 구성된다.

- **라운지 체어(lounge chair)** : 공공건물이나 상점에서 사용자가 휴식을 취하거나 대화 등을 할 수 있는 소파이다.

- **바실리 체어(Wassily chair)** : 강철 파이프를 휘어 기본 골조를 만들고 가죽을 접합하여 좌판, 등받이, 팔걸이를 만든 의자이다.

강철 파이프
가죽

- **세티(settee)** : 팔걸이와 등받이가 있는 긴 안락의자로 대표적인 서양식 의자이다.

- **스툴(stool)** : 화장대의 의자처럼 등받이와 팔걸이가 없는 간이 의자이다.

- **오토만(ottoman)** : 스툴의 종류 중 편안한 휴식을 위해 발을 올려놓는 데 사용한다.

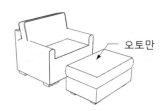

오토만

• 체스카 체어(Cesca chair) : 마르셀 브로이어가 디자인한 의자로, 강철 파이프를 구부려서 지지대 없이 만든 캔버터리식 의자('체스카'는 마르셀 브로이어의 딸 이름을 딴 것이다.)이다.

• 체스터필드(chesterfield) : 겉천을 깔아 누빈 서양식 소파로 등받이와 팔걸이 높이가 같다.

• 카우치(couch) : 침상을 겸하는 긴 의자를 말한다. 소파와 침대의 중간 형태로 등받이나 한쪽 팔걸이가 없어 누워서 휴식을 취할 수 있다.

• 풀업체어(pull-up chair) : 가벼운 재료로 제작되어 필요한 곳으로 이동해 사용되는 의자를 말한다.

• 라운지 소파(lounge sofa) : 상반신을 편안히 기댈 수 있도록 기울어진 소파이다.

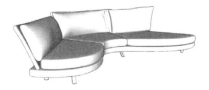

❸ 침대

침대는 인체가 닿는 면적이 가장 넓은 개인적인 가구로, 충분한 휴식을 취할 수 있도록 편안하고 안락해야 한다. 취침 시 체온이 유지되고 바닥의 습기로부터 보호되어야 한다.

• 침대 유형과 규격

유형	규격(너비×길이) [mm]
싱글(S)	1,000 × 2,000
슈퍼싱글(SS)	1,100 × 2,000
더블(D)	1,350 × 2,000
퀸(Q)	1,500 × 2,000
킹(K)	1,600 × 2,000
라지킹(LK)	1,700 × 2,000
킹오브킹(KK)	1,800~2,000 × 2,000

• 트윈베드 : 2인용 침대 대신에 1인용 침대 2개를 배치한 형식이다.

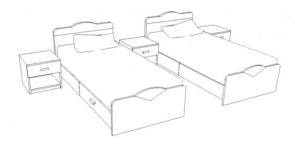

❹ 테이블

테이블은 준인체계 가구로 책상, 작업대, 식탁, 화장대, 나이트테이블, 다과용 테이블 등이 있다.

• 4인용 식탁의 규격

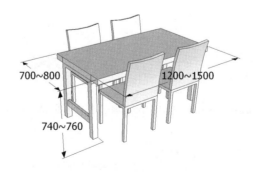

• 일반 책상의 규격

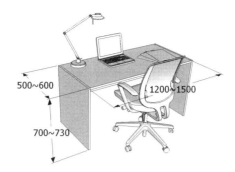

❺ 수납가구

물건을 보관하거나 정리할 수 있는 가구로, 수납 목적에 따라 문이 없는 선반 형식과 문이 달려 이동이 가능한 장 형식으로 구분된다.

• **선반** : 물건을 얹을 수 있도록 벽에 긴 널판을 대거나 여러 개의 널빤지로 층을 두어 만든 가구이다.

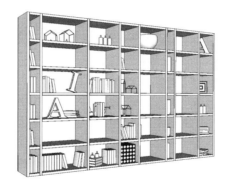

• **장** : 선반에 문을 달아 물건을 넣어두는 가구를 통틀어 이르는 말로, 옷장, 찬장, 책장 등이 있다.

❻ 전통가구

- **농** : 가장 일반적인 전통가구로 2층이나 3층으로 분리되는 상자모양의 장을 포개어 사용하는 가구를 말한다.

- **소반** : 식사나 다과 등 음식을 먹을 때 사용하는 작은 상이다.

- **함** : 작은 물건이나 소품 등을 보관하는 상자로 크기가 다양하다.

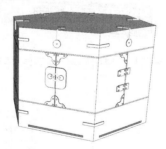

- **문갑** : 문서와 문구류를 보관하는 가구이다.

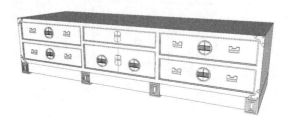

- 궤 : 윗면이나 앞면을 반으로 나누어 경첩을 달아 한쪽 반만 열리게 한 가구이다.

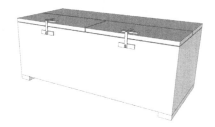

- 반닫이 : 옷, 책, 패물, 문서 등을 보관하는 큰 궤이다.

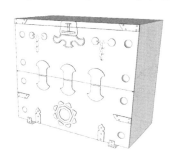

- 단층장 : 단층으로 만든 장이다.

(4) 가구의 재료

가구의 재료는 질감, 색채, 가공성, 친밀감 등을 고려했을 때 목재가 가장 이상적이며 우수하다.

❶ 금속

치밀하고 튼튼하게 제작할 수 있고, 파손의 우려가 적다.

❷ 플라스틱

가볍고 저렴한 가구를 대량으로 생산할 수 있다.

❸ 목재

재료의 공급, 가공성, 질감, 보존성 등이 우수하지만 화재와 부패에 취약하며, 시간이 경과함에 따라 뒤틀림, 쳐짐, 갈라짐 등이 발생할 수 있다.

01 실내디자인의 요소 중 바닥의 내용으로 볼 수 없는 것은?

① 천장과 벽에 비해 양식의 변화가 크다.
② 가구를 배치하는 데 있어 기준면이 된다.
③ 건축구조물에서 생활공간을 떠받쳐 지탱하고 추위와 습기를 차단한다.
④ 바닥의 단차가 없는 경우 연속성이 있어 공간이 넓어 보이고 안정적이다.

🔓**힌트** 바닥은 천장이나 벽에 비해 형태적인 디자인에 한계가 있다.

02 바닥의 재료를 선택하는 데 있어 옳지 않은 것은?

① 쉽게 마모되지 않아야 한다.
② 보행이나 가구의 이동에 오염이 적은 것이 좋다.
③ 구조재가 아니므로 내구성과 무관하다.
④ 유지관리가 용이해야 한다.

🔓**힌트** 바닥재는 보행과 가구 등의 집기가 이동되는 과정에서 마찰과 긁힘이 발생한다.

03 실내디자인 요소 중 건축물 상부의 구조나 외기로부터 실내를 보호하는 것은?

① 지붕   ② 천장
③ 기둥   ④ 보

🔓**힌트** 천장은 지붕이나 상부의 구조를 가려 외기로부터 실내공간을 보호하고 장식한다.

04 실내디자인 요소 중 바닥과 천장을 이어주는 수직적 요소로 공간을 구분하고 크기를 결정하는 것은?

① 바닥
② 실내공간
③ 벽
④ 기둥

🔓**힌트** 기둥은 수직적 요소이면서 공간을 구분할 수는 있으나 크기를 결정하지는 못한다.

05 천장의 기능적인 내용으로 옳지 않은 것은?

① 실내공간의 분위기를 결정하는 수평적 요소로 빛, 소리, 열환경을 조절한다.
② 천장은 공간의 기능에 따라 평천장, 경사천장, 높은 천장으로 구분된다.
③ 천장을 높게 구성하면 공간에 확장감을 준다.
④ 천장은 수평적 요소로 공간의 음향과는 무관하며, 열환경을 조절한다.

🔓**힌트** 극장이나 강당의 천장은 음향효과를 위해 곡면형태의 천장재를 사용한다.

06 천장을 구성하는 재료 중 가장 적절치 않은 것은?

① 석재   ② 합판
③ 금속판   ④ PVC

🔓**힌트** 천장재는 상부 구조에 고정되므로 하중이 큰 것은 적절하지 않다.

정답 1.① 2.③ 3.② 4.③ 5.④ 6.①

07 기둥에 의한 영역구분의 내용으로 옳지 않은 것은?

① 나란하지 않은 2개 이상의 기둥은 눈에 보이지 않는 막을 형성하여 공간 안의 또 다른 영역을 규정한다.

② 2개 이상의 나란한 기둥은 시각적으로 기둥 열을 기준으로 공간의 막을 형성한다. 3개 이상의 기둥은 강한 방향성을 제시한다.

③ 공간 속의 하나의 기둥은 공간의 크기 및 기둥의 위치에 따라 형태가 다른 위계적 공간을 형성한다.

④ 기둥은 벽과 같이 공간을 구분하면서 영역을 규정한다.

힌트 2개의 기둥이 나란히 배치된 경우 보이지 않는 막을 형성해 공간의 영역을 구분한다.

08 공간을 시각적으로 완전히 차단하여 프라이버시를 보호하는 벽의 높이는?

① 600 　　② 1,200

③ 1,500 　　④ 1,800

힌트 벽의 높이가 눈높이를 초과하면 시야가 차단된다.

09 건축물의 상부 하중을 기둥에 전달하는 수평적 요소로 천장 및 조명계획에 있어서 제한적으로 작용하는 것은?

① 바닥 　　② 천장

③ 벽 　　④ 보

힌트 보는 기둥의 하중을 분산시키는 구조재이다. 보의 춤(높이)으로 인해 천장 설치에 간섭이 발생될 수 있다.

10 통풍이나 기류를 방지하고 인원의 출입 조절이 가능한 문은?

① 회전문 　　② 자재문

③ 여닫이문 　　④ 주름문

힌트 회전문은 회전축을 중심으로 4개의 문을 방사 형태로 설치해 출입 시에도 실내와 실외의 공기가 차단된다.

11 문의 위치를 결정할 때 고려해야 할 사항으로 가장 거리가 먼 것은?

① 재료 및 문의 종류

② 출입 동선

③ 가구배치를 위한 공간

④ 통행을 위한 공간

힌트 문의 위치는 출입구, 주요 가구, 통로와의 관계를 우선하여 결정한다.

12 개구부에 대한 설명으로 옳지 않은 것은?

① 문은 서로 다른 공간을 연결시킨다.

② 창은 통풍과 채광의 기능을 한다.

③ 창은 조망을 가능하게 한다.

④ 창은 가구, 조명 등 실내에 놓이는 설치물의 배경이 된다.

힌트 창은 채광과 통풍의 역할을 하므로 창 앞에 가구 등 집기를 배치하는 것은 좋지 않다.

13 다음 창 중에서 열리지 않아 환기는 할 수 없고 채광만 가능한 창은?

① 이동창 　　② 고정창

③ 미들창 　　④ 오르내리창

힌트 창이 개폐되지 않고 열지 않는 창을 fixed window라고도 한다.

14 천창에 대한 설명으로 옳지 않은 것은?

① 건축계획의 자유도가 증가한다.

② 밀집된 건물에 둘러싸여 있어도 일정량의 채광이 가능하다.

③ 벽면을 더욱 다양하게 활용할 수 있다.

④ 차열 및 통풍에 유리하고 개방감이 크다.

정답 7. ① 8. ④ 9. ④ 10. ① 11. ① 12. ④ 13. ② 14. ④

🔒힌트 천창은 지붕면에 설치되는 창으로 채광은 우수하나 시야가 차단되어 폐쇄된 분위기가 연출되기 쉽다.

15 다음 그림과 같은 표시기호가 나타내는 창은?

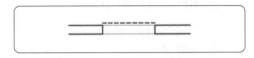

① 셔터창　　　② 망사창
③ 미들창　　　④ 오르내리창

해설 창의 표시기호

• 셔터창 :

• 망사창 :

• 미들창 :

• 오르내리창 :

16 창문의 전면에 평평한 부재를 설치해 일조, 환기를 조절하는 것은?

① 가리개　　　② 커튼
③ 루버　　　　④ 차양

해설 루버 : 유리창 전면에 평평한 부재를 설치해 일조의 조절과 환기를 가능하게 하는 것으로, 격자형·수평형·수직형 등이 있다.

[수평형 루버]　　[정면]　　[단면]

17 공간을 이어주는 통로 중 공간을 수직적으로 이어주는 것은?

① 계단　　　② 홀
③ 복도　　　④ 출입구

🔒힌트 홀, 복도, 출입구는 공간을 수평적으로 연결해주는 요소이다.

18 조명설계에서 가장 먼저 결정해야 할 사항은?

① 광원의 종류 결정
② 소요조도 결정
③ 조명방식 결정
④ 광속계산

🔒힌트 조명설계의 과정
소요조도 결정 → 광원(전등) 종류 결정 → 조명방식 및 기구 결정 → 광원 수량 결정 및 배치 → 광속계산 → 검토

19 천장에 매달아 늘어뜨린 조명기구로 공간에 포인트를 주기 위해 사용되는 조명은?

① 스포트라이트
② 펜던트
③ 실링라이트
④ 브래킷

해설 • 스포트라이트 : 할로겐 광원 등을 사용해 특정한 곳을 집중 조명하기 위해 사용된다.
• 펜던트 : 천장에 매달아 늘어뜨린 조명기구로 공간에 포인트를 주기 위해 사용된다.
• 실링라이트 : 천장면에 부착되는 일반적인 조명기구로 가장 많이 사용된다.
• 브래킷 : 조명기구를 벽에 부착시켜 간접조명이나 장식적인 목적으로 사용된다.

20 조도가 가장 균일하면서 음영이 적지만 효율이 가장 좋지 않은 조명방식은?

① 직접조명
② 전반확산조명
③ 간접조명
④ 반직접조명

🔒힌트 간접조명은 상향 90~100%, 하향은 0~10% 정도이다.

정답 **15.** ②　**16.** ③　**17.** ①　**18.** ②　**19.** ②　**20.** ③

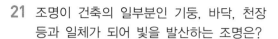

21 조명이 건축의 일부분인 기둥, 바닥, 천장 등과 일체가 되어 빛을 발산하는 조명은?

① 매입형 조명　　② 벽부형 조명
③ 건축화 조명　　④ 이동형 조명

해설 건축화 조명은 건축의 일부분인 기둥, 벽, 천장, 바닥과 일체가 되어 빛을 발산하는 조명을 말하며 코브, 코니스, 루버, 캐노피, 밸런스 조명 등이 있다.

22 다음 가구 중 인체계 가구로 볼 수 없는 것은?

① 책상　　　　　② 소파
③ 침대　　　　　④ 휴식용 의자

힌트 인체계가구 : 사람의 몸을 직접적으로 받쳐주어 휴식을 취하거나 장시간의 작업에 따른 피로를 풀 수 있는 가구 등이 해당된다.

23 거실가구의 배치 유형 중 테이블을 중심으로 서로 마주보게 하여 대화에 집중할 수 있는 배치방법은?

① 코너형　　　　② 대면형
③ ㄱ자형　　　　④ ㄷ자형

힌트 거실가구(소파)의 배치

[대면형]　　　　　[코너형]

24 마르셀 브로이어가 디자인한 의자로 강철 파이프를 구부려 지지대가 없는 의자는?

① 체스터필드　　② 체스카 체어
③ 풀업체어　　　④ 바실리 체어

해설 체스카 체어(Cesca chair) : 마르셀 브로이어가 디자인한 의자로, 강철 파이프를 구부려서 지지대 없이 만든 캔버터리식 의자('체스카'는 마르셀 브로이어의 딸 이름을 딴 것임)이다.

25 등받이가 없는 간이 의자로 이동이 용이한 의자는?

① 세티　　　　　② 오토만
③ 스툴　　　　　④ 카우치

해설 스툴(stool) : 화장대의 의자처럼 등받이와 팔걸이가 없는 간이 의자이다.

26 2인용 침대 대신 1인용 침대 2개를 배치한 형식은?

① 더블싱글베드　② 슈퍼싱글베드
③ 더블베드　　　④ 트윈베드

해설 트윈베드 : 2인용 침대 대신에 1인용 침대 2개를 배치한 형식이다

27 우리나라 전통가구 중 식사나 다과 등 음식을 먹을 때 사용하는 것으로 크기가 작은 상을 무엇이라 하는가?

① 반닫이　　　　② 함
③ 궤　　　　　　④ 소반

해설
• 반닫이 : 옷, 책, 패물, 문서 등을 보관하는 큰 궤이다.
• 함 : 작은 물건이나 소품 등을 보관하는 상자로 크기가 다양하다.
• 궤 : 윗면이나 앞면을 반으로 나누어 경첩을 달아 한쪽 반만 열리게 한 가구이다.
• 소반 : 식사나 다과 등 음식을 먹을 때 사용하는 작은 상이다.

04 실내계획

SECTION 1 주거공간

(1) 주거공간

주거공간은 거주자의 인원, 생활양식, 연령, 직업, 성별, 거주시간 등의 요건과 공간에서 이루어 지는 가사노동, 작업, 휴식, 위생 및 생리적인 활동 등이 복합적으로 이루어지는 공간으로 기능 적이면서 심미적으로 계획하여야 한다.

❶ 주거공간 계획의 기본방향
- 가족구성원 본위의 주거공간을 추구
- 생활의 기능 및 편리함(주부의 동선 단축)을 추구
- 생활의 위생 및 쾌적함을 추구
- 개인생활 및 프라이버시의 존중을 추구

❷ 주거공간 실내계획(고려사항)
- 기온, 강수량, 풍향 등 기후에 대한 물리적·자연적인 조건을 고려하여 지붕, 개구부 등 관련요소를 디자인한다.
- 가족구성원의 직업, 특징, 전통이나 관습 등 생활의 유형을 반영하여 디자인한다.
- 주택의 방위, 도로, 위치 등 지역조건에 따라 실의 위치를 정한다(동쪽은 침실, 서쪽은 욕실이나 세탁실, 남쪽은 거실이나 아동실, 북쪽은 화장실이나 보일러실).

❸ 원룸 설계
원룸은 사회구조의 변화로 독신자의 증가, 도시로의 인구집중, 접근성, 집값 상승 등의 이 유로 증가하고 있다. 사용자의 특성을 파악하여 좁은 공간을 효율적으로 활용할 수 있도록 설계해야 한다.

[원룸의 구조]

- 원룸의 공간이 협소하더라도 취침, 위생, 활동공간으로 구분해야 한다.
- 평면 및 입면을 단순화해야 한다.
- 각 실과 접해 있어 소음 조절이 어려운 것을 보완해야 한다.
- 개인의 프라이버시 결여와 에너지 관리의 어려움을 보완해야 한다.
- 다용도의 생활이 가능하도록 공간을 구성하고, 이동과 효율이 좋은 가구를 사용해야 한다.

❹ 조선시대의 주택 구조

조선시대의 주택은 남성과 여성, 직위에 따라 구분되어 있다.

구분	용도
사랑채	외부와 가까운 곳에 위치한 실로, 남자가 기거하며 남자 손님을 응접하는 공간
안채	주택의 가장 안쪽에 위치한 실로, 여자가 거주하며 가정 살림의 중심이 되는 공간
행랑채	하인이나 일꾼들이 거주하는 공간으로, 창고, 마구간 등으로 이루어진다.

[조선시대의 주택 구조]

❺ 주택 양식에 따른 실내계획의 차이점(한식, 양식)

구분	한식(좌식)	양식(입식)
평면	위치별로 실을 구분	기능별로 실을 구분
바닥	높다	낮다
개구부(창)	크다	작다
생활	좌식생활	입식생활
실의 활용	취침, 식사 등 다양함	단일목적
가구의 용도	부수적	필수적

(2) 주거공간의 구역 구분

❶ 주행동에 의한 구역

가족구성원 전체의 공동구역과 개인에 의한 구역, 가사노동 구역으로 구분하며 생리 및 위생적 생활구역은 공동생활 구역과 인접하여 공용 공간의 성격을 가진다.

- 개인생활 구역 : 침실, 서재 등
- 공동생활 구역 : 거실, 식당 등

- 가사노동 구역 : 부엌, 세탁실 등
- 생리 · 위생적 생활 구역 : 욕실, 화장실 등

❷ 사용시간에 의한 구역

공간을 사용하는 시간이 낮과 밤에 따라 주간구역과 야간구역으로 분류되며, 주간구역에 해당되는 공간은 충분한 채광을 받을 수 있도록 해야 한다.
- 주간구역 : 부엌, 거실, 아동방 등
- 야간구역 : 침실 등

❸ 행동반사 유형에 의한 구역

행동 유형이 서로 다른 공간은 가까이 배치하지 않고 거리를 두거나 상층과 하층으로 구분하여 공간의 성격을 유지해야 한다.
- 동적공간 : 거실, 응접실 등
- 정적공간 : 서재, 침실 등

(3) 주거공간의 동선과 평면계획

동선계획은 공간 내에서 사람이나 물건이 움직이는 경로를 길이(속도), 빈도, 하중에 따라 정리하고 분석하는 계획이다. 동선계획은 평면계획 및 가구배치와 직접적으로 연관되며 도면상에 나타낸 것을 동선도라 한다.

❶ 동선계획의 주의사항

- 동선은 단순하게 하고, 빈도가 높은 동선은 짧게 한다.
- 서로 다른 동선은 분리시킨다.
- 동선은 필요 이상으로 교차되지 않게 한다.
- 동선의 3요소인 길이(속도), 빈도(횟수), 하중(소비시간, 힘)을 충분히 고려한다.

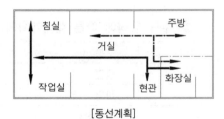

[동선계획]

(4) 주택의 실내계획

❶ 현관

외부(사회)와 주거생활이 접하게 되는 연결공간이면서 주택의 출입구가 된다.
- 현관과 실내바닥의 높이 차이는 10~20cm 정도로 한다.
- 가구(신발장, 수납장)를 제외한 현관의 면적은 1.2×0.9m 정도로 한다.
- 현관의 크기는 주택 면적의 7% 정도로 한다.

❷ 거실

거실은 가족의 중심이 되는 다목적 공간으로 주거공간에 있어 가장 중요시되는 부분이다.
- 거실은 오락, 단란, 개인활동, 휴식, 놀이, 접대 등 다양한 목적으로 사용된다.

- 거실은 주택의 중심에 위치하면서 복도, 계단, 통로, 현관 등과 직접 접하지 않게 한다.
- 거실의 위치는 남향이나 남동향으로 하여 일조 및 통풍이 유리하도록 한다.
- 거실을 중앙에 배치한 소규모 주택에서는 거실의 독립성이 떨어진다.
- 거실의 규모는 1인당 $4 \sim 6m^2$, 건축면적의 30% 정도로 가족구성원 및 주택규모 등에 따라 결정한다.

거실의 색채 및 조명		거실의 마감	
색채	안정감 있는 무채색이나 중간색의 밝은 색으로 편안한 분위기가 되도록 한다.	대리석	차갑고 딱딱한 느낌을 준다.
		플로링(목재)	자연스럽고 부드러우며 탄력성과 촉감이 우수하다.
조명	안정감을 주는 조명을 사용하며 밸런스나 코니스 조명을 사용해 온화한 분위기가 되도록 한다.	비닐시트(장판)	다양한 색상과 패턴으로 시공이 간단하고 가격이 저렴하다.
		타일	매끄럽고 딱딱한 느낌을 주고 청소 및 관리가 용이하다.

❸ 식당

거실과 함께 주거생활의 중심이 되는 장소로 식사공간이면서 가사작업을 하는 노동공간이기도 하다. 식당의 규모는 $9m^2$ 정도로 가족구성원 및 주택규모 등에 따라 결정되며, 1인당 $1.7 \sim 2.3m^2$ 정도로 한다.

식당의 배치 유형	
D(Dining)	독립된 식당으로 동선이 길어 작업의 능률이 떨어진다.
DK(Dining Kitchen)	부엌의 일부 공간에 식당을 두는 것으로 작업의 능률이 높다.
LD(Living Dining)	거실의 일부 공간에 식당을 두는 것으로 동선이 길어질 수 있다.
LDK(Living Dining Kitchen)	거실에 식당과 부엌을 두는 것으로 소규모 주택에서 사용된다.

❹ 부엌

음식을 취급하는 위생적인 장소로 남쪽이나 동쪽에 배치하여 통풍이 잘 되도록 해야 한다. 부엌은 전기설비와 물을 같이 사용하는 공간으로 안전하면서도 편리하게 계획되어야 하며, 부엌과 식당 계획은 주부의 작업동선을 가장 우선시한다.

- 부엌의 위치는 서쪽을 피해서 배치한다.
- 부엌은 식당, 거실, 다용도실 등과 연결시켜 동선을 짧게 한다.
- 부엌의 작업대는 준비대→개수대→조리대→가열대→배선대의 순으로 작업삼각형(work triangle)을 구성한다.

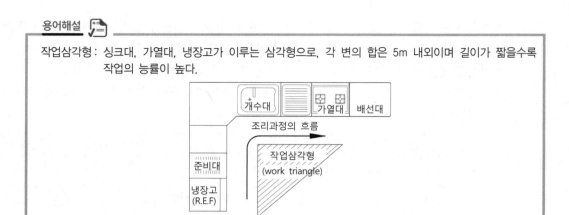

작업삼각형 : 싱크대, 가열대, 냉장고가 이루는 삼각형으로, 각 변의 합은 5m 내외이며 길이가 짧을수록 작업의 능률이 높다.

• 부엌은 작업대의 위치와 기능에 따라 다양한 형식으로 분류된다.

일자형	ㄱ자형(L자형)	ㄷ자형(U자형)	병렬형	섬형(아일랜드형)
작업대 부엌	작업대 부엌	작업대 부엌	작업대 부엌 작업대	작업대 부엌 작업대
작업대를 일자로 배치한 형태로, 소규모 주택에서 사용한다.	작업대를 벽의 코너에 ㄱ자 형태로 배치한 것으로, 동선의 흐름이 자연스럽다.	작업대를 3면의 벽에 배치한 형태로, 가장 편리하고 능률이 좋다.	작업대를 양쪽 벽면에 배치해 마주보는 형태로, 동선이 짧아 효율적이나 앞뒤로 움직여야 하는 불편함이 있다.	작업대가 부엌의 가운데 별도로 설치된 형식으로, 여러 방향에서 작업을 할 수 있다.

❺ 욕실

주택의 규모, 가족구성원 등 규모나 목적에 따라 욕실, 세면실, 화장실로 분류하여 배치하거나 한 곳에 모아 배치할 수 있다.

• 가급적 욕실과 화장실은 이용자의 불편함과 위생문제로 인해 분리하는 것이 좋다.
• 욕조, 세면기, 변기를 포함한 다용도 욕실의 크기는 $4m^2$ 정도로 한다.
• 욕실은 수도설비를 사용하므로 화장실이나 부엌에 인접시켜 설비가 집중되는 코어시스템으로 한다.
• 조명 및 콘센트와 같은 전기설비에는 방습이 되도록 한다.

❻ 침실

침실은 취침이 이루어지면서도 사적이고 독립성이 강한 공간으로 프라이버시가 확보되어야 한다.

- 소음이 많은 곳과 동선이 교차하는 장소는 피하는 것이 좋다.
- 최소한 1인용 침실은 $6m^2$, 2인용 침실은 $10m^2$의 공간이 필요하다.
- 양식 침실인 경우 실의 크기와 사용자에 따라 싱글, 트윈, 더블 등 적절한 유형을 배치한다.
- 사용자의 특성에 맞는 침실을 구성해야 한다.

주 침실	부부생활의 중심공간으로 독립성 보장이 요구된다.
노인침실	조용하며 햇빛이 잘 드는 남향이 좋다.
아동침실	성장상태에 따라 학습, 놀이 등의 활동이 보호되도록 계획한다.

⑦ 서재

서재는 독서 및 연구활동을 위한 공간으로, 안정되고 차분한 분위기로 계획한다. 독립적인 서재로 구성될 경우 작업실, 응접실, 자료실, 객용 침실로서의 기능도 갖는다.

⑧ 복도와 계단

복도는 수평적으로 각 실을 연결하고, 계단은 수직적으로 연결하는 통로 공간이다.
- 복도의 최소 폭은 90cm 정도로 한다.
- 전체 면적의 10% 정도로 계획하되 소규모 주택에서는 적절하지 않다.
- 계단은 현관, 식당, 욕실과 가까이 배치하는 것이 좋다.
- 계단의 단 높이와 너비는 사용하기 편리하게 계획하고 계단의 폭은 0.9~1.2m, 난간의 높이는 1.1m 이상으로 안전하게 계획한다.

SECTION 2 상업공간

(1) 상업공간

상업공간은 공간을 효율적으로 디자인하여 구매의욕의 상승, 판매신장, 수익증가를 통해 이윤 창출을 목적으로 한다. 현대사회의 상업공간은 시각적인 조형으로 브랜드의 가치 및 개성을 연출하고 있다. 이러한 상업공간의 디자인은 물리적인 기능보다 상점의 통일성을 지향하고 실내공간 자체를 상품으로 포함하는 디자인(토탈코디네이션)을 추구한다.

(2) 상업공간의 계획

① 고려사항
- 판매와 소비가 이루어지는 매개공간이면서 이익이 창출되는 상업공간의 목적을 가져야 한다.
- 공공에게 다양한 서비스를 제공하는 역할을 해야 한다.

- 개성, 첨단기술, 현대성 부각, 공간의 통합 등 현대적인 디자인 경향을 추구해야 한다.
- 상업공간의 디자인 원칙인 구매심리 AIDMA법칙을 따른다.

❷ **구매심리 5단계**

	AIDMA법칙	
A	Attention – 주의	주의, 주목시킬 수 있는 요소와 매력이 충분한가
I	Interest – 흥미	공감, 흥미를 불러일으키는 호소력과 대중성이 있는가
D	Desire – 욕망	구매욕구를 일으키기 위한 자극이 충분한가
M	Memory – 기억	깊은 인상을 남길 만한 개성이 있는가
A	Action – 행동	구매행위를 일으킬 수 있는 구성인가

☑ 참고

구매심리는 5단계가 아닌 4단계로 설정할 경우 M(기억)을 제외하고 A → I → D → A로 한다.

(3) 상업공간의 실내계획

상업공간의 실내계획은 기획, 계획, 기본설계, 실시설계의 과정을 거쳐 진행된다.

❶ **기획**

시장조사, 입지조사, 상품과 고객의 분석 등을 클라이언트와 협의하여 진행한다.
- **시장조사** : 상품의 소비경향, 업종의 경향, 경쟁업체와의 관계 등
- **입지조사** : 업종의 경쟁상황, 교통망, 도시의 규모, 유동인구, 대지의 형태 등
- **고객 분석** : 연령, 직업, 성별, 소비패턴, 라이프 스타일, 구매력 등
- **관리 및 경영** : 제조, 판매, 조직관리 및 운영, 상품의 매입, 유통망 등

❷ **계획**
- 계획단계에서는 실내공간의 목적에 따른 디자인의 범위를 설정한다.
- 본격적인 실내디자인을 위해 사전에 분석된 조건에 따라 개념 및 설계목적이 확인되어야 한다.

❸ **기본설계**
- 상품, 설비, 가구의 배치와 동선계획, 공간의 구획 등을 종합적으로 검토한다.
- 사용자의 시선, 동선, 작업이나 행위가 쾌적하도록 조닝과 동선계획을 진행한다.
- 공간을 종업원과 고객이 사용하기 편리하도록 기능성과 쾌적함을 고려해야 한다.

❹ **실시설계**
- 내구성, 마감효과, 경제성을 고려한 마감재와 시공법을 확정하고 전기, 수도, 가스 등 설비시공을 위한 내용을 검토 및 조율한다.
- 업종에 따른 판매대의 유형, 크기 등을 결정하고, 설치가구에 따른 조명기구의 선택 및 조명방식을 결정하여 디스플레이의 위치와 방법을 확정한다.
- 시공과 관련된 법규를 검토한다.

SECTION 3 상점

(1) 상점의 실내계획

상점은 판매를 하는 공간으로 업종에 따라 상품을 개성적 · 기능적 · 합리적으로 전시 및 진열하는 곳이다. 따라서 상점은 판매자와 구매자가 상품의 정보를 두고 원만한 커뮤니케이션이 가능하도록 계획되어야 한다.

❶ 판매환경의 구성요소
- 대상 : 상품, 광고, 서비스 등 거래하고자 하는 내용물이나 정보
- 고객 : 거래하고자 하는 대상물의 정보를 받아들이는 자
- 공간 : 상품, 고객, 점원이 정보를 교류하는 장소
- 시간 : 거래되는 상품의 발매 및 유통되는 시기 등 상품과 관련된 기간

(2) 상점의 운영

❶ 상점의 위치
- 근린형 : 주거지역에 위치하여 도보로 이동해 구매가 가능한 위치로, 실용적이고 저렴한 생활용품과 같은 대중적인 상품이 주를 이룬다.
- 지역형 : 중소도시의 부심에 위치하여 개성적이면서도 익숙한 상품인 의류, 화장품, 가구 등 품질을 중요시한 상품이 주를 이룬다.
- 광역형 : 대도시 중심부에 위치하여 개성적이고 독창적인 상품인 악기, 보석, 예술, 미술, 취미 등 개인의 성향을 고려한 고급스러운 상품을 판매한다.

❷ 판매방식
- 측면판매 : 고객이 진열된 상품을 바라보면서 직접 접촉하는 방식으로, 컴퓨터 용품, 도서, 침구, 운동용품 등이 있다.
- 대면판매 : 고객이 점원과 마주하여 상품설명을 통해 판매하는 방식으로, 귀금속, 의약품 등 전문적이고 고가인 상품이 주를 이룬다.

[측면판매]

[대면판매]

(3) 상점의 공간

❶ 판매공간

판매공간은 도입, 통행, 전시, 서비스 공간으로 구분된다.

- **도입공간** : 외부에서 매장으로 진입하는 공간
- **통행공간** : 점원과 고객이 이동하는 공간
- **전시공간** : 진열대, 쇼케이스 등에 의해 상품이 전시되는 공간
- **서비스공간** : 응접실, 화장실, 대기실 등 고객에게 서비스를 제공하는 공간

❷ 부대공간

부대공간은 주차장, 점원의 후생복지공간, 상품과 시설의 관리공간으로 구분된다.

❸ 파사드

상점에서 취급하는 상품이나 업종을 표현하는 상점의 얼굴로 구매를 유도하며 도시미관상으로도 중요한 역할을 한다. 파사드는 개성적이면서 기억에 남을 수 있도록 인상적으로 표현해야 한다.

- **평면적 요소** : 쇼윈도, 출입구, 홀의 입구
- **입체적 요소** : 간판, 홍보용 사인, 아케이드

[파사드]

[아케이드]

> **용어해설** 📋
>
> 파사드 : 건물 출입구가 있는 정면으로, 외부는 물론 내부 공간까지 독자적으로 구성하여 건물이나 상점의 인상을 단적으로 보여주는 부분이다.

(4) 상점의 동선

상점의 동선은 실내공간 전체가 기능적이면서 시각적으로 효율성을 갖도록 계획해야 한다.

❶ 동선계획

- 고객동선의 흐름이 답답하거나 막히지 않도록 구성해야 한다.
- 고객동선과 점원동선이 교차되지 않도록 한다.
- 고객동선은 길게, 점원동선은 짧게 계획한다.

❷ 동선의 분류

- **고객동선** : 이동하는 통로의 폭을 900mm로 하고, 고객이 오랜 시간 머물러 구매하도록 유도한다.
- **점원동선** : 동선의 길이를 짧게 하여 피로를 낮추고, 고객동선과 접하는 곳에 구매와 연결되는 쇼케이스나 카운터를 배치한다.
- **상품동선(관리동선)** : 상품의 반입, 보관, 포장 등이 이루어지는 동선으로 여유 있는 통로 폭을 확보한다.

(5) 매장계획

동선계획을 기본으로 전개하여 판매대의 배치를 중점적으로 계획한다.

❶ 매장의 상품구성과 배치

- **중점상품** : 고객의 주 통로에 배치한다.
- **전략상품** : 매장에서 눈에 가장 잘 띄는 곳에 배치한다.
- **보완상품** : 중점상품의 판매를 돕기 위한 상품으로, 고객의 부 통로에 상품의 성격을 구분하여 배치한다.

❷ 진열대의 배치 유형

상품 진열대의 배치 유형은 직렬, 굴절, 환상, 복합형으로 나누어진다.

진열대의 배치 유형		
직렬배열형	진열대가 입구에서 내부 방향으로 직선으로 배치된 형태로, 서점, 가전매장, 침구점, 의류점 등에 적절하다.	
굴절배열형	진열대의 배치 및 고객의 동선이 곡선인 형태로, 대면판매와 측면판매의 조합으로 구성된다. 안경점, 양품점, 팬시점 등에 적절하다.	
환상배열형	진열대를 매장 중앙에 직선이나 곡선에 의한 환상으로 구성하는 배치이다. 일반적으로 중앙의 환상 부분에는 고가품을 진열하고, 벽면에는 대형상품을 진열한다.	
복합형	하나의 매장에 취급상품에 따라 다양한 배치 유형을 적용한 형식이다.	

❸ 진열창의 배치 유형

- **다층형** : 2층이나 그 이상의 층으로 연속되게 진열창을 구성한 것으로, 가구점, 양복점 등에 유리하다.

- **돌출형** : 쇼윈도나 상점의 일부를 돌출시킨 형태로, 특수한 소매상에 사용되었으나 근래에는 사용되지 않고 있다.
- **만입형** : 쇼윈도를 상점 안쪽으로 만입시킨 형태로, 통행량과 관계없이 상품을 주시할 수 있으나 진열면적과 채광에 불리하다.
- **평형** : 가로를 따라 진열창을 평형으로 만든 것으로, 채광이 좋고 상점 내부를 넓게 사용할 수 있다.
- **홀형** : 만입형을 더욱 극대화한 형태로, 전면에 홀을 둔다.

(6) 조명계획

상업공간에서의 조명은 상품의 특징을 나타낼 수 있도록 계획되어야 한다. 상품의 내용과 정보가 정확하게 전달되어 판매가 신장되도록 해야 한다.

❶ 조명의 기능
- **연출기능** : 컬러, 편광 필터 등을 이용하여 동적이면서 환상적인 분위기를 연출해 심리적인 변화를 줄 수 있다.
- **집중기능** : 상품을 직접 조명하는 스포트라이트를 이용해 부분 및 전체를 강조하여 상품의 이미지를 전달한다.
- **확산기능** : 고조도의 전체조명을 이용해 상점 내부의 분위기를 밝게 연출한다.

❷ 조명의 기본계획
- 상품을 보는 시각적 편안함과 즐거움을 줄 수 있도록 해야 한다.
- 전체조명 이외에 강조조명을 이용해 상품의 형태, 촉감, 색채, 특징을 강조해야 한다.
- 강조조명은 배경조명과 3배 이상의 조도 차가 나도록 해야 한다.
- 상점 내의 전체적인 이미지와 실내의 마감 및 색채를 고려하여 계획해야 한다.

❸ 조명방식
- 조명의 배광방식에 따라 직접조명, 간접조명, 반간접조명으로 분류된다.

유형	형태	특징
직접조명		• 조명효율이 좋고 설비비용이 저렴하다. • 밝고 어두운 정도의 차이가 작다. • 천장면의 반사영향이 작다.
간접조명		조도가 가장 균일하고 음영이 적지만 효율은 가장 좋지 않다.
반간접조명		직접조명과 간접조명의 중간 정도의 효율과 밝기를 가진다.

- 조명기구에 따라 매입형, 직부형, 펜던트, 건축화 조명으로 분류된다.

유형	형태	특징
매입형		천장면 위로 매입하는 형식으로, 소규모 건물에 적합하다.
직부형		천장면에 직접 부착되는 조명으로, 상점 내 진열 밀도가 높고 천장이 낮을 때 적합하다.
펜던트		천장에 매달려 조명하는 방식으로, 특정 위치나 상품을 강조할 때 적합하다.
건축화 조명		• 조명기구와 건축구조가 일체화된 것으로, 눈부심 없이 높은 조도를 확보하고자 할 때 적합하다. • 종류는 광천장 조명, 코브 조명, 밸런스 조명, 루버 조명, 코니스 조명 등이 있다.

❹ 조명의 연출

- 상품조명 : 상품의 정보를 신속하고 정확하게 전달하기 위해 연출한다.
- 환경조명 : 고객이 상품을 구입하기 쉽게 편안하고 쾌적한 분위기를 연출한다.

SECTION 4 기타 공간

(1) 백화점

백화점은 벽의 진열면적을 늘리고 쇼핑 분위기를 조성하기 위해 창이 없는 외벽으로 계획하는 것이 일반적이다.

❶ 무창계획의 특징

- 공기조화설비에 유리하다.
- 창의 역광을 없게 하여 전시에 유리하다.
- 실내조도를 균일하게 유지할 수 있다.
- 외부 벽면에 상품을 전시할 수 있어 공간의 효율이 높다.
- 화재, 폭발, 지진 등으로 인한 피난 시 혼란을 가져올 수 있다.

❷ 진열장 배치의 유형

- 직각(직교) 배치 : 직선 형식의 간단한 배치로 비용이 적게 들고 바닥면적의 활용도가 높다.
- 자유(유선)형 배치 : 고객의 통행, 상품의 특징 등에 따라 유기적으로 계획해 곡선 형태로 배치하는 것으로 특수성을 부각시킬 수 있으나 서로 다른 진열장이 필요하고 시설비용이 높다.
- 대각선 배치 : 통로를 교차시켜 사선으로 배치하는 유형으로 고객을 매장 끝까지 유도하기 쉽다.
- 방사 배치 : 매장의 통로를 방사형으로 배치하는 방법으로 미로화되기 쉽다. 일반적인 매장에서는 적용하기 곤란하다.

❸ 매장의 층별 배치

층 수	매장 종류	상품의 특징
6층 이상	가구, 악기, 미술품	넓은 면적을 차지하는 상품
4, 5층	문구, 완구, 운동기구, 식기, 침구류	잡화류
2, 3층	여성복, 남성복, 캐주얼, 스포츠의류	판매의 비중이 가장 큰 상품
1층	화장품, 시계, 구두, 핸드백, 패션 액세서리	충동구매를 일으키는 상품
지하	식료품, 주방용품	마지막에 구매하는 상품

(2) 호텔

호텔은 기능적으로 관리, 공동, 숙박부분으로 나누어지며, 각 기능이 분명하도록 조닝하여 계획한다.

❶ 공간구성

- 현관 : 로비, 라운지와 구분이 되는 접객공간이다.
- 로비 : 투숙객이나 외래객의 동선이 시작되는 곳으로 휴식, 대기, 독서, 담화 등 다양한 활동이 이루어지는 다목적 공간이면서 호텔 이미지의 중심이 된다.
- 프런트 : 안내 및 결재 등 호텔 관리업무의 중심이 되는 공간이다.

(3) 식당

식당의 유형 및 특징에 따라 일관성 있게 실내를 계획하고, 고객의 취향, 청결, 위생, 편의, 서비스 제공 등을 고려하여야 한다.

❶ 공간구성

- 조리공간 : 음식이 만들어지는 공간으로, 주방, 식품저장고, 세척실 등이 포함된다.
- 영업공간 : 고객이 사용하는 공간으로, 홀, 라운지, 로비, 현관, 화장실 등이 포함된다.
- 관리공간 : 사장 및 종업원이 사용하는 공간으로, 사무실, 종업원실, 락커룸 등이 포함된다.

(4) 은행

❶ 은행의 실내디자인

- 능률성 : 업무조직 및 필요 설비와 관련된 동작이나 동선의 흐름을 합리적으로 하여 사무업무의 능률을 높인다.
- 신뢰성 : 실내공간을 구조적, 시각적으로 안정감 있게 디자인하여 신뢰감과 견고한 분위기를 연출한다.
- 쾌적성 : 직원과 고객의 심리적인 부담을 덜어주고 쾌적한 환경에서 은행업무가 이루어지도록 한다.
- 친근성 : 은행건물이 주변과 조화되면서 다양한 서비스를 제공하는 환경으로 계획되어야 한다.

(5) 전시공간

❶ 전시방법

구분	특징
파노라마 전시	선형으로 연출되는 전시기법으로 벽면 전시와 오브제 전시가 병행되며 연속적인 주제를 연관성 있게 표현한다.
아일랜드 전시	전시물을 벽이나 천장에 전시하지 않고 전시공간에 입체적으로 전시한다.
디오라마 전시	전쟁이나 역사적인 주요 사건 등의 현장을 실감나게 표현하는 방법으로 미니어처나 실물을 활용해 전시한다.
입체 전시	전시 대상이 전면에 개방되어 접근하여 관람할 수 있도록 전시한다.

01 주거공간 계획의 기본방향으로 적절치 않은 것은?

① 가족구성원 본위의 주거공간을 추구
② 생활의 기능 및 편리함(주부의 동선 단축)을 추구
③ 생활의 위생 및 쾌적함을 추구
④ 프라이버시는 배제하고 가족 중심의 개방성을 추구한다.

해설 주거공간 계획의 기본방향
• 가족구성원 본위의 주거공간을 추구
• 생활의 기능 및 편리함(주부의 동선 단축)을 추구
• 생활의 위생 및 쾌적함을 추구
• 개인생활 및 프라이버시의 존중을 추구

02 주거공간 계획 시 각 실의 방향으로 옳지 않은 것은?

① 동쪽 – 침실　　② 서쪽 – 욕실
③ 남쪽 – 거실　　④ 북쪽 – 아동실

해설 북쪽은 일반적으로 일조와 무관한 화장실이나 보일러실을 배치한다.

03 원룸 설계의 내용으로 옳지 않은 것은?

① 원룸의 공간이 협소하더라도 취침, 위생, 활동공간으로 구분해 주어야 한다.
② 공간이 협소하므로 평면 및 입면을 복잡화하여 필요공간을 구성한다.
③ 개인의 프라이버시 결여와 에너지 관리의 어려움을 보완해야 한다.
④ 각 실과 접해 있어 소음 조절이 어려운 것을 보완해야 한다.

🔒힌트 원룸은 공간이 협소하여 평면과 입면을 단순화하고 사용자의 특성을 파악하여 좁은 공간을 효율적으로 활용할 수 있도록 설계해야 한다.

04 조선시대 주택에서 외부와 가까운 곳에 위치해 남자가 사용하며 남자 손님을 응접하는 공간은?

① 사랑채　　　　② 안채
③ 행랑채　　　　④ 광

해설 • 사랑채 : 외부와 가까운 곳에 위치한 실로, 남자가 기거하며 남자 손님을 응접하는 공간
• 안채 : 주택의 가장 안쪽에 위치한 실로, 여자가 거주하며 가정 살림의 중심이 되는 공간
• 행랑채 : 하인이나 일꾼들이 거주하는 공간으로, 창고, 마구간 등으로 이루어진다.
• 광 : 살림살이 등 여러 가지 물건을 넣어 두는 곳

05 주택의 한식구조와 양식구조의 차이점으로 잘못된 것은?

① 바닥 : 한식은 높고 양식은 낮다.
② 개구부 : 한식은 크고 양식은 작다.
③ 실의 용도 : 한식은 단일목적, 양식은 다양하게 활용된다.
④ 가구 : 한식은 부수적이며, 양식은 필수적이다.

🔒힌트 한식 주거의 실은 취침, 식사, 여가, 작업 등 다양한 용도로 사용된다.

06 다음 공간 중 개인생활 구역으로 볼 수 없는 것은?

① 침실　　　　　② 서재
③ 거실　　　　　④ 작업실

정답 1. ④　2. ④　3. ②　4. ①　5. ③　6. ③

해설 • 개인생활 구역 : 침실, 서재, 작업실 등
• 공동생활 구역 : 거실, 식당, 현관 등

07 동선의 3요소가 아닌 것은?

① 길이　　　　　② 빈도
③ 하중　　　　　④ 경로

해설 동선계획은 공간 내에서 사람이나 물건이 움직이는 경로를 길이(속도), 빈도, 하중에 따라 정리하고 분석하는 계획이다.

08 가족의 중심이 되는 다목적 공간으로 주거 공간에 있어 가장 중요시되는 공간은?

① 거실　　　　　② 식당
③ 현관　　　　　④ 부엌

해설 거실은 가족의 중심이 되는 다목적 공간으로 주거공간에 있어 가장 중요시되는 부분이다.

09 복도와 계단에 대한 설명으로 올바른 것은?

① 복도는 수평적으로 각 실을 연결하고 계단은 수직적으로 연결하는 통로 공간이다.
② 복도의 최소 폭은 60cm 정도로 한다.
③ 전체 면적의 20% 정도로 계획하되 소규모 주택에서는 적절하지 않다.
④ 계단은 독립성을 위해 현관, 식당, 욕실과 멀게 배치하는 것이 좋다.

해설 복도와 계단
• 복도는 수평적으로 각 실을 연결하고, 계단은 수직적으로 연결하는 통로 공간이다.
• 복도의 최소 폭은 90cm 정도로 한다.
• 전체 면적의 10% 정도로 계획하되 소규모 주택에서는 적절하지 않다.
• 계단은 현관, 식당, 욕실과 가까이 배치하는 것이 좋다.

10 거실에 식당과 부엌을 두는 방식으로 소규모 주택에 사용하는 식당의 배치형식은?

① D　　　　　② LDK
③ DK　　　　　④ LD

해설 식당의 배치 유형
• D(Dining) : 독립된 식당으로 동선이 길어 작업의 능률이 떨어진다.
• DK(Dining Kitchen) : 부엌의 일부 공간에 식당을 두는 것으로 작업의 능률이 높다.
• LD(Living Dining) : 거실의 일부 공간에 식당을 두는 것으로 동선이 길어질 수 있다.
• LDK(Living Dining Kitchen) : 거실에 식당과 부엌을 두는 것으로 소규모 주택에서 사용된다.

11 부엌의 작업대 순서로 옳은 것은?

① 개수대 → 준비대 → 조리대 → 가열대 → 배선대
② 준비대 → 개수대 → 조리대 → 가열대 → 배선대
③ 준비대 → 조리대 → 개수대 → 가열대 → 배선대
④ 준비대 → 개수대 → 가열대 → 조리대 → 배선대

해설 부엌의 작업대는 준비대→개수대→조리대→가열대→배선대의 순으로 작업삼각형(work triangle)을 구성한다.

12 부엌에서 작업대가 한가운데 설치되어 여러 방향에서 작업할 수 있는 형식은?

① ㄷ자형　　　　　② ㄱ자형
③ 병렬형　　　　　④ 섬형

해설 섬형 작업대 : 작업대가 부엌의 가운데 별도로 설치된 형식으로, 여러 방향에서 작업을 할 수 있다.

13 공간을 효율적으로 디자인하여 구매의욕의 상승, 수익증가를 통해 이윤을 창출하는 공간은?

① 주거공간 ② 업무공간
③ 상업공간 ④ 전시공간

해설 • 주거공간 : 의식주 생활이 목적이 되는 단독주택, 공동주택(아파트) 등
• 업무공간 : 정신적 · 육체적 노동을 포함한 작업공간
• 상업공간 : 다양한 서비스를 제공하고 판매를 통해 수익을 창출하는 공간
• 전시공간 : 감상, 교육, 사고, 예술, 홍보 등을 목적으로 한 공간

14 구매심리 AIDMA법칙으로 잘못된 것은?

① Attention – 주의
② Interest – 흥미
③ Design – 설계
④ Memory – 기억

해설 AIDMA법칙
• Attention(주의) : 주의, 주목시킬 수 있는 요소와 매력이 충분한가.
• Interest(흥미) : 공감, 흥미를 불러일으키는 호소력과 대중성이 있는가.
• Desire(욕망) : 구매욕구를 일으키기 위한 자극이 충분한가.
• Memory(기억) : 깊은 인상을 남길 만한 개성이 있는가.
• Action(행동) : 구매행위를 일으킬 수 있는 구성인가.

15 상업공간 설계 시 기획단계에서 상품의 소비경향, 업종의 경향, 경쟁업체와의 관계 등을 협의 및 조사하는 것을 무엇이라 하는가?

① 고객 분석
② 입지조사
③ 관리 및 경영
④ 시장조사

해설 • 고객 분석 : 연령, 직업, 성별, 소비패턴, 라이프 스타일, 구매력 등
• 입지조사 : 업종의 경쟁상황, 교통망, 도시의 규모, 유동인구, 대지의 형태 등
• 관리 및 경영 : 제조, 판매, 조직관리 및 운영, 상품의 매입, 유통망 등
• 시장조사 : 상품의 소비경향, 업종의 경향, 경쟁업체와의 관계 등

16 판매방식 중 고객이 점원과 마주하여 상품설명을 통해 판매하는 방식은?

① 방문판매
② 측면판매
③ 판촉판매
④ 대면판매

해설 대면판매 : 고객이 점원과 마주하여 상품설명을 통해 판매하는 방식으로, 귀금속, 의약품 등 전문적이고 고가인 상품이 주를 이룬다.

17 상점에서 취급하는 상품이나 업종을 표현하는 상점의 얼굴로 구매를 유도하며 도시미관상으로도 중요한 역할을 하는 것은?

① 파사드 ② 테라스
③ 간판 ④ 카운터

해설 파사드 : 상점에서 취급하는 상품이나 업종을 표현하는 상점의 얼굴로 구매를 유도하며 도시미관상으로도 중요한 역할을 한다. 파사드는 개성적이면서 기억에 남을 수 있도록 인상적으로 표현해야 한다.

18 상점의 진열창(쇼윈도) 배치를 상점 안쪽으로 밀어 넣은 형태로 인도의 통행량과 관계없이 상품을 주시할 수 있는 유형은?

① 만입형 ② 돌출형
③ 홀형 ④ 다층형

해설 만입형의 쇼윈도는 돌출형, 홀형, 다층형과는 다르게 인도에서 상점 안쪽으로 밀어 넣은 형태로 인도의 통행량 영향을 받지 않는다.

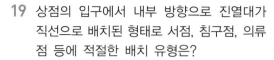

19 상점의 입구에서 내부 방향으로 진열대가 직선으로 배치된 형태로 서점, 침구점, 의류점 등에 적절한 배치 유형은?

① 굴절배열　　② 직렬배열
③ 환상배열　　④ 복합형

해설 • 굴절배열형 : 진열대의 배치 및 고객의 동선이 곡선인 형태로, 대면판매와 측면판매의 조합으로 구성된다. 안경점, 양품점, 팬시점 등에 적절하다.
• 직렬배열형 : 진열대가 입구에서 내부 방향으로 직선으로 배치된 형태로, 서점, 가전매장, 침구점, 의류점 등에 적절하다.
• 환상배열형 : 진열대를 매장 중앙에 직선이나 곡선에 의한 환상으로 구성하는 배치이다. 일반적으로 중앙의 환상 부분에는 고가품을 진열하고, 벽면에는 대형 상품을 진열한다.
• 복합형 : 하나의 매장에 취급상품에 따라 다양한 배치 유형을 적용한 형식이다.

20 조명형식 중 천장에 매달려 조명하는 방식으로 특정 위치나 상품을 강조할 때 적합한 조명은?

① 브래킷　　② 다운라이트
③ 펜던트　　④ 실링라이트

해설 천장에 매달려 조명하는 방식을 펜던트 조명이라고 한다.

Pendent Light

21 전쟁이나 역사적인 주요 사건 등의 현장을 실감나게 표현하는 방법으로 미니어처나 실물을 활용해 전시하는 방법은?

① 파노라마 전시
② 아일랜드 전시
③ 디오라마 전시
④ 입체 전시

해설 • 파노라마 전시 : 선형으로 연출되는 전시기법으로 벽면 전시와 오브제 전시가 병행되며 연속적인 주제를 연관성 있게 표현한다.
• 아일랜드 전시 : 전시물을 벽이나 천장에 전시하지 않고 전시공간에 입체적으로 전시한다.
• 디오라마 전시 : 전쟁이나 역사적인 주요 사건 등의 현장을 실감나게 표현하는 방법으로 미니어처나 실물을 활용해 전시한다.
• 입체 전시 : 전시 대상이 전면에 개방되어 접근하여 관람할 수 있도록 전시한다.

01 상점의 기본계획 시 상점 구성방법으로 옳지 않은 것은?

① A : Attention(주의)

② I : Interest(흥미)

③ D : Desire(욕망)

④ M : Money(금전)

해설 AIDMA법칙 : 소비자가 상품을 구매하는 데는 다음 5단계를 거쳐 구매한다.
1. Attention – 주의
2. Interest – 흥미
3. Desire – 욕망
4. Memory – 기억
5. Action – 행동

02 천장, 벽의 구조체에 의해 광원의 빛을 가려지게 하여 반사광으로 하는 간접조명 방식은?

① 광천장 조명

② 코브 조명

③ 국부조명

④ 코니스 조명

해설 코브 조명은 천장이나 벽에 반사되는 간접조명이면서 건축화 조명에 속한다.

03 주택의 부엌가구 배치 유형 중 실내의 벽면을 이용하여 작업대를 배치한 형식으로 작업면이 넓어 효율이 가장 좋은 형식은?

① 일자형

② L자형

③ ㄷ자형

④ 아일랜드형(섬형)

해설
• 일자형(직선형) : 규모가 작은 좁은 면적의 주방에 적절
• L자형 : L자형의 싱크대를 벽면에 배치하고 남은 공간에 식탁을 두어 활용
• 아일랜드형(섬형) : 주방 가운데 조리대와 같은 작업대를 두어 여러 방향에서 작업

04 주택의 설계방향으로 옳지 않은 것은?

① 가족 본위의 주거

② 가사노동의 절감

③ 넓은 주거공간의 지향

④ 생활의 쾌적함 증대

해설 주택의 설계방향
• 생활이 쾌적할 수 있도록 한다.
• 가사노동을 줄일 수 있도록 한다.
• 가족의 생활방식 등 특성이 일치되어 가족 본위의 주거가 되어야 한다.
• 공간의 사용이 편리해야 한다.

05 다음 설명에 알맞는 지각심리 원리는?

> 유사한 배열로 구성된 형들이 방향성을 지니고 연속되어 보이는 하나의 그룹으로 지각되는 법칙으로 공동운명의 법칙이라고도 한다.

① 연속성의 원리

② 폐쇄성의 원리

③ 유사성의 원리

④ 근접성의 원리

해설 이미지나 대상이 일정한 방향성을 가지고 이어질 때 하나의 그룹으로 인지하는 법칙을 연속성의 법칙(law of continuity)이라 한다.

정답 1.④ 2.② 3.③ 4.③ 5.①

06 스툴의 종류 중 편안한 휴식을 위해 발을 올려놓는 가구는?

① 세티　　　　② 오토만
③ 카우치　　　④ 체스터필드

[해설] 의자의 종류
- 세티 : 등받이와 팔걸이가 있는 서양식 의자
- 오토만 : 상자형식의 쿠션 의자로 안쪽에 물건을 수납
- 카우치 : 침상을 겸하는 긴 의자
- 체스터필드 : 겉천을 깔아 누빈 서양식 소파로 등받이와 팔걸이 높이가 같다.

07 실내디자인 진행과정에 있어서 가장 먼저 선행되어야 하는 작업은?

① 조건파악　　② 기본계획
③ 기본설계　　④ 실시설계

[해설] 실내디자인의 과정
조건파악 → 기본계획 → 기본설계 → 실시설계

08 특정한 사용목적이나 많은 물품을 수납하기 위해 건축화된 가구로서 빌트인 가구라고도 불리는 가구는?

① 작업용 가구
② 붙박이 가구
③ 이동식 가구
④ 조립식 가구

[해설] 특정한 목적으로 사용되는 가구 및 집기를 건물과 일체화한 것을 붙박이 가구(built-in)라 한다.

09 공간을 폐쇄적으로 완전 차단하지 않고 공간의 영역을 분할하는 상징적 분할에 이용되는 것은?

① 커튼　　　　② 고정벽
③ 블라인드　　④ 바닥의 높이 차

[해설] 커튼, 고정벽, 블라인드는 시각적으로 차단된다.

10 주택에서 부엌의 일부에 간단한 식탁을 설치하거나 식당과 부엌을 하나의 공간에 구성하는 형식은?

① 다이닝 포치　　② 리빙 다이닝
③ 다이닝 키친　　④ 리빙 다이닝 키친

[해설]
- 다이닝 포치 : 테라스, 정원, 옥상 등 옥외에서 식사를 할 수 있는 공간이다.
- 리빙 다이닝(LD) : 거실 일부에 식당을 배치한 구성으로 "다이닝 알코브(dining alcove)"라고 한다.
- 리빙 다이닝 키친(LDK) : 거실 일부에 주방과 식사실을 구성하는 것으로 소규모 주택에 많이 적용된다.

11 다음 중 실내공간을 실제 크기보다 넓어 보이게 하는 방법으로 가장 알맞은 것은?

① 큰 가구를 중앙에 배치한다.
② 질감이 거칠고 무늬가 큰 마감재를 사용한다.
③ 창이나 문 등의 개구부를 크게 하여 시선이 연결되도록 한다.
④ 크기가 큰 가구를 사용하고 벽이나 바닥면에 빈 공간을 남겨두지 않는다.

[해설] 실내공간을 실제보다 넓어 보이게 하는 방법
- 개구부를 크게 한다.
- 질감이 고운 마감을 사용하며 밝은 단색으로 한다.
- 벽면에 큰 거울을 부착한다.
- 크기가 작은 가구를 벽에 부착해 사용한다.

12 상점의 판매형식 중 대면판매에 관한 설명으로 옳지 않은 것은?

① 상품 설명이 용이하다.
② 포장대나 계산대를 별도로 둘 필요가 없다.
③ 고객과 종업원이 진열장을 사이에 두고 상담 및 판매하는 형식이다.
④ 상품에 직접 접촉하므로 선택이 용이하며 측면판매에 비해 진열면적이 커진다.

[정답] 6. ②　7. ①　8. ②　9. ④　10. ③　11. ③　12. ④

해설 • 대면판매 : 점원과 고객이 대면한 상태에서 이루어
지는 일괄적 판매방식으로 측면판매에 비해 진열면
적이 작다.
• 측면판매 : 점원과 고객이 같은 방향에서 이루어지
는 판매방식으로 상품에 직접 접촉하므로 선택이
용이하다.

13 디자인 요소 중 선에 관한 설명으로 옳지 않
은 것은?

① 곡선은 우아하며 흥미로운 느낌을 준다.
② 수평선은 안정감, 차분함, 편안한 느낌을
준다.
③ 수직선은 심리적 엄숙함과 상승감의 효과
를 준다.
④ 사선은 경직된 분위기를 부드럽고 유연하
게 한다.

해설 • 사선 : 단조롭지 않고 동적이며 흥미를 유발한다.
• 곡선 : 경직된 분위기를 부드럽고 유연하게 한다.

14 주거공간에서 개인적 공간에 속하는 것은?

① 거실　　　② 서재
③ 식당　　　④ 응접실

해설 • 개인공간 : 침실, 작업실, 서재, 노인실 등
• 공동공간(사회적 공간) : 거실, 식당, 현관, 응접
실 등

15 수평 블라인드로 날개의 각도, 승강의 일광,
조망, 시각의 차단 정도를 조절할 수 있지만
먼지가 쌓이면 제거하기 어려운 단점이 있
는 것은?

① 롤 블라인드
② 로만 블라인드
③ 베니션 블라인드
④ 버티컬 블라인드

해설 베니션 블라인드

16 다음 설명에 알맞은 부엌가구의 배치유형은?

> • 작업대를 중앙에 놓거나 벽면에 직각이 되
> 도록 배치한 형태이다.
> • 주로 개방된 공간의 오픈 시스템에서 사용
> 된다.

① ㄱ자형　　　② ㄷ자형
③ 병렬형　　　④ 아일랜드형

해설 아일랜드형(섬형) 주방

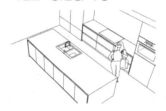

17 실내공간을 형성하는 주요 기본구성요소에
관한 설명으로 옳지 않은 것은?

① 바닥은 촉각적으로 만족할 수 있는 조건
을 요구한다.
② 벽은 가구, 조명 등 실내에 놓이는 설치물
에 대한 배경적 요소이다.
③ 천장은 시각적 흐름이 최종적으로 멈추는
곳이기에 지각의 느낌에 영향을 끼친다.
④ 다른 요소들이 시대와 양식에 의한 변화가
현저한 데 비해 천장은 매우 고정적이다.

해설 실내공간의 벽, 기둥, 천장 등은 시대의 흐름과 기능
에 맞추어 변화하지만 바닥은 고정적이다.

정답 13. ④　14. ②　15. ③　16. ④　17. ④

18 펜로즈의 삼각형과 가장 관련이 깊은 착시의 유형은?

① 운동의 착시　② 크기의 착시
③ 역리도형 착시　④ 다의도형 착시

해설 펜로즈(영국의 물리학자)의 삼각형
3개의 막대로 만들어진 삼각형으로 3차원 공간에서 이루어질 수 없는 것을 2차원 평면에 착시현상으로 그려 놓은 도형을 말한다.

19 조선시대의 주택구조에 관한 설명으로 옳지 않은 것은?

① 주택공간은 성(性)에 의해 구분되었다.
② 안채는 살림의 가장 중추적인 역할을 하던 장소이다.
③ 사랑채는 남자 손님들의 응접공간으로 사용되었다.
④ 주택은 크게 사랑채, 안채, 바깥채의 3개의 공간으로 구분되었다.

해설 조선시대 주택의 공간 구성
• 사랑채 : 집주인(남자)과 남자 손님이 사용
• 안채 : 중심 건물로 집주인(여자)이 사용
• 행랑채 : 하인들이 사용

20 건축적 채광방식 중 천창 채광에 관한 설명으로 옳지 않은 것은?

① 측창 채광에 비해 채광량이 적다.
② 측창 채광에 비해 비막이에 불리하다.
③ 측창 채광에 비해 조도 분포의 균일화에 유리하다.
④ 측창 채광에 비해 근린의 상황에 따라 채광을 방해받는 경우가 적다.

해설 천창에 의한 채광량은 측창의 약 3배 정도 많다.

21 창의 옆벽에 밀어 넣고 여닫을 때 실내의 유효면적을 감소시키지 않는 창호는?

① 미닫이 창호
② 회전 창호
③ 여닫이 창호
④ 붙박이 창호

해설 미닫이 창호는 개폐 시 벽면과 밀착되어 실내의 유효면적을 감소시키지 않는다.

22 다음 설명에 알맞은 상점의 진열 및 판매대 배치에 사용되는 것은?

> • 판매대가 입구에서 내부 방향으로 향하여 직선적인 형태로 배치되는 형식이다.
> • 통로가 직선적이어서 고객의 흐름이 빠르다.

① 굴절배치형　② 직립배치형
③ 환상배치형　④ 복합배치형

해설 상점 진열장(showcase)의 배치형식
• 직립(직렬)배치 : 진열장과 통로가 평행으로 고객의 흐름과 부분별 진열이 용이하다.
• 굴절배치형 : 진열장의 배치와 고객의 동선이 굴절된 곡선 형태로 대면판매, 측면판매에 용이하다.
• 환상배치형 : 진열장을 중앙에 배치하거나 곡선형태의 원형으로 설치해 내부에 레지스터나 포장대 등을 배치한다.
• 복합배치형 : 직립, 굴절, 환상배열을 적절하게 조합한 배치이다.

23 양식주택과 비교한 한식주택의 특징에 관한 설명으로 틀린 것은?

① 공간의 융통성이 낮다.
② 가구는 부수적인 내용물이다.
③ 평면은 실의 위치별 분화이다.
④ 각 실의 프라이버시가 약하다.

해설 한식주택의 공간은 다양한 목적으로 사용이 가능하다. 방에서 식사, 작업, 취침, 휴식 등 다양한 활동을 할 수 있다.

정답 18. ③　19. ④　20. ①　21. ①　22. ②　23. ①

24 창문을 통해 입사되는 광량, 빛 및 환경을 조절하는 일광 조절장치에 해당하지 않는 것은?

① 픽처 윈도   ② 글라스 커튼
③ 로만 블라인드   ④ 드레이퍼리 커튼

해설 픽처 윈도는 바닥부터 천장까지 모두 창으로 설치한 고정식 창을 말한다.

25 점과 선의 조형효과에 관한 설명으로 틀린 것은?

① 점은 선과 달리 공간적 착시효과를 이끌어낼 수 없다.
② 선은 여러 개의 선을 이용하여 움직임, 속도감 등을 시각적으로 표현할 수 있다.
③ 배경의 중심에 있는 하나의 점은 점에 시선을 집중시키고 정지의 효과를 느끼게 한다.
④ 반복되는 선의 굵기와 간격, 방향을 변화시키면 2차원에서 부피와 길이를 느끼게 표현할 수 있다.

해설 조형요소의 점은 위치를 나타내는 요소로 공간에서 집중에 의한 착시효과를 가져올 수 있다.

26 다음 중 실내디자인에서 리듬감을 주기 위한 방법이 아닌 것은?

① 방사   ② 반복
③ 조화   ④ 점이

해설 리듬의 종류에는 반복, 점이, 점층, 방사, 억양 등이 있다.

27 LDK형 단위주거에서 D가 상징하는 것은?

① 거실   ② 식당
③ 부엌   ④ 화장실

해설 LDK : Living room(거실)+Dining(식당)+Kitchen [부엌(주방)]

28 다음 중 실내디자인을 평가하는 기준과 가장 거리가 먼 것은?

① 경제성   ② 기능성
③ 주관성   ④ 심미성

해설 실내디자인이 추구하고자 하는 목적은 기능성, 경제성, 심미성이다.

29 다음은 피보나치 수열을 나타낸 것이다. '21' 다음에 나오는 숫자는?

> 1, 1, 2, 3, 5, 8, 13, 21,……

① 24   ② 29
③ 34   ④ 38

해설 피보나치 수열
수의 다음 값이 이전 두 수의 합이 되는 수열로 13+21=34가 된다.

30 거실의 가구 배치방법 중 가구를 두 벽면에 연결시켜 배치하는 형식으로 시선이 마주치지 않아 안정감이 있는 것은?

① 직선형   ② 대면형
③ ㄱ자형   ④ ㄷ자형

해설 ㄱ자형 : 두 개의 벽면을 사용해 시선이 마주치지 않는다.

31 동선계획을 가장 잘 나타낼 수 있는 실내계획은?

① 입면계획   ② 천장계획
③ 구조계획   ④ 평면계획

해설 동선계획은 물건이나 사람의 이동정보를 표현해야 하므로 공간을 구분할 수 있는 평면계획에서 가장 잘 나타낼 수 있다.

32 상점에서 쇼윈도, 출입구 및 홀의 입구부분을 포함한 평면적인 구성요소와 아케이드, 광고판, 사인, 외부장치를 포함한 입체적인 구성요소의 총체를 뜻하는 것은?

① 파사드　　　　② 스크린

③ AIDMA　　　　④ 디스플레이

해설 파사드 : 집이나 건축물의 정면을 뜻하는 프랑스어로 상업시설의 입구 디자인 총체를 뜻한다.

33 부엌의 작업순서에 따른 작업대의 배치 순서로 바른 것은?

① 가열대 → 배선대 → 준비대 → 조리대 → 개수대

② 개수대 → 준비대 → 조리대 → 배선대 → 가열대

③ 배선대 → 가열대 → 준비대 → 개수대 → 조리대

④ 준비대 → 개수대 → 조리대 → 가열대 → 배선대

해설 부엌 작업대의 순서

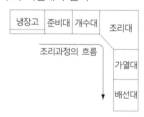

34 다음 설명에 알맞은 창은?

> • 크기와 형태에 제약이 없이 자유로이 디자인할 수 있다.
> • 창을 통한 환기가 불가능하다.

① 고정창

② 미닫이창

③ 여닫이창

④ 오르내리창

해설 고정창(fixed window)은 개폐가 되지 않아 환기가 불가능하고 채광만 가능하다. 개폐를 고려하지 않으므로 디자인이 자유롭다.

35 촉각 또는 시각으로 지각할 수 있는 어떤 물체 표면상의 특징을 뜻하는 것은?

① 색채　　　　② 채도

③ 질감　　　　④ 패턴

해설 색채, 채도, 질감, 패턴 모두 시각적인 지각이 가능하지만 질감만이 시각과 촉각으로 지각할 수 있는 표면상의 특징이다.
* 촉각 : 피부에 닿아서 느낄 수 있는 감각

36 실내의 기본요소인 벽에 대한 설명으로 틀린 것은?

① 공간과 공간을 구분한다.

② 공간의 형태와 크기를 결정한다.

③ 실내공간을 에워싸는 수평적 요소이다.

④ 외부로부터의 방어와 프라이버시를 확보한다.

해설 벽은 실내공간을 에워싸 실을 구분하는 수직적 요소이다.

37 마르셀 브로이어가 디자인한 작품으로 강철 파이프를 휘어 기본 골조를 만들고 가죽을 접합하여 좌판, 등받이, 팔걸이를 만든 의자는?

① 바실리 의자

② 파이미오 의자

③ 바르셀로나 의자

④ 힐하우스 래더백 의자

해설 마르셀 브로이어가 디자인한 바실리 의자

38 개구부(창과 문)의 역할에 대한 설명으로 틀린 것은?

① 창은 조망을 가능하게 한다.

② 창은 통풍과 채광을 가능하게 한다.

③ 문은 공간과 다른 공간을 연결시킨다.

④ 창은 가구, 조명 등 실내에 놓이는 설치물에 대한 배경이 된다.

[해설] 창은 채광과 환기에 목적이 있으므로 가구나 조명의 배경이 되어서는 안 된다.

39 상점의 쇼윈도 평면형식에 해당되지 않는 것은?

① 홀형　　　　　② 만입형

③ 다층형　　　　④ 돌출형

[해설] • 쇼윈도의 평면형식 : 홀형, 만입형, 돌출형
• 쇼윈도의 입면형식 : 단층형, 다층형

40 밖으로 창과 함께 평면이 돌출된 형태로 아늑한 구석 공간을 형성할 수 있는 창의 종류는?

① 고정창　　　　② 윈도 월

③ 베이 윈도　　　④ 픽처 윈도

[해설] 베이 윈도
아늑한 공간을 형성하면서 방풍효과를 준다.

41 우리나라의 전통가구 중 장과 더불어 가장 일반적으로 쓰이던 수납용 가구로 몸통이 2층 또는 3층으로 분리되어 상자 형태로 포개 놓아 사용된 것은?

① 농　　　　　② 함

③ 궤　　　　　④ 소반

[해설] • 함 : 혼수용 패물 등을 넣어두는 나무상자
• 궤 : 나무로 된 장방형의 상자로 크기나 형태에 따라 곡식, 도구, 책 등 다양한 물건을 보관하는 수납용 상자
• 소반 : 좌식생활에 쓰이는 작은 밥상

42 다음 중 부엌에서 작업삼각형(work triangle)의 각 변의 길이 합계로 가장 알맞은 것은?

① 1.5m　　　　② 2.5m

③ 5m　　　　　④ 7m

[해설] 부엌의 작업삼각형이란 싱크대, 가열대, 냉장고가 이루는 삼각형으로, 각 변의 합은 5m 내외이며 길이가 짧을수록 작업의 능률이 높다.

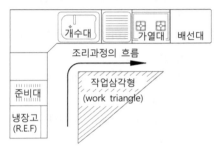

43 공간을 실제보다 더 높아 보이게 하며, 엄숙함과 위엄 등의 효과를 주기 위해 일반적으로 사용되는 디자인 요소는?

① 사선　　　　　② 곡선

③ 수직선　　　　④ 수평선

[해설] • 사선 : 동적인 효과와 강한 표정을 부여한다.
• 곡선 : 유연하고 동적인 느낌을 부여한다.
• 수직선 : 고결함, 상승감, 엄숙함을 나타낼 수 있어 종교적인 느낌을 부여한다.
• 수평선 : 평화로운 분위기와 안정감을 부여한다.

44 실내디자인 과정에서 일반적으로 건축주의 의사가 가장 많이 반영되는 단계는?

① 기획단계　　　② 시공단계

③ 기본설계단계　④ 실시설계단계

[정답] 38. ④　39. ③　40. ③　41. ①　42. ③　43. ③　44. ①

해설 건축기획은 건축주가 직접 진행하거나 전문가의 도움을 받아 건축의 의도 및 목적을 분명히 하여 건축의 과정이 원만히 진행되도록 하는 업무를 말한다.

45 황금비율로 가장 알맞은 것은?

① 1 : 1.414 ② 1 : 1.618

③ 1 : 1.7732 ④ 1 : 3.141

해설 황금비 : 어떤 길이를 둘로 나누었을 때 짧은 부분과 긴 부분의 비와 긴 부분과 전체의 비가 1 : 1.618이 되는 비율

46 백화점의 외벽에 창을 설치하지 않는 이유 및 효과와 가장 거리가 먼 것은?

① 정전, 화재 시 유리하다.

② 조도를 균일하게 할 수 있다.

③ 실내면적 이용도가 높아진다.

④ 외측에 광고물의 부착효과가 있다.

해설 외벽에 창이 없으면 지진, 화재, 정전 등에 의한 피난이 어려워 혼란이 발생된다.

실내환경

환경계획은 사람이 건축물을 사용하는 데 있어 기본적인 환경을 충족시켜 주기 위한
목적에서 출발한다. 적절한 공간, 음향, 단열, 일조 등 다양한 조건을 조화시켜 사람이
생활하는 데 쾌적한 공간을 창출하는 데 의미를 둔다.

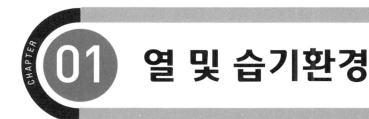

열 및 습기환경

CHAPTER 01

실내디자인은 지역의 기후, 지형, 위치 등 환경조건을 고려하여 설계된다.

SECTION 1 건물과 열, 습기, 실내환경

(1) 기온

기온(氣溫)이란 대기의 온도를 말한다.

❶ 연교차

월평균 기온의 연중 최저 온도와 최고 온도의 차이로 위도의 영향을 받는다.

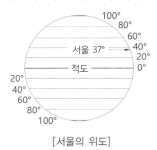

[서울의 위도]

❷ 일교차

하루 중 최고 온도와 최저 온도의 차이로 지리적 위치와 조건에 영향을 받는다.

❸ 유효온도

유효온도는 실감온도나 감각온도라고도 하며, 온도·습도·기류의 3요소로 측정해 온열감에 대한 감각적 효과를 나타낸다.

(2) 열환경

❶ 열환경 4요소

열환경은 공기의 온도, 습도, 기류, 복사열의 4요소로 나누며 온도가 가장 큰 영향을 미친다.

❷ 불쾌지수(DI)

여름철 열과 습도로 인해 사람이 느끼는 불쾌감의 정도를 말하며, 80(DI)이면 땀이 나고 모든 사람이 불쾌감을 느끼게 된다. 불쾌지수(DI)는 (건구온도+습구온도)×0.72+40.6으로 계산한다.

❸ 인체의 열 손실

인체는 복사(45%), 대류(30%), 증발(25%)로 인해 열 손실이 발생한다.
- 호흡이나 땀 등에 의한 수분 증발
- 인체 주변에서 나타나는 공기의 대류 현상
- 피부 표면에서의 열 복사 현상

(3) 열의 이동(전열)

건축물에서 열의 이동은 복사, 대류, 전도로 이동된다.

❶ 복사

어떤 물체에서 발생된 열에너지가 전달매체가 없이 다른 물체로 직접 이동

❷ 대류

공기의 순환으로 인해 열에너지가 이동

❸ 전도

고체 내부 고온부의 열에너지가 온도가 낮은 부분으로 이동

❹ 열관류

고체 양쪽의 유체 온도가 다를 때 고온에서 저온으로 열이 통과하는 현상으로 열전달→ 열전도→ 열전달의 과정을 거치게 된다.

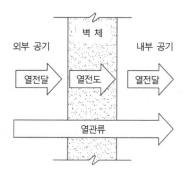

> ✅ **참고**
>
> - 열전도율 단위: W/m · K(국제단위계로 변경 전 단위 : kcal/m · h · ℃)
> - 열관류율 단위: W/m² · K(국제단위계로 변경 전 단위 : kcal/m² · h · ℃)
>
> 열전도율과 열관류율의 단위는 국제단위계를 사용함에 따라 현재는 W/m · K(열전도율), W/m² · K(열관류율)을 사용한다.

(4) 습기와 결로

❶ 습기

공기 중에 기체나 액체 형태로 포함된 수분을 말한다.

❷ 절대습도

건조공기 $1m^3$ 중에 포함된 수증기의 무게로 가열, 냉각해도 절대습도는 변하지 않는다.

❸ 노점온도

습공기가 포화상태일 때의 온도를 말하며, 수분의 상태를 유지하지 못하고 이슬, 물방울로 맺히는 온도로 결로가 생긴다.

❹ 결로

습공기가 차가운 곳에 닿아 수증기가 응축되어 물방울이 맺히는 현상으로, 실내와 실외의 온도 차에 의해 습한 외벽에 주로 발생한다.

❺ 결로의 원인과 방지

결로는 충분한 환기, 난방, 단열시공으로 방지할 수 있으며 원인은 다음과 같다.
- 실내와 실외의 온도 차
- 실내 습기의 발생
- 부실한 단열시공
- 겨울철 환기량 부족

(5) 실내환경

① 실내공간의 쾌적한 기온은 18℃의 온도에 60% 정도의 습도일 때 이상적이다.
② 쾌적한 공간의 상대습도는 40~60% 정도이다.
- 여름 : 17~22℃
- 겨울 : 19~24℃

(6) 단열

❶ 내단열

- 구조체 안쪽에 시공하여 공사가 간편하고 비용이 절감된다.
- 단열 부분이 연속되지 못해 열의 손실과 결로가 발생되기 쉽다.

❷ 외단열

- 구조체 밖으로 감싸는 시공으로 열교가 적으며 단열 성능이 우수하다.
- 시공의 정밀도로 인해 작업이 어렵고 비용이 많이 든다.

01 온열감에 대한 감각적 효과를 나타내는 온도는?

① 대기온도　　　② 대류온도
③ 실제온도　　　④ 유효온도

해설 유효온도는 실감온도나 감각온도라고도 하며, 온도·습도·기류의 3요소로 측정해 온열감에 대한 감각적 효과를 나타낸다.

02 기온과 습도에 의한 온열감을 나타내는 온열지표는?

① 유효온도　　　② 불쾌지수
③ 등온치수　　　④ 작용온도

해설 불쾌지수 : 사람이 날씨의 영향을 받아 불쾌감을 느끼는 지수로 기온과 습도를 이용하여 나타낸다.

03 인체의 열 손실에 관한 설명으로 잘못된 것은?

① 인체는 복사(45%), 대류(30%), 증발(25%)로 인해 열 손실이 발생한다.
② 호흡이나 땀 등으로 인한 수분 증발로도 열이 손실된다.
③ 인체 주변에서 나타나는 공기의 흐름은 무관하다.
④ 피부 표면에서의 열 복사 현상으로 손실된다.

해설 인체 주변의 대류 현상으로 30% 정도의 열 손실이 발생된다.

04 열에너지가 고체 내부의 고온부에서 온도가 낮은 부분으로 이동하는 현상을 무엇이라 하는가?

① 복사　　　② 전도
③ 대류　　　④ 열관류

해설 • 복사 : 어떤 물체에서 발생된 열에너지가 전달매체 없이 다른 물체로 직접 이동
• 대류 : 공기의 순환으로 인해 열에너지가 이동
• 열관류 : 고체 양쪽의 유체 온도가 다를 때 고온에서 저온으로 열이 통과하는 현상

05 습공기가 포화상태일 때의 온도를 말하며, 수분의 상태를 유지하지 못하고 이슬, 물방울로 맺히는 온도는?

① 절대온도　　　② 유효온도
③ 노점온도　　　④ 대기온도

해설 노점온도(露店溫度)
일정한 압력에서 온도가 점점 낮아져 공기 중의 수증기가 포화하여 물방울로 맺힌다.

06 결로방지를 위한 방법으로 알맞지 않은 것은?

① 환기를 통해 습한 공기를 제거한다.
② 실내 기온을 노점온도 이하로 유지한다.
③ 건물 내부의 표면온도를 높인다.
④ 낮은 온도의 난방을 오래 하는 것이 높은 온도의 난방을 짧게 하는 것보다 결로방지에 유리하다.

해설 결로방지에 있어 실내 기온은 노점온도 이상으로 유지해야 한다.

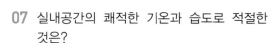
07 실내공간의 쾌적한 기온과 습도로 적절한 것은?

① 기온 : 18℃, 습도 : 60%

② 기온 : 18℃, 습도 : 30%

③ 기온 : 25℃, 습도 : 60%

④ 기온 : 25℃, 습도 : 30%

해설 실내공간의 쾌적한 기온은 18℃의 온도에 60% 정도의 습도일 때 이상적이다.

08 외단열 구조의 특징으로 잘못된 것은?

① 열교가 커서 단열 성능이 우수하다.

② 시공의 정밀도로 인해 작업이 어렵다.

③ 내단열시공에 비해 비용이 많이 든다.

④ 단열재를 구조체 밖으로 감싸는 공법이다.

해설 외단열 방식은 구조체 밖으로 감싸는 시공으로, 열교가 적으며 단열 성능이 우수하지만 시공의 정밀도로 인해 작업이 어렵고 비용이 많이 든다.

Part **2**

빛(태양)환경, 공기환경

CHAPTER 02

SECTION 1 빛(태양)환경

(1) 태양광선의 구성

태양광선은 적외선, 가시광선, 자외선으로 구분된다.

❶ 적외선

화학작용은 거의 없으며 열 효과가 커서 열선이라 불린다.

❷ 가시광선

파장의 범위가 눈으로 지각할 수 있는 빛으로, 파장 범위는 380~780nm(보라, 남색, 파랑, 초록, 노랑, 주황, 빨강)이다.

❸ 자외선

가시광선보다 짧은 파장으로 눈으로 구분할 수 없다. 화학작용, 생육작용, 살균작용을 하며 과하게 노출되면 피부암을 일으킬 수 있다.

(2) 일조

태양광선(햇볕)이 지표면에 내리쬐는 것을 말하며 건축계획에 있어 중요한 조건이 된다.

용어해설 📋

일조권 : 건축에 있어 법률상 햇볕을 받아 쬘 수 있도록 보호된 권리로, 주변 건물과 가까우면 일조가 불리하다.

❶ 일조율

일출에서 일몰까지, 즉 해가 떠서 지기까지의 시간 중 구름이나 안개, 지형에 차단되지 않고 지표면을 비추는 시간의 비율을 백분율로 나타낸 것(일조시수/가조시수)

용어해설 📋

• 가조시간(가조시수) : 태양이 떠서 지기까지의 시간으로 계절과 지역에 따라 다르다.
• 일조시간(일조시수) : 태양이 떠서 지기까지 지표면을 비추는 시간

② 영구음영

태양의 고도가 가장 높은 하지에도 종일 음영인 부분으로 영구히 일조가 없는 부분

③ 종일음영

종일 일조가 없는 부분

④ 일조조절

일조는 빛의 유입, 냉·난방 에너지, 결로 등 기능적인 부분에 있어 중요한 부분으로서 차양, 발코니, 루버, 흡열유리, 이중유리, 유리블록 등을 설치하여 조절할 수 있다.

- 겨울 : 일조(빛)를 받아들이도록 하는 것이 유리
- 여름 : 일조를 차단하는 것이 유리

> ☑ **참고**
>
> 일조는 춘분과 추분, 동지와 하지의 태양고도를 기준으로 한다.

⑤ 일사량

태양의 복사 에너지량

구분	여름	겨울
수평면	크다	작다
남측 수직면	작다	크다

SECTION 2 공기환경

(1) 실내공기의 오염

공기오염의 척도는 이산화탄소량을 기준으로 한다.

① 오염의 원인

- 산소(O_2)의 감소와 이산화탄소(CO_2)의 증가
- 먼지, 공기 중의 세균, 악취, 흡연, 주방에서의 연소
- 건축자재에서 발생되는 유해물질(라돈, 포름알데히드, 석면, 휘발성 유기화합물 등)

② 이산화탄소

- 실내공기의 오염은 이산화탄소의 농도를 척도한다.
- 실내공기의 이산화탄소 농도는 1,000ppm 이하로 유지한다.

(2) 실내공기의 환기

환기는 오염된 공기를 배출하여 기준치 이하로 유지하기 위해 필요하다. 면적의 1/2 이상 환기에 필요한 개구부를 확보해야 하며 창이 없는 실의 환기량은 1인당 $20m^3/h$ 이상으로 한다.

❶ 자연환기

바람, 실내와 실외의 온도 차 등 자연적인 요인에 의한 환기방법으로 외기바람에 의한 풍력환기, 온도 차에 의한 중력환기로 나누어진다.

❷ 기계환기

급기와 배기 중 한 가지 이상 기계설비를 사용한 환기방법

구분	급기(유입)	배기(배출)	비고
제1종 환기법	기계(송풍기)	기계(배풍기)	가장 우수한 환기
제2종 환기법	기계(송풍기)	자연배기	공장에서 많이 사용
제3종 환기법	자연급기	기계(배풍기)	주방이나 욕실에 사용

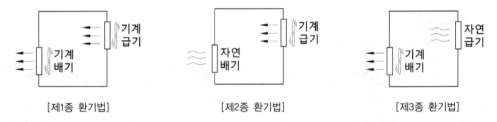

[제1종 환기법]　　　　　[제2종 환기법]　　　　　[제3종 환기법]

❸ 환기횟수

1시간에 필요한 환기량을 실용적으로 나눈 값으로 환기횟수＝소요공기량/실용적으로 계산한다.

❹ 전체 환기(general ventilation)

실내공간 전체의 공기를 환기하는 것으로 온도와 습도를 쾌적하게 유지한다. 전체 환기는 유해물질 등 오염된 공기의 농도가 낮아져 사용자의 건강 유지 및 사고를 예방할 수 있다.

01 태양광선 중 화학작용은 거의 없으며 열 효과가 커서 열선이라고도 불리는 것은?

① 적외선　　　　② 가시광선

③ 자외선　　　　④ X선

해설 • 가시광선 : 파장의 범위가 눈으로 지각할 수 있는 빛
• 자외선 : 화학작용, 생육작용, 살균작용을 하며 과하게 노출되면 피부암을 일으킨다.
• X선 : 가시광선의 약 1/1000에 해당하는 전자기파

02 일조의 직접적인 효과로 볼 수 없는 것은?

① 광 효과　　　　② 열 효과

③ 조망 효과　　　④ 보건·위생적 효과

힌트 조망(眺望)은 먼 곳을 바라보는 것 또는 그런 경치를 뜻한다.

03 실내공기오염의 종합적 지표로서 이용되는 오염물질은?

① 라돈　　　　　② 부유분진

③ 일산화탄소　　④ 이산화탄소

해설 이산화탄소(CO_2)는 탄소를 포함하는 물질이 연소하거나 동물의 활동에 의해 발생되는 것으로 공기오염의 지표가 된다.

04 환기방식 중 급기와 배기를 모두 기계설비로 사용하는 것은?

① 자연환기방식

② 제1종 환기방식

③ 제2종 환기방식

④ 제3종 환기방식

해설 • 1종 환기 : 급기-기계설비, 배기-기계설비
• 2종 환기 : 급기-기계설비, 배기-자연환기
• 3종 환기 : 급기-자연환기, 배기-기계설비

05 열기나 유해물질이 실내에 널리 산재되어 있거나 이용되는 경우에 급기로 실내의 전체 공기를 희석하여 배출시키는 방법은?

① 집중환기

② 전체 환기

③ 국소환기

④ 고정환기

해설 전체 환기(general ventilation) : 실내공간 전체의 공기를 환기하는 것으로, 유해물질 등 오염된 공기의 농도가 낮아져 사용자의 건강 유지 및 사고를 예방할 수 있다.

Part

2

정답 1. ① 2. ③ 3. ④ 4. ② 5. ②

 채광 및 조명, 음환경

CHAPTER 03

SECTION 1 채광 및 조명 환경

(1) 조명일반

채광과 인공조명은 실내공간의 특성에 맞도록 유지되어야 각 실의 기능을 다할 수 있다.

❶ 빛의 단위
- 광속 : 광원 전체의 밝기로 루멘(lm)으로 표기한다.
- 조도 : 빛을 비추는 장소의 밝기로 럭스(lx)로 표기한다.
- 광도 : 광원에서 특정 방향에 대한 밝기로 칸델라(cd)로 표기한다.
- 휘도 : 광원의 외관상 단위면적당 밝기로 cd/m^2로 표기한다.

(2) 채광

채광은 햇볕을 실내로 유입시키는 것을 말하며 주로 창을 통해 이루어진다.

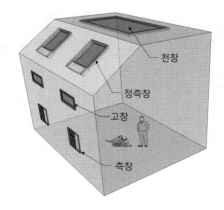

천창
정측창
고창
측창

❶ 측창 채광
- 벽에 수직으로 설치된 창으로 조도의 분포가 균일하지 못하다.
- 시공이 용이하고 다른 창에 비하여 눈과 비의 피해가 적다.
- 벽면에 낮게 설치되어 개폐 및 유지관리가 용이하다.

② 고창 채광

벽의 높은 위치에 수직으로 설치된다.

③ 정측창 채광

측창 채광이 어려운 경우나 실의 조도를 높이기 위해 사용된다.

④ 천창 채광

지붕면에 수평으로 설치되는 창으로 채광효과가 가장 우수하며 조도의 분포가 균일하다.

(3) 인공조명

인공조명은 크게 직접조명, 간접조명으로 구분된다.

① 직접조명방식

장점	• 조명의 효율이 높고 설치비용이 싸다. • 조명을 집중적으로 밝게 할 때 유리하다.	
단점	• 눈부심이 크고 음영의 차이가 크다. • 같은 공간에서도 밝고 어두움의 차이가 있다.	직접조명 광원이 눈에 보임.

② 간접조명방식

장점	• 균일한 조도를 얻을 수 있다. • 빛이 세지 않아 눈의 피로가 적다.	
단점	• 조명의 효율이 낮고 침체된 분위기가 될 수 있다. • 설치와 유지보수가 어렵다.	간접조명 광원이 눈에 안 보임.

③ 인공조명의 종류

- LED(발광다이오드) : Ga(갈륨), P(인), As(비소)를 재료로 한 반도체로 효율과 수명이 매우 우수해 가정이나 산업용으로 도입되고 있다.
- 나트륨등 : 저전력으로 밝은 빛을 발산하여 가로등, 경기장등에 사용된다.
- 할로겐 램프 : 백열등을 개량한 것으로 연색성이 좋고, 건축화 조명에 좋다.
- 형광등 : 눈부심이 적고 효율이 우수하다.
- 수은등 : 백열등보다 효율은 높으나 연색성이 떨어지고 점등시간이 길다.
- 백열등 : 효율과 수명은 낮으나 표면의 밝기가 높아 좁은 장소의 조명으로 사용된다.
- 인공조명의 효율

    LED등 > 나트륨등 > 메탈할라이드등 > 형광등 > 수은등 > 할로겐등 > 백열전구

(4) 건축화 조명

건축의 일부분인 기둥, 벽, 천장, 바닥과 일체가 되어 빛을 발산하는 조명

❶ 건축화 조명의 장점

- 빛의 발광면을 넓게 할 수 있다.
- 동선 유도 등 기능적으로도 사용될 수 있다.
- 조명설비가 보이지 않아 세련된 느낌을 준다.

❷ 건축화 조명의 단점

- 설비비용이 많이 든다.
- 유지보수가 용이하지 않다.

❸ 건축화 조명의 종류

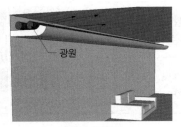

[코브 조명]

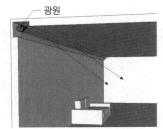

[코니스 조명]

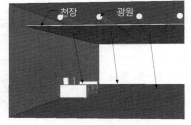

[광천장 조명]

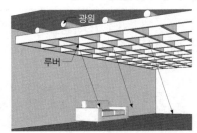

[루버 조명]

(5) 조명의 설계순서

조명설계 시 공간의 소요조도 결정을 가장 먼저 해야 한다.
① 소요조도 결정
② 광원 선택
③ 조명방식 선택
④ 조명기구 선택
⑤ 조명기구 배치

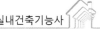

SECTION

2 음환경

(1) 음일반

❶ 음의 주파수

주파수는 1초 동안 왕복 진동하는 횟수를 말하며 단위는 Hz를 사용한다. 가청 주파수는 20~20,000Hz이다.

❷ 음의 세기

단위는 데시벨(dB)을 사용한다.

> **☑ 참고**
>
> 소음의 예시
> • 20dB : 나뭇잎이 바람에 부딪히는 소리
> • 40dB : 아이들이 뛰는 소리, 청소기/세탁기 소리
> • 50dB : 성인이 뛰는 소리
> • 70dB : 망치질, 차도의 주행소음
> • 100dB : 공장 가동소리
> *40dB 이상의 소음은 수면에 방해가 될 수 있다.

(2) 잔향

소리를 멈춘 후에도 공간에 소리가 남아 울리는 것을 말한다.

❶ 잔향시간

• 음의 발생을 중지시킨 후 실내의 에너지 밀도가 60dB 감소하는 데 필요한 시간을 말한다.
• 잔향시간이 길면 음이 또렷하지 않고, 잔향시간이 짧으면 음량이 작아서 듣기 어려울 수 있다.
• 잔향시간은 공간의 크기에 비례하고 흡음력에 반비례한다.
• 잔향시간이 짧아야 하는 장소 : 명료한 발음이 우선시되는 회의실·교실 등
• 잔향시간이 길어야 하는 장소 : 소리의 적절한 울림이 필요한 영화관·음악실 등

01 빛의 단위에 대한 설명으로 잘못된 것은?

① 광속 : 광원 전체의 밝기로 루멘(lm)으로 표기한다.

② 조도 : 빛을 비추는 장소의 밝기로 럭스(lx)로 표기한다.

③ 광도 : 광원에서 특정 방향에 대한 밝기로 칸델라(cd)로 표기한다.

④ 휘도 : 광원의 외관상 단위면적당 밝기로 DI로 표기한다.

해설 휘도는 cd/m^2로 표기한다.

02 측창 채광에 대한 설명으로 틀린 것은?

① 편측창 채광은 조명도가 균일하지 못하다.

② 천창 채광에 비해 시공, 관리가 어렵고 빗물이 새기 쉽다.

③ 측창 채광은 천창 채광에 비해 개방감이 좋고 통풍에 유리하다.

④ 측창 채광 중 벽의 한 면에만 채광하는 것을 편측창 채광이라 한다.

해설 천창은 채광이 매우 우수하나 지붕면에 설치되므로 시공 및 관리가 어렵고 빗물이 스며들 수 있다.
- **편측창 채광** : 벽의 한 면에만 채광창 설치
- **양측창 채광** : 벽의 두 면에 채광창 설치

03 직접조명방식에 대한 설명으로 잘못된 것은?

① 조명의 효율이 높고 설치비용이 싸다.

② 조명을 집중적으로 밝게 할 때 유리하다.

③ 눈부심이 없고 음영의 차이가 작다.

④ 같은 공간에서도 밝고 어두움의 차이가 있다.

해설 직접조명방식은 광원이 눈에 보이게 설치되어 눈부심과 음영의 차이가 크다.

04 인공조명 중 가장 효율이 좋은 것은?

① 백열등   ② 수은등

③ 할로겐 램프   ④ LED

해설 인공조명의 효율
LED(발광다이오드)>나트륨등>할로겐 램프>형광등>수은등>백열등

05 음압 레벨에 사용되는 단위는?

① 럭스   ② 루멘

③ 데시벨   ④ 람베르트

해설
- **럭스** : 조명 밝기
- **루멘** : 빛의 세기
- **람베르트** : 빛의 휘도

06 잔향시간에 대한 설명으로 알맞지 않은 것은?

① 실의 용적에 비례한다.

② 실의 흡음력에 반비례한다.

③ 잔향시간이 너무 길면 음이 명료하지 않아 음을 듣기 어렵게 된다.

④ 음원으로부터 음의 발생을 중지시킨 후 소리가 완전히 없어지는 데까지 걸리는 시간이다.

해설 잔향시간이란 소리를 멈춘 후에도 공간에 소리가 남아 울리는 것을 말한다.

정답 1. ④ 2. ② 3. ③ 4. ④ 5. ③ 6. ④

01 다음 중 실내환경에서 실감온도의 3요소가 아닌 것은?

① 열복사　　　　② 습도

③ 기류　　　　　④ 온도

해설 유효온도는 실감온도나 감각온도라고도 하며, 온도·습도·기류의 3요소로 측정해 온열감에 대한 감각적 효과를 나타낸다.

02 다음 중 습공기가 포화상태일 때의 온도로 수분의 상태를 유지하지 못하고 물방울로 맺히는 온도는?

① 습기온도　　　② 노점온도

③ 쾌적온도　　　④ 포화온도

해설 노점온도 : 습공기가 포화상태일 때의 온도를 말하며, 수분의 상태를 유지하지 못하고 이슬, 물방울로 맺히는 온도로 결로가 생긴다.

03 결로의 원인으로 잘못된 것은?

① 겨울철 난방으로 인한 내부와 외부의 온도 차이

② 외벽의 부실한 단열시공

③ 겨울철 환기 부족

④ 노후된 보일러

해설 결로는 실내와 실외의 온도 차이로 발생된다.

04 열이 이동되는 현상 중 공기의 순환으로 인해 열에너지가 이동되는 것은?

① 복사　　　　　② 대류

③ 전도　　　　　④ 열관류

해설 • 복사 : 어떤 물체에서 발생된 열에너지가 전달매체 없이 다른 물체로 직접 이동

• 전도 : 고체 내부 고온부의 열에너지가 온도가 낮은 부분으로 이동

• 열관류 : 고체 양쪽의 유체 온도가 다를 때 고온에서 저온으로 열이 통과하는 현상

05 태양이 떠서 지기까지 구름이나 안개에 차단되지 않고 지표면을 비추는 시간을 무엇이라 하는가?

① 일조시간　　　② 태조시간

③ 가조시간　　　④ 일영시간

해설 • 가조시간(가조시수) : 태양이 떠서 지기까지의 시간으로 계절과 지역에 따라 다르다.

• 일조시간(일조시수) : 태양이 떠서 지기까지 지표면을 비추는 시간

06 다음 중 열관류율의 단위로 올바른 것은?

① $kcal/m \cdot h \cdot ℃$　② $kcal/m^2 \cdot h \cdot ℃$

③ $W/m^2 \cdot K$　④ $W/m \cdot K$

해설 • 열전도율 단위 : $W/m \cdot K$

• 열관류율 단위 : $W/m^2 \cdot K$

$kcal/m \cdot h \cdot ℃$(열전도율), $kcal/m^2 \cdot h \cdot ℃$(열관류율)는 국제단위계로 바뀌기 전에 사용된 단위이다.

07 태양광선 중 열 효과가 커서 열선이라고 불리는 것은?

① 적외선　　　　② 자외선

③ 가시광선　　　④ 광선

해설 • 가시광선 : 파장의 범위가 눈으로 지각할 수 있는 빛

• 자외선 : 화학작용, 생육작용, 살균작용을 하며 과하게 노출되면 피부암을 일으킬 수 있다.

정답 1.① 2.② 3.④ 4.② 5.① 6.③ 7.①

Part **2**

08 실내공기 오염의 척도가 되는 것은?

① 수소 　　　　② 산소

③ 이산화탄소 　④ 일산화탄소

해설 공기오염의 척도는 이산화탄소량을 기준으로 한다.

09 다음 중 1종 환기법으로 바르게 나열된 것은?

① 급기 : 기계, 배기 : 기계

② 급기 : 자연, 배기 : 기계

③ 급기 : 기계, 배기 : 자연

④ 급기 : 자연, 배기 : 자연

해설
• 1종 환기 : 급기-기계설비, 배기-기계설비
• 2종 환기 : 급기-기계설비, 배기-자연환기
• 3종 환기 : 급기-자연환기, 배기-기계설비

10 채광창의 유형 중 지붕면에 설치되어 채광효과가 우수하고 조도가 균일한 창은?

① 측창 　　　　② 천창

③ 정측창 　　　④ 고창

해설 천창 : 지붕면에 수평으로 설치되는 창으로 채광효과가 우수하고 조도가 균일하나 환기가 어렵다.

11 다음 조명 중 균일한 조도를 얻을 수 있고 눈의 피로가 적은 조명방식은?

① 직접조명 　　② 전반확산조명

③ 간접조명 　　④ 균일조명

힌트
• 직접조명 : 광원이 들어나 있어 눈에 보임
• 간접조명 : 광원이 가려져 있어 눈에 안 보임

12 조명의 설계순서 중 가장 먼저 해야 할 사항은?

① 광원 선택 　　② 기구 선택

③ 비용 결정 　　④ 조도 결정

해설 조명의 설계순서
소요조도 결정 → 광원 선택 → 조명방식 선택 → 조명기구 선택 → 조명기구 배치

13 다음 건축화 조명에 대한 설명으로 옳지 않은 것은?

① 건축의 일부분인 벽이나 천장 등에 광원을 설치하는 조명방식이다.

② 설비비용이 많이 든다.

③ 유지보수가 간편하다.

④ 조명설비가 직접 보이지 않아 인테리어에 좋다.

해설 조명설비가 직접 보이지 않게 시공되므로 유지보수가 용이하지 않다.

14 다음 공간 중 잔향시간이 길어야 유리한 곳은?

① 독서실 　　　② 학생방

③ 회의실 　　　④ 영화관

힌트 잔향 : 소리를 멈춘 후에도 공간에 소리가 남아 울리는 것

15 인체에서 손실되는 열 중 가장 큰 비중을 차지하는 현상은?

① 복사 　　　　② 대류

③ 증발 　　　　④ 기류

해설 인체는 복사(45%), 대류(30%), 증발(25%)로 인해 열손실이 발생한다.

16 실내공간의 쾌적한 온도와 습도로 가장 이상적인 것은?

① 기온 : 22℃, 습도 : 70%

② 기온 : 18℃, 습도 : 60%

③ 기온 : 18℃, 습도 : 40%

④ 기온 : 20℃, 습도 : 40%

해설 실내공간의 쾌적한 기온은 18℃의 온도에 60% 정도의 습도일 때 이상적이다.

정답 8. ③ 9. ① 10. ② 11. ③ 12. ④ 13. ③ 14. ④ 15. ① 16. ②

17 외단열 구조의 특징으로 잘못된 것은?

① 열교가 커서 단열 성능이 우수하다.

② 시공의 정밀도로 인해 작업이 어렵다.

③ 내단열시공에 비해 비용이 많이 든다.

④ 단열재를 구조체 밖으로 감싸는 공법이다.

해설 외단열 구조는 열교가 작아 단열 성능이 우수하다.

18 창이 없는 실의 환기량은 얼마로 하는가?

① 1인당 $50m^3/h$　② 1인당 $40m^3/h$

③ 1인당 $30m^3/h$　④ 1인당 $20m^3/h$

해설 창이 없는 실의 환기량은 1인당 $20m^3/h$ 이상으로 한다.

19 실내공간의 전체 공기를 환기하여 온도와 습도를 쾌적하게 하고 유해물질의 농도를 낮추어 건강유지 및 사고를 예방하는 환기는?

① 1종 환기　　② 자연환기

③ 전체 환기　　④ 기계환기

해설
• 1종 환기 : 기계환기 방식 중 급기와 배기를 모두 기계설비로 환기
• 자연환기 : 바람, 실내와 실외의 온도 차 등 자연적인 요인으로 환기
• 기계환기 : 급기와 배기 중 한 가지 이상 기계설비를 사용한 환기

MEMO

실내건축재료

건축물에 사용되는 재료를 '건축재료'라 하며, 시대적으로 문화와 자연적인 조건에 따라 다양한 재료들이 사용된다. 설계자는 건축에 사용되는 재료의 일반적인 성질 및 특징을 이해함으로써 좀 더 우수한 건축물을 설계하고 시공할 수 있다.

건축재료의 개요

SECTION 1 건축재료

대표적인 건축재료로 철재, 목재, 석재, 유리, 시멘트, 도료 등이 주로 사용된다.

(1) 건축의 3대 재료

현대건축에서 유리, 철, 시멘트는 고층화에 이바지한 3대 재료이다.

❶ 유리

주로 창과 문의 재료이지만 현대에 들어서는 벽 등 다양한 구조물에 사용된다.

❷ 철

건축물의 골조(뼈대)를 구성할 뿐만 아니라 각종 설비나 장식적인 부분에도 사용된다.

❸ 시멘트

콘크리트의 주된 재료로서 철과 더불어 골조를 이루는 데 사용된다.

SECTION 2 건축재료의 생산과 발달과정

(1) 현대의 건축재료

현대의 건축재료는 재료의 고성능화, 높은 생산성, 공업화 방향으로 발달하였다.

❶ 고성능

다양한 건축물의 외형을 구성하고 대형화, 고층화를 이루기 위해 건축재료가 고성능화
되었다.

❷ 생산성

효율적인 건축을 위해 에너지를 절약할 수 있도록 발전하였다.

❸ 공업화

유지보수 및 작업능률을 높이고, 시공의 합리화 및 기계화를 위해 건축재료를 규격화
하였다.

건축재료는 사용되는 용도와 목적, 재료의 생산, 성능 등으로 분류할 수 있다.

(1) 재료의 요구성능에 따른 분류

❶ 구조재
- 재질이 균일하며 내화성 및 내구성이 좋아야 한다.
- 큰 재료를 얻을 수 있으며 가공이 좋아야 한다.

❷ 지붕재
- 외부와 접하므로 방수, 방습, 내화, 내수 등 차단 성능이 우수해야 한다.
- 넓은 판을 구성할 수 있고 외관이 수려해야 좋다.

❸ 마감재(바닥, 벽)
- 마멸, 마모 및 미끄럼이 적으며 관리가 수월해야 좋다.
- 내화, 내구성이 우수하고 외관이 보기 좋아야 한다.

(2) 사용목적에 따른 분류

❶ 구조재
기둥, 보, 벽, 바닥에 사용되는 재료 → 철재, 목재, 콘크리트 등

❷ 마감재(치장재)
실내 및 실외의 장식을 목적으로 사용되는 재료 → 유리, 금속, 점토 등

❸ 차단재
방수, 방습, 방취, 차음, 단열 등에 사용되는 재료 → 아스팔트, 실링재, 도료, 코킹재, 스티로폼 등

용어해설

- 방습 : 외부의 습기를 막음.
- 방취 : 악취와 같은 냄새를 막음.
- 차음 : 외부의 소리를 차단
- 단열 : 외부의 열을 차단
- 실링재 : 재료 사이에 기밀성을 유지하기 위해 주입하는 재료
- 코킹재 : 실링재의 한 종류로 재료의 이음새나 작은 틈을 메워 수밀, 기밀성을 유지

---

(3) 제조에 따른 분류

❶ 천연재료(天然材料)

석재, 목재, 골재(모래, 자갈) 등 자연에서 바로 채취가 가능한 재료

[석재]

[목재]

[골재]

❷ 인공재료(人工材料)

철재(금속), 합성수지(플라스틱), 도료(페인트), 시멘트(콘크리트), 유리 등

[철재]

[플라스틱]

[페인트]

[콘크리트]

[유리]

(4) 화학적 조성에 의한 분류

❶ 무기질 재료

철 · 모래 · 돌과 같은 재료가 원료이며, 강재 · 석재 · 시멘트 · 벽돌 · 유리 등이 있다.

❷ 유기질 재료

동물과 식물에서 얻은 재료와 석유계 재료로, 목재 · 아스팔트 · 도료 · 접착제 · 플라스틱 등이 있다.

01 다음 건축재료 중 천연재료에 속하는 것은?

① 목재

② 철근

③ 유리

④ 고분자재료

🔓힌트 고분자(高分子, polymers) 재료는 많은 분자가 결합하여 만들어진 재료로 가공방법이 다양하다.

02 다음 중 건축재료의 제조분야별 분류상 천연재료에 속하지 않는 것은?

① 석재   ② 금속재료

③ 목재   ④ 흙

🔓힌트 천연(天然)재료는 사람의 힘을 들이지 않고 얻을 수 있는 재료를 뜻한다.

03 다음 중 건축의 3대 재료가 아닌 것은?

① 목재   ② 시멘트

③ 유리   ④ 철

🔓힌트 현대 건축에 이바지한 3대 재료는 고층 건물을 짓는 데 있어 필수 재료이다.

04 건축구조재료에 요구되는 성질과 가장 거리가 먼 것은?

① 재질이 균일하고 강도가 커야 한다.

② 내화, 내구성이 커야 한다.

③ 가공이 쉬워야 한다.

④ 외관이 미려해야 한다.

🔓힌트 건축 구조재는 마감재에 가려져 눈에 보이지 않는다.

05 다음 중 지붕재료에 요구되는 성질과 가장 관계가 먼 것은?

① 외관이 좋은 것이어야 한다.

② 부드러워 가공이 용이한 것이어야 한다.

③ 열전도율이 작은 것이어야 한다.

④ 재료가 가볍고, 방수, 방습, 내화, 내수성이 큰 것이어야 한다.

🔓힌트 지붕재의 요구 성능
- 외부와 접하므로 방수, 방습, 내화, 내수 등 차단 성능이 우수해야 한다.
- 넓은 판을 구성할 수 있고 외관이 수려해야 좋다.

06 현대 건축재료의 발전 사항과 관련이 없는 것은?

① 고성능   ② 생산성

③ 중량화   ④ 공업화

🔓힌트 현대의 건축재료는 재료의 고성능화, 높은 생산성, 공업화 방향으로 발달하였다.

07 건축재료 중 바닥재에 요구되는 성능이 아닌 것은?

① 내구성이 우수하고 외관이 좋아야 한다.

② 표면이 매끄럽고 부드러워야 한다.

③ 마멸, 마모 및 미끄러짐이 적어야 한다.

④ 관리가 용이해야 한다.

🔓힌트 바닥재의 요구 성능
- 마멸, 마모 및 미끄럼이 적으며 관리가 수월해야 좋다.
- 내화, 내구성이 우수하고 외관이 보기 좋아야 한다.

정답 1. ① 2. ② 3. ① 4. ④ 5. ② 6. ③ 7. ②

08 다음 중 재료의 기능에 대한 내용이 옳지 않은 것은?

① 방습-외부의 습기를 막음.
② 방취-벌레 등 해충을 막음.
③ 차음-외부의 소리를 차단
④ 단열-외부의 열을 차단

힌트 방취는 악취 등 역한 냄새를 막는 것이다.

09 건축의 3대 재료 중의 하나로 콘크리트의 재료이며 철과 더불어 구조적인 골조로 사용되는 재료는?

① 돌 ② 강철
③ 모래 ④ 시멘트

힌트 건축의 3대 재료 : 시멘트, 철, 유리

Part 3

정답 8. ② 9. ④

건축재료의 일반적 성질

SECTION 1 역학적 성질

재료의 역학적 성질에는 탄성, 소성, 점성, 취성 등이 있다.

(1) 탄성

재료가 외력의 영향으로 변형이 생긴 후 다시 외력을 제거하면 본래의 형태로 돌아가려고 하는 성질

(2) 소성

재료가 외력의 영향으로 변형이 생긴 후 그 외력을 제거해도 변형된 그대로 유지하는 성질

(3) 전성

때리거나 누르는 힘에 의해 재료가 얇게 펴지는 성질

(4) 연성

재료를 당겼을 때 늘어나는 성질

(5) 취성

재료가 외력에 의해 작은 변형이 생기면 파괴되는 성질

(6) 강성

재료가 외력에 의해 충격 등 힘을 받을 경우 변형에 저항하는 성질

(7) 점성

유체 내부의 힘에 저항하는 성질로 끈적하거나 걸죽한 정도

(8) 인성

재료가 외력의 힘을 받아 변형이 되면서 파괴되기 전까지 견디는 성질

(9) 경도

재료 굳기의 단단한 정도로, 측정방법에는 모스 경도와 브리넬 경도가 있다.

> **용어해설**
> • 모스 경도 : 재료의 긁힘을 기준으로 저항값을 나타냄. 석재와 유리에 주로 사용
> • 브리넬 경도 : 시험재료 표면에 철로 된 구슬을 압입하여 시험함. 금속이나 목재에 사용

SECTION 2 재료의 강도와 응력

(1) 강도

재료가 외력에 대해 저항하는 정도를 말하며, 강도의 단위는 N/mm^2와 MPa을 사용한다.

(2) 응력

재료에 외력을 가했을 경우 그 외력에 대응하기 위해 재료 내부에서 저항하는 힘을 응력이라 한다.

❶ 압축응력

재료에 수직하중을 가했을 때 부재의 내부에서 저항하는 힘을 말하며, 과도한 압축력이 발생하면 재료가 좌굴되거나 파괴될 수 있다.

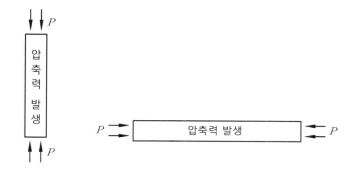

> **용어해설**
> 좌굴 : 압축력이 점차 증가하면서 한순간에 직각 방향으로 휘어지는 현상

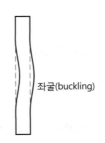

좌굴(buckling)

② 전단응력

부재의 단면을 따라 서로 밀려 잘려나가는 것에 대해 저항하는 힘

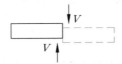

③ 인장응력

재료를 길이 방향으로 당기는 힘에 대해 부재 내부에서 저항하는 힘

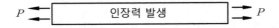

④ 휨모멘트(bending moment)

외력에 의해 부재에 생기는 단면력으로, 재료를 휘게 하는 힘

SECTION **3** 물리적 성질

재료의 물리적 성질에는 비중, 비열, 열전도율 등이 있다.

(1) 비중

물질의 질량과 동일한 부피에 해당하는 물질의 질량과의 비율이며 기체의 비중은 온도와 압력에 따라 달라질 수 있다.

※ 물체의 비중 계산

$$비중 = \frac{물체의\ 밀도}{물의\ 밀도}$$

[예] 1. 물의 밀도가 $1g/cm^3$이고, 특정 물체의 밀도가 $1kg/m^3$라면 물의 밀도 $1g/cm^3$를 $1,000kg/m^3$로 대입하여 비중을 구한다.

$$\Rightarrow \frac{1kg/m^3}{1g/cm^3} \rightarrow \frac{1kg/m^3}{1,000kg/m^3} = 0.001$$

[예] 2. 물의 밀도가 $1g/cm^3$이고, 특정 물체의 밀도가 $1kg/cm^3$라면 물체의 밀도 단위를 변경해서 $1,000g/cm^3$로 대입하여 구한다.

$$\Rightarrow \frac{1kg/cm^3}{1g/cm^3} \rightarrow \frac{1,000g/cm^3}{1g/cm^3} = 1,000$$

✅ 참고

$1m^3 = 1,000,000cm^3$. $1kg = 1,000g$이므로 물의 밀도 $1g/cm^3$와 $1,000kg/m^3$는 같다.

(2) 비열

1g의 물질을 1℃ 올리는 데 필요한 열량을 비열이라 하며 단위는 cal/kg℃이다.

(3) 열전도율

정해진 시간 동안 뜨거운 물체에서 차가운 물체로 열이 전달되는 에너지의 전도율로 재료의 단열성능은 열전도율이 높을수록 저하되고, 낮을수록 높아진다. 단위는 W/m·K을 사용한다.

[일반적인 재료의 열전도율]

재료명	철재	콘크리트	나무	유리
열전도율	40W/m·K	1W/m·K	0.12W/m·K	0.48W/m·K

(4) 열용량

물질에 열을 저장시킬 수 있는 양을 말하며 단위는 kcal/℃이다.

✅ 참고

비열과 열용량의 국제단위(SI)
비열은 J/kg·K, 열용량은 J/K이 사용된다. J(Joule)은 작업에 필요한 에너지를 뜻하고, K(Kelvin)은 온도의 양을 나타낸다.

내구성 및 내후성

(1) 내구성

외력이 가해지더라도 재료의 원래 상태를 변형 없이 오랜 시간 유지하는 성질

(2) 내후성

재료의 표면이 기온 등 계절에 영향을 받지 않고 오랜 시간 유지하는 성질

예 나무는 겉이 썩지 않고 철재는 녹슬지 않는 성질

기타 성질

(1) 크리프

재료에 지속적으로 외력을 가했을 경우 외력의 증가 없이 시간이 지날수록 변형이 커지는 현상

(2) 푸아송비

축방향에 하중을 가할 경우 그 방향과 수직인 횡방향에도 변형이 생기는데, 횡방향 변형도와 축방향 변형도의 비를 푸아송비라 한다(외력에 의해 변형이 생긴 가로와 세로의 변형비율).

푸아송비 = 가로 변형도/세로 변형도

재료명	철재	콘크리트	코르크
푸아송비	0.25~0.35	0.1~0.2	0

(3) 흡음률

소리를 흡수하는 성질을 말하며 같은 재료라도 표면적에 따라 달라질 수 있다. 많이 사용되는 재료는 코르크가 대표적이다. 소리를 차단하는 성질은 차음이라 한다.

01 건축재료의 성질 중 재료에 외력을 가했을 경우 작은 변형만 일어나도 파괴되는 성질을 무엇이라 하는가?

① 취성   ② 연성

③ 인성   ④ 전성

해설   • **취성** : 재료가 외력에 의해 작은 변형이 생기면 파괴되는 성질
  • **연성** : 재료를 당겼을 때 늘어나는 성질
  • **인성** : 재료가 외력의 힘을 받아 변형이 되면서 파괴되기 전까지 견디는 성질
  • **전성** : 때리거나 누르는 힘에 의해 재료가 얇게 펴지는 성질

02 콘크리트구조에서 하중의 증가가 없어도 시간이 경과할수록 변형이 증대되는 현상을 무엇이라 하는가?

① 크리프 현상   ② 소성

③ 탄성   ④ 전성

해설   • **소성** : 재료가 외력의 영향으로 변형이 생긴 후 그 외력을 제거해도 변형된 그대로 유지하는 성질
  • **탄성** : 재료가 외력의 영향으로 변형이 생긴 후 다시 외력을 제거하면 본래의 형태로 돌아가는 성질
  • **전성** : 재료가 때리거나 누르는 힘에 의해 얇게 펴지는 성질

03 건축재료의 최대강도를 안전율로 나눈 값은?

① 파괴강도   ② 허용강도

③ 휨강도   ④ 인장강도

🔓힌트   안전율 $= \dfrac{\text{최대강도}}{\text{허용강도}} \rightarrow$ 허용강도 $= \dfrac{\text{최대강도}}{\text{안전율}}$

04 다음 중 흡음재로 사용하기 가장 적절한 재료는?

① 타일   ② 점토

③ 코르크   ④ 유리

해설   소리를 흡수하는 성질을 말하며 같은 재료라도 표면적에 따라 달라질 수 있다. 많이 사용되는 재료는 코르크가 대표적이다.

05 재료에 외력을 가했을 경우 저항하는 응력 중 직각으로 자를 때 생기는 힘은?

① 휨모멘트

② 인장응력

③ 압축응력

④ 전단응력

해설   • **휨모멘트** : 외력에 의해 부재에 생기는 단면력으로, 재료를 휘게 하는 힘
  • **인장응력** : 재료를 길이 방향으로 당기는 힘에 대해 부재 내부에서 저항하는 힘
  • **압축응력** : 재료에 수직하중을 가했을 때 부재의 내부에서 저항하는 힘
  • **전단응력** : 부재의 단면을 따라 서로 밀려 잘려나가는 것에 대해 저항하는 힘

06 재료에 외력을 가할 경우 저항하는 힘의 응력으로 거리가 먼 것은?

① 압축력   ② 장력

③ 인장력   ④ 전단력

해설   응력은 재료에 외력을 가했을 경우 그 외력에 대응하기 위해 재료 내부에서 저항하는 힘으로 압축응력, 전단응력, 인장응력, 휨모멘트가 있다.

Part **3**

정답   1. ①   2. ①   3. ②   4. ③   5. ④   6. ②

07 재료의 성질 중 재료의 표면이 기온 등 계절에 영향을 받지 않고 오랜 시간 유지하는 성질을 무엇이라 하는가?

① 내구성 ② 내식성
③ 내후성 ④ 강성

해설 내후성은 나무가 썩지 않고, 철이 녹슬지 않도록 하는 성질을 뜻한다.

08 재료의 역학적 성질로 재료를 때려 누르는 힘에 의해 얇게 퍼지는 성질을 무엇이라 하는가?

① 전성 ② 연성
③ 점성 ④ 소성

해설
• 전성 : 재료가 때리거나 누르는 힘에 의해 얇게 펴지는 성질
• 연성 : 재료를 당겼을 때 늘어나는 성질
• 점성 : 유체 내부의 힘에 저항하는 성질로 끈적하거나 걸죽한 정도
• 소성 : 재료가 외력의 영향으로 변형이 생긴 후 그 외력을 제거해도 변형된 그대로 유지하는 성질

09 재료의 긁힘을 기준으로 굳기와 단단한 정도를 측정하는 방법은?

① 피로시험
② 모스 경도
③ 브리넬 경도
④ 경도시험

힌트 경도 측정 시험법
• 모스 경도 : 재료의 긁힘을 기준으로 저항값을 나타냄
• 브리넬 경도 : 시험재료 표면에 철로 된 구슬을 압입하여 시험

03 목재

SECTION 1 목재의 특성

목재의 장점과 단점은 뚜렷하나 종류에 따라 강도, 무늬 등의 특징이 다르다.

(1) 목재 일반

❶ 조직

목재는 섬유, 물관(도관), 수선, 수지관 등으로 구성된다. 이 중 물관은 활엽수에 있으며 양분과 수분의 통로로 나무의 수종을 구분한다.

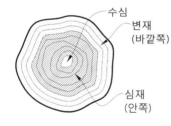

구분	비중	강도	신축성	건축재의 품질
변재	작다	작다	크다	부족함
심재	크다	크다	작다	우수함

❷ 목재의 구분

- 춘재 : 봄과 여름에 자란 부분으로, 세포가 얇으며 목질이 유연하다.
- 추재 : 가을과 겨울에 자란 부분으로, 세포가 두껍고 목질이 단단하다.

❸ 벌목

목재의 벌목은 주로 가을과 겨울에 이루어진다. 날씨가 건조하여 수분이 적어지므로 벌목 후 건조가 쉬우며 무게가 가벼워 운반에도 용이하다. 생나무를 건조하면 함수율 30%에서 부터 강도가 증가한다.

❹ 목재의 흠

- 옹이 : 줄기와 가지가 교차되는 곳
- 썩정이 : 벌목이나 운반과정 중에 생긴 상처가 변색되거나 부패균으로 인해 목재 내부가 썩어 섬유조직이 분해되는 것
- 껍질박이 : 수목이 성장 중에 나무껍질이 목질부에 파고들어간 상태

Part 3

- 갈라짐 : 목질 부분의 수축으로 목질 내부가 갈라지는 현상
- 송진구멍 : 제재목의 송진이 나오는 구멍

⑤ 목재 결에 의한 용도

목재의 결은 크게 곧은결과 널결로 구분된다.

- 곧은결재 : 구조재
- 널결재(무늬결) : 장식재

[곧은결재]   [널결재]

(2) 목재의 장점과 단점

① 장점

- 천연재료 중의 하나로 자연친화적이며 내장재로 사용될 경우 피톤치드의 분비로 사람에게 이로운 영향을 끼친다.
- 무게가 가볍고 절단 및 가공이 쉬워 다양한 구조를 구성할 수 있다.
- 비중에 비해 강도가 우수하여 장식재는 물론 구조재로도 널리 사용된다.
- 화학성분, 염분에 강하고 열전도율과 열팽창률이 작다.
- 외관이 아름답고 재질의 촉감이 부드럽다.

② 단점

- 다른 재료에 비해 착화점이 낮아 화재의 위험성이 크다.
- 흡수성이 커서 기후에 따라 변형 및 부패가 쉽게 생긴다.
- 재질, 방향, 종류에 따라 강도가 다르다.
- 충해, 풍화에 의해 내구성이 저하될 수 있다.

(3) 목재의 성질

① 함수율

목재의 함수량은 수종이나 생산지, 수령 등에 따라 달라진다. 함수율은 목재의 강도에 반비례한다.

구분	전건재	기건재	섬유포화점
함수율	0%	15% 내외	30%
특징	섬유포화점의 3배 강도	강도가 우수하고 습기와 균형을 이룬 상태	강도가 커지기 시작함.
함수율 계산공식	목재의 함수율 $= \dfrac{W_1 - W_2}{W_2} \times 100\%$ 여기서, W_1 : 목재편의 중량, W_2 : 절건중량		
용도	구조용재 : 함수율 15% 이하, 수장 및 가구용재 : 함수율 10%		

❷ 비중

목재의 비중은 1.54이며 강도와 비례한다.

❸ 공극률

목재의 공극률이란 전체 용적에서 공기가 포함된 비율을 말한다.

$$목재의\ 공극률(V) = \left(1 - \frac{W(절건비중)}{1.54(비중)}\right) \times 100\%$$

❹ 강도

- 함수율이 낮을수록 강도가 증가한다.
- 섬유포화점 이하로 건조되면 강도가 증가한다.
- 심재가 변재에 비해 강도가 더 크다.
- 목재의 인장강도는 콘크리트보다 크다.
- 목재의 비중과 강도는 비례한다.
- 목재에 옹이, 썩정이, 껍질박이 등 흠이 발생된 부분은 강도가 저하된다.
- 섬유방향에 평행한 힘은 가장 강도가 크고 직각방향에 대한 힘은 가장 강도가 약하다.
  (섬유평행방향 인장강도 > 섬유평행방향 압축강도 > 섬유직각방향 인장강도 > 섬유직각방향 압축강도)

❺ 목재의 연소

구분	인화점	착화점	발화점
온도	180℃	260~270℃	400~450℃
연소상태	목재 가스에 불이 붙음. (가스 증발 온도)	불꽃 발생으로 착화 (화재위험 온도)	자연발화

Part 3

벌목한 목재는 목재에 맞도록 건조하여 사용해야 한다(생나무 기초말뚝 제외). 목재를 건조하게 되면 부식·변형방지 및 강도가 증대됨과 동시에 하중을 감소시킬 수 있다.

❶ 자연건조

옥외에 쌓아 자연적으로 건조하는 방법으로, 시간이 많이 걸리고 쉽게 변형되는 단점이 있다.

❷ 인공건조

건조실에 목재를 쌓아놓고 저온과 고온을 조절하여 인공으로 건조시키는 방법으로, 증기법, 열기법, 훈연법, 진공법이 있다.

> **용어해설**
>
> • 증기법 : 건조실을 증기로 가열하여 건조
> • 열기법 : 건조실 내의 공기를 가열하여 건조
> • 훈연법 : 연기를 사용해 건조
> • 진공법 : 고온, 저압 상태에서 수분을 빼내 건조

썩게 하는 균을 사멸하거나 발육을 저지하는 약제를 목재에 주입하여 오랜 시간 썩지 않게 유지시키는 과정이다.

❶ 유용성 방부제의 종류

• 크레오소트 : 흑갈색 용액으로 방부력과 내습성이 우수하고 침투성이 좋아 목재에 깊숙이 주입할 수 있다. 냄새가 좋지 않아 내부보다는 외부에 많이 사용된다.
• 펜타클로로페놀(PCP) : 크레오소트에 비해 가격이 비싸지만 무색무취이며 방부력이 가장 우수하고, 방부처리 후 페인트칠을 할 수 있다. 용제로 녹여서 사용한다.
• 콜타르 : 목재를 흑갈색으로 변색시키고 페인트칠이 불가능하다.
• 아스팔트 : 목재를 흑색으로 변색시키고 페인트칠이 불가능하다.
• 페인트 : 피막을 형성해 방부·방습되는 방법으로 다양한 색을 사용해 외관을 장식하는 효과가 있다.

❷ 방부제의 처리법

• 도포법 : 건조시킨 후 솔로 바르는 방법

- **침지법** : 방부용액에 일정 시간 담그는 방법
- **상압주입법** : 상온에 담그고 다시 저온에 담그는 방법
- **가압주입법** : 통에 방부제를 넣고 가압시키는 방법
- **생리적 주입법** : 벌목하기 전 나무뿌리에 약품을 주입시키는 방법(효과가 크지 않다.)

SECTION **4** ## 목재의 용도

목재는 종류에 따라 구조재 및 장식재, 마감재로 널리 사용된다.

(1) 합판

❶ 합판의 제조

보통 합판은 3, 5, 7장 등 홀수로 90° 교차하면서 단판에 접착제를 칠해 겹쳐대어 만든다.
접착 시 150℃ 정도의 열압을 사용한다.

- **로터리 베니어** : 회전시켜 만드는 로터리 방식으로 생산율이 높아 가장 많이 사용된다. 넓은
  단판을 얻을 수 있고, 원목의 낭비가 다른 제조법에 비해 적다.

- **슬라이스 베니어** : 대팻날로 상하, 수직 또는 좌우, 수평으로 이동해 얇게 절단하는 방식이
  다. 넓은 단판은 만들 수 없지만 아름답고 곧은결을 얻을 수 있어 장식용에 많이 사용된다.

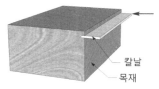

- **소드 베니어** : 얇게 톱으로 켜내는 방식으로 무늬가 아름답고, 결의 무늬가 대칭인 합판을
  만들 수 있지만 톱질로 인한 원목의 손실이 많아 비경제적이다.

❷ **합판의 특징**
- 품질이 판재에 비해 균질하다.
- 잘 갈라지지 않고 방향에 따른 강도 차이가 작다.
- 팽창, 수축이 적고 큰 면적의 판과 곡면판을 만들기 쉽다.
- 저렴한 가격으로 아름다운 무늬를 만들 수 있다.

(2) 파티클보드

작은 나무 부스러기 등 목재섬유를 방향성 없이 열을 가해 성형한 판재로 가구, 내장, 창호재 등에 사용된다.

❶ **파티클보드의 특징**
- 강도에 방향성이 없고 변형이 쉽다.
- 방부, 방화성을 높일 수 있다.
- 흡음성과 열의 차단성이 우수하다.
- 두께를 자유롭게 만들 수 있고, 강도가 우수하다.
- 표면이 평활하고 균질한 판을 대량으로 만들 수 있다.

(3) 섬유판

목재의 톱밥, 대팻밥 등 목재의 찌꺼기 같은 식물성 재료를 펄프로 만들어 접착제, 방부제 등을 첨가해 만든다.

❶ **섬유판의 종류**
- 연질섬유판 : 건축의 내장재, 보온재로 사용한다.
- 경질섬유판 : 판의 방향성을 고려할 필요가 없으며 내마모성이 우수하다.

(4) 코르크판

코르크 나무의 껍질을 원료로 가열·가압하여 만든다.

❶ **코르크판의 특징**
- 탄성, 단열성, 흡음성 등이 우수하다.
- 흡음성이 우수하여 음악제작 및 감상실, 방송실 등의 마감재와 단열이 필요한 공간에 사용된다.

(5) 기타 수장재료

❶ 코펜하겐 리브

자유로운 곡선형태를 리브로 만든 것으로 강당, 극장 등에서 벽이나 천장의 음향을 조절하기 위해 사용된다.

❷ 플로어링 널

이어붙일 수 있도록 쪽매 가공을 해서 마룻널로 사용된다.

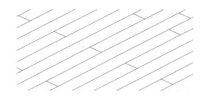

용어해설

쪽매 : 좁은 판을 넓은 판으로 만들기 위해 이음 모양을 나타낸 것

❸ 집성목재

단판을 섬유방향과 평행하게 여러 장 붙여 접착한 판으로, 강도를 인위적으로 조정할 수 있고, 응력에 필요한 큰 단면과 아치와 같은 굽은 모양을 만들 수 있다.

❹ 인조목재

톱밥, 대팻밥, 나무 찌꺼기 등을 분쇄하여 고열·고압으로 만든 견고한 판을 말한다.

01 다음 목재를 설명한 것 중 잘못된 것은?

① 가공이 용이하며 가볍다.

② 아름다워 치장재로도 사용된다.

③ 다른 재료에 비해 열전도율이 높다.

④ 구조재로도 사용이 가능하나 불에 약하다.

해설 목재는 금속 등 다른 재료에 비해 열전도율이 낮다.

02 목재의 기건재 함수율로 옳은 것은?

① 5%   ② 15%

③ 25%   ④ 35%

해설 목재의 함수율

전건재	기건재	섬유포화점
0%	15% 내외	30%

03 목재의 절대건조 비중이 0.54일 경우 이 목재의 공극률은 얼마인가?

① 65%   ② 54%

③ 35%   ④ 45%

힌트
$$\left(1 - \frac{W}{1.54}\right) \times 100 = \left(1 - \frac{0.54}{1.54}\right) \times 100$$
$$= (1 - 0.35) \times 100$$
$$= 65\%$$

04 목재의 일반적인 자연발화점 온도로 올바른 것은?

① 150℃   ② 250℃

③ 350℃   ④ 450℃

해설 목재의 연소

인화점	착화점	발화점
180℃	260~270℃	400~450℃
목재 가스에 불이 붙음.	불꽃 발생으로 착화	자연발화

05 파티클보드에 대한 설명으로 옳지 않은 것은?

① 뒤틀리는 등 변형이 쉽게 된다.

② 합판에 비해 휨강도는 떨어지나 강성은 우수하다.

③ 흡음성과 차단성이 나쁘다.

④ 내장재, 가구재 등에 사용될 수 있다.

해설 파티클보드는 흡음성과 열의 차단성이 우수하다.

06 다음 목재의 방부제 설명 중 잘못된 것은?

① 크레오소트 오일은 방부력이 우수하나 냄새가 강하다.

② PCP는 무색무취이며 페인트를 칠할 수 있다.

③ 황산동, 염화아연은 방부력이 있으나 철을 부식시킨다.

④ 약액을 주입하는 생리적 주입법은 효과가 우수하다.

해설 벌목하기 전 나무뿌리에 약품을 주입시키는 방법으로 효과가 크지 않다.

07 다음 중 목재의 인공건조법이 아닌 것은?

① 증기법

② 열기법

③ 훈연법

④ 공기법

해설 목조의 인공건조법
- **증기법** : 건조실을 증기로 가열하여 건조
- **열기법** : 건조실 내의 공기를 가열하여 건조
- **훈연법** : 연기를 사용해 건조
- **진공법** : 고온, 저압 상태에서 수분을 빼내 건조

정답 1.③ 2.② 3.① 4.④ 5.③ 6.④ 7.④

08 코르크판의 용도로 잘못된 것은?

① 방송실의 흡음재

② 얼음공장의 단열재

③ 전산실의 바닥재

④ 음악실의 불연재

🔓힌트 코르크는 단열, 탄성, 흡음성이 우수해 단열재나 마감재로 많이 사용된다.

09 강당, 극장 등에 음향조절용으로 쓰이거나 일반 건물의 벽이나 천장에 음향효과를 줄 수 있는 재료는?

① 플로어링 보드   ② 코펜하겐 리브

③ 파키트리 블록   ④ 합판

해설 **코펜하겐 리브**
자유로운 곡선형태를 리브로 만든 것으로 강당, 극장 등에서 벽이나 천장의 음향을 조절하기 위해 사용된다.

10 다음 중 집성목재의 설명으로 잘못된 것은?

① 목재의 강도를 인위적으로 조절할 수 있다.

② 응력에 따라 필요한 단면을 만들 수 있다.

③ 톱밥, 나무 부스러기 등을 사용해 만들 수 있다.

④ 길고 단면이 큰 부재를 쉽게 만들 수 있다.

해설 톱밥, 나무 부스러기 등은 인조목재를 만들 때 사용된다.

11 유치원이나 유아 놀이방의 바닥재로 가장 적절한 것은?

① 인조석 물갈기 또는 건식갈기

② 플로어링 널

③ 대리석

④ 타일

🔓힌트 석재, 타일 등 딱딱한 재료는 유치원이나 초등학교의 바닥재로 적합하지 않다.

12 합판의 제조방법 중 회전시켜 만드는 방법으로 생산율이 가장 높아 많이 사용되는 제조법은?

① 로터리 베니어

② 소드 베니어

③ 슬라이스 베니어

④ 슬레이트 베니어

🔓힌트 합판은 목재를 회전시켜 만드는 방법이 생산율이 높다.

13 목재를 쪽매 가공하여 마루깔기에 많이 사용하는 재료는?

① 모노륨   ② 우레탄

③ 집성목재   ④ 플로어링 널

🔓힌트 **쪽매** : 좁은 판을 넓은 판으로 만들기 위해 이음 모양을 나타낸 것

14 다음 중 합판의 제조방법이 아닌 것은?

① 로터리 베니어

② 우드 베니어

③ 슬라이스 베니어

④ 소드 베니어

해설 합판의 제조방법은 로터리 베니어, 슬라이스 베니어, 소드 베니어 등이 있다.

15 합판에 대한 설명 중 잘못된 것은?

① 보통 합판은 2, 4, 6장 등 짝수로 교차해 만든다.

② 품질이 일반 판재에 비해 균질하다.

③ 수축, 팽창이 적고 곡면판을 만들 수 있다.

④ 갈라짐과 강도의 차이가 작다.

해설 보통 합판은 3, 5, 7장 등 홀수로 교차해 만든다.

정답 8.④ 9.② 10.③ 11.② 12.① 13.④ 14.② 15.①

석재

SECTION 1 석재 일반

석재는 가장 많이 매장되고 발견되는 재료 중 하나로, 구조재·마감재·콘크리트의 재료 및 골재 등으로 다양하게 사용된다.

(1) 석재의 장단점

❶ 장점
- 다른 재료에 비하여 압축강도가 크다.
- 불연성, 내구성이 크고 내마멸성, 내수성 또한 좋다.
- 많은 양을 생산할 수 있으며 무늬가 다양하고 아름답다.

❷ 단점
- 비중이 커서 무거우며 가공이 어렵다.
- 길고 큰 부재를 얻기 까다롭다.
- 압축강도에 비해 인장강도가 약하다.
- 내화도가 낮아 고열에 약하다.

(2) 석재의 구분

석재는 화성암, 수성암, 변성암으로 분류된다.

구분	화성암계	수성암계	변성암계
종류	화강암 안산암 현무암	응회암 사암 석회암 점판암	대리석 트래버틴 사문암

(3) 석재의 가공

순서	1	2	3	4	5
가공	혹두기	정다듬	도드락다듬	잔다듬	물갈기
도구	쇠메	정	도드락망치	날망치	숫돌

SECTION **2** 석재의 성질과 용도

(1) 성질

① 석재의 비중은 기건상태를 표준으로 한다.
② 비중이 클수록 압축강도가 커진다.
③ 석재의 인장강도는 압축강도의 1/10~1/20 정도이다.
④ 석재의 압축강도는 화강암 > 대리석 > 안산암 > 사암순이며, 화강암이 가장 단단하다.
⑤ 응회암과 안산암은 내화도가 높고, 화강암은 내화도가 낮다.

(2) 용도

종류	대리석	사문암	석회암	점판암	트래버틴	화강암	안산암
용도	내장재 실내장식재	내장재 장식재	시멘트 원료	지붕재	외장재	구조재 내장재 외장재	외장재

SECTION **3** 각종 석재의 특성

Part 3

(1) 화강암

① 압축강도가 1,500kg/cm^2 정도로 석재 중 가장 크고 구조재로도 사용된다.
② 내화도가 낮아 고온이 발생되는 곳은 사용하기 어렵다.
③ 풍화나 마멸에 강해 내장재는 물론 외장재로도 많이 사용된다.
④ 표면에 바탕색과 반점이 있어 아름답다.

(2) 안산암

① 종류가 다양하고 가공하기가 용이해 조각용으로 많이 사용된다.
② 화강암과 같은 화성암계이지만 내화도가 높다.

(3) 사암

① 내화성과 흡수성이 크고 가공하기가 쉽다.
② 경량 구조재, 내장재로 사용할 수 있다.

(4) 응회암

① 강도 및 내구성이 작아 구조재로는 적합하지 않다.
② 내화성이 좋고 가공이 용이해 조각용으로 사용된다.

(5) 석회암

① 퇴적암으로 구분되며 주성분은 탄산석회이다.
② 석회나 시멘트의 주원료로 사용된다.

(6) 현무암

① 검은색, 암회색으로 석질이 견고하여 구조재로 사용이 가능하다.
② 암면의 원료로 사용된다.

(7) 대리석

① 석질이 치밀하고 견고하며 주성분은 탄산석회이다.
② 성분에 따라 다양한 색과 무늬를 나타내어 아름답다.
③ 갈아내면 광택을 낼 수 있어 장식재, 마감재로 많이 사용된다.
④ 산과 알칼리 성분에 취약하다.

(8) 트래버틴

① 다공질이며 석질이 균일하지 않다.
② 암갈색을 띠는 무늬가 있어 특수 장식재로 사용된다.

(9) 인조석

대리석, 화강석 등 색과 무늬가 좋은 석재의 종석과 시멘트, 안료 등을 반죽하여 인위적으로 만든 석재이다.

(10) 테라초

인조석의 한 종류로 대리석의 쇄석을 사용하여 대리석과 유사한 색과 무늬가 나타나 마감재로 많이 사용된다.

(11) 암면

안산암, 사문암 등의 원료를 고열로 녹여 솜처럼 만든 것으로 흡음재, 단열재, 불연재로 사용된다.

(12) 점판암

석질이 치밀하고 방수성이 있으며, 얇은 판으로 떼어 지붕이나 벽 재료로 사용된다.

01 다음 중 화성암에 속하는 석재는?

① 응회암   ② 안산암

③ 대리석   ④ 점판암

[해설] 화성암계의 석재는 화강암, 안산암, 현무암 등이 있다.

02 석회석이 변해 결정화한 것으로 광택을 낼 수 있고 외관이 우수해 실내장식재나 조각용으로 많이 사용되는 석재는?

① 응회암   ② 안산암

③ 대리석   ④ 점판암

[해설] • 응회암 : 장식재(조각용)
• 안산암 : 외장재
• 대리석 : 마감재
• 점판암 : 지붕재

03 대리석의 한 종류로 암갈색이며 특수 실내 장식재로 사용되는 석재는?

① 석회석   ② 안산암

③ 트래버틴   ④ 화강석

[해설] 트래버틴은 다공질이며 석질이 균일하지 않다. 암갈색을 띠는 무늬가 있어 특수 장식재로 사용된다.

04 건축물의 실내 마감재로 가장 적절한 것은?

① 점판암   ② 안산암

③ 대리석   ④ 석회암

[해설] 대리석은 다양한 색과 무늬를 나타내고 광택을 낼 수 있어 장식재나 실내 마감재로 사용된다.

05 도구를 이용한 석재가공순서로 올바른 것은?

① 혹두기 → 정다듬 → 도드락다듬 → 잔다듬 → 물갈기

② 정다듬 → 도드락다듬 → 잔다듬 → 물갈기 → 혹두기

③ 도드락다듬 → 잔다듬 → 물갈기 → 혹두기 → 정다듬

④ 잔다듬 → 물갈기 → 혹두기 → 정다듬 → 도드락다듬

[해설] 석재의 가공순서와 도구

순서	1	2	3	4	5
가공	혹두기	정다듬	도드락다듬	잔다듬	물갈기
도구	쇠메	정	도드락망치	날망치	숫돌

06 석재와 용도가 옳지 않은 것은?

① 테라초–퍼티재료

② 화강석–내장 및 외장재

③ 대리석–고급 장식재

④ 점판암–지붕재

[해설] 테라초는 인조석의 한 종류로 대리석의 쇄석을 사용하여 대리석과 유사한 색과 무늬가 나타나 마감재로 많이 사용된다.

07 다음 석재 중 내화성이 가장 우수한 것은?

① 안산암

② 석회석

③ 대리석

④ 화강암

[해설] 석재 중 응회암과 안산암이 내화도가 우수하다.

Part 3

[정답] 1. ②   2. ③   3. ③   4. ③   5. ①   6. ①   7. ①

08 다음 중 석재에 대한 내용으로 올바른 것은?

① 중량이 큰 것은 높은 곳에 사용한다.

② 외벽, 특히 콘크리트 표면에 부착되는 석재는 연석을 피한다.

③ 가공할 때는 되도록 예각으로 만든다.

④ 석재를 구조재로 사용할 경우 인장재로만 사용해야 한다.

해설 • 석재 사용 시 중량이 큰 것은 낮은 곳에 사용한다.
• 가공할 때는 되도록 둔각으로 만든다.
• 석재는 압축강도에 비해 인장강도가 약하다.
• 연석은 강도, 경도가 낮은 무른 돌로, 외벽마감재로 사용하면 탈락되어 사고위험이 매우 높다.

09 다음 중 흡수율이 가장 작은 재료는?

① 화강석

② 안산암

③ 대리석

④ 점판암

해설 점판암은 지붕재료로 많이 사용된다. 지붕재료는 외기에 접하므로 흡수율이 낮아야 한다.

CHAPTER 05 벽돌과 블록

SECTION 1 벽돌

(1) 벽돌의 크기

❶ 콘크리트벽돌(시멘트벽돌)

온전한 상태의 표준형 벽돌 1장 크기는 190mm×90mm×57mm이며 길이방향(190)을 1.0B라 한다. 쌓기 방법에 따라 다양한 크기로 가공하여 사용한다(1.0B의 B는 Brick의 약자임).

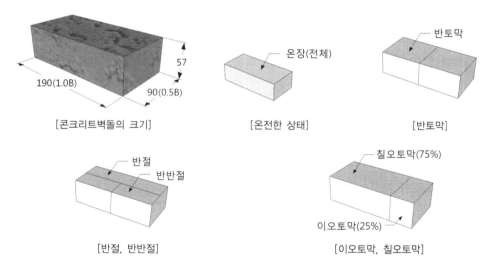

[콘크리트벽돌의 크기]   [온전한 상태]   [반토막]

[반절, 반반절]   [이오토막, 칠오토막]

❷ 내화벽돌

높은 온도로 구워낸 벽돌로 굴뚝, 벽난로 등 높은 온도 주변에 사용된다. 벽돌 1장의 크기는 230mm×114mm×65mm로 콘크리트벽돌보다 크다.

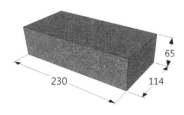

(2) 벽돌쌓기의 재료

❶ 콘크리트벽돌(시멘트벽돌) : 시멘트 모르타르

시멘트 모르타르
콘크리트벽돌

❷ 내화벽돌 : 내화점토

내화점토
내화벽돌

(3) 벽돌의 줄눈

벽돌을 쌓은 후 치장을 목적으로 모양을 내어 마감한다.

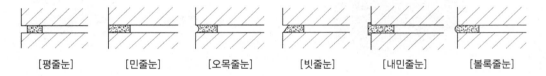

[평줄눈]　　　　[민줄눈]　　　　[오목줄눈]　　　　[빗줄눈]　　　　[내민줄눈]　　　　[볼록줄눈]

(4) 벽돌의 특성

벽돌의 재질은 흡수율과 압축강도를 시험한다. 흡수율은 낮을수록 좋다.

❶ 점토벽돌의 강도와 흡수율(KS L 4201 기준)

품질	종류	
	1종	2종
압축강도(MPa)	24.5 이상	14.7 이상
흡수율(%)	10 이하	15 이하

❷ 콘크리트벽돌의 강도와 흡수율(KS F 4004 기준)

품질	종류	
	1종	2종
압축강도(N/mm²)	13 이상	8 이상
흡수율(%)	7 이하	13 이하

용어해설

- KS : 한국산업규격으로 국가표준을 나타낸다(한국 : KS, 일본 : JIS, 미국 : ANSI).
- KS L 4201 : KS는 한국국가표준, L은 직종 구분, 4201은 분류번호를 나타낸다(L : 요업, F : 토건)
  자세한 사항은 'e−나라 표준인증' 홈페이지(https://standard.go.kr)에서 확인할 수 있다.

(5) 기타 벽돌

❶ 다공질벽돌

점토에 30~50%의 톱밥 및 분탄 등을 섞어 구운 벽돌로 일반 벽돌과 크기가 같다. 특히 단열, 방음 성능이 일반 벽돌에 비해 우수하고 톱을 사용한 가공과 못치기를 할 수 있는 벽돌이다.

❷ 과소품벽돌

점토벽돌을 지나치게 높은 온도에서 구운 벽돌로, 흡수율이 작고 강도가 우수하다. 모양이 고르지 않으며, 장식용으로 많이 사용된다.

❸ 이형벽돌

특수한 용도를 목적으로 모양을 다르게 만든 벽돌이다.

❹ 검정벽돌

불완전연소로 구워내어 색이 검게 된 벽돌을 말한다.

❺ 포도벽돌

바닥 포장용 벽돌이다.

❻ 공중벽돌

속이 비어 있는 벽돌로 단열, 방음 등의 목적으로 사용되는 벽돌이다.

SECTION 2 블록

(1) 블록의 크기

① 일반적으로 사용되는 블록은 BI형으로 크게 3가지로 나누어진다. 구멍 난 곳에 철근과 콘크리트를 넣어 보강할 수 있다.

② 블록의 치수 : 390mm×190mm×100mm, 390mm×190mm×150mm,
390mm×190mm×190mm

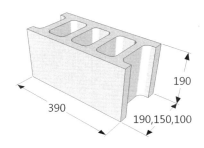

390　　　190,150,100　　　190

01 다음 중 표준형 콘크리트벽돌(시멘트벽돌)의 크기로 올바른 것은?

① 190×90×57   ② 190×90×60
③ 200×100×50   ④ 197×97×57

해설 콘크리트벽돌(시멘트벽돌)의 크기

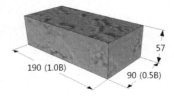

02 다음 중 벽돌가공에서 칠오토막의 크기는?

①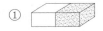

②

③

④

🔒힌트 벽돌의 토막 가공
- 이오토막 : 온장(100%)의 25% 크기
- 칠오토막 : 온장(100%)의 75% 크기
- 반토막 : 온장(100%)의 50% 크기

03 다음 중 내화벽돌의 크기로 올바른 것은?

① 230×119×65
② 230×114×65
③ 235×114×65
④ 230×114×57

해설 내화벽돌의 크기

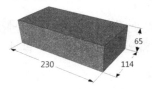

04 다음 중 벽돌의 줄눈 중 평줄눈은?

①   ②

③   ④

해설 보기 ② : 민줄눈
보기 ③ : 빗줄눈
보기 ④ : 내민줄눈

05 벽돌의 품질등급 중에서 1종 점토벽돌의 압축강도는?

① 24.5MPa   ② 14.7MPa
③ 20.5MPa   ④ 10.7MPa

해설 점토벽돌의 압축강도는 KS L 4201 기준 24.5MPa 이상을 1종으로 구분한다.

06 점토벽돌을 지나치게 높은 온도에서 소성하여 강도가 높고 모양이 불규칙하여 장식용으로도 사용되는 벽돌은?

① 이형벽돌   ② 포도벽돌
③ 과소품벽돌   ④ 다공질벽돌

해설
- 이형벽돌 : 특수한 용도로 만들어 모양이 다른 벽돌
- 포도벽돌 : 바닥 포장용 벽돌
- 다공질벽돌 : 점토에 톱밥을 섞어 만든 것으로 톱 가공과 못치기를 할 수 있는 벽돌

정답 1.① 2.③ 3.② 4.① 5.① 6.③

07 분탄, 톱밥 등을 혼합하여 만든 벽돌로 단열, 방음 성능이 우수하고 못치기를 할 수 있는 벽돌은?

① 이형벽돌
② 포도벽돌
③ 과소품벽돌
④ 다공질벽돌

해설 • 이형벽돌 : 특수한 용도로 만들어 모양이 다른 벽돌
• 포도벽돌 : 바닥 포장용 벽돌
• 과소품벽돌 : 지나치게 높은 온도에서 구운 벽돌

08 내화벽돌이라 함은 소성온도가 얼마 이상이어야 하는가?

① SK11
② SK21
③ SK26
④ SK36

해설 내화벽돌의 내화온도(SK는 소성온도를 뜻함)
• 저급벽돌 : SK26~SK29
• 보통벽돌 : SK30~SK33
• 고급벽돌 : SK34~SK42

09 일반적으로 사용되는 블록의 크기로 잘못된 것은?

① 390×190×100
② 390×190×150
③ 390×190×190
④ 390×190×180

해설 블록의 크기

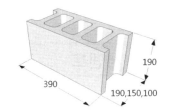

10 특수목적으로 처음부터 모양을 다르게 만든 벽돌을 무엇이라 하는가?

① 이형벽돌
② 포도벽돌
③ 과소품벽돌
④ 다공질벽돌

해설 • 포도벽돌 : 바닥 포장용 벽돌
• 과소품벽돌 : 지나치게 높은 온도에서 구운 벽돌
• 다공질벽돌 : 점토에 톱밥을 섞어 만든 것으로 톱가공과 못치기를 할 수 있는 벽돌

Part
3

06 시멘트와 콘크리트

시멘트

(1) 시멘트 일반

포틀랜드 시멘트는 19세기 초 영국의 애습딘(J. Aspdin)이 발명하였으며, 19세기 중엽 프랑스의 모니에가 철근콘크리트의 이용법을 개발하였다.

❶ 성분과 원료

시멘트의 성분은 석회, 규사, 알루미나이며 원료는 석회석(65%)을 주원료로 하여 점토, 석고를 혼합하여 만든다.

❷ 비중

시멘트의 비중은 성분, 종류 등에 따라 다르지만 일반적으로 3.05~3.15 정도이다.

❸ 단위용적 중량과 무게

시멘트의 단위용적 중량은 1,500kg/m³이며 1포의 무게는 40kg이다.

❹ 분말도

① 분말도는 시멘트 가루의 입자 크기를 말하며, 입자가 고운 것이 분말도가 높다.
② 분말도가 높은 시멘트의 특징
  - 시공연도가 좋다.
  - 재료의 분리현상이 감소한다.
  - 수화반응이 빨라 조기강도가 높다.
  - 풍화되기 쉽다.
  - 수축균열이 크다.

(2) 시멘트의 보관

① 지상에서 높이 30cm 이상 되는 마루판 위에 보관
② 쌓을 수 있는 최대 높이는 13포
③ 보관한 지 3개월 이상 경과되면 테스트 후 사용
④ 시멘트 입하순서대로 사용

(3) 시멘트의 응결과 경화

① 시멘트는 도포 후 1시간 이후부터 굳기 시작해서 10시간 이내에 응결이 끝난다.
② 시멘트 응결에 영향을 주는 요소
  • 분말도가 높을수록 빠르다.
  • 알루민산3석회 성분이 많을수록 빠르다.
  • 온도(기온)가 높을수록 빠르다.
  • 수량이 적을수록 빠르다.
③ 시멘트의 경화를 촉진하기 위해 염화칼슘($CaCl_2$)을 사용하며 많은 양을 사용하면 철근을 부식시킬 수 있다.

(4) 시멘트의 시험법

① 비중 시험 : 르 샤틀리에의 비중병을 사용한다.
② 분말도 시험 : 브레인법을 사용한다.
③ 안정성 시험 : 오토클레이브의 팽창도 시험을 사용한다.

SECTION 2 시멘트의 종류

(1) 시멘트의 분류

시멘트는 목적에 따라 다양한 종류가 사용된다.

❶ 포틀랜드 시멘트
  • 보통 포틀랜드 시멘트
  • 조강 포틀랜드 시멘트
  • 중용열 포틀랜드 시멘트
  • 백색 포틀랜드 시멘트

❷ 혼합 포틀랜드 시멘트
  • 고로 시멘트
  • 플라이애시 시멘트
  • 포졸란 시멘트

❸ 특수 시멘트
  • 알루미나 시멘트
  • 팽창 시멘트

(2) 종류에 따른 시멘트의 특징

❶ 보통 포틀랜드 시멘트

보편화되어 가장 많이 사용되는 시멘트로, 일반적인 공사에 사용된다.

❷ 조강 포틀랜드 시멘트

보통 포틀랜드 시멘트에 비해 규산3칼슘 성분이 많아 경화가 빠르고 조기강도가 우수하다. 재령 7일이면 보통 포틀랜드 시멘트의 28일 강도를 가진다.

❸ 중용열 포틀랜드 시멘트

발열량을 작게 하여 조기강도는 저하되나 장기강도가 우수한 시멘트로, 특히 방사선 차단, 내수성, 내화학성, 내식성 등 내구성이 우수해 댐, 항만, 해안공사 등 대형 구조물에 사용된다.

❹ 백색 포틀랜드 시멘트

백색점토를 사용해 회색이 아닌 백색을 띠는 시멘트로, 건축물의 내부, 외부의 도장 및 마감용으로 사용된다.

❺ 고로 시멘트

선철의 부산물과 포틀랜드 시멘트를 혼합하여 만든 시멘트로, 수축, 균열이 적고 바닷물에 대한 저항성이 크다. 응결이 서서히 진행되어 조기강도는 낮지만 장기강도가 우수하다.

❻ 플라이애시 시멘트

플라이애시를 혼합하여 만든 시멘트로, 수화열이 적고 장기강도가 우수하다. 수밀성이 크고 콘크리트 배합 시 워커빌리티(시공연도)가 우수하다.

❼ 포졸란 시멘트(실리카 시멘트)

포졸란을 혼합하여 만든 시멘트로, 고로 시멘트와 유사한 용도로 사용된다.

❽ 알루미나 시멘트(산화알루미늄 시멘트)

주성분이 알루미나, 생석회 등으로 조기강도가 매우 우수한 시멘트이다. 재령 1일 만에 보통 포틀랜드 시멘트의 재령 28일 강도와 동일한 강도를 갖는다. 수축이 적고 내화성도 우수하여 동절기 공사나 긴급공사에 사용된다.

❾ 팽창 시멘트

타설 후 굳어지면서 적당히 팽창되는 시멘트로, 수축과 균열을 방지하는 목적으로 사용된다.

(3) 시멘트 제품

❶ 슬레이트

시멘트와 모래, 석면 등을 혼합하여 압력을 가해 성형한 판으로, 지붕재료로 많이 사용한다.

② 테라초

시멘트와 대리석의 쇄석을 혼합하여 만든 인조석으로, 표면을 갈아 광택을 내어 사용한다.

③ 리그노이드

마그네시아 시멘트에 탄성재 등을 혼합하여 만든 것으로, 바닥 포장재로 사용한다.

④ 퍼티재료

시멘트에 다양한 충전재를 혼합하여 만든 것으로, 퍼티용 제품으로 사용한다.

⑤ 두리졸

폐목재를 혼합하여 만든 시멘트판의 일종으로, 바닥, 벽, 천장 구조물에 사용한다.

SECTION 3 콘크리트

콘크리트는 시멘트와 물, 골재를 혼합한 것으로 현대건축에서 없어서는 안 될 절대적인 건축재료이다. 콘크리트는 인장강도가 작아 철근으로 보완하여 철근콘크리트구조에 사용된다.

(1) 콘크리트의 특성

① 장점
- 압축강도 및 방청성, 내화성, 내구성, 내수성, 수밀성이 우수하다.
- 철근과 철골의 접착력이 매우 우수하여 구조용으로 광범위하게 사용되고 있다.

② 단점
- 자중이 크고 인장강도가 압축강도에 비하여 낮다(압축강도의 1/10 이하).
- 경화과정에서 수축에 의해 균열이 발생되기 쉽다.

③ 단위용적 중량
- 무근콘크리트 : $2.3t/m^3$
- 철근콘크리트 : $2.4t/m^3$

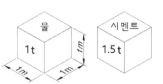

④ 설계기준

콘크리트의 설계기준강도는 타설 후 28일(4주) 압축강도로 한다.

(2) 골재

골재는 잔골재와 굵은 골재로 구분되며 콘크리트용에 맞는 품질을 사용해야 한다.

① 골재의 품질
- 골재 강도는 시멘트풀(시멘트+물)의 최대 강도 이상 되는 것을 사용해야 한다.

- 모양이 구형에 가까우며 표면이 거친 것이 좋다.
- 잔골재와 굵은 골재가 적절히 혼합된 것을 사용한다.
- 진흙이나 불순물이 포함되지 않아야 한다.
- 공극률은 30~40% 정도이다.
- 염분이 포함된 모래를 사용하면 부식의 우려가 있다(모래의 염분 함유량은 0.04% 이하).

❷ 골재의 구분
- 체가름 시험 : 입경 분포를 구하는 시험으로 1조의 표준망 체 80, 40, 20, 10, 5, 2.5, 1.2, 0.6, 0.3, 0.15mm를 사용하여 시험한다.

[체가름 시험기]

- 잔골재 : 5mm체에 85% 이상 통과하는 골재
- 굵은 골재 : 5mm체에 85% 이상 남는 골재

❸ 골재의 함수율

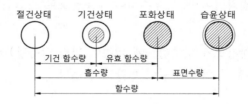

❹ 골재의 입도

입도란 모래, 크고 작은 자갈이 고르게 섞여 있는 정도를 뜻하며, 입도가 좋다는 것은 다양한 크기의 골재가 빈틈 없이 채워진 상태를 말한다. 입도에 따라 콘크리트의 워커빌리티(시공연도), 내구성, 강도 등이 달라질 수 있어 매우 중요하다.

(3) 물시멘트비

❶ 물시멘트비(W/C)

물시멘트비=물의 무게 / 시멘트의 무게

❷ 워커빌리티(시공연도)

- 콘크리트를 배합하여 운반에서 타설할 때까지의 시공성을 뜻하며 물시멘트비와 연관된다.
- 워커빌리티의 측정은 슬럼프시험을 가장 많이 사용한다.

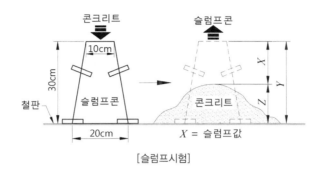

[슬럼프시험]

❸ 강도

물시멘트비는 콘크리트의 강도에 직접적으로 영향을 주며 물시멘트비가 클수록 콘크리트의 강도는 저하된다.

❹ 배합설계

- 콘크리트에 필요한 소요강도를 갖추기 위해 혼화재료의 비율과 배합 및 비빔방법 등을 정하는 것을 배합설계라 한다.
- 배합설계 단계 : 요구성능 및 강도 설정→배합조건 설정→ 재료 선정→계획배합 설정 →현장배합 결정

(4) 콘크리트의 혼화제

혼화제란 적은 양을 사용하여 용적에 포함되지 않는 약품을 뜻한다.

❶ AE제

- 콘크리트 내부에 작은 기포를 만들어 작업의 효율성을 높이고 동결융해를 막기 위해 사용된다.
- 화학작용에 대한 저항성이 커지는 등의 장점이 있지만 콘크리트의 강도를 저하시키며 철근과의 부착력을 떨어뜨리는 단점도 있다.
- AE제의 효과
  - 워커빌리티(시공연도) 향상
  - 단위수량 감소, 내구성 증가
  - 동결융해 저항성 향상
  - 기포 증가에 따른 강도 감소

❷ 기포제

콘크리트의 무게를 경량화하고 단열성, 내화성을 증대시키는 데 사용된다.

❸ 방청제

해안공사와 같이 염분으로 인해 철근이 부식되는 것을 막기 위해 사용된다.

❹ 경화촉진제

열을 내어 콘크리트의 경화를 촉진시키는 것을 목적으로 염화칼슘이 사용된다. 염화칼슘의 사용량은 시멘트 중량의 1~2% 정도이며, 과도하게 사용하면 철근을 부식시키고 워커빌리티가 나빠질 수 있다.

❺ 기타 재료

수밀성을 높이는 방수제, 색을 내기 위한 착색제, 사용량이 많아 용적에 포함되는 포졸란이나 플라이애시 등의 혼화재가 있다.

용어해설

- 혼화제 : 양이 적어 용적에 미포함
- 혼화재 : 양이 많아 용적에 포함

(5) 경화과정

❶ 보양

보양이란 콘크리트를 타설한 뒤 적정온도에서 충분한 수분을 공급하고 진동을 방지하는 것을 뜻한다. 적정온도를 유지하는 것이 가장 중요하다.

❷ 레이턴스(laitance)

보양 시 콘크리트 표면에 발생하는 얇은 막을 형성하는 층으로 이어붓기를 할 경우 이 미세물을 제거해야 한다.

❸ 크리프(creep rupture)

시간이 경과함에 따라 하중의 증가 없이 콘크리트의 형태에 변형이 증대되는 현상

❹ 블리딩(bleeding)

콘크리트를 틀(거푸집)에 부어 넣을 때 골재와 시멘트풀이 갈라지고 물이 위로 올라오는 현상

❺ 크랙(crack)

경화 시 콘크리트의 팽창으로 구조물에서 발생되는 균열

(6) 기타 콘크리트

❶ 프리팩트 콘크리트(prepact concrete)

형틀(거푸집)에 골재를 먼저 넣은 후 모르타르를 주입하여 만드는 콘크리트로, 수중 콘크리트 등에 사용되며 프리플레이스트 콘크리트라고도 한다.

❷ 오토클레이브 콘크리트(ALC)

패널과 블록으로 이루어진 경량콘크리트로 단열 및 내화성이 우수하여 벽, 지붕, 바닥 등에 사용된다.

❸ 프리스트레스트 콘크리트(prestressed concrete)

PS강재(피아노선)를 긴장시킨 후 콘크리트를 타설하는 방법으로 장스팬을 구성할 수 있으며 변형이나 균열에 대한 저항이 크다.

❹ 레디믹스트 콘크리트(ready mixed concrete)

공장에서 현장까지 차량으로 운반하면서 시멘트와 골재, 물을 혼합하는 것으로 흔히 레미콘이라 한다.

❺ 경량 콘크리트

콘크리트의 중량을 줄이기 위해 내부에 기포를 넣고 경량 골재를 사용한 콘크리트로, 보온 · 단열 · 방음 성능이 우수하다. 건물의 경량화, 칸막이벽, 철골조의 내화피복 등에 사용된다.

❻ 중량 콘크리트

비중이 큰 중정석, 철광석 등을 골재로 사용한 콘크리트로, 방사선 차폐용으로 사용된다.

❼ 한중 콘크리트

콘크리트는 평균기온 4℃ 이하에서 응결이 지연되고 동결현상이 나타난다. 겨울철 콘크리트 타설 후 양생기간 중 동결되는 현상을 막기 위해 사용된다.

❽ 서중 콘크리트

30℃ 이상의 높은 기온에서 슬럼프의 저하와 수분 증발을 막기 위해 사용되는 콘크리트로, 여름철에 사용된다.

❾ 프리케스트 콘크리트

철근콘크리트 부재를 공장에서 미리 제작 및 양생하는 것으로, 현장으로 운반해서 조립하여 시공한다. 공장에서 생산하여 공기단축, 비용절감, 품질관리가 용이한 장점이 있다.

01 건축재료에 사용되는 시멘트의 비중은?

① 2.5~2.65　　② 2.05~2.15

③ 3.05~3.15　　④ 4.05~4.15

해설 시멘트의 비중은 성분, 종류 등에 따라 다르지만 일반적으로 3.05~3.15 정도이다.

02 시멘트의 단위용적 중량은 얼마인가?

① $1,200\text{kg/m}^3$　　② $1,300\text{kg/m}^3$

③ $1,400\text{kg/m}^3$　　④ $1,500\text{kg/m}^3$

해설 시멘트의 단위용적 중량은 $1,500\text{kg/m}^3$이며 1포의 무게는 40kg이다.

03 시멘트의 분말도가 높을수록 발생되는 현상으로 잘못된 것은?

① 수축균열의 발생을 억제시킨다.

② 풍화되기 쉽다.

③ 수화작용이 빠르다.

④ 초기강도가 높다.

해설 시멘트는 분말도가 높을수록 수축균열이 커진다.

04 보통 포틀랜드 시멘트의 배합 후 응결시간으로 옳은 것은?

① 초결 30분 이상, 종결 5시간 이하

② 초결 1시간 이상, 종결 10시간 이하

③ 초결 2시간 이상, 종결 15시간 이하

④ 초결 3시간 이상, 종결 20시간 이하

해설 시멘트는 1시간 이후부터 굳기 시작해 10시간 이내에 응결이 끝난다.

05 시멘트의 안정성 시험방법으로 옳은 것은?

① 브리넬 경도시험

② 오토클레이브 팽창도 시험

③ 슬럼프시험

④ 낙하시험

해설 • 브리넬시험 : 경도시험
• 슬럼프시험 : 시공연도시험
• 낙하시험 : 강도시험

06 시멘트 모르타르에 사용되는 경화촉진제는?

① 염화칼슘

② 염화칼륨

③ 염화암모니아

④ 염화나트륨

해설 열을 내어 콘크리트의 경화를 촉진시키는 것을 목적으로 염화칼슘이 사용된다.

07 시멘트의 성질을 잘못 설명한 것은?

① 보통 포틀랜드 시멘트 한 포의 무게는 40kg이다.

② 시멘트를 쌓아서 보관할 때는 13포대까지 쌓을 수 있다.

③ 분말도가 큰 시멘트일수록 수화반응이 느려 강도의 증진이 작다.

④ 시멘트의 안정성이란 경화 시 팽창하는 정도를 말한다.

해설 분말도가 큰 시멘트일수록 수화반응이 빨라 조기강도가 높다.

정답 1. ③　2. ④　3. ①　4. ②　5. ②　6. ①　7. ③

08 수화열을 작게 한 시멘트로 매스콘크리트용, 방사능 차폐용으로 사용되는 시멘트는?

① 보통 포틀랜드 시멘트
② 중용열 포틀랜드 시멘트
③ 백색 포틀랜드 시멘트
④ 조강 포틀랜드 시멘트

해설 **중용열 포틀랜드 시멘트** : 발열량을 작게 하여 조기강도는 저하되나 장기강도가 우수한 시멘트로, 특히 방사선 차단, 내수성, 내화학성, 내식성 등 내구성이 우수하다.

09 다음 시멘트 중 긴급공사에 가장 적합한 시멘트는?

① 보통 포틀랜드 시멘트
② 중용열 포틀랜드 시멘트
③ 백색 포틀랜드 시멘트
④ 조강 포틀랜드 시멘트

해설 **조강 포틀랜드 시멘트** : 재령 7일이면 보통 포틀랜드 시멘트의 28일 강도를 가진다.

10 구조체에 사용하지 않고 주로 마감용, 인조석의 재료로 사용되는 시멘트는?

① 보통 포틀랜드 시멘트
② 중용열 포틀랜드 시멘트
③ 백색 포틀랜드 시멘트
④ 조강 포틀랜드 시멘트

해설 **백색 포틀랜드 시멘트** : 백색점토를 사용해 회색이 아닌 백색을 띠는 시멘트로, 건축물의 내부, 외부의 도장 및 마감용으로 사용된다.

11 고로 시멘트의 특징으로 잘못된 것은?

① 댐 공사에 많이 사용된다.
② 염분 등 화학성분에 대한 저항성이 크다.
③ 초기강도에 비해 장기강도가 우수하다.
④ 보통 포틀랜드 시멘트보다 비중이 크다.

해설 고로 시멘트의 비중은 2.95~3.00 정도로 보통 포틀랜드 시멘트보다 비중이 작다.

12 플라이애시 시멘트의 설명으로 잘못된 것은?

① 워커빌리티가 우수하다.
② 초기강도가 우수하다.
③ 수밀성이 우수하다.
④ 수화열이 서서히 발생한다.

해설 플라이애시 시멘트는 혼합시멘트로 수화열이 적어 장기강도가 우수하다.

13 장기강도의 증진은 없지만 조기강도가 매우 우수하여 긴급공사에 사용되는 시멘트는?

① 고로 시멘트
② 알루미나 시멘트
③ 플라이애시 시멘트
④ 실리카 시멘트

해설 알루미나 시멘트는 재령 1일 만에 보통 포틀랜드 시멘트의 재령 28일 강도와 동일한 강도를 갖는다.

14 철근콘크리트에 사용되는 골재의 설명으로 옳은 것은?

① 골재의 모양은 구형에 가까운 것이 좋다.
② 골재의 표면은 매끈하고 보기 좋은 것이 좋다.
③ 염분이 골고루 섞여 있는 것이 좋다.
④ 잔골재보다 굵은 골재가 많이 섞여야 한다.

해설 골재의 조건
• 골재의 모양은 구형에 가까운 것
• 표현은 거친 것
• 불순물이 포함되지 않은 것
• 잔골재와 굵은 골재가 적절히 혼합된 것

Part **3**

정답 **8.** ② **9.** ④ **10.** ③ **11.** ④ **12.** ② **13.** ② **14.** ①

15 콘크리트의 성질로 잘못된 것은?

① 인장강도가 우수하다.

② 압축강도가 우수하다.

③ 내화적이다.

④ 내구적이다.

🔓 힌트 콘크리트는 압축강도에 비해 인장강도가 약해 철근으로 보강한다.

16 골재의 비중이 2.50이면서 단위용적 무게가 1.8kg/L일 때 골재의 공극률은 얼마인가?

① 28%

② 48%

③ 18%

④ 36%

해설 공극률={1-(단위용적 중량/비중)}×100

17 크고 작은 골재가 고르게 섞여 있는 정도를 무엇이라고 하는가?

① 공극률

② 입도

③ 혼합률

④ 입자

해설
• 공극률 : 전체 부피에 대한 공극의 비율
• 혼합률 : 재료 간의 혼합비율
• 입자 : 가루 같이 아주 작은 물체

18 콘크리트의 혼화제 중 미세한 기포를 만들어 동결융해를 방지하고 화학작용에 대한 저항성을 높이기 위해 사용되는 것은?

① 기포제

② AE제

③ 경화촉진제

④ 포졸란

🔓 힌트 AE제

19 콘크리트를 경량화하고 단열, 내화성을 높이기 위해 사용되는 혼화제는?

① 기포제 ② AE제

③ 거품제 ④ 방수제

해설
• 기포제 : 콘크리트의 무게를 경량화하고 단열성, 내화성을 증대
• AE제 : 작업의 효율성을 높이고 동결융해 방지

20 콘크리트의 물시멘트비(W/C)와 가장 관계가 있는 것은?

① 수명 ② 시공연도

③ 강도 ④ 공사비

해설 물시멘트비는 콘크리트의 강도에 직접적으로 영향을 주며 물시멘트비가 클수록 콘크리트의 강도는 저하된다.

21 콘크리트 강도 중 가장 우수한 것은?

① 인장 ② 휨

③ 압축 ④ 전단

🔓 힌트 콘크리트의 압축강도는 인장강도의 10배 이상이다.

22 콘크리트의 배합설계과정을 바르게 나타낸 것은?

> Ⓐ 요구성능 및 강도 설정
> Ⓑ 재료 선정
> Ⓒ 배합조건 설정
> Ⓓ 계획배합 설정
> Ⓔ 현장배합 결정

① Ⓔ→Ⓑ→Ⓒ→Ⓓ→Ⓐ

② Ⓐ→Ⓒ→Ⓑ→Ⓓ→Ⓔ

③ Ⓐ→Ⓑ→Ⓒ→Ⓓ→Ⓔ

④ Ⓑ→Ⓐ→Ⓒ→Ⓔ→Ⓓ

해설 콘크리트의 배합설계과정
요구성능 및 강도 설정 → 배합조건 설정 → 재료 선정 → 계획배합 설정 → 현장배합 결정

23 다음 그림에서 슬럼프값을 나타낸 것은?

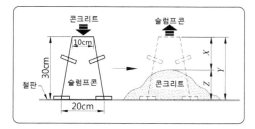

① Y
② Z
③ X
④ X + Y

힌트 슬럼프값은 슬럼프콘을 들어올렸을 때 콘크리트가 무너져 내린 값이다.

24 다음 중 콘크리트의 워커빌리티를 시험하는 방법은?

① 체가름시험
② 낙하시험
③ 슬럼프시험
④ 팽창도시험

해설 • 체가름시험 : 입경 분포를 구하는 시험
• 낙하시험 : 강도 시험
• 팽창도시험 : 안정성 시험

25 고강도 피아노강선을 사용하는 콘크리트는?

① 프리스트레스트 콘크리트
② 레디믹스트 콘크리트
③ 프리팩트 콘크리트
④ 경량콘크리트

해설 프리스트레스트 콘크리트(prestressed concrete)
PS강재(피아노선)를 긴장시킨 후 콘크리트를 타설하는 방법으로 장스팬을 구성할 수 있으며 변형이나 균열에 대한 저항이 크다.

26 거푸집 형틀에 미리 골재를 넣은 후 시멘트 모르타르를 압입시켜 만드는 콘크리트는?

① 프리스트레스트 콘크리트
② 레디믹스트 콘크리트
③ 프리팩트 콘크리트
④ 경량콘크리트

해설 프리팩트 콘크리트(prepact concrete)
형틀(거푸집)에 골재를 먼저 넣고 이후 모르타르를 주입하여 만드는 콘크리트로 수중 콘크리트 등에 사용된다.

27 포틀랜드 시멘트의 발명과 철근콘크리트 이용법의 시기와 인물이 바르게 나열된 것은?

① 포틀랜드 시멘트 발명-19C 초 애습딘, 철근콘크리트 이용법-19C 중엽 모니에
② 포틀랜드 시멘트 발명-19C 중엽 애습딘, 철근콘크리트 이용법-19C 초 모니에
③ 포틀랜드 시멘트 발명-19C 초 모니에, 철근콘크리트 이용법-19C 중엽 애습딘
④ 포틀랜드 시멘트 발명-19C 중엽 모니에, 철근콘크리트 이용법-19C 초 애습딘

해설 • 시멘트의 발명 : 19세기 초 영국의 애습딘
• 철근콘크리트의 이용법 개발 : 19세기 중엽 프랑스의 모니에

Part 3

정답 **23.** ③ **24.** ③ **25.** ① **26.** ③ **27.** ①

유리, 점토

07

CHAPTER

1 유리

(1) 유리 일반

3대 건축재료 중의 하나로 창호 재료에서부터 커튼월까지 다양한 형태로 사용되고 있다.

❶ 주원료

유리는 모래(천연규사)를 주원료로 하며 융해점을 낮추기 위해 유리조각도 사용된다.

❷ 연화점

일반적인 보통유리의 연화점은 740℃이다.

❸ 강도

다른 재료와 달리 창유리의 강도측정은 휨강도를 기준으로 한다($500{\sim}750\mathrm{kg/cm}^2$).

❹ 투과율

보통유리의 투과율은 90%, 서리유리는 80~85% 정도이다.

❺ 열전도율

보통유리의 전도율은 0.48W/m · K으로 콘크리트의 1/2 수준이다.

❻ 두께

- 박판유리 : 두께 6mm 미만의 유리로 2mm, 3mm, 5mm의 두께가 사용된다.
- 후판유리 : 두께 6mm 이상의 유리로 칸막이벽, 유리문, 가구 등에 사용된다.

(2) 유리제품의 종류

사용되는 목적과 장소에 따라 다양한 제품들이 사용된다.

❶ 소다석회유리

가장 많이 사용되는 투명유리로, 자외선 투과율이 적은 유리다.

❷ 열선흡수유리(단열유리)

철, 니켈, 크롬 등의 재료를 사용해 만든 유리로, 엷은 청색을 나타낸다.

❸ 복층유리(페어글라스)

2장이나 3장의 유리를 간격을 두고 만든 유리로, 공기층이 생겨 단열효과가 뛰어나다.

④ 망입유리

철망을 넣은 유리로, 파손 시 철망이 남아 도난방지용으로 사용된다.

⑤ 강화유리

판유리를 열처리한 것으로, 강도는 일반 유리의 3~5배, 충격강도는 7~8배이다. 파손 시 일반 유리처럼 깨지지 않고 모래알처럼 부서지는 것이 특징이다.

⑥ 기포유리(폼글라스)

미세한 기포를 삽입한 유리로, 단열, 방음성이 우수하나 투과율은 떨어진다.

⑦ 프리즘유리

프리즘 원리를 이용하여 만든 유리로, 눈부심을 줄이고 광원효과를 높인 유리로 채광용으로 많이 사용된다.

⑧ 색유리(스테인드글라스)

유리 표면에 색을 입히거나 색판 조각을 붙여 만든 유리로, 성당, 교회의 장식용 유리로 많이 사용한다.

⑨ 접합유리

2장의 유리를 접착제를 사용해 접합한 유리로, 파손 시 유리가 비산하는 것을 막을 수 있다.

⑩ 유리블록

유리를 사용해 속이 빈 블록이나 벽돌모양으로 만든 제품으로, 보온, 장식, 방음용으로 사용된다.

⑪ 안전유리

파손 시 유리가 조각으로 깨져 비산하지 않는 유리로, 강화유리, 접합유리, 배강도유리가 해당된다.

⑫ X선 차단유리

산화납(PbO)을 포함시켜 만든 유리로, 병원이나 연구실에 사용된다.

⑬ 로이유리

유리와 유리 사이에 열반사 필름을 넣어 접합한 유리로, 방사율이 낮아 에너지 절약을 목적으로 사용된다.

용어해설 📝

- 배강도유리 : 일반 판유리를 열처리하여 파괴 강도를 높이고 파손 시 파편이 크다.
- 접합유리 : 2장의 유리 사이에 수지층을 넣어 만든 유리로 파손 시 파편이 비산하는 것을 막는다.

(1) 점토 일반

미세한 흙의 입자로 건조시키면 강성을 가지며 고온에서 구우면 견고하게 굳어지는 재료이다.

❶ 성분

주성분은 규산이며 석영, 적철, 산화철 등이 포함된다. 산화철 성분은 점토의 색상에 영향을 준다(철산화물이 많으면 적색, 석회물질이 많으면 황색).

❷ 비중

점토의 비중은 2.5~2.6 정도이다.

❸ 성질

양질의 점토는 습윤상태에서 점성과 가소성을 나타내고 압축강도는 인장강도의 5배 정도이다.

❹ 제조과정

원료배합 → 반죽 → 성형 → 건조 → 소성

(2) 분류 및 흡수율

점토는 고온에서 소성된 제품일수록 흡수율이 작고, 강도가 높아진다. 토기의 흡수율이 가장 높고 품질은 떨어지며, 자기는 흡수율이 가장 낮고 품질도 우수하다. 점토제품의 소성온도는 제게르추를 사용한다.

구분	소성온도	SK (제게르 추 온도번호)	흡수율
토기	약 800~1,000℃	0.15~0.5	20% 이상
도기	1,100~1,200℃	1~7	10%
석기	1,200~1,300℃	4~12	3~10%
자기	1,250~1,450℃	7~16	0~1%

토기 > 도기 > 석기 > 자기의 순으로 흡수율이 낮다.

용어해설

제게르 추(Seger cone) : 광물질로 만든 삼각추. 연화온도를 측정하는 고온계로, 독일의 제게르가 고안하였다.

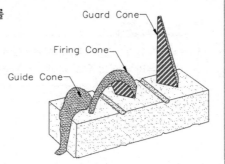

(3) 점토제품

점토는 타일과 위생도기, 장식용품 등으로 만들어진다.

① **토기** : 기와, 벽돌 등

② **도기** : 세면기, 양변기 등 위생도기류

③ **석기** : 클링커 타일, 토관, 꽃병 등 장식용품

④ **자기** : 자기질 타일, 도자기 등

(4) 점토 타일의 종류

① **클링커 타일** : 요철무늬를 넣은 저급품의 바닥타일

② **모자이크 타일** : 욕실 바닥에 많이 사용되는 모자이크 모양의 자기질 타일

③ **보더 타일** : 정사각형 모양이 아닌 가로, 세로의 길이 비율이 3배가 넘는 긴 타일

④ **테라코타** : 양질의 점토를 구워 만들어낸 입체적인 타일로 조각물이나 장식용으로 많이 사용된다.

⑤ **기타 제품**

샤모트 : 소성된 점토를 고운 가루로 분쇄한 재료로, 점성 조절용으로 사용된다.

Part

3

01 다음 유리 중 건축물의 창유리로 가장 많이 사용되는 것은?

① 소다석회유리　　② 칼륨유리

③ 석영유리　　　　④ 망입유리

> [해설] • 칼륨유리 : 실험기구, 렌즈에 사용되며 일반 소다석회유리보다 품질이 좋다.
> • 석영유리 : 기계적 강도, 내화학성이 우수한 유리로 특수용도로 쓰인다.
> • 망입유리 : 철망을 넣은 유리로, 파손 시 철망이 남아 도난방지용으로 사용된다.

02 보통 창유리의 강도는 무엇을 기준으로 측정하는가?

① 인장강도　　　　② 휨강도

③ 압축강도　　　　④ 전단강도

> [해설] 다른 재료와 달리 창유리의 강도측정은 휨강도를 기준으로 한다.

03 보통유리의 연화점은 얼마인가?

① 540℃　　　　　② 640℃

③ 740℃　　　　　④ 840℃

> [해설] 일반적인 보통유리의 연화점은 740℃이다.

04 보통유리의 열전도율은 콘크리트의 몇 배 정도인가?

① 0.5배　　　　　② 2배

③ 3배　　　　　　④ 4배

> [해설] 보통유리의 전도율은 0.48W/m · K으로 콘크리트의 1/2 수준이다.

05 유리 성분 중 자외선을 차단시키는 성분은?

① 산화제이철　　② 황산나트륨

③ 탄산나트륨　　④ 염화칼슘

> [해설] 산화제이철은 자외선을 차단하여 화학작용을 방지하기 위한 유리제품에 사용된다.

06 강화유리의 설명으로 잘못된 것은?

① 파괴되면 모래알처럼 부서진다.

② 강도는 일반유리의 5배 정도이다.

③ 열처리 후 가공할 수 없다.

④ 유리 속에 철망을 삽입하여 강도를 높였다.

> [해설] 강화유리는 판유리를 열처리하여 강도를 높인 유리다.

07 2장이나 3장의 유리를 일정 간격을 두고 내부를 진공상태로 만든 유리로 단열, 차음, 결로방지가 우수한 유리는?

① 복층유리　　　② 강화유리

③ 판유리　　　　④ 접합유리

> [힌트] 복층유리는 페어글라스(pair glass)라고도 한다.

08 단열유리의 한 종류로 철, 니켈, 크롬 성분으로 엷은 청색을 띠는 유리는?

① 복층유리

② 자외선흡수유리

③ 자외선투과유리

④ 열선흡수유리

> [해설] 열선흡수유리(단열유리)
> 철, 니켈, 크롬 등의 재료를 사용해 만든 유리로, 엷은 청색을 나타낸다.

[정답] 1.① 2.② 3.③ 4.① 5.① 6.④ 7.① 8.④

09 지하실이나 옥상의 채광용으로 적합한 유리 제품은?

① 프리즘유리　　② 폼글라스
③ 글라스울　　　④ 유리블록

🔓힌트 프리즘유리는 빛의 확산과 집중원리를 이용하여 만든 유리제품이다.

10 유리에 색을 입힌 것으로 성당의 창이나 상업건축의 장식용으로 사용되는 유리는?

① 페어글라스　　② 폼글라스
③ 스테인드글라스 ④ 유리블록

해설 • 페어글라스 : 2~3장의 유리를 간격을 두어 만든 것으로, 단열, 차음, 결로방지가 우수
• 폼글라스 : 기포를 삽입한 유리로, 단열, 방음성이 우수
• 유리블록 : 유리를 벽돌모양으로 만든 제품으로, 보온, 장식, 방음용으로 사용

11 다음 중 점토의 설명으로 옳지 않은 것은?

① 점토의 색상과 관련 있는 성분은 규산이다.
② 점토는 규산 이외에도 석영과 산화철 성분이 포함되어 있다.
③ 흙을 고온에서 구워 굳게 한 재료이다.
④ 점토의 비중은 2.5~2.6 정도이다.

해설 점토의 색상과 관련 있는 성분은 산화철이다

12 점토의 압축강도는 인장강도의 얼마 정도인가?

① 2배　　　　② 3배
③ 5배　　　　④ 7배

해설 양질의 점토는 습윤상태에서 점성과 가소성을 나타내고 압축강도는 인장강도의 5배 정도이다.

13 점토를 소성하여 분쇄한 재료로 점성을 조절할 때 사용되는 것은?

① 샤모트　　　② 슬래그
③ 펄라이트　　④ 석고

해설 • 슬래그 : 금속을 뺀 광석의 찌꺼기로 광재라 한다.
• 펄라이트 : 흑요석, 진주암이 원료이며 경량골재, 콘크리트의 골재 및 단열, 흡음재로도 사용
• 석고 : 도자기, 조각, 시멘트 등 건축용 재료로 사용

14 점토제품 중에서 소성온도는 가장 높고 흡수율은 가장 낮은 제품은?

① 토기　　　　② 도기
③ 석기　　　　④ 자기

해설 • 점토의 흡수율 : 토기>도기>석기>자기
• 점토의 소성온도 : 토기<도기<석기<자기

15 점토제품의 S.K 번호가 의미하는 것은?

① 가격　　　　② 소성온도
③ 흡수율　　　④ 강도

해설 점토제품의 SK번호는 내화도를 나타내는 기준인 제게르 번호이다.

16 정사각형 모양이 아닌 가로, 세로의 길이 비율이 3배가 넘는 긴 타일은?

① 클링커 타일　② 모자이크 타일
③ 보더 타일　　④ 데코 타일

해설 • 클링커 타일 : 요철무늬를 넣은 저급품의 바닥타일
• 모자이크 타일 : 욕실 바닥에 많이 사용되는 모자이크 모양의 자기질 타일
• 데코 타일 : PVC를 재료로 만들어 접착제로 시공하는 저렴한 타일을 일컫는 말

17 양질의 점토를 구워 만들어낸 것으로 조각물이나 장식용으로도 많이 사용되는 것은?

① 자기　　　　② 테라코타
③ 보더 타일　　④ 도기

해설 테라코타 : 양질의 점토를 구워 만들어낸 입체적인 타일로, 조각물이나 장식용으로 많이 사용된다.

정답 9. ①　10. ③　11. ①　12. ③　13. ①　14. ④　15. ②　16. ③　17. ②

Part **3**

08 금속 및 철물

SECTION 1 철강

(1) 철강의 분류

철강은 탄소(C)의 함유량에 따라 구분한다.

구분	탄소함유량	비중
주철(cast iron)	약 2.1 ~ 6.6	약 7.1 ~ 7.5
강(steel)	약 0.025 ~ 2.11	약 7.8

(2) 온도에 의한 강재의 강도

온도	0~250℃	250℃	500℃	600℃	900℃
강도	점점 증가	최대 강도	0℃의 1/2 강도	0℃의 1/3 강도	0℃의 1/10 강도

(3) 열처리법

❶ 불림

가열 후 공기 중에서 서서히 냉각

❷ 풀림

가열 후 노(爐) 속에서 서서히 냉각

❸ 담금질

가열 후 물이나 기름에 급속 냉각

❹ 뜨임

담금질한 다음 200~600℃로 재가열 후 공기 중에서 서서히 냉각(조직을 연화, 안정)

(4) 가공법

❶ 인발 : 철선과 같이 5mm 이하로 형틀을 사용해 가늘게 뽑아내는 방법

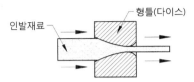

❷ 단조 : 철강을 가열하여 두드림, 압력 등의 힘을 가해 형체를 만드는 방법

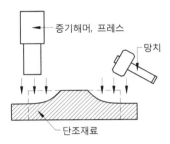

(5) 금속의 부식방지

❶ 부식방지법
- 표면의 습기를 제거하고 깨끗이 한다.
- 표면에 아스팔트 콜타르를 발라준다.
- 금속 종류가 다른 것은 접하지 않게 한다.
- 4산화철과 같은 금속산화물 피막을 만든다.
- 시멘트액 피막을 만든다.

❷ 광명단
철강재의 부식(녹)을 방지하는 페인트로 방청도료로 많이 사용한다.

(6) 응력–변형률 곡선

탄성은 물체에 외력을 가했을 때 변형되지만 그 외력을 제거하면 다시 본래 형태로 되돌아가는 성질이다.

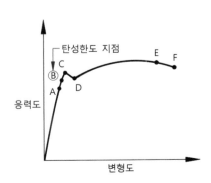

① A : 비례한도가 되는 지점으로 응력과 변형이 비례하는 부분
② B : 탄성한도 지점으로 작용하는 외력을 제거했을 때 변형이 "0"으로 복귀하는 한도점
③ C : 상항복점
④ D : 하항복점
⑤ E : 최대강도 지점
⑥ F : 파괴강도 지점

> ☑ 참고
>
> 외부 응력이 지속적으로 가해져 탄성한도를 넘으면 변형이 급격히 증가해 포화상태가 되는 것을 항복이라 한다.

(7) 강재의 종류

- 스틸 스트럭처(SS) : 일반구조용 압연강재
- 스틸 뉴(SN) : 건축구조용 압연강재
- 스틸 마린(SM) : 용접구조용 압연강재
- 스틸 파이프 원형(SPS) : 일반구조용 탄소강관
- 스틸 파이프 각형(SPSR, SRT) : 일반구조용 각형 강관
- TMCP : 온도제어 압연강재(극후판 고강도 강재로 초고층 철골건축물에 사용)
- TMCP강의 국내 적용 사례 : 포스코센터, ASEM타워, 목동 하이페리온, 롯데월드타워, 킨텍스, 인천공항 등

SECTION 2 비철금속

(1) 구리(Cu)

❶ 구리의 성질

- 전성과 연성이 커서 늘리거나 펴서 선재, 판재로 가공하기 쉽다.
- 열, 전기의 전도율이 높다.
- 공기 중에서 산화되지는 않으나 습기가 많거나 이산화탄소의 영향을 받으면 청록색의 녹이 발생한다.
- 암모니아, 알칼리, 황산에 취약하다.

❷ 구리의 합금

- **황동** : 구리와 아연을 혼합하여 만든 합금으로 외관이 좋아 창호철물 등에 많이 사용된다.
- **청동** : 구리와 주석을 혼합하여 만든 합금으로 내식성이 크고 주조가 용이하여 건축장식재나 미술공예용으로 많이 사용된다.

(2) 알루미늄(AI)

❶ 알루미늄의 성질

- 은백색을 띠는 금속으로 열전도율이 크고 전성과 연성도 커서 가공성이 좋다.
- 가벼운 무게에 비해 강도가 우수하고 내식성이 크다.
- 산, 알칼리에 약해 다른 금속과 같이 사용할 경우 방식처리를 해야 한다.
- 실내장식재, 가구, 창호 등 다양하게 사용된다.

❷ 알루미늄의 합금

- 듀랄루민 : 알루미늄에 구리, 마그네슘, 망간을 혼합하여 만든 합금으로, 내열성, 내식성이 우수한 고강도의 알루미늄 합금이다.

(3) 기타

❶ 납(Pb,연)

X선을 차단하는 성능이 우수한 금속이다.

❷ 포금

아연에 납, 구리, 주석을 혼합한 합금으로, 주조용으로 사용된다.

❸ 양철판

철판에 주석을 도금한 제품으로, 스틸캔 등으로 사용된다.

❹ 함석판

철판에 아연을 도금한 제품으로, 지붕의 환기통, 홈통 등에 사용된다.

Part 3

SECTION 3 창호철물

(1) 문 철물

문을 고정하거나 개폐하는 데 사용되는 철물이다.

도어체크(클로저)

경첩(힌지)

실린더

도어스톱

❶ 경첩, 자유경첩(hinge)

문과 문틀 사이에 설치되는 철물로, 문을 안과 밖으로 개폐할 수 있게 한다.

❷ 실린더(cylinder)

잠금장치가 있는 여닫이문의 손잡이 뭉치이다.

❸ 플로어 힌지(floor hinge)

현관, 상가 등 출입이 잦은 곳의 자재문, 강화도어 바닥에 설치되는 힌지로, 무거운 문을 닫히게 하는 철물이다.

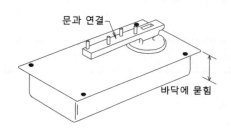

❹ 도어체크(도어클로저)

문 상부에 설치되어 문을 자동으로 닫히게 하는 철물이다.

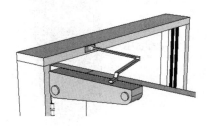

❺ 도어스톱(door stop)

문이 열린 상태가 고정될 수 있도록 지지하는 것으로 바닥 고정식과 문 고정식이 있다.

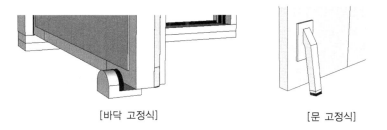

[바닥 고정식]   [문 고정식]

❻ 도어캐치(door catch)

여닫이문을 열 때 문 손잡이가 벽을 때려 소음이 나고 파손되는 것을 방지하는 장치이다.

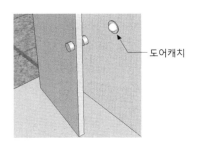

도어캐치

❼ 도어행거

접이문, 주름문, 미닫이문이 이동할 수 있도록 한 장치이다.

도어행거

❽ 레버터리 힌지

스프링이 달린 경첩에 의해 자동으로 열린 상태를 유지해 주는 철물로, 공중전화의 문처럼 완전히 닫히지 않게 하는 문에 사용된다.

(2) 창문 및 기타 철물

❶ 크레센트

오르내리창이나 미서기창의 잠금장치로 사용되는 철물이다.

❷ 멀리언

커튼월 등 창 면적이 클 때 고정시키기 위한 프레임이다.

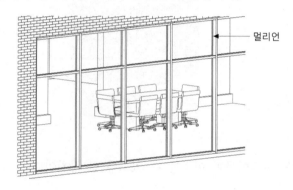

❸ 코너비드

기둥이나 벽의 모서리에 설치하여 미장공사를 쉽게 하고 보호하기 위한 목적으로 사용되는 철물이다.

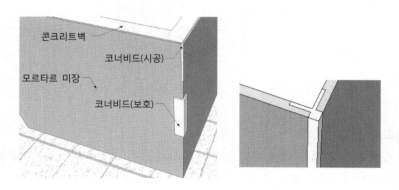

❹ 펀칭메탈

박판(얇은 철판)에 원형이나 마름모 형태 등 다양한 모양을 내어 뚫은 것으로, 환기 입구, 덮개, 장식용 소품 등으로 사용된다.

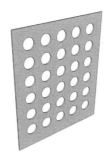

❺ 메탈라스

강판을 잔금으로 갈라 그물모양으로 늘어뜨려 만든 것으로, 펜스, 간이계단, 미장바탕 등에 많이 사용된다.

❻ 인서트

콘크리트 슬래브에 행거를 고정시키기 위한 삽입철물로, 아래 그림은 경량철골로 된 천장의 행거를 인서트를 사용해 삽입한 모습이다.

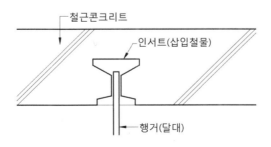

❼ 와이어메시(용접철망)

격자 모양으로 만든 철망으로, 균열을 방지하며 보강블록조와 무근콘크리트의 철근 대용으로 사용된다.

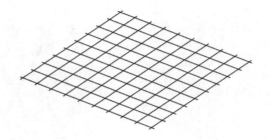

01 철강의 선철, 강, 순철은 어떤 성분의 함량으로 구분되는가?

① 탄소(C) ② 황(S)

③ 납(Pb) ④ 인(P)

해설 철강은 탄소(C)의 함유량에 따라 주철(iron)과 강(steel)으로 구분된다.

02 강재의 강도가 최대일 때의 온도는?

① 0℃ ② 50℃

③ 150℃ ④ 250℃

해설 강재는 0℃부터 강도가 증가하여 250℃에서 최대 강도를 나타낸다.

03 재료의 응력변형에 있어 응력을 가했을 때 변형이 생기지만 그 힘을 제거하면 변형 없이 원형으로 돌아오는 경계점은?

① 항복점 ② 비례한도점

③ 탄성한계점 ④ 강도한계점

해설 탄성은 물체에 외력을 가했을 때 변형되지만 그 외력을 제거하면 다시 본래 형태로 되돌아가는 성질이다.

04 금속의 열처리방법 중 가열 후 물이나 기름에 급속 냉각시키는 것을 무엇이라 하는가?

① 불림 ② 풀림

③ 담금질 ④ 뜨임

해설 • 불림 : 가열 후 공기 중에서 서서히 냉각
• 풀림 : 가열 후 노(爐) 속에서 서서히 냉각
• 뜨임 : 담금질한 다음 200~600℃로 가열 후 공기 중에서 서서히 냉각

05 금속의 가공법 중 철선과 같이 가늘게 뽑는 방법을 무엇이라 하는가?

① 인발 ② 선발

③ 압축 ④ 세발

해설 인발 : 철선과 같이 5mm 이하로 형틀을 사용해 가늘게 뽑아내는 방법

06 비철금속 중 황동의 합금재료는?

① 구리+주석 ② 구리+아연

③ 주석+아연 ④ 니켈+아연

해설 구리의 합금
• 황동 : 구리와 아연을 혼합
• 청동 : 구리와 주석을 혼합

07 금속의 부식방지방법으로 잘못된 것은?

① 표면의 습기와 이물질을 제거해 깨끗이 한다.
② 아스팔트 콜타르를 발라준다.
③ 금속산화물 피막을 만들어 준다.
④ 서로 다른 금속을 이어서 사용한다.

해설 서로 다른 금속을 잇대어 사용하면 부식될 수 있다.

08 알루미늄의 대표적인 합금으로 내열성, 내식성이 우수한 고강도 합금은?

① 듀랄루민 ② 강철

③ 스테인리스스틸 ④ 함석

해설 듀랄루민 : 알루미늄에 구리, 마그네슘, 망간을 혼합하여 만든 합금으로, 내열성, 내식성이 우수한 고강도의 알루미늄 합금이다.

Part **3**

정답 1. ① 2. ④ 3. ③ 4. ③ 5. ① 6. ② 7. ④ 8. ①

09 X선을 차단하는 성능이 우수한 금속은?

① 철 ② 알루미늄
③ 납 ④ 크롬

해설 납(Pb, 연): X선을 차단하는 성능이 우수한 금속이다.

10 커튼월에 사용되는 프레임으로 창 면적이 클 때 패널을 고정시키기 위한 것은?

① 띠쇠 ② 멀리언
③ 힌지 ④ 인서트

해설
- 띠쇠 : 띠 모양으로 되어 부재를 고정시키는 철물
- 힌지 : 연결부에 설치하여 고정된 부재가 움직이게 하는 철물
- 인서트 : 부재를 고정할 목적으로 삽입시키는 철물

11 콘크리트 슬래브에 행거를 고정시키기 위해 삽입하는 철물은?

① 코너비드 ② 듀벨
③ 힌지 ④ 인서트

해설
- 코너비드 : 미장용 보호 철물
- 듀벨 : 산지의 일종으로 목재에 사용되는 연결 철물
- 힌지 : 연결부에 설치하여 고정된 부재가 움직이게 하는 철물

정답 9. ③ 10. ② 11. ④

CHAPTER 09 미장, 도장재료(마감재료)

SECTION 1 미장(美匠)재료

흙, 모르타르 등 부착력이 있는 재료를 사용해 바닥, 벽, 천장에 장식과 보호를 목적으로 바르는 재료로, '플라스터'로 불리기도 한다.

(1) 기경성 재료

공기 중의 이산화탄소와 반응하여 굳는 재료로, 석회, 진흙, 회반죽, 돌로마이트 플라스터가 있다. 회반죽이나 진흙은 경화 시 갈라지는 것을 방지하기 위해 풀이나 여물을 넣지만, 돌로마이트 플라스터는 점성이 좋아 풀을 넣을 필요가 없다.

> 용어해설
> • 회반죽 : 풀과 여물을 넣은 석회반죽
> • 돌로마이트 플라스터 : 소석회와 수산화마그네슘을 포함한 백색의 미장재료

(2) 수경성 재료

물과 화학반응하여 굳는 재료로, 시멘트와 석고가 있다.

[미장재료의 구분]

미장재료	기경성	석회질	돌로마이트플라스터, 회반죽, 회사벽
		진흙질	진흙, 황토
	수경성	석고질	석고플라스터, 무수석고
		시멘트질	시멘트모르타르
		인조석	테라초

Part
3

칠을 하여 부식을 막고 바탕을 장식하는 재료로 주로 페인트가 사용된다.

(1) 도장재료의 종류

도장재료는 크게 바니시, 페인트, 에멀션으로 구분되며, 사용되는 용제(희석제)에 따라 수성과 유성으로도 분류된다.

❶ 수성페인트

수용성 교착제를 혼합한 도료로, 대부분 흰색페인트가 많아 색을 내고자 할 경우 조색제를 사용하고, 수성이므로 희석제는 물을 사용한다.

❷ 유성페인트

안료, 건성유 등을 혼합한 산화 건조형 도료로 오일페인트라고 하며, 광택이 나는 견고한 피막이 형성된다. 유성이므로 희석제는 시너(thinner)를 사용한다.

❸ 바니시(varnish)

수지에 휘발성 용제를 혼합한 재료로, 흔히 '니스'라고 하며 도막이 투명하고 건조가 느리다.

❹ 에나멜페인트(enamel paint)

니스에 안료를 혼합한 재료로, 건조가 빠르고 광택이 우수하여 가구, 차량, 선박 등 다양한 용도로 사용된다.

❺ 래커페인트(lacquer paint)

섬유소에 수지, 가소제, 안료 등을 혼합하여 만든 도료로, 빠른 건조와 단단한 도막을 형성한다. 클리어 래커는 도막이 투명하고 건조가 빨라 목재 바탕에 사용된다.

❻ 에멀션페인트(emulsion paint)

수성페인트에 합성수지를 혼합한 페인트로, 실내 및 실외 도장에 사용된다.

❼ 광명단(red lead paint)

납을 주성분으로 하는 적색을 띠는 도료로, 철재의 부식을 방지하는 데 사용되며 '연단'이라고도 한다.

❽ 오일스테인(oil stain)

유성착색료, 안료를 혼합한 착색제로, 목재 바탕에 사용된다.

❾ 기타

- 퍼티(putty) : 도장면의 흠, 구멍, 균열 부분을 고르게 메우는 충전재료
- 프라이머(primer) : 도장면을 보호하고, 도료의 부착력을 높이기 위해 도장 전에 바르는 초벌 재료
- 형광도료 : 발광재료를 혼합하여 만든 도료로, 도로용 표지판 등에 사용된다.

(2) 도장방법

❶ 붓칠(brush) : 다양한 크기의 붓으로 도장면이 좁은 부분에 사용된다.

❷ 롤러(paint roller) : 벽면 등 도장면이 평활한 곳에 사용된다.

❸ 뿜칠(spray gun) : 분사도장으로 건조가 빠른 도료를 넓은 공간에 도포할 경우 사용된다.

01 건축물의 내부 및 외부의 천장, 벽 등에 롤러나 스프레이건 등을 사용하여 일정한 두께로 마감하는 재료는?

① 접착재료　　② 미장재료
③ 도장재료　　④ 금속재료

해설 도장(塗裝) : 도료를 칠하거나 바르는 것으로 붓, 롤러, 스프레이건을 사용한다.

02 미장재료 중 응결방식이 수경성인 재료는?

① 시멘트
② 회반죽
③ 석회
④ 돌로마이트 플라스터

해설 응결방식에 따른 재료의 구분
　• 수경성 : 시멘트, 석고
　• 기경성 : 회반죽, 석회, 돌로마이트 플라스터

03 회반죽이 경화하는 데 필요한 작용은?

① 공기 중의 산소
② 공기 중의 이산화탄소
③ 공기 중의 질소
④ 공기 중의 탄산가스

해설 회반죽은 기경성 재료로 공기 중의 이산화탄소에 의해 경화한다.

04 회반죽에 여물을 넣어 사용하는 이유로 올바른 것은?

① 균열을 방지　　② 강도를 강화
③ 점성을 향상　　④ 경화를 촉진

해설 회반죽이나 진흙은 경화 시 갈라지는 것을 방지하기 위해 풀이나 여물을 넣는다.

05 건축도장 공사와 관련된 요구성능으로 관계가 먼 것은?

① 방식　　　　② 방습
③ 방음　　　　④ 방청

해설 건축도장은 건축물의 내외부의 마감은 물론 방식, 방습, 방청을 목적으로 한다.

06 합성수지 도료의 설명으로 옳지 않은 것은?

① 방화성이 크다.
② 내산, 내알칼리성이 작다.
③ 도막이 견고하다.
④ 건조시간이 빠르다.

해설 합성수지 도료는 내산, 내알칼리성이 크다.

07 다음 도료 중 목재의 바탕무늬를 살리기 위해 사용되는 재료는?

① 에나멜페인트　　② 래커페인트
③ 수성페인트　　　④ 클리어 래커

해설 클리어 래커는 도막이 투명하고 건조가 빨라 목재 바탕에 사용된다.

08 물에 유성페인트, 수지성 페인트를 혼합하여 만든 액상 페인트로서 칠을 한 후 광택이 나지 않는 도막을 형성하는 것은?

① 바니시　　　　② 셸락
③ 래커　　　　　④ 에멀션도료

정답 1.③　2.①　3.②　4.①　5.③　6.②　7.④　8.④

해설 에멀션페인트(emulsion paint)
수성페인트에 합성수지를 혼합한 페인트로, 실내 및 실외 도장에 사용된다.

09 재료와 목적의 연결이 잘못된 것은?

① 오일스테인–착색제
② 크레오소트–용제
③ 퍼티–눈메움제
④ 광명단–방청제

해설 크레오소트 : 흑갈색 용액으로 목재 방부용으로 사용된다.

10 도장공사 시 도장면의 흠을 메우고 작업면의 도장이 잘될 수 있도록 바르는 재료는?

① 코킹재료 ② 실재
③ 퍼티재료 ④ 방청재료

해설
- 코킹재 : 실링재의 한 종류로 재료의 이음새나 작은 틈을 메워 수밀, 기밀성을 유지
- 실재 : 재료 사이에 기밀성을 유지하기 위해 주입하는 재료
- 방청재 : 철의 부식(녹)을 방지

Part 3

정답 9. ② 10. ③

아스팔트(역청재료)

CHAPTER 10

역청재료와 아스팔트 방수

(1) 역청재료(瀝靑材料)

원유의 건류나 증류에 의해 만들어지는 재료로, 아스팔트, 콜타르, 피치 등이 있으며 도로의 포장, 방수, 방부, 방진 등에 사용되는 재료이다.

(2) 아스팔트 방수

아스팔트 방수는 8층으로 구성된다. 시공 시 가장 먼저 모르타르 마감면에 아스팔트 프라이머를 도포하고 아스팔트 펠트와 루핑을 3겹으로 깔아 구성한다. 누수를 방지하기 위해 옥상 부분의 난간벽과 같은 부분은 방수층을 수직으로 30~40cm 치켜올려 준다.

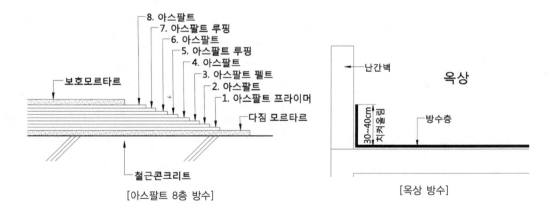

[아스팔트 8층 방수]

[옥상 방수]

용어해설

• 아스팔트 프라이머 : 아스팔트를 휘발성 용제로 녹인 것으로 작업면의 접착력을 높이기 위해 사용된다.
• 아스팔트 펠트 : 목면, 양목 등을 사용한 원지에 스트레이트 아스팔트를 침투시켜 만든 방수재
• 아스팔트 루핑 : 펠트 양면에 블로운 아스팔트로 피복하고 표면에 방지제를 살포한 제품

[아스팔트 펠트(지붕이나 바닥에 펼치면서 시공)]

(3) 아스팔트 8층 방수의 시공

❶ 유형 A

아스팔트 프라이머 → 아스팔트 → 아스팔트 펠트 → 아스팔트 → 아스팔트 루핑 → 아스팔트 → 아스팔트 루핑 → 아스팔트

❷ 유형 B

아스팔트 프라이머 → 아스팔트 → 아스팔트 루핑 → 아스팔트 → 아스팔트 루핑 → 아스팔트 → 아스팔트 루핑 → 아스팔트

❸ 아스팔트의 품질검사

- 신도(伸度) : 점성이 있는 고체의 재료가 장력에 의해 길게 늘어나 끊어지는 척도
- 침입도(針入度) : 규정된 온도, 하중, 시간에 침이 시험재료 속으로 침투되는 길이를 측정
- 감온비(減溫比) : 온도에 따른 점도, 경도 등의 영향

SECTION 2 아스팔트 종류와 제품

(1) 석유계 아스팔트

❶ 스트레이트 아스팔트

아스팔트 펠트, 루핑의 바탕 침투제 및 지하실 방수공사에 사용된다.

❷ 블로운 아스팔트

아스팔트 루핑의 표층, 지붕과 옥상 방수 및 아스콘의 재료로 사용된다.

❸ 아스팔트 컴파운드

블로운 아스팔트를 개선한 것으로, 방수제로 사용된다.

(2) 천연 아스팔트

천연 아스팔트로는 레이크 아스팔트가 대표적이다.

❶ 레이크 아스팔트

연화점과 감온성이 낮아 포장, 방수용으로 사용된다.

❷ 록 아스팔트

역청의 함량이 일정하지 않아 품질이 고르지 못하다.

❸ 아스팔타이트

페인트, 왁스, 타일 등의 바닥재료로 사용된다.

(3) 아스팔트 제품

❶ 아스팔트 펠트

목면, 양모, 폐지 등을 혼합해 만든 원지에 아스팔트를 침투시킨 펠트(두루마리 형태)

❷ 아스팔트 루핑

펠트 양면을 블로운 아스팔트로 피복하고 표면에 방지제를 살포한 제품

❸ 아스팔트 싱글

목면, 양모, 폐지 등을 혼합해 만든 원지에 아스팔트를 도포 및 착색한 지붕마감재료

01 아스팔트, 콜타르, 피치 등이 있으며 도로의 포장, 방수, 방부, 방진 등에 사용되는 재료를 무엇이라 하는가?

① 역청재료　　② 미장재료
③ 마감재료　　④ 퍼티재료

해설 역청재료(瀝靑材料)
원유의 건류나 증류에 의해 만들어지는 재료로, 아스팔트, 콜타르, 피치 등이 있으며 도로의 포장, 방수, 방부, 방진 등에 사용되는 재료이다.

02 아스팔트 8층 방수에서 펠트와 루핑은 몇 겹으로 구성되는가?

① 2겹　　　　② 3겹
③ 4겹　　　　④ 5겹

해설 시공 시 가장 먼저 모르타르 마감면에 아스팔트 프라이머를 도포하고 아스팔트 펠트와 루핑을 3겹으로 깐다.

03 옥상에 아스팔트 방수를 할 경우 적절한 치켜 올림 높이는?

① 10~20cm
② 20~30cm
③ 30~40cm
④ 40~50cm

해설 옥상방수

04 아스팔트의 품질검사 내용이 아닌 것은?

① 감온비
② 침입도
③ 신도
④ 열전도

해설 아스팔트의 품질검사
• 신도(伸度) : 점성이 있는 고체의 재료가 장력에 의해 길게 늘어나 끊어지는 척도
• 침입도(針入度) : 검사용 침이 시험재료 속으로 침투되는 길이를 측정
• 감온비(減溫比) : 온도에 따른 점도, 경도 등의 영향

05 다음 재료 중 천연 아스팔트가 아닌 것은?

① 블로운 아스팔트
② 레이크 아스팔트
③ 록 아스팔트
④ 아스팔타이트

해설 블로운 아스팔트는 석유계 아스팔트에 해당된다.

06 아스팔트 제품 중 원지에 아스팔트를 도포 및 착색한 것으로 지붕마감재료로 사용되는 것은?

① 아스팔트 루핑
② 아스팔트 싱글
③ 아스팔트 펠트
④ 아스콘

해설 아스팔트 싱글
목면, 양모, 폐지 등을 혼합해 만든 원지에 아스팔트를 도포 및 착색한 지붕마감재료

정답 1.① 2.② 3.③ 4.④ 5.① 6.②

07 아스팔트를 휘발성 용제로 녹인 것으로 작업면의 접착력을 높이기 위해 사용되는 재료는?

① 아스팔트 펠트
② 아스팔트 루핑
③ 아스팔트 프라이머
④ 아스팔트 싱글

해설 **아스팔트 프라이머**
아스팔트를 휘발성 용제로 녹인 것으로 작업면의 접착력을 높이기 위해 사용된다.

08 역청재료의 사용목적으로 가장 거리가 먼 것은?

① 포장   ② 방수
③ 방진   ④ 단열

해설 **역청재료**
원유의 건류나 증류에 의해 만들어지는 재료로, 아스팔트, 콜타르, 피치 등이 있으며 도로의 포장, 방수, 방부, 방진 등에 사용되는 재료이다.

09 아스팔트 8층 방수에 사용되는 재료가 아닌 것은?

① 아스팔트 프라이머
② 아스팔트 루핑
③ 아스팔트 펠트
④ 아스팔트 콜타르

해설 아스팔트 콜타르는 금속의 부식을 방지하는 방청재이다.

10 아스팔트 제품 중 목면, 양모, 폐지 등을 혼합해 만든 원지에 아스팔트를 침투시킨 두루마리 형태의 제품은?

① 아스팔트 프라이머
② 아스팔트 루핑
③ 아스팔트 펠트
④ 아스팔트 싱글

해설 • 아스팔트 프라이머 : 아스팔트 방수에서 작업면의 접착력을 높이기 위해 사용
• 아스팔트 루핑 : 펠트 양면에 블로운 아스팔트로 피복하고 표면에 방지제를 살포한 제품
• 아스팔트 싱글 : 아스팔트를 도포 및 착색한 지붕마감재료

정답 7. ③ 8. ④ 9. ④ 10. ③

11 합성수지 및 기타 재료

SECTION 1 합성수지

섬유, 석탄, 석유 등의 원료를 합성하여 만든 고분자화합물로, 흔히 플라스틱이라 불리며 접착제, 건축자재 등으로 많이 사용된다.

(1) 열경화성수지

열을 받으면 단단하게 굳어지는 합성수지로 열을 가해 한 번 성형하면 다시 변형시킬 수 없다.

❶ 실리콘수지

내수성과 내열성이 높은 수지로 접착력이 우수하여 틈을 메우는 코킹 및 실(seal)재료로 사용된다.

❷ 에폭시수지

내산, 내식, 내알칼리성이 우수하고, 콘크리트의 균열, 금속의 이음(접착), 항공기 조립 접착에 사용된다.

❸ 페놀수지

60% 이상의 수지가 전기, 통신 재료로 사용되며, 내수합판, 페인트, 접착재로도 사용된다.

❹ 폴리에스테르수지

FRP(강화플라스틱)의 재료로 물탱크, 소형 선박, 건축자재로 사용된다.

❺ 멜라민수지

열과 산에 강하고 전기적 성질도 우수하여 식기, 잡화, 전기 기기 등의 성형재로 사용된다.

❻ 요소수지

요소와 포르말린으로 만든 것으로, 일용품 · 장식품 · 목공용 접착제 등에 사용된다.

(2) 열가소성수지

열을 가하면 녹는 수지로, 열을 가해 성형한 후에도 다시 열을 가해 형태를 변형시킬 수 있다.

❶ 염화비닐수지

흔히 PVC라 하며 가공이 용이하고 내수, 내화학성이 크다.

❷ 아크릴수지

무색 투명한 수지로 접착제, 도료, 조명기구 등에 사용된다.

❸ 폴리에틸렌수지

에틸렌에서 추출하는 수지로 용기, 식기 등 다양한 용도로 사용된다.

❹ 폴리프로필렌수지

프로필렌에서 추출하는 수지로 섬유, 의류, 잡화 등에 사용된다.

SECTION **2** **기타 재료**

(1) 지붕재료

지붕의 마감재는 기와, 슬레이트, 싱글 등 다양하며 지붕의 형태와 지붕에 사용되는 재료에 따라 지붕의 물매가 달라진다.

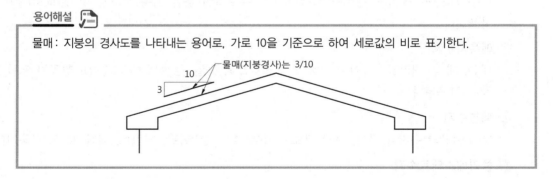

용어해설

물매 : 지붕의 경사도를 나타내는 용어로, 가로 10을 기준으로 하여 세로값의 비로 표기한다.

물매(지붕경사)는 3/10

❶ 슬레이트

골이 있는 판으로, 소형과 대형으로 구분되며 지붕재료로 많이 사용된다. 종류는 천연슬레이트와 석면슬레이트로 나누어지며 천연슬레이트의 경우 주성분은 점판암, 석면슬레이트는 시멘트와 석면을 주재료로 한다. 소형의 적정 물매는 5/10, 대형은 3/10 정도이다.

❷ 기와

지붕을 잇는 마감재로 재료에 따라 토기와, 시멘트기와, 금속기와, 플라스틱 경량기와 등으로 나눈다. 시멘트기와의 물매는 3.5/10~4/10, 금속기와는 2.5/10 정도이다.

❸ 루프드레인

지붕 위 홈통 입구에 설치되어 이물질을 걸러내 빗물이 잘 흘러가게 하는 철물

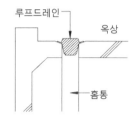

❹ 함석

아연으로 도금한 철판으로 덕트, 차양, 홈통, 후드, 지붕재료 등 다양하게 사용된다.

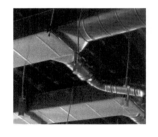

(2) 지붕 형태

❶ 박공지붕

[모양]   [평면]

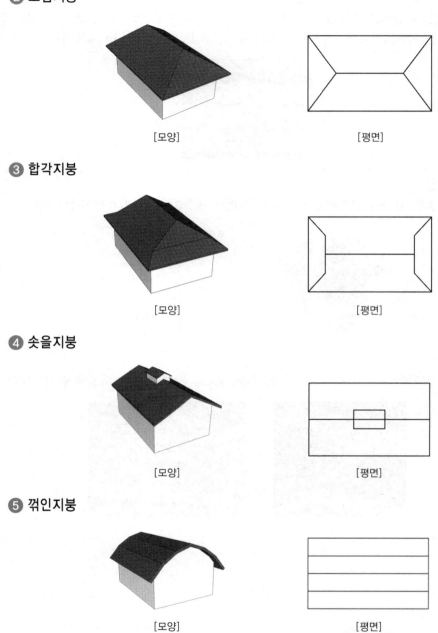

❷ 모임지붕

[모양]　　　　　　　　　　[평면]

❸ 합각지붕

[모양]　　　　　　　　　　[평면]

❹ 솟을지붕

[모양]　　　　　　　　　　[평면]

❺ 꺾인지붕

[모양]　　　　　　　　　　[평면]

(3) 보온 단열재

일정한 온도를 유지하기 위해 사용되는 재료로 외기에 접하는 부분인 외벽이나 지붕 등에 시공하여 열손실을 줄여준다. 암면, 코르크, 글라스울, 발포 스티롤 등 다양한 재료를 사용한다.

(4) 골재

모르타르나 콘크리트에 사용되는 모래나 자갈을 골재라 한다.

❶ 질석

단열용 충전재, 시멘트 모르타르의 골재로 사용된다.

❷ 펄라이트

흑요석, 진주암이 원료이며 경량골재, 콘크리트의 골재 및 단열, 흡음재로도 사용된다.

01 다음 중 열경화성수지가 아닌 것은?

① 실리콘수지　　② 페놀수지

③ 에폭시수지　　④ 아크릴수지

해설 아크릴수지는 열가소성수지에 해당된다.

02 다음 중 접착력이 우수하여 금속 및 항공기 조립 접합에 사용되는 것은?

① 실리콘수지

② 페놀수지

③ 에폭시수지

④ 아크릴수지

해설 에폭시수지

내산, 내식, 내알칼리성이 우수하고, 콘크리트의 균열, 금속의 이음(접착), 항공기 조립 접착에 사용된다.

03 다음 중 열가소성수지가 아닌 것은?

① 염화비닐

② 폴리에스테르

③ 폴리에틸렌

④ 폴리프로필렌

해설 폴리에스테르수지는 열경화성수지에 해당된다.

04 다음 중 지붕재료와 물매가 적절치 않은 것은?

① 소형 슬레이트 – 5/10

② 대형 슬레이트 – 3/10

③ 시멘트기와 – 3.5/10

④ 금속기와 – 4/10

🔒힌트 지붕의 경사는 지붕재가 무거울수록 완만하다.

05 지붕에 설치되어 홈통에 유입되는 이물질을 걸러내는 철물은?

① 긴결철물

② 루프드레인

③ 아스팔트 싱글

④ 선홈통

해설 루프드레인 : 지붕 위 홈통 입구에 설치되어 이물질을 걸러내 빗물이 잘 흘러가게 하는 철물

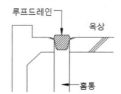

06 다음 평면 중 합각지붕의 평면형태는?

① ②

③ ④

해설 보기 ① : 박공지붕
보기 ② : 모임지붕
보기 ④ : 솟을지붕

07 콘크리트나 모르타르에 사용되는 모래나 자갈을 무엇이라 하는가?

① 혼화재　　② 돌

③ 충전재　　④ 골재

해설 모르타르나 콘크리트에 사용되는 모래나 자갈을 골재라 하며, 크기에 따라 잔골재와 굵은 골재로 구분한다.

정답 1.④ 2.③ 3.② 4.④ 5.② 6.③ 7.④

08 건축재료 중 일정한 온도를 유지하기 위해 사용되는 재료로 외기에 접하는 부분에 시공하여 열손실을 줄여주는 재료는?

① 단열재　　　② 차단재
③ 차음재　　　④ 발열재

해설 단열재
일정한 온도를 유지하기 위해 사용되는 재료로 외기에 접하는 부분인 외벽이나 지붕 등에 시공하여 열손실을 줄여준다. 암면, 코르크, 글라스울, 발포 스티롤 등 다양한 재료를 사용한다.

09 합성수지 중 내수성과 내열성이 높은 수지로 접착력이 우수하여 틈을 메우는 코킹 및 실(seal)재료로 사용되는 것은?

① 실리콘수지　　　② 에폭시수지
③ 페놀수지　　　④ 멜라민수지

해설 • 에폭시수지 : 접착력이 우수하여 금속 접착, 항공기 조립 접착에 사용된다.
• 페놀수지 : 전기, 통신 재료
• 멜라민수지 : 식기, 잡화, 전기 기기 등의 성형재료로 사용

10 내수합판, 페인트, 접착재 등에 사용되며 특히 전기 및 통신 재료로 많이 쓰이는 합성수지는?

① 실리콘수지　　　② 에폭시수지
③ 페놀수지　　　④ 멜라민수지

해설 • 실리콘수지 : 내수성과 내열성이 높아 코킹재로 사용된다.
• 에폭시수지 : 접착력이 우수하여 금속 접착, 항공기 조립 접착에 사용된다.
• 멜라민수지 : 식기, 잡화, 전기 기기 등의 성형재료로 사용

Part
3

정답 8. ① 9. ① 10. ③

01 보통 재료에서는 축방향에 하중을 가할 경우 그 방향과 수직인 횡방향에도 변형이 생기는데, 횡방향 변형도와 축방향 변형도의 비를 무엇이라 하는가?

① 탄성계수비   ② 경도비
③ 푸아송비   ④ 강성비

해설 푸아송비＝가로 변형도/세로 변형도

02 열과 관련된 용어에 대한 설명으로 틀린 것은?

① 질량 1g의 물체의 온도를 1℃ 올리는 데 필요한 열량을 그 물체의 비열이라고 한다.
② 열전도율의 단위로는 W/m·K이 사용된다.
③ 열용량이란 물체에 열을 저장할 수 있는 용량을 뜻한다.
④ 금속재료와 같이 열에 의해 고체에서 액체로 변하는 경계점이 뚜렷한 것을 연화점이라 한다.

해설 연화점(軟化點) : 물질이 가열되면서 변형되기 시작하는 온도

03 건축물에서 방수, 차음, 단열 등을 목적으로 사용되는 재료는?

① 구조재료   ② 마감재료
③ 차단재료   ④ 방화, 내화재료

힌트 • 방수(防水) : 물을 막음
    • 차음(遮音) : 소리를 막음
    • 단열(斷熱) : 열을 막음

04 재료의 기계적 성질의 하나인 경도에 대한 설명으로 잘못된 것은?

① 경도는 재료의 단단한 정도를 뜻한다.
② 경도는 긁히는 저항도, 새김질에 대한 저항도 등에 따라 표시방법이 다르다.
③ 브리넬 경도는 금속 또는 목재에 적용되는 것이다.
④ 모스 경도는 표면에 생긴 원형 흔적의 표면적을 구하여 압력을 표면적으로 나눈 값이다.

해설 모스 경도 : 재료의 긁힘을 기준으로 저항값을 나타냄. 석재와 유리에 주로 사용

05 유리와 같이 어떤 힘에 대한 작은 변형만으로도 파괴되는 성질을 무엇이라 하는가?

① 연성   ② 전성
③ 취성   ④ 탄성

해설 • 연성 : 재료를 당겼을 때 늘어나는 성질
• 전성 : 때리거나 누르는 힘에 의해 재료가 얇게 펴지는 성질
• 탄성 : 재료가 외력의 영향으로 변형이 생긴 후 다시 외력을 제거하면 본래의 형태로 돌아가려고 하는 성질

06 건축구조의 부재에 발생하는 단면력의 종류가 아닌 것은?

① 풍하중   ② 전단력
③ 축방향력   ④ 휨모멘트

해설 풍하중은 물체에 바람이 부딪혀 발생되는 하중으로 단면력과는 관련이 없다.

정답 1. ③   2. ④   3. ③   4. ④   5. ③   6. ①

07 재료의 내구성에 영향을 주는 요인에 대한 설명 중 틀린 것은?

① 내후성 : 건습, 온도변화, 동해 등에 의한 기후변화 요인에 대한 풍화작용에 저항하는 성질

② 내식성 : 목재의 부식, 철강의 녹 등의 작용에 대해 저항하는 성질

③ 내화학약품성 : 균류, 충류 등의 작용에 대해 저항하는 성질

④ 내마모성 : 기계적 반복작용 등에 대한 마모작용에 저항하는 성질

힌트 염기나 산 등의 화학물질에 부식되지 않고 견디는 성질을 내화학성 또는 내화학약품성이라 한다.

08 코르크판의 사용목적으로 가장 올바른 것은?

① 방송실의 흡음재
② 목구조의 구조재
③ 주방의 치장재
④ 욕실의 마감재

해설 코르크판의 특징
• 탄성, 단열성, 흡음성 등이 우수하다.
• 흡음성이 우수하여 음악제작 및 감상실, 방송실 등의 마감재와 단열이 필요한 공간에 사용된다.

09 건축재료에서 물체에 외력이 작용하면 순간적으로 변형이 생겼다가 외력을 제거하면 다시 되돌아가는 현상을 무엇이라 하는가?

① 탄성
② 소성
③ 점성
④ 연성

해설 • 소성 : 재료가 외력의 영향으로 변형이 생긴 후 그 외력을 제거해도 변형된 그대로 유지하는 성질
• 점성 : 유체 내부의 힘에 저항하는 성질로 끈적하거나 걸죽한 정도
• 연성 : 재료를 당겼을 때 늘어나는 성질

10 화재의 연소방지 및 내화성 향상을 목적으로 하는 재료는?

① 아스팔트
② 석면시멘트판
③ 실링재
④ 글라스울

힌트 • 아스팔트 : 건축재료의 아스팔트는 주로 시트형식의 방수재로 많이 사용된다.
• 석면시멘트판 : 석면과 시멘트를 주원료로 사용해 경화시킨 판으로 내화 및 단열성이 우수하다.
• 글라스울 : 유리를 용융시켜 섬유상으로 생성한 것으로 건축에서 보온 · 보랭재로 사용된다.

11 단열재의 조건으로 옳지 않은 것은?

① 열전도율이 높아야 한다.
② 흡수율이 낮고 비중이 작아야 한다.
③ 내화성, 내부식성이 좋아야 한다.
④ 가공, 접착 등의 시공성이 좋아야 한다.

힌트 단열재 : 실내의 일정한 온도를 유지하기 위해 외부의 온도를 차단하기 위한 재료

12 다음 중 물의 밀도가 1g/cm³이고, 어느 물체의 밀도가 1kg/m³라 하면 이 물체의 비중은 얼마인가?

① 1
② 1,000
③ 0.001
④ 0.1

힌트 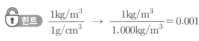 $\dfrac{1\text{kg/m}^3}{1\text{g/cm}^3} \rightarrow \dfrac{1\text{kg/m}^3}{1{,}000\text{kg/m}^3} = 0.001$

13 재료에 사용하는 외력이 어느 한도에 도달하면 외력의 증가 없이 변형만이 증대하는 성질을 무엇이라 하는가?

① 소성
② 탄성
③ 전성
④ 연성

해설 • 탄성 : 재료가 외력의 영향으로 변형이 생긴 후 다시 외력을 제거하면 본래의 형태로 돌아가려고 하는 성질
• 전성 : 때리거나 누르는 힘에 의해 재료가 얇게 펴지는 성질
• 연성 : 재료를 당겼을 때 늘어나는 성질

정답 7. ③ 8. ① 9. ① 10. ② 11. ① 12. ③ 13. ①

14 재료의 푸아송비에 관한 설명으로 옳은 것은?

① 횡방향의 변형비를 푸아송비라 한다.

② 강의 푸아송비는 대략 0.3 정도이다.

③ 푸아송비는 푸아송 수라고도 한다.

④ 콘크리트의 푸아송비는 대략 10 정도이다.

🔓 힌트 콘크리트의 푸아송비는 약 0.1~0.2 정도이다.

15 길고 가는 부재가 압축하중이 증가하여 부재의 길이가 직각 방향으로 변형되어 내력이 급격히 감소하는 현상은?

① 컬럼쇼트닝   ② 응력집중

③ 좌굴   ④ 비틀림

해설 좌굴(buckling) : 압축력이 점차 증가하면서 한순간에 직각 방향으로 휘어지는 현상

16 재료의 역학적 성질에 관한 설명으로 옳지 않은 것은?

① 탄성 : 물체에 외력이 작용하면 순간적으로 변형이 생기지만 외력을 제거하면 원래의 상태로 되돌아가는 성질

② 소성 : 재료에 사용하는 외력이 어느 한도에 도달하면 외력의 증가 없이 변형만이 증대하는 성질

③ 점성 : 유체가 유동하고 있을 때 유체의 내부에 흐름을 저지하려고 하는 내부 마찰저항이 발생하는 성질

④ 인성 : 외력에 파괴되지 않고 가늘고 길게 늘어나는 성질

해설 인성은 재료가 외력의 힘을 받아 변형이 되면서 파괴되기 전까지 견디는 성질을 말한다.

17 건축재료의 강도구분에 있어서 정적 강도에 해당하지 않는 것은?

① 압축강도   ② 충격강도

③ 인장강도   ④ 전단강도

🔓 힌트 충격강도는 동적 강도로 볼 수 있다.

18 재료 관련 용어에 대한 설명 중 옳지 않은 것은?

① 열팽창계수란 온도의 변화에 따라 물체가 팽창, 수축하는 비율을 말한다.

② 비열이란 단위 질량의 물질을 온도 1℃ 올리는 데 필요한 열량을 말한다.

③ 열용량은 물체에 열을 저장할 수 있는 용량을 말한다.

④ 차음률은 음을 얼마나 흡수하느냐 하는 성질을 말하며 재료의 비중이 클수록 작다.

해설 소리를 흡수하는 정도를 수치로 나타낸 것을 흡음률이라 한다.

19 건축재료의 발전 방향으로 틀린 것은?

① 고성능화   ② 현장시공화

③ 공업화   ④ 에너지 절약화

해설 현대의 건축재료는 과거 현장시공화에서 공업화로 발전되고 있다.

20 다음 중 열전도율이 가장 낮은 것은?

① 콘크리트   ② 목재

③ 알루미늄   ④ 유리

🔓 힌트 열의 전도는 고체 내부 고온부의 열에너지가 온도가 낮은 부분으로 이동하는 것을 뜻한다.

21 구조용 재료에 요구되는 성질과 관계가 없는 것은?

① 재질이 균일하고 강도가 큰 것

② 색채와 촉감이 우수한 것

③ 가볍고 큰 재료를 용이하게 구할 수 있는 것

④ 내화, 내구성이 큰 것

정답 **14.** ② **15.** ③ **16.** ④ **17.** ② **18.** ④ **19.** ② **20.** ② **21.** ②

해설 구조용 재료는 마감재에 가려지므로 색채와 촉감이 우수한 것과는 거리가 멀다.

22 지붕재료에 요구되는 성질과 가장 관계가 먼 것은?

① 외관이 좋은 것이어야 한다.
② 부드러워 가공이 용이한 것이어야 한다.
③ 열전도율이 작은 것이어야 한다.
④ 재료가 가볍고, 방수·방습·내화·내수성이 큰 것이어야 한다.

힌트 지붕재료는 외관과 외부환경으로부터 보호할 수 있는 성능을 요구한다.

23 다음 건축재료 중 천연재료에 속하는 것은?

① 목재   ② 철근
③ 유리   ④ 고분자재료

해설 천연재료는 인간의 손을 거치지 않은 순수한 자연재료이다.

24 다음 중 건축의 3대 재료 중 하나는?

① 목재   ② 플라스틱
③ 알루미늄   ④ 철

해설 건축의 3대 재료 : 철, 유리, 시멘트

25 벽돌 온장의 3/4 크기를 의미하는 벽돌의 명칭은?

① 반절   ② 이오토막
③ 반반절   ④ 칠오토막

힌트 온장의 3/4 크기는 75%이다.

26 페인트 안료 중 산화철과 연단은 어떤 색을 만드는 데 쓰이는가?

① 백색   ② 흑색
③ 적색   ④ 황색

힌트 산화철 성분이 많이 포함된 재료는 적색을 띤다.

27 목재에 관한 설명 중 옳지 않은 것은?

① 섬유포화점 이하에서는 함수율이 감소할수록 목재강도는 증가한다.
② 섬유포화점 이상에서는 함수율이 증가해도 목재강도는 변화가 없다.
③ 가력방향이 섬유에 평행할 경우 압축강도가 인장강도보다 크다.
④ 심재는 일반적으로 변재보다 강도가 크다.

해설 가력방향이 섬유에 평행할 경우 인장강도가 압축강도보다 크다.
(섬유평행방향 인장강도＞섬유평행방향 압축강도＞섬유직각방향 인장강도＞섬유직각방향 압축강도)

28 다음 점토제품 중 흡수율이 가장 작은 것은?

① 토기   ② 석기
③ 도기   ④ 자기

해설 점토의 흡수율
토기＞도기＞석기＞자기

29 다음 경질 섬유판에 대한 설명으로 옳지 않은 것은?

① 식물섬유를 주원료로 하여 성형한 판이다.
② 신축의 방향성이 크며 소프트 텍스라고도 불린다.
③ 비중이 0.8 이상으로 수장판으로 사용된다.
④ 연질, 반경질 섬유판에 비하여 강도가 우수하다.

해설 경질섬유판
• 판의 방향성을 고려할 필요가 없으며 내마모성이 우수하다.
• 경질섬유판은 하드보드(hard board)라고도 불린다.

정답 22.② 23.① 24.④ 25.④ 26.③ 27.③ 28.④ 29.②

30 회반죽 바름이 공기 중에서 경화되는 과정을 가장 옳게 설명한 것은?

① 물이 증발하여 굳어진다.

② 물과의 화학적인 반응을 거쳐 굳어진다.

③ 공기 중 산소와의 화학작용을 통해 굳어진다.

④ 공기 중 탄산가스와의 화학작용을 통해 굳어진다.

해설 회반죽은 기경성 재료로 공기 중 탄산가스와 반응해 경화한다.

31 공사현장 등의 사용장소에서 필요에 따라 만드는 콘크리트가 아니고, 주문에 의해 공장생산 또는 믹싱차량으로 제조하여 사용현장에 공급하는 콘크리트는?

① 레디믹스트 콘크리트

② 프리스트레스트 콘크리트

③ 한중 콘크리트

④ AE제 콘크리트

해설 레디믹스트 콘크리트(ready mixed concrete)
흔히 레미콘이라 하며 콘크리트 공장에서 생산해 굳지 않은 상태로 현장에 운반하여 타설

32 합성수지의 종류별 연결이 옳지 않은 것은?

① 열경화성수지 – 멜라민수지

② 열경화성수지 – 폴리에스테르수지

③ 열가소성수지 – 폴리에틸렌수지

④ 열가소성수지 – 실리콘수지

해설 열가소성수지에는 염화비닐, 아크릴, 폴리에틸렌, 폴리프로필렌수지 등이 있으며, 실리콘수지는 열경화성수지에 해당된다.

33 다공질벽돌에 관한 설명 중 옳지 않은 것은?

① 방음, 흡음성이 좋지 않고 강도도 약하다.

② 점토에 분탄, 톱밥 등을 혼합하여 소성한다.

③ 비중은 1.5 정도로 가볍다.

④ 톱질과 못치기가 가능하다.

해설 다공질벽돌
점토에 30~50%의 톱밥 및 분탄 등을 섞어 구운 벽돌로 일반 벽돌과 크기가 같다. 특히 단열, 방음 성능이 일반 벽돌에 비해 우수하고 톱을 사용한 가공과 못치기를 할 수 있는 벽돌이다.

34 원유를 증류하고 피치가 되기 전에 유출량을 제한하여 잔류분을 반고체형으로 고형화시켜 만든 것으로 지하실 방수공사에 사용되는 것은?

① 스트레이트 아스팔트

② 블로운 아스팔트

③ 아스팔트 컴파운드

④ 아스팔트 프라이머

해설 • 블로운 아스팔트 : 아스팔트 루핑의 표층, 지붕과 옥상 방수 및 아스콘의 재료로 사용
• 아스팔트 프라이머 : 아스팔트를 휘발성 용제로 녹인 것으로 작업면의 접착력을 높이기 위해 사용
• 아스팔트 컴파운드 : 블로운 아스팔트의 성능을 개량하기 위해 동식물성 유지와 광물질 분말을 넣어 만든 것으로 지붕 방수공사에 사용

35 시멘트의 강도에 영향을 주는 주요 요인이 아닌 것은?

① 시멘트 분말도

② 비빔장소

③ 시멘트 풍화 정도

④ 사용하는 물의 양

해설 물시멘트비는 콘크리트의 강도에 직접적으로 영향을 주는 가장 큰 요인이며, 비빔장소는 강도에 영향을 주지 못한다.

정답 30. ④ 31. ① 32. ④ 33. ① 34. ① 35. ②

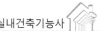

36 합성수지 주원료가 아닌 것은?

① 석재　　　　② 목재

③ 석탄　　　　④ 석유

해설 합성수지는 합성 고분자화합물질의 총칭으로 플라스틱이 대표적이다. 석탄, 석유, 천연가스, 목재 등의 재료를 합성시켜 만든다.

37 도장의 목적과 관계하여 도장재료에 요구되는 성능과 가장 거리가 먼 것은?

① 방음　　　　② 방습

③ 방청　　　　④ 방식

해설 도장은 주로 칠을 하여 바탕을 장식하는 것 외에도 방습, 방청, 방식 등의 목적으로 사용된다.

38 목재에 대한 장·단점을 설명한 것으로 옳지 않은 것은?

① 중량에 비해 강도와 탄성이 작다.

② 가공성이 좋다.

③ 충해를 입기 쉽다.

④ 건조가 불충분한 것은 썩기 쉽다.

해설 목재는 중량에 비해 강도가 우수하다.

39 돌로마이트에 화강석 부스러기, 모래, 안료 등을 섞어 정벌바름하고 충분히 굳지 않을 때 표면에 거친 솔, 얼레빗 등을 사용하여 거친면으로 마무리하는 방법은?

① 질석 모르타르 바름

② 펄라이트 모르타르 바름

③ 바라이트 모르타르 바름

④ 리신 바름

힌트 리신 바름(lithin coat) : 돌로마이트에 화강석 부스러기를 섞어 바를 수 있는 마감재료

40 콘크리트의 각종 강도 중 가장 큰 것은?

① 압축강도　　　② 인장강도

③ 휨강도　　　　④ 전단강도

해설 콘크리트의 압축강도는 인장강도의 10배 이상이다.

41 점토벽돌 중 매우 높은 온도로 구워 낸 것으로 모양이 좋지 않고 빛깔은 짙으나 흡수율이 매우 적고 압축강도가 매우 큰 벽돌을 무엇이라 하는가?

① 이형벽돌　　　② 과소품벽돌

③ 다공질벽돌　　④ 포도벽돌

해설 • 이형벽돌 : 특수한 용도를 목적으로 모양을 다르게 만든 벽돌
• 다공질벽돌 : 점토에 30~50%의 톱밥 및 분탄 등을 섞어 구운 벽돌
• 포도벽돌 : 바닥 포장용 벽돌

42 건축재료의 사용목적에 의한 분류에 속하지 않는 것은?

① 구조재료　　　② 인공재료

③ 마감재료　　　④ 차단재료

해설 인공재료는 재료의 제조에 따른 분류에 해당된다.

43 점토를 한 번 소성하여 분쇄한 것으로서 점성 조절재로 이용되는 것은?

① 질석　　　　　② 샤모테

③ 돌로마이트　　④ 고로슬래그

해설 • 질석 : 단열용 충전재, 시멘트 모르타르의 골재로 사용
• 돌로마이트 : 소석회와 수산화마그네슘을 포함한 미장재료의 원료
• 고로슬래그 : 경제성이 우수한 콘크리트의 혼화재

44 유기재료에 속하는 건축재료는?

① 철재　　　　　② 석재

③ 아스팔트　　　④ 알루미늄

정답 36. ①　37. ①　38. ①　39. ④　40. ①　41. ②　42. ②　43. ②　44. ③

해설 석재, 철, 콘크리트는 무기재료에 해당되며, 유기재료는 목재, 아스팔트나 플라스틱과 같은 합성수지를 말한다.

45 1종 점토벽돌의 압축강도로 옳은 것은?

① $10.78N/mm^2$ 이상

② $20.59N/mm^2$ 이상

③ $24.50N/mm^2$ 이상

④ $26.58N/mm^2$ 이상

해설 1종 점토벽돌의 압축강도는 KS L 4201 기준 $24.5MPa(24.50N/mm^2)$이다.

46 유리블록에 대한 설명으로 옳지 않은 것은?

① 장식효과를 얻을 수 있다.

② 단열성은 우수하나 방음성이 취약하다.

③ 정방형, 장방형, 둥근형 등의 형태가 있다.

④ 대형 건물 지붕 및 지하층 천장 등 자연광이 필요한 것에 적합하다.

해설 유리블록은 유리를 사용해 속이 빈 블록이나 벽돌모양으로 만든 제품으로, 보온, 장식, 방음용으로 사용된다.

47 연강판에 일정한 간격으로 금을 내고 늘려서 그물코 모양으로 만든 것으로 모르타르 바탕에 쓰이는 금속제품은?

① 메탈라스 ② 펀칭메탈

③ 알루미늄판 ④ 구리판

해설 메탈라스 : 강판을 잔금으로 갈라 그물모양으로 늘어뜨려 만든 것으로, 펜스, 간이계단, 미장바탕 등에 많이 사용된다.

48 시멘트의 응결 및 경화에 영향을 주는 요인 중 가장 거리가 먼 것은?

① 시멘트의 분말도 ② 온도

③ 습도 ④ 바람

해설 시멘트는 분말도 및 타설 후 적정온도와 수분공급, 진동방지 여부에 따라 응결 및 경화에 영향을 준다.

49 결로현상 방지에 가장 좋은 유리는?

① 망입유리 ② 무늬유리

③ 복층유리 ④ 착색유리

해설 복층유리(페어글라스)는 2장이나 3장의 유리를 간격을 두고 만든 유리로, 공기층이 생겨 단열효과가 뛰어나다.

50 강의 열처리방법 중 담금질에 의하여 감소하는 것은?

① 강도 ② 경도

③ 신장률 ④ 전기저항

해설 담금질은 고온으로 가열하여 소정의 시간 동안 유지한 후에 냉수, 온수 또는 기름에 담가 냉각해 경화시키는 과정으로 늘어나거나 커지는 신장률은 감소한다.

51 건축물의 용도와 바닥재료의 연결 중 적합하지 않은 것은?

① 유치원의 교실 – 인조석 물갈기

② 아파트의 거실 – 플로어링 블록

③ 병원의 수술실 – 전도성 타일

④ 사무소 건물의 로비 – 대리석

힌트 유치원의 벽과 바닥은 안전사고를 방지하기 위해 충격흡수가 우수한 재료를 사용한다.

52 양털, 무명, 삼 등을 혼합하여 만든 원지에 스트레이트 아스팔트를 침투시켜 만든 두루마리 제품은?

① 아스팔트 싱글

② 아스팔트 루핑

③ 아스팔트 타일

④ 아스팔트 펠트

정답 45. ③ 46. ② 47. ① 48. ④ 49. ③ 50. ③ 51. ① 52. ④

해설
- 아스팔트 루핑 : 펠트 양면을 블로운 아스팔트로 피복하고 표면에 방지제를 살포한 제품
- 아스팔트 싱글 : 목면, 양모, 폐지 등을 혼합해 만든 원지에 아스팔트를 도포하고 착색한 지붕마감재료
- 아스팔트타일 : 아스팔트에 석면 등을 혼합하여 타일 모양으로 만든 바닥 마감재

53 나무조각에 합성수지계 접착제를 섞어서 고열·고압으로 성형한 것은?

① 코르크 보드
② 파티클 보드
③ 코펜하겐 리브
④ 플로어링 보드

해설
- 코르크 보드 : 코르크 나무의 껍질을 원료로 가열·가압하여 만든 판으로 탄성, 단열성, 흡음성 등이 우수하다.
- 코펜하겐 리브 : 자유로운 곡선형태를 리브로 만든 것으로 강당, 극장 등에서 벽이나 천장의 음향을 조절하기 위해 사용
- 플로어링 보드 : 이어붙일 수 있도록 쪽매 가공을 해서 마룻널로 사용

54 블리딩(bleeding)과 크리프(creep)에 대한 설명으로 옳은 것은?

① 블리딩이란 굳지 않은 모르타르나 콘크리트에 있어서 윗면으로 물이 상승하는 현상을 말한다.
② 블리딩이란 콘크리트의 수화작용에 의하여 경화하는 현상을 말한다.
③ 크리프란 하중이 일시적으로 작용하면 콘크리트의 변형이 증가하는 현상을 말한다.
④ 크리프란 블리딩에 의하여 콘크리트 표면에 떠올라 침전된 물질을 말한다.

해설
- 블리딩(bleeding) : 콘크리트를 틀(거푸집)에 부어 넣을 때 골재와 시멘트풀이 갈라지고 물이 위로 올라오는 현상
- 크리프(creep) : 시간이 경과함에 따라 하중의 증가 없이 콘크리트의 형태에 변형이 증대되는 현상

55 점토벽돌의 품질 결정에 가장 중요한 요소는?

① 압축강도와 흡수율
② 제품치수와 함수율
③ 인장강도와 비중
④ 제품모양과 색상

해설 점토의 품질은 압축강도와 흡수율 시험으로 결정한다.

56 금속에 열을 가했을 때 녹는 온도를 용융점이라 하는데 용융점이 가장 높은 금속은?

① 수은
② 경강
③ 스테인리스강
④ 텅스텐

해설 텅스텐의 용융점은 3,422℃에 이른다.

57 모자이크타일의 재질로 가장 좋은 것은?

① 토기
② 자기
③ 석기
④ 도기

해설 모자이크 타일은 욕실 바닥에 많이 사용되는 타일로 흡수율이 낮은 자기를 사용한다.

58 다공질이며 석질이 균일하지 못하고 암갈색의 무늬가 있는 것으로 물갈기를 하면 평활하고 광택이 나는 부분과 구멍과 골이 진 부분이 있어 특수한 실내장식재로 이용되는 것은?

① 테라초
② 트래버틴
③ 펄라이트
④ 점판암

해설
- 테라초 : 대리석의 쇄석을 사용한 인조석 마감재
- 펄라이트 : 흑요석, 진주암이 원료이며 경량골재, 흡음재 등에 사용
- 점판암 : 지붕재료로 사용되는 석재

59 콘크리트의 강도 중에서 가장 큰 것은?

① 인장강도
② 전단강도
③ 휨강도
④ 압축강도

해설 콘크리트의 압축강도는 인장강도의 10배 이상이다.

Part
3

60 혼화재료 중 혼화재에 속하는 것은?

① 포졸란　　　　② AE제
③ 감수제　　　　④ 기포제

해설 AE제, 감수제, 기포제는 혼합하는 양이 적어 용적에 포함되지 않아 혼화제로 분류된다.

61 공동(空胴)의 대형 점토제품으로서 주로 장식용으로 난간벽, 돌림대, 창대 등에 사용되는 것은?

① 이형벽돌　　　　② 포도벽돌
③ 테라코타　　　　④ 테라초

해설 • 이형벽돌 : 특수한 용도를 목적으로 모양을 다르게 만든 벽돌
• 포도벽돌 : 바닥 포장용 벽돌
• 테라초 : 대리석의 쇄석을 사용한 인조석 마감재

62 다음 수종 중 침엽수가 아닌 것은?

① 소나무
② 삼송나무
③ 잣나무
④ 단풍나무

해설 • 침엽수 : 소나무, 삼송나무, 잣나무, 전나무, 메타세콰이어 등
• 활엽수 : 단풍나무, 밤나무, 감나무, 벚나무 등

63 실리카시멘트에 대한 설명 중 옳은 것은?

① 보통 포틀랜드 시멘트에 비해 초기강도가 크다.
② 화학적 저항성이 크다.
③ 보통 포틀랜드 시멘트에 비해 장기강도는 작은 편이다.
④ 긴급공사용으로 적합하다.

해설 실시카시멘트는 포졸란을 혼합하여 만든 시멘트로, 화학적 저항성이 크고 장기강도가 우수하다.

64 점토제품의 제법순서를 옳게 나열한 것은?

| ㉠ 반죽 | ㉡ 성형 | ㉢ 건조 |
| ㉣ 원토처리 | ㉤ 원료배합 | ㉥ 소성 |

① ㉣-㉤-㉠-㉡-㉢-㉥
② ㉠-㉡-㉢-㉣-㉤-㉥
③ ㉡-㉢-㉥-㉣-㉤-㉠
④ ㉢-㉡-㉤-㉡-㉣-㉠

해설 점토제품의 제법순서
원토처리 → 원료배합 → 반죽 → 성형 → 건조 → 소성

65 목재의 방부제 중 수용성 방부제에 속하는 것은?

① 크레오소트 오일　② 불화소다 2% 용액
③ 콜타르　　　　　④ PCP

해설 • 수용성 방부제 : 황산염용액, 염화아연용액, 불화소다용액 등
• 유용성 방부제 : 크레오소트, 콜타르, 펜타클로로페놀(PCP), 아스팔트

66 목재의 섬유 평행방향에 대한 강도 중 가장 약한 것은?

① 휨강도　　　　② 압축강도
③ 인장강도　　　④ 전단강도

해설 목재의 강도
인장강도 > 휨강도 > 압축강도 > 전단강도

67 탄소함유량이 증가함에 따라 철에 끼치는 영향으로 옳지 않은 것은?

① 연신율의 증가
② 항복강도의 증가
③ 경도의 증가
④ 용접성의 저하

해설 탄소함량이 많을수록 강도는 좋아지나 연신율은 낮아진다.

68 구조재료에 요구되는 성질과 가장 관계가 먼 것은?

① 재질이 균일하여야 한다.
② 강도가 큰 것이어야 한다.
③ 탄력성이 있고 자중이 커야 한다.
④ 가공이 용이한 것이어야 한다.

해설 구조용 재료는 자중이 작아야 좋다

69 미장재료에 대한 설명 중 옳은 것은?

① 회반죽에 석고를 약간 혼합하면 경화속도, 강도가 감소하며 수축균열이 증대된다.
② 미장재료는 단일재료로서 사용되는 경우보다 주로 복합재료로서 사용된다.
③ 결합재에는 여물, 풀 등이 있으며 이것은 직접 고체화에 관계한다.
④ 시멘트 모르타르는 기경성 미장재료로서 내구성 및 강도가 크다.

해설 • 단일재료 : 철골구조의 형강처럼 하나의 재료만으로 시공되는 재료
• 복합재료 : 콘크리트나 모르타르처럼 여러 가지 재료를 혼합하여 시공되는 재료

70 시멘트의 저장방법 중 틀린 것은?

① 주위에 배수 도랑을 두고 누수를 방지한다.
② 채광과 공기순환이 잘 되도록 개구부를 최대한 많이 설치한다.
③ 3개월 이상 경과한 시멘트는 재시험을 거친 후 사용한다.
④ 쌓기 높이는 13포 이하로 하며, 장기간 보관할 경우 7포 이하로 한다.

해설 시멘트에 습기가 있으면 굳어지므로 개구부를 작게 두는 것이 좋다.

71 목재의 기건상태의 함수율은 평균 얼마 정도인가?

① 5%   ② 10%
③ 15%   ④ 30%

해설 목재의 기건상태는 대기 중의 습도와 목재의 함수율 (15%)이 균형을 이룬 상태다.

72 다음 도료 중 안료가 포함되어 있지 않은 것은?

① 유성페인트   ② 수성페인트
③ 합성수지도료   ④ 유성바니시

해설 안료 : 물이나 기름에 녹지 않는 분말색소

73 금속의 부식방지법으로 틀린 것은?

① 상이한 금속은 접촉시켜 사용하지 말 것
② 균질의 재료를 사용할 것
③ 부분적인 녹은 나중에 처리할 것
④ 청결하고 건조상태를 유지할 것

해설 금속에 발생된 녹은 시공 전에 바로 제거해야 한다.

74 콘크리트 강도에 대한 설명 중 옳은 것은?

① 물-시멘트비가 가장 큰 영향을 준다.
② 압축강도는 전단강도의 1/10~1/15 정도로 작다.
③ 일반적으로 콘크리트의 강도는 인장강도를 말한다.
④ 시멘트의 강도는 콘크리트의 강도에 영향을 끼치지 않는다.

해설 콘크리트의 강도
• 물시멘트비가 가장 큰 영향을 준다.
• 전단강도는 압축강도의 1/10 이하로 작다.
• 일반적으로 콘크리트의 강도는 압축강도를 말한다.
• 시멘트의 강도는 콘크리트의 강도에 영향을 끼친다.

Part **3**

75 블로운 아스팔트를 휘발성 용제로 희석한 흑갈색의 액체로서, 콘크리트, 모르타르 바탕에 아스팔트 방수층 또는 아스팔트 타일 붙이기 시공을 할 때 사용되는 것은?

① 아스팔트 코팅　② 아스팔트 펠트
③ 아스팔트 루핑　④ 아스팔트 프라이머

해설 아스팔트 프라이머는 방수층이나 타일시공의 바탕재료로 가장 먼저 사용되는 재료이다.

76 합성수지 재료는 어떤 물질에서 얻는가?

① 가죽　　　　② 유리
③ 고무　　　　④ 석유

해설 석유와 석탄은 합성수지의 원료가 된다.

77 수장용 금속제품에 대한 설명으로 옳은 것은?

① 줄눈대 – 계단의 디딤판 끝에 대어 오르내릴 때 미끄럼을 방지한다.
② 논슬립 – 단면형상이 L형, I형 등이 있으며, 벽, 기둥 등의 모서리 부분에 사용된다.
③ 코너비드 – 벽, 기둥 등의 모서리 부분에 미장 바름을 보호하기 위해 사용된다.
④ 듀벨 – 천장, 벽 등에 보드를 붙이고, 그 이음새를 감추는 데 사용된다.

해설 • 줄눈대 : 보드, 금속판 등의 줄눈에 대는 재료
• 논슬립 : 계단의 디딤판 끝에 대어 오르내릴 때 미끄럼을 방지
• 듀벨 : 목재의 이음 시 전단력을 보강하는 철물

78 건축재료 중 구조재로 사용할 수 없는 것끼리 짝지어진 것은?

① H형강 – 벽돌
② 목재 – 벽돌
③ 유리 – 모르타르
④ 목재 – 콘크리트

해설 유리는 창호 및 치장재료로 사용되고, 모르타르는 재료의 접착용이나 마감재로 사용된다.

79 목조 주택의 건축용 외장재로만 사용되고 있으나, 표면의 독특한 질감과 문양으로 인해 그 자체가 최종 마감재로 사용되는 경우도 있고 직사각형 모양의 얇은 나무조각을 서로 직각으로 겹쳐지게 배열하고 내수수지로 압착 가공한 판넬을 의미하는 것은?

① 코어합판　　② OSB합판
③ 집성목　　　④ 코펜하겐 리브

해설 • 코어합판 : 심재를 사용해 만든 합판으로 강도가 우수함.
• 집성목 : 단판을 여러 장 겹쳐서 접착한 목재
• 코펜하겐 리브 : 표면을 넓은 곡면판으로 만든 장식 및 음향조절용 마감재

80 다음 중 내화도가 가장 큰 석재는?

① 화강암　　　② 대리석
③ 석회암　　　④ 응회암

해설 • 응회암 : 약 1,000℃
• 대리석, 석회암, 화강암 : 약 800℃

81 목재의 장점에 해당하는 것은?

① 내화성이 좋다.
② 재질과 강도가 일정하다.
③ 외관이 아름답고 감촉이 좋다.
④ 함수율에 따라 팽창과 수축이 작다.

해설 목재의 특징
• 내화성이 좋지 않아 화재에 취약하다.
• 재질과 방향에 따른 강도가 일정하지 않다.
• 외관이 아름답고 감촉이 좋다.
• 함수율에 따라 팽창과 수축이 크다.

82 목재의 기건상태는 보통 함수율이 몇 %일 때를 기준으로 하는가?

① 0%　　　　② 15%
③ 30%　　　　④ 함수율과 관계없다.

해설 목재의 기건상태 함수율은 약 15% 정도이다.

정답 75. ④　76. ④　77. ③　78. ③　79. ②　80. ④　81. ③　82. ②

83 목재에 관한 설명 중 틀린 것은?

① 온도에 대한 신축이 비교적 작다.

② 외관이 아름답다.

③ 중량에 비하여 강도와 탄성이 크다.

④ 재질, 강도 등이 균일하다.

해설 목재는 섬유 방향에 따른 재질과 강도가 균일하지 않다.

84 다음 중 혼합시멘트에 속하지 않는 것은?

① 보통 포틀랜드 시멘트

② 고로 시멘트

③ 착색 시멘트

④ 플라이애시 시멘트

해설 혼합시멘트는 2종 이상의 시멘트를 혼합하거나 보통 포틀랜드 시멘트에 성능을 개량하기 위해 특수한 혼합재를 넣은 시멘트이며, 보통 포틀랜드 시멘트는 일반 포틀랜드 시멘트에 속한다.

85 벽돌 마름질과 관련하여 다음 중 전체적인 크기가 가장 큰 토막은?

① 이오토막   ② 반토막

③ 반반절   ④ 칠오토막

해설
• 전체 크기(온장) : 100%
• 칠오토막 : 75%
• 반토막 : 50%
• 이오토막, 반반절 : 25%

86 AE제를 콘크리트에 사용하는 가장 중요한 목적은?

① 콘크리트의 강도를 증진하기 위해서

② 동결융해작용에 대하여 내구성을 가지기 위해서

③ 블리딩을 감소시키기 위해서

④ 염류에 대한 화학적 저항성을 크게 하기 위해서

해설 AE제는 독립된 미세기포를 생성시켜 동결융해작용에 저항한다.

87 석재의 종류 중 변성암에 속하는 것은?

① 섬록암   ② 화강암

③ 사문암   ④ 안산암

해설 변성암에는 대리석, 사문암 등이 있다.

88 비철금속 중 구리에 대한 설명으로 틀린 것은?

① 알칼리성에 대해 강하므로 콘크리트 등에 접하는 곳에 사용이 용이하다.

② 건조한 공기 중에서 산화하지 않으나, 습기가 있거나 탄산가스가 있으면 녹이 발생한다.

③ 연성이 뛰어나고 가공성이 풍부하다.

④ 건축용으로는 박판으로 제작하여 지붕재료로 이용된다.

해설 구리는 알칼리성 재료에 침식된다.

89 오토클레이브(autoclave) 팽창도 시험은 시멘트의 무엇을 알아보기 위한 것인가?

① 풍화   ② 안정성

③ 비중   ④ 분말도

해설 시멘트 시험 종류
• 르 샤틀리에 비중병 시험 : 시멘트 비중
• 표준체법 : 시멘트 분말도
• 오토클레이브 팽창도 시험 : 시멘트 안정성

90 건설공사 표준품셈에 따른 기본벽돌의 크기로 옳은 것은?

① 210mm×100mm×60mm

② 210mm×100mm×57mm

③ 190mm×90mm×57mm

④ 190mm×90mm×60mm

Part 3

정답 83. ④ 84. ① 85. ④ 86. ② 87. ③ 88. ① 89. ② 90. ③

해설 우리나라에서 사용되는 표준형 벽돌의 크기 :
190mm×90mm×57mm

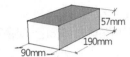

91 미장재료 중 균열 발생이 가장 적은 것은?

① 돌로마이트 플라스터

② 석고 플라스터

③ 회반죽

④ 시멘트 모르타르

해설 석고는 점성이 우수하여 여물이나 풀을 사용하지 않아도 될 만큼 균열의 발생이 적다.

92 실을 뽑아 직기에서 제직을 거친 벽지는?

① 직물벽지

② 비닐벽지

③ 종이벽지

④ 발포벽지

해설 • **비닐벽지** : 염화비닐을 주재료로 한 벽지
• **종이벽지** : 종이를 주재료로 한 벽지
• **발포벽지** : 돌기가 있으며 일부분이 두꺼워 쿠션감이 있는 벽지

93 물의 중량이 540kg이고 물시멘트비가 60%일 경우 시멘트의 중량은?

① 3,240kg   ② 1,350kg

③ 1,100kg   ④ 900kg

힌트 물의 중량/물시멘트비=시멘트 중량

94 벤젠과 에틸렌으로부터 만든 것으로 벽, 타일, 천장재, 블라인드, 도료, 전기용품으로 쓰이며, 특히 발포제품은 저온 단열재로 널리 쓰이는 수지는?

① 아크릴수지

② 염화비닐수지

③ 폴리스티렌수지

④ 폴리프로필렌수지

해설 • **아크릴수지** : 내약품성, 전기절연성, 내수성이 우수하고 투명도가 뛰어나 다양한 유리제품에 사용된다.
• **염화비닐수지** : 흔히 PVC라고 하며 내수성, 내화학약품성이 좋으며 저수조, 필름, 타일 등 다양한 제품에 사용된다.
• **폴리프로필렌수지** : 열가소성수지로 내약품성, 내열성 등이 우수하여 실내장식품, 장난감, 가구, 이불솜, 돗자리 등 생활용품에 많이 사용된다.

PART 0**4**

실내건축제도

건축제도란 건축물이나 사람이 사용하는 구조물, 시설물 등을 만들기 위해 필요한
도면을 작성하는 것을 말한다. 건축설계도면은 규정된 제도방법과 표현법에 맞추어
작성한다.

CHAPTER 01

제도규약

SECTION 1 KS 건축제도 통칙

(1) KS 분류

건축과 토목은 산업규격의 직종구분 F에 해당되며, 건축제도는 [KS F 1501] 건축제도 통칙을 기준으로 작성한다.

(2) 제도용지

제도용지의 규격은 KS A 5201열에 따라 사용하며, 도면을 접어야 할 경우 A4 크기를 원칙으로 접어 사용한다. A열 용지의 가로, 세로의 비는 $1:\sqrt{2}\,(=1.414)$로 세로가 약 1.4배 길다.

❶ 제도용지의 규격

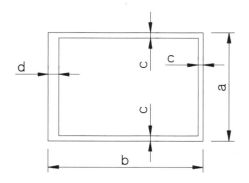

제도용지의 치수		A0	A1	A2	A3	A4
b×a		1,189×841	841×594	594×420	420×297	297×210
c(최소) 테두리선		10	10	10	5	5
d(최소)	묶지 않음	10	10	10	5	5
	묶음	25	25	25	25	25

※ A3 용지의 테두리선(c)은 규정상 5mm로 되어 있으나, 실내건축기능사, 전산응용건축제도기능사 등의 실기시험에서는 테두리선을 10mm로 작성한다.

Part
4

- 제도규약 : 서로 협의된 약속
- KS : 한국산업규격으로 국가표준을 나타낸다(한국 : KS, 일본 : JIS, 미국 : ANSI).
- [KS F 1501] : KS는 한국국가표준, F(토건)는 직종 구분, 1501(건축제도 통칙)은 분류번호를 나타낸다. 자세한 사항은 'e-나라 표준인증' 홈페이지(https://standard.go.kr)에서 확인할 수 있다.
- 묶음 : 도면을 낱장으로 하지 않고 책처럼 한쪽을 본드로 붙이거나 철을 하여 엮는 것을 말한다.

❷ 표제란

작성된 도면 한편에 공간을 두어 공사명, 도면명, 축척, 작성일자, 시트번호, 도면번호 등을 표기하며, 그 밖의 표기사항은 표제란 근처에 기입함을 원칙으로 한다. 건축 및 실내건축 도면의 경우 보통 우측에 작성하나 도면형태에 따라 하단에 두는 경우도 있다.

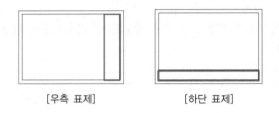

[우측 표제]   [하단 표제]

(3) 투상도

❶ 투상법

우리나라 투상법은 제도 통칙[KS F 1501]에 따라 제3각법을 사용한 작도를 원칙으로 한다. 일반적으로 다음과 같이 표시하며 방위를 기준으로 동측입면도, 서측입면도, 남측입면도, 북측입면도 등으로 표시할 수 있으며 평면도와 배치도는 북쪽을 위로 하여 작성한다.

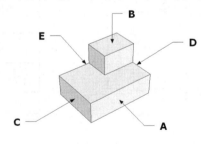

- 정면이 A방향인 경우

[A방향-정면도]   [B방향-평면도]   [C방향-좌측면도]   [D방향-우측면도]   [E방향-배면도]

❷ 투상도의 종류

- 등각투상도 : 가장 많이 사용되는 투상도로 X, Y, Z 각 축의 각도가 120°이며 수평을 기준으로 좌측과 우측의 축이 30°로 같다.

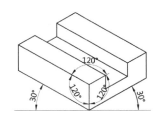

- **이등각투상도** : 3개의 축 중 2개는 수평선과 등각을 이루고 1개의 축은 수평선과 수직으로 작성한다.
- **부등각투상도** : 3개의 축 중 2개의 축을 수평선을 기준으로 서로 다른 각도로 작성한다.
- **사투상도** : 정면을 실물과 같게 수평선과 밑면을 나란히 작도하고, 옆면의 모서리는 수평선과 45°로 작성한다.

(4) 도면의 척도

실제 크기에 대한 도면의 비율로서 실척(현척), 축척, 배척으로 나눈다.

❶ 척도의 구분
- **실척(현척)** : 실물과 같은 크기로 도면을 작성(⑩ SCALE : 1/1)
- **축척** : 실물을 일정한 비율로 작게 하여 도면을 작성(⑩ SCALE : 1/10)
- **배척** : 실물을 일정한 비율로 크게 하여 도면을 작성(⑩ SCALE : 2/1)
- **축척을 적용하지 않는 경우** : 도면의 형태가 치수에 비례하지 않는 도면은 N.S(No Scale)로 표기한다.

❷ 척도의 종류
- **실척(현척)** : 1/1
- **축척** : 1/2, 1/3, 1/4, 1/5, 1/10, 1/20, 1/25, 1/30, 1/40, 1/50, 1/100, 1/200, 1/250, 1/300, 1/500, 1/600, 1/1000, 1/1200, 1/2000, 1/2500, 1/3000, 1/5000, 1/6000
- **배척** : 2/1, 5/1

(5) 경사의 표현

일반적으로 경사의 정도는 밑변의 길이에 대한 높이의 비율로서 분자를 1로 하여 분수로 표시하나 각도로 표시하는 경우도 있다.

❶ 바닥경사의 표시
일반적으로 바닥의 경사를 구배(slope)라 하며 1/8, 1/20, 1/150로 표시한다.

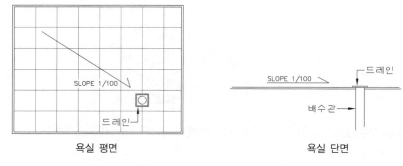

[도면 표기의 예]

❷ 지붕경사의 표시

지붕의 경사도는 물매라 하며 2.5/10, 3/10, 4/10로 표시한다.

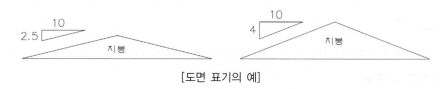

[도면 표기의 예]

(6) 선의 사용

굵은 실선	———————————	절단면의 윤곽을 표시
가는 실선	———————————	기술, 기호, 치수 등을 표시
파선	— — — — — — — — —	보이지 않는 가려진 부분을 표시
1점쇄선	—— — — · — — — ——	중심이나 기준, 경계 등을 표시
2점쇄선	—— — — — — ——	상상선이나 1점쇄선과 구분할 때 표시
파단선	—————／\／—————	표시선 이후 부분의 생략을 표시

(7) 글자의 사용

① 문장은 좌측에서 우측 방향으로 오타 없이 명확히 표기한다.

② 숫자의 표기는 아라비아 숫자(1234)로 표기함을 원칙으로 한다.

③ 글자는 수직이나 15° 경사로 하여 고딕체나 고딕체와 유사한 글꼴을 사용한다.

④ 글자의 크기는 작성된 도면에 맞추어 적절한 크기로 표기한다.

⑤ 4자리 이상의 값의 표현은 3자리마다 자릿수를 표시하거나 간격을 두어 구분하기 쉽도록
한다(예 1000 → 1,000).

⑥ 문자의 크기는 2, 2.5, 3.2, 4, 5, 6.3, 8, 10, 12.5, 16, 20mm의 11종류를 사용한다.

(8) 치수의 표기

① 치수는 표기의 방법이 명시되지 않는 한 항상 마무리 치수로 표시한다.

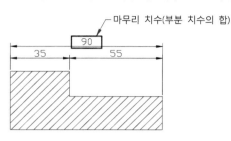

② 치수기입 시 값을 표시하는 문자의 위치는 치수선 위로 가운데 기입하는 것을 원칙으로 한다.

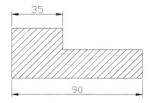

③ 치수는 치수선에 평행하도록 왼쪽에서 오른쪽으로, 아래에서 위로 읽을 수 있게 기입한다.

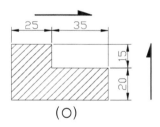
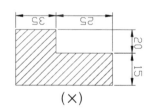

④ 치수보조선 사이의 공간이 좁아 문자가 들어갈 공간이 협소할 경우 인출선을 사용한다.

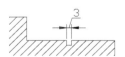

⑤ 치수선 끝의 화살표의 모양은 통일해서 사용하는 것을 원칙으로 한다.

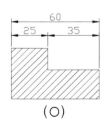
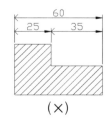

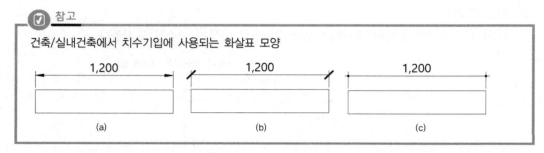

참고

건축/실내건축에서 치수기입에 사용되는 화살표 모양

1,200   1,200   1,200

(a)   (b)   (c)

⑥ 치수기입의 단위는 mm 사용을 원칙으로 하며 단위는 표기하지 않는다. 단 치수의 단위가 mm 가 아닌 경우는 단위를 표기하거나 다른 방법으로 단위를 명시해야 한다.

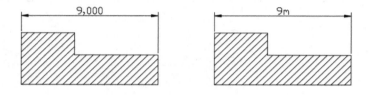

SECTION 2   도면의 표시방법에 관한 사항

(1) 제도용구

현재는 컴퓨터의 발달로 CAD 시스템을 활용해 도면을 작성하고 있지만 계획단계의 스케치에 해당되는 도면을 신속하게 표현해야 할 경우는 수작업 제도 용구를 사용한다.

❶ 제도판

삼각자, T자 등을 활용한 수작업 제도는 서서 작업하는 경우가 많으며, 제도기 상판의 각 도는 10~15° 정도로 하는 것이 좋다.

❷ 삼각자

45°, 60°자 2개가 세트로 구성되며 수직선, 사선 등 직선을 그릴 때 사용한다. 수직선은 아래에서 위로 그리며, 사선은 좌측에서 우측 방향의 경사로 그려 나간다.

③ T자

제도판 좌측에 T자의 머리 부분을 밀착시켜 수평선을 그리거나 삼각자를 T자 위에 올려 수직선과 사선을 그릴 때 사용한다. 수평선은 좌측에서 우측 방향으로 그린다.

④ 삼각스케일

6종의 축척(1/100, 1/200, 1/300, 1/400, 1/500, 1/600)이 표기된 삼각형 모양의 축척자로 축척에 맞는 길이를 확인하거나 표시할 때 사용한다.

⑤ 운형자(곡선자), 자유곡선자

- 운형자 : 자유로운 곡선을 그리는 데 사용되며 다양한 종류와 크기로 구성되어 있다.
- 자유곡선자 : 굴곡이 완만한 큰 곡선을 그리는 도구로 자유롭게 형태를 구부려 사용할 수 있다.

[운형자]

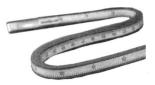

[자유곡선자]

⑥ 연필(샤프펜 등)

선을 그리는 주된 도구가 되며 목적에 따라 다양한 두께와 무르기의 펜이 사용된다.

⑦ 디바이더

선, 호의 등분 및 축척자(삼각스케일)의 눈금을 제도용지에 옮길 때 사용한다. 컴퍼스와
비슷한 모양으로 양끝이 뾰족한 침으로 되어 있다.

⑧ 기타 도구

각도나 경사를 표시할 수 있는 삼각자 등 다양한 도형과 도면기호를 그려 낼 수 있는 여러
가지 템플릿이 있다.

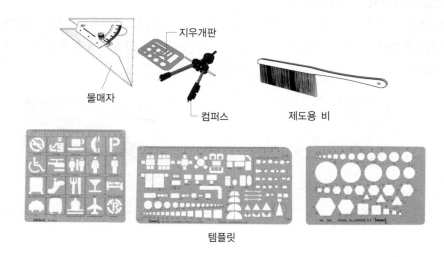

물매자　　지우개판　　컴퍼스　　제도용 비

템플릿

(2) 도면 표시기호

도면의 표시기호는 해당 용어의 약자로 표기하거나 단순한 형태의 기호 형식으로 작성하여 도면에 표시한다.

❶ 일반적인 기호

길이 : L	높이 : H	너비 : W	두께 : $THK(T)$	무게 : Wt
면적 : A	용적 : V	지름 : D, ϕ	반지름 : R	재의 간격 : @

기호해설

L : Length H : Height W : Width $THK(T)$: Thickness Wt : Weight
A : Area V : Volume D : Diameter R : Radius

- 출입구 : Entrance의 약자 ENT와 화살표를 같이 표기한다.

- 축척 : S 1:300, S : 1/300

- 단면표시의 방향

- 입면표시의 방향 :

- 내부 전개의 방향 :

- 바닥면 표시 :

- 레벨 :

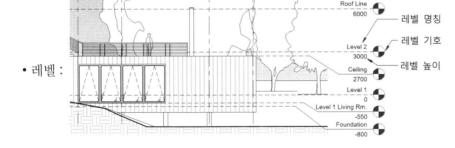

- 주기준선 :

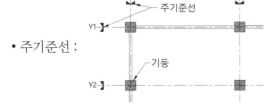

용어해설

2F의 F는 Floor, FL은 Floor Level의 약자이며, Finish Level의 약자로도 표기된다.

❷ 평면 표시기호(문과 창)

문		
출입구 일반	일반 문턱이 있을 때 바닥의 단차가 있을 때	출입구
여닫이문	외여닫이문 쌍여닫이문 자재 여닫이문	여닫이문
미닫이문	외미닫이문	
미서기문	두 짝 미서기문	
회전문		

문		
망사문		철망
셔터 달린 문		
접이문 (아코디언 도어, 폴딩 도어)		
주름문		

계단		
계단 오름/ 내림 표시	D.N UP	

창				
창 일반	일반		회전창	
여닫이창	외여닫이창		붙박이창	
	쌍여닫이창		망사창	
미닫이창	외미닫이창		셔터 달린 창	
미서기창	두 짝 미서기창		오르내리창	
	네 짝 미서기창		미들창	

❸ 재료구조평면 표시기호

구분	축척 1/100 또는 1/200일 경우	축척 1/20 또는 1/50일 경우
벽 일반		
철골철근콘크리트기둥 및 철근콘크리트벽		
철근콘크리트기둥 및 장막벽		
철골기둥 및 장막벽		
블록벽		

구분	축척 1/100 또는 1/200일 경우	축척 1/20 또는 1/50일 경우
벽돌벽		
목조벽		※ 통재기둥: 2개 층 이상에 걸쳐 연결된 기둥을 말한다.

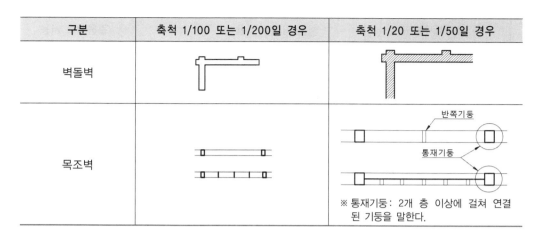

④ 재료구조단면 표시기호

표시사항 구분	원칙으로 사용	준용으로 사용
지반		경사면
잡석다짐		
석재		
자갈, 모래	자갈 / 모래	
인조석		
콘크리트	강자갈 / 깬자갈 / 철근배근	

표시사항 구분	원칙으로 사용	준용으로 사용
벽돌		
블록		
목재(치장재)		
목재(구조재)	구조재　　보조구조재(부재)	합판
철재		
차단재 (보온재, 방수재, 흡음재 등)	연질 경질	
엷은재 (유리)		
망사		
기타 재료의 표현	외형의 윤곽을 그리고 재료명을 기입한다.	

❺ 창호 표시기호

창호의 번호와 프레임 재료 및 유형을 기호와 숫자로 표시한다.

[재료기호]

A : 알루미늄	G : 유리	W : 나무
S : 철	P : 플라스틱	Ss : 스테인리스스틸

[구분기호]

S : 셔터	D : 문	W : 창

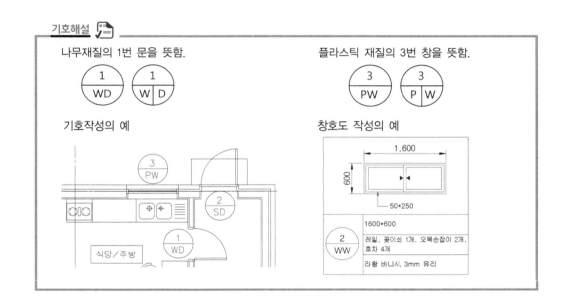

01 한국산업규격(KS)에서 건축과 토목분야의 분류기호로 옳은 것은?

① A ② T
③ J ④ F

해설 건축과 토목은 산업규격의 직종구분 F에 해당되며, 건축제도는 [KS F 1501] 건축제도 통칙을 기준으로 작성한다.

02 제도용구에 대한 설명으로 잘못된 것은?

① 삼각자는 2개로 구성되며 수직선과 45° 사선을 긋는다.
② 가로선은 좌측에서 우측 방향으로 그리며 수직선은 위에서 아래로 긋는다.
③ 제도판은 수평이 아닌 15° 경사로 기울여 사용하는 것이 일반적이다.
④ 삼각스케일에는 6개 축척의 눈금이 표시되어 있다.

해설 수직선은 아래에서 위로 긋는다.

03 KS에서 규정한 제도용지(A3, A4)의 세로와 가로의 비는?

① 1 : 1 ② 1 : 2
③ 1 : $\sqrt{2}$ ④ $\sqrt{3}$: 1

해설 A4, A3, A2, A1, A0 A열 용지의 세로와 가로의 비는 1 : $\sqrt{2}$

04 도면작성에 사용되는 선분 중 가장 굵게 표시하고 그려야 하는 선은?

① 외형선 ② 단면선
③ 해치선 ④ 지시선

해설 선의 굵기
단면선 > 외형선 > 지시선 > 해치선

05 제도용지 A3의 세로, 가로의 규격으로 옳은 것은?

① 210mm×297mm
② 297mm×420mm
③ 594mm×420mm
④ 841mm×594mm

해설 보기 ① : A4
보기 ③ : A2
보기 ④ : A1

06 A2 제도용지 외곽에 그려지는 테두리선의 간격의 거리로 알맞은 것은? (단, 철을 하지 않는 경우)

① 5mm ② 10mm
③ 15mm ④ 20mm

해설 제도용지의 테두리선(묶지 않을 경우)

A0	A1	A2	A3	A4
10mm	10mm	10mm	5mm	5mm

07 작성된 도면을 보관, 이동 등 취급상 접어서 사용할 경우 접는 크기는?

① 210mm×297mm
② 297mm×420mm
③ 594mm×420mm
④ 841mm×594mm

해설 도면을 보관 또는 이동 시에는 A4 크기를 원칙으로 한다.

정답 1.④ 2.② 3.③ 4.② 5.② 6.② 7.①

08 도면작성 시 외형은 실선으로 작성한다. 가려져서 보이지 않는 부분을 작성하는 선은?

① 파선　　　　② 1점쇄선

③ 2점쇄선　　④ 파단선

해설 도면상에 가려진 부분은 파선(hidden line)으로 작성한다.
- 1점쇄선 : 중심이나 기준, 경계 등을 표시
- 2점쇄선 : 상상선이나 1점쇄선과 구분할 때 표시
- 파단선 : 표시선 이후 부분의 생략을 표시

09 배치도에서 대지의 경계선을 표시할 때 사용되는 선은?

① 파선　　　　② 1점쇄선

③ 2점쇄선　　④ 파단선

해설 1점쇄선 : 물체의 중심이나 기준, 경계 등을 표시한다.

—— — — — — — — — — —

10 도면에서 중심선, 상상선 등 1점쇄선과 구분할 때 사용되는 선은?

① 실선　　　　② 파선

③ 2점쇄선　　④ 구성선

해설
- 1점쇄선 : 중심이나 기준, 경계 등을 표시
- 2점쇄선 : 상상선이나 1점쇄선과 구분할 때 표시

11 건축도면은 물론 대부분의 도면에서 사용되는 치수의 단위는?

① mm　　　　② cm

③ m　　　　　④ km

해설 건축제도의 단위는 [KS F 1501] 건축제도 통칙에 따라 mm를 기준으로 한다.

12 건축제도에 사용되는 글자 높이의 종류는 몇 가지로 하는가?

① 10종류　　　② 11종류

③ 12종류　　　④ 13종류

해설 건축제도 글자의 높이는 2, 2.5, 3.2, 4, 5, 6.3, 8, 10, 12.5, 16, 20mm가 있다.

13 건축제도에서 치수를 표기하는 요령으로 잘못된 것은?

① 치수는 특별히 명시되지 않는 한 마무리 치수로 표시한다.

② 좁은 간격이 연속될 경우에는 인출선을 사용하여 치수를 표기한다.

③ 치수의 단위는 mm를 원칙으로 하며, 단위기호는 표기하지 않는다.

④ 치수문자의 표기는 치수선을 중간에 끊고 선의 중앙에 표기하는 것이 원칙이다.

해설 치수문자의 표기는 치수선을 끊지 않고 가운데 표기한다.

14 다음 중 도면작성 시 고려해야 할 사항이 아닌 것은?

① 도면의 명료성을 높이기 위하여 선의 굵기를 고려한다.

② 표제란에는 작성자, 축척, 도면명 등의 정보가 표기된다.

③ 도면의 글씨는 깨끗하고 자연스러운 필기체로 쓴다.

④ 도면상의 배치를 고려하여 작도한다.

해설 건축제도의 글자는 고딕체나 고딕체와 유사한 글꼴을 사용한다.

15 실제 길이 16m를 1 : 200으로 축소하면 얼마인가?

① 0.8mm　　　② 8mm

③ 80mm　　　④ 800mm

해설 16m=16,000mm → 16,000mm/200=80mm

정답 8.① 9.② 10.③ 11.① 12.② 13.④ 14.③ 15.③

16 KS 건축제도 통칙에 의한 건축도면의 척도 가 아닌 것은?

① 1/5

② 1/6000

③ 1/25

④ 1/400

해설 건축제도에 사용되는 축척

1/2, 1/3, 1/4, 1/5, 1/10, 1/20, 1/25, 1/30, 1/40, 1/50, 1/100, 1/200, 1/250, 1/300, 1/500, 1/600, 1/1000, 1/1200, 1/2000, 1/2500, 1/3000, 1/5000, 1/6000

17 건축도면의 주기준선의 표시방법으로 옳은 것은?

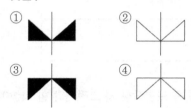

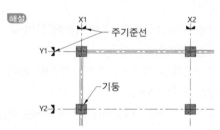

18 도면에 표현되는 건축재료 중 구조용 목재 의 표시방법은?

해설 보기 ②: 철근콘크리트
보기 ③: 치장용(장식용) 목재
보기 ④: 모르타르

19 건축제도에서 석재의 재료표시기호로 옳은 것은?

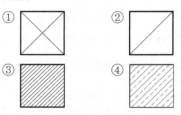

해설 보기 ①: 구조용 목재
보기 ②: 부재용 목재
보기 ③: 치장용(장식용) 목재

20 도면에 그림과 같이 표시된 목재의 재료는?

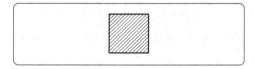

① 치장재

② 구조재

③ 보조재

④ 부재

해설 치장용 목재는 45° 빗금을 면적만큼 표현한다.

21 목조벽 중 벽체 양면이 평벽을 나타내는 표 시방법은?

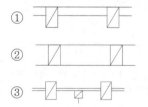

힌트 평벽식 목조벽은 기둥과 벽체 양면이 나란하다.

정답 16. ④ 17. ① 18. ① 19. ④ 20. ① 21. ②

22 창호기호 중 다음 그림과 같은 평면기호의 명칭은?

① 오르내리창　　② 붙박이창
③ 여닫이문　　　④ 격자문

해설 붙박이창(고정창)은 개구부 중간에 선을 그려서 표현한다.

23 창호의 표시기호 중 잘못된 것은?

① 망사문 –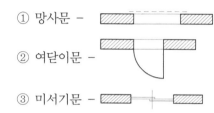

② 여닫이문 –

③ 미서기문 –

④ 주름문 –

해설 • 망사문의 표시기호

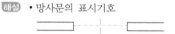

• 망사창의 표시기호

24 다음 중 창호의 재료기호로 잘못된 것은?

① A–알루미늄　　② G–유리
③ P–나무　　　　④ S–철

해설 나무의 재료기호는 W이다.

25 다음 창호기호가 의미하는 내용은?

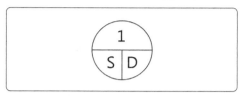

① 철재문　　　② 플라스틱문
③ 철재창　　　④ 플라스틱창

🔓힌트 창호기호의 재료기호와 구분기호

창호 번호
재료기호 | 구분기호

02 건축물의 묘사와 표현

SECTION 1 건축물의 묘사

(1) 묘사도구의 종류

❶ 연필

연필심의 무르기에 따라 9H부터 6B까지 16단계가 있다. 연필의 가장 큰 특징은 지울 수 있지만 번져서 작업면이 더러워지기가 쉽다는 점이다.

❷ 잉크

잉크는 농도를 맞추어 그림을 가장 선명하고 깨끗하게 묘사해 정확한 표현을 할 수 있다.

❸ 색연필

다양한 색을 사용할 수 있어 건축물의 마감표현에 사용된다.

❹ 물감

물감은 종류에 따라 표현에 많은 차이를 보인다. 건축물과 같이 사실적인 표현에는 불투명한 포스터물감을 많이 사용한다.

❺ 마커펜

일반적인 켄트지보다 트레이싱지에 다양한 색감을 표현할 때 사용한다.

(2) 제도용지의 종류

❶ 켄트지(백상지)

연필이나 펜을 이용한 제도에 사용된다.

❷ 와트먼지

두꺼운 순백색 용지로 수채화 등 채색용으로 사용된다.

❸ 트레팔지

파라핀이 포함된 반투명 용지로 프레젠테이션 도면 제작에 사용된다.

❹ 트레이싱지

도면을 청사진으로 만들어 장기간 보관하기 위해 사용된다.

⑤ **옐로우페이퍼(황색 트레이싱지)**

황색 반투명 종이로 참고할 대상 위에 올려 놓고 밑그림이나 외형을 묘사할 때 사용된다.

(3) 묘사기법

① **묘사의 종류**

연필이나 펜을 어떻게 사용하느냐에 따라 크게 4가지 방법으로 나누어진다.
- 단선을 사용한 묘사
- 단선과 명암을 사용한 묘사
- 여러 선을 사용한 묘사(선의 간격을 활용하여 면이나 입체를 표현)
- 점을 사용한 묘사

② **모눈종이 묘사**

방안지와 같이 일정한 크기로 모눈이 그려져 있는 종이를 사용하므로 선을 균일하게 긋고 비례를 쉽게 맞추면서 묘사할 수 있다.

③ **투명종이 묘사**

트레이싱지, 옐로우페이퍼 등 비치는 종이를 참고할 대상 위에 올려 놓고 밑그림이나 외형 등을 쉽게 묘사할 수 있다.

④ **다이어그램**

디자인이 진행되는 과정이나 관계를 표현하는 신속한 방법이다.

⑤ **에스키스**

디자인의 계획 단계에서 디자이너의 생각을 시각적으로 표현하는 방법이다.

⑥ **크로키**

디자인 최초의 구상을 특징을 살려 빠른 시간에 표현하는 방법이다.

SECTION 2 건축물의 표현

(1) 투시도(perspective) 표현

표현하고자 하는 대상을 사람 눈에 보이는 그대로 그려낸 그림으로, 건축물의 실외와 실내를 사실적으로 그려내는 그림기법이다.

① **투시도의 종류**
- 1소점 투시도 : 1개의 소점을 사용하며 주로 실내를 표현할 때 많이 사용된다.

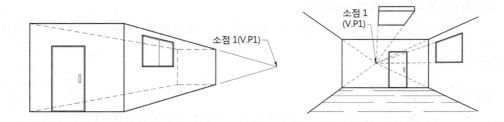

용어해설 📋

소점 : Vanishing Point로 물체의 축이 평행으로 멀어지면서 수평선상에 모이는 점

• **2소점 투시도** : 2개의 소점을 사용하며 건축물의 벽이나 기둥 등 수직적 요소가 수직선으로 표현된다. 안정감을 줄 수 있어 가장 많이 사용되는 방법이다.

• **3소점 투시도** : 3개의 소점을 사용하여 작도법이 복잡하고 많은 시간이 필요하다. 건축에서는 주요 건물과 배경을 높은 시점에서 표현한 조감도 작성에 사용된다.

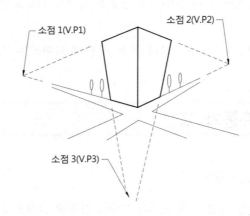

용어해설 📋

조감도 : 투시도의 한 종류로, 새가 하늘에서 내려다보는 모습과 같다고 하여 조감도라 한다.

❷ 투시도 용어

- **기면(G.P)** : Ground Plane으로 사람이 서 있는 면을 뜻한다.
- **기선(G.L)** : Ground Line으로 기면과 화면의 교차선을 뜻한다.
- **화면(P.P)** : Picture Plane으로 물체와 시점 사이에 기면과 수직인 면을 뜻한다.
- **수평면(H.P)** : Horizontal Plane으로 눈높이에 수평한 면을 뜻한다.
- **수평선(H.L)** : Horizontal Line으로 수평면과 화면의 교차선을 뜻한다.
- **정점(S.P)** : Station Point로 사람이 서 있는 위치를 뜻한다.
- **시점(E.P)** : Eye Point로 바라보는 사람의 눈 위치를 뜻한다.
- **소점(V.P)** : Vanishing Point로 소실점을 뜻한다.
- **시선축(A.V)** : Axis of Vision으로 시점에서 화면에 수직으로 지나는 투사선을 뜻한다.

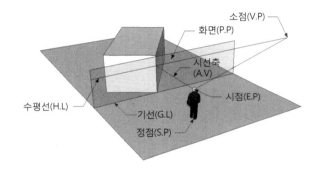

(2) 배경 표현

① 건축물과 가까운 배경은 사실적으로 표현하되 주된 건축물보다 눈에 띄지 않게 하며 멀리 있는 시설물 및 배경은 단순하게 표현한다.
② 표현되어야 할 요소(인물, 차량 등)의 크기와 비중은 도면 전체적인 구성과 목적에 맞게 배치한다.
③ 실내의 배경 표현이 지나치면 나타내야 할 공간의 구조, 마감 등이 후퇴되어 보일 수 있다.

01 건축물 묘사도구 중 연필에 대한 설명으로 잘못된 것은?

① 명암표현이 좋다.
② 질감표현이 가능하다.
③ 지울 수 있다.
④ H의 수가 높을수록 무르다.

해설 연필의 H는 Hard, B는 Black이다.

02 묘사도구 중 도면을 깨끗하고 선명하게 표현할 수 있는 것은?

① 연필
② 물감
③ 색연필
④ 잉크

해설 잉크는 농도를 맞추어 그림을 가장 선명하고 깨끗하게 묘사해 정확한 표현을 할 수 있다.

03 트레이싱지에 컬러를 표현하기 가장 적절한 묘사도구는?

① 연필
② 수성마커펜
③ 색연필
④ 잉크

해설 마커펜은 일반적인 켄트지보다 트레이싱지에 다양한 색감을 표현할 때 사용한다.

04 다음 제시된 묘사방법으로 올바른 것은?

사각형의 격자선이 있는 종이에 묘사하는 방법으로, 묘사 대상의 크기 비율을 쉽게 조절할 수 있으며 선이나 사각형을 쉽게 그려낼 수 있다.

① 모눈종이 묘사
② 투명종이 묘사
③ 복사용지 묘사
④ 잉크

해설 모눈종이 묘사
방안지와 같이 일정한 크기로 모눈이 그려져 있는 종이를 사용하므로 선을 균일하게 긋고 비례를 쉽게 맞추면서 묘사할 수 있다.

05 투시도법에 사용되는 용어와 뜻의 연결이 잘못된 것은?

① 소점-A.P
② 시점-E.P
③ 정점-S.P
④ 화면-P.P

해설 소점은 Vanishing Point로 물체의 축이 평행으로 멀어지면서 수평선상에 모이는 점이다.

06 건축물과 배경표현의 방법으로 올바른 것은?

① 배경의 표현은 항상 섬세하고 자세하게 그린다.
② 배경의 표현은 중요하므로 다양하게 많이 그린다.
③ 건축물과 비슷한 위치에 있는 배경은 섬세하게, 멀리 있는 배경은 단순하게 그린다.
④ 건축물과 배경은 관계없으므로 최소화하여 그린다.

해설 배경 표현
• 건축물과 가까운 배경은 사실적으로 표현하되 주된 건축물보다 눈에 띄지 않게 하며 멀리 있는 시설물 및 배경은 단순하게 표현한다.
• 표현되어야 할 요소(인물, 차량 등)의 크기와 비중은 도면 전체적인 구성과 목적에 맞게 배치한다.
• 실내의 배경 표현이 지나치면 나타내야 할 공간의 구조, 마감 등이 후퇴되어 보일 수 있다.

정답 1.④ 2.④ 3.② 4.① 5.① 6.③

07 건축에서 주요 건물과 배경을 높은 시점에서 표현한 투시도를 무엇이라고 하는가?

① 실내투시도　　② 전개도
③ 입면도　　　　④ 조감도

해설 **조감도**
투시도의 한 종류로, 새가 하늘에서 내려다보는 모습과 같다고 하여 조감도라 한다.

08 묘사방법 중 비치는 종이를 사용해 참고할 대상 위에 올려놓고 밑그림이나 외형을 쉽게 그릴 때 사용되는 종이는?

① 백상지　　　　② 트레이싱지
③ 모눈종이　　　④ 한지

해설 **투명종이 묘사**
트레이싱지, 옐로우페이퍼 등 비치는 종이를 참고할 대상 위에 올려 놓고 밑그림이나 외형 등을 쉽게 묘사할 수 있다.

Part
4

CHAPTER 03 건축설계도면

SECTION 1. 설계도면의 종류

(1) 계획설계도

설계 초기에 계획단계에서 건축물의 전체적인 구상을 나타낸 그림이나 도면을 뜻한다.

❶ **구상도** : 건축설계 초기에 디자이너의 생각을 노트나 스케치북에 그린 그림

❷ **동선도** : 건축물을 사용하는 사용자나 사물이 이동하는 경로의 흐름을 표현한 도면

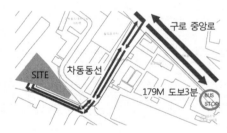

❸ **조직도** : 설계 초기에 평면의 공간구성 단계에서 각 실을 목적에 맞도록 분류 및 관계를 표시한 도면

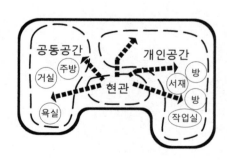

(2) 기본설계도

계획설계를 바탕으로 설계에 대한 기본적인 내용을 알 수 있도록 작성한 도면을 뜻한다.

❶ 평면도 : 일반적인 평면도는 해당 층의 바닥면에서 1.2~1.5m 높이를 수평으로 잘라 위에서 아래로 내려다본 모습을 작성한 도면으로, 건축설계에 있어 기준이 되는 도면이다. 이 밖에 지반 아래의 기초 부분을 표현한 기초평면도, 천장의 조명, 각종 설비 위치를 표시한 천장평면도, 지붕의 형태를 표시한 지붕평면도 등이 있다.

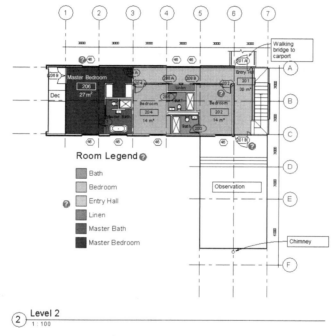

[Autodesk Revit Sample]

❷ 입면도 : 건축물의 외면을 표현한 도면으로 외부 마감재와 창호의 유형 등이 표시된다. 실내 벽면의 마감을 표현한 도면은 전개도라 한다.

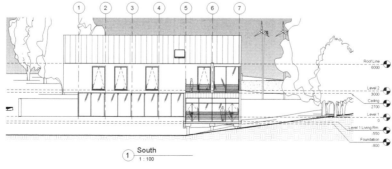

[Autodesk Revit Sample]

❸ **단면도** : 건축물을 수직으로 잘라낸 부분을 표현하는 도면으로 각종 재료의 두께와 높이와 관련된 층높이, 천장높이, 처마높이, 바닥높이, 계단높이 등을 표시한다.

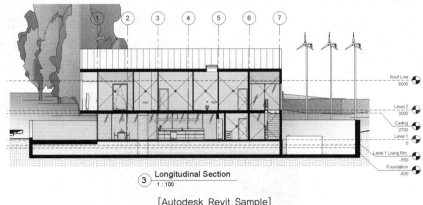

[Autodesk Revit Sample]

❹ **배치도** : 계획된 건축물과 시설물의 위치, 방위, 인접도로, 대지경계선, 출입경로 등을 표시한 도면이다.

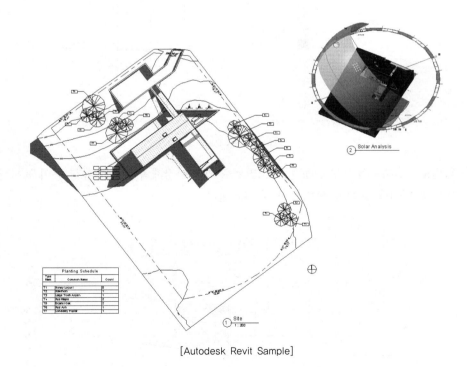

[Autodesk Revit Sample]

⑤ **투시도** : 기하학적 작도법으로 작성해 실제 눈으로 바라보는 것처럼 사실적으로 보이게 그린 도면이다. 실내를 표현한 실내 투시도, 건물 외관을 표현한 조감 투시도 등이 있다. 과거에는 수작업으로 물감 등을 사용해 직접 그렸지만 현재는 컴퓨터를 사용해서 작성한다.

조감 투시도

실내 투시도

[Autodesk Revit Sample]

[Autodesk Revit Sample]

(3) 실시설계도

❶ **일반도** : 평면도, 입면도, 단면도, 상세도, 배치도, 창호도, 투시도 등의 도면

부 호	①SD 철제 쌍여닫이 ST'L DOOR W240×45×1.6T ST'L 프레임	②SD 철제 외여닫이 ST'L 방화 DOOR W240×45×1.6T ST'L 프레임
형 태	*(door elevation, 800 × 2100)*	*(door elevation, 900 × 2100)*
문틀 및 개폐방식	THK1.6 STLLP	THK1.6 STLLP
재질 및 마감	THK1.2 STLLP(양면)	THK1.2 STLLP(양면)
유 리	정전분체도장	정전분체도장
부속철물	부속철물일체	부속철물일체
위치 및 개소	–	–
부 호	④SD 철제 쌍여닫이 ST'L DOOR W240×45×1.6T ST'L 프레임	⑤SD 철제 외여닫이 ST'L DOOR W240×45×1.6T ST'L 프레임
형 태	*(door elevation, 1800 × 2100)*	*(door elevation, 700 × 1800)*
문틀 및 개폐방식	THK1.6 STLLP	THK1.6 STLLP
재질 및 마감	THK1.2 STLLP(양면)	THK1.2 STLLP(양면)
유 리	정전분체도장	정전분체도장
부속철물	부속철물일체	부속철물일체
위치 및 개소	–	–
부 호	①FSD 철제 쌍여닫이 ST'L 방화 DOOR W240×45×1.6T ST'L 프레임	⑤FSD 철제 외여닫이 ST'L 방화 DOOR W240×45×1.6T ST'L 프레임

[창호도]

Part **4**

② **구조도** : 골조, 구조와 관련된 도면으로 기초평면도, 배근도, 일람표, 골조도 등의 도면

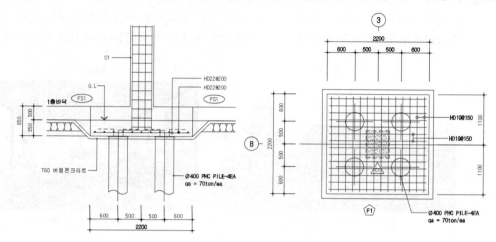

[기초배근도]

부 호	RG1			RG2	RG3
형 태	700 600	700 600	700 600	400 600	400 600
위 치	END.	CEN.	INT.	ALL.	ALL.
크 기	700×600	700×600	700×600	400×600	400×600
상부근	6-HD22	4-HD22	12-HD22	5-HD22	5-HD22
하부근	9-HD22	12-HD22	4-HD22	5-HD22	5-HD22
늑 근	HD10@150	HD10@150	HD10@150	HD10@250	HD10@250
보조근					
부 호	1G1		1G1A		
형 태	600 650	600 650	600 650	600 650	600 650
위 치	END.	CEN.	END.	CEN.	INT. (G1측)
크 기	600×650	600×650	600×650	600×650	600×650
상부근	6-HD25	3-HD25	3-HD25	3-HD25	7-HD25
하부근	3-HD25	6-HD25	4-HD25	6-HD25	4-HD25
늑 근	HD10@200	HD10@250	HD10@250	HD10@250	HD10@250
보조근					

[보 일람표]

③ **설비도** : 설비공사와 관련된 전기, 가스, 수도, 공기조화(공조), 위생, 소방 등의 설비도면

(4) 시공도

설계도서를 근거로 하여 실제로 시공할 수 있도록 상세하게 도시한 것으로 시공상세도, 시방서, 시공계획서 등이 있다.

SECTION **2** **설계도면의 작도법**

(1) 일반적인 도면의 제도순서(제도기 사용)

① 제도기 판에 용지를 붙인다.
② 작성할 도면의 구도와 배치를 정한다.
③ 배치된 위치를 흐린 선으로 표시한다.
④ 상세하게 그려 나간다.

(2) 단면도의 제도순서

① 지반선(G.L)을 그린다.
② 기둥이나 벽의 중심선을 그린다.
③ 기둥과 벽, 바닥 등 구조체를 그린다.
④ 절단된 창호의 위치를 표시한다.
⑤ 천장과 지붕을 그린다.
⑥ 문자와 치수를 기입한다.

(3) 입면도의 제도순서

① 지반선(G.L)을 그린다.
② 레벨을 표시한다(층의 높이).
③ 벽체의 외형을 그린다.
④ 창호의 위치를 표시하고 형태를 그린다.
⑤ 인물, 차량 등 주변환경을 그린다.
⑥ 문자와 표시기호를 그린다.

(1) 배치도

① 계획된 건축물과 시설의 위치, 경계 등을 표시한 도면이다.
② 대지와 도로와의 관계, 등고선 등을 표시한다.
③ 대지의 경계, 차고 등 부대시설을 표시한다.
④ 대지 내 건물의 위치와 방위, 주 출입구를 표시한다.

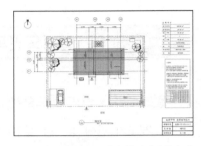

[귀농귀촌종합센터 농촌주택표준설계자료]

(2) 평면도

① 바닥면(기준층)의 1.2m~1.5m 높이에서 수평절단하여 내려다본 도면이다.
② 벽, 기둥 등 수직요소의 두께를 표시한다.
③ 창과 문(개구부)의 위치와 크기를 표시한다.
④ 실의 면적, 가구 및 집기의 위치와 크기를 표시한다.

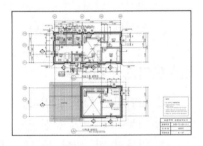

[귀농귀촌종합센터 농촌주택표준설계자료]

(3) 입면도

① 건축물의 외형을 동서남북 4개 면에 대해 직각으로 투상한 도면이다.
② 건축물, 창, 문, 처마 등 외형의 크기와 높이를 표시한다.
③ 외장을 표현하고 마감재를 표시한다.
④ 주변시설, 조경 등 주변환경을 충분히 표현한다.

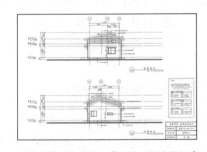

[귀농귀촌종합센터 농촌주택표준설계자료]

(4) 단면도

① 건축물을 수직으로 절단하여 단면을 표현한 도면이다.
② 층고, 천장고, 처마 등의 높이를 표시한다.
③ 기둥, 벽, 바닥, 보 등 주요 구조체의 두께와 높이를 표시한다.
④ 구조재, 마감재의 치수와 재료를 표시한다.

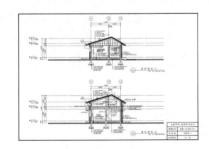

[귀농귀촌종합센터 농촌주택표준설계자료]

(5) 전개도

① 각 실의 내부 의장(장식)을 표현한 도면이다.
② 내부 벽면의 형상, 길이, 높이 등을 표시한다.
③ 내부 벽면에 설치된 집기, 가구, 설비를 표시한다.
④ 내부 벽면과 걸레받이, 각종 몰딩의 형태와 재료를 표시한다.

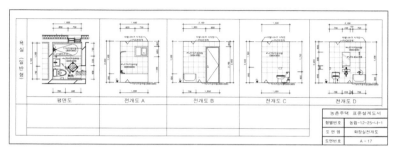

[귀농귀촌종합센터 농촌주택표준설계자료]

(6) 천장도

① 천장면을 천장 위에서 투영해 내려다본 도면이다.
② 천장면에 설치된 조명, 공조설비, 소방설비 등을 표시한다.
③ 각 실을 구분하는 기둥, 벽 등 구조체를 표시한다.
④ 천장면의 마감재를 표시한다.
⑤ 천장도에 표기한 기호의 범례를 작성한다.

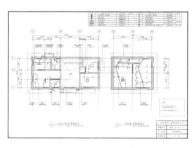

[귀농귀촌종합센터 농촌주택표준설계자료]

✔ 참고
귀농귀촌종합센터 홈페이지(http://www.returnfarm.com)의 자료실에서 주택설계에 필요한 다양한 도면을 확인하고 다운로드할 수 있습니다.

01 다음 도면 중 계획설계도에 해당되지 않는 도면은?

① 배치도　　② 동선도
③ 구상도　　④ 조직도

해설 배치도는 계획된 건축물과 시설물의 위치, 방위, 인접도로, 대지경계선, 출입경로 등을 표시한 도면으로 기본설계에 해당되는 도면이다.

02 다음 도면 중 기본설계도에 해당되지 않는 도면은?

① 배치도　　② 평면도
③ 배근도　　④ 단면도

해설 배근도는 실시설계단계에서 주요 구조부인 기둥, 슬래브, 보, 기초의 철근 배근상태를 작성한 도면이다.

03 다음 건축설계도면 중 가장 먼저 작성되는 도면은?

① 시공설계도　　② 기본설계도
③ 계획설계도　　④ 실시설계도

해설 계획설계도
설계 초기에 계획단계에서 건축물의 전체적인 구상을 나타낸 그림이나 도면으로 구성도, 동선도, 조직도 등이 있다.

04 다음 중 배치도에 포함되지 않는 사항은?

① 대지경계선
② 방위
③ 건물 위치
④ 각 실의 위치

해설 각 실의 위치와 크기를 알 수 있는 도면은 평면도이다.

05 다음 중 단면도에 포함되지 않는 사항은?

① 층의 높이
② 처마높이
③ 바닥높이
④ 출입경로

해설 사람이나 차량의 출입경로는 배치도에 표시한다.

06 다음 중 입면도를 그리는 순서로 가장 먼저 해야 할 사항은?

① 재료의 마감표시
② 지반선 표시
③ 처마선 표시
④ 개구부 위치 표시

해설 입면도의 제도순서
1. 지반선(G.L)을 그린다.
2. 레벨을 표시한다(층의 높이).
3. 벽체의 외형을 그린다.
4. 창호의 위치를 표시하고 형태를 그린다.
5. 인물, 차량 등 주변환경을 그린다.
6. 문자와 표시기호를 그린다.

07 계획설계도의 하나로 건축물의 사용자나 사물이 이동하는 경로를 표현한 도면은?

① 구상도　　② 동선도
③ 조직도　　④ 흐름도

해설 • 구상도 : 디자이너의 생각을 노트나 스케치북에 그린 그림
• 조직도 : 평면의 공간구성 단계에서 각 실을 목적에 맞도록 분류하고 관계를 표시

정답 1.① 2.③ 3.③ 4.④ 5.④ 6.② 7.②

08 일반적인 도면의 제도순서로 옳은 것은?

> ㉠ 각 부분을 상세하게 그린다.
> ㉡ 제도기에 용지를 붙인다.
> ㉢ 배치된 위치를 흐린 선으로 그린다.
> ㉣ 작성할 도면의 구도와 배치를 정한다.

① ㉠ → ㉡ → ㉢ → ㉣
② ㉣ → ㉢ → ㉡ → ㉠
③ ㉡ → ㉣ → ㉢ → ㉠
④ ㉡ → ㉣ → ㉠ → ㉢

해설 일반적인 도면의 제도순서(제도기 사용)
1. 제도기 판에 용지를 붙인다.
2. 작성할 도면의 구도와 배치를 정한다.
3. 배치된 위치를 흐린 선으로 표시한다.
4. 상세하게 그려 나간다.

09 다음 중 입면도에 포함되지 않는 사항은?

① 창문의 형태
② 거실의 위치
③ 주변 환경
④ 외벽의 마감

해설 거실의 위치는 평면도에서 확인할 수 있다.

10 투시도 중 높은 시점에서 작성되고, 새가 하늘에서 내려다보는 모습이라 하여 붙여진 투시도는?

① 조감 투시도
② 등각투상도
③ 1소점 투시도
④ 실내 투시도

해설 조감도(鳥瞰圖)
건축에서 주요 건물과 배경을 높은 시점에서 표현한 투시도이다.

정답 8. ③ 9. ② 10. ①

04 각 구조부의 명칭과 제도순서

SECTION 1 구조부의 이해

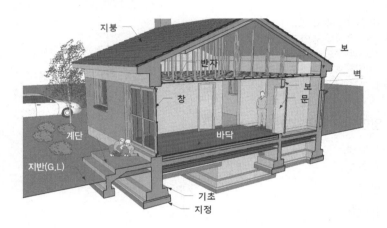

SECTION 2 재료표시기호

(1) 단면도 재료표시의 예

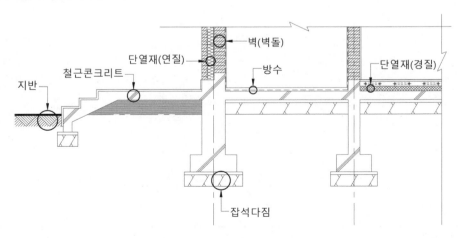

(2) 입면도의 재료표시의 예

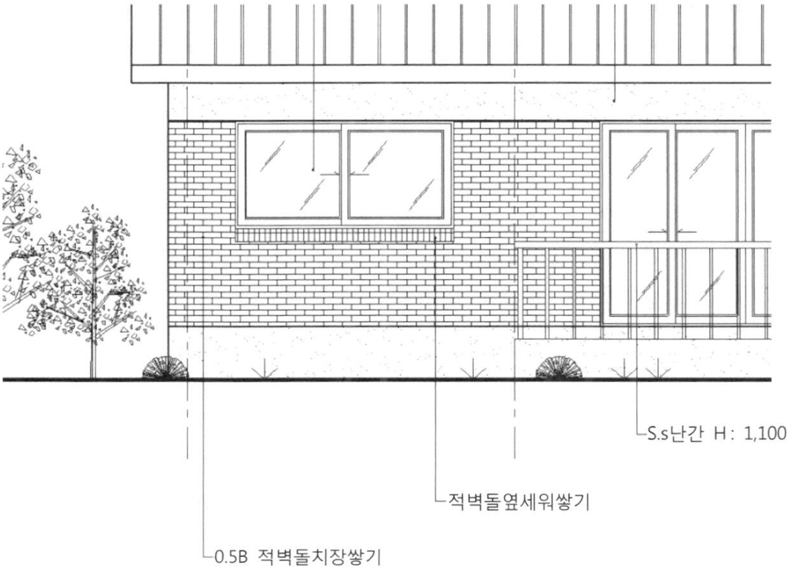
S.s난간 H : 1,100
적벽돌옆세워쌓기
0.5B 적벽돌치장쌓기

SECTION 3 기초와 바닥

(1) 기초와 바닥의 구조

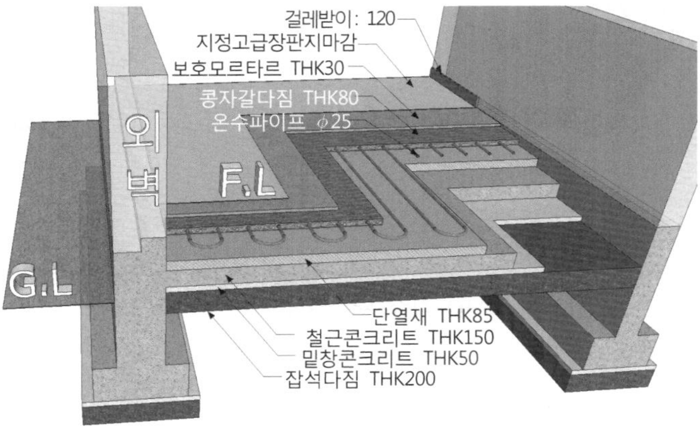
걸레받이 : 120
지정고급장판지마감
보호모르타르 THK30
콩자갈다짐 THK80
온수파이프 ϕ25
외벽
F.L
G.L
단열재 THK85
철근콘크리트 THK150
밀창콘크리트 THK50
잡석다짐 THK200

용어해설

THK : thickness의 약자로 두께를 뜻한다. 예 THK150은 두께 150mm이다.

(2) 기초의 제도순서

① 축척과 도면의 배치 및 구도를 정한다.
② 지반선(G.L)과 기초의 중심선을 그린다.
③ 기초와 지정의 외형을 그린다.
④ 단면과 입면을 상세히 그린다.
⑤ 단면의 재료를 표시한다.
⑥ 기입할 치수의 위치를 표시한다.
⑦ 각 부분의 치수와 재료를 기입한다.
⑧ 표제란을 작성하고 누락 여부를 확인한다.

SECTION 4 벽체

(1) 조적조 벽체의 구조

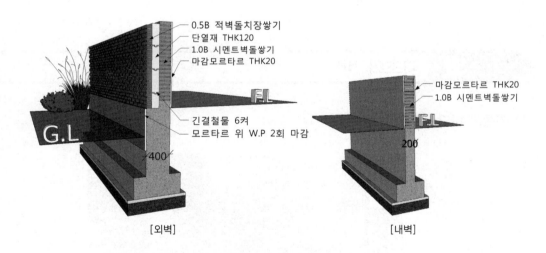

- 0.5B 적벽돌치장쌓기
- 단열재 THK120
- 1.0B 시멘트벽돌쌓기
- 마감모르타르 THK20

- 마감모르타르 THK20
- 1.0B 시멘트벽돌쌓기

- 긴결철물 6켜
- 모르타르 위 W.P 2회 마감

G.L

F.L

400

200

F.L

[외벽]　　　　　　[내벽]

용어해설

- G.L : Ground Level(Line)의 약자로 지반선을 뜻한다.
- F.L : Floor Level의 약자로 바닥 높이를 뜻한다.

(2) 조적조 벽체의 제도순서

① 축척과 도면의 배치 및 구도를 정한다.
② 지반선(G.L)과 벽체의 중심선을 그린다.

③ 기초와 벽체의 외형을 그린다.

④ 벽체와 연결된 바닥, 천장, 보의 위치를 표시한다.

⑤ 단면과 입면을 상세히 그린다.

⑥ 각 부분의 단면에 재료를 표시한다.

⑦ 기입할 치수의 위치를 표시한다.

⑧ 각 부분의 치수와 재료를 기입한다.

SECTION 5 계단과 지붕

(1) 계단과 지붕의 구조

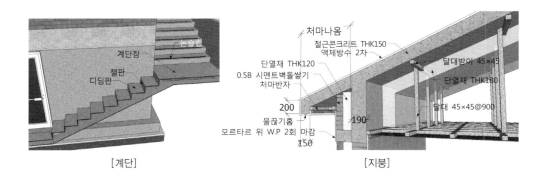

[계단]　　　　　　[지붕]

SECTION 6 보와 기둥

(1) 보와 기둥의 구조

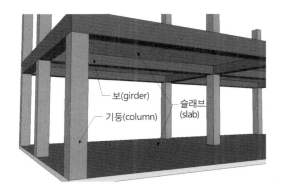

01 다음 중 기초의 제도순서로 올바른 것은?

> ㉠ 도면의 축척과 배치 설정
> ㉡ 지반선과 중심선 표시
> ㉢ 기초와 지정의 외형 그리기
> ㉣ 단면과 입면을 상세히 그리기
> ㉤ 단면의 재료표시
> ㉥ 치수기입과 재료의 기입

① ㉠→㉡→㉢→㉣→㉤→㉥
② ㉥→㉤→㉣→㉢→㉡→㉠
③ ㉠→㉢→㉤→㉣→㉥→㉡
④ ㉠→㉤→㉣→㉢→㉡→㉥

해설 기초의 제도순서
1. 축척과 도면의 배치 및 구도를 정한다.
2. 지반선(G.L)과 기초의 중심선을 그린다.
3. 기초와 지정의 외형을 그린다.
4. 단면과 입면을 상세히 그린다.
5. 단면의 재료를 표시한다.
6. 기입할 치수의 위치를 표시한다.
7. 각 부분의 치수와 재료를 기입한다.
8. 표제란을 작성하고 누락 여부를 확인한다.

02 주택 도면을 제도할 때 가장 유의해야 할 사항과 거리가 먼 것은?

① 기초에 사용하는 재료를 파악
② 기초의 깊이는 지질에 따라 결정
③ 제도의 순서와 도면 내용을 숙지
④ 기초의 구조와 크기 파악

해설 기초의 깊이는 동결선이라 하여 해당 지역의 기온과 관련된다.

03 다음 중 조적조 벽체의 제도순서로 올바른 것은?

> ㉠ 축척과 구도 설정
> ㉡ 지반선과 벽체 중심 표시
> ㉢ 벽체와 연결부분 그리기
> ㉣ 각 재료의 표시
> ㉤ 치수선, 인출선 그리기
> ㉥ 치수기입과 재료의 명칭 기입

① ㉠→㉤→㉣→㉢→㉡→㉥
② ㉥→㉤→㉣→㉢→㉡→㉠
③ ㉠→㉢→㉤→㉣→㉥→㉡
④ ㉠→㉡→㉢→㉣→㉤→㉥

해설 조적조 벽체의 제도순서
1. 축척과 도면의 배치 및 구도를 정한다.
2. 지반선(G.L)과 벽체의 중심선을 그린다.
3. 기초와 벽체의 외형을 그린다.
4. 벽체와 연결된 바닥, 천장, 보의 위치를 표시한다.
5. 단면과 입면을 상세히 그린다.
6. 각 부분의 단면에 재료를 표시한다.
7. 기입할 치수의 위치를 표시한다.
8. 각 부분의 치수와 재료를 기입한다.

04 계단의 구성요소가 아닌 것은?

① 챌판
② 디딤판
③ 논슬립
④ 인서트

해설 인서트는 콘크리트 슬래브에 행거를 고정시키기 위한 삽입철물이다.

정답 1. ① 2. ② 3. ④ 4. ④

05 건축제도 시 작업내용으로 잘못된 것은?

① 가장 먼저 축척과 구도를 정한다.

② 벽체의 중심선은 가장 굵은 실선으로 그린다.

③ 절단된 단면을 작성하는 경우 재료의 표시를 해야 한다.

④ 작성된 도면에는 축척을 표기한다.

해설 중심선은 가는 1점쇄선으로 그린다.

06 입면도에 표기되는 재료로 거리가 먼 것은?

① 적벽돌치장쌓기

② 모르타르 위 수성페인트마감

③ 황동 논슬립

④ 고급벽지마감

해설 고급벽지는 실내에 마감되는 재료로 전개도에 표시되는 사항이다.

07 단면도에 표시된 '철근콘크리트THK150'의 THK150은 무엇을 뜻하는가?

① 두께 150   ② 높이 150

③ 폭 150   ④ 강도 150

해설 THK는 thickness의 약자로 두께를 뜻하며 'T'로도 표기한다.

08 지붕구조와 거리가 먼 재료는?

① 기와   ② 단열재

③ 논슬립   ④ 액체방수

해설 논슬립은 계단에 설치되는 미끄럼방지 철물이다.

01 한국산업표준(KS)의 분류 중 토목건축에 해당되는 것은?

① KS D 　② KS F
③ KS E 　④ KS M

[해설] 건축과 토목은 산업규격의 직종구분 F에 해당되며, 건축제도는 [KS F 1501] 건축제도 통칙을 기준으로 작성한다.

02 배경을 표현하는 방법으로 옳지 않은 것은?

① 건물 앞의 것은 사실적으로, 멀리 있는 것은 단순히 그린다.
② 건물의 용도와는 무관하게 가능한 한 세밀한 그림으로 표현한다.
③ 공간과 구조, 그리고 그들의 관계를 표현하는 요소들에 지장을 주어서는 안 된다.
④ 표현에서는 크기와 무게, 배치는 도면 전체의 구성요소가 고려되어야 한다.

[해설] 건축물과 가까운 배경은 사실적으로 표현하되 주된 건축물보다 눈에 띄지 않게 하며 멀리 있는 시설물 및 배경은 단순하게 표현한다.

03 다음 중 건축제도에서 가장 굵게 표시되는 것은?

① 치수선 　② 격자선
③ 단면선 　④ 인출선

[해설] 건축제도에서 가장 굵게 그려야 하는 선은 단면선과 외형선이다.

04 한국산업표준(KS)의 건축제도 통칙에 규정된 척도가 아닌 것은?

① 1/5 　② 1/1
③ 1/400 　④ 1/6000

[해설] 건축제도 통칙의 척도
• 축척 : 1/2, 1/3, 1/4, 1/5, 1/10, 1/20, 1/25, 1/30, 1/40, 1/50, 1/100, 1/200, 1/250, 1/300, 1/500, 1/600, 1/1000, 1/1200, 1/2000, 1/2500, 1/3000, 1/5000, 1/6000
• 배척 : 2/1, 5/1
• 실척 : 1/1

05 다음 중 도면에 쓰는 기호와 표시내용이 틀린 것은?

① V – 용적
② W – 너비
③ R – 반지름
④ A – 공기

[해설] A는 면적을 뜻한다.

06 다음 중 건축도면에 사람을 그려 넣는 목적과 가장 거리가 먼 것은?

① 스케일감을 나타내기 위해
② 공간의 용도를 나타내기 위해
③ 공간 내 질감을 나타내기 위해
④ 공간의 깊이와 높이를 나타내기 위해

[해설] 인물을 표현하면 스케일감이 생기므로 공간의 크기와 용도를 알 수 있다.

07 다음 중 조적조 벽체 그리기를 할 때 순서로 옳은 것은?

> ㉠ 제도용지에 테두리선을 긋고 축척에 맞게 구도를 잡는다.
> ㉡ 단면선과 입면선을 구분하여 그리고, 각 부분에 재료표시를 한다.
> ㉢ 지반선과 벽체의 중심선을 긋고 기초의 깊이와 벽체의 너비를 정한다.
> ㉣ 치수선과 인출선을 긋고 치수와 명칭을 기입한다.

① ㉠ – ㉡ – ㉢ – ㉣
② ㉢ – ㉠ – ㉡ – ㉣
③ ㉠ – ㉢ – ㉡ – ㉣
④ ㉡ – ㉠ – ㉢ – ㉣

해설 조적조 벽체의 일반적인 제도순서
1. 축척과 도면의 배치 및 구도를 정한다.
2. 지반선(G.L)과 벽체의 중심선을 그린다.
3. 기초와 벽체의 외형을 그린다.
4. 벽체와 연결된 바닥, 천장, 보의 위치를 표시한다.
5. 단면과 입면을 상세히 그린다.
6. 각 부분의 단면에 재료를 표시한다.
7. 기입할 치수의 위치를 표시한다.
8. 각 부분의 치수와 재료를 기입한다.

08 각 실내의 입면으로 벽의 형상, 치수, 마감 상세 등을 나타낸 도면을 무엇이라 하는가?

① 평면도
② 전개도
③ 배치도
④ 단면상세도

힌트 건축물의 외관을 작성한 도면을 입면도라 하고, 건축물 내부의 벽면을 작성한 도면을 전개도라 한다.

09 1점쇄선의 용도에 속하지 않는 것은?

① 가상선
② 중심선
③ 기준선
④ 경계선

해설 1점쇄선은 중심이나 기준, 경계 등을 표시하며 가상선, 상상선은 2점쇄선으로 표시한다.

10 도면에는 척도를 표기해야 하는데 그림의 형태가 치수에 비례하지 않을 경우 사용되는 방법으로 옳은 것은?

① US
② DS
③ NS
④ KS

해설 도면의 형태가 치수에 비례하지 않는 도면은 N.S (Non scale, No Scale)로 표기한다.

11 실제 길이 16m를 축척 1/200인 도면에 표시할 경우 도면상의 길이는?

① 80cm
② 8cm
③ 8m
④ 8mm

해설 16m=1,600cm → 1,600cm/200=8cm

12 건축설계의 진행순서로 올바른 것은?

① 조건파악 → 기본계획 → 기본설계 → 실시설계
② 기본계획 → 조건파악 → 기본설계 → 실시설계
③ 기본설계 → 기본계획 → 조건파악 → 실시설계
④ 조건파악 → 기본설계 → 기본계획 → 실시설계

해설 건축설계의 과정
조건파악 → 기본계획 → 기본설계 → 실시설계

13 건축제도의 글자에 관한 설명으로 옳지 않은 것은?

① 숫자는 아라비아 숫자를 원칙으로 한다.
② 왼쪽에서부터 가로쓰기를 원칙으로 한다.
③ 글자체는 수직 또는 30° 경사의 명조체로 쓰는 것을 원칙으로 한다.
④ 글자의 크기는 각 도면의 상황에 맞추어 알아보기 쉬운 크기로 한다.

Part **4**

정답 7. ③ 8. ② 9. ① 10. ③ 11. ② 12. ① 13. ③

글자체는 수직 또는 15° 경사의 고딕체로 쓰는 것을 원칙으로 한다.

14 건축도면에서 보이지 않는 부분을 표시하는 데 사용되는 선은?

① 파선
② 굵은 실선
③ 가는 실선
④ 1점쇄선

• 굵은 실선 : 절단면의 윤곽과 단면선을 표시
• 가는 실선 : 기술, 기호, 치수 등을 표시
• 1점쇄선 : 중심이나 기준, 경계 등을 표시

15 제도용지에 관한 내용으로 옳지 않은 것은?

① A0 용지의 넓이는 약 $1m^2$이다.
② A2 용지의 크기는 A0 용지의 1/4이다.
③ 제도용지의 가로와 세로의 길이비는 $\sqrt{2}$: 1이다.
④ 큰 도면을 접을 때에는 A3의 크기로 접는 것을 원칙으로 한다.

큰 도면을 접을 때에는 A4의 크기로 접는 것을 원칙으로 한다.

16 건축제도에서 투상법의 작도원칙은?

① 제1각법
② 제2각법
③ 제3각법
④ 제4각법

건축제도의 투상법은 건축제도 통칙[KS F 1501]에서 제3각법을 원칙으로 한다.

17 다음 중 주택의 입면도 그리기 순서에서 가장 먼저 이루어져야 할 사항은?

① 처마선을 그린다.
② 지반선을 그린다.
③ 개구부 높이를 그린다.
④ 재료의 마감표시를 한다.

입면도의 제도순서
① 지반선(G.L)을 그린다.
② 레벨을 표시한다(층의 높이).
③ 벽체의 외형을 그린다.
④ 창호의 위치를 표시하고 형태를 그린다.
⑤ 인물, 차량 등 주변환경을 그린다.
⑥ 문자와 표시기호를 그린다.

18 정방형의 건물이 다음과 같이 표현되는 투시도는?

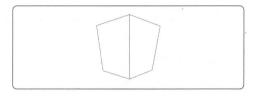

① 등각 투상도
② 1소점 투시도
③ 2소점 투시도
④ 3소점 투시도

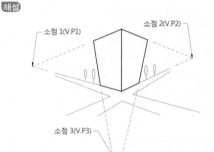

19 도면작도 시 유의사항으로 잘못된 것은?

① 숫자는 아라비아 숫자를 원칙으로 한다.
② 용도에 따라서 선의 굵기를 구분한다.
③ 글자체는 수직 또는 15° 경사의 고딕체로 쓰는 것을 원칙으로 한다.
④ 축척과 도면의 크기에 관계없이 모든 도면에서 글자의 크기는 같아야 한다.

글자의 크기는 작성된 도면에 맞추어 적절한 크기로 표기한다.

20 다음 그림에서 A방향의 투상면이 정면도일 때 C방향의 투상면은 어떤 도면인가?

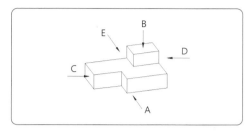

① 저면도　　　　② 배면도
③ 좌측면도　　　④ 우측면도

해설 A방향이 정면일 경우
C는 좌측면도, D는 우측면도, B는 평면도, E는 배면도

21 건축허가신청에 필요한 설계도서 중 배치도에 표시하여야 할 사항으로 잘못된 것은?

① 축척 및 방위
② 방화구획 및 방화문의 위치
③ 대지에 접한 도로의 길이 및 너비
④ 건축선 및 대지경계선으로부터 건축물까지의 거리

해설 배치도 : 계획된 건축물과 시설물의 위치, 방위, 인접 도로, 대지경계선, 출입경로 등을 표시한 도면으로, 소방관련 정보는 표시되지 않는다.

22 건축제도에서 반지름을 표시하는 기호는?

① D　　　　　　② ϕ
③ R　　　　　　④ W

해설 D, ϕ＝지름, W＝너비

23 다음 중 단면도에 표시되는 사항은?

① 반자높이　　　② 주차동선
③ 건축면적　　　④ 대지경계선

힌트 단면도는 절단된 단면과 높이와 관련된 수직적인 정보가 표시된다.

24 투상도의 종류 중 X, Y, Z의 기본 축이 120°씩 화면으로 나누어 표시되는 것은?

① 등각 투상도
② 유각 투상도
③ 이등각 투상도
④ 부등각 투상도

해설 등각 투상도 : 가장 많이 사용되는 투상도로 X, Y, Z 각 축의 각도가 120°이며 수평을 기준으로 좌측과 우측의 축이 30°로 같다.

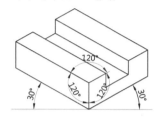

25 건축허가신청에 필요한 설계도서에 속하지 않는 것은?

① 배치도　　　　② 평면도
③ 투시도　　　　④ 건축계획서

힌트 건축허가신청에 필요한 설계도서(제6조 제1항)
건축계획서, 배치도, 평면도, 입면도, 단면도, 구조도, 구조계산서, 시방서, 실내마감도, 소방설비도, 건축설비도 등이 필요하다.

26 제도용지 A2의 크기는 A0 용지의 얼마 정도의 크기인가?

① 1/2　　　　　② 1/4
③ 1/8　　　　　④ 1/16

해설 • A2용지 : 594×420
• A0용지 : 1,189×841

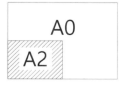

Part
4

27 건축제도의 치수기입에 관한 설명으로 올바른 것은?

① 치수는 특별히 명시하지 않는 한 마무리 치수로 표시한다.

② 치수기입은 치수선을 중단하고 선의 중앙에 기입하는 것이 원칙이다.

③ 치수의 단위는 밀리미터(mm)를 원칙으로 하며, 반드시 단위기호를 표시해야 한다.

④ 치수기입은 치수선에 평행하게 도면의 오른쪽에서 왼쪽으로 읽을 수 있도록 표기한다.

해설 치수의 표기

보기 ②: 치수기입 시 값을 표시하는 문자의 위치는 치수선 위로 가운데 기입하는 것을 원칙으로 한다.

보기 ③: 치수기입의 단위는 mm 사용을 원칙으로 하며 단위는 표기하지 않는다. 단 치수의 단위가 mm가 아닌 경우는 단위를 표기하거나 다른 방법으로 단위를 명시해야 한다.

보기 ④: 치수는 치수선에 평행하도록 왼쪽에서 오른쪽으로, 아래에서 위로 읽을 수 있게 기입한다.

28 투시도법에 사용되는 용어의 표시가 잘못된 것은?

① 시점 : E.P   ② 소점 : S.P

③ 화면 : P.P   ④ 수평면 : H.P

해설 소점- V.P, 정점-S.P

29 다음 중 계획설계도에 속하는 것은?

① 동선도   ② 배치도

③ 전개도   ④ 평면도

해설 계획설계도에는 구상도, 동선도, 조직도 등이 있다.

30 실제 길이 16m는 축척 1/20의 도면에서 얼마의 길이로 표시되는가?

① 8mm   ② 80mm

③ 800mm   ④ 8,000mm

해설 16m=16,000mm → 16,000mm/20=800mm

31 다음과 같은 창호의 평면 표시기호의 명칭으로 옳은 것은?

① 회전창   ② 붙박이창

③ 미서기창   ④ 미닫이창

해설 • 회전창 :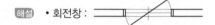

• 미서기창 :

• 미닫이창 :

32 건축도면에서 중심선, 절단선의 표시에 사용되는 선의 종류는?

① 실선   ② 파선

③ 1점쇄선   ④ 2점쇄선

해설 • 굵은 실선 : 절단면의 윤곽과 단면선을 표시

• 가는 실선 : 기술, 기호, 치수 등을 표시

• 파선 : 보이지 않는 가려진 부분을 표시

• 2점쇄선 : 상상선, 가상선이나 1점쇄선과 구분할 때 표시

33 다음 중 일반 평면도의 표현 내용에 속하지 않는 것은?

① 실의 크기

② 보의 높이 및 크기

③ 창문과 출입구의 구별

④ 개구부의 위치 및 크기

🔒 힌트 평면도는 횡(수평)으로 절단해 위에서 내려다본 형태를 작성한 도면으로 높이와 관련된 정보는 표시되지 않는다.

정답 **27.** ① **28.** ② **29.** ① **30.** ③ **31.** ② **32.** ③ **33.** ②

34 창호의 재질별 기호가 옳지 않은 것은?

① W : 목재

② Ss : 강철

③ P : 합성수지

④ A : 알루미늄합금

해설 Ss : 스테인리스스틸, S : 강철

35 다음 중 건축도면 작도에서 가장 굵은 선으로 표현해야 할 것은?

① 인출선 ② 해칭선

③ 단면선 ④ 치수선

해설 건축제도에서 가장 굵게 그려야 하는 선은 단면선과 외형선이다.

Part 4

일반구조

건축구조물은 다양한 재료와 방식을 사용하여 건축물이 지니는 목적에 적합한 안전한 구조를 형성해야 한다. 건축구조는 재료에 의한 구분과 결구방식에 따라 구분할 수 있다.

건축구조의 일반사항

CHAPTER 01

SECTION 1 건축구조의 개념

(1) 건축구조(building construction)

목적에 부합하는 재료를 사용하여 건축물의 자중은 물론 외력과 환경요인에 있어 구조적으로 안전한 건축물의 골조 일체를 말하며, 건축물의 3요소(구조, 기능, 미) 중 가장 중요한 부분이다.

(2) 구조의 명칭

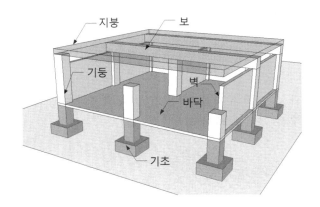

❶ 기초(foundation)

건축물 하중을 지탱하고 지반에 고정 및 안정시키기 위한 하부 구조물로, 지반, 건축물의 구조와 규모 등에 따라 다양한 기초가 있다.

❷ 바닥(floor)

층을 구분하면서 연직하중을 받는 평면적인 구조부분으로, 철근콘크리트구조에서는 바닥 슬래브(slab)라 한다.

용어해설 📝

- 연직하중 : 중력 방향으로 작용하는 힘으로, 건축물의 고정하중, 적재하중 등이 해당된다.
- 슬래브 : 철근콘크리트로 된 넓은 판상 형태의 바닥구조물로, 주로 바닥과 지붕 부분을 뜻한다.

Part 5

③ 기둥(column)

건축물의 지붕, 바닥, 보 등 상부의 하중을 받아 하부로 전달하는 수직 구조재로, 구조와
재료에 따라 다양한 종류가 있다.

④ 벽(wall)

외부와 내부, 내부와 내부를 구분하는 수직 구조재로, 벽의 위치와 구조에 따라 크게 내력
벽과 비내력벽으로 나누어진다.

⑤ 보(girder)

기둥에 연결한 수평 구조재로, 상부와 지붕의 하중을 기둥에 전달한다. 구조형식에 따라
명칭이 다르며 위치, 크기, 모양에 따라 다양한 종류가 있다.

⑥ 지붕(roof)

눈, 비, 햇볕 등 외부환경으로부터 건축물을 보호하는 덮개 부분이다. 지붕은 구조적인 형
태가 그대로 외부로 노출되어 외장에 있어 상징적인 부분이 된다.

SECTION 2 건축구조의 분류

(1) 구조형식에 의한 분류

① 가구식(架構式)

목재, 철골(빔)과 같은 긴 부재를 끼워 맞추거나 조립하여 골조를 만드는 구조로, 목구조와
철골구조가 가구식 구조에 해당된다.

• 목구조

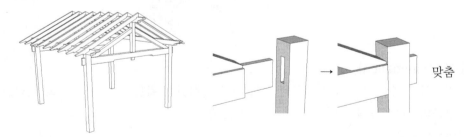

맞춤

• 철골구조(강구조)

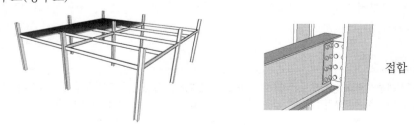

접합

② 조적식(組積式)

구조의 주체를 돌이나 벽돌, 블록을 쌓아서 만든 구조로, 내구성은 우수하나 지진 등 횡력에 취약하다. 돌구조, 블록구조, 벽돌구조가 조적식 구조에 해당된다.

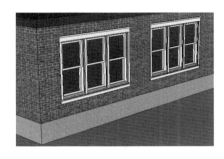

③ 일체식(一體式)

골조를 이루는 주요 구조체를 접합·조립하지 않고 하나의 일체로 구성한 구조로, 철근콘크리트구조가 일체식 구조에 해당된다.

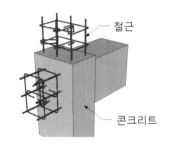

(2) 공법에 의한 분류

① 건식(乾式)

공사에 물을 사용하지 않는 건축공법으로 공기(공사기간)가 짧다. 목구조, 철골구조 등이 건식에 해당된다.

② 습식(濕式)

공사에 물을 사용하는 건축공법으로 공기가 길다. 벽돌구조, 철근콘크리트구조 등이 습식에 해당된다.

③ 조립식(組立式)

구조에 해당되는 기초, 기둥, 벽, 바닥, 보 등을 공장에서 생산하여 현장에서 조립하는 공법이다.

Part
5

ㄱ 장점
　　　　• 공장에서 대량생산이 가능하고 공사비를 절감할 수 있다.
　　　　• 기계화된 장비로 시공하여 공기를 단축시킬 수 있다.
　　　ㄴ 단점
　　　　• 각 구조부를 조립하므로 접합부를 일체화하기 어렵다.
　　　　• 공장생산으로 인한 자재 운송 및 공급반경에 한계가 있다.

(3) 재료에 의한 분류

❶ 목구조(木構造)
건축물의 구조체 재료를 나무로 구성하는 구조형식으로, 주로 주택이나 소형 건축물에 많이 사용된다.

[목구조]

❷ 벽돌, 돌, 블록구조
건축물의 구조체 재료를 벽돌, 돌, 블록으로 구성하는 구조형식으로, 주로 주택이나 소형 건축물에 많이 사용된다.

[조적구조(벽돌, 돌, 블록구조)]

❸ 철근콘크리트구조(reinforced concrete construction)
건축물의 구조체 재료를 철근과 콘크리트로 구성하는 구조형식으로, RC구조라고도 한다.

[철근콘크리트구조]

❹ 철골구조(강구조)
건축물의 구조체 재료를 철골(강재)로 구성하는 구조형식으로, 각각의 재료를 리벳, 볼트, 용접 등의 방법으로 접합하여 조립하는 구조이다.

[철골구조]

⑤ 철골철근콘크리트구조(steel framed reinforced concrete structure)

건축물의 구조체 재료를 철골, 철근, 콘크리트로 구성하는 구조형식으로, SRC구조라고도 한다. 철골을 중심으로 철근과 콘크리트로 보강해 고층 건물에 많이 사용된다.

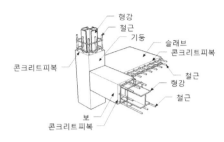

[철골철근콘크리트구조]

SECTION 3 각 구조의 특징

(1) 목구조(나무구조)

❶ 장점

- 자중이 가볍고 가공이 용이하다.
- 건식구조로 공기가 짧다.
- 나무 고유의 무늬와 색이 있어 외관이 우수하다.

❷ 단점

- 충해, 부패, 화재에 의한 피해가 크다.
- 다른 구조에 비해 강도와 내구력이 떨어진다.
- 원재료의 특성상 큰 부재를 얻기 어렵다.

(2) 벽돌, 돌, 블록구조(조적식)

❶ 장점

- 벽돌구조는 내구성과 방화성이 우수하다.
- 돌구조는 내구성이 우수하며 외관이 수려하고 웅장하다.
- 블록구조는 공사비가 저렴하며 단열과 방음이 우수하다.

❷ 단점

- 횡력에 대한 저항력이 약해 지진에 취약하다.
- 재료 간 접착을 사용한 쌓기구조로 균열이 발생되기 쉽다.
- 돌구조는 재료비용이 크고 시공이 어려워 공기가 길다.

(3) 철근콘크리트구조(RC구조)

❶ 장점

- 내구, 내화, 내진성이 우수한 구조이다.
- 국부적인 보강이 가능하고 설계가 자유롭다.
- 유지보수가 용이하다.

❷ 단점

- 자중이 크고, 습식공법으로 공기가 길다.
- 균일한 시공이 어렵다.

(4) 철골구조(강구조)

❶ 장점

- 공장에서의 부재반입 및 건식공법으로 공기가 짧다.
- 장스팬 설계가 가능하다(넓은 공간을 구성하는 데 유리).
- 해체가 용이하다.

> **용어해설** 📑
>
> 장스팬 : 기둥과 기둥의 간격으로 경간이라고도 한다.

❷ 단점

- 강재 사용으로 인해 공사비가 비싸다.
- 내화성이 떨어져 화재에 취약하다.

(5) 철골철근콘크리트구조(SRC구조)

❶ 장점

- 대규모 공사에 적합하다.
- 내구, 내화, 내진성이 우수한 구조이다.

❷ 단점

- 시공이 복잡하며 공기가 길다.
- 공사비가 비싸다.

01 주요 구조부 중 기둥에 연결한 수평 구조재로 상부와 지붕의 하중을 기둥에 전달하는 것은?

① 벽　　　　　② 보
③ 바닥　　　　④ 기초

해설　• 벽 : 외부와 내부, 내부와 내부를 구분하는 수직 구조재
• 바닥 : 층을 구분하면서 연직하중을 받는 평면적인 구조
• 기초 : 건축물 하중을 지탱하고 지반에 고정 및 안정시키기 위한 하부 구조

02 건축구조의 구성방식 중 구조형식에 의한 분류에 포함되지 않는 것은?

① 가구식　　　② 조적식
③ 일체식　　　④ 건식

해설　건식, 습식, 조립식 구조는 공법에 의한 분류이다.

03 벽돌구조, 철근콘크리트구조와 같이 물을 사용하여 공기가 길어지는 건축공법은?

① 건식　　　　② 습식
③ 일체식　　　④ 조적식

해설　습식(濕式): 공사에 물을 사용하는 건축공법으로 공기가 길다. 벽돌구조, 철근콘크리트구조 등이 습식에 해당된다.

04 다음 중 조립식 구조의 장점으로 잘못된 것은?

① 대량생산
② 공사비를 절감
③ 공기단축
④ 구조의 일체화

해설　조립식 구조는 각 구조부를 조립하므로 접합부를 일체화하기 어렵다.

05 구조형식 중 SRC구조로 불리며 철골을 중심으로 철근과 콘크리트를 사용한 구조는?

① 보강블록구조
② 철근콘크리트구조
③ 철골철근콘크리트구조
④ 강구조

힌트　• 철골철근콘크리트구조(steel framed reinforced concrete structure)
• 철근콘크리트구조(reinforced concrete construction)

06 다음 중 목구조의 장점이 아닌 것은?

① 가공이 용이
② 공기가 짧음
③ 우수한 내구력
④ 우수한 외관

해설　목구조는 다른 구조에 비해 강도와 내구력이 떨어진다.

07 다음 구조 중 지진에 가장 취약한 구조는?

① 블록구조
② 철근콘크리트구조
③ 철골철근콘크리트구조
④ 목구조

힌트　재료를 쌓아 올리는 조적식은 횡력에 약해 지진에 취약하다.

정답　1. ②　2. ④　3. ②　4. ④　5. ③　6. ③　7. ①

Part
5

08 건식공법을 사용한 구조로 장스팬 설계가 가능하고 공사기간이 짧은 구조는?

① 보강블록구조 ② 철근콘크리트구조
③ 철골구조 ④ 목구조

해설 철골구조의 장점
- 공장에서의 부재반입 및 건식공법으로 공기가 짧다.
- 장스팬 설계가 가능하다(넓은 공간을 구성하는 데 유리).
- 해체가 용이하다.

09 건축의 3요소 중 가장 중요시되는 사항은?

① 기능 ② 구조
③ 미 ④ 이윤

해설 건축물의 3요소인 구조, 기능, 미 중에서 안전과 관련된 요소는 구조이다.

10 외관이 수려하고 공사비가 저렴한 장점이 있지만 횡력에 약해 지진에 취약한 구조는?

① RC구조
② 조적식 구조
③ 강구조
④ 나무구조

해설 조적식(組積式)
구조의 주체를 돌이나 벽돌, 블록을 쌓아서 만든 구조로, 내구성은 우수하나 지진 등 횡력에 취약하다. 돌구조, 블록구조, 벽돌구조가 조적식 구조에 해당된다.

정답 8. ③ 9. ② 10. ②

기초와 지정

SECTION 1 기초

기초(foundation)란 기둥, 벽, 바닥 등 건축물의 상부 하중을 받아 지반으로 전달해 건축물의 안정을 위한 최하층 구조를 말한다.

(1) 줄기초(연속기초)

조적식 구조에 많이 사용되는 기초로 벽체를 따라 연속되게 상부구조를 받치는 구조이다.

줄기초의 기초판 두께는 20cm 이상으로 하여야 하며 밑창콘크리트의 두께는 5cm로 한다.

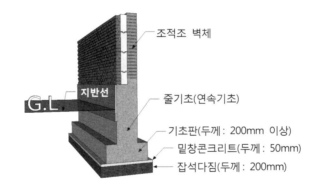

(2) 독립기초

하나의 기둥을 독립적인 하나의 기초판으로 받치는 기초

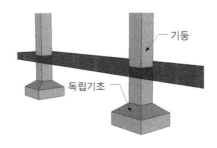

Part 5

(3) 온통기초(매트기초)

건축물 하부 전체 또는 지하실 공간을 모두 콘크리트판으로 만든 기초로 지반이 약하거나 기초판의 넓이가 커야 할 경우 사용된다.

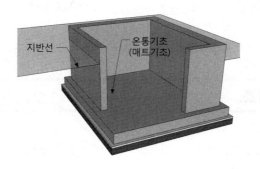

(4) 복합기초

2개 이상의 기둥을 하나의 기초판으로 받치는 기초

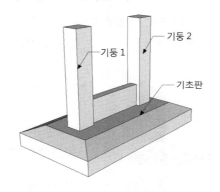

(5) 잠함기초(케이슨기초)

원형, 타원형, 장방형의 철근콘크리트 중공 통을 지상에서 제작하여 통 내부를 굴착해 침하시키는 공법이다.

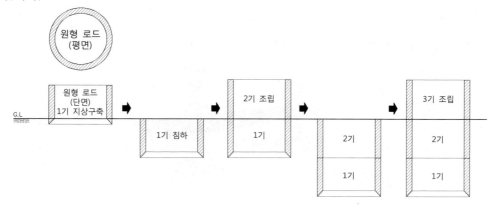

SECTION

2 지정

지정(地定)이란 기초를 받쳐 지탱하는 구조물로 기초와 지반의 지지력을 보강한다. 지정의 종류로는 모래지정, 잡석지정, 자갈지정, 말뚝지정이 있다.

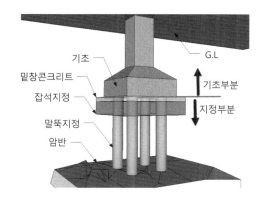

(1) 얕은 지정

1 밑창콘크리트지정

잡석지정 등 기초 위에 상부 기초의 위치를 표시하기 위해 먹을 매기는 부분으로 5cm 정도 무근콘크리트를 타설한 지정이다. '버림콘크리트'로 불리기도 한다.

2 모래지정

연약한 지반에서 건물의 하중이 가벼운 경우에 사용되는 지정으로 기초 바닥에 모래를 다 져넣어 지반을 보강한다.

3 자갈지정

자갈을 5cm 내외로 깔고 래머 등으로 다져넣어 지반을 보강한다.

용어해설

래머 : 가솔린 기관의 폭발력을 이용한 다짐용 기계로 지면을 타격하면서 다짐한다.

4 잡석지정

배수나 방습처리를 위해 20cm 내외로 둥근 돌을 세워서 깔고 자갈로 다져넣어 지반을 보강 한다.

(2) 말뚝지정

말뚝지정은 말뚝 직경의 2.5배 이상의 간격을 두고 설치한다.

❶ 나무말뚝지정

소나무, 미송 등의 목재를 껍질을 벗겨 사용하고 말뚝은 60cm 이상 간격을 둔다. 나무말뚝의 머리부분은 상수면 이하에 두어 부패를 방지해야 된다.

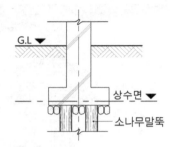

❷ 기성 콘크리트말뚝지정(철근콘크리트말뚝)

공장에서 제조하고 현장으로 운반해 사용하는 말뚝으로 75cm 이상 간격을 둔다.

❸ 제자리 콘크리트말뚝지정(현장타설말뚝)

지반을 굴착해 현장에서 콘크리트를 부어 넣어 양생시켜 만든 말뚝으로 90cm 이상 간격을 둔다.

❹ 철제말뚝지정(강제말뚝)

강관과 H형강을 사용한 말뚝으로 90cm 이상 간격을 둔다.

SECTION 3 부동침하

지반이 구조물의 하중을 이기지 못하여 부분적으로 침하되는 현상을 말한다.

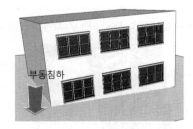

(1) 부동침하의 원인

① 연약한 지반
② 경사지반
③ 증축
④ 이질지정, 일부지정
⑤ 주변 건물의 지나친 굴착
⑥ 지하수의 이동

(2) 연약지반의 상부구조 대책

① 구조물의 경량화
② 구조물의 강성 강화
③ 인접건물과 먼 거리 확보
④ 구조물의 길이를 짧게

(3) 지반의 허용지내력(地耐力)

① 지상의 하중을 떠받치는 지반이 견디는 힘으로 최대한의 하중으로 표시한다.
② 허용지내력의 크기는 경암반 > 연암반 > 자갈 > 모래 > 점토순이다.

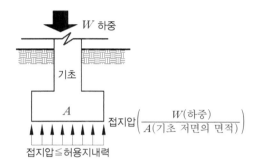

SECTION 4 | 터파기

건축물의 기초, 지하를 만들기 위해 흙을 굴착하는 것을 말하며 독립기초 파기, 줄기초 파기, 온통 파기 등이 있다.

(1) 흙막이 공법

지반을 굴착할 때 토압에 의해 굴착 주변의 지반이 침하되거나 붕괴되는 것을 방지하는 벽

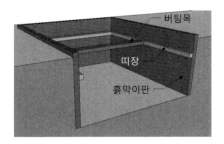

❶ 오픈컷공법(open cut method)

터파기 주변의 토사가 무너지지 않도록 안식각의 경사를 2배 정도 두어 굴착하는 공법

❷ 버팀대공법

굴착 시 주변의 토사가 무너지는 것을 방지하는 버팀목과 흙막이판을 설치하는 공법

❸ 아일랜드공법(island method)

굴착의 규모가 큰 경우 중앙을 먼저 파낸 후 주변의 흙을 굴착하는 공법

❹ 트렌치공법

아일랜드공법의 역순으로 진행되는 방법으로, 가장자리를 먼저 파내고 그 부분에 구조체를 축조하는 공법

(2) 터파기 공사 시 나타나는 현상

❶ 파이핑(piping)

땅속에 흐르는 물이 약한 부분으로 집중되어 흙막이벽의 토사가 누수로 함몰되는 현상

❷ 히빙(heaving)

흙막이벽 바깥쪽 흙이 안으로 밀려 바닥면이 볼록하게 솟아오르는 현상

❸ 보일링(boiling)

모래지반 굴착 시 지하수위가 굴착 저면보다 높을 때 지하수로 인해 지면의 모래가 부풀거나 솟아오르는 현상

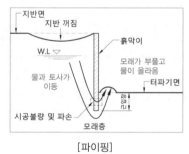

[파이핑]

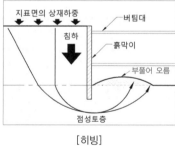

[히빙]

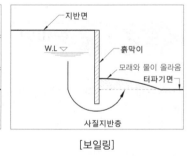

[보일링]

❹ 흙막이 부실공사에 의한 피해
- 흙막이와 주변 구조물이 파손
- 공사 주변의 지반이 침하
- 저면의 흙이 지지력을 상실하면서 붕괴
- 지반침하에 의한 통신케이블 등 지하매설물 파손

❺ 방지대책
- 지하수위 저하
- 차수성(물막음)이 높은 흙막이를 설치
- 흙막이 벽체를 지반에 깊이 묻고(근입장), 경질지반에 지지
- 하부 지반을 보강하고, 강성이 강한 공법으로 시공

01 지반이 연약하거나 하중이 커서 기초판의 넓이를 크게 할 경우 사용되는 기초 형식은?

① 줄기초　　　　② 독립기초

③ 잠함기초　　　④ 온통기초

해설 • 줄기초 : 조적식 구조에 많이 사용되는 기초
• 독립기초 : 하나의 기둥을 독립적인 하나의 기초판으로 받치는 기초
• 잠함기초 : 원통이나 사각형 통을 만들어 내부 토사를 파낸 후 통을 가라앉혀 콘크리트를 부어 만드는 기초

02 조적식 구조에 많이 사용되는 기초로 벽을 따라 연속적인 형태의 기초는?

① 줄기초　　　　② 독립기초

③ 복합기초　　　④ 온통기초

해설 • 독립기초 : 하나의 기둥을 독립적인 하나의 기초판으로 받치는 기초
• 복합기초 : 2개 이상의 기둥을 하나의 기초판으로 받치는 기초
• 온통기초 : 건축물 하부 전체 또는 지하실 공간을 모두 콘크리트판으로 만든 기초

03 견고한 지반인 경우 지상에서 원통이나 사각통 틀을 내려 앉혀 콘크리트를 부어넣는 기초 형식은?

① 줄기초　　　　② 독립기초

③ 잠함기초　　　④ 온통기초

해설 • 줄기초 : 조적식 구조에 많이 사용되는 기초
• 독립기초 : 하나의 기둥을 독립적인 하나의 기초판으로 받치는 기초
• 온통기초 : 건축물 하부 전체 또는 지하실 공간을 모두 콘크리트판으로 만든 기초

04 지정의 종류 중 얕은 지정으로 옳지 않은 것은?

① 잡석지정　　　② 자갈지정

③ 모래지정　　　④ 말뚝지정

해설 얕은 지정에는 밑창콘크리트지정, 모래지정, 잡석지정, 자갈지정이 있다.

05 말뚝지정의 설명으로 옳지 않은 것은?

① 나무말뚝, 기성 콘크리트말뚝, 철제말뚝 등이 있다.

② 말뚝의 간격은 말뚝지름의 2.5배 이상 거리를 두어야 한다.

③ 나무말뚝의 머리는 상수면 위에서 잘라야 한다.

④ 기성 콘크리트말뚝은 75cm 이상 간격을 둔다.

해설 나무말뚝의 머리부분은 상수면 이하에 두어 부패를 방지해야 된다.

06 다음 중 부동침하의 원인으로 볼 수 없는 것은?

① 연약한 지반　　② 경사지반

③ 지나친 증축　　④ 구조의 경량화

해설 부동침하는 지반이 침하되는 현상으로 구조를 경량화하면 부동침하를 방지할 수 있다.

07 다음 중 부동침하의 원인은?

① 일부 지정

② 전체 지정

③ 단단한 지반

④ 구조물의 길이를 짧게 설계

정답 1.④ 2.① 3.③ 4.④ 5.③ 6.④ 7.①

Part **5**

해설 부동침하의 원인 : 연약한 지반, 경사지반, 증축, 이질지정, 일부지정, 주변 건물의 지나친 굴착, 지하수의 이동

08 연약지반 상부구조 대책으로 적절치 않은 것은?

① 구조물의 중량화
② 구조물의 강성 강화
③ 인접건물과 먼 거리를 확보
④ 구조물의 길이를 짧게

해설 연약지반 상부구조 대책
• 구조물의 경량화
• 구조물의 강성 강화
• 인접건물과 먼 거리 확보
• 구조물의 길이를 짧게

09 다음 중 허용지내력이 가장 큰 것은?

① 점토
② 암반
③ 모래
④ 자갈

힌트 지반의 허용지내력(地耐力)은 지상의 하중을 떠받치는 지반이 견디는 힘

10 터파기 공법 중 주변에 토사가 무너지지 않도록 안식각을 크게 하여 굴착하는 공법은?

① 오픈컷공법
② 아일랜드공법
③ 버팀대공법
④ 트렌치컷공법

해설 오픈컷공법(open cut method)
터파기 주변의 토사가 무너지지 않도록 안식각의 경사를 2배 정도 두어 굴착하는 공법

11 흙막이 부재 중 토압과 수압을 지탱시키기 위해 벽면에 대는 부재는?

① 말뚝
② 장선
③ 멍에
④ 띠장

해설 흙막이 공법 시 흙막이판이 토압에 견딜 수 있도록 띠장을 설치한다.

CHAPTER 03 목구조

SECTION 1 목구조의 특성

(1) 목구조의 장점과 단점

❶ 장점
- 비중에 비해 강도가 우수하다.
- 가벼우며 가공이 용이하다.
- 건식구조에 속하므로 공기가 짧다.

❷ 단점
- 수축과 팽창으로 인해 변형될 우려가 있다.
- 고층 및 대규모 건축에 불리하다.
- 불에 약하며 부패 및 충해의 우려가 있다.

SECTION 2 토대와 기둥

(1) 토대

기둥을 받치는 부재로 상부의 하중을 분산하여 기초에 전달하는 역할을 한다.

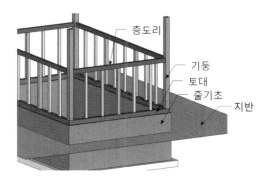

층도리
기둥
토대
줄기초
지반

Part 5

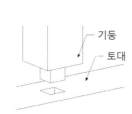

[기둥과 토대의 맞춤 : 짧은장부맞춤]

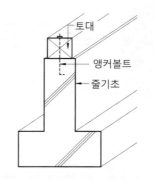

[기둥과 토대의 보강철물 : 앵커볼트 고정]

① 토대와 기초의 연결은 앵커볼트를 사용한다.

② 토대는 습기가 차지 않도록 지반에서 높게 설치하는 것이 좋다.

③ 방부처리가 된 낙엽송이나 소나무 등을 사용한다.

④ 토대의 크기는 기둥과 같거나 약간 크게 한다.

⑤ 토대와 기둥은 짧은장부맞춤으로 한다.

(2) 기둥

목구조의 기둥은 위치와 크기에 따라 통재기둥, 평기둥, 샛기둥으로 구분한다.

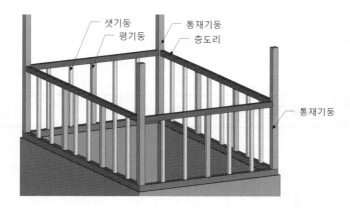

❶ 통재기둥

아래층에서 위층까지 하나의 부재로 된 기둥으로 구조체 모서리에 배치된다.

❷ 평기둥

통재기둥 사이에 층도리를 기준으로 각 층별로 배치되는 기둥

❸ 샛기둥

기둥과 기둥 사이에 배치되는 작은 기둥으로 약 40~60cm 간격으로 배치하는 기둥

3 **벽체와 마루**

(1) 벽체구조

한식구조는 심벽식, 양식구조는 평벽식을 사용한다.

❶ 심벽식

한식구조에 사용되는 심벽식은 기둥의 일부가 외부로 노출되는 구조이다.

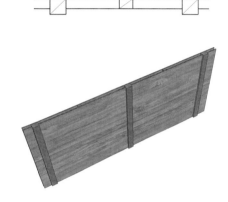

❷ 평벽식

양식구조에 사용되는 평벽식은 기둥이 외부로 노출되지 않는 구조로 내진, 내풍에 유리하다.

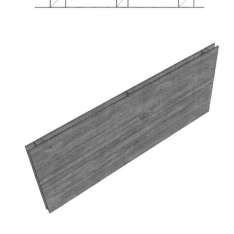

(2) 목조 판벽

❶ 징두리판벽

- 내벽(칸막이벽) 하부를 보호하고 장식을 겸하는 벽으로, 바닥에서 1~1.5m 높이로 설치한다.
- 징두리판벽은 걸레받이, 두겁대, 띠장으로 구성된다.

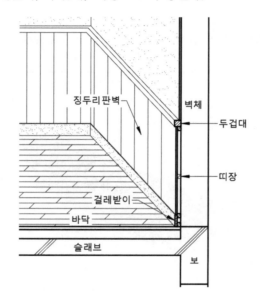

❷ 턱솔비늘판벽

기둥이나 샛기둥, 벽에 널판을 반턱으로 맞춰 붙인 판벽

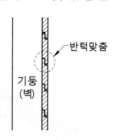

(3) 1층 마루

1층에 구성하는 마루는 동바리마루와 납작마루가 있다.

❶ 동바리마루

수직부재인 동바리 위에 멍에, 장선을 놓고 마룻널(플로어링 널)로 마감한다. 지반에서 최소 450mm 이상 거리를 두어 냉기를 차단한다.

- 깔기순서 : 호박돌 → 동바리 → 멍에 → 장선 → 밑창널 → 마룻널

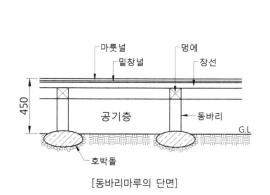

[동바리마루의 단면]

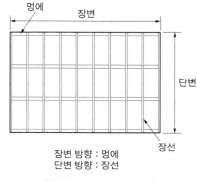

장변 방향 : 멍에
단변 방향 : 장선

[멍에와 장선의 평면배치]

❷ 납작마루

공장의 창고와 같이 사람이 거주하지 않고 물건을 보관하는 장소에 사용되는 마루로, 호박
돌 위에 낮은 높이로 마룻널을 깐다.

- 깔기순서 : 슬래브(호박돌) → 멍에 → 장선 → 밑창널 → 마룻널

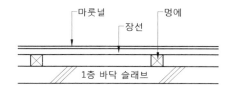

(4) 2층 마루

공간의 크기에 따라 홑마루, 보마루, 짠마루로 구분된다.

❶ 홑마루

간사이가 2.5m 이하일 때 보나 멍에를 사용하지 않아 장선마루라고도 한다. 장선을 걸쳐
대고, 그 위에 마룻널을 깐다.

- 깔기순서 : 장선 → 마룻널

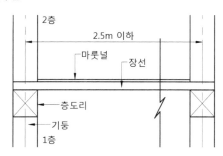

용어해설 📑

간사이 : 기둥과 기둥 사이의 거리

❷ 보마루

간사이가 2.5~6.4m일 때 보를 걸고 장선을 받혀 마룻널을 깐다.

- 깔기순서 : 보→장선→마룻널

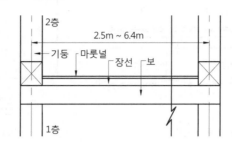

❸ 짠마루

간사이가 6.4m 이상일 때 보를 걸고 장선을 받혀 마룻널을 깐다.

- 깔기순서 : 큰 보→작은 보→장선→마룻널

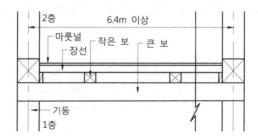

SECTION 4 창호와 반자(천장)

(1) 목재 창호의 구조

❶ 양판문

문틀(울거미)을 짜서 중간에 판자나 유리를 끼워 넣은 형식의 문이다.

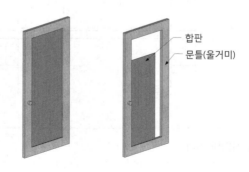

❷ 플러시문

문틀(울거미)을 짜서 중간에 살을 30cm 간격으로 배치해 양면에 판자를 붙인 형식의 문이다.

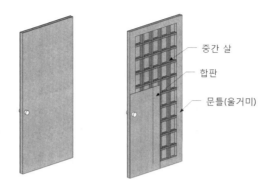

중간 살
합판
문틀(울거미)

❸ 문선과 풍소란

㉠ 문선 : 벽과 문 사이의 틈을 가려서 보기 좋게 한다.

문틀
문선
벽

㉡ 풍소란 : 미서기문 등 창호의 맞닿는 부분에 방풍을 목적으로 턱솔이나 딴혀를 대어 물리게 한다.

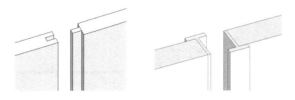

❹ 미서기창(문)의 홈

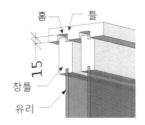

홈
틀
15
창틀
유리

(2) 반자구조

천장을 가린 구조체로 각종 설비나 구조물이 보이지 않게 가려 외관을 보기 좋게 한다. 반자는 크게 두 가지 유형으로, 상층에 바닥이나 지붕에 달아맨 달반자와 바닥판 밑을 마감재로 바른 제물반자로 나누어진다.

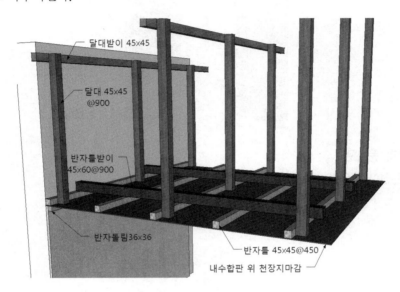

(3) 반자의 종류

❶ 우물반자

반자틀을 우물정자(격자)로 짜고 반자널을 반자틀 위에 덮거나 턱솔을 파서 끼운 반자

❷ 구성반자

응접실, 접견실 등 장식과 음향효과가 필요한 장소에 층을 두거나 벽과 거리를 두어 구성하는 반자

SECTION 5 계단

(1) 계단

계단은 챌판, 디딤판, 옆판으로 구성된다.

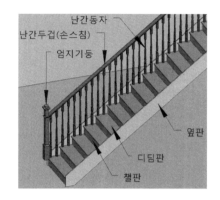

❶ 디딤판

발을 딛는 부분의 수평부재

❷ 챌판

디딤판과 디딤판을 연결하는 수직부재

❸ 옆판

디딤판을 받치기 위해 계단 양옆에 붙이는 판

❹ 계단멍에

계단의 넓이가 1.2m 이상일 경우 디딤판의 처짐, 진동을 막기 위한 계단의 하부 보강재

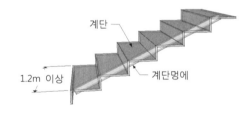

(2) 난간

난간은 난간두겁, 엄지기둥, 난간동자로 구성된다.

❶ 난간두겁(손스침)

난간에서 손으로 잡고 갈 수 있도록 한 부분

❷ 난간동자

난간두겁과 계단 사이의 가는 기둥

❸ 엄지기둥

난간의 양 끝을 지지하는 굵은 난간동자

(3) 계단의 종류

❶ 곧은계단

구분	참이 없는 곧은계단	참이 있는 곧은계단
평면	UP	UP 계단참
입체		

❷ 꺾은계단

구분	ㄱ자 형태	ㄷ자 형태
평면	계단참 UP	계단참 UP
입체		

❸ 돌음계단

평면	UP
입체	

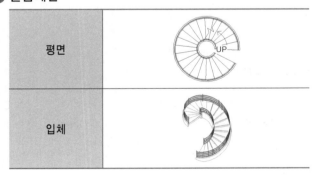

용어해설 📝

계단참: 계단에 단의 수가 많은 경우 폭을 넓게 하여 방향을 바꾸거나 쉬어가는 부분으로, 계단의 높이가 3,000mm를 넘을 경우 3,000mm 이내에 1,200mm 이상의 계단참을 설치해야 한다.

SECTION **6** 지붕

(1) 왕대공

중앙에 대공이 있는 양식 지붕틀 구조로 비교적 큰 규모의 지붕에 사용된다.

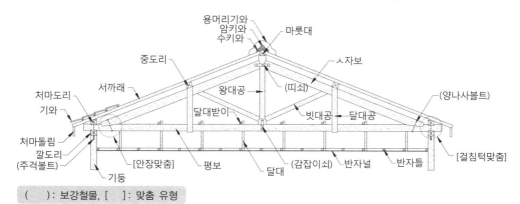

( ) : 보강철물, [ ] : 맞춤 유형

❶ 부재의 크기

ㅅ자보 > 평보 > 왕대공 > 빗대공 > 달대공
(100×200)　(180×150)　(105×100)　(100×90)　(100×50)

❷ 부재의 응력

- 압축재 : ㅅ자보, 빗대공
- 인장재 : 평보, 왕대공, 달대공

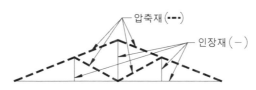

❸ 부재의 맞춤

- 평보와 ㅅ자보 : 안장맞춤
- 처마도리, 평보, 깔도리 : 걸침턱맞춤

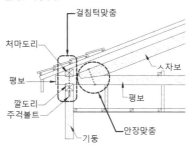

(2) 절충식

왕대공 지붕틀에 비해 단순하며 소규모 지붕에 사용된다.

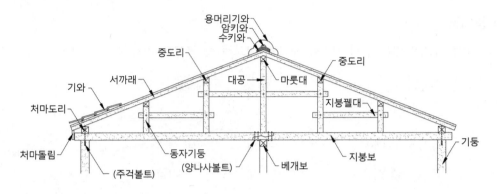

❶ 대공의 간격은 900mm 정도로 한다.

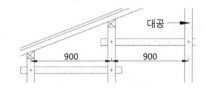

❷ 우미량

절충식 모임지붕틀의 짧은 보를 뜻한다.

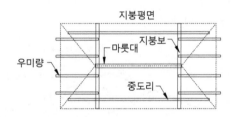

(3) 물매와 지붕의 모양

물매는 지붕의 경사도를 뜻하는 용어로 가로값 10을 기준으로 세로값의 크기로 표기한다.

❶ 물매의 표기

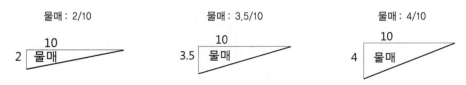

②지붕의 모양

구분	박공지붕	모임지붕	합각지붕	솟을지붕	꺾인지붕	톱날지붕
평면						
입체						

③물매의 경사

- 되물매 : 지붕의 경사가 45°로 물매가 10/10인 경우
- 된물매 : 지붕의 경사가 45°보다 큰 경우

④지붕재료에 따른 물매

- 슬레이트 : 4.5/10~5/10
- 알루미늄판 : 1/10
- 금속판기와 : 2.5/10
- 평기와 : 4/10
- 아스팔트 루핑 : 3/10

SECTION **7** 　**부속재료 및 이음과 맞춤**

(1) 목구조의 보강재

주요 구조부의 하중을 분산시키고 구조를 안정적으로 유지시키는 재료를 보강재라 한다.

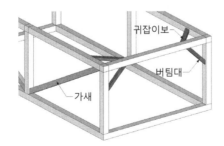

❶ 가새

기둥의 상부와 기둥의 하부를 대각선 빗재로 고정해 수평외력에 저항하는 가장 효과적인 보강재이다.

❷ 버팀대

기둥과 수직으로 연결된 보를 대각선 빗재로 고정해 수평외력에 저항한다.

❸ 귀잡이

바닥 등 수평으로 직교하는 부재를 대각선 빗재로 고정해 수평외력에 저항한다. 위치에 따라 귀잡이토대, 귀잡이보로 구분된다.

(2) 목재의 이음과 맞춤

❶ 이음

재를 길이 방향으로 연속되게 이어서 접합하는 것으로 듀벨, 꺾쇠, 띠쇠를 사용해 이음부를 보강한다.

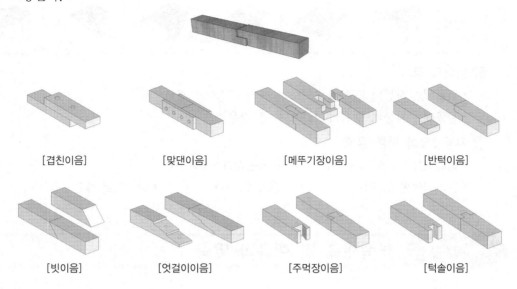

[겹친이음] [맞댄이음] [메뚜기장이음] [반턱이음]

[빗이음] [엇걸이이음] [주먹장이음] [턱솔이음]

❷ 맞춤

재를 직각이나 대각선으로 접합하는 것으로 주걱볼트, 감잡이쇠를 사용해 맞춤부를 보강한다.

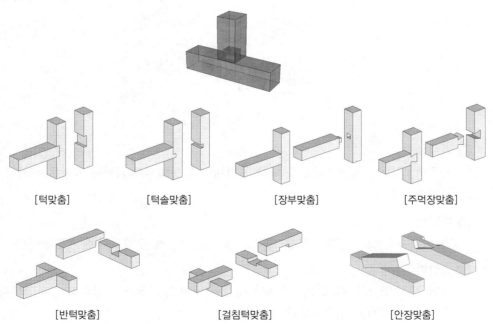

[턱맞춤] [턱솔맞춤] [장부맞춤] [주먹장맞춤]

[반턱맞춤] [걸침턱맞춤] [안장맞춤]

(3) 목구조의 보강철물

각 재료의 맞춤과 이음부를 단단히 고정시키는 재료를 보강철물이라 한다.

❶ 주걱볼트

기둥과 처마도리를 접합

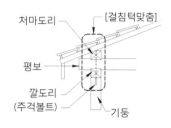

❷ 감잡이쇠

왕대공과 평보를 접합

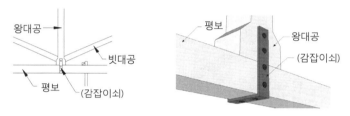

❸ 띠쇠

토대와 기둥, 평기둥과 층도리, ㅅ자보와 왕대공을 접합

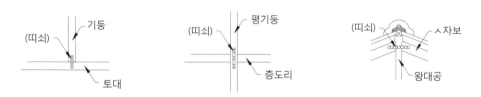

❹ 안장쇠

큰 보와 작은 보를 설치할 때 사용되는 안장모양의 철물

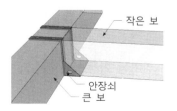

⑤ 꺾쇠

ㅅ자보와 중도리를 접합

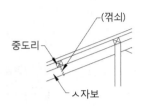

⑥ 듀벨

산지의 일종으로 목재 이음 시 전단력에 저항할 수 있도록 사용되는 철물로 다양한 크기와 모양이 있다.

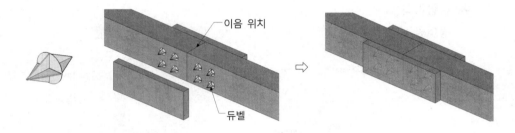

SECTION **8** **한식구조**

(1) 한식공사

❶ 마름질

사용될 부재의 크기에 맞게 치수를 재어 널결이나 직각으로 자르는 일

❷ 치목

부재로 사용할 목재를 깎고 다듬는 일

❸ 바심질

마름질, 대패질을 마치고 목재의 맞춤을 위해 끼워지는 부분을 깎아내는 일

❹ 입주

바심질을 끝낸 목재를 각 위치에 기둥으로 세우고, 보로 거는 등 맞추는 일

❺ 상량

지붕의 보를 올린다는 뜻으로 기둥에 보를 얹고, 마룻대에 해당하는 종도리를 올리는 일

(2) 한식구조의 기둥

주(柱)는 기둥을 뜻한다.

❶ 누주(樓柱)

한식 기둥에서 2층에 배치된 기둥으로 흔히 다락기둥이라고도 한다.

❷ 동자주(童子柱)

보 위에 올리는 짧은 기둥으로 중도리와 종보를 받친다.

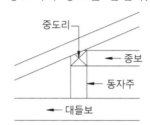

❸ 고주(高柱)

해당 층에서 다른 기둥보다 높은 기둥으로 동자주를 겸하는 기둥이다.

❹ 활주(活柱)

처마 끝 추녀의 뿌리를 받치는 기둥이다.

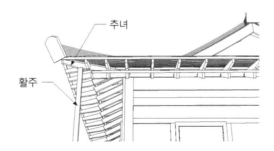

01 목구조의 장점으로 잘못된 것은?

① 비중에 비해 강도가 우수하다.

② 가벼우며 가공이 용이하다.

③ 건식구조에 속하므로 공기가 짧다.

④ 고층 및 대규모 건축에 유리하다.

해설 목재는 비중에 비해 강도는 우수하지만 다른 재료에 비해서는 강도가 약해 고층건물에는 유리하지 않다.

02 기둥을 받치는 부재로 상부의 하중을 분산하여 기초에 전달하는 부재는?

① 말뚝

② 토대

③ 줄기초

④ 층도리

해설 토대는 기둥을 받치는 부재로 상부의 하중을 분산하여 기초에 전달한다.

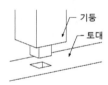

03 아래층에서 위층까지 하나의 부재로 된 기둥으로 구조체 모서리에 배치되는 부재는?

① 통재기둥

② 평기둥

③ 샛기둥

④ 가새

해설 • 평기둥 : 통재기둥 사이에 층도리를 기준으로 각 층별로 배치되는 기둥
• 샛기둥 : 기둥과 기둥 사이에 배치되는 작은 기둥으로 약 40~60cm 간격으로 배치하는 기둥
• 가새 : 기둥의 상부와 기둥의 하부를 대각선 빗재로 고정하는 보강재

04 다음 그림과 같은 한식구조의 벽체구조는?

① 부축벽

② 내력벽

③ 심벽식

④ 평벽식

해설 • 심벽식 : 기둥의 일부가 외부로 노출되는 구조

• 평벽식 : 기둥이 외부로 노출되지 않는 구조

05 내벽(칸막이벽) 하부를 보호하고 장식을 겸하는 벽으로 바닥에서 1~1.5m 높이로 설치하는 벽은?

① 부축벽

② 징두리판벽

③ 걸레받이

④ 비늘판벽

해설 벽체 하부의 목구조 마감

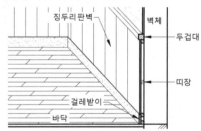

06 징두리판벽의 구성 부재가 아닌 것은?

① 걸레받이

② 두겁대

③ 띠장

④ 선대

해설 선대는 벽과 문 사이의 틈을 막고 장식을 겸하는 마감재다.

07 다음 그림과 같이 기둥이나 샛기둥에 널판을 반턱으로 맞춰 붙인 판벽을 무엇이라 하는가?

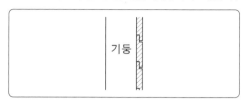

① 징두리판벽　　　② 턱솔비늘판벽

③ 널판벽　　　　　④ 부축벽

해설　• 징두리판벽 : 내벽(칸막이벽) 하부를 보호하고 장식을 겸하는 벽
　　　• 부축벽 : 측압에 견딜 수 있도록 외벽에 설치하는 보강용의 벽

08 동바리마루는 지반에서 최소 얼마 이상 거리를 두어야 하는가?

① 350mm　　　　② 400mm

③ 450mm　　　　④ 500mm

해설　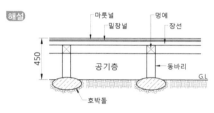

09 다음 마루 그림에서 A부분의 명칭은?

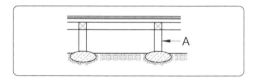

① 멍에　　　　　② 동바리

③ 장선　　　　　④ 밑둥잡이

해설　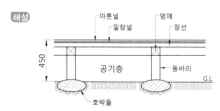

10 공장이나 창고에 사용되는 마루로 호박돌 위에 낮은 높이로 마룻널을 까는 마루는?

① 동바리마루　　　② 보마루

③ 홑마루　　　　　④ 납작마루

해설　• 동바리마루 : 수직부재인 동바리 위에 멍에, 장선을 놓고 마룻널(플로어링 널)로 마감
　　　• 보마루 : 간사이가 2.5~6.4m일 때 보를 걸고 장선을 받혀 설치하는 마루
　　　• 홑마루 : 간사이가 2.5m 이하일 때 보나 멍에를 사용하지 않는 마루

11 문틀을 짜서 중간에 살을 배치해 양면에 판자를 붙인 형식의 문은?

① 양판문　　　　　② 플러시문

③ 판자문　　　　　④ 울거미문

해설　플러시문은 문틀(울거미)을 짜서 중간에 살을 30cm 간격으로 배치해 양면에 판자를 붙인 형식의 문이다.

12 미서기문이나 창의 맞닿는 부분에 방풍을 목적으로 턱솔이나 딴혀를 대어 물려지게 한 것은?

① 풍소란　　　　　② 문선

③ 문홈　　　　　　④ 띠장

해설　풍소란은 미서기문 등 창호의 맞닿는 부분에 방풍을 목적으로 설치한다.

13 계단의 넓이가 1.2m 이상일 경우 디딤판의 처짐, 진동을 막기 위한 계단의 하부 보강재는?

① 챌판　　　　　② 디딤판

③ 계단멍에　　　④ 엄지기둥

해설　• 디딤판 : 발을 딛는 부분의 수평부재
　　　• 챌판 : 디딤판과 디딤판을 연결하는 수직부재
　　　• 엄지기둥 : 난간의 양 끝을 지지하는 굵은 난간동자

정답　7. ②　8. ③　9. ②　10. ④　11. ②　12. ①　13. ③

14 다음 계단 중 계단참이 없는 계단은?

①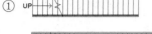

②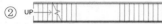

③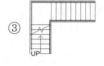

④

🔓힌트 계단참 : 계단에 단의 수가 많은 경우 폭을 넓게 하여 방향을 바꾸거나 쉬어가는 부분

15 중앙에 대공이 있는 양식 지붕틀 구조로 비교적 큰 규모의 지붕에 사용되는 지붕형식은?

① 달대공   ② 빗대공
③ 왕대공   ④ 절충식

해설 • 달대공 : 왕대공 지붕틀의 수직부재
     • 빗대공 : 왕대공 지붕틀의 보강재
     • 절충식 : 구조가 단순하며 소규모에 사용되는 지붕틀 형식

16 왕대공 지붕틀에서 인장재에 해당되지 않는 부재는?

① 평보   ② 왕대공
③ 달대공   ④ 빗대공

해설 • 압축재 : ㅅ자보, 빗대공
     • 인장재 : 평보, 왕대공, 달대공

17 다음 지붕틀 부재 중 걸침턱맞춤이 아닌 것은?

① ㅅ자보   ② 평보
③ 처마도리   ④ 깔도리

해설 ㅅ자보는 평보와 안장맞춤이다.

18 지붕틀 형식 중 지붕구조가 단순하며 소규모 지붕에 사용되는 지붕은?

① 달대공   ② 빗대공
③ 왕대공   ④ 절충식

해설 • 달대공 : 왕대공 지붕틀의 수직부재
     • 빗대공 : 왕대공 지붕틀의 보강재
     • 왕대공 : 중앙에 대공이 있는 양식 지붕틀 구조로, 비교적 큰 규모의 지붕에 사용된다.

19 지붕 물매의 표기방법으로 옳은 것은?

① 3/5   ② 4/6
③ 3/8   ④ 3/10

해설 물매는 지붕의 경사도를 뜻하는 용어로 가로값 10을 기준으로 세로값의 크기로 표기한다

20 지붕 물매 표기 중 되물매에 해당되는 것은?

① 3/10   ② 10/10
③ 15/10   ④ 5/10

해설 • 되물매 : 지붕의 경사가 45°로 물매가 10/10인 경우
     • 된물매 : 지붕의 경사가 45°보다 큰 경우

21 다음 그림의 지붕모양과 일치하는 지붕은?

① 모임지붕   ② 합각지붕
③ 솟을지붕   ④ 박공지붕

해설 • 합각지붕 :

     • 솟을지붕 :

     • 박공지붕 :

정답 14.① 15.③ 16.④ 17.① 18.④ 19.④ 20.② 21.①

22 지붕모양 중 합각지붕을 표시한 평면표시로 옳은 것은?

① 　②

③ 　④

해설 보기 ① : 박공지붕
　　　보기 ③ : 솟을지붕
　　　보기 ④ : 모임지붕

23 목구조의 보강재로 볼 수 없는 것은?

① 귀잡이보　　② 버팀대
③ 가새　　　　④ 토대

해설 토대는 상부의 하중을 기초로 분산시키는 구조재다.

24 재를 직각이나 대각선으로 접합하는 것을 무엇이라 하는가?

① 이음　　　　② 맞춤
③ 붙임　　　　④ 끼움

해설 • 이음 : 재를 길이 방향으로 연속되게 이어서 접합하는 것
　　• 맞춤 : 재를 직각이나 대각선으로 접합하는 것

25 목재 이음에 사용되는 철물로 전단력에 저항을 위해 사용되는 철물은?

① 듀벨　　　　② 띠쇠
③ 꺾쇠　　　　④ 안장쇠

해설 듀벨

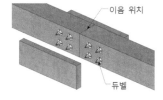

26 한식공사에서 기둥에 보를 얹고, 마룻대에 해당하는 종도리를 올리는 일을 무엇이라 하는가?

① 마름질　　　② 치목
③ 바심질　　　④ 상량

해설 • 마름질 : 사용될 부재의 크기에 맞게 치수를 재어 널결이나 직각으로 자르는 일
　　• 치목 : 부재로 사용할 목재를 깎고 다듬는 일
　　• 바심질 : 마름질, 대패질을 마치고 목재의 맞춤을 위해 끼워지는 부분을 깎아내는 일

27 한옥 기둥을 뜻하는 용어 중 추녀의 뿌리를 받치는 기둥은 무엇인가?

① 고주　　　　② 동자주
③ 활주　　　　④ 누주

해설 • 고주 : 해당 층에서 다른 기둥보다 높은 기둥으로 동자주를 겸하는 기둥
　　• 동자주 : 보 위에 올려 중도리와 종보를 받치는 짧은 기둥
　　• 누주 : 한식 기둥에서 2층에 배치된 기둥

Part
5

정답 **22.** ② **23.** ④ **24.** ② **25.** ① **26.** ④ **27.** ③

04 벽돌, 블록, 돌구조(조적구조)

SECTION 1 벽돌구조

(1) 구조

벽돌구조는 조적식 구조의 하나로 시멘트벽돌, 적벽돌(붉은벽돌), 내화벽돌, 콘크리트 등을 사용해 주요 구조를 구성한다.

❶ 벽돌의 크기와 가공

시멘트벽돌(190×90×57)

내화벽돌(230×114×65)

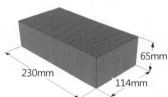

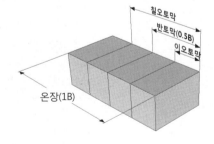

❷ 벽돌조의 구조한계

- 벽돌조 벽체의 두께는 벽 높이의 1/20 이상이어야 한다.
- 벽돌조 기둥의 두께는 기둥 높이의 1/10 이상이어야 한다.
- 벽돌조 내력벽의 최대길이는 10m를 넘을 수 없다.
- 벽돌조의 최상층 내력벽의 높이는 4m를 넘을 수 없다.
- 벽돌조의 내력벽 공간은 80m^{2}를 넘을 수 없다.

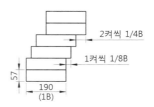

❸ 내쌓기의 한계

- 벽돌을 내쌓기 할 경우 2.0B를 넘을 수 없다.
- 1단씩 내쌓기 할 경우 1/8B 두께로 쌓는다.
- 2단씩 내쌓기 할 경우 1/4B 두께로 쌓는다.

(2) 쌓기법

목적에 따라 벽돌을 길이 방향과 마구리 방향으로 다양하게 쌓을 수 있으며 통줄눈쌓기보다 막힌줄눈쌓기가 하중을 분산시켜 더 튼튼하다.

- 길이쌓기

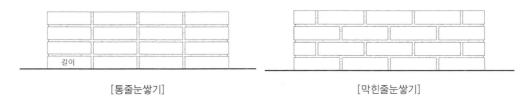

[통줄눈쌓기]   [막힌줄눈쌓기]

- 마구리쌓기

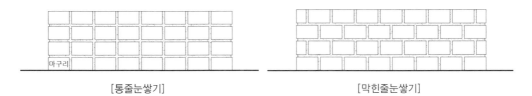

[통줄눈쌓기]   [막힌줄눈쌓기]

❶ 영식(영국식) 쌓기

쌓는 단을 길이와 마구리를 번갈아 가면서 쌓고 벽의 끝단에서 이오토막을 사용해 마무리한다. 영식 쌓기는 가장 튼튼한 쌓기법이다.

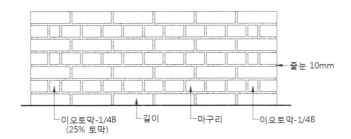

② 화란식(네덜란드식) 쌓기

쌓기법이 영식 쌓기와 동일하나 벽의 끝단에서 칠오토막을 사용해 모서리가 튼튼하다.

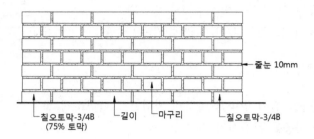

③ 불식(프랑스식) 쌓기

한 단에 마구리와 길이를 번갈아 가며 쌓고 벽의 끝단에 이오토막을 사용한다.

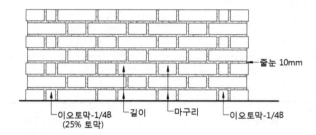

④ 미식(미국식) 쌓기

시작하는 단과 마지막 단에는 마구리쌓기, 중간은 길이로 쌓는 방법으로, 마구리쌓기 끝단에는 이오토막을 사용한다.

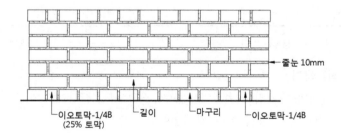

⑤ 영롱쌓기

장식을 목적으로 사각형이나 십자형태로 구멍을 내어 쌓는다.

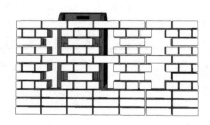

(3) 줄눈의 종류

벽돌 등 조적재료를 쌓을 때마다 시멘트 모르타르를 사용해 쌓는데 이 접합되는 부분을 줄눈이라 한다.

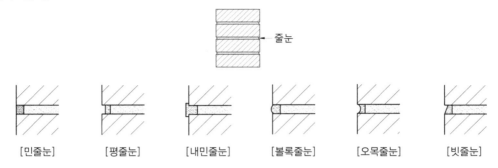

[민줄눈]　　[평줄눈]　　[내민줄눈]　　[볼록줄눈]　　[오목줄눈]　　[빗줄눈]

(4) 쌓기 규정 및 홈 파기

시멘트 모르타르를 사용해 쌓아나간다. 단이 높아질수록 벽돌의 하중을 받아 한 번에 많이 쌓을 수 없다.

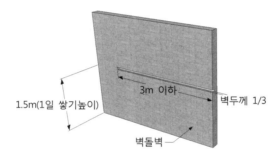

① 1일 벽돌쌓기의 높이는 1.2m 이내, 최대 1.5m를 넘을 수 없다(17~20단).
② 배관 등 설비를 묻기 위한 홈은 길이 3m, 깊이는 벽두께의 1/3을 넘을 수 없다.

(5) 벽돌조 기초

벽돌조와 같은 조적조의 기초는 줄기초(연속기초)가 적합하다.

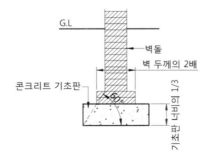

① 벽돌을 사용해 기초를 구성할 경우 콘크리트 기초판의 두께는 기초판 너비의 1/3 정도로 한다 (보통 20~30cm로 한다).

② 벽돌 하부의 길이는 벽두께의 2배 정도로 한다.

③ 벽돌쌓기의 각도는 60° 이상으로 한다.

(6) 벽돌조 테두리보

기본적으로 테두리보의 높이는 벽두께의 1.5배 이상이어야 한다.

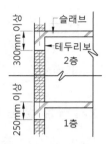

① 1층 테두리보의 높이는 250mm 이상으로 한다.

② 2층 테두리보의 높이는 300mm 이상으로 한다.

③ 테두리보는 벽체를 일체화하여 강성을 높인다.

④ 기초의 부동침하, 지진 등의 피해를 완화시킨다.

⑤ 수축균열을 방지한다.

⑥ 1층 건물의 벽길이 5m 이하, 벽두께가 높이의 1/16 이상은 목조 테두리보가 가능하다.

(7) 공간벽쌓기(단열벽쌓기)

외벽은 벽돌과 벽돌 중간에 공기층, 단열재를 두어 공간벽으로 쌓는다. 벽돌과 벽돌 사이에는 구조의 일체화, 긴결을 목적으로 긴결철물을 설치한다.

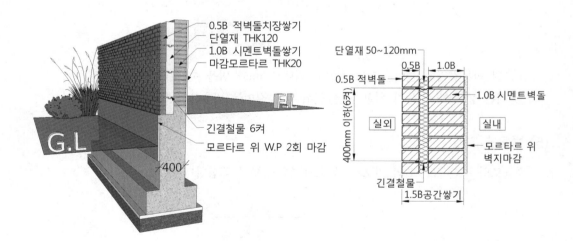

❶ 공간벽에 따른 벽두께

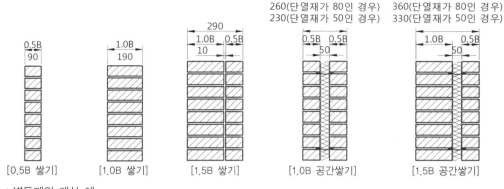

[0.5B 쌓기]   [1.0B 쌓기]   [1.5B 쌓기]   [1.0B 공간쌓기]   [1.5B 공간쌓기]

* 벽두께의 계산 예

단열재가 120mm인 1.5B 공간쌓기의 벽두께 ⇒ 1.0B(190mm) + 단열재(120mm) + 0.5B(90mm) = 400mm

❷ 긴결철물의 설치 거리

수직으로는 40cm 이하, 수평으로는 90cm 이하마다 긴결철물을 설치한다.

❸ 긴결철물의 재료

긴결철물은 띠쇠, #8철선, 철근 등으로 설치할 수 있다.

* '#8'은 철선의 규격으로 단면지름이 4mm인 철선을 사용한다.

(8) 개구부

벽돌구조는 조적구조의 한계로 개구부의 크기가 제한되며, 개구부 크기에 따라 보강재를 설치해야 한다.

① 각 벽의 개구부의 폭은 벽 길이의 1/2을 넘을 수 없다.

② 1.8m를 넘는 창이나 문은 상부에 철근콘크리트 인방을 설치해야 하며, 인방은 해당 벽에 좌우로 각 20cm 이상 걸치도록 해야 한다.

③ 개구부를 상하로 배치할 경우 수직 간에 60cm 이상 거리를 확보해야 한다.

④ 개구부 벽에 대린벽이 교차하는 경우 대린벽 중심에서 벽두께의 2배 이상 거리를 두고 개구부를 설치해야 한다.

⑤ 동일한 벽체에 연속해서 개구부를 두는 경우 개구부 간에 수평거리를 벽두께의 2배 이상 거리를 두고 설치해야 한다.

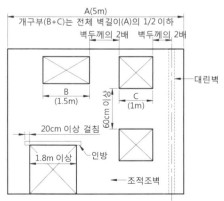

(9) 아치

조적조 구조에서 개구부 상부의 구조를 지지하기 위해 벽돌을 쐐기모양으로 만들어서 곡선적으로 쌓아올리는 구조이다. 아치 구조는 인장력은 받지 않고 압축력만을 받는다.

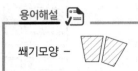

용어해설

쐐기모양 –

① 본아치
벽돌을 쐐기모양으로 제작하여 사용하므로 줄눈의 모양이 일정하다.

② 막만든아치
벽돌을 쐐기모양으로 다듬어 사용해 쌓는다.

③ 거친아치
벽돌을 가공하지 않고 줄눈을 쐐기모양으로 작업해 쌓는다.

④ 층두리아치
아치의 너비가 넓을 경우 여러 겹으로 겹쳐서 쌓는다.

SECTION 2 블록구조

(1) 구조

블록구조는 모르타르로 쌓아올린 조적식 블록구조와 블록 속에 철근과 콘크리트를 부어 넣은 보강블록조로 나누어지며, BI형 블록의 크기는 390×190×100, 390×190×150, 390×190×190 3가지로 나누어진다.

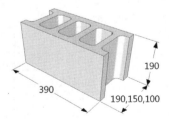

190
390
190,150,100

① 블록조의 벽체두께는 벽 높이의 1/16 이상으로 한다.
② 블록조의 1일 쌓기 높이는 1.5m를 넘지 못한다(7단).

③ 블록조 기초보의 높이는 처마높이의 1/12 이상 또는 60cm 이상으로 하며 단층인 경우는 45cm 이상으로 한다.

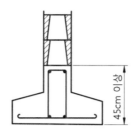

[단층 건물의 기초높이]

④ 블록조의 내력벽 길이는 10m 이하로 하며 초과 시 부축벽이나 붙임기둥을 설치한다.
⑤ 블록조 최상층의 벽 높이는 4m를 넘지 못한다.

(2) 보강블록조

보강블록은 블록 속에 철근과 콘크리트를 부어 넣은 구조이다.

① 보강블록조의 벽체두께는 15cm 이상으로 한다.
② 보강블록조의 벽량은 $15cm/m^2$ 이상으로 한다.
③ 철근배근의 정착길이
  • 모서리 D13, 그 외 D10
  • 세로철근 테두리보의 40d
  • 가로철근 40d, 이음 25d

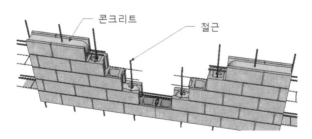

용어해설

벽량 : 내력벽의 길이를 바닥면적으로 나눈 값
　　　 벽량＝내력벽의 전체 길이/해당 층의 바닥면적

(3) 거푸집 블록조

ㄱ자형, ㄷ자형, T자형, ㅁ자형 등으로 살의 두께가 얇고 속이 빈 블록구조로 쌓은 구조로 콘크리트의 거푸집으로 사용된다.

❶ 단점

- 시공품질에 대한 판단이 어렵다.
- 부어넣기 이음새가 많고 강도가 좋지 않다.
- 충분한 다짐이 어렵다.

❷ 장점

- 블록 속에 콘크리트를 부어 넣어 수직하중과 수평하중에 저항한다.
- 거푸집으로 시공한 블록을 해체하지 않아도 된다.

SECTION 3 돌구조

(1) 구조

돌구조는 외관이 장중하고 압축강도가 크지만 인장강도는 약한 구조이다.

(2) 쌓기법

❶ 바른층쌓기

벽돌과 블록처럼 일정한 높이로 수평이 맞도록 규칙적으로 쌓는다.

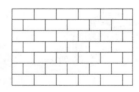

❷ 허튼층쌓기

규칙이 없이 쌓는 방법으로 막쌓기라고도 한다.

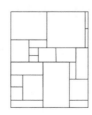

❸ 층지어쌓기

허튼층쌓기와 유사하지만 가로 줄눈을 수평이 되게 쌓는다.

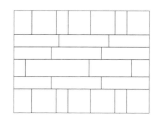

(3) 석재의 부분별 명칭

❶ 인방돌

창문이나 문 개구부 상부에 하중 분산을 목적으로 올리는 돌

❷ 창대돌

창문틀 밑에 대어 창문을 받치는 돌

❸ 쌤돌

창문 양쪽 수직면에 대어 마감하는 돌

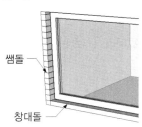

❹ 이맛돌

반원 아치 가운데 끼워 넣는 돌

01 벽돌조와 같은 조적식 구조에 적합한 기초는?

① 줄기초   ② 온통기초

③ 독립기초   ④ 복합기초

해설 벽돌조와 같은 조적조의 기초는 줄기초(연속기초)가 적합하다.

02 벽돌조 기초에서 기초 하부의 콘크리트 기초판의 두께는 너비의 얼마 정도인가?

① 1/2   ② 1/3

③ 1/4   ④ 1/5

해설 기초판의 두께

03 다음 그림은 콘크리트 줄기초이다. 기초판 A의 두께로 적절한 것은?

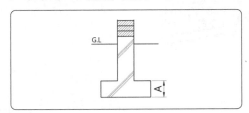

① 5cm   ② 10cm

③ 15cm   ④ 20cm

해설 콘크리트 줄기초의 기초판은 보통 20~30cm로 한다.

04 벽돌쌓기의 종류 중에서 모서리 부분에 반절 또는 이오토막을 사용하면서 가장 튼튼한 쌓기법은?

① 영식 쌓기   ② 미식 쌓기

③ 화란식 쌓기   ④ 불식 쌓기

해설
- 네덜란드식(화란식) 쌓기 : 쌓기법이 영식 쌓기와 동일하나 벽의 끝단에서 칠오토막을 사용
- 불식(프랑스식) 쌓기 : 한 단에 마구리와 길이를 번갈아 가며 쌓고 벽의 끝단에 이오토막을 사용
- 영식(영국식) 쌓기 : 쌓는 단을 길이와 마구리를 번갈아 가면서 쌓고 벽의 끝단에서 이오토막을 사용
- 미식(미국식) 쌓기 : 시작하는 단과 마지막 단에는 마구리쌓기, 중간은 길이로 쌓는 방법으로, 마구리 쌓기 끝단에는 이오토막을 사용

05 벽돌쌓기의 종류 중에서 모서리 부분에 칠오토막을 사용하는 쌓기법은?

① 영식 쌓기   ② 미식 쌓기

③ 화란식 쌓기   ④ 불식 쌓기

해설
- 네덜란드식(화란식) 쌓기 : 쌓기법이 영식 쌓기와 동일하나 벽의 끝단에서 칠오토막을 사용
- 불식(프랑스식) 쌓기 : 한 단에 마구리와 길이를 번갈아 가며 쌓고 벽의 끝단에 이오토막을 사용
- 영식(영국식) 쌓기 : 쌓는 단을 길이와 마구리를 번갈아 가면서 쌓고 벽의 끝단에서 이오토막을 사용
- 미식(미국식) 쌓기 : 시작하는 단과 마지막 단에는 마구리쌓기, 중간은 길이로 쌓는 방법으로, 마구리 쌓기 끝단에는 이오토막을 사용

06 벽돌벽 구조 중 방음, 방습, 단열을 목적으로 벽돌을 이중으로 하고 중간에 공기층을 두어 쌓는 방식은?

① 층지어쌓기   ② 층두리쌓기

③ 공간쌓기   ④ 내쌓기

정답 1.① 2.② 3.④ 4.① 5.③ 6.③

해설 공간벽쌓기(단열벽쌓기)
외벽은 벽돌과 벽돌 중간에 공기층, 단열재를 두어 공간벽으로 쌓는다. 벽돌과 벽돌 사이에는 구조의 일체화, 긴결을 목적으로 긴결철물을 설치한다.

07 다음 줄눈의 그림과 명칭이 옳은 것은?

① 평줄눈 –

② 민줄눈 –

③ 볼록줄눈 –

④ 빗줄눈 –

해설 보기 ①의 명칭 : 민줄눈
보기 ②의 명칭 : 평줄눈
보기 ③의 명칭 : 내민줄눈

08 벽돌조에서 콘크리트 웃인방을 설치해야 하는 문골의 너비로 적절한 것은?

① 1.5m 이상   ② 1.8m 이상
③ 2m 이상   ④ 2.5m 이상

해설 1.8m를 넘는 창이나 문은 상부에 철근콘크리트 인방을 설치해야 하며, 인방은 해당 벽에 좌우로 각 20cm 이상 걸치도록 해야 한다.

09 벽돌조로 구성된 개구부 사이의 수직 간 거리는 얼마 이상 간격을 두어야 하는가?

① 40cm 이상   ② 50cm 이상
③ 60cm 이상   ④ 70cm 이상

해설 개구부를 상하로 배치할 경우 수직 간에 60cm 이상 거리를 확보해야 한다.

10 조적식 구조에서 대린벽으로 구획된 벽은 개구부 폭을 얼마 이하로 해야 하는가?

① 벽 길이의 1/2 이하
② 벽 길이의 1/3 이하
③ 벽 길이의 1/5 이하
④ 상관없음

해설 각 벽의 개구부의 폭은 벽 길이의 1/2을 넘을 수 없다.

11 조적구조에서 내력벽으로 구성된 바닥면적은 최대 얼마인가?

① $50m^2$ ② $60m^2$
③ $70m^2$ ④ $80m^2$

해설 조적구조에서 내력벽으로 둘러싸인 바닥면적은 $80m^2$ 이내로 한다.

12 조적식으로 구성한 벽의 설명으로 잘못된 것은?

① 벽돌조 벽체의 두께는 벽 높이의 1/12 이상이어야 한다.
② 벽돌조 내력벽의 최대길이는 10m를 넘을 수 없다.
③ 벽돌조의 최상층 내력벽의 높이는 4m를 넘을 수 없다.
④ 벽돌조의 내력벽 공간은 $80m^2$를 넘을 수 없다.

해설 벽돌조 벽체의 두께는 벽 높이의 1/20 이상이어야 한다.

13 벽돌조의 벽체두께는 벽 높이의 얼마 이상으로 해야 하는가?

① 1/10   ② 1/12
③ 1/15   ④ 1/20

해설 벽돌조 벽체의 두께는 벽 높이의 1/20 이상이어야 한다.

정답 7. ④   8. ②   9. ③   10. ①   11. ④   12. ①   13. ④

Part **5**

14 벽돌구조의 외벽을 1.5B 공간쌓기(단열재 80)로 할 경우 벽의 두께로 적절한 것은?

① 280 　　　　② 360

③ 370 　　　　④ 380

🔒힌트 1.5B 공간쌓기의 벽두께(단열재 80mm)
= 1.0B(190mm) + 단열재 + 0.5B(90mm)

15 조적구조에 사용되는 연결철물(긴결재)의 설치 간격으로 옳은 것은?

① 수직 : 40cm 이하, 수평 : 90cm 이하

② 수직 : 90cm 이하, 수평 : 40cm 이하

③ 수직 : 60cm 이하, 수평 : 90cm 이하

④ 수직 : 90cm 이하, 수평 : 60cm 이하

해설 긴결철물의 설치거리
수직으로는 40cm 이하, 수평으로는 90cm 이하마다 긴결철물을 설치한다.

16 벽돌조에서 배관설치를 위한 벽의 홈파기에 대한 설명으로 옳은 것은?

① 홈은 길이 1m, 깊이는 벽두께의 1/6을 넘을 수 없다.

② 홈은 길이 2m, 깊이는 벽두께의 1/5을 넘을 수 없다.

③ 홈은 길이 3m, 깊이는 벽두께의 1/4을 넘을 수 없다.

④ 홈은 길이 3m, 깊이는 벽두께의 1/3을 넘을 수 없다.

해설 벽돌조에서 배관 등 설비를 묻기 위한 홈은 길이 3m, 깊이는 벽두께의 1/3을 넘을 수 없다.

17 벽돌쌓기에서 내쌓기의 최대한계는 얼마인가?

① 1.0B 　　　　② 2.0B

③ 2.5B 　　　　④ 3.0B

해설 벽돌을 내쌓기할 경우 2.0B를 넘을 수 없다.

18 돌구조 개구부 상부에 걸쳐대어 하중을 분산시키는 수평부재는?

① 쌤돌 　　　　② 인방돌

③ 창대돌 　　　④ 호박돌

해설 • 쌤돌 : 창문 양쪽 수직면에 대어 마감하는 돌
• 창대돌 : 창문틀 밑에 대어 창문을 받치는 돌
• 호박돌 : 300mm 정도의 둥근 돌로 동바리마루 기초에 사용
• 인방돌 : 창문이나 문 개구부 상부에 하중 분산을 목적으로 올리는 돌

19 돌구조에서 창의 수직 모서리 양쪽에 세워서 쌓는 돌을 무엇이라 하는가?

① 쌤돌 　　　　② 인방돌

③ 창대돌 　　　④ 호박돌

해설 • 쌤돌 : 창문 양쪽 수직면에 대어 마감하는 돌
• 창대돌 : 창문틀 밑에 대어 창문을 받치는 돌
• 호박돌 : 300mm 정도의 둥근 돌로 동바리마루 기초에 사용
• 인방돌 : 창문이나 문 개구부 상부에 하중 분산을 목적으로 올리는 돌

20 보강블록조 기초의 하부 콘크리트 D의 높이로 적절한 것은?

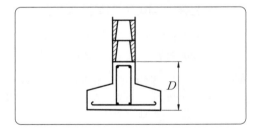

① 35cm 이상 　　② 40cm 이상

③ 45cm 이상 　　④ 50cm 이상

해설 블록조 기초보의 높이는 처마높이의 1/12 이상 또는 60cm 이상으로 하며 단층인 경우는 45cm 이상으로 한다.

21 보강블록조의 내력벽 두께는 최소 얼마 이상이어야 하는가?

① 15cm 이상 　② 20cm 이상
③ 25cm 이상 　④ 30cm 이상

해설 보강블록조의 벽체두께는 15cm 이상으로 한다.

22 보강블록조의 내력벽 벽량은 얼마 이상이어야 하는가?

① 15cm/m^2 　② 20cm/m^2
③ 25cm/m^2 　④ 30cm/m^2

해설 보강블록조의 벽량은 15cm/m^2 이상으로 한다.

23 보강블록조의 바닥면적이 40m^{2}일 때 내력벽의 길이는 얼마인가?

① 5m 이상 　② 6m 이상
③ 7m 이상 　④ 8m 이상

🔓힌트 벽량(15cm/m^2)＝내력벽의 전체 길이/해당 층의 바닥면적

24 돌쌓기 방법 중 규칙 없이 줄눈이 고르지 않게 쌓는 방법으로 막쌓기라고도 하는 쌓기법은?

① 바른층쌓기 　② 허튼층쌓기
③ 층지어쌓기 　④ 층두리쌓기

해설 • 바른층쌓기 : 벽돌과 블록처럼 일정한 높이로 수평이 맞도록 규칙적으로 쌓는다.
• 층지어쌓기 : 허튼층쌓기와 유사하지만 가로 줄눈을 수평이 되게 쌓는다.

25 벽돌쌓기 방법 중 상부 하중을 분산시켜 튼튼하게 쌓을 수 있는 쌓기는?

① 길이쌓기 　② 마구리쌓기
③ 통줄눈쌓기 　④ 막힌줄눈쌓기

해설 목적에 따라 벽돌을 길이 방향과 마구리 방향으로 다양하게 쌓을 수 있으며 통줄눈쌓기보다 막힌줄눈쌓기가 하중을 분산시켜 더 튼튼하다.

26 아치쌓기 중 벽돌을 쐐기모양으로 제작하여 사용하는 아치는?

① 본아치 　② 막만든아치
③ 거친아치 　④ 층두리아치

해설 • 막만든아치 : 벽돌을 쐐기모양으로 다듬어 사용해 쌓는다.
• 거친아치 : 벽돌을 가공하지 않고 줄눈을 쐐기모양으로 작업해 쌓는다.
• 층두리아치 : 아치의 너비가 넓을 경우 여러 겹으로 겹쳐서 쌓는다.

Part **5**

정답 **21.** ① **22.** ① **23.** ② **24.** ② **25.** ④ **26.** ①

철근콘크리트구조

CHAPTER 05

SECTION 1 철근콘크리트구조(reinforced concrete construction)

(1) 구조

압축력에 강한 콘크리트에 인장력을 보완하기 위해 철근을 뼈대로 구성한 구조이다.

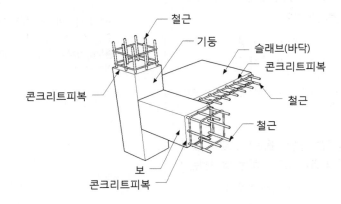

(2) 특성

❶ 장점

- 부재의 크기, 형상을 제한 없이 자유롭게 구성할 수 있다.
- 철근을 콘크리트로 피복한 일체식 구조로 내화성, 내구성, 내진성, 내풍성이 우수하다.
- 콘크리트와 철근의 특성을 보완한 구조로 압축력과 인장력에 모두 강하다.

❷ 단점

- 철근콘크리트는 시공 시 날씨의 영향을 많이 받는다.
- 콘크리트는 날씨 등 양생조건이 나쁘면 강도에 영향을 주고, 균일한 시공이 어렵다.
- 물을 사용한 습식구조로 공기가 길다.

철근콘크리트구조의 종류

(1) 라멘구조

기둥, 보, 슬래브가 일체화되어 건축물의 하중에 저항하는 구조

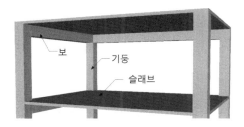

(2) 벽식구조

기둥과 보가 없고 슬래브와 벽을 일체화시킨 구조로 아파트에 많이 사용된다.

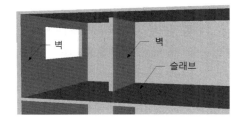

(3) 무량판구조(플랫슬래브)

보를 없애는 대신 슬래브의 두께를 150mm 이상 두껍게 하여 하중에 저항하는 구조로 천장의 공간을 확보하고 층고를 낮게 할 수 있다. 슬래브와 기둥의 접합부는 드롭패널(지판)과 캐피털 (주두)로 구성된다.

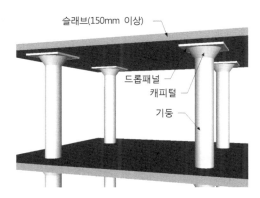

Part 5

(1) 철근

❶ 원형철근

표면에 돌기가 없는 매끈한 철근으로 봉강이라고도 한다.

❷ 이형철근

철근의 표면에 마디와 리브라는 돌기가 있어 콘크리트와의 부착응력이 높은 철근이다.

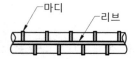

❸ 철근의 표기

원형철근의 지름은 ϕ, 이형철근은 D(Deformed−bar)로 표기하고 @는 재의 간격이다.
㉙ 지름 13mm 이형철근을 250mm 간격으로 배근

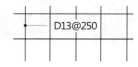

(2) 철근의 이음

❶ 겹침이음의 이음길이

- 철근이 길이가 부족하여 이어야 할 경우 겹쳐지는 부분의 길이를 뜻하며 결속선을 사용해 이음한다.
- D35 이상의 철근은 겹침이음을 하지 않는다.
- 이음길이는 압축력을 받는 부분은 25d 이상, 인장력을 받는 부분에서는 40d 이상으로 한다.

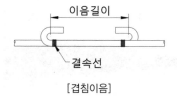

[겹침이음]

❷ 철근 이음의 종류

철근의 이음은 겹침이음 외에도 나사이음, 용접이음과 슬리브 압착이음, 슬리브 충전이음 등이 있다.

(3) 철근의 사용과 부착강도

① 가는 철근을 여러 개 사용하면 콘크리트의 단면을 크게 하지 않고도 부착강도를 높일 수 있다.
② 철근은 주로 D10~D25 규격을 많이 사용한다.
③ 응력이 발생되는 곳은 철근의 배근 간격을 촘촘히 한다.
④ 부착강도는 콘크리트의 압축강도, 철근의 주장(둘레), 정착길이에 비례한다.

(4) 철근의 정착

콘크리트에 고정시키기 위해 일정 길이만큼 꺾어 묻는 것을 정착이라 한다. 인장정착은 300mm 이상, 압축정착은 200mm 이상 정착시킨다.

❶ 정착위치
- 기둥 철근 : 기초
- 보 철근 : 기둥
- 작은 보 철근 : 보
- 벽 철근 : 기둥, 보, 바닥
- 슬래브 철근 : 보, 벽

❷ 정착기준

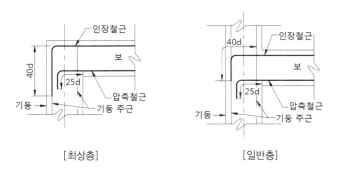

[최상층]   [일반층]

용어해설

- 40d : 철근 지름의 40배
- D25 : 지름 25mm 이형철근

(5) 거푸집

콘크리트구조물을 일정한 크기로 만들기 위해 설치하는 틀을 거푸집이라 한다. 철제 거푸집의 경우 여러 번 사용할 수 있지만 알칼리에 의한 오염가능성이 높고, 목재 거푸집은 사용 가능횟수가 적지만 오염의 가능성은 낮다.

❶ 거푸집의 조건
- 형상과 치수가 정확하고 변형이 없어야 한다.
- 외력에 손상되지 않도록 내구성이 있어야 한다.
- 조립 및 제거가 용이하고 반복적으로 재사용할 수 있는 것이 좋다.
- 거푸집의 간격을 유지하기 위해 부속철물로 세퍼레이터(격리재)를 사용한다.

❷ 거푸집 재료에 따른 사용횟수
- 쪽널 거푸집 : 약 3회
- 합판 거푸집 : 약 5회
- 철제 거푸집 : 약 100회

SECTION 4 콘크리트의 피복과 기초

(1) 콘크리트의 피복

콘크리트 피복은 철근의 부식을 방지하고 화재 시 고온으로 인해 강도가 저하되는 것을 막는다.

❶ 피복두께

콘크리트가 철근을 감싸고 있는 두께를 뜻하며, 콘크리트 표면에서 가장 가까운 철근까지의 거리를 피복두께라 한다.

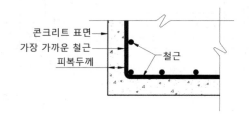

❷ 부분별 피복두께

피복두께는 슬래브(바닥) < 기둥 < 기초 순으로 두껍다.

구분	기초	기둥, 보	슬래브, 벽	기타
흙에 접하는 부분	8cm	–	–	수중타설하는 경우 10cm 이상
흙에 접하지 않는 부분	–	4cm	2cm 이상	

(2) 기초

❶ 기초보(지중보)

독립기초에서 기초와 기초를 연결하는 보를 말한다. 기초보로 연결된 기초는 움직임을 억제하여 단단하게 연결되고 부동침하를 방지한다.

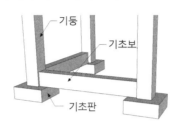

SECTION **5** 기둥

(1) 기둥의 철근

기둥은 장방형(사각) 기둥과 원형 기둥으로 구분된다.

❶ 기둥의 철근 수량

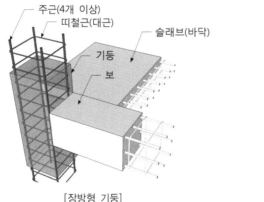

[장방형 기둥]

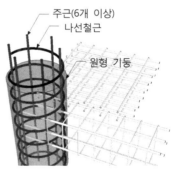

[원형 기둥]

❷ 기둥의 철근 배근

- 기둥의 주근은 D13 이상을 사용한다.
- 수직으로 뻗은 주근의 좌굴을 방지하기 위해 띠철근(대근), 나선철근을 배근해야 한다.
- 주근의 간격은 철근 지름의 1.5배 이상, 25mm 이상, 자갈 최대지름의 1.25배 이상으로 해야 한다.
- 띠철근의 배근은 주근 지름의 16배 이하, 띠철근 지름의 48배 이하, 기둥 단면의 최소 폭이하 중 가장 작은 값으로 한다.

(2) 기둥의 크기와 배치

① 기둥의 최소 단면적은 600cm² 이상으로 한다.
② 기둥의 최소 단면치수는 20cm 이상, 기둥 간사이의 1/15 이상으로 한다.
③ 4개의 기둥으로 30m² 내외의 바닥면적을 지지할 수 있다.
④ 상층과 하층의 기둥은 동일한 위치에 오도록 배치한다.

SECTION 6 보

(1) 보의 철근

보의 철근은 주근과 늑근(스터럽)으로 구분된다.

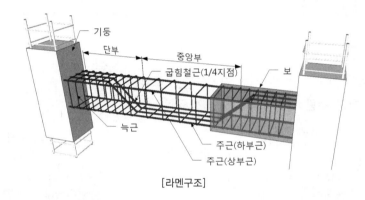

[라멘구조]

❶ 보의 철근 배근

- 보의 주근은 D13 이상을 사용한다.
- 주근의 간격은 25mm 이상, 자갈 최대지름의 1.25배 이상, 철근 공칭지름의 1.5배 이상으로 한다.
- 주근의 이음 위치는 인장력과 휨응력이 가장 작은 위치에서 이음한다.
- 주근은 단부에서는 상부에 많이 배근하고 중앙부는 하부에 많이 배근한다.

> **용어해설** 📝
>
> 공칭지름 : 이형철근의 단위길이 무게와 같은 원형철근의 지름

❷ 늑근(스터럽)

- 보의 전단력에 대한 저항강도를 높이기 위해 사용된다.
- 늑근은 D6 이상의 철근을 사용하며 중앙부보다 양단부에 많이 배근한다.
- 늑근의 갈고리(hook) 구부림 각도는 90~135°로 한다.

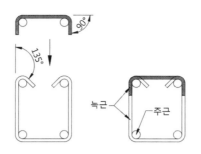

용어해설

전단력 : 부재의 직각 방향으로 힘이 작용했을 때 부재를 절단하는 힘

❸ **단순보**

1개의 부재가 2개 지점에 지지되어 걸쳐진 보

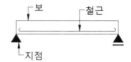

❹ **연속보**

3개 이상의 지점에 고정되어 지지하는 보

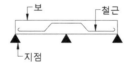

❺ **내민보**

보의 지지점 외부로 돌출되어 캔틸레버 형식으로 된 보로 한 부분만 고정된다.

(2) 보의 크기와 배치

❶ 철근콘크리트보의 춤(높이)은 기둥 간사이의 1/10~1/12로 한다.

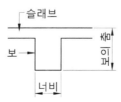

❷ 작은 보의 배치는 중앙부의 집중하중을 줄이기 위해 큰 보 사이에 짝수로 배치한다.

❸ 헌치

보의 양단부인 기둥과 교차되는 부분은 중앙부보다 단면을 크게 하여 보의 휨, 전단력에 대한 저항강도를 높이기 위해 사용된다. 구조가 노출되는 공간에서는 시각적으로 안정감을 주는 효과도 있다.

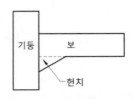

SECTION 7 **바닥(슬래브)**

슬래브(slab)는 연직하중을 받는 넓은 판상형 부재를 일컫는 말로 주로 철근콘크리트로 된 바닥을 뜻한다.

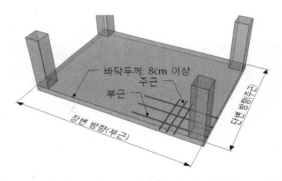

(1) 슬래브의 철근

① 슬래브는 단변과 장변으로 구분되며 단변 방향에 주근, 장변 방향에는 부근(배력근)을 배근한다.
② 슬래브는 D10 이상의 철근으로 배근한다.
③ 단변 방향의 철근은 20cm 이하, 장변 방향의 철근은 30cm 이하로 배근한다.
④ 장변과 단변의 굽힘 철근 위치는 단변의 1/4 지점에서 배근한다.

(2) 슬래브의 크기와 형태

① 철근콘크리트 2방향 슬래브의 최소두께는 8cm 이상으로 한다.

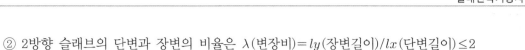

② 2방향 슬래브의 단변과 장변의 비율은 λ(변장비)$= ly$(장변길이)$/lx$(단변길이)≤ 2
→ 장변 방향의 길이가 단변 방향 길이의 2배보다 작거나 같은 길이
③ 1방향 슬래브 변장비는 $\lambda > 2$이며 최소두께는 10cm 이상으로 한다.

SECTION 8 벽체

(1) 벽체의 철근

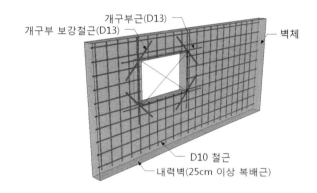

① 내력벽은 D10 이상의 철근으로 배근한다.
② 개구부에는 D13 이상의 철근을 2개 이상 사용하여 보강한다.
③ 내력벽의 두께가 25cm 이상인 경우 복배근으로 한다.

[단배근]   [복배근]

(2) 벽체의 두께와 배치

① 지하실 내력벽, 기초 벽의 두께는 최소 20cm 이상으로 한다.
② 내력벽의 두께는 수직이나 수평 지지점 간의 거리 중 짧은 거리의 1/25 이상, 100mm 이상으로 한다.
③ 내진벽의 위치는 상층과 하층의 위치가 같도록 배치한다.

01 철근콘크리트의 구조원리에 대한 설명으로 틀린 것은?

① 콘크리트와 철근이 강력하게 부착되어 철근의 좌굴을 방지한다.

② 콘크리트는 인장에 저항하고 철근은 압축력에 저항한다.

③ 콘크리트와 철근의 열팽창계수는 거의 동일하다.

④ 콘크리트가 철근을 피복하여 내화성, 내구성이 우수하다.

해설 콘크리트는 압축력에 저항하고 철근은 인장력에 저항한다.

02 철근콘크리트의 특징으로 옳은 것은?

① 물을 사용한 습식구조로 공기가 길어질 수 있다.

② 부재의 크기, 형상을 자유롭게 구성할 수 없다.

③ 압축력에는 강하지만 인장력에 취약한 구조이다.

④ 날씨 등 양생조건에 관계없이 균일한 시공을 할 수 있다.

해설 철근콘크리트구조의 단점
• 철근콘크리트는 시공 시 날씨의 영향을 많이 받는다.
• 콘크리트는 날씨 등 양생조건이 나쁘면 강도에 영향을 주고, 균일한 시공이 어렵다.
• 물을 사용한 습식구조로 공기가 길다.

03 철근콘크리트구조의 종류로 볼 수 없는 것은?

① 라멘구조　　② 벽식구조

③ 무량판구조　　④ 트러스구조

해설 트러스구조는 철골구조의 종류로 분류된다.

04 플랫슬래브는 보를 없애고 슬래브의 두께를 두껍게 한 구조이다. 슬래브의 두께로 적절한 것은?

① 80mm　　② 100mm

③ 120mm　　④ 150mm

해설 무량판구조(플랫슬래브)
보를 없애는 대신 슬래브의 두께를 150mm 이상 두껍게 하여 하중에 저항하는 구조로 천장의 공간을 확보하고 층고를 낮게 할 수 있다.

05 옥외의 공기와 흙에 접하지 않는 부분의 철근콘크리트보는 피복두께를 얼마 이상으로 하는가?

① 40mm　　② 30mm

③ 20mm　　④ 10mm

해설 콘크리트의 부분별 피복두께

구분	기초	기둥, 보	슬래브, 벽	기타
흙에 접하는 부분	8cm			수중타설 하는 경우 10cm 이상
흙에 접하지 않는 부분		4cm	2cm 이상	

06 철근콘크리트의 피복두께가 큰 부분부터 나열된 것은?

① 기초 > 바닥 > 기둥

② 기둥 > 바닥 > 기초

③ 기둥 > 기초 > 바닥

④ 기초 > 기둥 > 바닥

정답 1.② 2.① 3.④ 4.④ 5.① 6.④

해설 피복두께는 슬래브(바닥)<기둥<기초의 순으로 두껍다.

07 다음 거푸집의 설명으로 잘못된 것은?

① 목재 거푸집은 오염의 가능성이 크고 강재 거푸집은 적다.
② 거푸집은 콘크리트의 형태를 유지시키고 굳지 않은 콘크리트를 보호한다.
③ 지반이 무르거나 좋지 않으면 기초 거푸집을 설치한다.
④ 철제 거푸집의 경우 약 100회 정도 사용이 가능하다.

해설 철제 거푸집의 경우 여러 번 사용할 수 있지만 알칼리에 의한 오염가능성이 높고, 목재 거푸집은 사용가능횟수가 적지만 오염의 가능성은 낮다.

08 거푸집의 간격을 유지하기 위해 사용되는 부속철물은?

① 듀벨　　　　② 세퍼레이터
③ 띠장　　　　④ 띠쇠

해설 거푸집의 간격을 유지하기 위해 부속철물로 세퍼레이터(격리재)를 사용한다.

09 철근콘크리트보에 사용되는 철근의 최소 지름은?

① D9　　　　② D10
③ D13　　　　④ D16

해설 보의 주근은 D13 이상을 사용한다.

10 철근콘크리트보의 주철근 간격으로 옳은 것은?

① 주근 지름의 1.25배
② 자갈 최대지름의 1.5배
③ 2.5cm 이상
④ 기둥 단면의 최소치수 이상

해설 주근의 간격은 25mm 이상, 자갈 최대지름의 1.25배 이상, 철근 공칭지름의 1.5배 이상으로 한다.

11 철근콘크리트보에 늑근을 배근하는 가장 큰 이유는?

① 철근과 콘크리트의 부착력 증가
② 휨모멘트에 저항
③ 전단력에 저항
④ 압축력에 저항

해설 늑근(스터럽)은 보의 전단력에 대한 저항강도를 높이기 위해 사용된다.

12 철근콘크리트보에 발생되는 전단력에 저항하기 위해 배근하는 철근은?

① 띠철근　　　　② 나선형 철근
③ 대근　　　　④ 스터럽

해설 늑근(스터럽)은 보의 전단력에 대한 저항강도를 높이기 위해 사용된다.

13 철근콘크리트보에 대한 설명으로 옳지 않은 것은?

① 보에 하중이 가해지면 휨모멘트와 전단력이 생긴다.
② 보의 헌치는 압축력에 대한 저항강도를 높인다.
③ 보의 늑근은 전단력에 대한 저항강도를 높인다.
④ 보의 주근은 D13 이상을 사용한다.

해설 헌치 : 보의 양단부인 기둥과 교차되는 부분은 중앙부보다 단면을 크게 하여 보의 휨, 전단력에 대한 저항강도를 높이기 위해 사용된다.

14 철근콘크리트구조에서 보의 춤은 기둥 간사이의 얼마가 적절한가?

① 1/10~1/12　　　　② 1/12~1/15
③ 1/15~1/20　　　　④ 1/20~1/25

해설 철근콘크리트보의 춤(높이)은 기둥 간사이의 1/10~1/12로 한다.

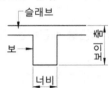

15 보의 양단부 단면을 크게 하여 휨, 전단력에 저항하기 위한 부분을 무엇이라 하는가?

① 스터럽
② 헌치
③ 슬래브
④ 후프

해설

16 작은 보를 배치할 때 큰 보 사이에 짝수로 배치하는 이유로 적절한 것은?

① 비용감소
② 공기단축
③ 집중하중 감소
④ 시공의 용이

해설 작은 보의 배치는 중앙부의 집중하중을 줄이기 위해 큰 보 사이에 짝수로 배치한다.

17 철근콘크리트보에서 주근의 이음 위치로 가장 적절한 것은?

① 휨모멘트와 인장력이 작게 발생되는 위치
② 압축력과 인장력이 강하게 발생되는 위치
③ 단부와 가까운 곳
④ 시공하기 용이한 곳

해설 주근의 이음 위치는 인장력과 휨응력이 가장 작은 위치에서 이음한다.

18 철근의 표면에 부착력을 높이기 위한 돌기를 무엇이라 하는가?

① 마디, 리브
② 스터럽, 마디
③ 마디, 헌치
④ 리브, 스터럽

해설 철근의 표면에 마디와 리브라는 돌기가 있어 콘크리트와의 부착응력이 높은 철근이다.

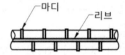

19 철근의 정착길이로 올바른 것은?

① 인장정착 : 100mm, 압축정착 : 200mm
② 인장정착 : 200mm, 압축정착 : 300mm
③ 인장정착 : 300mm, 압축정착 : 200mm
④ 인장정착 : 200mm, 압축정착 : 100mm

해설 콘크리트에 고정시키기 위해 일정 길이만큼 꺾어 묻는 것을 정착이라 한다. 인장정착은 300mm 이상, 압축정착은 200mm 이상 정착시킨다.

20 다음 그림과 같은 일반층에서 A부분의 철근과 B부분의 정착길이로 옳은 것은?

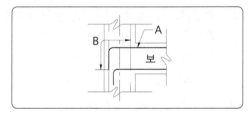

① A : 압축철근, B : 25d
② A : 인장철근, B : 25d
③ A : 압축철근, B : 40d
④ A : 인장철근, B : 40d

해설 A철근은 인장철근이며 '40d'는 철근 지름의 40배를 뜻한다.

21 철근콘크리트 연속보의 배근으로 적절한 배근법은?

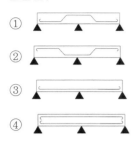

해설 연속보 : 3개 이상의 지점에 고정되어 지지하는 보

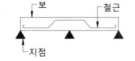

22 다음 그림과 같이 철근을 배근하는 보는?

① 연속보　② 단순보
③ 작은 보　④ 큰 보

해설 단순보 : 1개의 부재가 2개 지점에 지지되어 걸쳐진 보

23 철근콘크리트의 피복두께로 옳은 것은?

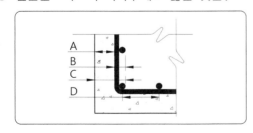

① A　② B
③ C　④ D

힌트 콘크리트가 철근을 감싸고 있는 두께를 뜻하며, 콘크리트 표면에서 가장 가까운 철근까지의 거리를 피복두께라 한다.

24 철근의 겹침 길이와 정착길이의 결정요인으로 볼 수 없는 것은?
① 철근의 종류
② 콘크리트의 강도
③ 갈고리의 유무
④ 기능공의 숙련도

해설 기능공의 숙련도는 철근의 가공 및 시공과 연관되며, 겹침 및 정착길이와는 관계가 없다.

25 이형철근의 압축측 정착에 대한 내용으로 올바른 것은?
① 정착길이는 철근의 항복강도가 클수록 길어진다.
② 정착길이는 철근의 항복강도가 작을수록 길어진다.
③ 정착길이는 항상 200mm 미만으로 한다.
④ 정착길이는 항상 200mm 이상으로 한다.

해설 정착길이는 철근의 항복강도가 클수록 길어지며, 인장정착은 300mm 이상, 압축정착은 200mm 이상 정착시킨다.

26 철근정착에 대한 설명으로 잘못된 것은?
① 정착길이는 철근의 지름이 클수록 짧다.
② 정착길이는 철근의 항복강도가 클수록 길어진다.
③ 정착길이는 콘크리트의 강도가 클수록 짧다.
④ 철근과 콘크리트의 부착응력을 확대한다.

해설 부착강도는 콘크리트의 압축강도, 철근의 주장(둘레), 정착길이에 비례한다.

27 기초와 기초를 서로 구속 및 움직임을 억제하여 부동침하를 방지하는 부분은?

① 연속보
② 기초보
③ 단순보
④ 연속기초

해설 기초보

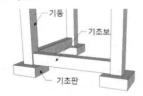

28 철근콘크리트 기둥의 최소 단면적은?

① 400cm^2 ② 500cm^2
③ 600cm^2 ④ 700cm^2

해설 기둥의 최소 단면적은 600cm^2 이상으로 한다.

29 철근콘크리트 장방형 기둥의 주근은 최소 몇 개인가?

① 4   ② 5
③ 6   ④ 7

해설 장방형 기둥의 주근은 최소 4개

30 철근콘크리트 원형 기둥의 주근은 최소 몇 개인가?

① 4   ② 5
③ 6   ④ 7

해설 원형 기둥의 주근은 최소 6개

31 철근콘크리트 기둥의 최소 단면치수는 기둥 간사이의 얼마 이상으로 해야 하는가?

① 1/10   ② 1/12
③ 1/15   ④ 1/20

해설 기둥의 최소 단면치수는 20cm 이상, 기둥 간사이의 1/15 이상으로 한다.

32 철근콘크리트의 압축부재에 대한 설명으로 잘못된 것은?

① 장방형 기둥의 최소 철근 수는 4개이다.
② 기둥의 최소 단면적은 400cm^2 이상이다.
③ 기둥의 최소 단면치수는 200mm이다.
④ 주근의 좌굴을 방지하기 위해 띠철근을 사용한다.

해설 기둥의 최소 단면적은 600cm^2 이상으로 한다.

33 철근콘크리트 기둥의 띠철근 간격으로 적절한 것은?

① 주근 지름의 16배 이하
② 주근 지름의 8배 이하
③ 띠철근 지름의 16배 이하
④ 20cm 이하

해설 띠철근의 배근은 주근 지름의 16배 이하, 띠철근 지름의 48배 이하, 기둥 단면의 최소 폭 이하 중 가장 작은 값으로 한다.

34 철근콘크리트 사각형 기둥에서 대근이 하는 가장 큰 역할은?

① 주근의 좌굴방지
② 기둥 단면 보강
③ 기둥의 변형방지
④ 콘크리트의 부착력 증강

해설 수직으로 뻗은 주근의 좌굴을 방지하기 위해 장방형 기둥은 띠철근(대근), 원형기둥은 나선철근을 배근한다.

정답 27. ②   28. ③   29. ①   30. ③   31. ③   32. ②   33. ①   34. ①

35 바닥 슬래브의 주근 간격으로 적절한 것은?

① D10@200

② D12@250

③ D15@300

④ D20@350

🔓힌트 • 슬래브는 D10 이상의 철근으로 배근한다.

• 단변 방향의 철근(주근)은 20cm 이하, 장변 방향(부근)의 철근은 30cm 이하로 배근한다.

36 1방향 슬래브의 배근방법으로 옳은 것은?

① 장변으로만 배근한다.

② 단변으로만 배근한다.

③ 단변은 주근, 장변은 온도철근을 배근한다.

④ 단변은 온도철근, 장변은 주근을 배근한다.

해설 1방향 슬래브에는 단변은 주근, 장변은 온도철근을 배근한다.

37 2방향 슬래브의 가로와 세로의 변장비로 적절한 것은?(단변 lx, 장변 ly)

① $\lambda = ly/lx \geq 2$

② $\lambda = lx/ly \geq 2$

③ $\lambda = ly/lx \leq 2$

④ $\lambda = lx/ly \leq 2$

🔓힌트 장변 방향의 길이가 단변 방향 길이의 2배보다 작거나 같은 길이

38 2방향 슬래브의 단변길이가 3m일 경우 장변의 최대길이로 옳은 것은?

① 3m ② 4m

③ 5m ④ 6m

🔓힌트 2방향 슬래브의 단변과 장변의 비율은 장변길이/단변길이≤2

39 철근콘크리트 슬래브의 배근 내용으로 적절치 않은 것은?

① 두께는 최소 10cm 이상이다.

② 단변 방향의 철근 간격은 200mm 이하로 한다.

③ 장변 방향의 철근 간격은 300mm 이하로 한다.

④ 인장철근은 D10 이상으로 한다.

해설 철근콘크리트 2방향 슬래브의 최소두께는 8cm 이상으로 한다.

40 다음 그림과 같은 구조로 옳은 것은?

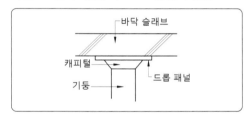

① 라멘구조 ② 벽식구조

③ 철골구조 ④ 무량판구조

해설 무량판구조(플랫슬래브)는 보를 사용하지 않는 대신 하중의 분산을 위해 캐피털(주두), 드롭패널(지판)을 설치한다.

41 천장의 달대를 철근콘크리트 슬래브에 묻을 수 있도록 고정시키는 철물의 명칭은?

① 캐피털 ② 드롭패널

③ 세퍼레이터 ④ 인서트

해설 인서트

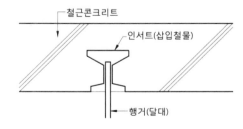

42 철근콘크리트 벽체의 개구부에 사용되는 보강철근으로 적절한 것은?

① D9   ② D10

③ D13   ④ D20

해설

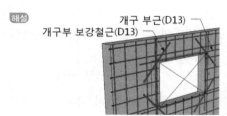

개구 부근(D13)
개구부 보강철근(D13)

43 철근콘크리트구조의 내력벽의 두께가 25cm 이상인 경우 올바른 배근은?

① 단배근

② 복배근

③ 나선철근 배근

④ 스터럽 배근

해설 내력벽의 두께가 25cm 이상인 경우 복배근으로 한다.

44 철근콘크리트구조의 원형 기둥에서 주근의 좌굴방지를 위해 사용되는 철근은?

① 띠철근   ② 대근

③ 나선철근   ④ 온도철근

해설 주근의 좌굴을 방지
• 장방형 기둥 : 띠철근(대근)
• 원형 기둥 : 나선철근

45 철근콘크리트보에서 늑근의 갈고리 구부림 각도로 적절한 것은?

① 15~30°   ② 30~45°

③ 45~90°   ④ 90~135°

해설

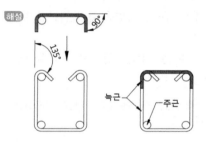

늑근   주근

CHAPTER 06 철골구조

SECTION 1 철골구조(steel frame construction)의 특성

건물의 뼈대를 강재를 사용해 볼트, 리벳, 용접으로 접합하는 구조로, 공기가 짧고 내구성이 우수한 구조이다.

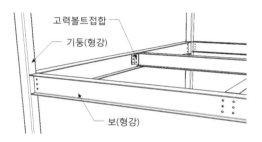

(1) 철골구조의 장점과 단점

❶ 장점
- 구조체 자중에 비해 강도가 우수하다.
- 건식구조로 공기가 짧다.
- 강재의 품질검토가 용이하다.
- 장스팬을 구성할 수 있다.

❷ 단점
- 고온에서 강도가 저하되어 열과 화재에 취약하다.
- 부식의 우려가 있다.
- 가늘고 긴 재료를 사용하는 가구식 구조로 변형과 좌굴되기 쉽다.

Part 5

(1) 리벳접합

강판에 구멍을 내어 리벳을 때려 넣는 접합으로, 접합력은 좋으나 소음이 크고 작업능률이 낮다.

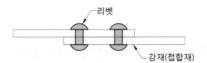

❶ 리벳 용어

용어	게이지라인 (gauge line)	게이지 (gauge)	피치 (pitch)	클리어런스 (clearance)	중심선	연단거리	그립 (grip)
내용	재축 방향의 리벳중심선	게이지라인 간의 거리, 재의 면과 게이지라인 의 거리	게이지라인 상의 리벳 간격	수직재의 면과 리벳의 거리	구조체의 중심선	게이지라인 에서 재의 끝부분까지의 거리	접합하는 재료의 두께

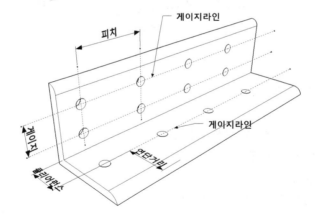

❷ 시공

- 강재 단부에는 리벳을 2개 이상 박는다.
- 리벳치기의 표준피치는 리벳지름의 3~4배, 최소 2.5배 이상으로 한다.
- 리벳접합으로 접합하는 강판의 두께는 리벳지름의 5배 이하로 한다.
- 현장치기 리벳의 가열온도는 600~1,100℃로 한다.

❸ 리벳과 리벳구멍의 크기

리벳지름	20mm 미만의 리벳	20mm 이상의 리벳	32mm 이상의 리벳
리벳구멍의 크기	리벳지름+1mm	리벳지름+1.5mm	리벳지름+2.0mm

④ 리벳의 종류

[둥근 리벳]　　　　　　[평리벳]　　　　　　[민리벳(접시리벳)]

(2) 고력볼트접합

접합부를 강하게 죄어 마찰력을 이용한 볼트접합이다.

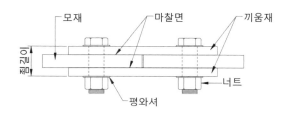

① 특징

- 높은 마찰력을 이용한 접합으로 인장력만 작용한다.
- 접합부의 강성과 피로강도가 높다.
- 작업이 용이하고 공기를 단축시켜 현장에서 많이 사용된다.
- 일반볼트의 구멍은 볼트보다 0.5mm 정도 크게 뚫는다.
- 고력볼트의 구멍

볼트지름(d)	구멍지름
$d < 27$	$d + 2.0$mm
$d \geq 27$	$d + 3.0$mm

(3) 용접

접합부의 금속에 열과 압력을 가하여 직접 결합시키는 방법으로 금속에 따라 다양한 종류가 있다.

① 장점

- 접합부를 일체로 구성할 수 있다.
- 작업에 소음이 적고 접합부의 강성이 높다.
- 이음이 자유롭고 강재의 양을 절약할 수 있다.

② 단점

- 접합재가 열과 압력에 의해 변형될 우려가 있다.

- 접합재의 재질적 영향을 많이 받는다.
- 비용이 많이 들고 시간이 많이 걸린다.
- 기능공의 의존도가 높고 편차가 크다.

③ 용접결함과 발생원인

언더컷 (under cut)	블로 홀 (blow hole)	균열 (crack)	오버랩 (over rap)	피트 (pit)
언더컷	블로 홀	균열	오버랩	피트
과한 용접전류와 아크의 장시간 사용	냉각 시 공기가 생성되어 공극이 발생	인, 황 등에 의한 고온 균열, 내부응력이 용접강보다 클 때 균열이 발생	용접재와 모재가 융합되지 않고 겹침, 전류가 약할 때 발생됨.	기공이 발생되어 용접부에 구멍이 생김.

(4) 핀 접합

핀에 의한 접합방법으로 휨모멘트가 전달되지 않게 한다.

① 시공

접합면의 줄눈을 좁게 하고 수축균열, 충격에 주의해야 한다.

SECTION 3 철골구조의 보

(1) 보의 종류

① 형강보
- 공장에서 만들어진 단일재로 H형강, I형강 등을 그대로 사용하는 보로 웨브와 플랜지로 구분된다.
- 재를 그대로 사용하므로 가공절차와 조립이 단순하다.
- 보의 휨내력은 플랜지 플레이트로 보강할 수 있다.
- 재료가 절약되어 경제적이다.

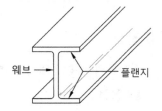

웨브   플랜지

② 판보(플레이트보)
- 단일재를 사용한 보가 작아 큰 보가 필요한 경우에 쓰이는 조립보이다.
- 판보의 춤은 기둥 간사이의 1/10~1/12 정도로 한다.
- 판보는 플랜지 플레이트, 웨브 플레이트, 플랜지 앵글과 보강재인 커버 플레이트, 스티프너로 구성된다.

- 스티프너는 웨브의 좌굴을 방지할 목적으로 사용된다.
- 판보의 플랜지 플레이트는 리벳접합 시 3장 정도이며, 4장을 넘을 수 없다.

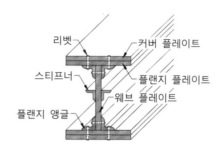

③ 트러스보

- 간사이가 15m를 넘는 경우, 보의 춤(높이)이 1m 이상 되는 경우에 사용한다.
- 트러스보는 플랜지, 동바리, 경사재, 거싯 플레이트로 구성된다.

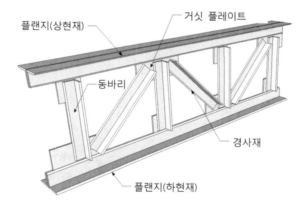

④ 래티스보

- 플랜지에 ㄱ자 형강을 대고 웨브재를 45°, 60° 내외의 경사각도로 접합한다.
- 웨브의 두께는 6~12mm, 너비는 60~120mm 내외로 한다.
- 주로 작은 규모의 지붕틀로 사용된다.

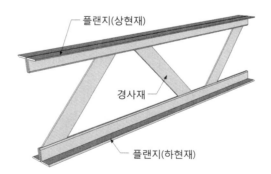

⑤ 격자보

- 플랜지에 ㄱ자 형강을 대고 웨브재를 90° 직각으로 접합한다.
- 콘크리트로 피복해 철골철근콘크리트에 사용된다.

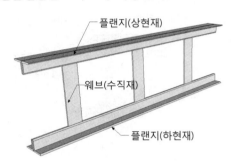

SECTION 4 주각과 기둥

(1) 주각

주각은 기둥이 받는 하중을 기초로 전달하는 부분으로 윙 플레이트, 베이스 플레이트, 클립 앵글, 사이드 앵글로 구성된다.

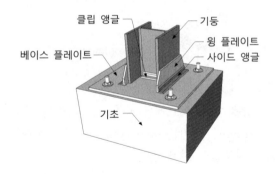

(2) 기둥

❶ 기둥의 종류

- 단일재 : I형강, H형강, 강관
- 조립재 : 보와 같은 형식의 래티스, 플레이트, 트러스 형식이 사용된다.

H형강기둥
(단일재)

❷ 시공

- 철골기둥의 이음 위치는 시공의 편의상 바닥으로부터 1m 정도에서 한다.
- 구조물의 하중에 따라 단일재와 조립재로 구분하여 사용한다.
- I형강은 간사이가 크고 기둥 간격이 좁은 공장이나 체육관 등에 유리하다.
- 강관이나 십자형강은 가로, 세로가 등간격인 사무소와 같은 건축물에 유리하다.

SECTION **5** ## 바닥

(1) 바닥의 종류

❶ 데크 플레이트

철골구조에서 사용되는 바닥용 철판으로 보 위에 데크 플레이트를 깔고 경량콘크리트로 슬래브를 만든다.

❷ 구조

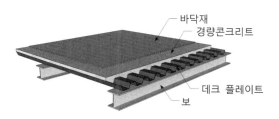

바닥재
경량콘크리트
데크 플레이트
보

Part
5

01 철골구조의 특징으로 잘못된 것은?

① 벽돌구조에 비하여 수평력이 강하다.
② 고온에 약하므로 화재에 대비한 피복이 필요하다.
③ 넓은 공간을 확보하기 위한 장스팬구조가 가능하다.
④ 철근콘크리트구조에 비하여 동절기 공사에 어려움이 있다.

해설 철근콘크리트구조는 습식공법으로 동절기 공사가 어려우나 철골구조는 건식공법으로 동절기 공사가 유리하고 공기가 짧다.

02 철골구조의 구조형식상 분류에 속하지 않는 구조는?

① 강관구조　　② 트러스구조
③ 라멘구조　　④ 입체구조

해설 강관구조는 재료에 따른 분류에 속한다.

03 다음 중 철골구조에 사용되는 접합방법이 아닌 것은?

① 용접　　　　② 리벳접합
③ 볼트접합　　④ 맞춤접합

해설 맞춤은 목구조에서 사용하는 방법이다.

04 철골구조에서 리벳과 리벳의 중심 간 거리는 최소 리벳지름의 몇 배 이상으로 하는가?

① 1.5배　　　② 2.5배
③ 3배　　　　④ 3.5배

해설 리벳치기의 표준피치(중심 간 거리)는 리벳지름의 3~4배, 최소 2.5배 이상으로 한다.

05 철골구조에서 리벳으로 접합하는 부재의 총 두께는 리벳지름의 몇 배 이하인가?

① 2배　　　　② 3배
③ 4배　　　　④ 5배

해설 리벳접합으로 접합하는 강판의 두께는 리벳지름의 5배 이하로 한다.

06 리벳접합과 관련된 용어 중 클리어런스의 뜻으로 옳은 것은?

① 리벳과 수직재면과의 거리
② 리벳의 중심선
③ 리벳과 리벳의 거리
④ 리벳으로 접합하는 재의 총두께

해설 보기 ② : 게이지라인
보기 ③ : 피치
보기 ④ : 그립

07 강재접합에서 볼트를 사용할 경우 볼트의 구멍크기로 적절한 것은?

① 볼트보다 0.5mm 크게 뚫는다.
② 볼트보다 0.6mm 크게 뚫는다.
③ 볼트보다 0.7mm 크게 뚫는다.
④ 볼트지름과 같게 뚫는다.

해설 일반볼트의 구멍은 볼트보다 0.5mm 정도 크게 뚫는다.

08 철골구조에서 접합재 간의 마찰력을 이용한 접합방법은?

① 리벳접합　　② 용접
③ 고력볼트접합　④ 볼트접합

정답 **1.**④ **2.**① **3.**④ **4.**② **5.**④ **6.**① **7.**① **8.**③

해설 고력볼트접합은 접합부를 강하게 죄어 마찰력을 이용한 볼트접합이다.

09 용접의 결함으로 볼 수 없는 것은?

① 언더컷　　　　② 블로 홀
③ 앤드탭　　　　④ 오버랩

해설 앤드탭 : 용접의 결함을 방지하기 위해 시작과 끝에 부착하는 강판

10 플레이트보의 부재에 해당되지 않는 것은?

① 플랜지 플레이트
② 웨브 플레이트
③ 스티프너
④ 베이스 플레이트

해설 베이스 플레이트는 주각(철골기둥과 기초의 연결부)의 부속이다.

11 플레이트보에서 웨브의 좌굴을 방지하기 위해 설치하는 보강재는?

① 커버 플레이트　　② 플랜지 앵글
③ 스티프너　　　　④ 웨브 플레이트

해설 스티프너는 웨브의 좌굴을 방지할 목적으로 사용된다.

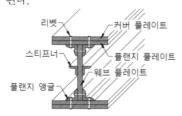

12 철골구조의 판보에서 플랜지 플레이트는 몇 장까지 가능한가?

① 2장　　　　② 3장
③ 4장　　　　④ 5장

해설 판보의 플랜지 플레이트는 리벳접합 시 3장 정도이며, 4장을 넘을 수 없다.

13 다음 형강보에서 상부와 하부의 날개모양으로 된 A부분의 명칭은?

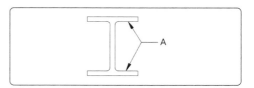

① 윙 플레이트　　② 플레이트
③ 웨브　　　　　④ 플랜지

해설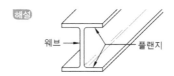

14 보에 사용되는 스티프너에 대한 설명으로 잘못된 것은?

① 하중점 스티프너는 집중하중을 보강하기 위해 사용된다.
② 하중점 스티프너는 4개의 형강을 사용하지만 하중이 작은 경우 2개의 형강을 사용한다.
③ 중간 스티프너는 웨브의 좌굴을 방지하기 위해 사용된다.
④ 중간 스티프너는 I자 형태의 형강을 사용한다.

힌트 • 하중점 스티프너 : 집중하중에 대한 보강재로 4개를 사용하지만 하중이 작은 경우 2개만 사용한다.
• 중간 스티프너 : 중간에 배치되는 좌굴방지 보강재

15 판보의 춤은 기둥 간사이의 얼마 정도로 하는가?

① 간사이의 1/10~1/12
② 간사이의 1/12~1/15
③ 간사이의 1/15~1/18
④ 간사이의 1/18~1/20

정답　9. ③　10. ④　11. ③　12. ③　13. ④　14. ④　15. ①

판보의 춤은 기둥 간사이의 1/10~1/12 정도로 한다.

16 철골구조의 간사이가 15m를 넘고 보의 춤이 1m를 넘는 경우 판보 대신 사용하는 조립보는?

① 형강보   ② 트러스보
③ 래티스보   ④ 격자보

• 형강보 : 공장에서 만들어진 단일재로 H형강, I형강 등을 그대로 사용
• 래티스보 : 주로 작은 규모의 지붕틀로 사용
• 격자보 : 콘크리트로 피복해 철골철근콘크리트에 사용

17 철골구조에서 주각의 재료로 잘못된 것은?

① 윙 플레이트   ② 베이스 플레이트
③ 사이드 앵글   ④ 커버 플레이트

주각의 구조

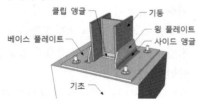

18 철골구조에서 기초와 기둥을 접합하는 구조부로 올바른 것은?

① 커버 플레이트   ② 주각
③ 토대   ④ 기초보

주각은 기둥이 받는 하중을 기초로 전달하는 부분으로 윙 플레이트, 베이스 플레이트, 클립 앵글, 사이드 앵글로 구성된다.

19 철골구조에서 형강 자체를 사용한 단일재 기둥으로 볼 수 없는 것은?

① 강관   ② H형강
③ I형강   ④ 트러스

• 단일재 기둥 : I형강, H형강, 강관
• 조립재 기둥 : 래티스, 플레이트, 트러스

20 철골구조의 바닥구조에서 경량콘크리트를 타설할 때 사용되는 A부분의 재료는?

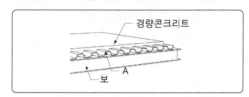

① 플레이트   ② 윙 플레이트
③ 커버 플레이트   ④ 데크 플레이트

데크 플레이트 : 철골구조에서 사용되는 바닥용 철판으로 보 위에 데크 플레이트를 깔고 경량콘크리트로 슬래브를 만든다.

07 기타 구조시스템

SECTION 1 철골철근콘크리트구조(steel framed reinforced concrete construction)

(1) 구조

철골 뼈대(형강)에 철근을 두르고 콘크리트를 부어넣어 일체로 만든 구조이다. 철골구조와 철근
콘크리트구조의 장점을 혼합한 구조로 합성구조, SRC구조라고도 한다.

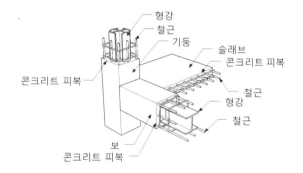

(2) 특징

① 철골구조에 비해 내화성이 우수하다.
② 철근콘크리트에 비해 자중이 가볍다.
③ 기둥의 간사이는 5~8m 정도로 뼈대에 사용되는 철골은 H형강이 많이 사용된다.
④ 철골의 좌굴방지, 구속효과, 콘크리트의 강도 등을 증진시킨다.

SECTION 2 셸구조(곡면구조, shell construction)

(1) 구조

곡면판의 역학적 특징을 활용한 구조로, 주로 지붕구조에 사용되며 원통 셸, 돔, 원뿔, 막 등이
있다.

Part
5

[원통 셸구조]

[돔구조]

[원뿔구조]

[막구조]

(2) 특징

① 간사이가 넓은 지붕에 사용한다.

② 경량이면서 내력이 큰 구조물에 사용한다.

③ 대표적인 유명 건축물로는 시드니의 오페라하우스가 있다.

SECTION **3** 막구조(membrane structure)

(1) 구조

셸구조의 하나로 인장력을 가한 케이블에 막을 씌운 구조로 유형에 따라 골조막, 공기막, 서스펜션 막구조 등이 있다.

(2) 특징

① 구조적으로 인장과 전단력에 견디는 막을 쓰는 것으로 한정한다.

② 대표적인 유명 건축물로는 상암동 월드컵경기장이 있다.

SECTION 4 절판구조(folded plate structure)

(1) 구조

얇은 판을 접은 형태를 이용해 큰 강성을 낼 수 있는 구조이다.

(2) 특징

① 배근이 복잡하다.
② 대표적인 재료로는 데크 플레이트가 있다.

SECTION 5 현수구조(suspension structure)

(1) 구조

주요 구조부를 케이블로 달아매어 인장력으로 지탱하는 구조이다.

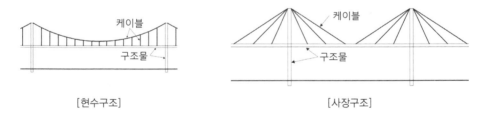

[현수구조]   [사장구조]

(2) 특징

① 교량공사에 많이 사용되며 현수구조와 사장구조가 있다.
② 대표적인 구조물로는 서해대교(사장구조), 광안대교(현수구조) 등이 있다.

[서해대교]

[광안대교]

Part 5

SECTION 6 튜브구조(tube structure)

(1) 구조

초고층 건물에 사용되는 구조형식으로, 내부는 비어 있고 외부 벽체에 강한 피막을 구축한다.

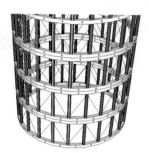

(2) 특징

① 내부를 비워두는 구조로 넓은 공간을 구성할 수 있다.
② 외벽의 외피로 인한 개구부 구성에 어려움이 있다.
③ 대표적인 건축물로는 시카고의 윌리스타워 등이 있다.

SECTION 7 커튼월(curtain wall)

(1) 구조

하중을 받지 않는 외벽을 뜻하며 비내력 칸막이벽이라고도 한다. 건축물의 외벽을 유리로 적용해 사용되고 있다.

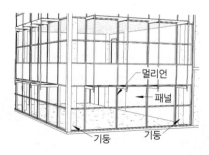

(2) 특징

① 현대적이고 도시적인 외장으로서의 강점이 있으나 에너지 효율이 떨어진다.
② 칸막이 패널, 프레임(멀리언) 등 규격화하여 대량생산이 가능하다.

SECTION 8 트러스구조(trussed structure)

(1) 구조

목재나 강재를 삼각형의 그물 모양으로 구성한 구조로 부재에 휨과 전단력이 발생되지 않는다.

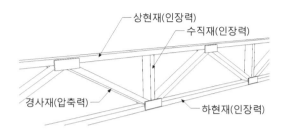

(2) 특징

① 교량, 지붕 등 넓은 공간이 필요한 경우에 사용된다.
② 트러스 뼈대의 경사부재는 압축력을 받고, 수직부재와 수평부재는 인장력을 받는다.

SECTION 9 입체구조(space frame construction)

(1) 구조

선재(트러스)를 입체적으로 구성해 스페이스 프레임이라고도 한다. 모든 부재가 동일한 면에 있지 않은 구조로 넓은 공간을 구성할 때 사용된다.

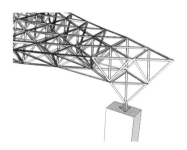

(2) 특징

① 실내 체육시설, 집회장 등 내부 공간이 넓은 건축물에 사용된다.
② 각 부재 간의 구속력으로 좌굴이 쉽게 발생되지 않는 구조이다.

Part
5

무량판구조(mushroom construction)

(1) 구조

뼈대를 구성하는 방식의 하나로 플랫슬래브구조(flat slab structure)라고도 한다. 슬래브와 기둥 사이에 보가 없어 슬래브에서 발생된 하중을 드롭 패널을 통해 기둥이 받아 바닥으로 전달한다.

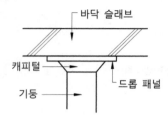

(2) 특징

① 보가 없으므로 공간의 활용도가 높다.
② 대표적인 건축물로는 붕괴된 삼풍백화점이 있다.
③ 두꺼운 슬래브로 인해 고정하중이 증가된다.

01 다음 건축물 중 박막 곡면구조(셸)의 대표적인 건축물은?

① 시드니의 오페라하우스

② 상암동 월드컵경기장

③ 국회의사당

④ 63빌딩

힌트 곡면(셸) 구조 : 곡면판의 역학적 특징을 활용한 구조로, 주로 지붕구조에 사용되며 원통 셸, 돔, 원뿔, 막 등이 있다.

02 상암동 월드컵경기장의 지붕구조로 볼 수 있는 구조는?

① 셸구조   ② 막구조

③ 돔구조   ④ 절판구조

힌트 상암동 월드컵경기장의 지붕구조는 방패막과 같은 천이 연속적으로 배열된 형상이다.

03 데크 플레이트와 같이 얇은 판을 접은 형태를 이용해 큰 강성을 낼 수 있는 구조는?

① 셸구조   ② 막구조

③ 돔구조   ④ 절판구조

해설 절판구조는 얇은 판을 접은 형태를 이용해 큰 강성을 낼 수 있는 구조이다.

04 교량공사에 많이 사용되는 구조로 구조부를 케이블로 달아매어 인장력으로 지탱하는 구조는?

① 셸구조   ② 튜브구조

③ 사장구조   ④ 트러스구조

해설 사장구조

05 넓은 공간을 구성하며 초고층 건물에 사용되는 구조로 내부는 비어 있고 외피에 강한 피막을 구축하는 구조는?

① 셸구조

② 튜브구조

③ 사장구조

④ 트러스구조

해설 튜브구조의 특징

• 내부를 비워두는 구조로 넓은 공간을 구성할 수 있다.

• 외벽의 외피로 인한 개구부 구성에 어려움이 있다.

• 대표적인 건축물로는 시카고의 윌리스타워 등이 있다.

06 커튼월구조에서 유리패널을 지지해 뼈대 역할을 하는 프레임을 무엇이라 하는가?

① 패널   ② 멀리언

③ 가새   ④ 트러스

해설 커튼월 구조

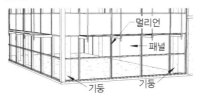

Part **5**

정답 1.① 2.② 3.④ 4.③ 5.② 6.②

07 강재를 삼각형의 그물 모양으로 구성한 구조로 교량, 지붕 등 넓은 구조에 사용되는 구조는?

① 셸구조　　　② 튜브구조
③ 사장구조　　④ 트러스구조

해설　트러스구조

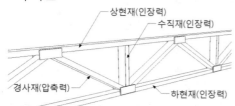

08 트러스를 입체적으로 구성한 구조로 체육시설, 집회장 등 넓은 구조에 사용되는 구조는?

① 스페이스 프레임　② 돔구조
③ 막구조　　　　　　④ 트러스구조

해설　입체구조(스페이스 프레임)

09 다음 그림은 보가 없는 플랫슬래브구조의 바닥과 기둥 부분이다. A부분은 무엇인가?

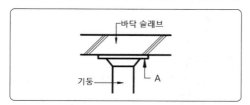

① 캐피털　　　　② 드롭 패널
③ 작은 보　　　　④ 주두

해설　무량판구조(플랫슬래브)는 보를 사용하지 않는 대신 하중의 분산을 위해 슬래브 아래로 드롭패널(지판)을 설치하고 그 아래 캐피털(주두)을 설치한다.

10 다음 그림과 같이 주 탑에서 상판을 케이블로 달아맨 구조는?

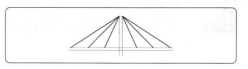

① 와이어구조　　② 현수구조
③ 사장구조　　　④ 트러스구조

해설　• 현수구조

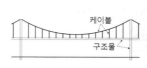 

[광안대교]

• 사장구조

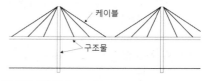

[서해대교]

11 형강에 철근을 두르고 콘크리트를 부어넣어 일체로 만든 구조로 SRC구조라고도 하는 것은?

① 철골구조
② 철근콘크리트구조
③ 철근철골콘크리트구조
④ 철골철근콘크리트구조

힌트　• 철골구조 : steel frame construction
• 철근콘크리트구조 : reinforced concrete construction
• 철골철근콘크리트구조 : steel framed reinforced concrete structure

정답　7. ④　8. ①　9. ②　10. ③　11. ④

01 2방향 슬래브의 단변이 3m인 경우 장변의 최대 길이는?

① 4m ② 5m

③ 6m ④ 7m

🔓힌트 2방향 슬래브의 장변은 단변길이의 2배를 넘지 않는다.

02 철근콘크리트 벽체에서 두께가 얼마 이상일 때 복배근을 하여야 하는가?

① 15cm ② 20cm

③ 25cm ④ 30cm

해설 내력벽의 두께가 25cm 이상인 경우 복배근으로 한다.

03 벽돌조 공간쌓기의 긴결철물에 관한 설명 중 옳지 않은 것은?

① 긴결철선의 굵기는 #8 정도로 사용한다.

② 긴결철물의 수직거리는 40cm 미만으로 한다.

③ 긴결철물의 수평간격은 90cm를 넘지 않게 한다.

④ 벽면적 1m²마다 하나 정도를 사용한다.

해설 긴결철물의 설치
• 수직으로는 40cm 이하, 수평으로는 90cm 이하마다 긴결철물을 설치한다.
• 긴결철물은 띠쇠, #8철선, 철근 등으로 설치할 수 있다.

04 조적조에서 개구부 상부의 인방보는 좌우의 벽에 몇 cm 이상 물리게 해야 하는가?

① 10cm ② 20cm

③ 30cm ④ 40cm

해설 개구부 상부의 인방보

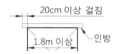

05 벽돌벽체에서 벽돌을 2켜씩 내쌓기할 때 얼마 정도 내쌓는 것이 적절한가?

① 1/2B ② 1/4B

③ 1/5B ④ 1/8B

해설 내어쌓기의 한계
• 벽돌을 내어쌓을 경우 2.0B를 넘을 수 없다.
• 1단씩 내쌓기할 경우 1/8B 두께로 쌓는다.
• 2단씩 내쌓기할 경우 1/4B 두께로 쌓는다.

06 공장에서 생산된 쐐기모양의 벽돌을 사용해 쌓는 아치는?

① 본아치

② 거친아치

③ 막만든아치

④ 층두리아치

해설 • 거친아치 : 벽돌을 가공하지 않고 줄눈을 쐐기모양으로 작업해 쌓는다.
• 막만든아치 : 벽돌을 쐐기모양으로 다듬어 사용해 쌓는다.
• 층두리아치 : 아치의 너비가 넓을 경우 여러 겹으로 겹쳐서 쌓는다.

Part **5**

정답 1.③ 2.③ 3.④ 4.② 5.② 6.①

07 철근콘크리트구조의 원리에 대한 설명으로 옳은 것은?

① 콘크리트와 철근이 강력히 부착되면 철근이 좌굴될 수 있다.

② 콘크리트는 압축력에 강하므로 부재의 압축력을 부담한다.

③ 콘크리트와 철근의 선팽창계수는 약 10배의 차이가 있어 응력의 흐름이 원활하다.

④ 콘크리트는 내구성과 내화성이 약해 철근을 별도의 재료로 보호해야 한다.

해설 철근콘크리트구조에서 콘크리트는 압축력을 부담하고 철근은 인장력을 부담한다.

08 건축구조 중 벽돌이나 블록 등을 사용해 쌓아올리는 구성방식은?

① 가구식 구조   ② 일체식 구조

③ 습식구조   ④ 조적식 구조

해설 • 가구식 구조 : 목구조, 철골구조와 같이 가늘고 긴 재료를 사용하는 가구식 구조

• 일체식 구조 : 철근콘크리트와 같이 구조가 일체화된 구조

• 습식구조 : 철근콘크리트와 같이 공법에 물을 사용하는 구조

09 하중을 지지하지 않는 유리벽으로 멀리언과 유리패널을 사용한 건물의 바깥벽 구조는?

① 셸구조   ② 철골구조

③ 현수구조   ④ 커튼월구조

해설 • 셸구조 : 곡면판이 지니는 역학적 특성을 응용한 구조

• 철골구조 : 강재를 사용한 구조

• 현수구조 : 구조물을 달아매는 구조

10 보강콘크리트 블록조에서 벽량은 얼마 이상으로 해야 하는가?

① $10cm/m^2$ ② $15cm/m^2$

③ $20cm/m^2$ ④ $25cm/m^2$

해설 보강블록은 블록 속에 철근과 콘크리트를 부어 넣은 구조로 벽량은 $15cm/m^2$ 이상으로 한다.

11 지붕의 물매가 10/10인 경우 경사의 각도로 옳은 것은?

① $15°$ ② $30°$

③ $45°$ ④ $60°$

힌트 물매의 경사도

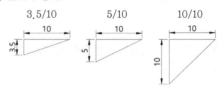

12 철근콘크리트보의 좌굴을 방지하기 위해 배근하는 철근은?

① 주근   ② 원형철근

③ 띠철근   ④ 늑근

해설 • 주근 : 철근콘크리트구조에서 장력에 저항하기 위해 배근한 철근

• 원형철근 : 표면에 돌기가 없는 매끈한 철근

• 띠철근(대근) : 장방형 기둥에서 주근의 좌굴을 방지

13 블록으로 거푸집을 만들어 그 사이에 콘크리트를 부어넣어 보강한 것으로서 수평하중 및 수직하중을 견딜 수 있는 구조는?

① 보강블록조

② 조적식 블록조

③ 장막벽 블록조

④ 거푸집 블록조

해설 거푸집 블록조

ㄱ자형, ㄷ자형, T자형, ㅁ자형 등으로 살의 두께가 얇고 속이 빈 블록구조로 쌓은 구조로, 콘크리트의 거푸집으로 사용된다.

14 줄눈을 10mm로 하고 기본벽돌(점토벽돌)로 2.0B 쌓기를 하였을 경우 벽두께로 올바른 것은?

① 200mm ② 290mm
③ 300mm ④ 390mm

해설 2.0B 쌓기(공간쌓기 아님)의 두께
1.0B=190, 줄눈 10, 1.0B=190
∴ 190+10+190=390mm

15 철근콘크리트 슬래브 중 캔틸레버와 같이 가늘고 긴 슬래브는?

① 1방향 슬래브 ② 2방향 슬래브
③ 3방향 슬래브 ④ 4방향 슬래브

해설 1방향 슬래브는 장변이 단변의 2배 이상이며 최소두께는 10cm 이상으로 한다.

16 바닥면적 40m²일 때 보강콘크리트블록조의 내력벽 길이의 총합계는 최소 얼마 이상이어야 하는가?

① 4m ② 6m
③ 8m ④ 10m

해설 보강블록조의 벽량은 1m²당 15cm
→ 15cm/m²×40m²=600cm → 6m

17 철골구조의 보에 사용되는 스티프너의 설명 중 옳지 않은 것은?

① 하중점 스티프너는 집중하중에 보강용으로 쓰인다.
② 중간 스티프너는 웨브의 좌굴을 막기 위해 쓰인다.
③ 보통 4개의 형강으로 사용하나 하중이 작을 때는 2개의 형강으로 만든다.
④ 보통 I형강으로 만든다.

해설 I형강은 형강보로 사용되며, 스티프너는 ㄱ자 형강을 사용한다.

18 벽돌조 내력벽에 관한 다음 설명 중 옳지 않은 것은?

① 통줄눈이 되지 않도록 조절한다.
② 내력벽으로 둘러싸인 바닥면적은 80m² 이내로 한다.
③ 테두리보의 춤은 벽두께의 1.5배 이상으로 한다.
④ 내력벽의 두께는 100mm 이상으로 한다.

해설 보강블록조의 내력벽 두께는 150mm 이상으로 한다.

19 다음 중 막구조의 대표적인 건축물은?

① 세종문화회관
② 시드니 오페라하우스
③ 인천대교
④ 상암동 월드컵경기장

해설 상암동 월드컵경기장 지붕

20 철근콘크리트 기둥의 철근 중 주근의 좌굴을 방지하기 위해 배근하는 철근은?

① 원형철근 ② 띠철근
③ 온도철근 ④ 배력근

해설 • 원형철근 : 표면에 돌기가 없는 매끈한 철근
• 온도철근, 배력근 : 슬래브에 배근되는 철근

21 건축구조의 구성방식에 의한 분류 중 하나로 건식공법을 사용하며 목재와 철골을 주로 사용하는 구조는?

① 가구식 구조
② 캔틸레버 구조
③ 조적식 구조
④ RC 구조

Part **5**

- 조적식 구조 : 물을 사용하는 습식공법을 사용하며 벽돌구조, 블록구조, 돌구조 등이 있다.
- RC 구조 : 철근콘크리트구조를 뜻하며 물을 사용하는 습식공법을 사용한다.
- 캔틸레버 구조 : 한쪽은 고정되고 다른 한쪽을 내밀어 돌출시킨 구조물

22 조적조에서 대린벽으로 구획된 각 벽에 있어서 개구부 폭의 합계는 그 벽 길이의 얼마 이하로 하는가?

① 1/2   ② 1/3
③ 1/4   ④ 1/8

해설 대린벽으로 구획된 벽의 개구부는 벽 길이의 1/2 이하로 한다.

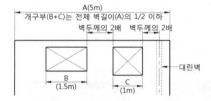

23 철골보 중 하중이나 간사이가 증가되면 사용할 수 없는 것은?

① 플레이트보   ② 트러스보
③ 형강보   ④ 래티스보

해설 형강보는 공장에서 만들어진 단일재로 H형강, I형강 등을 그대로 사용하는 보 하중과 간사이가 큰 구조물에는 적절하지 않다.

24 측압에 대한 설명으로 옳지 않은 것은?

① 토압은 지하 외벽에 작용하는 대표적인 측압이다.
② 콘크리트 타설 시 슬럼프값이 낮을수록 거푸집에 작용하는 측압이 크다.
③ 벽체가 받는 측압을 경감시키기 위하여 부축벽을 세운다.
④ 지하수위가 높을수록 수압에 의한 측압이 크게 작용한다.

해설 콘크리트 타설 시 슬럼프값이 높을수록 거푸집에 작용하는 측압이 크다.

25 왕대공 지붕틀에서 중도리를 직접 받쳐주는 것은?

① 처마도리   ② ㅅ자보
③ 깔도리   ④ 평보

해설 왕대공 지붕틀의 ㅅ자보는 중도리를 직접 받친다.

26 벽돌쌓기법 중 모서리 또는 끝부분에 이오토막을 사용하는 가장 튼튼한 쌓기법은?

① 영국식 쌓기
② 프랑스식 쌓기
③ 네덜란드식 쌓기
④ 미국식 쌓기

해설 영국식 쌓기

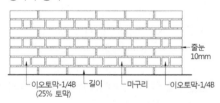

27 한옥구조에서 처마 끝 추녀의 뿌리를 받치는 기둥은?

① 고주   ② 누주
③ 찰주   ④ 활주

해설
- 고주(高柱) : 해당 층에서 다른 기둥보다 높은 기둥으로 동자주를 겸하는 기둥이다.
- 누주(樓柱) : 한식 기둥에서 2층에 배치된 기둥으로 흔히 다락기둥이라고도 한다.
- 찰주(刹柱) : 심초석 위에 세워 중심을 유지하는 기둥

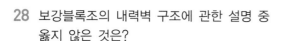

28 보강블록조의 내력벽 구조에 관한 설명 중 옳지 않은 것은?

① 벽두께는 층수가 많을수록 두껍게 하며 최소 두께는 150mm 이상으로 한다.

② 수평력에 강하게 하려면 벽량을 증가시킨다.

③ 위층의 내력벽과 아래층의 내력벽은 바로 위·아래에 위치하게 한다.

④ 벽길이의 합계가 같을 때 벽길이를 크게 분할하는 것보다 짧은 벽이 많이 있는 것이 좋다.

해설 벽길이의 합계가 같을 때 벽길이를 크게 분할하는 것보다 짧은 벽이 많이 있는 것은 좋지 않다.

29 철근콘크리트구조에서 온도철근의 역할로 올바르지 않은 것은?

① 건조수축에 의한 균열방지

② 온도변화에 따른 수축, 팽창의 균열방치

③ 구조적으로 취약한 부분의 보강

④ 주근의 좌굴방지

해설 온도철근(배력근)의 역할
균열방지, 응력의 분산, 주철근의 간격유지 등

30 개구부나 창문의 틀 둘레에 쌓은 돌로 측면석이라고도 불리는 돌의 이름은?

① 쌤돌 ② 고막이돌

③ 두겁돌 ④ 이맛돌

해설 쌤돌 : 창문 양쪽 수직면에 대어 마감하는 돌

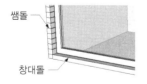

31 구조와 관련 건축물의 연결이 잘못된 것은?

① 현수구조 – 금문교

② 셸구조 – 시드니 오페라하우스

③ 절판구조 – 서해대교

④ 막구조 – 상암동 월드컵경기장

해설 서해대교와 같은 다리의 구조형식은 사장구조이다.

32 철근콘크리트기둥의 배근에 관한 설명 중 틀린 것은?

① 기둥을 보강하는 세로철근, 즉 축방향 철근이 주근이 된다.

② 나선철근은 주근의 좌굴과 콘크리트가 수평으로 터져 나가는 것을 구속한다.

③ 주근의 최소 개수는 사각형이나 원형 띠철근으로 둘러싸인 경우 6개, 나선철근으로 둘러싸인 경우 4개로 하여야 한다.

④ 비합성 압축부재의 축방향 주철근 단면적은 전체 단면적의 0.01배 이상, 0.08배 이상으로 해야 한다.

해설 주근의 최소 개수는 사각형이나 원형 띠철근으로 둘러싸인 경우 4개, 나선철근으로 둘러싸인 경우 6개로 하여야 한다.

33 철근콘크리트구조에 관한 내용으로 옳은 것은?

① 역학적으로 인장력에 주로 저항하는 부분은 콘크리트이다.

② 콘크리트가 철근을 피복하므로 철골구조에 비해 내화성이 우수하다.

③ 콘크리트와 철근은 선팽창계수의 차이가 커서 일체화가 어렵다.

④ 콘크리트는 알칼리성이므로 철근의 부식을 막기 위해서는 혼화제를 사용해야 한다.

해설 철골구조는 강재가 노출되어 철근콘크리트구조에 비해 내화성이 떨어진다.

정답 **28.** ④ **29.** ④ **30.** ① **31.** ③ **32.** ③ **33.** ②

Part **5**

34 조적식 구조에서 개구부가 1.8m 이상인 경우 인방보는 좌우의 벽체에 얼마 이상 물려야 하는가?

① 200mm   ② 400mm

③ 600mm   ④ 800mm

해설 인방보의 좌우 물림

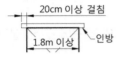

35 조적구조에 대한 설명으로 틀린 것은?

① 조적재를 모르타르로 쌓아서 벽체를 축조하는 구조이다.

② 일반적으로 벽돌구조 건축은 풍압력, 지진력, 기타 인위적 횡력에 약해 고층, 대규모 건물에 부적당하다.

③ 아치는 개구부의 상부 하중을 지지하기 위하여 조적재를 곡선형으로 쌓아서 인장력만 작용되는 구조이다.

④ 조적재로는 벽돌, 블록, 석재 등이 있다.

해설 아치 구조는 인장력은 받지 않고 압축력만을 받는다.

36 목구조기둥에 대한 설명으로 옳지 않은 것은?

① 중층 건물의 상·하층 기둥이 길게 한 재로 된 것은 토대이다.

② 활주는 추녀뿌리를 받친 기둥이고, 단면은 원형과 팔각형이 많다.

③ 심벽식 기둥은 노출된 형식을 말한다.

④ 기둥의 형태가 밑둥부터 위로 올라가면서 점차 가늘어지는 것을 흘림기둥이라 한다.

해설 목구조 건축물에서 상층과 하층을 통한 하나로 된 기둥을 통재기둥이라 한다.

37 반자구조의 구성부재로 옳은 것은?

① 장선   ② 달대

③ 멍에   ④ 인방

해설 천장 반자는 반자돌림, 달대, 달대받이, 반자틀 등으로 구성된다.

38 다음 구조형식 중 셸구조인 것은?

① 잠실 운동장

② 파리 에펠탑

③ 서울 월드컵경기장

④ 시드니 오페라하우스

해설 • 잠실종합운동장 : 철근콘크리트구조
- 파리 에펠탑 : 철골(트러스)구조
- 상암동 월드컵경기장 : 막구조

39 역학구조상 상부의 하중을 받는 내력벽은?

① 장막벽   ② 칸막이벽

③ 전단벽   ④ 커튼월

해설 장막벽, 칸막이벽, 커튼월은 건축물의 하중을 받지 않는 비내력벽에 해당된다.

40 다음 각 구조에 대한 설명으로 잘못된 것은?

① PC의 접합 응력을 향상시키기 위해 기둥에 CFT를 적용한다.

② 초고층 골조의 강성을 증대시키기 위해 아웃리거(out rigger)를 설치한다.

③ 프리스트레스트(prestressed)구조에서 강성을 증대시키기 위해 강선에 미리 인장을 작용한다.

④ 철골구조 접합부의 피로강도를 증진하기 위해 고력볼트를 접합한다.

해설 PC구조는 프리캐스트 콘크리트를 사용한 구조이며, CFT는 Concrete Filled steel Tube로, 콘크리트를 채운 고강도 강관기둥이다.

41 철골구조의 플레이트보에서 웨브의 좌굴을 방지하는 부재는?

① 스티프너

② 플랜지

③ 리벳

④ 베이스 플레이트

해설 • 플랜지 : 형강의 가로부분판을 플랜지라 한다.

• 리벳 : 강판에 구멍을 내어 때려 넣는 접합용 금속 재료

• 베이스 플레이트 : 철골구조에서 주각에 사용되는 재료

42 조적조에서 대린벽으로 구획된 각 벽에 있어서 개구부 폭의 합계는 그 벽길이의 얼마 이하로 하는가?

① 1/2 ② 1/3

③ 1/4 ④ 1/8

해설 대린벽으로 구획된 벽의 개구부는 벽길이의 1/2 이하로 한다.

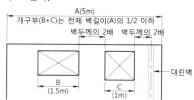

43 I형강의 웨브를 톱니모양으로 절단한 후 구멍이 생기도록 맞추고 용접하여 구멍을 각 층의 배관에 이용하도록 한 보는?

① 트러스보 ② 판보

③ 래티스보 ④ 허니컴보

해설 • 트러스보 : 플레이트보의 웨브에 빗재와 수직재 사용

• 판보 : 웨브에 철판을 사용하고 상·하부에 플랜지 철판을 사용

• 래티스보 : 상·하 플랜지에 ㄱ자 형강을 사용

44 철골 트러스의 상현재에 휨모멘트가 생기지 않게 하려면 중도리는 어느 곳에 배치하는 것이 제일 좋은가?

① 상현재의 절점위치에

② 절점과 절점 간의 4등분점

③ 절점과 절점 간의 중앙부분에

④ 절점을 피한 불규칙한 위치에

해설 철골 트러스의 상현재에 휨모멘트가 생기지 않도록 중도리는 상현재의 절점위치에 배치한다.

45 목구조의 부재 중 가새의 설명으로 옳지 않은 것은?

① 벽체를 안정형 구조로 만든다.

② 구조물에 가해지는 수평력보다는 수직력에 대한 보강을 위한 것이다.

③ 힘의 흐름상 인장력과 압축력에 모두 저항할 수 있다.

④ 가새를 결손시켜 내력상 지장을 주면 안 된다.

해설 가새는 기둥의 상부와 하부를 연결해 수평력에 저항한다.

46 벽돌쌓기에서 처음 한 켜는 마구리쌓기, 다음 켜는 길이쌓기를 교대로 쌓는 것으로 통줄눈이 생기지 않으며 가장 튼튼한 쌓기법은?

① 영국식 쌓기 ② 네덜란드식 쌓기

③ 프랑스식 쌓기 ④ 미국식 쌓기

해설 영국식 쌓기는 길이와 마구리를 번갈아 쌓고 이오토막을 사용하는 가장 튼튼한 쌓기법이다.

47 보강블록조의 바닥면적이 40m² 일 때 내력벽의 벽량을 만족하는 벽길이는?

① 4m 이상 ② 6m 이상

③ 8m 이상 ④ 10m 이상

해설 보강블록조의 벽량은 1m²당 15cm

→ $15\text{cm/m}^2 \times 40\text{m}^2 = 600\text{cm} \rightarrow 6\text{m}$

Part 5

48 강구조의 기둥 종류 중 앵글·채널 등으로 대판을 플랜지에 직각으로 접합한 것을 무엇이라 하는가?

① H형강기둥　　② 래티스기둥
③ 격자기둥　　　④ 강관기둥

해설　• H형강기둥 : 단일재인 H형강을 사용
　　　• 래티스기둥 : 형강을 조립한 기둥
　　　• 강관기둥 : 강관을 사용한 기둥

49 부재의 축에 대해 직각방향으로 힘이 작용하여 작용면을 따라 절단하려고 하는 힘을 무엇이라 하는가?

① 전단력　　　② 인장력
③ 휨모멘트　　④ 압축력

해설　• 인장력(引張力) : 물체를 늘리거나 당기는 힘
　　　• 휨모멘트(bending moment) : 휨모멘트 외력에 의해 부재에 생기는 단면력으로 재료를 휘게 하는 힘
　　　• 압축력(壓縮力) : 수직적인 압력을 가해 부피를 줄이는 힘

50 철근콘크리트구조에 있어서 철근 피복의 최소 두께가 큰 것부터 차례로 나열된 것은?

① 기초-기둥-바닥
② 기초-바닥-기둥
③ 기둥-기초-바닥
④ 기둥-바닥-기초

해설　철근콘크리트의 피복두께는 흙에 접하는 기초부분이 다른 부분보다 두껍다.
　　　• 기초 : 8cm
　　　• 기둥, 보 : 4cm
　　　• 슬래브(바닥), 벽 : 2cm

51 창문이나 문 위에 걸쳐대어 상부에서 오는 하중을 받는 수평부재는?

① 인방돌　　　② 창대돌
③ 문지방돌　　④ 쌤돌

해설　인방돌은 개구부 상부에 걸쳐대어 하중을 분산시킨다.

52 트러스구조에 대한 설명으로 옳은 것은?

① 경사재와 수직재는 전단력을 받는다.
② 풍하중과 적설하중은 구조계산 시 고려하지 않는다.
③ 부재에 휨모멘트 및 전단력이 발생한다.
④ 구성부재를 규칙적인 3각형으로 배열하면 구조적으로 안정된다.

해설　트러스구조 : 목재나 강재를 삼각형으로 연결한 구조

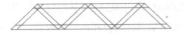

53 목재 반자구조에서 달대의 설치 간격으로 가장 적절한 것은?

① 30cm　　　② 50cm
③ 90cm　　　④ 150cm

해설　달대의 배치 간격은 900mm로 한다.

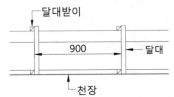

54 목재의 접합에서 두 재가 길이방향으로 길게 짜여지는 것을 무엇이라 하는가?

① 이음　　　　② 맞춤
③ 벽선　　　　④ 쪽매

해설　재를 길이 방향으로 연속되게 이어서 접합하는 것으로, 듀벨, 꺾쇠, 띠쇠를 사용해 이음부를 보강한다.

55 보강블록구조에 대한 설명으로 틀린 것은?

① 내력벽의 양이 많을수록 횡력에 저항하는 힘이 커진다.

② 철근은 굵은 것을 조금 넣는 것보다 가는 것을 많이 넣는 것이 좋다.

③ 철근의 정착이음은 기초보와 테두리보에 둔다.

④ 내력벽의 벽량은 최소 $25cm/m^2$이다.

해설 보강블록조의 내력벽 벽량은 최소 $15cm/m^2$ 이상으로 한다.

56 처음 한 켜는 마구리쌓기, 다음 한 켜는 길이쌓기를 교대로 쌓는 방식으로 통줄눈이 생기지 않고 내력벽에 많이 사용되는 쌓기법은?

① 미국식 쌓기 ② 프랑스식 쌓기

③ 영국식 쌓기 ④ 영롱쌓기

해설 영국식 쌓기는 길이와 마구리를 번갈아 쌓고 이오토막을 사용하는 가장 튼튼한 쌓기법이다.

57 다음 보기 중 목재의 이음과 관련된 것은?

① 버트레스 ② 타이바(tie bar)

③ 리벳 ④ 듀벨

해설 • 버트레스 : 횡력을 받는 벽을 지지하기 위해서 설치하는 구조물
• 타이바(tie bar) : 아치구조 하단에 밖으로 퍼지는 것을 막아주는 막대모양의 부재
• 리벳 : 강판에 구멍을 내어 때려 넣는 접합용 금속 재료

58 조적조에서 내력벽으로 둘러싸인 부분의 바닥면적으로 적절하지 않은 것은?

① $40m^2$ ② $60m^2$

③ $80m^2$ ④ $100m^2$

해설 조적식 구조에서 내력벽으로 둘러싸인 바닥면적은 $80m^2$를 넘을 수 없다.

59 바닥 등의 슬래브를 케이블로 매단 구조는?

① 공기막구조 ② 현수구조

③ 커튼월구조 ④ 셸구조

해설 현수구조와 사장구조는 케이블을 통해 하중을 기둥으로 전달한다.

60 아치벽돌 중 사다리꼴 모양으로 특별히 주문제작하여 쓴 것을 무엇이라 하는가?

① 본아치 ② 막만든아치

③ 거친아치 ④ 층두리아치

해설 • 층두리아치 : 넓은 공간에서 층을 겹쳐 쌓은 아치
• 본아치 : 공장에서 쐐기모양으로 만든 벽돌을 사용
• 막만든아치 : 벽돌을 쐐기모양으로 다듬어서 사용
• 거친아치 : 보통벽돌을 사용해 줄눈을 쐐기모양으로 한 아치

61 철근콘크리트기둥에서 띠철근의 수직 간격으로 잘못된 것은?

① 기둥 단면의 최소 치수 이하

② 종방향 철근지름의 16배 이하

③ 띠철근 지름의 48배 이하

④ 기둥 높이의 0.1배 이하

해설 철근콘크리트기둥의 띠철근 수직 간격
• 종방향 철근지름의 16배 이하
• 기둥단면의 최소치수 이하
• 띠철근 지름의 48배 이하

62 초고층 건물의 구조시스템 중 가장 적절한 것은?

① 내력벽 시스템

② 장막벽 시스템

③ 튜브구조

④ 조적구조

해설 장막벽은 건축물의 하중을 받지 않는 비내력이며, 내력벽 시스템과 조적구조는 저층구조에 적합하다.

Part **5**

63 기초에 대한 설명으로 틀린 것은?

① 매트기초는 부동침하가 우려되는 건물에 유리하다.

② 파일기초는 연약지반에 적합하다.

③ 기초에 사용되는 철근콘크리트의 두께는 두꺼울수록 인장력에 대한 저항력이 우수하다.

④ RCD파일은 현장 타설하는 말뚝기초의 하나이다.

[해설] 기초에 사용되는 철근콘크리트의 두께가 두꺼울수록 전단력에 대한 저항을 크게 할 수 있다.

64 기본형 벽돌(190×90×57)을 사용한 벽돌벽 1.5B 공간쌓기의 두께는 얼마인가? (단, 단열재 공간은 80mm)

① 32cm

② 33cm

③ 35cm

④ 36cm

[해설] 1.5B 공간쌓기(1.0B+공기층+0.5B)의 두께
1.0B=190, 공기층=80, 0.5B=90
∴ 190+80+90=360mm

65 건축물에서 큰 보의 간사이에 작은 보를 짝수로 배치할 때 장점은?

① 미관이 뛰어나다.

② 큰 보의 중앙부에 작용하는 하중이 작아진다.

③ 층고를 낮출 수 있다.

④ 공사하기가 용이하다.

[해설] 큰 보의 간사이에 작은 보를 짝수로 배치하면 중앙부분의 휨모멘트가 작아진다.

66 하중전달과 지지방법에 따른 막구조의 종류에 해당하지 않는 것은?

① 골조막구조

② 현수막구조

③ 공기지지구조

④ 절판막구조

[해설] 막구조의 종류 : 현수막구조, 공기막구조, 골조막구조

67 막구조에 대한 설명으로 틀린 것은?

① 넓은 공간을 덮을 수 있다.

② 힘의 흐름이 불명확하여 구조해석이 어렵다.

③ 막재에서 항시 압축응력이 작용되도록 설계해야 한다.

④ 응력이 집중되는 부위는 파손되지 않도록 조치해야 한다.

[해설] 막구조의 막은 인장력에 저항하도록 설계된다.

68 가새는 통상적으로 구조물의 어떤 힘에 저항하는가?

① 횡력

② 전단력

③ 지내력

④ 압축력

[해설] 가새는 사선으로 대는 빗재로, 주로 수평력, 횡력에 저항한다.

69 돌쌓기 1켜의 높이는 모두 동일한 것을 쓰고 수평줄눈이 일직선으로 통하게 일치되도록 쌓는 방식은?

① 바른층쌓기

② 허튼층쌓기

③ 층지어쌓기

④ 허튼쌓기

[해설] 바른층 쌓기

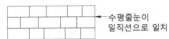

← 수평줄눈이 일직선으로 일치

70 철근콘크리트기둥에서 주근 주위를 수평으로 둘러감아 주근의 좌굴방지를 위해 사용되는 철근은?

① 대근

② 배력근

③ 수축철근

④ 온도철근

[해설] 대근(띠철근)은 철근콘크리트기둥의 주근을 둘러감아 주근의 좌굴을 방지하고 결속한다.

정답 63. ③ 64. ④ 65. ② 66. ④ 67. ③ 68. ① 69. ① 70. ①

71 다음 건축구조의 분류 중 습식구조에 해당되는 것은?

① 조적구조　　② 철골구조
③ 조립식 구조　④ 목구조

해설　• 습식구조 : 조적구조, 철근콘크리트구조
　　• 건식구조 : 철골구조, 조립식 구조, 목구조

72 목구조에서 기둥에 대한 설명으로 틀린 것은?

① 마루, 지붕 등의 하중을 토대로 전달하는 수직 구조재이다.
② 통재기둥은 2층 이상의 기둥 전체를 하나의 단일재로 사용되는 기둥이다.
③ 평기둥은 각 층별로 각 층의 높이에 맞게 배치되는 기둥이다.
④ 샛기둥은 본기둥 사이에 세워 벽체를 이루는 기둥으로 상부 하중의 대부분을 받는다.

해설　목구조 상부의 하중은 통재기둥과 본기둥이 받는다.

73 목조마루의 수직 부재를 무엇이라 하는가?

① 턴버클　　② 동바리
③ 멍에　　　④ 펠대

해설　목조마루의 구조

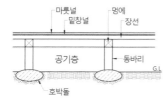

74 건축물을 구성하는 주요 구조에 포함되는 것은?

① 반자　　② 지붕
③ 기와　　④ 천장

해설　건축물의 구조 부분에 해당되는 것은 지붕, 기둥, 바닥, 벽, 기초, 보 등이다.

75 다음 보기 중 건축구조에 관한 기술로 옳은 것은?

① 철골구조는 공사비가 싸고 내화적이다.
② 목구조는 친화감이 있으나 부패하기 쉽다.
③ 철근콘크리트구조는 건식구조로 동절기 공사가 용이하다.
④ 돌구조는 횡력과 진동에 강하다.

해설　• 철골구조 : 공사비가 비싸고 불에 약하다.
　　• 철근콘크리트구조 : 물을 사용하는 습식구조이다.
　　• 조적구조인 돌구조 : 횡력, 진동에 취약하다.

76 지반이 연약하거나 기둥에 전달되는 하중이 커서 기초판이 넓어야 할 경우 적용되는 기초로 건물의 하부 또는 지하실 전체를 기초판으로 하는 기초는?

① 잠함기초　　② 온통기초
③ 독립기초　　④ 복합기초

해설　온통기초는 지반이 약해 바닥 전체를 콘크리트 기초판으로 사용한다.

77 현장이 아닌 공장에서 먼저 제작하여 현장에서 짜맞춘 구조로 규격화할 수 있고, 대량생산이 가능하며 공사기간을 단축할 수 있는 구조의 양식은?

① 조립식 구조　② 습식 구조
③ 조적식 구조　④ 일체식 구조

해설　• 습식구조 : 철근콘크리트와 같이 물을 사용하는 구조로 공기가 길다.
　　• 조적식 구조 : 벽돌구조, 블록구조가 해당되며 모르타르 등을 사용해 쌓아 올리는 구조이다.
　　• 일체식 구조 : 철근콘크리트와 같이 구조체를 일체화시킨 구조를 말한다.

78 다음 중 인장링이 필요한 구조는?

① 트러스구조　② 막구조
③ 절판구조　　④ 돔구조

정답　71. ①　72. ④　73. ②　74. ②　75. ②　76. ②　77. ①　78. ④

인장링과 압축링은 돔구조의 상부와 하부에 사용된다.

79 철골구조에서 H형강보의 플랜지 부분에 커버 플레이트를 사용하는 가장 큰 목적은?

① H형강의 부식을 방지

② 집중하중에 의한 전단력 감소

③ 덕트 배관 등에 사용할 수 있는 개구부를 확보

④ 휨내력을 보강

커버 플레이트를 사용하면 단면계수가 커져 휨내력을 증대시킬 수 있다.

80 철근콘크리트구조에 사용되는 철근에 관한 내용으로 옳은 것은?

① 압축력에 취약한 부분에 철근을 배근한다.

② 철근을 합산한 총단면적이 같을 때 가는 철근을 사용하는 것이 부착응력을 증대시킬 수 있다.

③ 철근의 이음길이는 콘크리트 압축강도와는 무관하다.

④ 철근의 이음은 인장력이 큰 곳에서 한다.

철근콘크리트구조의 철근
• 인장력이 취약한 부분에 철근을 배근한다.
• 콘크리트의 압축강도와 철근의 부착강도는 비례한다.
• 철근의 이음은 인장력이 작은 곳에서 한다.

81 구조물의 자중도 지지하기 어려운 평면체를 아코디언과 같은 주름을 잡아 지지하중을 증대시킨 구조는?

① 절판구조

② 셸구조

③ 돔구조

④ 입체트러스

절판구조

82 철근콘크리트구조에서 콘크리트가 철근을 감싸는 두께를 무엇이라 하는가?

① 보호두께

② 피복두께

③ 미장두께

④ 최소두께

콘크리트의 피복두께

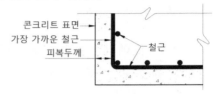

83 목조계단 너비가 1.2m 이상이 되면 챌판의 중간부에 디딤판의 휨, 보행진동을 막기 위하여 보강재를 댄다. 이 보강재의 명칭은?

① 계단멍에

② 계단받이보

③ 계단옆판

④ 엄지기둥

계단멍에의 설치

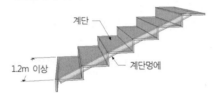

84 보강콘크리트블록조의 벽량에 대한 설명으로 잘못된 것은?

① 내력벽 길이의 총합계를 그 층의 건물면적으로 나눈 값을 말한다.

② 내력벽의 벽량은 15cm/m^2 이상 되도록 한다.

③ 큰 건물에 비해 작은 건물일수록 벽량을 증가시킬 필요가 있다.

④ 벽량을 증가시키면 횡력에 저항하는 힘이 커진다.

큰 건물에 비해 작은 건물일수록 벽량을 감소시킨다.

85 건축물 부동침하의 원인으로 틀린 것은?

① 지반이 동결작용할 때
② 지하수의 수위가 변경될 때
③ 주변 건축물에서 깊게 굴착할 때
④ 기초를 온통기초로 설계할 때

해설 부동침하의 원인으로는 연약층, 증축, 경사지반, 지하수위, 주변 건축물의 토목공사 등이 있다.

86 고력볼트접합에 대한 설명으로 옳은 것은?

① 고력볼트접합의 종류는 마찰접합이 유일하다.
② 접합부의 강성이 작다.
③ 피로강도가 크다.
④ 수동 공구를 사용해 접합부가 일정하지 않고 부위별 강도가 다르다.

해설 고력볼트접합
• 고력볼트의 접합은 마찰접합과 인장접합이 있다.
• 접합부의 강성이 크다.
• 피로강도가 크다.
• 정확한 계기공구로 죄어 일정하고 균일하고 정확한 강도를 얻을 수 있다.

87 석재 중 각주형의 사각형 형태의 돌로 축벽이나 계단 등에 사용되는 것은?

① 마름돌   ② 각석
③ 견칫돌   ④ 다듬돌

해설 • 마름돌 : 채취한 석재를 필요한 치수로 다듬어 놓은 돌
• 견칫돌 : 앞면과 뒷면 크기가 다른 뾰족한 각뿔형
• 다듬돌 : 표면을 다듬어 적절한 크기로 가공한 돌

88 철근콘크리트 원형 기둥에는 주근을 최소 몇 개 이상 배근해야 하는가?

① 2개   ② 4개
③ 6개   ④ 8개

해설 • 철근콘크리트 직사각형 기둥의 최소 주근 개수는 4개
• 철근콘크리트 원형 기둥의 최소 주근 개수는 6개

89 철골보에 관한 설명 중 틀린 것은?

① 형강보는 주로 I형강과 H형강이 많이 쓰인다.
② 판보는 웨브에 철판을 대고 상·하부에 플랜지 철판을 용접하거나 ㄱ형강을 접합한 것이다.
③ 허니컴보는 I형강을 절단하여 구멍이 나게 맞추어 용접한 보이다.
④ 래티스보에 접합판(gusset plate)을 대서 접합한 보를 격자보라 한다.

해설 격자보는 플랜지에 웨브재를 직각으로 댄 보를 말한다.

90 철골공사 시 바닥슬래브를 타설하기 전에 철골보 위에 설치하여 바닥판 등으로 사용하는 절곡된 얇은 판을 무엇이라 하는가?

① 윙 플레이트
② 데크 플레이트
③ 베이스 플레이트
④ 메탈라스

해설 데크 플레이트는 얇은 판을 접어 큰 강성을 낼 수 있어 철골보 위에 설치하여 바닥판으로 사용될 수 있다.

91 철근콘크리트보에 관한 설명으로 틀린 것은?

① 단순보는 중앙에 연직 하중을 받으면 휨모멘트와 전단력이 생긴다.
② T형 보는 압축력을 슬래브가 일부 부담한다.
③ 보 단부의 헌치는 주로 압축력을 보강하기 위해 만든다.
④ 캔틸레버보에는 통상적으로 단면 상부에 철근을 배근한다.

해설 단면을 크게 한 헌치는 휨모멘트나 전단력에 저항하기 위해 만든다.

정답 85. ④ 86. ③ 87. ② 88. ③ 89. ④ 90. ② 91. ③

92 기본벽돌(190×90×57)의 2.0B 쌓기 시 두께는 얼마인가? (단, 공간쌓기가 아님.)

① 280mm   ② 290mm

③ 380mm   ④ 390mm

해설 2.0B 쌓기의 두께
→ 1.0B(190)+모르타르 줄눈(10)+1.0B(190)=390mm

93 네모돌을 수평줄눈이 부분적으로만 연속되게 쌓고 일부 상하 세로줄눈이 통하게 하는 쌓기 방식은?

① 허튼층쌓기   ② 허튼쌓기

③ 바른층쌓기   ④ 층지어쌓기

해설 허튼층쌓기

94 선재를 삼각형이나 다각형 모양으로 입체적으로 결합해 만든 구조로 각 부재 간 구속력이 강해 장스팬구조에 사용되는 구조는?

① 막구조

② 셸구조

③ 현수구조

④ 입체트러스구조

해설 • 막구조 : 케이블과 막을 사용
• 현수구조 : 케이블을 사용해 하중을 기둥에 전달
• 셸구조 : 곡면판을 사용한 구조

부록 **I**

과년도 출제문제

01 부엌의 기능적인 수납을 위해서는 기본적으로 네 가지 원칙이 만족되어야 하는데, 다음 중 "수납장 속에 무엇이 들었는지 쉽게 찾을 수 있게 수납한다."와 관련된 원칙은?

① 접근성   ② 조절성
③ 보관성   ④ 가시성

02 침대의 종류 중 퀸(queen)의 표준 매트리스 크기는?

① 900×1,875   ② 1,350×1,875
③ 1,500×2,000   ④ 1,900×2,100

해설 침대의 일반적인 크기

유형	규격(너비×길이)mm
싱글(S)	1,000×2,000
슈퍼싱글(SS)	1,100×2,000
더블(D)	1,350×2,000
퀸(Q)	1,500×2,000
킹(K)	1,600×2,000
라지킹(LK)	1,700×2,000
킹오브킹(KK)	1,800×2,000

03 공간을 실제보다 더 높아 보이게 하며, 엄숙함과 위험 등의 효과를 주기 위해 일반적으로 사용되는 디자인 요소는?

① 사선   ② 곡선
③ 수직선   ④ 수평선

해설
- 사선 : 동적인 효과와 강한 표정을 부여한다.
- 곡선 : 유연하고 동적인 느낌을 부여한다.
- 수직선 : 고결함, 상승감, 엄숙함을 나타낼 수 있어 종교적인 느낌을 부여한다.
- 수평선 : 평화로운 분위기와 안정감을 부여한다.

04 평범하고 단순한 실내에 흥미를 부여하려고 하는 경우 가장 적합한 디자인 원리는?

① 조화   ② 통일
③ 강조   ④ 균형

해설
- 조화 : 부분과 부분 및 부분과 전체에 안정된 관련성을 주어 상호 간에 공감을 부여하는 것
- 통일 : 공통되는 요소에 의해 전체가 하나의 느낌으로 일관되게 보이는 것
- 강조 : 규칙성이나 반복성을 깨뜨려 주의를 환기시키고 단조로움을 해소시키는 것
- 균형 : 부분과 부분 및 부분과 전체를 무게감이나 시각적인 힘의 균형으로 안정감, 침착한 느낌을 주는 것

05 실내디자인 과정에서 일반적으로 건축주의 의사가 가장 많이 반영되는 단계는?

① 기획단계
② 시공단계
③ 기본설계단계
④ 실시설계단계

해설 건축기획은 건축주가 직접 진행하거나 전문가의 도움을 받아 건축의 의도 및 목적을 분명히 하여 건축의 과정이 원만히 진행되도록 하는 업무를 말한다.

정답 1.④ 2.③ 3.③ 4.③ 5.①

06 디자인 요소 중 점에 대한 설명으로 틀린 것은?

① 화면상에 있는 두 점의 크기가 같을 때 주의력은 균등하게 작용한다.

② 선과 마찬가지로 형태의 외곽을 시각적으로 설명하는 데 사용될 수 있다.

③ 화면상에 있는 하나의 점은 관찰자의 시선을 화면 안에 특정한 위치로 이끈다.

④ 다수의 점은 2차원에서 면이나 형태로 지각될 수 있으나 운동을 표현하는 시각적 조형효과는 만들 수 없다.

07 다음 중 실내디자인의 목적과 가장 거리가 먼 것은?

① 생산성을 최대화한다.

② 미적인 공간을 구성한다.

③ 쾌적한 환경을 조성한다.

④ 기능적인 조건을 최적화한다.

해설 실내디자인의 목적
• 생활하기 쾌적한 환경을 추구한다.
• 공간에서 예술적, 서정적 욕구를 해결한다.
• 편리한 환경(기능)이 되도록 물리적, 환경적 조건을 해결한다.

08 주택의 침실계획에 대한 설명으로 틀린 것은?

① 침대를 놓을 때 머리 쪽에 창을 두지 않는 것이 좋다.

② 침실의 소음은 120데시벨(dB) 이하로 하는 것이 바람직하다.

③ 침대는 외부에서 출입문을 통해 직접 보이지 않도록 배치한다.

④ 침실에 붙박이장을 설치하면 수납공간이 확보되어 정리정돈에 효과적이다.

09 리듬의 요소에 속하지 않는 것은?

① 반복   ② 점이

③ 균형   ④ 방사

해설 리듬은 규칙적인 운동감으로 반복, 점층(점이), 억양, 대비, 방사 등이 있다.

10 소규모 주택에서 많이 사용하는 방법으로 거실 내에 부엌과 식당을 설치한 것은?

① D형식   ② DK형식

③ LD형식   ④ LDK형식

해설 LDK형식
리빙 다이닝 키친의 약자로 거실 일부에 주방과 식사실을 구성하여 소규모 주택에 많이 적용한다.

11 백화점의 외벽에 창을 설치하지 않는 이유 및 효과와 가장 거리가 먼 것은?

① 정전, 화재 시 유리하다.

② 조도를 균일하게 할 수 있다.

③ 실내면적 이용도가 높아진다.

④ 외측에 광고물의 부착효과가 있다.

12 실내기본요소 중 바닥에 관한 설명으로 틀린 것은?

① 촉각적으로 만족할 수 있는 조건을 요구한다.

② 천장과 함께 공간을 구성하는 수평적 요소이다.

③ 고저 차에 의해서만 공간의 영역을 조정할 수 있다.

④ 외부로부터 추위와 습기를 차단하고 사람과 물건을 지지한다.

13 형태의 의미구조에 의한 분류 중 자연형태에 관한 설명으로 바르지 않은 것은?

① 자연계에 존재하는 모든 것으로부터 보이는 형태를 말한다.
② 기하학적인 형태는 불규칙한 형태보다 비교적 무겁게 느껴진다.
③ 조형의 원형으로서도 작용하며 기능과 구조의 모델이 되기도 한다.
④ 단순한 부정형의 형태를 취하기도 하지만 경우에 따라서는 체계적이고 기하학적인 특징을 갖는다.

14 황금비례로 가장 알맞은 것은?

① 1 : 1.414
② 1 : 1.618
③ 1 : 1.7732
④ 1 : 3.141

해설 황금비 : 어떤 길이를 둘로 나누었을 때 짧은 부분과 긴 부분의 비와 긴 부분과 전체의 비가 1 : 1.618이 되는 비율

15 실내기본요소 중 시각적 흐름이 최종적으로 멈추는 곳으로, 내부공간의 어느 요소보다 조형적으로 자유로운 것은?

① 벽 　　　　② 바닥
③ 기둥 　　　④ 천장

16 다음 중 유효온도와 관련이 없는 온열요소는?

① 기온 　　　② 습도
③ 기류 　　　④ 복사열

해설 유효온도는 실감온도나 감각온도라고도 하며, 온도, 습도, 기류의 3요소로 측정해 온열감에 대한 감각적 효과를 나타낸다.

17 단열재가 갖추어야 할 일반적 요건으로 틀린 것은?

① 흡수율이 낮을 것
② 열전도율이 낮을 것
③ 수증기 투과율이 높을 것
④ 기계적 강도가 우수할 것

해설 단열재는 외부의 온도를 차단하기 위한 재료로 흡수율, 열전도율, 습기의 투과율이 낮아야 한다.

18 일반적으로 실내공기 오염의 지표로 사용되는 것은?

① 황의 농도
② 질소의 농도
③ 산소의 농도
④ 이산화탄소의 농도

해설 공기오염의 척도는 이산화탄소량(CO_2)을 기준으로 한다.

19 조도 분포의 정도를 표시하며 최고조도에 대한 최저조도의 비율로 나타내는 것은?

① 휘도 　　　　② 광도
③ 균제도 　　　④ 조명도

해설
• 휘도 : 광원의 외관상 단위면적당 밝기
• 광도 : 광원에서 특정 방향에 대한 밝기
• 조명도(조도) : 단위면적에 수직으로 도달하는 빛의 밝기

20 철근콘크리트구조의 내화성 강화 방법으로 틀린 것은?

① 피복두께를 얇게 한다.
② 내화성이 높은 골재를 사용한다.
③ 콘크리트 표면을 회반죽 등의 단열재로 보호한다.
④ 익스팬디드 메탈 등을 사용하여 피복콘크리트가 박리되는 것을 방지한다.

정답 13. ② 　14. ② 　15. ④ 　16. ④ 　17. ③ 　18. ④ 　19. ③ 　20. ①

철근콘크리트의 피복두께는 철근을 감싸는 콘크리트의 두께로 내화성을 높이기 위해서는 피복두께를 두껍게 한다.

21 음파는 파동의 하나이기 때문에 물체가 진행방향을 가로막고 있다고 해도 그 물체의 후면에도 전달된다. 이러한 현상은?

① 반사   ② 회절

③ 간섭   ④ 굴절

22 레디믹스트 콘크리트에 대한 설명으로 바른 것은?

① 주문에 의해 공장생산 또는 믹싱카로 제조하여 사용현장에 공급하는 콘크리트이다.

② 기건단위 용적중량이 보통콘크리트에 비하여 크고, 주로 방사선 차폐용에 사용되므로 차폐용 콘크리트라고도 한다.

③ 기건단위 용적중량 2.0 이하의 것을 말하며, 주로 경량 골재를 사용하여 경량화하거나 기포를 혼입한 콘크리트이다.

④ 결합재로서 시멘트를 사용하지 않고 폴리에스테르수지 등을 액상으로 하여 굵은 골재 및 분말상 충전제를 혼합하여 만든 것이다.

레미콘이라 불리는 레디믹스트 콘크리트는 공장주문에 의해 이동하면서 콘크리트를 현장으로 공급한다.

23 아스팔트 루핑을 절단하여 만든 것으로 지붕재료로 주로 사용되는 아스팔트 제품은?

① 아스팔트 펠트

② 아스팔트 유제

③ 아스팔트 타일

④ 아스팔트 싱글

아스팔트 싱글은 목면, 양모, 폐지 등을 혼합해 만든 원지에 아스팔트를 도포 및 착색한 지붕마감 재료로 사용된다.

24 금속의 방식방법으로 바르지 않은 것은?

① 큰 변형을 준 것은 가능한 한 풀림하여 사용한다.

② 가능한 한 상이한 금속은 인접, 접촉시켜 사용한다.

③ 균질한 것을 선택하고 사용할 때 큰 변형을 주지 않는다.

④ 표면을 평활, 청결하게 하고 가능한 한 건조 상태로 유지한다.

금속의 부식방지법
- 표면의 습기를 제거하고 깨끗이 한다.
- 표면에 아스팔트 콜타르를 발라준다.
- 금속 종류가 다른 것은 접하지 않게 한다.
- 4산화철과 같은 금속산화물 피막을 만든다.
- 시멘트액 피막을 만든다.

25 시멘트의 분말도에 대한 설명으로 틀린 것은?

① 시멘트의 분말도가 클수록 수화반응이 촉진된다.

② 시멘트의 분말도가 클수록 강도의 발현속도가 빠르다.

③ 시멘트의 분말도는 브레인법 또는 표준체법에 의해 측정한다.

④ 시멘트의 분말도가 과도하게 미세하면 시멘트를 장기간 저장하더라도 풍화가 발생하지 않는다.

분말도는 시멘트 가루의 입자 크기를 말하며 입자가 고운 것을 분말도가 높다고 한다. 분말도가 높으면 풍화되기 쉽다.

26 무거운 자재문에 사용하는 스프링 유압 밸브 장치로 문을 자동적으로 닫히게 하는 창호철물은?

① 레일
② 도어 스톱
③ 플로어 힌지
④ 래버토리 힌지

해설 플로어 힌지(floor hinge)

27 대리석의 일종으로 다공질이며 갈면 광택이 나서 실내장식재로 사용되는 것은?

① 사암
② 점판암
③ 응회암
④ 트래버틴

해설 트래버틴 : 다공질이며 석질이 균일하지 않다. 암갈색을 띠고 무늬가 있어 장식재로 사용된다.

[거실 아트월(트래버틴)]

28 다음 중 금속, 석재, 도자기, 글라스, 콘크리트, 플라스틱재 등의 접합에 모두 사용할 수 있는 접착제는?

① 요소수지 접착제
② 페놀수지 접착제
③ 멜라민수지 접착제
④ 에폭시수지 접착제

해설 에폭시수지는 접착력이 우수하여 무거운 금속은 물론 항공기재의 접착에도 사용된다.

29 다음 중 목재면의 투명 도장에 사용되는 도료는?

① 수성페인트
② 유성페인트
③ 래커 에나멜
④ 클리어 래커

해설 수성페인트, 유성페인트, 래커 에나멜은 불투명 도장이다.

30 점토에 톱밥, 겨, 탄가루 등을 혼합, 소성한 것으로 가볍고 절단, 못치기 등의 가공이 우수하나 강도가 약해 구조용으로는 사용이 곤란한 벽돌은?

① 이형벽돌
② 내화벽돌
③ 포도벽돌
④ 다공벽돌

해설
• 이형벽돌 : 특수한 용도를 목적으로 모양을 다르게 만든 벽돌
• 내화벽돌 : 높은 온도로 구워낸 벽돌로 굴뚝, 벽난로 등 높은 온도 주변에 사용
• 포도벽돌 : 바닥 포장용 벽돌

31 미장재료 중 돌로마이트 플라스터에 대한 설명으로 틀린 것은?

① 기경성 미장재료이다.
② 소석회에 비해 점성이 높다.
③ 석고 플라스터에 비해 응결시간이 짧다.
④ 건조수축이 커서 수축균열이 발생하는 결점이 있다.

해설 돌로마이트 플라스터 : 소석회와 수산화 마그네슘을 포함한 백색의 미장재료로 석고 플라스터보다 응결이 늦다.

32 다음 중 AE제의 사용목적과 가장 관계가 먼 것은?

① 강도를 증가시킨다.
② 블리딩을 감소시킨다.
③ 동결용해작용에 대하여 내구성을 지닌다.
④ 굳지 않은 콘크리트의 워커빌리티를 개선시킨다.

해설 AE제의 효과
• 워커빌리티(시공연도) 향상
• 단위수량 감소, 내구성 증가
• 동결융해 저항성 향상
• 기포 증가에 따른 강도 감소

정답 26. ③ 27. ④ 28. ④ 29. ④ 30. ④ 31. ③ 32. ①

33 금속제품에 대한 설명으로 바르지 않은 것은?

① 와이어 라스는 금속제 거푸집의 일종이다.

② 논슬립은 계단에서 미끄럼을 방지하기 위해서 사용된다.

③ 조이너는 천장, 벽 등에 보드류를 붙이고, 그 이음새를 감추고 누르는 데 사용된다.

④ 코너비드는 기둥 모서리 및 벽 모서리 면에 미장을 쉽게 하고, 모서리를 보호할 목적으로 설치한다.

해설 와이어 라스는 미장바탕용 철물이다.

34 다음과 같은 특징을 갖는 성분별 유리의 종류는?

- 용융되기 쉽다.
- 내산성이 높다.
- 건축일반용 창호유리 등에 사용된다.

① 고규산유리

② 칼륨석회유리

③ 소다석회유리

④ 붕사석회유리

해설
- **고규산유리** : 내열성이 높은 유리로 성형 및 가공성이 우수하다.
- **칼륨석회유리** : 소다석회유리보다 우수한 품질의 유리로 안경유리 등 렌즈용으로 사용된다.
- **붕사석회유리** : 붕사를 첨가해 내열성을 높인 유리

35 합성수지의 일반적인 성질에 대한 설명으로 틀린 것은?

① 가소성, 가공성이 크다.

② 전성, 연성이 크고 광택이 있다.

③ 열에 강하여 고온에서 연화, 연질되지 않는다.

④ 내산, 내알칼리 등의 내화학성 및 전기절연성이 우수한 것이 많다.

해설 합성수지는 일반적으로 열에 의한 팽창 변화가 심하다.

36 목재의 부패에 관한 설명으로 틀린 것은?

① 수중에 완전 침수시킨 목재는 쉽게 부패된다.

② 균류는 습도 20% 이하에서는 일반적으로 사멸한다.

③ 크레오소트 오일은 유성 방부제의 일종으로 토대, 기둥, 도리 등에 사용된다.

④ 적부와 백부는 목재의 강도에 영향을 크게 미치나, 청부는 목재의 강도에 거의 영향을 미치지 않는다.

해설 목재를 수중에 3~4주 침수시키면 수액이 빠져 건조시간을 단축시키고 부패를 방지할 수 있다.

37 집성목재에 대한 설명으로 틀린 것은?

① 톱밥, 대팻밥, 나무 부스러기를 이용하므로 경제적이다.

② 요구된 치수, 형태의 재료를 비교적 용이하게 제조할 수 있다.

③ 강도상 요구에 따라 단면과 치수를 변화시킨 구조재료를 설계, 제작할 수 있다.

④ 제재품이 갖는 옹이, 할열 등의 결함을 제거, 분산시킬 수 있으므로 강도의 편차가 적다.

해설 집성목재는 단판을 섬유방향과 평행하게 여러 장 붙여 접착한 판이며, 톱밥, 나무 부스러기는 섬유판의 원료이다.

38 다음 점토제품 중 흡수성이 가장 작은 것은?

① 토기   ② 도기

③ 석기   ④ 자기

해설 **점토의 흡수성** : 토기 > 도기 > 석기 > 자기

39 건축구조 재료에 요구되는 성질로 바르지 않은 것은?

① 가공이 용이한 것이어야 한다.

② 내화, 내구성이 큰 것이어야 한다.

③ 외관이 좋고 열전도율이 커야 한다.

④ 가볍고 큰 재료를 용이하게 얻을 수 있어야 한다.

해설 구조재료의 요구 성질
• 재질이 균일해야 한다.
• 강도가 큰 것이어야 한다.
• 가공이 용이한 것이어야 한다.
• 내화성, 내구성이 커야 한다.

40 다음 중 압축강도가 가장 큰 석재는?

① 사암　　　　② 화강암

③ 응회암　　　④ 사문암

해설 화강암의 압축강도는 1,500kg/cm² 정도로 석재 중 가장 강도가 우수해 구조재로 사용된다.

41 건축제도통칙(KS F 1501)에 제시되지 않은 축척은?

① 1/5　　　　② 1/15

③ 1/20　　　④ 1/25

해설 건축제도통칙의 축척 24종
2/1, 5/1, 1/1, 1/2, 1/3, 1/4, 1/5, 1/10, 1/20, 1/25, 1/30, 1/40, 1/50, 1/100, 1/200, 1/250, 1/300, 1/500, 1/600, 1/1000, 1/1200, 1/2000, 1/2500, 1/3000, 1/5000, 1/6000

42 균열이 발생되기 쉬우며 횡력과 진동에 가장 약한 구조는?

① 목구조

② 조적구조

③ 철근콘크리트구조

④ 철골구조

해설 벽돌, 돌, 블록을 사용한 조적식 구조는 횡력과 진동에 약해 지진에 취약하다.

43 건물 구조의 기본 조건 중 내구성과 관련된 것은?

① 최소의 공사비로 만족할 수 있는 공간을 만드는 것

② 건물 자체의 아름다움뿐만 아니라 주위의 배경과도 조화를 이루게 만드는 것

③ 안전과 역학적 및 물리적 성능이 잘 유지되도록 만드는 것

④ 건물 안에는 항상 사람이 생활한다는 생각을 두고 아름답고 기능적으로 만드는 것

해설 건축의 3대 요소인 구조, 기능, 미 중에서 구조는 역학적, 물리적 성능이 잘 유지되어야 하는 안전과 관련된다.

44 제도표시 기호 중 지름을 나타내는 기호는?

① ϕ　　　　② R

③ T　　　　④ S

해설 도면의 일반적인 기호
길이 : L, 높이 : H, 너비 : W, 두께 : $THK(T)$
면적 : A, 용적 : V, 지름 : $\phi(D)$, 반지름 : R

45 벽돌쌓기법 중 벽의 모서리나 끝에 반절 또는 이오토막을 사용하는 가장 튼튼한 쌓기법은?

① 영식 쌓기　　② 미식 쌓기

③ 화란식 쌓기　④ 영롱쌓기

해설 영식 쌓기

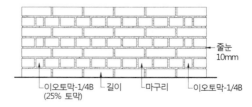

46 콘크리트는 타설된 후 일정 시간이 지나면 목표 강도에 도달하게 된다. 이를 설계기준강도라 하는데 대략 몇 주 정도 지나야 콘크리트 강도가 목표 강도에 도달하는가?

① 1주   ② 2주
③ 3주   ④ 4주

해설 콘크리트의 설계기준강도는 타설 후 28일(4주) 압축강도로 한다.

47 치수선을 표시하는 방법으로 바르지 않은 것은?

① 치수는 필요한 것은 충분하게 기입하고 중복을 피한다.
② 치수는 도면의 우측에서 좌측으로, 위에서 아래로 읽을 수 있도록 한다.
③ 치수는 가능한 한 치수선의 윗부분에 기입한다.
④ 도면에 기입하는 치수는 mm이며 단위는 생략한다.

해설 치수의 도면의 좌측에서 우측으로, 아래에서 위로 읽을 수 있도록 표기해야 한다.

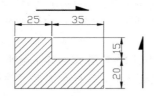

48 다음 보기에서 설명하는 부재명은?

> • 횡력에 잘 견디기 위한 구조물이다.
> • 경사는 45°에 가까운 것이 좋다.
> • 압축력 또는 인장력에 대한 보강재이다.
> • 주요건물의 경우 한 방향으로만 만들지 않고, X자형으로 만들어 압축과 인장을 겸하도록 한다.

① 층도리   ② 샛기둥
③ 가새   ④ 펠대

해설 가새는 기둥의 상부와 기둥의 하부를 대각선 빗재로 고정해 수평외력에 저항하는 가장 효과적인 보강재이다.

49 연필 프리핸드에 대한 설명으로 바른 것은?

① 번지거나 더러워지는 단점이 있다.
② 연필은 폭넓게 명암을 나타내기 어렵다.
③ 간단히 수정할 수 없기에 사용상 불편이 많다.
④ 연필의 종류가 적어서 효과적으로 사용하는 것이 불가능하다.

해설 연필심의 무르기에 따라 9H부터 6B까지 16단계가 있다. 연필의 가장 큰 특징은 지울 수 있지만 번져서 작업면이 더러워지기가 쉽다는 점이다.

50 단면도에 대한 설명으로 바른 것은?

① 건축물을 수평으로 절단하였을 때의 수평투상도이다.
② 건축물의 외형을 각 면에 대해 직각으로 투사한 도면이다.
③ 건축물을 수직으로 절단하여 수평방향에서 본 도면이다.
④ 기초 판의 크기, 벽체의 하부구조를 표현한 도면이다.

해설 ① – 평면도, ② – 입면도, ④ – 기초평면도

51 건축 설계도면에서 중심선, 절단선, 경계선 등으로 사용되는 선은?

① 실선   ② 일점쇄선
③ 이점쇄선   ④ 파선

해설 선의 사용
• 굵은 실선 : 절단면의 윤곽을 표시
• 가는 실선 : 기술, 기호, 치수 등을 표시
• 파선 : 보이지 않는 가려진 부분을 표시
• 일점쇄선 : 중심이나 기준, 경계 등을 표시
• 이점쇄선 : 상상선이나 일점쇄선과 구분할 때 표시

52 철근콘크리트구조에서 스팬이 긴 경우에 보의 단부에 발생하는 휨모멘트와 전단력에 대한 보강으로 보 단부의 춤을 크게 한 것은?

① 드롭패널　　　　② 플랫슬래브
③ 헌치　　　　　　④ 주두

해설 헌치

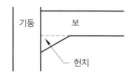

53 일반적으로 반지름 50mm 이하의 작은 원을 그리는 데 사용되는 제도용구는?

① 빔 컴퍼스　　　　② 스프링 컴퍼스
③ 디바이더　　　　④ 삼각자

해설
- 빔 컴퍼스 : 가장 큰 컴퍼스로 큰 원을 그리는 데 사용
- 디바이더 : 치수를 옮기거나 일정한 길이로 등분하는 분할기
- 삼각자 : T자를 사용해 수직선이나 사선을 그리는 자

54 종이에 일정한 크기의 격자형 무늬가 인쇄되어 있어서, 계획 도면을 작성하거나 평면을 계획할 때 사용하기가 편리한 제도지는?

① 켄트지　　　　　② 방안지
③ 트레이싱지　　　④ 트레팔지

해설 방안지

55 건축물을 구성하는 요소 중 튼튼하고 합리적인 짜임새와 가장 관계가 깊은 것은?

① 건축물의 기능　　② 건축물의 구조
③ 건축물의 미　　　④ 건축물의 용도

해설 건축구조는 건축물의 목적에 맞는 재료를 사용해 재료의 강도와 외력 및 하중의 관계를 계산하여 안전하게 함을 말한다.

56 일반적으로 이형철근이 원형철근보다 우수한 부분은?

① 인장강도　　　　② 압축강도
③ 전단강도　　　　④ 부착강도

해설 이형철근은 마디와 리브로 인해 부착면적이 원형철근보다 크다.

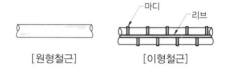

[원형철근]　　　　　　[이형철근]

57 강구조의 용접부위에 대한 비파괴검사 방법이 아닌 것은?

① 방사선투과법
② 초음파탐상법
③ 자기탐상법
④ 슈미트해머법

해설 슈미트해머는 재료 표면의 경도를 측정하는 방법이다.

58 선 그리기 할 때의 유의사항으로 바르지 않은 것은?

① 시작부터 끝까지 일정한 힘을 주어 일정한 속도로 긋는다.
② 축척과 도면의 크기에 관계없이 선의 굵기를 같게 한다.
③ 한번 그은 선은 중복해서 긋지 않는다.
④ 파선의 끊어진 부분은 길이와 간격을 일정하게 한다.

해설 선의 굵기는 축척과 도면에 따라 달리하여 표현한다.

정답 52. ③　53. ②　54. ②　55. ②　56. ④　57. ④　58. ②

59 다음 건축도면 중 배치도에 명시되어야 하는 것은?

① 대지 내 건물의 위치와 방위

② 기둥, 벽, 창문 등의 위치

③ 건물의 높이

④ 승강기의 위치

해설 • 기둥, 벽, 창문, 승강기 등의 위치 – 평면도
• 건물의 높이 – 단면도

60 다음 그림의 표시기호는?

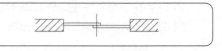

① 미서기문   ② 미들창

③ 접이문   ④ 회전창

해설 • 미들창 :

• 접이문 :

• 회전창 :

01 프라이버시에 관한 설명으로 틀린 것은?

① 가족 수가 많은 경우 주거공간을 개방형 공간계획으로 하는 것이 프라이버시를 유지하기에 좋다.

② 프라이버시란 개인이나 집단이 타인과의 상호작용을 선택적으로 통제하거나 조절하는 것을 말한다.

③ 주거공간은 가족생활의 프라이버시는 물론, 거주하는 개인의 프라이버시가 유지되도록 계획되어야 한다.

④ 주거공간의 프라이버시는 공간의 구성, 벽이나 천장의 구조와 재료, 창이나 문의 종류와 위치 등에 의해 많은 영향을 받는다.

해설 프라이버시(privacy)란 개인적인 사생활로 집안에서의 일을 포함하며, 남에게 간섭받지 않는 것을 뜻하는 것으로 주거공간을 개방형으로 계획하는 것은 프라이버시를 유지하는 것과 거리가 멀다.

02 문양(pattern)에 대한 설명으로 틀린 것은?

① 장식의 질서와 조화를 부여하는 방법이다.

② 작은 공간에서는 서로 다른 문양의 혼용을 피하는 것이 좋다.

③ 형태에 패턴이 적용될 때 형태는 패턴을 보완하는 기능을 갖게 된다.

④ 연속성에 의한 운동감이 있고, 디자인 전체 리듬과도 관계가 있다.

해설 형태는 패턴과 조화되어, 패턴이 형태를 보완할 수는 있으나 형태가 패턴을 보완하지는 않는다.

03 주거공간을 주 행동에 따라 개인공간, 사회공간, 노동공간 등으로 구분할 경우, 다음 중 개인공간에 해당하는 것은?

① 서재   ② 거실

③ 응접실   ④ 가사실

해설
- 개인공간 : 서재, 침실, 작업실 등
- 사회공간 : 거실, 식당, 응접실 등
- 노동공간 : 주방, 가사실 등
- 위생공간 : 욕실, 화장실 등

04 다음 설명에 알맞은 공간의 조직 형태는?

하나의 형이나 공간이 지배적이고 이를 둘러싼 주위의 형이나 공간이 종속적으로 배열된 경우도 보통 지배적인 형태는 종속적인 형태보다 크기가 크며 단순하다.

① 직선식

② 방사식

③ 군생식

④ 중앙집중식

해설
- 직선식 : 축을 따라서 공간단위가 직선에 따라 반복적으로 형성되는 조직형태
- 방사식 : 중심을 기준으로 밖으로 다수의 선형요소가 결합하는 회전적이고 동적인 패턴을 보이는 형태
- 군생식 : 규칙적으로 구성되지 않으며 성장이나 변화에 융통성을 가지는 형태

05 실내공간을 형성하는 주요 기본 요소 중 바닥에 대한 설명으로 틀린 것은?

① 고저 차로 공간의 영역을 조정할 수 있다.

② 촉각적으로 만족할 수 있는 조건이 요구된다.

③ 다른 요소에 비해 시대와 양식에 의한 변화가 현저하다.

④ 공간을 구성하는 수평적 요소로서 생활을 지탱하는 가장 기본적인 요소이다.

해설 실내공간의 바닥은 시대와 양식이 변화함에 따라 단순히 직선적인 것에서 벗어나 공간의 기능과 성격에 따라 단을 두거나 경사로를 만들어 다양하게 변화를 줄 수 있는 요소이다.

부록 I

06 평범하고 단순한 실내에 흥미를 부여하려고 하는 경우 가장 적합한 디자인 원리는?

① 조화   ② 통일

③ 강조   ④ 균형

해설 • 조화 : 두 개 이상의 요소가 자연스럽게 결합하여 전체적인 구성이 모순 없이 질서를 유지
• 통일 : 색, 형태, 재료 등이 질서를 가지며 조화롭게 통합되어 하나 된 느낌을 주는 것
• 강조 : 색채, 형태, 질감이 시각적으로 중요한 것과 그렇지 않은 배경과 같은 것을 구분하는 것
• 균형 : 인간의 시각적 주의력으로 느끼는 무게감의 평형을 뜻하는 것

07 실내디자인의 기본적인 프로세스로 바른 것은?

① 설계 → 계획 → 기획 → 시공 → 평가

② 설계 → 기획 → 계획 → 시공 → 평가

③ 계획 → 기획 → 설계 → 시공 → 평가

④ 기획 → 계획 → 설계 → 시공 → 평가

해설 실내디자인은 기획, 계획, 설계, 시공의 과정을 거치며 향후 발전을 위해 관리자나 사용자의 평가가 있어야 한다.

08 창문 전체를 커튼으로 처리하지 않고 반 정도만 친 형태를 갖는 커튼의 종류는?

① 새시 커튼   ② 글라스 커튼

③ 드로우 커튼   ④ 크로스 커튼

해설 • 글라스 커튼 : 창의 안쪽 부분에 거는 투명한 커튼
• 드로우 커튼 : 인활막이라고도 하며 무대, 공연장 등에 사용되는 것으로 무대의 배후가 노출되는 것을 방지하는 커튼
• 크로스 커튼 : 커튼의 안쪽에서 X자 형으로 교차하여 매는 커튼
• 새시 커튼(sashi curtain) : 창의 일부나 반 정도만 치는 커튼

09 상점계획에서 파사드 구성에 요구되는 소비자 구매심리 5단계에 해당하지 않는 것은?

① 기억(Memory)

② 욕망(Desire)

③ 주의(Attention)

④ 유인(Attraction)

해설 구매심리의 5단계(AIDMA법칙)
① 주의(Attention)
② 흥미(Interest)
③ 욕구(Desire)
④ 기억(Memory)
⑤ 행동(Action)

10 다음 설명에 알맞은 형태의 지각심리는?

> 여러 종류의 형틀이 모두 일정한 규모, 색채, 질감, 명암, 윤곽선을 갖고 모양만이 다를 경우에는 모양에 따라 그룹화되어 지각된다.

① 접근성   ② 연속성

③ 유사성   ④ 폐쇄성

해설 게슈탈트 4법칙
• 유사성 : 시각적인 요소가 유사하여 자연스럽게 패턴이나 그룹으로 지각된다.
• 연속성 : 유사한 배열로 구성된 형상이 방향성을 지니고 연속되어 보이는 하나의 그룹으로 지각하는 것으로 공동운명의 법칙이라고도 한다.
• 폐쇄성 : 형상을 지각하는 데 있어 시각적인 요소들이 폐쇄적인 느낌을 준다.
• 접근성 : 가까이 있는 2개 이상의 물체는 그룹이나 패턴으로 지각된다.

11 할로겐램프에 대한 설명으로 틀린 것은?

① 휘도가 낮다.

② 백열전구에 비해 수명이 길다.

③ 연색성이 좋고 설치가 용이하다.

④ 흑화가 거의 일어나지 않고 광속이나 색온도의 저하가 극히 적다.

해설 할로겐램프는 백열등을 개량한 것으로 휘도가 높고 안정된 빛을 비추면서 수명이 길다.

12 실내공간을 넓어 보이게 하는 방법과 가장 거리가 먼 것은?

① 큰 가구는 벽에 부착시켜 배치한다.

② 벽면에 큰 거울을 장식해 실내공간을 반사시킨다.

③ 빈 공간에 화분이나 어항 또는 운동기구 등을 배치한다.

④ 창이나 문 등의 개구부를 크게 하여 옥외 공간과 시선이 연장되도록 한다.

해설 공간을 넓어 보이게 하는 방법
- 책장 등 큰 가구는 벽에 부착시킨다.
- 벽면에 큰 거울을 부착해 공간을 반사되게 한다.
- 개구부(문, 창문)를 크게 설계한다.

13 다음 중 부엌의 효율적인 작업순서에 따른 작업대의 배치 순서로 가장 알맞은 것은?

① 준비대 → 가열대 → 개수대 → 조리대 → 배선대

② 준비대 → 개수대 → 조리대 → 가열대 → 배선대

③ 개수대 → 조리대 → 배선대 → 가열대 → 준비대

④ 준비대 → 배선대 → 개수대 → 조리대 → 가열대

해설 부엌의 작업대 순서

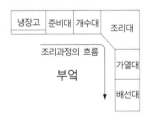

14 리듬의 원리에 해당되지 않는 것은?

① 반복   ② 대칭
③ 점이   ④ 방사

해설 리듬의 원리
리듬은 요소의 규칙적인 반복으로 만들어내는 운동감으로 반복, 점층, 억양, 대비(대립), 방사 등이 있다.

15 특정한 사용목적이나 많은 물품을 수납하기 위해 건축화된 가구는?

① 이동 가구   ② 유닛 가구
③ 붙박이 가구   ④ 수납용 가구

해설 붙박이 가구
빌트인(built-in furniture)가구로 불리며 건축 단계에서 설치되는 것으로 외관 및 기능과 품질이 우수하다.

16 여름보다 겨울에 남쪽 창의 일사량이 많은 가장 주된 이유는?

① 겨울에는 태양의 고도가 낮기 때문에

② 겨울에는 태양의 고도가 높기 때문에

③ 여름에는 지구와 태양의 거리가 가깝기 때문에

④ 여름에는 나무에 의한 일광 차단이 적기 때문에

해설 겨울철에는 햇빛을 실내로 유입시켜야 따뜻하므로 태양의 고도가 낮은 남쪽에 창을 내는 것이 유리하다.

17 건물의 단열계획에 대한 설명으로 틀린 것은?

① 외벽 부위는 내단열로 시공한다.

② 건물의 창호는 가능한 작게 설계한다.

③ 외피의 모서리 부분은 열교가 발생하지 않도록 한다.

④ 건물 옥상에는 조경을 하여 최상층 지붕의 열 저항을 높인다.

해설 건축물의 단열효과는 내단열(구조체 안쪽)보다 외단열(구조체 바깥쪽)이 우수하다.

정답 12. ③ 13. ② 14. ② 15. ③ 16. ① 17. ①

18 실내외의 온도 차에 의한 공기의 밀도 차가 원동력이 되는 환기방법은?

① 기계환기　　　② 인공환기
③ 풍력환기　　　④ 중력환기

> **해설** 중력환기는 실내와 실외의 온도 차에 의한 자연환기법이다.

19 고체 양쪽의 유체 온도가 다를 때 고체를 통하여 유체에서 다른 쪽 유체로 열이 전해지는 현상을 무엇이라 하는가?

① 대류　　　② 복사
③ 증발　　　④ 열관류

> **해설** • 대류 : 따뜻한 공기가 위로 올라가고 차가운 공기가 아래로 내려오면서 순환하여 공기가 데워지는 현상
> • 복사 : 열이 매질을 통하지 않고 고온이 물체에서 저온의 물체로 직접 열이 전달되는 현상
> • 증발 : 액체의 표면에서 발생되는 것으로 액체가 기체로 변하는 기화현상

20 음의 잔향시간에 대한 설명으로 틀린 것은?

① 잔향시간은 실의 용적에 비례한다.
② 잔향시간이 길면 앞소리를 듣기 어렵다.
③ 잔향시간은 벽면 흡음도의 영향을 받는다.
④ 실의 형태는 잔향시간의 가장 주된 결정 요소이다.

> **해설** 잔향시간
> 발생된 음원의 소리가 멈춘 후에도 공간에 소리가 남아 울리는 시간을 말하는 것으로 공간의 형태보다는 크기와 연관된다.

21 다음 중 콘크리트 바탕에 사용이 가장 용이한 도료는?

① 유성바니시
② 유성페인트
③ 래커에나멜
④ 염화고무도료

> **해설** 유성바니시, 유성페인트는 주로 목재에 사용되며, 래커에나멜은 금속류에 많이 사용된다.

22 미장공사에 사용되는 결합재에 해당되지 않는 것은?

① 소석회　　　② 시멘트
③ 플라스터　　　④ 플라이애시

> **해설** 플라이애시는 콘크리트의 혼화재로 사용된다.

23 알루미늄에 대한 설명으로 틀린 것은?

① 콘크리트에 부식된다.
② 은백색의 반사율이 큰 금속이다.
③ 압연, 인발 등의 가공성이 나쁘다.
④ 맑은 물에 대해서는 내식성이 크나 해수에 침식되기 쉽다.

> **해설** 알루미늄은 은백색을 띠는 금속으로 산, 알칼리에 약해 콘크리트에 부식되나 압연, 인발 등 가공성이 우수하다.

24 석재의 일반적인 성질에 대한 설명으로 틀린 것은?

① 길고 큰 부재를 얻기 쉽다.
② 불연성이고 압축강도가 크다.
③ 내구성, 내화학성, 내마모성이 우수하다.
④ 외관이 장중하고 치밀하며, 갈면 아름다운 광택이 난다.

> **해설** 석재는 강도가 우수하고 외관이 수려하여 구조재 및 장식재로 다양하게 사용된다. 하지만 채석하는 과정에 있어 길고 큰 부재를 얻기 어려운 단점이 있다.

25 미장공사에 사용하며 기둥이나 벽의 모서리 부분을 보호하고 정밀한 시공을 위해 사용하는 철물은?

① 폼 타이　　　② 코너비드
③ 메탈라스　　　④ 메탈 폼

정답 18. ④　19. ④　20. ④　21. ④　22. ④　23. ③　24. ①　25. ②

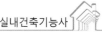
해설 코너비드

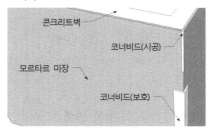

콘크리트벽
코너비드(시공)
모르타르 미장
코너비드(보호)

26 기본 점성이 크며 내수성, 내약품성, 전기 절연성이 우수한 만능형 접착제로 금속, 플라스틱, 도자기, 유리, 콘크리트 등의 접합에 사용되는 것은?

① 요소수지 접착제
② 페놀수지 접착제
③ 멜라민수지 접착제
④ 에폭시수지 접착제

해설 에폭시수지는 내산, 내식, 내알칼리성이 우수하고, 콘크리트의 균열, 금속의 이음(접착), 항공기 조립 접착에 사용된다.

27 다음 중 혼합 시멘트에 해당하지 않는 것은?

① 팽창 시멘트
② 고로 시멘트
③ 플라이애시 시멘트
④ 포틀랜드 포졸란 시멘트

해설 시멘트의 분류
• 포틀랜드 시멘트 : 보통, 조강, 중용열, 백색 포틀랜드 시멘트
• 혼합 시멘트 : 고로, 플라이애시, 포졸란 시멘트
• 특수 시멘트 : 알루미나, 팽창 시멘트

28 열가소성수지에 해당되지 않는 것은?

① 에폭시수지
② 아크릴수지
③ 염화비닐수지
④ 폴리에틸렌수지

해설 • 열가소성수지 : 염화비닐수지, 아크릴수지, 폴리에틸렌수지, 폴리프로필렌수지
• 열경화성수지 : 실리콘수지, 에폭시수지, 페놀수지, 폴리에스테르수지, 멜라민수지

29 목재의 방부제에 대한 설명으로 틀린 것은?

① 크레오소트유는 유성방부제로 방부력이 우수하다.
② P.C.P는 방부력이 약하고 페인트칠이 불가능하다.
③ 황산동 1% 용액은 철재를 부식시키고 인체에 유해하다.
④ 콜타르는 목재가 흑갈색으로 착색되므로 사용 장소가 제한된다.

해설 펜타클로로페놀은 PCP라고 불리는 것으로 무색무취이며 방부력이 가장 우수하고, 방부처리 후 페인트칠을 할 수 있다. 용제로 녹여서 사용한다.

30 건축재료를 화학조성에 의해 분류할 경우, 다음 중 무기재료에 해당하지 않는 것은?

① 석재   ② 철강
③ 목재   ④ 콘크리트

해설 무기재료는 석재, 철, 콘크리트가 해당되며, 유기재료는 목재, 아스팔트나 플라스틱과 같은 합성수지를 말한다.

31 콘크리트용 혼화제 중 고성능 AE감수제의 사용목적으로 바르지 않은 것은?

① 단위수량 대폭 감소
② 유동화 콘크리트의 제조
③ 응결시간이나 초기수화의 촉진
④ 고강도 콘크리트의 슬럼프 로스방지

해설 AE감수제
화학 혼합제로 콘크리트의 단위수량을 감소시키고, 무수한 미세공기로 워커빌리티, 내구성 등을 향상시킨다.

32 콘크리트의 성질에 대한 설명으로 틀린 것은?

① 내화적이다.

② 인장강도가 크다.

③ 균일시공이 곤란하다.

④ 철근과의 접착성이 우수하다.

> **해설** 콘크리트는 압축강도, 내화도 및 시공성이 우수하나 인장강도가 약해 철근으로 인장강도를 보완한다. 콘크리트의 인장강도는 압축강도의 1/10 내외이다.

33 목재에 대한 설명으로 틀린 것은?

① 추재는 일반적으로 춘재보다 단단하다.

② 열대지방의 나무는 나이테가 불명확하다.

③ 섬유포화점 이상에서는 함수율의 증가에 따라 강도가 증대한다.

④ 목재의 압축강도는 함수율 및 외력이 가해지는 방향 등에 따라 달라진다.

> **해설** 목재는 섬유포화점 이상이 되면 함수율이 증가해도 강도는 변함이 없다.

34 다음 중 경량골재의 종류에 포함되지 않는 것은?

① 중정석   ② 석탄재

③ 팽창질석   ④ 팽창슬래그

> **해설** 중정석은 중량골재로 분류된다.

35 점토에 대한 설명으로 틀린 것은?

① 점토의 주성분은 실리카와 알루미나이다.

② 압축강도는 인장강도의 약 5배 정도이다.

③ 점토 입자가 미세할수록 가소성은 나빠진다.

④ 점토의 비중은 일반적으로 2.5~2.6 정도이다.

> **해설** 점토는 입자가 미세할수록 가소성이 좋아진다.

36 다음 중 내화성이 가장 약한 석재는?

① 화강암   ② 안산암

③ 사암   ④ 응회암

> **해설** 화강암의 내화도는 600℃ 정도로 불에 취약한 단점이 있다.

37 플로트 판유리의 한쪽 면에 세라믹 도료를 코팅한 후 고온에서 융착하여 반강화시킨 불투명한 색유리는?

① 에칭 글라스

② 스팬드럴 유리

③ 스테인드글라스

④ 저방사(low-E) 유리

> **해설**
> • 에칭 글라스 : 유리의 표면을 깎아 무늬를 내고 입체감을 준 유리
> • 스테인드글라스 : 유리에 색을 입힌 유리로 교회나 성당에 장식용으로 많이 사용되는 유리
> • 저방사(low-E) 유리 : 열의 이동을 최소화한 유리로 에너지 절약형 주택에 사용되는 유리

38 다음 설명에 알맞은 벽돌은?

> • 점토에 분탄, 톱밥 등을 혼합하여 성형한 후 소성한 것이다.
> • 절단, 못치기 등의 가공이 가능하다.

① 다공벽돌   ② 내화벽돌

③ 광재벽돌   ④ 점토벽돌

> **해설**
> • 내화벽돌 : 내화도가 SK 26번 이상의 품질로 만들어진 벽돌
> • 광재벽돌 : 슬래그와 소석회를 혼합하여 만든 흑회색의 경량벽돌로 고로벽돌로도 불린다.
> • 점토벽돌 : 점토를 소성하여 만든 벽돌

39 재료의 역학적 성질 중 재료에 사용하는 외력이 어느 한도에 도달하면 외력의 증감 없이 변형만이 증대하는 성질을 뜻하는 것은?

① 탄성   ② 소성

③ 점성   ④ 강성

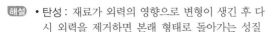

해설
- 탄성 : 재료가 외력의 영향으로 변형이 생긴 후 다시 외력을 제거하면 본래 형태로 돌아가는 성질
- 점성 : 유체 내부의 힘에 저항하는 성질로 끈적하거나 걸죽한 정도
- 강성 : 재료가 외력에 의해 충격 등 힘을 받을 경우 변형에 저항하는 성질

40 아스팔트 제품 중 펠트의 양면에 블로운 아스팔트를 피복하고 활석 분말 등을 부착하여 만든 제품은?

① 아스팔트 루핑
② 아스팔트 타일
③ 아스팔트 프라이머
④ 아스팔트 컴파운드

해설
- 아스팔트 타일 : 아스팔트에 석면 등을 혼합해 만든 저렴한 타일
- 아스팔트 프라이머 : 아스팔트 방수의 접착력을 높이기 위한 바탕재료
- 아스팔트 컴파운드 : 아스팔트에 유지나 광물성 분말을 혼합한 것으로 방수재, 절연재료 등에 사용

41 목구조의 장점에 속하는 것은?

① 열전도율이 낮다.
② 내화성이 뛰어나다.
③ 습식구조로 공기가 길다.
④ 부재의 크기와 형상, 건축물의 높이를 제한 없이 자유롭게 구성할 수 있다.

해설 목구조의 주재료인 목재는 열의 전도율이 낮아 보온성이 우수하다.

42 건축제도용구 중 디바이더의 용도로 바른 것은?

① 원호를 용지에 직접 그릴 때 사용한다.
② 직선이나 원주를 등분할 때 사용한다.
③ 각도를 조절하여 지붕물매를 그릴 때 사용한다.
④ 투시도 작도 시 긴 선을 그릴 때 사용한다.

해설 디바이더는 선이나 원주를 등분할 때 사용된다.

43 다음 보기가 설명하는 것은?

> 벽에 침투한 빗물에 의해서 모르타르의 석회분이 공기 중의 탄산가스(CO_2)와 결합하여 벽돌이나 조적벽면을 하얗게 오염시키는 현상

① 블리딩
② 백화
③ 사운딩
④ 히빙

해설
- 블리딩 : 굳지 않은 콘크리트에서 물이 위쪽으로 상승하는 현상
- 사운딩 : 토질이 저항을 시험해 경도, 다짐정도 등을 확인
- 히빙 : 토공사 시 바깥쪽 흙이 안쪽으로 유입되어 바닥면이 솟아오르는 현상

44 건축물의 입면도를 작도할 때 표시하지 않는 것은?

① 방위표시
② 건물의 전체 높이
③ 벽 및 기타 마감재료
④ 처마높이

해설 방위표시는 배치도에 표시된다.

45 도면의 표제란에 기입할 사항과 가장 거리가 먼 것은?

① 기관 정보
② 프로젝트 정보
③ 도면 번호
④ 도면 크기

해설 도면의 표제란에는 공사와 관련된 기관의 정보와 도면 번호, 프로젝트의 명칭과 번호, 축척, 작성일자, 분류번호 등이 표기된다.

정답 40. ① 41. ① 42. ② 43. ② 44. ① 45. ④

46 어떤 물건의 실제 길이가 4m이다. 축척이 1/200일 때 도면에 나타나는 길이로 바른 것은?

① 4mm   ② 20mm

③ 40mm   ④ 80mm

> 해설 $4m \div 200 = 0.02m \rightarrow 20mm$

47 제도 글자에 대한 설명으로 틀린 것은?

① 숫자는 아라비아 숫자를 원칙으로 한다.

② 문장은 가로쓰기가 곤란할 때에는 세로쓰기도 할 수 있다.

③ 글자체는 수직 또는 45° 경사의 고딕체로 쓰는 것을 원칙으로 한다.

④ 글자의 크기는 각 도면의 상황에 맞추어 알아보기 쉬운 크기로 한다.

> 해설 건축제도의 글자는 15° 경사의 고딕체로 쓰는 것을 원칙으로 한다.

48 셸(shell)구조에 대한 설명으로 틀린 것은?

① 큰 공간을 덮는 지붕에 사용되고 있다.

② 가볍고 강성이 우수한 구조 시스템이다.

③ 상부는 주로 직선형 디자인이 많이 사용되는 구조물이다.

④ 면에 분포되는 하중을 인장력, 압축력과 같은 면 내력으로 전달시키는 역학적 특성을 가지고 있다.

> 해설 셸구조는 곡면판의 역학적 성질을 이용해 지붕구조에 적합하다.

49 도면 표시기호 중 반지름을 나타내는 기호는?

① V ② D

③ THK ④ R

> 해설 V – 용적, D – 지름, THK – 두께

50 각 실의 내부 의장을 나타내기 위한 도면으로 실의 입면을 그려 벽면의 마감재료와 치수, 형상 등을 나타내는 도면은?

① 평면도   ② 창호도

③ 단면도   ④ 전개도

> 해설
> • 평면도 : 해당 층의 바닥면에서 1.2~1.5m 높이를 수평으로 잘라 위에서 아래로 내려다본 모습을 작성한 도면
> • 창호도 : 창호(문, 창문)의 유형과 형태를 표현해 정리한 도면
> • 단면도 : 건축물을 수직으로 잘라낸 부분을 표현한 도면으로 재료의 두께 및 높이와 관련된 정보가 표시된다.

51 재료에 따른 단면용 표시기호가 옳게 표기된 것은?

번호	표시사항 구분	표시기호
A	석재	
B	인조석	
C	잡석다짐	
D	지반	

① A   ② B

③ C   ④ D

> 해설
> • B : 콘크리트
> • C : 목재 – 치장재
> • D : 목재 – 구조재

52 중심선, 절단선, 기준선으로 사용되는 선의 종류는?

① 이점쇄선   ② 일점쇄선

③ 파선   ④ 실선

> 해설
> • 이점쇄선 : 가성선이나 일점쇄선과 구분이 필요할 때 사용
> • 파선 : 가려져서 보이지 않는 부분을 표현
> • 실선 : 물체의 외형을 표현

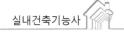
53 절충식 지붕틀에서 지붕 하중이 크고 간사이가 넓을 때 중간에 기둥을 세우고 그 위 지붕보에 직각으로 걸쳐대는 부재의 명칭은?

① 베개보   ② 서까래
③ 추녀   ④ 우미량

해설
- 서까래 : 가늘고 긴 지붕재로 절충식 지붕틀에서는 중도리와 처마도리 위에 걸쳐댄다.
- 추녀 : 처마 네 모퉁이의 기둥 위로 올린 크고 긴 서까래로 지붕의 하중을 받는다.
- 우미량 : 절충식 지붕틀의 짧은 보를 뜻한다.

54 설계도면 중 일반도에 해당되지 않는 것은?

① 평면도   ② 전기설비도
③ 배치도   ④ 단면상세도

해설
- 일반도 : 배치도, 평면도, 입면도, 단면도, 창호도 등
- 구조도 : 배근도, 부분상세도, 일람표 등

55 철골구조의 특징에 대한 설명으로 틀린 것은?

① 내화적이다.
② 내진적이다.
③ 장스팬이 가능하다.
④ 해체, 수리가 용이하다.

해설 강재를 사용하는 철골구조는 고온에 약하므로 화재에 대비한 피복이 필요하다.

56 45°와 60° 삼각자의 2개 1조로 그을 수 있는 빗금의 각도가 아닌 것은?

① 30°   ② 50°
③ 105°   ④ 135°

57 건축제도에 사용되는 삼각자에 대한 설명으로 틀린 것은?

① 일반적으로 45° 등변 삼각형과 30°, 60°의 직각삼각형 두 가지가 한 쌍으로 이루어져 있다.
② 재질은 플라스틱 제품이 많이 사용된다.
③ 모든 변에 눈금이 기재되어 있어야 한다.
④ 삼각자의 조합에 따라 여러 가지 각도를 표현할 수 있다.

해설 건축제도에 사용되는 삼각자는 눈금이 없으며, 잉크펜 등을 사용하기 위한 홈이 있다.

58 철골구조에서 주각부에 사용되는 부재는?

① 커버 플레이트   ② 웨브 플레이트
③ 스티프너   ④ 베이스 플레이트

해설 커버 플레이트, 웨브 플레이트, 스티프너는 판보(플레이트보)에 사용되는 부재이다.

59 철골용접 시 발생하는 결함의 종류가 아닌 것은?

① 블로 홀   ② 언더컷
③ 오버랩   ④ 침투탐상

해설 용접결함의 종류
언더컷, 블로 홀, 균열, 오버랩, 피트

60 철근콘크리트구조에 대한 설명으로 바른 것은?

① 타 구조에 비해 자중이 가볍다.
② 타 구조에 비해 시공기간이 짧다.
③ 콘크리트는 인장강도가 매우 크다.
④ 철근과 콘크리트는 선팽창계수가 거의 같다.

해설 철근콘크리트는 다른 구조에 비해 자중(자체 하중)이 크고, 습식구조이므로 공사기간이 길다. 콘크리트는 압축강도가 우수하지만 인장력은 취약하여 철근과 같이 사용한다.

정답 53. ①   54. ②   55. ①   56. ②   57. ③   58. ④   59. ④   60. ④

01 상점의 판매방식 중 대면판매에 대한 설명으로 틀린 것은?

① 측면방식에 비해 진열면적이 감소된다.

② 판매원의 고정 위치를 정하기가 용이하다.

③ 상품의 포장대나 계산대를 별도로 둘 필요가 없다.

④ 고객이 직접 진열된 상품을 접촉할 수 있는 관계로 충동구매와 선택이 용이하다.

해설 • 대면판매 : 점원과 고객이 대면한 상태에서 이루어지는 일괄적 판매방식으로 측면판매에 비해 진열면적이 작다.
• 측면판매 : 점원과 고객이 같은 방향에서 이루어지는 판매방식으로 상품에 직접 접촉하므로 선택이 용이하다.

02 동일한 두 개의 의자를 나란히 합해 2인이 앉을 수 있도록 한 의자는?

① 세티 ② 스툴
③ 카우치 ④ 체스터필드

해설 세티 : 등받이와 팔걸이가 있는 서양식 의자

03 실내디자인 요소 중 기둥에 대한 설명으로 틀린 것은?

① 선형인 수직요소이다.

② 공간을 분할하거나 동선을 유도하기도 한다.

③ 소리, 빛, 열 및 습기환경의 중요한 조절매체가 된다.

④ 기둥의 위치와 수는 공간의 성격을 다르게 만들 수 있다.

해설 소리, 빛, 열 및 습기환경의 중요한 조절매체가 되는 것은 창이다.

04 다음 중 크기와 형태에 제약 없이 가장 자유롭게 디자인할 수 있는 창의 종류는?

① 고정창 ② 미닫이창
③ 여닫이창 ④ 미서기창

해설 고정창은 개폐가 되지 않아 자유로운 형태로 제작이 가능하다.

05 소규모 주거공간 계획 시 고려하지 않아도 되는 것은?

① 접객공간

② 식사와 취침분리

③ 평면형태의 단순화

④ 주부의 가사 작업량

해설 소규모 주택은 공간이 협소하므로 응접을 하기 위한 접객공간은 별도로 두지 않고 방이나 거실을 사용한다.

06 두 개 또는 그 이상의 유사한 시각요소들이 서로 가까이 있으면 하나의 그룹으로 보려는 경향과 관련된 형태의 지각심리는?

① 유사성 ② 연속성
③ 폐쇄성 ④ 근접성

해설 게슈탈트 4법칙
• 유사성 : 시각적인 요소가 유사하여 자연스럽게 패턴이나 그룹으로 지각된다.
• 연속성 : 유사한 배열로 구성된 형상이 방향성을 지니고 연속되어 보이는 하나의 그룹으로 지각하는 것으로 공동운명의 법칙이라고도 한다.
• 폐쇄성 : 형상을 지각하는 데 있어 시각적인 요소들이 폐쇄적인 느낌을 준다.
• 근접성 : 가까이 있는 2개 이상의 물체는 그룹이나 패턴으로 지각된다.

정답 1.④ 2.① 3.③ 4.① 5.① 6.④

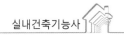

07 조명기구의 설치방법에 따른 분류 중 조명기구를 벽체에 부착하는 것은?

① 펜던트
② 매립형
③ 브래킷
④ 직부형

해설
• 펜던트 : 천장에 매다는 형식
• 매립형 : 다운라이트와 같이 천장에 매립하는 형식
• 직부형 : 천장면에 직접 부착되는 형식

08 다음 설명에 알맞은 거실의 가구 배치 유형은?

> • 가구를 두 벽면에 연결시켜 배치하는 형식이다.
> • 시선이 마주치지 않아 안정감이 있다.

① 대면형
② 코너형
③ 직선형
④ U자형

해설
코너형은 두 벽면이 만나는 코너에 설치하는 가구로 시선이 마주치지 않는다.

두 벽이 만나는 코너

09 유닛 가구(unit furniture)에 대한 설명으로 틀린 것은?

① 필요에 따라 가구의 형태를 변화시킬 수 있다.
② 특정한 사용목적이나 많은 물품을 수납하기 위해 건축화된 가구이다.
③ 공간의 조건에 맞도록 조합시킬 수 있으므로 공간의 이용 효율을 높여준다.
④ 단일가구를 원하는 형태로 조합하여 사용할 수 있으므로 다목적으로 사용 가능하다.

해설
특정한 사용목적이 있어 건축화된 가구는 붙박이가구(빌트인)에 해당된다.

10 평화, 평등, 침착, 고요 등 주로 정적인 느낌을 주는 선의 종류는?

① 수직선
② 수평선
③ 기하곡선
④ 자유곡선

해설
• 수직선 : 상승감, 숭배, 신앙감 등 종교적인 느낌
• 기하곡선 : 포물선은 속도감, 와선은 동적인 느낌
• 자유곡선 : 자유분방하고 풍부한 표정의 느낌

11 백화점 진열대의 평면, 배치 유형 중 많은 고객이 매장 공간의 코너까지 접근하기 용이하지만 이형의 진열대가 필요한 것은?

① 직립배치형
② 사행배치형
③ 환상배열형
④ 굴절배치형

해설
• 직립(직렬)배치 : 진열장과 통로가 평행으로 고객의 흐름과 부분별 진열이 용이하다.
• 환상배열형 : 진열장을 중앙에 배치하거나 곡선형태의 원형으로 설치해 내부에 레지스터나 포장대 등을 배치한다.
• 굴절배치형 : 진열장의 배치와 고객의 동선이 굴절된 곡선 형태로 대면판매, 측면판매에 용이하다.

12 다음 중 실내공간의 설계 시 인체공학적 근거와 가장 거리가 먼 것은?

① 난간의 높이
② 계단의 높이
③ 테이블의 높이
④ 일반 창의 크기

해설
인체공학적 설계란 신체를 사용하거나 신체의 일부가 대상에 접촉하게 되는 것으로 창의 크기와는 거리가 멀다.

13 황금비례의 비율로 올바른 것은?

① 1 : 1.414
② 1 : 1.532
③ 1 : 1.618
④ 1 : 3.141

해설
• 황금비 : 어떤 길이를 둘로 나누었을 때 짧은 부분과 긴 부분의 비와 긴 부분과 전체의 비가 1 : 1.618이 되는 비율

14 다음 설명에 알맞은 형태의 종류는?

> • 구체적 형태를 생략 또는 과장의 과정을 거쳐 재구성한 형태이다.
> • 대부분의 경우 원래의 형태를 알아보기 어렵다.

① 자연형태   ② 인위형태
③ 이념적 형태   ④ 추상적 형태

해설 추상적 디자인의 예(벽면)

15 유사조화에 대한 설명으로 바른 것은?
① 강력, 화려함, 남성적인 이미지를 준다.
② 다양한 주제와 이미지들이 요구될 때 주로 사용된다.
③ 대비보다 통일에 조금 더 치우쳐 있다고 볼 수 있다.
④ 질적, 양적으로 전혀 상반된 두 개의 요소가 조화를 이루는 경우에 주로 나타난다.

해설 유사조화는 성격이 비슷한 선이나 형태, 재질, 색상 등의 요소가 조화를 이루는 것이다. 개개의 요소 중에서 공통성이 존재하므로 뚜렷하고 선명한 이미지를 준다.

16 측창채광에 대한 설명으로 틀린 것은?
① 개폐 기타의 조작이 용이하다.
② 시공이 용이하며 비막이에 유리하다.
③ 편측채광의 경우 실내의 조도분포가 균일하다.
④ 근린의 상황에 의한 채광 방해의 우려가 있다.

해설 편측채광은 빛이 공간의 한쪽으로 유입되므로 전체적인 조도가 균일하지 못하다.

17 자연환기에 대한 설명으로 틀린 것은?
① 풍력환기량은 풍속에 비례한다.
② 중력환기량은 개구부 면적에 비례하여 증가한다.
③ 중력환기량은 실내외의 온도 차가 클수록 많아진다.
④ 외부와 면한 창이 1개만 있는 경우에는 중력환기와 풍력환기는 발생하지 않는다.

해설 자연환기란 외기의 바람에 의한 환기로 창이 1개만 있어도 환기가 가능하다.

18 기온과 습도만에 의한 온열감을 나타낸 온열지표는?
① 유효온도   ② 불쾌지수
③ 등온치수   ④ 작용온도

해설 불쾌지수 : 사람이 날씨의 영향을 받아 불쾌감을 느끼는 지수로 기온과 습도를 이용하여 나타낸다.

19 표면결로의 방지대책으로 틀린 것은?
① 가습을 통해 실내 절대습도를 높인다.
② 실내온도를 노점온도 이상으로 유지시킨다.
③ 단열강화에 의해 실내 측 표면온도를 상승시킨다.
④ 직접가열이나 기류촉진에 의해 표면온도를 상승시킨다.

해설 결로는 내부와 외부의 온도 차에 발생되는 것으로 한쪽의 습도만을 높이는 것은 방지책이 될 수 없다.

20 다음 중 집회공간에서 음의 명료도에 끼치는 영향이 가장 작은 것은?
① 음의 세기
② 실내의 온도
③ 실내의 소음량
④ 실내의 잔향시간

정답 **14.** ④   **15.** ③   **16.** ③   **17.** ④   **18.** ②   **19.** ①   **20.** ②

해설 실내온도는 음의 명료도를 높이기 위한 방법과 무관하다.

21 대리석에 대한 설명으로 틀린 것은?

① 산과 알칼리에 강하다.

② 석질이 치밀, 견고하고 색채, 무늬가 다양하다.

③ 석회석이 변화되어 결정화한 것으로 탄산석회가 주성분이다.

④ 강도는 매우 높지만 풍화되기 쉽기 때문에 실외용으로는 적합하지 않다.

해설 대리석은 결정질의 석회석으로 다양한 색과 광택을 내어 조각, 건축재, 장식재로 널리 사용된다. 산과 알칼리에는 취약한 단점이 있다.

22 점토의 일반적인 성질에 대한 설명으로 바른 것은?

① 비중은 일반적으로 3.5~3.6의 범위이다.

② 점토 입자가 클수록 가소성은 좋아진다.

③ 압축강도는 인장강도의 약 5배 정도이다.

④ 저온에서 오래 구워야 견고하게 굳는다.

해설 점토의 비중은 2.5~2.6 정도이다.
점토는 입자가 작을수록 가소성이 좋아진다.
고온에서 구우면 견고하게 굳어진다.

23 테라코타에 대한 설명으로 틀린 것은?

① 일반석재보다 가볍고 화강암보다 압축강도가 크다.

② 거의 흡수성이 없으며 색조가 자유로운 장점이 있다.

③ 구조용과 장식용이 있으나, 주로 장식용으로 사용된다.

④ 재질은 도기, 건축용 벽돌과 유사하나 1차소성한 후 시유하여 재소성하는 점이 다르다.

해설 테라코타는 점토로 석재보다는 압축강도가 작다.

24 목재 제품 중 목재를 얇은 판, 즉 단판으로 만들어 이들을 섬유방향이 서로 직교되도록 홀수로 적층하면서 접착제로 접착시켜 만든 것은?

① 합판　　② 섬유판

③ 파티클보드　　④ 목재 집성재

해설
• 섬유판 : 목재의 톱밥, 대팻밥 등 목재의 찌꺼기와 접착제, 방부제를 첨가해 만듦.
• 파티클보드 : 작은 나뭇조각, 부스러기를 재료로 하여 열을 가해 성형한 판
• 집성목재 : 단판을 섬유방향과 평행하게 여러 장 붙여 접착한 판

25 굳지 않은 콘크리트의 성질을 표시하는 용어 중 워커빌리티에 대한 설명으로 바른 것은?

① 단위수량이 많으면 많을수록 워커빌리티는 좋아진다.

② 워커빌리티는 일반적으로 정량적인 수치로 표시된다.

③ 일반적으로 빈배합의 경우가 부배합의 경우보다 워커빌리티가 좋다.

④ 과도하게 비빔시간이 길면 시멘트의 수화를 촉진시켜 워커빌리티가 나빠진다.

해설 워커빌리티(시공연도)
콘크리트를 배합하여 운반에서 타설할 때까지의 시공성을 뜻하며 물시멘트비와 연관된다.

26 콘크리트 혼화제인 AE제의 사용효과로 바르지 않은 것은?

① 워커빌리티가 개선된다.

② 동결융해 저항성능이 커진다.

③ 미세 기포에 재료분리가 많이 생긴다.

④ 플레인콘크리트와 동일 물시멘트비인 경우 압축강도가 저하된다.

해설 AE제를 사용하면 기포 증가에 따라 강도가 감소된다.

27 목재가 통상 대기의 온도, 습도와 평형된 수분을 함유한 상태를 뜻하는 것은?

① 전건상태　　② 기건상태

③ 생재상태　　④ 섬유포화상태

해설 전건상태 : 0%, 기건상태 : 15%, 섬유포화상태 : 30%

28 시멘트의 발열량을 저감시킬 목적으로 제조한 시멘트로 매스콘크리트용으로 사용되는 것은?

① 조강 포틀랜드 시멘트

② 백색 포틀랜드 시멘트

③ 초조강 포틀랜드 시멘트

④ 중용열 포틀랜드 시멘트

해설 매스콘크리트는 부피가 큰 콘크리트로 수화열에 의해 변형을 유발할 수 있으므로 수화열이 적은 중용열 포틀랜드 시멘트가 사용된다.

29 미장재료 중 석고 플라스터에 대한 설명으로 틀린 것은?

① 내화성이 우수하다.

② 수경성 미장재료이다.

③ 경화, 건조 시 치수 안정성이 우수하다.

④ 경화속도가 느리므로 급결제를 혼합하여 사용한다.

해설 석고는 점성이 우수하여 여물이나 풀을 사용하지 않는 수경성 재료로 경화, 건조 시 안정성이 우수하다.

30 다음 중 방청도료에 해당되지 않는 것은?

① 투명 래커

② 에칭 프라이머

③ 아연분말 프라이머

④ 광명단 조합페인트

해설 투명 래커는 도막이 투명하고 건조가 빨라 목재 바탕에 사용된다.

31 블로운 아스팔트의 성능을 개량하기 위해 동식물성 유지와 광물질 분말을 혼합한 것으로 일반지붕 방수공사에 이용되는 것은?

① 아스팔트 펠트

② 아스팔트 프라이머

③ 아스팔트 컴파운드

④ 스트레이트 아스팔트

해설
• 아스팔트 펠트 : 목면, 양목 등을 사용한 원지에 스트레이트 아스팔트를 침투시켜 만든 방수재이다.
• 아스팔트 프라이머 : 아스팔트를 휘발성 용제로 녹인 것으로 작업면의 접착력을 높이기 위해 사용된다.
• 스트레이트 아스팔트 : 아스팔트 펠트, 루핑의 바탕 침투제 및 지하실 방수공사에 사용된다.

32 건축용으로 글라스섬유로 강화된 평판 또는 판상제품으로 주로 사용되는 열경화성수지는?

① 페놀수지

② 실리콘수지

③ 염화비닐수지

④ 폴리에스테르수지

해설 FRP(강화플라스틱)의 재료로 물탱크, 소형 선박, 건축자재로 사용된다.

33 비철금속 중 동(copper)에 대한 설명으로 틀린 것은?

① 가공성이 풍부하다.

② 열과 전기의 양도체이다.

③ 건조한 공기 중에서는 산화하지 않는다.

④ 염수 및 해수에는 침식되지 않으나 맑은 물에는 빨리 침식된다.

해설 구리는 공기 중에서 산화되지는 않으나 습기가 많거나 이산화탄소의 영향을 받으면 청록색의 녹이 발생한다.

정답　27. ②　28. ④　29. ④　30. ①　31. ③　32. ④　33. ④

34 다음 중 여닫이용 창호철물에 해당되지 않는 것은?

① 도어 스톱　② 크레센트
③ 도어 클로저　④ 플로어 힌지

해설 크레센트는 오르내리창이나 미서기창의 잠금장치로 사용되는 철물이다.

35 다음 중 현장 발포가 가능한 발포 제품은?

① 페놀 폼
② 염화비닐 폼
③ 폴리에틸렌 폼
④ 폴리우레탄 폼

해설 폴리우레탄 폼은 단열재 등으로 사용되는 것으로 단열성, 전기 절연성, 강도가 우수하고 현장에서 발포가 가능하다.

36 다음은 재료의 역학적 성질에 관한 설명이다. ( ) 안에 알맞은 용어는?

압연강, 고무와 같은 재료는 파괴에 이르기까지 고감도의 응력에 견딜 수 있고 동시에 큰 변형을 나타내는 성질을 갖는데, 이를 ( )이라고 한다.

① 강성　② 취성
③ 인성　④ 탄성

해설 • 강성 : 재료가 외력에 의해 충격 등 힘을 받을 경우 변형에 저항하는 성질
• 취성 : 재료가 외력에 의해 작은 변형이 생기면 파괴되는 성질
• 탄성 : 재료가 외력의 영향으로 변형이 생긴 후 다시 외력을 제거하면 본래 형태로 돌아가는 성질

37 다음 중 건축 재료의 사용목적에 의한 분류에 해당하지 않는 것은?

① 무기재료　② 구조재료
③ 마감재료　④ 차단재료

해설 건축재료는 사용목적에 따라 구조재, 마감재, 차단재로 분류된다.

38 콘크리트에 사용되는 골재에 요구되는 성질에 대한 설명으로 틀린 것은?

① 골재의 크기는 동일하여야 한다.
② 골재에는 불순물이 포함되어 있지 않아야 한다.
③ 골재의 모양은 둥글고 구형에 가까운 것이 좋다.
④ 골재의 강도는 콘크리트 중의 경화시멘트 페이스트의 강도 이상이어야 한다.

해설 골재는 잔골재와 굵은 골재가 적절히 혼합된 것을 사용한다.

39 강화유리에 대한 설명으로 틀린 것은?

① 형틀 없는 문 등에 사용된다.
② 제품의 현장 가공 및 절단이 쉽다.
③ 파손 시 작은 알갱이가 되어 부상의 위험이 적다.
④ 유리를 가열 후 급랭하여 강도를 증가시킨 유리이다.

해설 강화유리는 열처리 후 가공 및 절단이 어렵다.

40 건축용 석재에 대한 설명으로 틀린 것은?

① 압축강도에 비해 인장강도가 크다.
② 불연성이며 내수성, 내화학성이 우수하다.
③ 화강암은 화열에 닿으면 균열이 생기며 파괴된다.
④ 거의 모든 석재가 비중이 크고 가공성이 불량하다.

해설 건축용 석재는 인장강도에 비해 압축강도가 우수하다.

41 건축설계도면에서 배경을 표현하는 목적과 가장 관계가 먼 것은?

① 건축물의 스케일감을 나타내기 위해서

② 건축물의 용도를 나타내기 위해서

③ 주변 대지의 성격을 표시하기 위해서

④ 건축물 내부 평면상의 동선을 나타내기 위해서

해설 건축도면의 배경표현은 입면도, 투시도 등 외관을 나타내는 도면에 해당된다.

42 벽돌쌓기 방법 중 영식 쌓기에 대한 설명으로 바른 것은?

① 내력벽을 만들 때 많이 이용한다.

② 공간 쌓기에 주로 이용한다.

③ 외관이 아름답다.

④ 통줄눈이 생긴다.

해설 영식 쌓기는 가장 튼튼한 쌓기법이다.

43 목구조에 사용되는 철물의 용도에 대한 설명으로 바르지 않은 것은?

① 감잡이쇠 : 왕대공과 평보의 연결

② 주걱볼트 : 큰 보와 작은 보의 맞춤

③ 띠쇠 : 왕대공과 ㅅ자보의 맞춤

④ ㄱ자쇠 : 모서리 기둥과 층도리의 맞춤

해설 주걱볼트는 기둥과 처마도리를 접합해 연결한다.

44 철근콘크리트 보의 휨강도를 증가시키는 방법으로 가장 적당한 것은?

① 보의 춤(depth)을 증가시킨다.

② 원형철근을 사용한다.

③ 중앙 상부에 철근 배근량을 증가시킨다.

④ 피복두께를 얇게 하여 부착력을 증가시킨다.

해설 보의 춤(높이)을 키워 단면적이 커지면 휨강도를 증가시킬 수 있다.

45 도면에 쓰이는 기호와 그 표시사항의 연결이 틀린 것은?

① THK - 두께

② L - 길이

③ R - 반지름

④ V - 너비

해설 V(volume) : 용적, W(width) : 너비

46 철근콘크리트구조의 원리에 대한 설명으로 옳지 않은 것은?

① 콘크리트는 압축력에 취약하므로 철근을 배근하여 철근이 압축력에 저항하도록 한다.

② 콘크리트와 철근은 완전히 부착되어 일체로 거동하도록 한다.

③ 콘크리트는 알칼리성이므로 철근을 부식시키지 않는다.

④ 콘크리트와 철근의 선팽창계수가 거의 같다.

해설 콘크리트는 인장력에 취약하므로 철근을 배근하여 철근이 인장력에 저항하도록 한다.

47 건축제도 시 선긋기에 대한 설명 중 틀린 것은?

① 용도에 따라 선의 굵기를 구분하여 사용한다.

② 시작부터 끝까지 일정한 힘을 주어 일정한 속도로 긋는다.

③ 축척과 도면의 크기에 상관없이 선의 굵기는 동일하게 한다.

④ 한번 그은 선은 중복해서 긋지 않도록 한다.

해설 건축제도에서 선의 굵기는 축척과 도면의 크기에 따라 표현의 정도를 다르게 한다.

정답 **41.** ④ **42.** ① **43.** ② **44.** ① **45.** ④ **46.** ① **47.** ③

48 도면 표시에서 경사에 대한 설명으로 바르지 않은 것은?

① 밑변에 대한 높이의 비로 표시하고, 분자를 1로 한 분수로 표시한다.

② 지붕은 10을 분모로 하여 표시할 수 있다.

③ 바닥경사는 10을 분자로 하여 표시할 수 있다.

④ 경사는 각도로 표시하여도 좋다.

해설 바닥경사는 완만하여 100을 분자로 하여 표시한다.

49 공장에서 생산하여 트럭이나 혼합기로 현장에 공급하는 콘크리트를 뜻하는 것은?

① 경량콘크리트

② 한중콘크리트

③ 레디믹스트 콘크리트

④ 서중콘크리트

해설 레미콘이라 불리는 레디믹스트 콘크리트는 공장 주문에 의해 이동하면서 콘크리트를 현장으로 공급한다.

50 색의 3요소 중 하나로 색깔의 밝고 어두움의 단계를 나타내는 것은?

① 색상　　　　② 채도

③ 순도　　　　④ 명도

해설 색의 3요소
- 색상 : 색을 구분하는 요소(빨강, 노랑, 파랑 등)
- 명도 : 색의 밝고 어두운 정도를 나타내는 요소
- 채도 : 색의 선명함과 탁함을 나타내는 요소

51 제도에 사용되는 삼각스케일의 용도로 적합한 것은?

① 원이나 호를 그릴 때 주로 쓰인다.

② 축척을 사용할 때 주로 쓰인다.

③ 제도판 옆면에 대고 수평선을 그릴 때 주로 쓰인다.

④ 원호 이외의 곡선을 그을 때 주로 쓰인다.

해설
- 컴퍼스 : 원이나 호를 그릴 때 사용

- 삼각스케일 : 축척을 사용할 때 사용

- T자 : 제도판 옆면에 대고 수평선을 그릴 때 사용

- 운형자 : 원호 이외의 자유로운 곡선을 그릴 때 사용

52 투시도를 그릴 때 건축물의 크기를 느끼기 위해 사람, 차, 수목, 가구 등을 표현한다. 이에 대한 설명으로 옳지 않은 것은?

① 차를 투시도에 그릴 때는 도로와 주차 공간을 함께 나타내는 것이 좋다.

② 수목이 지나치게 강조되면 본 건물이 위축될 염려가 있으므로 주의한다.

③ 계획단계부터 실내공간에 사용할 가구의 종류, 크기, 모양 등을 예측하여야 한다.

④ 사람을 표현할 때는 사람을 8등분하여 나누어 볼 때 머리는 1.5 정도의 비율로 표현하는 것이 좋다.

해설 인체의 8등분 비율은 보통 머리 1을 기준으로 한다.

53 접합하려는 2개의 부재를 한쪽 또는 양쪽면을 절단, 개선하여 용접하는 방법으로 모재와 같은 허용응력도를 가진 용접의 종류는?

① 모살용접　　　② 맞댐용접

③ 플러그용접　　④ 슬롯용접

정답 48. ③　49. ③　50. ④　51. ②　52. ④　53. ②

• 모살용접 : 겹이음, T이음으로 붙여대고 두 면이 접하는 선을 따라 45°각도(모살형)로 용접하는 것으로 필릿용접이라고도 한다.

[T이음]　　[겹이음]

• 플러그용접 : 접하는 부재 한쪽에 구멍을 내어 구멍 표면과 모서리까지 용접하는 방법
• 슬롯용접 : 판을 겹쳐 한쪽에 긴 홈을 파내어 그 속을 용접하는 방법

54 평면도에서 표시해야 할 사항만으로 짝지어진 것은?

> A. 반자높이
> B. 건물의 높이
> C. 실의 배치와 크기
> D. 주변도로의 폭
> E. 창문과 출입구의 구별
> F. 개구부의 위치와 크기

① A, C 　　　② B, C, D
③ C, E, F 　　　④ A, B, C, D, E

• 평면도 : 실의 배치와 크기, 창문과 출입구의 구별, 개구부의 위치와 크기
• 단면도 : 반자높이, 건물의 높이
• 배치도 : 주변도로의 폭

55 건축제도에서 사용하는 선에 대한 설명으로 틀린 것은?

① 이점쇄선은 물체의 절단한 위치를 표시하거나 경계선으로 사용한다.
② 가는 실선은 치수선, 치수보조선, 격자선 등을 표시할 때 사용한다.
③ 일점쇄선은 중심선, 참고선 등을 표시할 때 사용한다.
④ 굵은 실선은 단면의 윤곽 표시에 사용한다.

절단한 위치와 경계선은 일점쇄선으로 그린다. 이점쇄선은 상상선을 그리거나 일점쇄선과 구분할 때 사용된다.

56 건축제도 시 치수기입법에 대한 설명으로 바르지 않은 것은?

① 치수기입은 치수선에 평행하고 치수선의 중앙 부분에 쓴다.
② 치수는 원칙적으로 그림 밖으로 인출하여 쓴다.
③ 치수의 단위는 mm를 원칙으로 하고 단위 기호도 같이 기입하여야 한다.
④ 숫자나 치수선은 다른 치수선 또는 외형선 등과 마주치지 않도록 한다.

건축제도에서 치수의 단위는 mm를 원칙으로 하며, 단위는 기입하지 않고 값만 기입한다(단, 치수의 단위가 mm가 아닌 경우는 단위를 표기하거나 다른 방법으로 단위를 명시해야 한다).

57 실내투시도 또는 기념건축물과 같은 정적인 건축물의 표현에 가장 효과적인 투시도는?

① 1소점 투시도
② 2소점 투시도
③ 3소점 투시도
④ 전개도

• 1소점 투시도 : 1개의 소점을 사용하며 주로 실내를 표현할 때 많이 사용된다.
• 2소점 투시도 : 2개의 소점을 사용하며 건축물의 벽이나 기둥 등 수직적 요소가 수직선으로 표현된다. 안정감을 줄 수 있어 가장 많이 사용되는 방법이다.
• 3소점 투시도 : 3개의 소점을 사용하여 작도법이 복잡하고 많은 시간이 필요하다. 건축에서는 주요 건물과 배경을 높은 시점에서 표현한 조감도 작성에 사용된다.

정답 **54.** ③ **55.** ① **56.** ③ **57.** ①

58 목재의 접합면에 사각 구멍을 파고 한편에 작은 나무토막을 반 정도 박아 넣고 포개어 접합재의 이동을 방지하는 나무보강재는?

① 쐐기   ② 촉

③ 나무못   ④ 가시못

 촉

59 건축제도통칙에 정의된 제도용지의 크기 중 옳지 않은 것은?

① A0 : 1,189×1,680

② A2 : 420×594

③ A4 : 210×297

④ A6 : 105×148

해설 A0용지의 크기는 1,189×841이다.

60 스틸하우스에 대한 설명으로 틀린 것은?

① 공사기간이 짧고 경제적이다.

② 결로현상이 생기지 않으며 차음에 좋다.

③ 내부 변경이 용이하고 공간활용이 효율적이다.

④ 폐자재의 재활용이 가능하여 환경오염이 적다.

해설 스틸하우스는 단열 및 차음이 좋지 않아 결로현상과 소음이 발생하는 단점이 있다.

부록
I

01 실내공간의 바닥에 대한 설명으로 틀린 것은?

① 공간을 구성하는 수평적 요소이다.

② 신체와 직접 접촉되는 부분이므로 촉감을 고려한다.

③ 노인이 거주하는 실내에서는 바닥의 높이 차가 없는 것이 좋다.

④ 바닥면적이 좁을 경우 바닥에 높이 차를 두는 것이 공간을 넓게 보이는 데 효과적이다.

해설 바닥면적이 좁은 경우에는 단을 두지 않는 것이 공간을 넓게 보이게 한다.

02 다음 설명에 알맞은 조명의 배광방식은?

- 천장이나 벽면 등에 빛을 반사시켜 그 반사광으로 조명하는 방식이다.
- 균일한 조도를 얻을 수 있으며 눈부심이 없다.

① 국부조명 　② 전반조명

③ 간접조명 　④ 직접조명

해설 배광방식 – 물체를 비추기 위해 빛을 보내는 방식
- 국부조명 : 비추는 대상에 강한 빛으로 조명
- 전반조명 : 일정한 면적에 균일한 밝기로 비추는 조명
- 직접조명 : 반사 갓을 사용해 빛을 모아 비추는 조명

03 다음 중 식당과 부엌의 실내계획에서 가장 우선적으로 고려해야 할 사항은?

① 색채

② 조명

③ 가구 배치

④ 주부의 작업 동선

해설 식당과 부엌은 가사노동의 절감을 위해 작업 동선을 가장 우선적으로 고려해야 한다.

04 주택 부엌의 작업삼각형(work triangle)의 구성에 포함되지 않는 것은?

① 냉장고 　② 배선대

③ 개수대 　④ 가열대

해설 부엌의 작업삼각형이란 개수대, 가열대, 냉장고가 이루는 삼각형으로 각 변의 합은 5m 내외이며 길이가 짧을수록 작업의 능률이 높다.

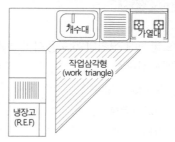

05 건축물의 노후화를 억제하거나 기능 향상을 위하여 대수선 또는 일부 증축하는 행위로 정의되는 것은?

① 리빌딩 　② 재개발

③ 재건축 　④ 리모델링

해설
- 재개발 : 낙후된 주거환경의 기반시설을 새로 정비하고 주택을 신축
- 재건축 : 소유주가 있는 노후주택을 철거하고 새로운 집을 지음.
- 리모델링 : 노후 건물의 개선을 촉진하기 위해 2001년에 시행된 제도

06 일광조절장치로 볼 수 없는 것은?

① 커튼 　② 루버

③ 파사드 　④ 블라인드

해설 파사드 : 출입구가 있는 건축물의 정면을 뜻하는 것으로 건축물의 첫인상을 주어 디자인의 주요부분이 된다.

정답 1.④ 2.③ 3.④ 4.② 5.④ 6.③

07 고대 로마시대에 음식물을 먹거나 잠을 자기 위해 사용했던 긴 의자로 몸을 기댈 수 있도록 좌판의 한쪽 끝이 올라간 형태를 가진 것은?

① 세티   ② 스툴

③ 카우치   ④ 체스터필드

해설 • 세티 : 등받이와 팔걸이가 있는 서양식 의자

• 스툴 : 화장대의 의자처럼 등받이가 없는 간이 의자

• 카우치 : 침상을 겸하는 긴 의자

• 체스터필드 : 겉천을 깔아 누빈 서양식 소파로 등받이와 팔걸이 높이가 같다.

08 다음 설명에 알맞은 디자인 원리는?

• 변화와 함께 모든 조형에 대한 미의 근원이 된다.
• 디자인 대상의 전체에 미적 질서를 주는 기본원리로 모든 형식의 출발점이다.

① 반복   ② 통일

③ 강조   ④ 대비

해설 • 반복 : 색채, 형태, 질감 등의 요소가 규칙적으로 반복해 리듬감을 주는 것
• 강조 : 시각적으로 관심의 초점이자 흥미의 중심이 되는 것
• 대비 : 반대되는 요소들이 서로 대립되어 나타내는 효과

09 다음 설명과 가장 관계 깊은 건축가는?

• 모듈러(modular)
• 생활에 적합한 건축을 위해 인체와 관련된 모듈의 사용에 있어 단순한 길이의 배수보다 황금비례를 이용함이 타당하다고 주장

① 르 코르뷔지에

② 발터 그로피우스

③ 미스 반 데어 로에

④ 프랭크 로이드 라이트

해설 • 발터 그로피우스 : 바우하우스를 설립

• 미스 반 데어 로에 : 독일 출생의 미국 건축가로 판스워스하우스 설계

• 프랭크 로이드 라이트 : 낙수장과 구겐하임 미술관 (뉴욕) 설계

[낙수장]   [구겐하임미술관(뉴욕)]

10 다음 설명에 알맞은 형태의 종류는?

• 구체적 형태를 생략 또는 과정의 과정을 거쳐 재구성한 형태이다.
• 대부분의 경우 재구성된 원래의 형태를 알아보기 어렵다.

① 추상적 형태   ② 이념적 형태

③ 현실적 형태   ④ 2차원적 형태

해설 • 이념적 형태 : 시각, 촉각 등으로 직접 느끼지 못하고 개념적으로 보이는 형태
• 현실적 형태 : 구름, 파도 등 자연이 만들어낸 자연형태와 건축물, 가구 등 사람의 힘으로 만들어낸 인위형태로 구분

11 상품의 전달 및 고객의 동선상 흐름이 가장 빠른 형식으로 협소한 매장에 적합한 상점 진열장의 배치 유형은?

① 굴절형　　　　② 환상형
③ 복합형　　　　④ 직렬형

해설 상점 진열장(show case)의 배치형식
• 굴절배치형 : 진열장의 배치와 고객의 동선이 굴절된 곡선 형태로 대면판매, 측면판매에 용이하다.
• 환상배치형 : 진열장을 중앙에 배치하거나 곡선형태의 원형으로 설치해 내부에 레지스터나 포장대 등을 배치한다.
• 복합배치형 : 직립, 굴절, 환상배열을 적절하게 조합한 배치
• 직립(직렬)배치 : 진열장과 통로가 평행으로 고객의 흐름과 부분별 진열이 용이하다.

12 2인용 침대 대신에 1인용 침대를 2개 배치한 것은?

① 싱글　　　　② 더블
③ 트윈　　　　④ 롱킹

해설 트윈베드

13 주택의 평면계획에서 공간의 조닝 방법으로 틀린 것은?

① 주 행동에 의한 조닝
② 활동시간에 의한 조닝
③ 실의 크기에 의한 조닝
④ 정적 공간을 동적 공간으로 조닝

해설 평면계획에서 공간의 조닝은 주 행동, 실의 크기, 활동유형에 의해 진행된다.

14 평범하고 단순한 실내를 흥미롭게 만드는 데 가장 적합한 디자인 원리는?

① 조화　　　　② 강조
③ 통일　　　　④ 균형

해설 • 조화 : 두 개 이상의 디자인 요소(선, 면, 형 등)가 동일한 영역에서 서로 다른 성격을 미적으로 자연스럽게 어우러지는 것
• 통일 : 색, 형태, 재료 등이 질서를 가지며 조화롭게 통합되어 하나된 느낌을 주는 것
• 균형 : 인간의 시각적 주의력으로 느끼는 무게감의 평형

15 심리적으로 존엄성, 엄숙함, 위엄, 절대 등의 느낌을 주는 선은?

① 사선　　　　② 수직선
③ 수평선　　　　④ 자유곡선

해설 • 사선 : 불안, 운동감, 반항 등 동적인 느낌을 준다.
• 수평선 : 평화, 고요, 안정, 침착 등의 느낌을 준다.
• 자유곡선 : 자유롭고 부드러운 느낌을 준다.

16 건축물의 단열을 위한 조치사항으로 틀린 것은?

① 외벽 부위는 외단열로 시공한다.
② 건물의 창호는 가능한 한 크게 설계한다.
③ 건물 옥상에는 조경을 하여 최상층 지붕의 열저항을 높인다.
④ 외피의 모서리 부분은 열교가 발생하지 않도록 단열재를 연속적으로 설치한다.

해설 건축물의 단열을 위해서는 창을 가능한 작게 설치하여 열의 이동과 손실을 최소화한다.

17 음의 대소를 나타내는 감각량을 음의 크기라 한다. 음의 크기의 단위는?

① dl　　　　② lm
③ lx　　　　④ sone

해설 sone : 음의 감각적인 크기를 나타낸 음의 척도

18 물리적 온열요소에 해당하지 않는 것은?

① 기온
② 습도
③ 기류
④ 착의상태

해설 물리적 온열요소는 사람이 느끼는 춥고 더운 정도를 나타내는 것으로 온도, 습도, 기류가 있다.

19 다음의 자연환기에 대한 설명 중 (　) 안에 알맞은 용어는?

> 자연환기는 실내외의 온도 차에 의한 공기의 밀도 차가 원동력이 되는 (A)와 건물의 외벽면에 가해지는 풍압이 원동력이 되는 (B)로 대별된다.

① A : 중력환기, B : 동력환기
② A : 중력환기, B : 풍력환기
③ A : 동력환기, B : 풍력환기
④ A : 동력환기, B : 중력환기

해설 자연환기의 구분
• 중력환기 : 실내와 실외의 온도 차에 의한 환기
• 풍력환기 : 외부에서 불어오는 바람에 의한 환기

20 일조의 직접적인 효과로 볼 수 없는 것은?

① 광 효과
② 열 효과
③ 조망 효과
④ 보건·위생적 효과

해설 일조(日照) : 태양광은 적외선에 의한 열, 빛 효과는 물론 자외선으로 인한 생육, 살균 등의 효과도 있다.

21 건축재료는 사용목적에 따라 구조재료, 마감재료, 차단재료 등으로 구분할 수 있다. 다음 중 구조재료로 볼 수 있는 것은?

① 유리
② 타일
③ 목재
④ 실링재

해설 구조재료는 건축물의 하중을 지지하는 재료로 목재, 콘크리트, 석재, 강재 등이 있다.

22 석재의 표면가공순서로 올바른 것은?

① 혹두기 → 정다듬 → 도드락다듬 → 잔다듬
② 혹두기 → 도드락다듬 → 정다듬 → 잔다듬
③ 혹두기 → 잔다듬 → 정다듬 → 도드락다듬
④ 혹두기 → 잔다듬 → 도드락다듬 → 정다듬

해설 • 혹두기(혹따기) : 쇠메로 쳐서 적당히 다듬는 일
• 정다듬 : 정으로 때려 형태를 다듬는 일
• 도드락다듬 : 도드락망치를 사용해 마무리로 다듬는 일
• 잔다듬 : 날망치로 정교하게 다듬는 일
• 물갈기 : 물을 뿌리면서 작업면을 갈아내는 일

23 열가소성수지에 해당되지 않는 것은?

① 멜라민수지
② 아크릴수지
③ 염화비닐수지
④ 폴리에틸렌수지

해설 멜라민수지는 열경화성수지에 속한다.

24 아스팔트 방수공사에서 방수층 1층에 사용되는 것은?

① 아스팔트 펠트
② 스트레치 루핑
③ 아스팔트 루핑
④ 아스팔트 프라이머

해설 아스팔트 프라이머는 아스팔트에 부착을 위해 가장 먼저 시공된다.

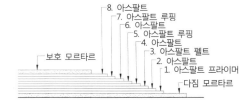

25 석재의 성질에 대한 설명으로 틀린 것은?

① 압축강도에 비해 인장강도가 크다.

② 석회분을 포함한 것은 내산성이 작다.

③ 사암과 응회암은 화강암에 비해 내화성이 우수하다.

④ 일반적으로 흡수율이 클수록 풍화나 동해를 받기 쉽다.

해설 석재는 압축강도에 비해 인장강도가 매우 작은 편이다.

26 콘크리트의 크리프에 대한 설명으로 틀린 것은?

① 재하 초기에 증가가 현저하다.

② 작용응력이 클수록 크리프가 크다.

③ 물시멘트비가 클수록 크리프가 크다.

④ 시멘트 페이스트가 많을수록 크리프는 작다.

해설 크리프는 재료에 지속적으로 외력을 가했을 경우 외력의 증가 없이 시간이 지날수록 변형이 커지는 현상으로 시멘트 페이스트가 많을수록 커진다.

27 다음 중 실내바닥 마감재료로 사용하기 힘든 것은?

① 비닐시트   ② 플로링 보드

③ 파키트 보드   ④ 코펜하겐 리브

해설 실내바닥에 사용되는 마감재는 내구성이 우수한 재료를 사용해야 한다. 코펜하겐 리브는 곡면판으로 천장마감재로 사용된다.

28 점토제품의 흡수율이 큰 것부터 순서가 바른 것은?

① 도기 > 토기 > 석기 > 자기

② 도기 > 토기 > 자기 > 석기

③ 토기 > 도기 > 석기 > 자기

④ 토기 > 석기 > 도기 > 자기

해설
• 점토의 흡수율 : 자기 < 석기 < 도기 < 토기
• 점토의 압축강도 : 자기 > 석기 > 도기 > 토기

29 탄소량에 따른 강의 특성에 대한 설명으로 바르지 않은 것은?

① 신도는 탄소량의 증가에 따라 감소한다.

② 일반적으로 탄소량이 적은 것은 경질이다.

③ 인장강도는 탄소량 0.85% 정도에서 최대이다.

④ 경도는 탄소량 0.9%까지는 탄소량의 증가에 따라 커진다.

해설 탄소강의 물리적 성질 중 탄소량이 적은 것은 연질로 분류된다.

30 발코니 확장을 하는 공동주택이나 창호면적이 큰 건물에서 단열을 통한 에너지절약을 위해 권장되는 유리는?

① 강화유리   ② 접합유리

③ 로이유리   ④ 스팬드럴 유리

해설 로이유리 : 유리표면에 금속을 코팅한 것으로 열의 이동을 방지하는 에너지 절약형 유리

31 목재의 함수율과 역학적 성질의 관계에 관한 설명으로 바른 것은?

① 함수율이 크면 클수록 압축강도는 커진다.

② 함수율과 강도는 관련이 없다.

③ 섬유포화점 이상에서는 함수율이 증가하더라도 압축강도는 일정하다.

④ 섬유포화점 이하에서는 함수율의 증가에 따라 압축강도는 커지나, 섬유포화점 이상에서는 함수율의 증가에 따라 압축강도는 감소한다.

해설 목재 함수율에 따른 역학적 성질
• 함수율이 작을수록 강도가 커진다.
• 섬유포화점 이상에서는 함수율이 변하더라도 강도는 일정하다.

정답 25. ① 26. ④ 27. ④ 28. ③ 29. ② 30. ③ 31. ③

32 급경성으로 내알칼리성 등의 내화학성이나 접착력이 크고 또한 내수성이 우수하며 금속, 석재, 도자기, 글라스, 콘크리트, 플라스틱재 등의 접착에 사용되는 접착제는?

① 요소수지 접착제

② 페놀수지 접착제

③ 멜라민수지 접착제

④ 에폭시수지 접착제

해설 • 요소수지, 멜라민수지 : 합판과 같은 목재 접합에 사용

• 페놀수지 : 전기 및 통신재료로 많이 사용

33 동과 주석을 주성분으로 한 합금으로서 내식성이 크고 주조성이 우수하며 건축 장식물 및 미술공예재료로 사용되는 것은?

① 청동   ② 양은

③ 황동   ④ 니켈

34 시멘트의 저장에 대한 설명으로 틀린 것은?

① 포대시멘트의 쌓아올리는 높이는 13포대 이하로 한다.

② 시멘트는 방습적인 구조로 된 사일로나 창고에 저장한다.

③ 저장 중에 약간이라도 굳은 시멘트는 공사에 사용하지 않는다.

④ 포대시멘트를 목조창고에 보관하는 경우, 바닥과 지면 사이에 최소 0.1m 이상의 거리를 유지하여야 한다.

해설 시멘트는 습하지 않고 서늘한 곳에서 지상 30cm 이상 되는 마루에 보관해야 한다.

35 미장공사에서 사용되는 재료 중 결합재에 해당되지 않는 것은?

① 시멘트   ② 잔골재

③ 소석회   ④ 합성수지

해설 결합재는 고결재의 점성을 좋게 하고 균열을 보완하는 재료로 시멘트, 소석회, 합성수지 등이 있다.

36 악취도 나고, 흑갈색으로 외관이 불미하므로 눈에 보이지 않는 토대, 기둥, 도리 등에 이용되는 목재의 유성 방부제는?

① PCP

② 페인트

③ 황산동 1% 용액

④ 크레오소트 오일

해설 • 펜타클로로페놀(PCP) : 무색무취이며 방부력이 가장 우수하고, 방부처리 후 페인트칠을 할 수 있다.

• 페인트 : 피막을 형성해 방부·방습되는 방법으로 다양한 색을 사용해 외관을 장식한다.

• 황산동 1% 용액 : 방부력은 있으나 철을 부식시킨다.

37 단기강도가 우수하므로 도로 및 수중공사 등 긴급공사나 공기단축이 필요한 경우에 사용되는 시멘트는?

① 보통 포틀랜드 시멘트

② 조강 포틀랜드 시멘트

③ 저열 포틀랜드 시멘트

④ 중용열 포틀랜드 시멘트

해설 조강 포틀랜드 시멘트는 조기강도가 우수한 시멘트로 재령 7일이면 보통 포틀랜드 시멘트의 28일 강도를 나타낸다.

38 철강 표면 또는 금속 소지의 녹 방지를 목적으로 사용하는 방청도료에 포함되지 않는 것은?

① 래커

② 에칭 프라이머

③ 광명단 조합 페인트

④ 아연 분말 프라이머

해설 래커는 주로 목재에 사용되는 페인트이다.

정답 32. ④ 33. ① 34. ④ 35. ② 36. ④ 37. ② 38. ①

39 다음의 콘크리트용 혼화제 중 작업성능이나 동결융해 저항성능의 향상을 위해 사용되는 것은?

① 촉진제　　　　② 방청제
③ 기포제　　　　④ AE감수제

- 촉진제 : 콘크리트의 경화를 촉진
- 방청제 : 철근이 부식되는 것을 방지
- 기포제 : 콘크리트의 무게를 경량화하고 단열성과 내화성을 증대시킴.

40 다음은 한국산업표준(KS)에 따른 미장 벽돌의 정의이다. (　) 안에 알맞은 것은?

> 점토 등을 주원료로 하여 소성한 벽돌로서 유공형 벽돌은 하중 지지면의 유효단면적이 전체 단면적의 (　) 이상이 되도록 제작한 벽돌

① 40%　　　　② 50%
③ 60%　　　　④ 65%

유공형 벽돌은 하중 지지면의 유효단면적이 전체 단면적의 50% 이상이 되도록 한다(KS L 4201).

41 설계도에 나타내기 어려운 시공내용을 문장으로 표현한 것은?

① 시방서　　　　② 견적서
③ 설명서　　　　④ 계획서

42 벽돌쌓기 방법에서 한 켜 안에 길이쌓기와 마구리쌓기를 병행하며 부분적으로 통줄눈이 생겨 내력벽으로 부적합한 방법은?

① 프랑스식 쌓기
② 네덜란드식 쌓기
③ 영국식 쌓기
④ 미국식 쌓기

프랑스식 쌓기는 통줄눈이 많이 생겨 주로 장식적인 쌓기로 사용되며, 내력벽 쌓기는 튼튼한 영국식 쌓기로 한다.

43 투시도 작도에서 수평면과 화면이 교차되는 선은?

① 화면선　　　　② 수평선
③ 기선　　　　④ 시선

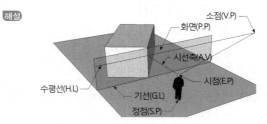

44 물체의 중심선, 절단선, 기준선 등을 표시하는 선은?

① 파선　　　　② 일점쇄선
③ 이점쇄선　　　　④ 실선

- 파선 : 보이지 않는 가려진 부분을 표시
- 이점쇄선 : 상상선이나 일점쇄선과 구분할 때 표시
- 실선 : 절단면의 윤곽, 기술, 기호, 치수 등을 표시

45 벽돌쌓기에서 막힌줄눈을 사용하는 가장 중요한 이유는?

① 외관의 아름다움
② 시공의 용이성
③ 응력의 분산
④ 재료의 경제성

막힌줄눈은 줄눈이 일치되지 않게 쌓는 것으로 응력 분산에 목적이 있다.

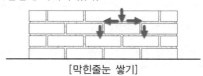

[막힌줄눈 쌓기]

46 건축구조의 분류 방법 중 구성방식에 의한 분류법이 아닌 것은?

① 가구식 구조　　　　② 조적식 구조
③ 일체식 구조　　　　④ 건식구조

해설
• 구조형식(구성)에 의한 분류 : 가구식, 조적식, 일체식
• 공법에 의한 분류 : 건식, 습식, 조립식
• 재료에 의한 분류 : 목구조, 돌구조, 강구조, RC구조

47 단면도에 표기하여야 할 사항에 속하지 않는 것은?

① 처마 높이　　② 창대 높이
③ 지붕물매　　④ 도로 길이

해설 단면도는 재료의 층이나 두께, 구조체의 높이 등이 표기된다.

48 다음 중 가장 큰 원을 그릴 수 있는 컴퍼스는?

① 스프링 컴퍼스
② 빔 컴퍼스
③ 드롭 컴퍼스
④ 중형 컴퍼스

해설 빔 컴퍼스

49 경량철골구조에 대한 설명으로 옳지 않은 것은?

① 주로 관 두께 6mm 이하의 경량 형강을 주요 구조부분에 사용한 구조이다.
② 가벼워서 운반이 용이하다.
③ 용접을 하는 경우 판 두께가 얇아서 구멍이 뚫리는 경우를 주의할 필요가 있다.
④ 두께가 너비나 춤에 비해 얇아도 비틀림이나 국부좌굴 등이 생기지 않는다.

해설 경량철골구조는 가벼워 자재운반, 시공성이 용이할 수 있으나 경량 형강을 사용해 내화성, 내구성이 약하다.

50 기초판의 형식에 의한 분류 중 벽 또는 일렬의 기둥을 받치는 기초는?

① 줄기초　　　② 독립기초
③ 온통기초　　④ 복합기초

해설
• 독립기초 : 기둥 하나를 받치는 독립된 기초
• 온통기초 : 바닥 전체를 하나의 기초판으로 구성
• 복합기초 : 독립기초와 줄기초의 복합형태

51 아래에서 설명하고 있는 건축구조는?

> • 내구, 내화, 내진적이며 설계가 자유롭고 공사기간이 길며 자중이 큰 구조이다.
> • 횡력과 진동에 강하다.

① 돌구조
② 목구조
③ 철골구조
④ 철근콘크리트구조

해설
• 돌구조 : 조적식 구조의 하나로 횡력과 지진에 취약하다.
• 목구조 : 나무를 사용한 가구식 구조로 화재에 취약하다.
• 철골구조 : 강재를 사용한 구조로 화재에 취약하다.

52 설계도면의 종류 중 계획설계도에 해당되지 않는 것은?

① 전개도　　　② 조직도
③ 동선도　　　④ 구상도

해설 계획설계도에는 조직도, 동선도, 구상도 등이 있다. 전개도는 기본설계도에 해당된다.

53 벽돌조에서 벽량이란 바닥면적과 벽의 무엇에 대한 비를 의미하는가?

① 벽의 전체 면적
② 개구부를 제외한 면적
③ 내력벽의 길이
④ 벽의 두께

정답 **47.** ④ **48.** ② **49.** ④ **50.** ① **51.** ④ **52.** ① **53.** ③

벽량 : 내력벽의 길이를 바닥면적으로 나눈 값으로 벽량은 '내력벽의 전체 길이/해당 층의 바닥면적'으로 나타낸다.

54 도면의 치수 표현에 있어 치수 단위의 원칙은?

① mm   ② cm

③ m   ④ inch

해설 건축제도(KS F 1501)에서 치수의 단위는 mm 사용을 원칙으로 한다.

55 목조벽체에서 횡력에 저항하여 설치하는 가새의 경사각도는 몇 도일 때 가장 좋은가?

① 15°   ② 25°

③ 35°   ④ 45°

해설

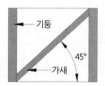

56 다음 중 A2 제도용지의 규격으로 바른 것은?(단, 단위는 mm)

① 841×1,189   ② 594×941

③ 420×594   ④ 297×420

해설 A4 : 210×297, A3 : 297×420
A2 : 420×594, A1 : 594×841, A0 : 841×1,189

57 다음 중 원호 이외의 곡선을 그릴 때 사용하는 제도용구는?

① 디바이더   ② 운형자

③ 스케일   ④ 지우개판

해설

[운형자]

58 목조건축에서 1층 마루인 동바리마루에 사용되는 것이 아닌 것은?

① 동바리돌   ② 멍에

③ 층보   ④ 장선

해설 동바리마루의 구조

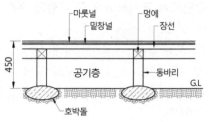

59 다음 그림은 무엇을 뜻하는 평면 표시기호인가?

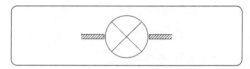

① 쌍여닫이문   ② 미닫이문

③ 회전문   ④ 접이문

해설 • 쌍여닫이문 :

• 미닫이문 :

• 접이문 :

60 도면을 축척 1/250로 그릴 때, 삼각스케일의 어느 축척으로 사용해야 가장 편리한가?

① 1/100   ② 1/200

③ 1/400   ④ 1/500

해설 삼각스케일에는 1/100, 1/200, 1/300, 1/400, 1/500, 1/600 총 6가지 축척이 표시되어 있고, 표시가 없는 축척인 경우 배수 값의 축척으로 나누어 사용하는 것이 편하다.

01 다음 설명에 알맞은 상점의 진열 및 판매대 배치유형은?

> • 판매대가 입구에서 내부방향으로 향하여 직선적인 형태로 배치되는 형식이다.
> • 통로가 직선적이어서 고객의 흐름이 빠르다.

① 굴절배치형　　② 직립배치형
③ 환상배치형　　④ 복합배치형

해설 상점 진열장(show case)의 배치형식
• 굴절배치형 : 진열장의 배치와 고객의 동선이 굴절된 곡선 형태로 대면판매, 측면판매에 용이하다.
• 직립(직렬)배치 : 진열장과 통로가 평행으로 고객의 흐름과 부분별 진열이 용이하다.
• 환상배치형 : 진열장을 중앙에 배치하거나 곡선형태의 원형으로 설치해 내부에 레지스터나 포장대 등을 배치한다.
• 복합배치형 : 직립, 굴절, 환상배열을 적절하게 조합한 배치

02 양식주택과 비교한 한식주택의 특징에 관한 설명으로 틀린 것은?

① 공간의 융통성이 낮다.
② 가구는 부수적인 내용물이다.
③ 평면은 실의 위치별 분화이다.
④ 각 실의 프라이버시가 약하다.

해설 한식주택의 공간은 다양한 목적으로 사용이 가능하다.
방에서 식사, 작업, 취침, 휴식 등 다양한 활동을 할 수 있다.

03 실내디자인 요소에 관한 설명으로 바른 것은?

① 천장은 바닥과 함께 공간을 형성하는 수직적 요소이다.
② 바닥은 다른 요소 등에 비해 시대와 양식에 의한 변화가 현저하다.
③ 기둥은 선형의 수직요소로 벽체를 대신하여 구조적인 요소로만 사용된다.
④ 벽은 공간을 에워싸는 수직적 요소로 수평방향을 차단하여 공간을 형성하는 기능을 갖는다.

해설 • 공간에서 천장은 바닥과 수평적 요소이다.
• 바닥은 과거부터 현재까지 변화가 가장 적은 요소이다.
• 기둥은 구조적 요소이면서 공간에 시각적인 변화와 상징성을 줄 수 있는 요소이다.

04 어느 실내공간을 실제 크기보다 넓어 보이게 하려는 방법으로 틀린 것은?

① 창이나 문 등을 크게 한다.
② 벽지는 무늬가 큰 것을 선택한다.
③ 큰 가구는 벽에 부착시켜 배치한다.
④ 질감이 거친 것보다 고운 미장재료를 선택한다.

해설 창이나 문을 크게 두면 공간이 크게 보이나 벽지의 무늬는 작을수록 실내공간이 넓어 보인다.

정답 1.② 2.① 3.④ 4.②

05 창문을 통해 입사되는 광량, 빛 및 환경을 조절하는 일광 조절장치에 해당하지 않는 것은?

① 픽처 윈도

② 글라스 커튼

③ 로만 블라인드

④ 드레이퍼리 커튼

해설 픽처 윈도는 바닥부터 천장까지 모두 창으로 설치한 고정식 창을 말한다.

06 스툴의 일종으로 더 편안한 휴식을 위해 발을 올려놓는 데도 쓰이는 것은?

① 세티

② 오토만

③ 카우치

④ 이지체어

해설 오토만

오토만

07 점과 선의 조형효과에 관한 설명으로 틀린 것은?

① 점은 선과 달리 공간적 착시효과를 이끌어낼 수 없다.

② 선은 여러 개의 선을 이용하여 움직임, 속도감 등을 시각적으로 표현할 수 있다.

③ 배경의 중심에 있는 하나의 점은 점에 시선을 집중시키고 정지의 효과를 느끼게 한다.

④ 반복되는 선의 굵기와 간격, 방향을 변화시키면 2차원에서 부피와 길이를 느끼게 표현할 수 있다.

해설 조형요소의 점은 위치를 나타내는 요소로 공간에서 집중에 의한 착시효과를 가져올 수 있다.

08 간접조명에 관한 설명으로 틀린 것은?

① 균질한 조도를 얻을 수 있다.

② 직접조명보다 조명의 효율이 낮다.

③ 직접조명보다 뚜렷한 입체효과를 얻을 수 있다.

④ 직접조명보다 부드러운 분위기 조성이 용이하다.

해설 직접조명방식은 음영의 표현이 명확하게 구분되므로 빛이 부드러운 간접조명보다 물체의 입체적인 표현이 돋보이게 할 수 있다.

09 LDK형 단위주거에서 D가 상징하는 것은?

① 거실

② 식당

③ 부엌

④ 화장실

해설 LDK
living room(거실)+dining(식당)+kitchen(부엌[주방])

10 형태의 의미구조에 의한 분류에서 인간의 지각, 즉 시각과 촉각 등으로 직접 느낄 수 없고 개념적으로만 제시될 수 있는 것은?

① 현실적 형태

② 인위적 형태

③ 상징적 형태

④ 자연적 형태

해설 상징적(象徵的) 형태는 불분명한 추상적인 개념이나 사물을 표현한 형태를 뜻한다.

11 다음 중 실내디자인을 평가하는 기준과 가장 다른 것은?

① 경제성

② 기능성

③ 주관성

④ 심미성

해설 실내디자인이 추구하고자 하는 목적은 기능성, 경제성, 심미성이다.

12 다음은 피보나치 수열을 나타낸 것이다. '21' 다음에 나오는 숫자는?

> 1, 1, 2, 3, 5, 8, 13, 21

① 24　　　　② 29
③ 34　　　　④ 38

해설 피보나치 수열
수의 다음 값이 이전 두 수의 합이 되는 수열로 13+21=34가 된다.

13 다음 중 실내디자인에서 리듬감을 주기 위한 방법으로 가장 거리가 먼 것은?

① 방사　　　　② 반복
③ 조화　　　　④ 점이

해설 리듬의 종류
반복, 점이, 점층, 방사, 억양 등이 있다.

14 디자인 원리 중 강조에 관한 설명으로 틀린 것은?

① 균형과 리듬의 기초가 된다.
② 힘의 조절로서 전체 조화를 파괴하는 역할을 한다.
③ 구성의 구조 안에서 각 요소들의 시각적 계층 관계를 기본으로 한다.
④ 강조의 원리가 적용되는 시각적 초점은 주위가 대칭적 균형일 때 더욱 효과적이다.

해설 디자인 원리 중 강조는 조화로움 속에서 주제를 부여하고 시각적 중심이 되어 전체적인 질서를 만든다.

15 다음의 부엌 가구 배치 유형 중 좁은 면적 이용에 가장 효과적이며 주로 소규모 부엌에 쓰이는 것은?

① 일자형　　　　② L자형
③ 병렬형　　　　④ U자형

해설 공간이 협소한 소규모 부엌의 가구 배치는 공간을 많이 차지하지 않는 일자형(직선형)이 효과적이다.

16 측창채광에 관한 설명으로 틀린 것은?

① 통풍, 차열에 유리하다.
② 시공이 용이하며 비막이에 유리하다.
③ 투명 부분을 설치하면 해방감이 있다.
④ 편측채광의 경우 실내의 조도분포가 균일하다.

해설 한쪽에만 창을 내는 편측채광은 조도가 균일하지 못하고 그림자가 생긴다.

17 기온, 습도, 기류의 3요소의 조합에 의한 실내 온열감각을 기온의 척도로 나타낸 온열지표는?

① 유효온도　　　　② 등가온도
③ 작용온도　　　　④ 합성온도

해설 유효온도는 실내 온열감각에 의한 기온을 척도로 나타낸 지표이다.

18 열전도율의 단위로 바른 것은?

① W　　　　② W/m
③ W/m · K　　　　④ W/m^2 · K

해설 열전도율 : 온도가 다른 두 물체에서 전해지는 열량의 수치로 W/m · K이 사용된다.

19 2가지 음이 동시에 귀에 들어와서 한쪽의 음 때문에 다른 쪽의 음이 작게 들리는 것은?

① 공영 효과
② 일치 효과
③ 마스킹 효과
④ 플러터 에코 효과

해설 • 공영 효과 : 2가지 음의 진동수가 같은 경우
• 일치 효과 : 음과 진동 파동의 주파수가 같은 경우
• 플러터 에코 효과 : 음이 공간에서 반사되는 경우

정답 12. ③　13. ③　14. ②　15. ①　16. ④　17. ①　18. ③　19. ③

20 환기의 종류 중 실내와의 온도 차에 의한 공기의 일도 차가 환기의 원동력이 발생되는 것은?

① 전반환기   ② 동력환기

③ 풍력환기   ④ 중력환기

해설 • 전반환기 : 실내공기 전체를 환기
• 동력환기 : 기계의 힘으로 환기
• 풍력환기 : 바람의 힘으로 환기
• 중력환기 : 공기의 온도 차로 환기

21 변성암에 속하지 않는 것은?

① 대리석   ② 석회석

③ 사문암   ④ 트래버틴

해설 석회석은 수성암의 종류이다.

22 다음 중 구조재료에 요구되는 성질과 가장 관계가 먼 것은?

① 외관이 좋은 것이어야 한다.

② 가공이 용이한 것이어야 한다.

③ 내화, 내구성이 큰 것이어야 한다.

④ 재질이 균일하고 강도가 큰 것이어야 한다.

해설 구조재료는 마감에 의해 가려지므로 외관이 아닌 강도가 우수해야 한다.

23 목재의 강도에 관한 설명으로 바른 것은?

① 일반적으로 변재가 심재보다 강도가 크다.

② 목재의 강도는 일반적으로 비중에 반비례한다.

③ 목재의 강도는 힘을 가하는 방향에 따라 다르다.

④ 섬유포화점 이상의 함수 상태에서는 함수율이 적을수록 강도가 커진다.

해설 목재의 일반적인 강도는 변재보다 심재가 크고, 비중에 비례하며, 섬유포화점 이상의 함수 상태에서는 함수율과 강도는 무관하다.

24 다음 중 콘크리트 바탕에 적용이 가장 곤란한 도료는?

① 에폭시도료   ② 유성바니시

③ 염화비닐도료   ④ 염화고무도료

해설 유성바니시는 내알칼리성이 약해 콘크리트 바탕에 직접 사용할 수 없다.

25 석재의 일반적인 성질에 관한 설명으로 틀린 것은?

① 불연성이다.

② 내구성, 내수성이 우수하다.

③ 비중이 크고 가공성이 좋지 않다.

④ 압축강도는 인장강도에 비해 매우 작다.

해설 석재의 인장강도는 압축강도에 비해 작다.

26 도막 방수재, 실링재로 사용되는 열경화성 수지는?

① 아크릴수지

② 염화비닐수지

③ 폴리스티렌수지

④ 폴리우레탄수지

해설 • 아크릴수지 : 도료, 방풍유리, 조명용품 등
• 염화비닐수지 : 시트, 판재 등
• 폴리스티렌수지 : 스티로폼, 천장재 등

27 굳지 않은 콘크리트의 워커빌리티 측정 방법에 사용되지 않는 것은?

① 비비시험

② 슬럼프시험

③ 비카트시험

④ 다짐계수시험

해설 워커빌리티는 시공연도로 콘크리트의 시공과 관련된 유동성, 점성, 분리성을 나타내는 수치로, 측정방법으로는 슬럼프시험, 비비시험, 다짐계수시험 방법이 있다.
* 비카트시험 : 시멘트의 응결 시험

정답 20. ④   21. ②   22. ①   23. ③   24. ②   25. ④   26. ④   27. ③

28 건축재료의 사용목적에 따른 분류에 사용되지 않는 것은?

① 구조재료　　② 마감재료
③ 유기재료　　④ 차단재료

해설 건축재료는 사용목적에 따라 구조재, 마감재, 차단재(방화, 내화, 단열)로 분류할 수 있다.

29 수화열이 낮아 댐과 같은 매스콘크리트 구조물에 쓰이는 시멘트는?

① 보통 포틀랜드 시멘트
② 조강 포틀랜드 시멘트
③ 중용열 포틀랜드 시멘트
④ 내황산염 포틀랜드 시멘트

해설 중용열 포틀랜드 시멘트는 수화 속도를 지연시켜 장기강도를 크게 한 시멘트이다.

30 천연 아스팔트에 속하지 않는 것은?

① 아스팔타이트
② 록 아스팔트
③ 레이트 아스팔트
④ 스트레이트 아스팔트

해설 스트레이트 아스팔트는 석유계 아스팔트이다.

31 목재를 절삭 또는 파쇄하여 작은 조각으로 만들어 접착제를 섞어 고온, 고압으로 성형한 판재는?

① 합판
② 섬유판
③ 집성목재
④ 파티클보드

해설
• 합판 : 얇은 널빤지를 홀수 겹으로 붙인 판
• 섬유판 : 톱밥 등 목재의 식물성 재료를 펄프로 만들어 접착제, 방부제 등을 첨가해 만든다.
• 집성목재 : 단판을 섬유방향과 평행하게 여러 장 붙여 접착한 판

32 콘크리트의 강도 중 일반적으로 가장 큰 것은?

① 휨강도　　② 인장강도
③ 압축강도　　④ 전단강도

해설 콘크리트의 강도는 압축강도가 가장 크며, 일반적으로 콘크리트의 강도라 함은 압축강도를 뜻한다.

33 콘크리트 혼화제 중 작업성능이나 동결융해 저항성능의 향상을 목적으로 쓰이는 것은?

① AE제　　② 중점제
③ 기포제　　④ 유동화제

해설 AE제(air-entraining agent)는 콘크리트 내부에 작은 기포를 만들어 작업의 효율성을 높이고 동결융해를 막기 위해 사용된다.

34 다음은 한국산업표준(KS)에 따른 점토벽돌 중 미장 벽돌에 관한 용어의 정의이다. ( ) 안에 알맞은 것은?

> 점토 등을 주원료로 하여 소성한 벽돌로서 유공형 벽돌은 하중 지지면의 유효단면적이 전체 단면적의 ( ) 이상이 되도록 제작한 벽돌

① 30%　　② 40%
③ 50%　　④ 60%

해설 미장 벽돌은 점토의 소성제품으로 하중 지지면의 유효단면적이 전체 단면적의 50% 이상 되도록 제작한다.

35 소다석회유리에 관한 설명으로 틀린 것은?

① 용융하기 쉽다.
② 풍화되기 쉽다.
③ 산에는 강하나 알칼리에는 약하다.
④ 건축물의 창유리로는 사용할 수 없다.

해설 소다석회유리는 일반적인 건축용 창유리로 많이 사용된다.

정답　28. ③　29. ③　30. ④　31. ④　32. ③　33. ①　34. ③　35. ④

36 구리(Cu)와 주석(Sn)을 주체로 한 합금으로 건축장식철물 또는 미술공예재료에 사용되는 것은?

① 니켈 　　　② 양은
③ 황동 　　　④ 청동

해설 • 황동 : 구리와 아연을 혼합하여 만든 합금으로, 외관이 좋아 창호철물 등에 많이 사용된다.
• 청동 : 구리와 주석을 혼합하여 만든 합금으로, 내식성이 크고 주조가 용이하여 건축용 장식재나 미술공예용으로 많이 사용된다.

37 콘크리트가 타설된 후 비교적 가벼운 물이나 미세한 물질 등이 상승하고, 무거운 골재나 시멘트가 침하하는 현상은?

① 쿨링
② 블리딩
③ 레이턴스
④ 콜드조인트

해설 • 블리딩 : 콘크리트를 틀(거푸집)에 부어 넣을 때 골재와 시멘트풀이 갈라지고 물이 위로 올라오는 현상
• 레이턴스 : 블리딩으로 인한 얇은 막을 형성하는 층으로 이어붙이기를 할 경우 이 미세물을 제거해야 한다.

38 플라스틱 건설재료의 일반적인 성질에 관한 설명으로 틀린 것은?

① 일반적으로 전기절연성이 우수하다.
② 강성이 크고 탄성계수가 강재의 2배이므로 구조재료로 적합하다.
③ 가공성이 우수하여 기구류, 판류, 파이프 등의 성형품 등에 많이 쓰인다.
④ 접착성이 크고 기밀성, 안정성이 큰 것이 많으므로 접착제, 실링제 등에 적합하다.

해설 플라스틱의 탄성계수는 강재의 1/20 정도로 구조재료로는 적합하지 않다.

39 혼합한 미장재료에 반죽용 물을 섞지 않은 상태를 의미하는 용어는?

① 초벌 　　　② 재벌
③ 물비빔 　　④ 건비빔

해설 • 초벌 : 첫 번째 바름으로 바탕을 고르게 한다.
• 재벌 : 두 번째 바름으로 매끈하게 마감한다.
• 물비빔 : 혼합한 재료에 물을 섞어 비빈다.

40 다음 중 기둥 및 벽 등의 모서리에 대어 미장바름을 보호하기 위해 사용하는 철물은?

① 메탈라스
② 코너비드
③ 와이어 라스
④ 와이어 메시

해설 • 메탈라스 : 강판을 갈라 절목을 넣은 것으로 간이계단이나 미장바탕 등에 사용
• 와이어 라스 : 철선을 그물모양으로 엮어 만든 것으로 미장바탕 등에 사용
• 와이어 메시 : 철선을 격자모양으로 교차시켜 만든 것으로 철근대용으로 사용

41 철근콘크리트 구조에서 나선철근으로 둘러싸인 원형단면 기둥 주근의 최소 개수는?

① 3개 　　　② 4개
③ 6개 　　　④ 8개

해설 • 사각형(장방형) 기둥의 주근 : 최소 4개
• 원형 기둥의 주근 : 최소 6개

42 일반적인 삼각스케일에 표시되어 있지 않은 축척은?

① 1/100 　　② 1/300
③ 1/500 　　④ 1/700

해설 삼각스케일의 축척
3개의 모서리에 양면으로 1/100, 1/200, 1/300, 1/400, 1/500, 1/600이 표시되어 있다.

43 도면 표시기호 중 두께를 표시하는 기호는?

① THK 　② A
③ V 　④ H

[해설] THK : 두께, A : 면적, V : 용적, H : 높이

44 도면을 접는 크기의 표준으로 바른 것은? (단, 단위는 mm임)

① $841 \times 1,189$ 　② 420×294
③ 210×297 　④ 105×148

[해설] 작성된 도면을 취급, 보관 등의 목적으로 접어야 할 경우 A4(297×210) 크기를 기준으로 한다.

45 이오토막으로 마름질한 벽돌의 크기로 바른 것은?

① 온장의 1/4
② 온장의 1/3
③ 온장의 1/2
④ 온장의 3/4

[해설] 이오토막은 온장의 25% 크기를 뜻한다.

46 용착 금속이 홈에 차지 않고 홈 가장자리가 남아 있는 불완전 용접은?

① 언더컷 　② 블로 홀
③ 오버랩 　④ 피트

[해설] 언더컷
과한 용접전류와 아크의 장시간 사용으로 발생된다.

47 건축물을 각 층마다 창틀 위에서 수평으로 자른 수평 투상도로서 실의 배치 및 크기를 나타내는 도면은?

① 입면도 　② 평면도
③ 단면도 　④ 전개도

[해설]
• 입면도 : 건축물의 외관을 방위를 기준으로 표현
• 단면도 : 건축물을 종으로 절단된 부분을 표현
• 전개도 : 실내 벽면의 창호, 마감 등을 표현

48 건축물의 설계도면 중 사람이나 차, 물건 등이 움직이는 흐름을 도식화한 도면은?

① 구상도 　② 조직도
③ 평면도 　④ 동선도

[해설]
• 구상도 : 건축설계 초기에 디자이너의 생각을 노트나 스케치북에 그린 그림
• 조직도 : 설계 초기에 평면의 공간구성 단계에서 각 실을 목적에 맞도록 분류 및 관계를 표시한 도면
• 평면 : 수평으로 자른 수평 투상도로서 실의 배치 및 크기를 나타내는 도면

49 목구조에서 2층 이상의 기둥 전체를 하나의 단일재로 사용하는 기둥은?

① 통재기둥 　② 평기둥
③ 샛기둥 　④ 배흘림기둥

[해설]
• 평기둥 : 각 층에 설치된 기둥
• 샛기둥 : 평기둥 사이에 배치된 기둥
• 배흘림기둥 : 위쪽과 아래쪽으로 갈수록 좁아지는 기둥

50 다음 중 선의 굵기가 가장 굵어야 하는 것은?

① 절단선 　② 지시선
③ 외형선 　④ 경계선

[해설] 건축도면에서 가장 두꺼운 선은 단면과 외형을 나타내는 선이다.

51 건축 설계도면에서 중심선, 절단선, 경계선 등으로 사용되는 선은?

① 실선 　② 일점쇄선
③ 이점쇄선 　④ 파선

해설 • 실선 : 단면선, 외형선 등
• 일점쇄선 : 중심선, 절단선, 경계선
• 이점쇄선 : 중심축이나 일점쇄선과 구분이 필요한 경우
• 파선 : 가려져서 보이지 않는 부분

52 건축제도 통칙에서 규정하고 있는 치수에 대한 설명 중 옳은 것을 모두 고른 것은?

> A. 치수는 특별히 명시하지 않는 한 마무리 치수로 표시한다.
> B. 치수기입은 치수선 중앙 아랫부분에 기입하는 것이 원칙이다.
> C. 치수기입은 치수선에 평행하게 도면의 오른쪽에서 왼쪽으로, 위로부터 아래로 읽을 수 있도록 기입한다.
> D. 치수의 단위는 센티미터(cm)를 원칙으로 하고 단위 기호는 쓰지 않는다.

① A ② A, B
③ A, C ④ A, D

해설 • 치수는 치수선 중앙 위쪽에 기입한다.
• 치수기입은 치수선에 평행하게 도면의 왼쪽에서 오른쪽으로 읽을 수 있도록 기입한다.
• 치수의 단위는 mm를 원칙으로 한다.

53 각 건축구조의 특성에 대한 설명으로 옳지 않은 것은?

① 벽돌구조는 횡력 및 지진에 강하다.
② 철근콘크리트구조는 철골구조에 비해 내화성이 우수하다.
③ 철골구조의 공사는 철근콘크리트구조 공사에 비해 동절기 기후의 영향을 덜 받는다.
④ 목구조는 소규모 건축에 많이 쓰이며 화재에 취약하다.

해설 조적식인 벽돌구조는 횡력에 취약해 지진에 약하다.

54 도면을 작도할 때의 유의사항 중 틀린 것은?

① 선의 굵기가 구별되는지 확인한다.
② 선의 용도를 정확하게 알 수 있도록 작도한다.
③ 문자의 크기를 명확하게 한다.
④ 보조선을 진하게 긋고 글씨를 쓴다.

해설 글씨 쓸 때의 보조선은 가늘고 흐리게 긋는다.

55 그림과 같은 트러스의 명칭은?

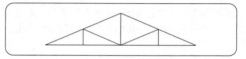

① 워렌(warren)트러스
② 비렌딜(vierendeel)트러스
③ 하우(howe)트러스
④ 핑크(pink)트러스

해설

[워렌트러스]　　[비렌딜트러스]　　[핑크트러스]

56 실시설계도면에 포함되지 않은 도면은?

① 배치도 ② 동선도
③ 단면도 ④ 창호도

해설 동선도는 계획설계도에 포함된다.

57 건축물의 투시도법에 쓰이는 용어에 대한 설명 중 틀린 것은?

① 화면(P.P : Picture Plane)은 물체와 시점 사이에 기면과 수직한 직립 평면이다.
② 수평면(H.P : Horizontal Plane)은 기선에 수평한 면이다.
③ 수평선(H.L : Horizontal Line)은 수평면과 화면의 교차선이다.
④ 시점(E.L : Eye Point)은 보는 사람의 눈 위치이다.

해설 투시도법에서 수평면은 눈의 높이와 평행한 면이다.

58 제도용구와 용도의 연결이 잘못된 것은?

① 컴퍼스-원이나 호를 그릴 때 사용

② 디바이더-선을 일정 간격으로 나눌 때 사용

③ 삼각스케일-길이를 재거나 직선을 일정한 비율로 줄여 나타낼 때 사용

④ 운형자-긴 사선을 그릴 때 사용

해설 운형자는 자유로운 곡선을 그릴 때 사용된다.

59 이형철근의 마디, 리브와 관련이 있는 힘의 종류는?

① 인장력　　　② 압축력

③ 전단력　　　④ 부착력

해설 이형철근의 마디와 리브는 콘크리트와의 부착력을 증대시킨다.

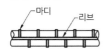

60 고력볼트접합에서 힘을 전달하는 대표적인 접합방식은?

① 인장접합　　　② 마찰접합

③ 압축접합　　　④ 용접접합

해설 고력볼트는 접합재 간의 마찰력을 이용한 접합으로 시공 시 소음이 없고 조립 및 해체가 용이해 작업이 효율적이다.

01 거실의 가구 배치방법 중 가구를 두 벽면에 연결시켜 배치하는 형식으로 시선이 마주치지 않아 안정감이 있는 것은?

① 직선형 　　　② 대면형
③ ㄱ자형 　　　④ ㄷ자형

해설 • 직선형 : 한 개의 벽면을 사용해 좁은 공간에 적절하다.

• 대면형 : 소파를 대칭형으로 마주보게 배치하는 형식

• ㄱ자형 : 두 개의 벽면을 사용해 시선이 마주치지 않는다.

• ㄷ자형 : 단란한 분위기를 구성하는데 유리하나 많은 공간을 사용

02 다음 설명에 알맞은 조명 용어는?

> 태양광(주광)을 기준으로 하여 어느 정도 주광과 비슷한 색상을 연출할 수 있는지를 나타내는 지표

① 광도 　　　② 휘도
③ 조명률 　　　④ 연색성

해설 • 광도 : 수직면을 통과하는 빛의 양
• 휘도 : 단위면적당 밝기의 정도
• 조명률 : 광원에서 발산되는 빛과 입사하는 빛의 비율

03 다음 중 측면판매형식의 적용이 가장 힘든 상품은?

① 서적 　　　② 침구
③ 의류 　　　④ 귀금속

해설 귀금속은 고객과 점원이 상품을 가운데 두고 판매하는 대면방식을 적용한다.

04 주거공간은 주 행동에 의해 개인공간, 사회공간, 가사노동 공간 등으로 구분할 수 있다. 다음 중 사회공간에 해당되는 것은?

① 식당 　　　② 침실
③ 서재 　　　④ 부엌

해설 식당은 여러 사람이 같이 사용하는 사회적 공간에 해당된다.

05 실내공간을 형성하는 기본 구성요소 중 다른 요소들에 비해 시대와 양식에 의한 변화가 거의 없는 것은?

① 벽 　　　② 바닥
③ 천장 　　　④ 지붕

해설 바닥은 공간의 수평적 요소로 가구의 배치와 사용, 동선과 밀접하여 시대의 흐름에 있어 큰 변화가 없다.

06 다음 중 식탁 밑에 부분 카펫이나 러그를 깔았을 경우 얻을 수 있는 효과로 바르지 않은 것은?

① 소음 방지
② 공간 확대
③ 영역 구분
④ 바닥 긁힘 방지

해설 카펫이나 러그는 천 재질이므로 움직임, 끌림 등에 의한 소음방지, 바닥의 긁힘을 방지하며 바닥재질과 구분되어 영역을 구분하는 효과를 줄 수 있다.

정답 1.③ 2.④ 3.④ 4.① 5.② 6.②

07 동선계획을 가장 잘 나타낼 수 있는 실내계획은?

① 입면계획　　② 천장계획
③ 구조계획　　④ 평면계획

해설 동선계획은 물건이나 사람의 이동정보를 표현해야 하므로 공간을 구분할 수 있는 평면계획에서 가장 잘 나타낼 수 있다.

08 상점에서 쇼윈도, 출입구 및 홀의 입구부분을 포함한 평면적인 구성요소와 아케이드, 광고판, 사인, 외부장치를 포함한 입체적인 구성요소의 총체를 뜻하는 것은?

① 파사드　　② 스크린
③ AIDMA　　④ 디스플레이

해설 파사드 : 집이나 건축물의 정면을 뜻하는 프랑스어로 상업시설의 입구 디자인 총체를 뜻한다.

09 다음의 건축화 조명방식 중 벽면조명에 해당하지 않는 것은?

① 커튼 조명
② 코퍼 조명
③ 코니스 조명
④ 밸런스 조명

해설 코퍼 조명은 벽면이 아닌 천장면의 일부를 원형이나 사각형 모양으로 매립하는 조명방식이다.

10 인간의 주의력에 의해 감지되는 시각적 무게의 평형상태를 의미하는 디자인 원리는?

① 리듬　　② 통일
③ 균형　　④ 강조

해설 • 리듬 : 요소의 규칙적인 반복으로 만들어내는 운동감
• 통일 : 여러 개의 사물이나 형태가 하나의 기준에 따라 일관됨.
• 강조 : 시각적으로 중요한 것과 그렇지 않은 것을 구별하는 것으로 흥미나 관심의 초점이 됨.

11 부엌의 작업순서에 따른 작업대의 배치 순서로 바른 것은?

① 가열대 → 배선대 → 준비대 → 조리대 → 개수대
② 개수대 → 준비대 → 조리대 → 배선대 → 가열대
③ 배선대 → 가열대 → 준비대 → 개수대 → 조리대
④ 준비대 → 개수대 → 조리대 → 가열대 → 배선대

해설 부엌 작업대의 순서

12 약동감, 생동감 넘치는 에너지와 운동감, 속도감을 주는 선은?

① 곡선　　② 사선
③ 수직선　　④ 수평선

해설 • 곡선 : 유연하고 동적인 느낌
• 사선 : 동적이면서 불안한 느낌, 건축에는 강한 표정을 나타냄.
• 수직선 : 존엄성, 엄숙함 등 종교적인 느낌
• 수평선 : 평화로움, 안정감, 영원 등 정지된 느낌

13 다음 설명에 알맞은 착시의 유형은?

• 모순도형 또는 불가능한 형이라고도 한다.
• 펜로즈의 삼각형에서 볼 수 있다.

① 운동의 착시
② 길이의 착시
③ 역리도형 착시
④ 다의도형 착시

해설 펜로즈의 역리(이치에 맞지 않는)도형 착시

14 붙박이 가구(built in furniture)에 대한 설명으로 바르지 않은 것은?

① 공간의 효율성을 높일 수 있다.
② 건축물과 일체화하여 설치하는 가구이다.
③ 필요에 따라 설치 장소를 자유롭게 움직일 수 있다.
④ 설치 시 실내 마감재와의 조화 등을 고려하여야 한다.

해설 붙박이 가구는 건축공사 시 건축물과 일체화하여 설치되므로 이동할 수 없다.

15 다음 설명에 알맞은 창은?

> • 크기와 형태에 제약 없이 자유로이 디자인할 수 있다.
> • 창을 통한 환기가 불가능하다.

① 고정창   ② 미닫이창
③ 여닫이창   ④ 오르내리창

해설 고정창(fixed window)은 개폐가 되지 않아 환기는 불가능하고 채광만 가능하지만 개폐를 고려하지 않으므로 디자인이 자유롭다.

16 차음성이 높은 재료의 특성과 가장 거리가 먼 것은?

① 무겁다.
② 단단하다.
③ 치밀하다.
④ 다공질이다.

해설 다공질 재료는 작은 구멍이 많은 재료로 음을 차단하지 않고 흡수한다.

17 공기가 포화상태(습도 100%)가 될 때의 온도를 무엇이라고 하는가?

① 절대온도   ② 습구온도
③ 건구온도   ④ 노점온도

해설 • 절대온도 : 0℃를 기준으로 측정한 온도
• 습구온도 : 온도계 끝을 물에 적신 가제로 싸서 측정한 온도
• 건구온도 : 일반적인 온도계로 측정한 공기의 온도

18 다음 설명에 알맞은 환기방식은?

> • 실내의 압력이 외부보다 높아진다.
> • 병원의 수술실과 같이 외부의 오염공기 침입을 피하는 실에 이용된다.

① 자연환기방식
② 제1종 환기방식(병용식)
③ 제2종 환기방식(압입식)
④ 제3종 환기방식(흡출식)

해설 제2종 환기방식
• 급기 : 기계(송풍기)를 사용하여 외부공기를 유입
• 배기 : 자연환기를 통해 내부공기를 배출

19 조도의 정의로 가장 알맞은 것은?

① 면의 단위면적에서 발산하는 광속
② 수조면의 단위면적에 입사하는 광속
③ 복사로서 전파하는 에너지의 시간적 비율
④ 점광원으로부터의 단위입체각당의 발산광속

해설 • 광속 발산도 : 면의 단위면적에서 발산하는 광속
• 복사속 : 복사로서 전파하는 에너지의 시간적 비율
• 광도 : 점광원으로부터의 단위입체각당의 발산광속

20 다음 중 유효온도에서 고려하지 않는 부분은?

① 기온   ② 습도
③ 기류   ④ 복사열

해설 유효온도는 온도, 습도, 기류의 3요소로 인체에 온열 감을 주는 온도이다.

21 다음 중 구리(Cu)를 포함하고 있지 않은 것은?

① 청동 ② 양은
③ 포금 ④ 함석판

해설
- 청동 : 구리와 주석의 합금
- 양은 : 구리, 니켈, 아연의 합금
- 포금 : 구리, 주석, 납, 아연의 합금
- 함석판 : 강판에 아연을 도금한 판

22 다음 ( ) 안에 알맞은 석재는?

> 대리석은 ( )이 변화되어 결정화한 것으로 주성분은 탄산석회로 이 밖에 탄소질, 산화철, 휘석, 각섬석, 녹니석 등을 함유한다.

① 석회석 ② 감람석
③ 응회암 ④ 점판암

해설 석회석이 변화하여 결정화하면 대리석이 된다.

23 경화 콘크리트의 성질 중 하중이 지속하여 재하될 경우 변형이 시간과 더불어 증대하는 현상을 뜻하는 용어는?

① 크리프 ② 블리딩
③ 레이턴스 ④ 건조수축

해설 재료에 지속적으로 외력을 가했을 경우 외력의 증가 없이 시간이 지날수록 변형이 커지는 것을 크리프라 한다.
* 재하(載荷) : 하중을 가하거나 중량물을 싣는 것

24 파티클보드에 대한 설명으로 틀린 것은?

① 면내 강성이 우수하다.
② 음 및 열의 차단성이 우수하다.
③ 넓은 면적의 판상 제품을 만들 수 있다.
④ 수분이나 고습도에 대한 저항 성능이 우수하다.

해설 파티클보드는 폐목재와 접착제를 섞어 만든 것으로 습도가 높은 곳에 사용하려면 방습처리를 해야 한다.

25 다음의 점토제품 중 흡수율 기준이 가장 낮은 것은?

① 자기질 타일 ② 석기질 타일
③ 도기질 타일 ④ 클링커 타일

해설 점토의 흡수율
토기 > 도기 > 석기 > 자기

26 석고 플라스터 미장재료에 대한 설명으로 바르지 않은 것은?

① 내화성이 우수하다.
② 수경성 미장재료이다.
③ 회반죽보다 건조 수축이 크다.
④ 원칙적으로 해초 또는 풀즙을 사용하지 않는다.

해설 석고 플라스터는 회반죽보다 건축 수축이 작다.

27 다음 중 내알칼리성이 가장 우수한 도료는?

① 에폭시도료
② 유성페인트
③ 유성바니시
④ 프탈산수지에나멜

해설 에폭시도료는 모르타르나 콘크리트 면에 바로 바를 수 있는 내알칼리성이 강한 도료이다.

28 천연 아스팔트에 해당되지 않는 것은?

① 록 아스팔트
② 아스팔타이트
③ 블로운 아스팔트
④ 레이크 아스팔트

해설 블로운 아스팔트는 석유계 아스팔트에 해당된다.

29 다음 설명에 알맞은 재료의 역학적 성질은?

> 재료에 외력이 작용하면 순간적으로 변형이 생기나 외력을 제거하면 순간적으로 원래의 형태로 회복되는 성질을 말한다.

① 소성   ② 점성
③ 탄성   ④ 인성

해설 • 소성 : 재료가 외력의 영향으로 변형이 생긴 후 그 외력을 제거해도 변형된 그대로 유지하는 성질
• 점성 : 유체 내부의 힘에 저항하는 성질로 끈적하거나 걸쭉한 정도
• 인성 : 재료가 외력의 힘을 받아 변형이 되면서 파괴되기 전까지 견디는 성질

30 다음 중 콘크리트의 시공연도(workability)에 영향을 주는 요소와 가장 거리가 먼 것은?

① 혼화재료
② 물의 염도
③ 단위 시멘트량
④ 골재의 입도

해설 콘크리트의 시공연도는 사용되는 혼화재, 단위수량, 골재의 입도, 물시멘트비, 혼합정도 등이 영향을 준다.

31 다음 중 굳지 않은 콘크리트의 컨시스턴시(consistency)를 측정하는 방법으로 바른 것은?

① 슬럼프 시험
② 블레인 시험
③ 체가름 시험
④ 오토클레이브 팽창도 시험

해설 컨시스턴시(consistency) : 시멘트, 골재, 물이 배합된 정도로 점도나 농도 등 반죽의 질기를 말하며 슬럼프 시험을 통해 측정한다.

32 시멘트가 경화될 때 용적이 팽창되는 정도를 뜻하는 용어는?

① 응결   ② 풍화
③ 중성화   ④ 안정성

해설 • 응결 : 시멘트가 물과 섞여 굳어지는 현상
• 풍화 : 빛, 비, 바람 등 지속된 자연환경의 영향으로 변질되는 현상
• 중성화 : 시간이 경과하면서 콘크리트의 알칼리성을 잃어가는 현상

33 금속의 부식과 방식에 대한 설명으로 바른 것은?

① 산성이 강한 흙 속에서는 대부분의 금속 재료는 부식된다.
② 모르타르로 강재를 피복한 경우, 피복하지 않은 경우보다 부식의 우려가 크다.
③ 다른 종류의 금속을 서로 잇대어 사용하는 경우 전기 작용에 의해 금속의 부식이 방지된다.
④ 경수는 연수에 비하여 부식성이 크며, 오수에서 발생하는 이산화탄소, 메탄가스는 금속 부식을 완화시키는 완화제역할을 한다.

해설 ② 모르타르로 피복한 강재는 부식을 방지한다.
③ 서로 다른 금속을 잇대어 사용하면 부식될 수 있다.
④ 연수는 경수에 비해 부식성이 크고, 메탄가스는 금속의 부식을 촉진시킨다.
* 연수(軟水) : soft water로 칼슘이온이나 마그네슘이온의 함유량이 적은 물
* 경수(硬水) : hard water로 칼슘이온이나 마그네슘이온의 함유량이 큰 물

34 다음의 유리제품 중 부드럽고 균일한 확산광이 가능하며 확산에 의한 채광효과를 얻을 수 있는 것은?

① 강화유리   ② 유리블록
③ 반사유리   ④ 망입유리

해설 유리블록

35 건축재료를 화학조성에 따라 분류할 경우, 무기재료에 해당하지 않는 것은?

① 흙   ② 목재

③ 석재   ④ 알루미늄

해설 목재는 유기재료에 해당된다.

36 플라스틱 건설재료의 일반적인 성질에 대한 설명으로 틀린 것은?

① 전기절연성이 상당히 양호하다.

② 내수성 및 내투습성은 폴리초산비닐 등 일부를 제외하고는 극히 양호하다.

③ 상호간 계면 접착은 잘 되나, 금속, 콘크리트, 목재, 유리 등 다른 재료에는 잘 부착되지 않는다.

④ 일반적으로 투명 또는 백색의 물질이므로 적합한 안료나 염료를 첨가함에 따라 다양한 채색이 가능하다.

해설 플라스틱 건설재료는 같은 재료 및 다른 재료와의 접착성이 우수하다.

37 보통 포틀랜드 시멘트보다 C_3S나 석고가 많고, 더욱이 분말도를 크게 하여 초기에 고강도를 발생하게 하는 시멘트는?

① 저열 포틀랜드 시멘트

② 조강 포틀랜드 시멘트

③ 백색 포틀랜드 시멘트

④ 중용열 포틀랜드 시멘트

해설 시멘트에 규산3칼슘(C_3S) 성분이 많이 포함되면 조기강도가 높아진다.

38 석재의 강도 중 일반적으로 가장 큰 것은?

① 휨강도   ② 인장강도

③ 전단강도   ④ 압축강도

해설 석재의 압축강도는 인장강도의 10~40배 정도이다.

39 내열성 내한성이 우수한 수지로 −60~260℃의 범위에서 안정하고 탄성을 가지며 내후성 및 내화학성이 우수한 수지는?

① 요소수지   ② 아크릴수지

③ 실리콘수지   ④ 멜라민수지

해설
• 요소수지 : 열경화성수지로 내수성이 약하다.
• 아크릴수지 : 열가소성수지로 내약품성, 내수성이 우수하고 무색투명하다.
• 멜라민수지 : 열경화성수지로 열과 산에 강하고 전기적 성질도 우수하다.

40 목재의 강도 중 응력방향이 섬유방향에 평행한 경우 일반적으로 가장 작은 값을 갖는 것은?

① 휨강도   ② 압축강도

③ 인장강도   ④ 전단강도

해설 목재는 섬유방향에 평행한 힘은 가장 강도가 크고, 직각방향에 대한 힘은 가장 강도가 약하다. 섬유방향에 평행한 경우는 전단강도가 가장 약하다.

41 2층 마루틀 중 보를 쓰지 않고 장선을 사용하여 마룻널을 깐 것은?

① 홑마루틀   ② 보마루틀

③ 짠마루틀   ④ 납작마루틀

해설 마루의 깔기 순서
• 홑마루 : 장선→마룻널
• 보마루 : 보→장선→마룻널
• 짠마루 : 큰 보→작은 보→장선→마룻널
• 납작마루 : 슬래브(호박돌) →멍에→장선→밑창널→마룻널

42 트레이싱지에 대한 설명으로 바른 것은?

① 불투명한 제도용지이다.

② 연질이어서 쉽게 찢어진다.

③ 습기에 약하다.

④ 오래 보관되어야 할 도면의 제도에 쓰인다.

해설 트레이싱지는 경질의 반투명한 제도용지로 습기에 약해 장시간 보관에 용이하지 못하다.

43 다음 각 도면에 대한 설명으로 옳지 않은 것은?

① 평면도에서는 실의 배치와 넓이, 개구부의 위치나 크기를 표시한다.

② 천장 평면도는 절단하지 않고 단순히 건물을 위에서 내려다본 도면이다.

③ 단면도는 건물을 수직으로 절단한 후, 그 앞면을 제거하고 건물을 수평방향으로 본 도면이다.

④ 입면도는 건물의 외형을 각 면에 대하여 직각으로 투사한 도면이다.

해설 천장 평면도는 천장 위에서 절단하여 투영시킨 도면이다. 단순히 건물 위에서 내려다본 도면은 지붕 평면도이다.

44 철골공사의 가공작업 순서로 바른 것은?

① 원척도–본뜨기–금긋기–절단–구멍뚫기–가조립

② 원척도–금긋기–본뜨기–절단–구멍뚫기–가조립

③ 원척도–절단–금긋기–본뜨기–구멍뚫기–가조립

④ 원척도–구멍뚫기–금긋기–절단–본뜨기–가조립

해설 철골공사의 가공작업 순서
원척도 → 본뜨기 → 금긋기 → 절단 → 구멍뚫기 → 가조립

45 물체가 있는 것으로 가상되는 부분을 표현할 때 사용하는 선은?

① 가는 실선   ② 파선
③ 일점쇄선   ④ 이점쇄선

해설 • 가는 실선 : 기호, 치수 등을 표시
• 파선 : 보이지 않는 가려진 부분을 표시
• 일점쇄선 : 중심이나 기준 등을 표시
• 이점쇄선 : 상상선, 가상선이나 일점쇄선과 구분할 때 사용

46 제도용구 중 치수를 옮기거나 선과 원주를 같은 길이로 나눌 때 사용하는 것은?

① 컴퍼스   ② 디바이더
③ 삼각스케일   ④ 원형자

해설 • 컴퍼스 : 원이나 호를 그릴 때 사용
• 삼각스케일 : 해당 축척의 길이를 재거나 줄이는 데 사용
• 원형자(원형 템플릿) : 크고 작은 원을 그릴 때 사용

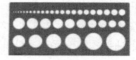

47 건축도면의 치수에 대한 설명으로 옳지 않은 것은?

① 치수는 특별히 명시하지 않는 한 마무리 치수로 표시한다.

② 치수기입은 치수선 중앙 윗부분에 기입하는 것이 원칙이다.

③ 치수선의 양 끝 표시는 화살표 또는 점으로 표시할 수 있으며, 같은 도면에서 2종을 혼용할 수 있다.

④ 협소한 간격이 연속될 때에는 인출선을 사용하여 치수를 쓴다.

해설 치수선의 양 끝 표시는 화살표 또는 점으로 표시할 수 있으나, 같은 도면에서 2종을 혼용하지 말고 통일해야 한다.

48 용착금속이 끝부분에서 모재와 융합하지 않고 덮여 있는 부분이 있는 용접 결함은?

① 언더컷(under cut)

② 오버랩(over lap)

③ 크랙(crack)

④ 클리어런스(clearance)

해설 오버랩

49 건축제도에서 다음 평면 표시기호가 뜻하는 것은?

① 미닫이문　　② 주름문
③ 접이문　　　④ 미서기문

해설 · 미닫이문 :
· 주 름 문 :
· 미서기문 :

50 목구조에서 본기둥 사이에 벽을 이루는 것으로서, 가새의 옆휨을 막는 데 사용되는 기둥은?

① 평기둥　　　② 샛기둥
③ 동자기둥　　④ 통재기둥

해설 · 평기둥 : 아래층에서 위층까지 하나의 부재로 된 기둥
· 동자기둥 : 절충식 지붕틀의 수직부재
· 통재기둥 : 아래층(1층)에서 위층(2층)까지 하나의 부재로 된 기둥

51 기본 벽돌에서 칠오토막의 크기로 바른 것은?

① 벽돌 한 장 길이의 1/2 토막
② 벽돌 한 장 길이의 직각 1/2 반절
③ 벽돌 한 장 길이의 3/4 토막
④ 벽돌 한 장 길이의 1/4 토막

해설 칠오토막은 온장(100%)의 75%를 남긴 것으로 벽돌의 3/4 토막과 같다.

52 장선 슬래브의 장선을 직교시켜 구성한 우물반자 형태로 된 2방향 장선 슬래브 구조는?

① 1방향 슬래브　　② 데크 플레이트
③ 플랫 슬래브　　　④ 워플 슬래브

해설 워플 슬래브 : 격자 모양으로 작은 리브가 붙은 철근 콘크리트 슬래브를 뜻한다.

단면
평면

53 플랫슬래브(flat slab)구조에 대한 설명으로 옳지 않은 것은?

① 내부에는 보가 없이 바닥판을 기둥이 직접 지지하는 슬래브를 말한다.
② 실내공간의 이용도가 좋다.
③ 층 높이를 낮게 할 수 있다.
④ 고정하중이 적고 뼈대강성이 우수하다.

해설 플랫슬래브는 보를 없애고 슬래브를 두껍게 하여 고정하중이 크고 뼈대의 강성이 약하다.

54 건축구조의 분류에서 일체식 구조로만 구성된 것은?

① 돌구조 – 목구조
② 철근콘크리트구조 – 철골철근콘크리트구조
③ 목구조 – 철골구조
④ 철골구조 – 벽돌구조

해설 · 돌구조, 벽돌구조 : 조적식 구조
· 목구조, 철골구조 : 가구식 구조

55 다음 그림과 같은 제도용구의 명칭으로 바른 것은?

① 자유곡선자　　② 운형자
③ 템플릿　　　　④ 디바이더

해설 운형자는 자유로운 곡선을 그릴 때 사용한다. 자유곡선자는 구부러진 막대 모양으로 그리고자 하는 곡선에 맞게 구부릴 수 있다.

56 건축설계도 중 계획설계도에 속하지 않는 것은?

① 구상도　　　　② 조직도

③ 동선도　　　　④ 배치도

해설 배치도는 실시설계도의 일반도에 해당된다.

57 그림과 같은 단면용 재료 표시기호가 의미하는 것은?

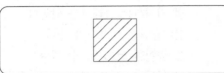

① 목재(치장재)　　② 석재

③ 인조석　　　　　④ 지반

해설

[석재]　　　[인조석]　　　[지반]

58 도로 포장용 벽돌로서 주로 인도에 많이 사용되는 것은?

① 이형벽돌　　　② 포도용벽돌

③ 오지벽돌　　　④ 내화벽돌

해설 • 이형벽돌 : 특수한 용도를 목적으로 모양을 다르게 만든 벽돌
• 오지벽돌 : 벽돌에 오지물을 칠해 소성한 벽돌로 건물의 내장 및 외장재로 사용
• 내화벽돌 : 높은 온도로 구워낸 벽돌로 굴뚝, 벽난로 등 높은 온도 주변에 사용

59 벽돌쌓기 중 벽돌 면에 구멍을 내어 쌓는 방식으로 장막벽이며 장식적인 효과가 우수한 쌓기방식은?

① 엇모쌓기　　　② 영롱쌓기

③ 영식쌓기　　　④ 무늬쌓기

해설 영롱쌓기

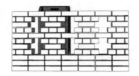

60 T자를 사용하여 그을 수 있는 선은?

① 포물선　　　② 수평선

③ 사선　　　　④ 곡선

해설 T자(I자) : 머리부분을 제도판 좌측에 밀착시켜 수평선을 그릴 수 있다.

01 다음 중 디자인에 있어 대중적이거나 저속하다는 뜻을 가진 용어는?

① 키치(kitsch)
② 퓨전(fusion)
③ 미니멀(minimal)
④ 데지그나레(designare)

해설 • 키치 : 진짜가 아닌 가짜, 대중적이고 흔한 것
• 퓨전 : 혼합하여 새로운 대상을 만듦.
• 미니멀 : 최소한의 필요한 것
• 데지그나레 : 명시한다는 것

02 촉각 또는 시각으로 지각할 수 있는 어떤 물체 표면상의 특징을 뜻하는 것은?

① 색채
② 채도
③ 질감
④ 패턴

해설 색채, 채도, 질감, 패턴 모두 시각적인 지각이 가능하지만 질감만이 시각과 촉각으로 지각할 수 있는 표면상의 특징이다.
* 촉각 : 피부에 닿아서 느낄 수 있는 감각

03 마르셀 브로이어가 디자인한 작품으로 강철 파이프를 휘어 기본 골조를 만들고 가죽을 접합하여 좌판, 등받이, 팔걸이를 만든 의자는?

① 바실리 의자
② 파이미오 의자
③ 바르셀로나 의자
④ 힐하우스 래더백 의자

해설 마르셀 브로이어가 디자인한 바실리 의자

— 강철 파이프
— 가죽

04 주택계획에 대한 설명으로 틀린 것은?

① 침실의 위치는 소음원이 있는 쪽은 피하고, 정원 등의 공지에 면하도록 하는 것이 좋다.
② 부엌의 위치는 항상 쾌적하고, 일광에 의한 건조 소독을 할 수 있는 남쪽 또는 동쪽이 좋다.
③ 리빙 다이닝 키친(LDK)은 대규모 주택에서 주로 채용되며 작업 동선이 길어지는 단점이 있다.
④ 거실의 형태는 일반적으로 정사각형의 형태가 직사각형의 형태보다 가구의 배치나 실의 활용에 불리하다.

해설 리빙 다이닝 키친(LDK)은 거실, 식당, 부엌을 하나의 공간에 마련한 것으로 소규모 주택에 사용된다.

05 실내 기본요소인 벽에 대한 설명으로 틀린 것은?

① 공간과 공간을 구분한다.
② 공간의 형태와 크기를 결정한다.
③ 실내공간을 에워싸는 수평적 요소이다.
④ 외부로부터의 방어와 프라이버시를 확보한다.

해설 벽은 실내공간을 에워싸 실을 구분하는 수직적 요소이다.

06 거실의 가구 배치방식 중 중앙의 테이블을 중심으로 좌석이 마주보도록 배치하는 방식은?

① 코너형
② 직선형
③ 대면형
④ 자유형

정답 1.① 2.③ 3.① 4.③ 5.③ 6.③

해설 거실의 대면형 가구 배치

07 시각적인 힘의 강약에 단계를 주어 디자인의 일부분에 초점이나 흥미를 부여하는 디자인 원리는?

① 통일   ② 대칭
③ 강조   ④ 조화

해설 • 통일 : 요소의 반복이나 유사성에서 얻어지는 효과
• 대칭 : 통일감과 질서를 부여하고 견고함을 나타냄.
• 조화 : 서로 다른 요소가 모순 없이 질서를 보이면서 얻어지는 효과

08 개구부(창과 문)의 역할에 대한 설명으로 틀린 것은?

① 창은 조망을 가능하게 한다.
② 창은 통풍과 채광을 가능하게 한다.
③ 문은 공간과 다른 공간을 연결시킨다.
④ 창은 가구, 조명 등 실내에 놓여지는 설치물에 대한 배경이 된다.

해설 창은 채광과 환기에 목적이 있으므로 가구나 조명의 배경이 되어서는 안 된다.

09 다음 중 긴 축을 가지고 있으며 강한 방향성을 갖는 평면 형태는?

① 원형
② 정육각형
③ 직사각형
④ 정삼각형

해설 • 원형 : 단순하고 원만하여 무난한 느낌
• 정육각형 : 원에 가깝지만 약간은 불안하면서도 풍족한 느낌
• 정삼각형 : 화합되어 안정된 느낌

10 상점의 쇼윈도 평면 형식에 해당되지 않는 것은?

① 홀형   ② 만입형
③ 다층형   ④ 돌출형

해설 • 쇼윈도의 평면 형식 : 홀형, 만입형, 돌출형
• 쇼윈도의 입면 형식 : 단층형, 다층형

11 상업공간의 동선계획으로 바르지 않은 것은?

① 종업원동선은 길이를 짧게 한다.
② 고객동선은 행동의 흐름이 막힘이 없도록 한다.
③ 종업원동선은 고객동선과 교차되지 않도록 한다.
④ 고객동선은 길이를 될 수 있는 대로 짧게 한다.

해설 상업공간의 고객동선은 가능한 길게 하여 상품의 구매를 유도한다.

12 방풍 및 열손실을 최소로 줄여주는 반면 동선의 흐름을 원활히 해주는 출입문의 형태는?

① 접문   ② 회전문
③ 미닫이문   ④ 여닫이문

해설 회전문은 출입이 이루어지는 때에도 외부 공기의 유입을 최소화할 수 있다.

13 다음 설명에 알맞은 건축화 조명의 종류는?

> • 벽면 전체 또는 일부분을 광원화하는 방식이다.
> • 광원을 넓은 벽면에 매입함으로써 비스타(vista)적인 효과를 낼 수 있다.

① 코브 조명   ② 광창 조명
③ 코퍼 조명   ④ 코니스 조명

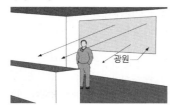

해설 광창 조명

해설
- 굴절 : 음이 부딪혀 진행방향이 바뀜.
- 회절 : 장애물로 인해 방향을 바꾸어 돌아감.
- 흡음 : 음이 부딪혀 흡수됨.

14 주거공간은 주 행동에 따라 개인공간, 사회공간, 가사노동공간 등으로 구분할 수 있다. 다음 중 사회공간에 해당하지 않는 것은?

① 식당
② 거실
③ 응접실
④ 다용도실

해설
- 식당, 거실, 응접실 : 사회공간
- 다용도실 : 가사노동공간

15 상점의 판매형식에 대한 설명으로 틀린 것은?

① 대면판매는 종업원의 정위치를 정하기가 용이하다.
② 측면판매는 상품에 대한 설명이나 포장작업이 용이하다.
③ 측면판매는 고객의 충동적 구매를 유도하는 경우가 많다.
④ 대면판매를 하는 상품은 일반적으로 시계, 귀금속, 안경 등 소형 고가품이다.

해설 측면판매는 고객과 점원이 같은 방향을 보는 판매형식으로 상품설명이나 포장작업이 용이하지 못하다.

16 다음 설명에 알맞은 음과 관련된 현상은?

> 서로 다른 음원에서의 음이 중첩되면 합성되어 음의 쌍방의 상황에 따라 강해진다든지, 약해진다든지 한다.

① 굴절
② 회절
③ 간섭
④ 흡음

17 건축물의 에너지 절약 설계기준에 따라 권장되는 외벽 부위의 단열시공방법은?

① 외단열
② 내단열
③ 중단열
④ 양측단열

해설
- 외단열 : 벽 바깥쪽에 시공
- 내단열 : 벽 안쪽 시공
- 중단열 : 이중벽체 중간에 시공
- 양측단열 : 벽 바깥쪽, 안쪽 모두 시공

18 주관적 온열요소인 인체의 활동상태의 단위로 사용되는 것은?

① clo
② met
③ m/s
④ MRT

해설
- clo : 의복의 단열성능 측정 단위
- m/s : 속도의 단위
- MRT : 평균 복사온도

19 간접조명에 대한 설명으로 틀린 것은?

① 조명효율이 가장 좋다.
② 눈에 대한 피로가 적다.
③ 균일한 조도를 얻을 수 있다.
④ 실내 반사율의 영향을 받는다.

해설 간접조명은 눈의 피로가 적고, 조도가 균일하지만 직접조명에 비해 효율이 떨어진다.

20 실내공기오염을 나타내는 종합적 지표로서의 오염물질은?

① O_2
② O_3
③ CO
④ CO_2

해설 공기오염의 지표가 되는 물질은 이산화탄소(CO_2)이다.

정답 14. ④ 15. ② 16. ③ 17. ① 18. ② 19. ① 20. ④

21 목재의 재료적 특성으로 틀린 것은?

① 열전도율과 열팽창률이 적다.

② 음의 흡수 및 차단성이 크다.

③ 가연성이 크고 내구성이 부족하다.

④ 풍화 및 마멸에 잘 견디며 마모성이 작다.

해설 목재는 햇빛, 바람 등 기후환경으로 인해 부패나 변형이 쉽게 일어나며 마모에 약하다.

22 콘크리트용 혼화제 중 점성 등을 향상시켜 재료 분리를 억제하기 위해 사용되는 것은?

① AE제   ② 방청재

③ 증점제   ④ 유동화제

해설
- AE제 : 작업성을 용이하게 하며 동결융해작용에 저항
- 방청재 : 철근의 부식을 방지
- 유동화제 : 반죽을 부드럽게 하여 작업성을 높임

23 굳지 않은 콘크리트의 성질을 표시하는 용어 중 굳지 않은 콘크리트의 유동성 정도, 반죽질기를 나타내는 용어는?

① 컨시스턴시   ② 워커빌리티

③ 펌퍼빌리티   ④ 피니셔빌리티

해설
- 워커빌리티 : 콘크리트의 작업성을 나타냄.
- 펌퍼빌리티 : 콘크리트가 펌프를 통과하는 정도를 나타냄.
- 피니셔빌리티 : 콘크리트 마무리작업의 용이성을 나타냄.

24 다음 중 물과 화학반응을 일으켜 경화하는 수경성 미장재료는?

① 회반죽

② 회사벽

③ 석고 플라스터

④ 돌로마이트 플라스터

해설
- 수경성 미장재료 : 석고, 시멘트
- 기경성 미장재료 : 회반죽, 회사벽, 돌로마이트, 석회

25 콘크리트용 골재의 입도를 수치적으로 나타내는 지표로 이용되는 것은?

① 분말도   ② 조립률

③ 팽창도   ④ 강열감량

해설
- 분말도 : 시멘트 입자의 크기
- 팽창도 : 콘크리트 경화에 의한 체적의 변화
- 강열감량 : 풍화의 척도

26 질이 단단하고 내구성 및 강도가 크고 외관이 수려하며, 절리의 거리가 비교적 커서 대재(大材)를 얻을 수 있으나, 함유 광물의 열팽창계수가 다르므로 내화성이 약한 석재는?

① 부석   ② 현무암

③ 응회암   ④ 화강암

해설
- 부석 : 마그마가 냉각되어 생성된 다공질 석재
- 현무암 : 입자가 치밀하고 견고한 구조재용 석재
- 응회암 : 화산재의 침전으로 생성되어 내화성과 가공성이 좋은 석재

27 금속의 부식방지를 위한 관리대책으로 바르지 않은 것은?

① 부분적으로 녹이 나면 즉시 제거한다.

② 큰 변형을 준 것은 담금질하여 사용한다.

③ 가능한 이종 금속을 인접 또는 접촉시켜 사용하지 않는다.

④ 표면을 평활하고 깨끗이 하며 가능한 건조상태로 유지한다.

해설 가공에 있어 큰 변형을 준 것은 풀림이나 뜨임으로 제거해야 한다.

28 다음 중 건축용 단열재에 해당하지 않는 것은?

① 암면

② 유리 섬유

③ 석고 플라스터

④ 폴리우레탄폼

해설 석고 플라스터는 내장용 마감재로 사용된다.

29 다음 중 구조재료에 요구되는 성능과 가장 거리가 먼 것은?

① 역학적 성능　② 물리적 성능
③ 화학적 성능　④ 감각적 성능

해설 감각적 성능은 마감재와 관련된 부분이다.

30 다음 설명에 알맞은 유리는?

• 단열성이 뛰어난 고기능성 유리의 일종이다.
• 동절기에는 실내의 난방 기구에서 발생되는 열을 반사하여 실내로 되돌려 보내고, 하절기에는 실외의 태양열이 실내로 들어오는 것을 차단한다.

① 배강도 유리
② 스팬드럴 유리
③ 스테인드글라스
④ 저방사(low-E)유리

해설 • 배강도 유리 : 판유리를 열처리하여 강도를 높인 유리
• 스팬드럴 유리 : 세라믹도료로 코팅한 색유리
• 스테인드글라스 : 유리표면에 색을 입히거나 색판 조각을 붙인 유리

31 폴리스티렌수지의 일반적 용도로 올바른 것은?

① 단열재　② 대용유리
③ 섬유제품　④ 방수시트

해설 폴리스티렌수지는 단열재(스티로폼), 타일, 내장재, 도료 등 다양한 용도로 사용되고 있다.

32 한국산업표준(KS)에 따른 포틀랜드 시멘트의 종류에 해당하지 않는 것은?

① AE 포틀랜드 시멘트
② 조강 포틀랜드 시멘트
③ 보통 포틀랜드 시멘트
④ 중용열 포틀랜드 시멘트

해설 한국산업표준 포틀랜드 시멘트의 종류
보통 포틀랜드 시멘트, 조강 포틀랜드 시멘트, 백색 포틀랜드 시멘트, 중용열 포틀랜드 시멘트 등

33 다음의 설명에 알맞은 석재는?

대리석의 한 종류로 다공질이고, 석질이 균일하지 못하며 석판으로 만들어 물갈이를 하면 평활하고 광택이 나서 특수한 실내 장식재로 사용된다.

① 화강암　② 사문암
③ 안산암　④ 트래버틴

해설 • 화강암 : 풍화나 마멸에 강해 내장재는 물론 외장재로도 많이 사용된다.
• 사문암 : 내장재 및 장식재로 사용된다.
• 안산암 : 종류가 다양하고 가공하기가 용이해 조각용으로 많이 사용된다.

34 다음 중 목(木)부에 사용이 가장 힘든 도료는?

① 유성바니시
② 유성페인트
③ 페놀수지 도료
④ 멜라민수지 도료

해설 멜라민수지 도료는 내수성이 약해 목부에 칠하기는 적절하지 않다.

35 점토의 성질에 대한 설명으로 틀린 것은?

① 주성분은 실리카와 알루미나이다.
② 인장강도는 압축강도의 약 5배이다.
③ 비중은 일반적으로 2.5~2.6 정도이다.
④ 양질의 점토는 습윤상태에서 현저한 가소성을 나타낸다.

해설 점토의 압축강도는 인장강도의 5배 정도이다.

36 합판에 대한 설명으로 틀린 것은?

① 함수율 변화에 따른 팽창 수축의 방향성이 없다.

② 뒤틀림이나 변형이 적은 비교적 큰 면적의 평면 재료를 얻을 수 있다.

③ 표면가공법으로 흡음효과를 낼 수 있으며 외장적 효과도 높일 수 있다.

④ 목재를 얇은 판으로 만들어 이들을 섬유 방향이 서로 직교되도록 짝수로 적층하여 접착시킨 판을 말한다.

〔해설〕 합판은 단판을 직교로 하여 홀수(3, 5, 7장)로 적층해 접착한다.

37 흡수율이 커서 외장이나 바닥 타일로는 사용하지 않으며, 실내 벽체에 사용하는 타일은?

① 도기질 타일   ② 석기질 타일

③ 자기질 타일   ④ 클링커 타일

〔해설〕 • 석기질 타일, 자기질 타일 : 바닥용 타일
• 클링커 타일 : 요철무늬를 넣은 바닥타일(석기질)

38 다음 중 열가소성수지에 해당하는 것은?

① 요소수지

② 아크릴수지

③ 멜라민수지

④ 실리콘수지

〔해설〕 요소수지, 멜라민수지, 실리콘수지는 열경화성수지이다.

39 멤브레인방수에 해당하지 않는 것은?

① 도막방수

② 아스팔트방수

③ 시멘트모르타르방수

④ 합성고분자시트방수

〔해설〕 • 멤브레인방수는 얇은 방수층을 여러 겹 덮는 방수 공법의 총칭으로 아스팔트방수, 시트방수, 도막방수 등이 있다.
• 시멘트모르타르방수는 방수제를 물, 모래, 시멘트와 혼합하여 바르는 방법이다.

40 강의 응력도-변형률 곡선에서 탄성한도지점은 어디인가?

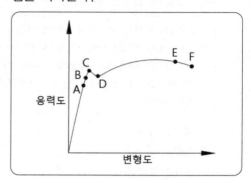

① B   ② C

③ D   ④ E

〔해설〕 A : 비례한도점, C : 상위항복점, D : 하위항복점, E : 최대강도점, F : 파괴강도점

41 주택의 평면도에 표시되어야 할 사항이 아닌 것은?

① 가구의 높이   ② 기준선

③ 벽, 기둥, 창호   ④ 실내 배치와 넓이

〔해설〕 평면도에는 가구의 배치상태를 표시하며 가구의 높이는 전개도(실내입면도)에 표시된다.

42 삼각자 1조로 만들 수 없는 각도는?

① 15°   ② 25°

③ 105°   ④ 150°

〔해설〕 삼각자는 45°와 60° 자가 1조이다.

43 목구조에서 가로재와 세로재가 직교하는 모서리 부분에 직각이 변하지 않도록 보강하는 철물은?

① 감잡이쇠   ② ㄱ자쇠
③ 띠쇠   ④ 안장쇠

해설 ㄱ자쇠 : 띠쇠를 ㄱ자 모양으로 만든 것으로 수평재와 수직재의 맞춤에 사용한다.

44 구조체 자체의 무게가 적어 넓은 공간의 지붕 등에 쓰이는 것으로, 상암 월드컵경기장, 제주 월드컵경기장에서 볼 수 있는 구조는?

① 절판구조   ② 막구조
③ 셸구조   ④ 현수구조

해설 상암동 월드컵경기장의 지붕

45 실제 16m의 거리는 축척 1/200인 도면에서 얼마의 길이로 표현되는가?

① 80mm   ② 60mm
③ 40mm   ④ 20mm

해설 $16m=1,600cm=16,000mm$
→ $16,000mm \div 200=80mm$

46 건축물의 밑바닥 전부를 일체화하여 두꺼운 기초판으로 구축한 기초의 명칭은?

① 온통기초   ② 연속기초
③ 복합기초   ④ 독립기초

해설
• 연속기초(줄기초) : 벽체를 따라 연속으로 받치는 기초
• 복합기초 : 2개 이상의 기둥을 받치는 기초로 연속기초와 독립기초가 결합된 형태의 기초
• 독립기초 : 하나의 기둥을 하나의 기초판이 받치는 기초

47 건축도면 작성 시 도면의 방향에 대해 바른 것은?

① 평면도는 동측을 위로 하여 작도함을 원칙으로 한다.
② 배치도는 남측을 위로 하여 작도함을 원칙으로 한다.
③ 입면도는 위, 아래 방향을 도면지의 위, 아래와 반대로 하는 것을 원칙으로 한다.
④ 단면도는 위, 아래 방향을 도면지의 위, 아래와 일치시키는 것을 원칙으로 한다.

해설
• 평면도는 북측을 위로 하여 작도
• 입면도는 위쪽과 아래쪽을 도면의 위, 아래와 같은 방향으로 작도
• 배치도는 도북, 정북 방향을 위로 하여 작도

48 단면용 재료 구조 표시기호로 틀린 것은?

① ▨ : 구조재(목재)
② ◪ : 보조 구조재(목재)
③ ▨ : 치장재(목재)
④ ▱ : 지반선

해설

[지반]   [잡석다짐]

49 건축구조의 분류 중 시공상에 의한 분류가 아닌 것은?

① 철근콘크리트구조
② 습식구조
③ 조립구조
④ 건식구조

해설 시공상 공법에 의한 분류는 습식, 건식, 조립식으로 구분되며, 철근콘크리트구조는 물을 사용하는 습식에 해당된다.

부록 I

50 경량형강의 특성으로 틀린 것은?

① 가공이 용이한 편이다.

② 볼트, 용접 등의 다양한 방법을 적용할 수 있다.

③ 주요 구조부는 대칭되게 조립해야 한다.

④ 두께에 비해 단면치수가 작기 때문에 단면2차모멘트가 적다.

해설 경량형강은 두께에 비해 단면치수가 크기 때문에 단면2차모멘트가 크다.

* 단면2차모멘트 : 재료에 굽혀지는 힘이 작용했을 때 변형에 저항하는 성질

51 건축제도 시 선긋기에 대한 설명으로 틀린 것은?

① 수평선은 왼쪽으로 오른쪽으로 긋는다.

② 시작부터 끝까지 굵기가 일정하게 한다.

③ 연필은 진행되는 방향으로 약간 기울여서 그린다.

④ 삼각자의 왼쪽 옆면을 이용하여 수직선을 그을 때는 위쪽에서 아래 방향으로 긋는다.

해설 삼각자를 사용해 수직선을 그릴 때는 아래에서 위로 긋는다.

52 보를 없애고 바닥판을 두껍게 해서 보의 역할을 겸하도록 한 구조로, 기둥이 바닥 슬래브를 지지해 주상 복합이나 지하 주차장에 주로 사용되는 구조는?

① 플랫슬래브구조　② 절판구조

③ 벽식구조　　　　④ 셸구조

해설 플랫슬래브구조

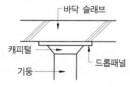

53 블록쌓기의 원칙으로 틀린 것은?

① 블록은 살두께가 두꺼운 쪽이 위로 향하게 한다.

② 인방보는 좌우 지지벽에 20cm 이상 물리게 한다.

③ 블록의 하루 쌓기의 높이는 1.2m~1.5m로 한다.

④ 통줄눈을 원칙으로 한다.

해설 블록은 막힌줄눈을 원칙으로 한다. 단, 철근으로 보강할 경우는 통줄눈으로 한다.

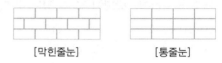

[막힌줄눈]　　　[통줄눈]

54 건축도면 제도 시 치수기입법에 대한 설명으로 틀린 것은?

① 전체 치수는 바깥쪽에, 부분 치수는 안쪽에 기입한다.

② 치수는 치수선의 중앙에 기입한다.

③ 치수는 cm 단위를 원칙으로 한다.

④ 치수는 특별히 명시하지 않은 한, 마무리 치수로 표시한다.

해설 치수기입의 단위는 mm를 원칙으로 한다.

55 철근과 콘크리트의 부착력에 대한 설명으로 틀린 것은?

① 콘크리트의 부착력은 철근의 주장에 비례한다.

② 압축강도가 큰 콘크리트일수록 부착력은 작아진다.

③ 철근의 표면 상태와 단면 모양에 따라 부착력이 좌우된다.

④ 이형철근이 원형철근보다 부착력이 크다.

해설 압축강도가 큰 콘크리트일수록 부착력은 커진다.

정답 50. ④　51. ④　52. ①　53. ④　54. ③　55. ②

56 도면의 크기와 표제란에 대한 설명으로 틀린 것은?

① 제도용지의 크기는 번호가 커짐에 따라 작아진다.

② A0의 넓이는 약 $1m^2$이다.

③ 큰 도면을 접을 때는 A4의 크기를 접는 것이 원칙이다.

④ 표제란은 도면 왼쪽 위 모서리에 표시하는 것이 원칙이다.

해설 표제란은 도면의 오른쪽이나 아래쪽에 작성한다.

* 실내건축기능사 실기시험에서는 왼쪽 위 모서리에 한다.

57 건축물 표현에 있어 사람을 함께 표현할 때 옳은 내용을 모두 고른 것은?

A. 건축물의 크기를 인식하는 데 사람의 크기를 기준으로 하게 된다.
B. 사람의 위치로 공간의 깊이와 높이를 알 수 있다.
C. 사람의 수, 위치 및 복장 등으로 공간의 용도를 나타낼 수 있다.

① A

② B, C

③ A, C

④ A, B, C

해설 건축물 표현에 인물을 사용하면 건물의 규모, 용도, 공간의 크기 등을 표현하는 데 도움이 된다.

58 제도용지의 세로(단변)와 가로(장변)의 길이 비율로 맞는 것은?

① $1 : \sqrt{2}$ 　② $2 : \sqrt{3}$

③ $1 : \sqrt{3}$ 　④ $2 : \sqrt{2}$

해설 제도용지는 A열 사이즈를 사용한다.

규격	세로×가로(mm)	테두리(mm)
A4	210×297	5
A3	297×420	5
A2	420×594	10
A1	594×841	10
A0	841×1,189	10

59 아래 표시기호의 명칭으로 알맞는 것은?

① 붙박이문

② 쌍미닫이문

③ 쌍여닫이문

④ 두 짝 미서기문

해설 • 붙박이문 :

• 쌍여닫이문 :

• 두 짝 미서기문 :

60 목재 접합에 사용되는 보강재 중 직사각형 단면에 길이가 짧은 나무토막을 사다리꼴로 납작하게 만든 것은?

① 쐐기

② 산지

③ 촉

④ 이음

해설 • 산지 : 목재를 접합하기 위해 부재에 관통하게 박는 나무조각

• 촉 : 가공된 목재 틈에 끼워 움직이지 않게 고정하는 나무조각

• 이음 : 2개 이상의 목재를 길게 붙여 접합

정답 56. ④ 57. ④ 58. ① 59. ② 60. ①

01 일반적으로 실내 벽면에 부착하는 조명의 통칭적 용어는?

① 브래킷(bracket)

② 펜던트(pendant)

③ 캐스케이드(cascade)

④ 다운 라이트(down light)

해설 브래킷

02 밖으로 창과 함께 평면이 돌출된 형태로 아늑한 구석 공간을 형성할 수 있는 창의 종류는?

① 고정창　　　　② 윈도 월

③ 베이 윈도　　　④ 픽처 윈도

해설 베이 윈도
아늑간 공간을 형성하면서 방풍효과를 준다.

03 부엌가구의 배치 유형 중 양쪽 벽면에 작업대가 마주보도록 배치한 것으로 폭이 길이에 비해 넓은 부엌의 형태에 적합한 것은?

① 일자형　　　　② L자형

③ 병렬형　　　　④ 아일랜드형

해설 • 일자형 : 좁은 부엌에서 사용하는 형태로 동선이 길어지고 단순하다.
• L자형 : 정방향 형태의 주방에서 사용된다.
• 아일랜드형(섬형) : 작업대 등 주방설비의 일부를 부엌 가운데 배치한 형태이다.

04 조선시대 주택에서 남자 주인이 거처하던 방으로서 서재와 접객공간으로 사용된 공간은?

① 안방　　　　　② 대청

③ 침방　　　　　④ 사랑방

해설 • 안방 : 안채로 주거의 근본이 되는 방
• 대청 : 집 중앙에 위치하면서 개방감이 있는 큰 마루
• 침방 : 궁중에서 바느질을 하는 방

05 다음 중 실용적 장식품에 해당되지 않는 것은?

① 모형　　　　　② 벽시계

③ 스크린　　　　④ 스탠드 램프

해설 실용적 장식품은 사용되거나 용도가 있는 것을 뜻한다. 모형, 그림 등 예술품은 일반적인 장식품이다.

06 동선계획을 가장 잘 나타낼 수 있는 실내계획은?

① 천장계획　　　② 입면계획

③ 평면계획　　　④ 구조계획

해설 동선계획은 물건이나 사람의 이동정보를 표현해야 하므로 공간을 구분할 수 있는 평면계획에서 가장 잘 나타낼 수 있다.

07 우리나라의 전통가구 중 장과 더불어 가장 일반적으로 쓰이던 수납용 가구로 몸통이 2층 또는 3층으로 분리되어 상자 형태로 포개 놓아 사용된 것은?

① 농　　　　　　② 함

③ 궤　　　　　　④ 소반

해설 • 함 : 혼수용 패물 등을 넣어두는 나무상자
• 궤 : 나무로 된 장방형의 상자로 크기나 형태에 따라 곡식, 도구, 책 등 다양한 물건을 보관하는 수납용 상자
• 소반 : 좌식생활에 쓰이는 작은 밥상

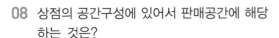
08 상점의 공간구성에 있어서 판매공간에 해당하는 것은?

① 파사드공간

② 상품관리공간

③ 시설관리공간

④ 상품전시공간

해설 상점의 판매공간은 상품의 전시, 안내, 통로, 서비스 등이 이루어지는 공간이다.

09 다음 설명에 알맞은 디자인 원리는?

> 디자인의 모든 요소가 중심점으로부터 중심 주변으로 퍼져 나가는 양상을 구성하여 리듬을 이루는 것

① 강조

② 조화

③ 방사

④ 통일

해설 방사형 패턴의 예

10 다음과 같은 특징을 갖는 의자는?

> • 등받이와 팔걸이가 없는 형태의 보조의자이다.
> • 가벼운 작업이나 잠시 걸터앉아 휴식을 취하는 데 사용된다.

① 스툴

② 카우치

③ 이지 체어

④ 라운지 체어

해설 스툴

11 다음 중 부엌에서 작업삼각형(work triangle) 의 각 변의 길이 합계로 가장 알맞은 것은?

① 1.5m

② 2.5m

③ 5m

④ 7m

해설 부엌의 작업삼각형이란 싱크대, 가열대, 냉장고가 이루는 삼각형으로 각 변의 합은 5m 내외이며 길이가 짧을수록 작업의 능률이 높다.

12 실내공간을 실제 크기보다 넓어 보이게 하는 방법과 가장 거리가 먼 것은?

① 크기가 작은 가구를 이용한다.

② 큰 가구는 벽에서 떨어뜨려 배치한다.

③ 마감은 질감이 거친 것보다는 고운 것을 사용한다.

④ 창이나 문 등의 개구부를 크게 하여 시선이 연결되도록 계획한다.

해설 공간을 넓어 보이게 하고 활용도를 높이려면 큰 가구는 벽에 붙여야 한다.

13 천창에 관한 설명으로 바르지 않은 것은?

① 통풍, 차열에 유리하다.

② 벽면을 다양하게 활용할 수 있다.

③ 실내 조도 분포의 균일화에 유리하다.

④ 밀집된 건물에 둘러싸여 있어도 일정량의 채광을 확보할 수 있다.

해설 천장은 채광이 우수하고 조도가 균일한 효과가 있지만 통풍에는 좋지 않다.

14 주거공간의 동선에 관한 설명으로 옳지 않은 것은?

① 주부 동선은 길수록 좋다.
② 동선이 짧을수록 에너지 소모가 크다.
③ 상호 간에 상이한 유형의 동선은 분리하도록 한다.
④ 동선을 줄이기 위해 다른 공간의 독립성을 저해해서는 안 된다.

해설 주부의 동선은 노동과 연관되므로 짧을수록 좋다.

15 특정한 사용목적이나 많은 물품을 수납하기 위해 건축화된 가구를 의미하는 것은?

① 가동가구　　② 이동가구
③ 유닛가구　　④ 붙박이가구

해설 붙박이가구는 건축공사 시 건축물과 일체화하여 설치되는 빌트인 가구이다.

16 다음 중 옥내조명의 설계에서 가장 먼저 이루어져야 하는 것은?

① 광원의 선정
② 조도의 결정
③ 조명방식의 결정
④ 조명기구의 결정

해설 조명설계 순서
소요조도 결정 → 전등 종류 결정 → 조명방식 및 조명기구 결정 → 광원 수량 및 배치 → 광속 계산

17 열기나 유해물질이 실내에 널리 산재되어 있거나 이용되는 경우에 급기로 실내의 전체 공기를 희석하여 배출시키는 방법은?

① 집중환기　　② 전체환기
③ 국소환기　　④ 고정환기

해설 • 국소환기 : 주방의 후드처럼 일부 공간만 환기
• 집중환기 : 유해물질이 한 구역에 집중된 경우 해당 구역을 환기
* 목적과 장소에 따라 다르게 해석될 수 있음.

18 음의 대소를 나타내는 감각량을 음의 크기라고 하는데, 음의 크기 단위는?

① pH　　　　② dB
③ sone　　　④ phon

해설 • pH : 수소 이온의 농도 지수
• dB : 음압의 레벨
• phon : 음 크기의 레벨

19 다음 중 열전도율이 가장 큰 것은?

① 동판　　　　② 목재
③ 대리석　　　④ 콘크리트

해설 열전도율

동판	목재	대리석	콘크리트
330 W/m · K	0.1 W/m · K	2.5 W/m · K	0.4 W/m · K

20 겨울철 실내에서 발생하는 표면결로의 방지 방법으로 옳지 않은 것은?

① 실내에서 발생하는 수증기를 억제한다.
② 실내온도를 노점온도 이하로 유지시킨다.
③ 환기에 의해 실내 절대습도를 저하시킨다.
④ 단열강화에 의해 실내측 표면온도를 상승시킨다.

해설 실내온도를 노점온도 이하로 하면 결로가 발생한다.
* 노점온도 : 수증기가 포화하여 이슬이 맺히는 온도

21 다음 중 콘크리트용 골재로서 요구되는 성질과 가장 거리가 먼 것은?

① 내화성이 있을 것
② 함수량이 많고 흡습성이 클 것
③ 콘크리트 강도를 확보하는 강성을 지닐 것
④ 콘크리트의 성질에 나쁜 영향을 끼치는 유해 물질을 포함하지 않을 것

해설 콘크리트용 골재는 함수량과 흡습성이 적어야 한다.

정답　**14.** ①　**15.** ④　**16.** ②　**17.** ②　**18.** ③　**19.** ①　**20.** ②　**21.** ②

22 점토의 일반적인 성질에 관한 설명으로 옳지 않은 것은?

① 양질의 점토는 습윤상태에서 현저한 가소성을 나타낸다.

② 일반적으로 점토의 압축강도는 인장강도의 약 5배이다.

③ 점토제품의 색상은 철산화물 또는 석회물질에 의해 나타난다.

④ 점토의 비중은 불순점토일수록 크고, 알루미나분이 많을수록 적다.

해설 점토의 비중은 불순점토일수록 작고, 알루미나분이 많을수록 크다.

23 재료의 역학적 성질 중 물체에 외력이 작용하면 변형이 생기나 외력을 제거하면 순간적으로 원래의 형태로 회복되는 성질은?

① 전성　　　　② 소성

③ 탄성　　　　④ 연성

해설 • 전성 : 재료가 때리거나 누르는 힘에 의해 얇게 펴지는 성질
• 소성 : 재료가 외력의 영향으로 변형이 생긴 후 그 외력을 제거해도 변형된 그대로 유지하는 성질
• 연성 : 재료를 당겼을 때 늘어나는 성질

24 강화유리에 관한 설명으로 옳지 않은 것은?

① 보통 유리보다 강도가 크다.

② 파괴되면 작은 파편이 되어 분쇄된다.

③ 열처리 후에는 절단 등의 가공이 쉬워진다.

④ 유리를 가열한 다음 급격히 냉각시켜 제작한 것이다.

해설 강화유리는 열처리 후에 가공이 어렵다.

25 강의 열처리 방법에 속하지 않는 것은?

① 압출　　　　② 불림

③ 풀림　　　　④ 담금질

해설 열처리는 강을 가열, 냉각 등의 방법으로 재료의 특성을 변하게 하는 것으로 불림, 풀림, 담금질이 있다. 압출은 가공방법에 해당된다.

26 다음 중 도료의 저장 중에 도료에 발생하는 결함에 속하지 않는 것은?

① 피막　　　　② 증점

③ 겔화　　　　④ 실끌림

해설 실끌림은 분체도장 시 도료가 미립자 상태로 분사되지 않고 실처럼 분사되는 현상이다.
* 분체도장 : 아주 고운 미립자를 뿌려 도색하는 방법으로 색이 고르고 날리지 않아 친환경적이다.

27 다음 중 역학적 성능이 가장 요구되는 건축재료는?

① 차단재료　　② 내화재료

③ 마감재료　　④ 구조재료

해설 역학(力學)적 성능이란 힘의 원리나 성격을 요하는 성능을 말한다.

28 금속의 방식방법에 관한 설명으로 옳지 않은 것은?

① 가능한 한 건조 상태로 유지할 것

② 큰 변형을 주지 않도록 주의할 것

③ 상이한 금속은 인접, 접촉시켜 사용하지 말 것

④ 부분적으로 녹이 생기면 나중에 함께 제거할 것

해설 부분적으로 생긴 녹은 즉시 제거하고 도장해야 한다.

29 다음의 석재 중 내화성이 가장 약한 것은?

① 사암　　　　② 화강암

③ 안산암　　　④ 응회암

해설 화강암의 내화도는 600℃ 정도로 다른 암석에 비해 내화도가 떨어진다.

정답 **22.** ④　**23.** ③　**24.** ③　**25.** ①　**26.** ④　**27.** ④　**28.** ④　**29.** ②

30 조강 포틀랜드 시멘트에 관한 설명으로 바르지 않은 것은?

① 경화에 따른 수화열이 작다.

② 공기 단축을 필요로 하는 공사에 사용된다.

③ 초기에 고강도를 발생하게 하는 시멘트이다.

④ 보통 포틀랜드 시멘트보다 C_3S나 석고가 많다.

해설 조강 포틀랜드 시멘트는 경화에 따른 수화열이 커 조기강도가 높다.

31 석재의 강도라 하면 보통 어떤 강도를 뜻하는가?

① 휨강도　　　　② 전단강도

③ 압축강도　　　④ 인장강도

해설 석재는 압축강도가 가장 크다.

32 합판에 관한 설명으로 옳지 않은 것은?

① 곡면가공이 가능하다.

② 함수율 변화에 의한 신축변형이 적다.

③ 표면가공법으로 흡음효과를 낼 수 있고 의장적 효과도 높일 수 있다.

④ 2장 이상의 단판인 박판을 2, 4, 6매 등의 짝수로 섬유방향이 직교하도록 붙여 만든 것이다.

해설 합판은 단판인 박판을 3, 5, 7매 등의 홀수로 섬유방향이 직교하도록 붙여 만든 것이다.

33 미장재료 중 자신이 물리적 또는 화학적이고 고체화하여 미장바름의 주체가 되는 재료가 아닌 것은?

① 점토　　　　② 석고

③ 소석회　　　④ 규산소다

해설 규산소다는 경화나 접착에 필요한 성분일 뿐 미장바름의 물리적인 주체가 되지는 못한다.

34 목재의 부패에 관한 설명으로 옳지 않은 것은?

① 부패 발생 시 목재의 내구성이 감소된다.

② 목재의 함수율이 15%일 때 부패균 번식이 가장 왕성하다.

③ 생재가 부패균의 작용에 의해 변재부가 청색으로 변하는 것을 청부라고 한다.

④ 부패 초기에는 단순히 변색되는 정도이지만 진행되어감에 따라 재질이 현저히 저하된다.

해설 목재의 함수율이 30~60%일 때 부패균이 잘 번식한다.

35 내열성이 우수하고, −60~260℃의 범위에서 안정하며 탄력성, 내수성이 좋아 도료, 접착제 등으로 사용되는 합성수지는?

① 페놀수지　　　② 요소수지

③ 실리콘수지　　④ 멜라민수지

해설 실리콘수지는 내열, 내한, 내수, 내후, 내화학성 등의 성능이 우수하여 접착제와 도료 등 다양한 용도로 사용된다.

36 아스팔트의 경도를 표시하는 것으로 규정된 조건에서 규정된 침이 시료 중에 진입된 길이를 환산하여 나타낸 것은?

① 신율　　　　② 침입도

③ 연화점　　　④ 인화점

해설 **침입도(針入度)** : 규정된 온도, 하중, 시간에 침이 시험재료 속으로 침투되는 길이를 측정

37 ALC 경량 기포 콘크리트 제품에 관한 설명으로 옳지 않은 것은?

① 흡수성이 낮다.

② 절건비중이 낮다.

③ 단열성능이 우수하다.

④ 차음성능이 우수하다.

해설 ALC 경량 기포 콘크리트는 흡수성이 높아 방수 및 방습처리를 해야 한다.

38 콘크리트의 일반적인 배합설계 순서에서 가장 먼저 이루어져야 하는 사항은?

① 시멘트의 선정
② 요구성능의 설정
③ 시험배합의 실시
④ 현장배합의 결정

해설 배합설계 순서 : 요구성능 및 강도 설정 → 배합조건 설정 → 재료 선정 → 계획배합 설정 → 현장배합 결정

39 건축용 글라스 섬유로 강화된 평판 또는 판상 제품으로 사용되는 열경화성수지는?

① 아크릴수지
② 폴리에틸렌수지
③ 염화비닐수지
④ 폴리에스테르수지

해설 아크릴, 폴리에틸렌, 염화비닐수지는 열가소성수지이다.

40 굳지 않은 콘크리트에 요구되는 성질이 아닌 것은?

① 다지기 및 마무리가 용이하여야 한다.
② 시공 시 및 그 전후에 재료분리가 적어야 한다.
③ 거푸집 구석구석까지 잘 채워질 수 있어야 한다.
④ 거푸집에 부어 넣은 후, 블리딩이 많이 발생하여야 한다.

해설 블리딩은 골재와 시멘트풀이 잘 섞이지 않아 갈라지고 물이 위로 올라오는 현상으로 많이 발생하면 시공에 문제가 될 수 있다.

41 설계도면의 종류 중 실시설계도에 해당되는 것은?

① 구상도
② 조직도
③ 전개도
④ 동선도

해설 구상도, 조직도, 동선도는 계획설계도에 해당된다.

42 철근콘크리트구조에서 적정한 피복두께를 유지해야 하는 이유와 가장 거리가 먼 것은?

① 내화성 유지
② 철근의 부착강도 확보
③ 좌굴 방지
④ 철근의 녹 발생 방지

해설 철근콘크리트의 피복두께는 내화성, 내구성, 철근의 부착 및 부식을 방지하는 데 목적이 있다.

43 선의 종류 중 상상선에 사용되는 선은?

① 굵은 실선
② 파선
③ 일점쇄선
④ 이점쇄선

해설 • 굵은 실선 : 외형이나 단면선을 표시
• 파선 : 가려진 부분을 표시
• 일점쇄선 : 중심이나 기준을 표시
• 이점쇄선 : 가상선, 상상선 또는 일점쇄선과 구분이 필요한 경우에 표시

44 곡면판이 지니는 역학적 특성을 응용한 구조로서 외력은 주로 판의 면내력으로 전달되기 때문에 경량이고 내력이 큰 구조물을 구성할 수 있는 구조는?

① 패널구조
② 커튼월구조
③ 블록구조
④ 셸구조

해설 곡면판의 역학적 특성을 응용한 구조는 셸구조로 대표적인 건축물로는 시드니 오페라하우스가 있다.

45 제도용지에 관한 설명으로 옳지 않은 것은?

① A0 용지의 크기는 약 $1m^2$이다.
② A1 용지로 16장의 A4 용지를 만들 수 있다.
③ A1 용지의 규격은 594mm×841mm이다.
④ 도면을 접을 때에는 A4 크기로 한다.

정답 38. ② 39. ④ 40. ④ 41. ③ 42. ③ 43. ④ 44. ④ 45. ②

해설 A1(841,594) 용지로는 8장의 A4 용지를 만들 수 있다.

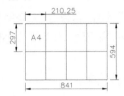

46 철골구조의 고력볼트접합에 관한 설명으로 옳지 않은 것은?

① 볼트접합부의 강성이 높아 변형이 적다.
② 볼트의 단위 강도가 낮아 작은 응력을 받는 접합부에 적당하다.
③ 피로강도가 높다.
④ 너트가 풀리는 경우가 거의 없다.

해설 고력볼트는 마찰력에 의한 접합방법으로 접합부의 강성이 높다.

47 아래 설명에 가장 적합한 종이의 종류는?

> 실시도면을 작성할 때에 사용되는 원도지로 연필을 이용하여 그린다. 투명성이 있고 경질이며, 청사진 작업이 가능하고, 오랫동안 보존할 수 있고, 수정이 용이한 종이로 건축제도에 많이 쓰인다.

① 켄트지　　　② 방안지
③ 트레팔지　　④ 트레이싱지

해설
- **켄트지** : 중요도면을 작성하는 백상지
- **방안지** : 종이에 격자 눈금이 있는 제도용지
- **트레팔지** : 트레이싱지와 유사한 비닐종이로 인쇄, 조명에도 사용된다.

48 평면도는 건물의 바닥면으로부터 보통 어느 높이에서 절단한 수평 투상도인가?

① 0.5m　　　② 1.2m
③ 1.8m　　　④ 2.0m

해설 평면도는 건축물의 창과 문이 걸치는 1.2~1.5m 높이에서 절단한 수평 투상도이다.

49 건축제도 시 유의사항으로 옳지 않은 것은?

① 수평선은 왼쪽에서 오른쪽으로 긋는다.
② 삼각자끼리 맞댈 경우 틈이 생기지 않고 면이 곧고 흠이 없어야 한다.
③ 선긋기는 시작부터 끝까지 굵기가 일정하게 한다.
④ 조명은 우측 상단에 설치하는 것이 좋다.

해설 조명은 그림자가 생기지 않도록 좌측 상단에 설치하는 것이 좋다(단, 왼손을 사용하는 제도사는 반대).

50 아래에서 설명하는 목재접합의 종류는?

> 나무 마구리를 감추면서 튼튼한 맞춤을 할 때, 예를 들어 창문 등의 마무리에 이용되며, 일반적으로 2개의 목재 귀를 45°로 빗잘라 직각으로 맞댄다.

① 연귀맞춤　　② 통맞춤
③ 턱이음　　　④ 맞댄쪽매

해설 **연귀맞춤** : 마구리를 45°로 따내어 맞추는 방식으로 마구리 부분이 감추어진다.

51 실내투시도 또는 기념건축물과 같은 정적인 건물의 표현에 효과적인 투시도는?

① 평행투시도
② 유각투시도
③ 경사투시도
④ 조감도

해설 1소점을 사용하는 평행투시도는 건물이나 가구가 수평선과 수직선으로 그려져 정적인 실내투시도에 효과적이다.

52 건축도면 중 전개도에 대한 정의로 옳은 것은?

① 부대시설의 배치를 나타낸 도면

② 각 실 내부의 의장을 명시하기 위해 작성하는 도면

③ 지반, 바닥, 처마 등의 높이를 나타낸 도면

④ 실의 배치 및 크기를 나타낸 도면

해설 전개도는 실내 벽면의 창호나 의장적인 마감을 표시하는 도면이다.
- 부대시설의 배치 : 배치도
- 지반, 바닥, 처마 등의 높이 : 단면도
- 실의 배치 및 크기 : 평면도

53 프리스트레스트 콘크리트 구조의 특징 중 옳지 않은 것은?

① 고강도 재료를 사용하므로 시공이 간편하다.

② 간사이가 길어 넓은 공간의 설계가 가능하다.

③ 부재단면 크기를 작게 할 수 있으나 진동하기 쉽다.

④ 공기단축과 시공 과정을 기계화할 수 있다.

해설 프리스트레스트 콘크리트는 철근에 인장력을 가하는 장비가 필요해 비용이 많이 들고, 공법이 복잡하다.

54 콘크리트 혼화재 중 포졸란을 사용할 경우의 효과에 관한 설명으로 옳지 않은 것은?

① 발열량이 적다.

② 블리딩이 감소한다.

③ 시공연도가 좋아진다.

④ 초기 강도 증진이 빨라진다.

해설 포졸란 : 콘크리트의 혼화재로 워커빌리티 향상, 블리딩 감소, 화학적 저항성 증대, 장기강도가 향상된다.

55 건축제도 시 치수표기에 관한 설명 중 옳지 않은 것은?

① 협소한 간격이 연속될 때에는 인출선을 사용한다.

② 필요한 치수의 기재가 누락되는 일이 없도록 한다.

③ 치수는 특별히 명시하지 않는 한 마무리 치수로 표시한다.

④ 치수기입은 치수선 중앙 아랫부분에 기입하는 것이 원칙이다.

해설 치수기입은 치수선 중앙 윗부분에 기입하는 것이 원칙이나, 치수선을 중단하고 선의 중앙에 기입할 수도 있다.

56 벽돌의 종류 중 특수벽돌에 해당하지 않는 것은?

① 붉은벽돌　　② 경량벽돌

③ 이형벽돌　　④ 내화벽돌

해설 붉은벽돌은 점토로 만든 치장벽돌로 KS에서 보통벽돌로 규정한다.

57 다음 치장 줄눈의 이름은?

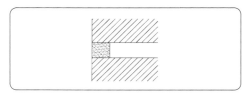

① 민줄눈　　② 평줄눈

③ 오늬줄눈　　④ 빗줄눈

해설

[평줄눈]　　[오늬줄눈]　　[빗줄눈]

58 건설공사표준품셈에서 정의하는 기본 벽돌의 크기는 얼마인가?(단, 단위는 mm)

① 210×100×60

② 190×90×57

③ 210×90×57

④ 190×100×60

해설 시멘트(콘크리트)벽돌 기본형 : 190mm×90mm×57mm

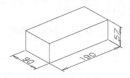

59 철골구조에서 스티프너를 사용하는 가장 중요한 목적은?

① 보의 휨내력 보강

② 웨브 플레이트의 좌굴 방지

③ 보-기둥 접합부의 강도 증진

④ 플랜지 앵글의 단면 보강

해설 스티프너는 취약한 웨브의 좌굴을 방지한다.

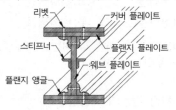

60 건축제도에 필요한 제도용구와 설명이 바르게 연결된 것은?

① T자 – 주로 철재로 만들며, 원형을 그릴 때 사용한다.

② 운형자 – 합판을 많이 사용하며 원호를 그릴 때 주로 사용한다.

③ 자유곡선자 – 원호 이외의 곡선을 자유자재로 그릴 때 사용한다.

④ 삼각자 – 플라스틱 재료로 많이 만들며, 15°, 50°의 삼각자 두 개를 한 쌍으로 많이 사용한다.

해설 • T자 : 주로 나무로 만들며, 수평선을 그릴 때 사용
• 운형자 : 자유곡선을 그릴 때 사용
• 자유곡선자 : 사용자가 직접 자를 구부려 필요한 곡선을 그릴 때 사용
• 삼각자 : 45°, 60°의 자가 한 쌍을 이루며 사선이나 수직선을 그릴 때 사용

2016 제1회 출제문제 (2016년 1월 24일 시행)

01 다음 중 실내공간을 실제 크기보다 넓게 보이게 하는 방법으로 가장 알맞은 것은?

① 큰 가구를 중앙에 배치한다.

② 질감이 거칠고 무늬가 큰 마감재를 사용한다.

③ 창이나 문 등의 개구부를 크게 하여 시선이 연결되도록 한다.

④ 크기가 큰 가구를 사용하고 벽이나 바닥면에 빈 공간을 남겨두지 않는다.

해설 실내공간을 실제보다 크게 보이게 하는 방법
- 개구부를 크게 한다.
- 질감이 고운 마감을 사용하며 밝은 단색으로 한다.
- 벽면에 큰 거울을 부착한다.
- 크기가 작은 가구를 벽에 부착해 사용한다.

02 상점의 판매형식 중 대면판매에 관한 설명으로 옳지 않은 것은?

① 상품 설명이 용이하다.

② 포장대나 계산대를 별도로 둘 필요가 없다.

③ 고객과 종업원이 진열장을 사이로 상담 및 판매하는 형식이다.

④ 상품에 직접 접촉하므로 선택이 용이하며 측면판매에 비해 진열 면적이 커진다.

해설
- 대면판매 : 점원과 고객이 대면한 상태에서 이루어지는 일괄적 판매방식으로 측면판매에 비해 진열면적이 작다.
- 측면판매 : 점원과 고객이 같은 방향에서 이루어지는 판매방식으로 상품에 직접 접촉하므로 선택이 용이하다.

03 디자인 요소 중 선에 관한 설명으로 옳지 않은 것은?

① 곡선은 우아하며 흥미로운 느낌을 준다.

② 수평선은 안정감, 차분함, 편안한 느낌을 준다.

③ 수직선은 심리적 엄숙함과 상승감의 효과를 준다.

④ 사선은 경직된 분위기를 부드럽고 유연하게 한다.

해설
- 사선 : 단조롭지 않고 동적이며 흥미를 유발한다.
- 곡선 : 경직된 분위기를 부드럽고 유연하게 한다.

04 주거공간에서 개인적 공간에 속하는 것은?

① 거실

② 서재

③ 식당

④ 응접실

해설
- 개인공간 : 침실, 작업실, 서재, 노인실 등
- 공동공간(사회공간) : 거실, 식당, 현관, 응접실 등

05 고대 로마시대 음식을 먹거나 취침을 위해 사용한 긴 의자에서 유래된 것으로 몸을 기대거나 침대로도 사용할 수 있도록 좌판 한쪽을 올린 형태를 갖는 것은?

① 스툴   ② 오토만
③ 카우치   ④ 체스터필드

[해설]
- 스툴 : 팔걸이와 등받이가 없는 1인용 의자이다.
- 오토만 : 팔걸이와 등받이가 없는 쿠션형식의 직물의자로 소파 옆에 두어 발을 올리는 용도로 사용된다.
- 체스터필드 : 겉천을 깔아 누빈 소파로 등받이와 팔걸이의 높이가 같은 것이 특징인 안락소파이다.

06 수평 블라인드로 날개의 각도, 승강의 일광, 조망, 시각의 차단정도를 조절할 수 있지만 먼지가 쌓이면 제거하기 어려운 단점이 있는 것은?

① 롤 블라인드   ② 로만 블라인드
③ 베니션 블라인드 ④ 버티컬 블라인드

[해설]

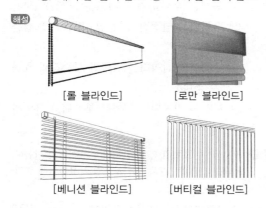

[롤 블라인드]   [로만 블라인드]

[베니션 블라인드]   [버티컬 블라인드]

07 다음 설명에 알맞은 부엌가구의 배치유형은?

- 작업대를 중앙에 놓거나 벽면에 직각이 되도록 배치한 형태이다.
- 주로 개방된 공간의 오픈 시스템에서 사용된다.

① ㄱ자형   ② ㄷ자형
③ 병렬형   ④ 아일랜드형

[해설] 아일랜드형(섬형) 주방

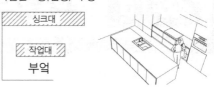

08 상점 정면(facade) 구성에 요구되는 5가지 광고 요소(AIDMA법칙)에 속하지 않는 것은?

① Attention   ② Interest
③ Design   ④ Memory

[해설] 구매심리의 5단계(AIDMA법칙)
① 주의(Attention)
② 흥미(Interest)
③ 욕구(Desire)
④ 기억(Memory)
⑤ 행동(Action)

09 거실에 식사공간을 부속시킨 형식으로 식사도중 거실의 고유 기능과 분리가 어려운 단점이 있는 형식은?

① 리빙키친(living kitchen)
② 다이닝포치(dining porch)
③ 리빙다이닝(living dining)
④ 다이닝키친(dining kitchen)

[해설] 리빙다이닝 : 거실의 일부에 식사실을 두는 것으로 거실의 고유 기능이 저하될 수 있다.

10 실내공간을 형성하는 주요 기본구성요소에 관한 설명으로 옳지 않은 것은?

① 바닥은 촉각적으로 만족할 수 있는 조건을 요구한다.
② 벽은 가구, 조명 등 실내에 놓여지는 설치물에 대한 배경적 요소이다.
③ 천장은 시각적 흐름이 최종적으로 멈추는 곳이기에 지각의 느낌에 영향을 끼친다.
④ 다른 요소들이 시대와 양식에 의한 변화가 현저한데 비해 천장은 매우 고정적이다.

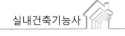

해설 실내공간의 벽, 기둥, 천장 등은 시대의 흐름과 기능에 맞추어 변화하지만 바닥은 고정적이다.

11 다음 설명에 알맞은 형태의 지각심리는?

> 유사한 배열로 구성된 형들이 방향성을 지니고 연속되어 보이는 하나의 그룹으로 지각되는 법칙으로 공동운명의 법칙이라고도 한다.

① 근접성   ② 유사성
③ 연속성   ④ 폐쇄성

해설 게슈탈트 4법칙
- 유사성 : 시각적인 요소가 유사하여 자연스럽게 패턴이나 그룹으로 지각된다.
- 연속성 : 유사한 배열로 구성된 형상이 방향성을 지니고 연속되어 보이는 하나의 그룹으로 지각하는 것으로 공동운명의 법칙이라고도 한다.
- 폐쇄성 : 형상을 지각하는 데 있어 시각적인 요소들이 폐쇄적인 느낌을 준다.
- 근접성 : 가까이 있는 2개 이상의 물체는 그룹이나 패턴으로 지각된다.

12 조선시대의 주택 구조에 관한 설명으로 옳지 않은 것은?

① 주택공간은 성(性)에 의해 구분되었다.
② 안채는 가장 살림의 중추적인 역할을 하던 장소이다.
③ 사랑채는 남자 손님들의 응접공간으로 사용되었다.
④ 주택은 크게 사랑채, 안채, 바깥채의 3개의 공간으로 구분되었다.

해설 조선시대 주택의 공간 구성
- 사랑채 : 집주인(남자)과 남자 손님이 사용
- 안채 : 중심 건물로 집주인(여자)이 사용
- 행랑채 : 하인들이 사용

13 펜로즈의 삼각형과 가장 관련이 깊은 착시의 유형은?

① 운동의 착시   ② 크기의 착시
③ 역리도형 착시   ④ 다의도형 착시

해설 펜로즈의 삼각형(펜로즈 : 영국의 물리학자)
3개의 막대로 만들어진 삼각형으로, 3차원 공간에서 이루어질 수 없는 것을 2차원 평면에 착시현상으로 그려 놓은 도형

14 다음 설명에 알맞은 건축화 조명의 종류는?

> - 벽면 전체 또는 일부분을 광원화하는 방식이다.
> - 광원을 넓은 벽면에 매입함으로써 비스타(vista)적인 효과를 낼 수 있다.

① 광창 조명   ② 캐노피 조명
③ 코니스 조명   ④ 밸런스 조명

해설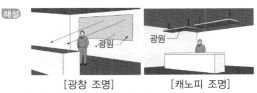

[광창 조명]　　　　[캐노피 조명]
(광천장 방식을 벽에 적용)

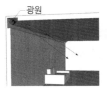 

[코니스 조명]　　　　[밸런스 조명]

15 문의 위치를 결정할 때 고려해야 할 사항으로 거리가 먼 것은?

① 출입 동선
② 재료 및 문의 종류
③ 통행을 위한 공간
④ 가구를 배치할 공간

해설 문의 위치 선정은 출입 동선, 가구 위치, 개폐 시의 여유 공간, 통행 여부 등을 고려하여야 한다.

16 건축적 채광방식 중 천창 채광에 관한 설명으로 옳지 않은 것은?

① 측창 채광에 비해 채광량이 적다.

② 측창 채광에 비해 비막이에 불리하다.

③ 측창 채광에 비해 조도 분포의 균일화에 유리하다.

④ 측창 채광에 비해 근린의 상황에 따라 채광을 방해받는 경우가 적다.

해설 천창에 의한 채광량은 측창의 약 3배 정도 많다.

17 실내에서는 소리를 갑자기 중지시켜도 소리는 그 순간에 없어지는 것이 아니라 점차로 감소되다가 안 들리게 되는데 이 같은 현상을 무엇이라 하는가?

① 굴절   ② 반사

③ 잔향   ④ 회절

해설 • 굴절 : 파동이 매질 경계면을 지나면서 방향이 바뀌는 현상
• 반사 : 파동이 다른 매질로 전파될 때 매질 경계면에서 반대 방향으로 바뀌어 원래 매질로 되돌아오는 현상
• 회절 : 파동이 장애물 뒤로 돌아서 진행되는 현상

18 건축물의 에너지절약 설계기준에 따라 권장되는 건축물의 단열계획으로 옳지 않은 것은?

① 건물의 창 및 문은 가능한 작게 설계한다.

② 냉방부하 저감을 위하여 태양열 유입장치를 설치한다.

③ 건물 옥상에는 조경을 하여 최상층 지붕의 열저항을 높인다.

④ 외피의 모서리 부분은 열기가 발생되지 않도록 단열재를 연속적으로 설치한다.

해설 태양열 유입장치는 난방부하를 저감시키기 위해 설치한다.

19 자연환기에 관한 설명으로 옳지 않은 것은?

① 풍력환기량은 풍속에 반비례한다.

② 중력환기와 풍력환기로 구분된다.

③ 중력환기량은 개구부 면적에 비례하여 증가한다.

④ 중력환기는 실내외의 온도 차에 의한 공기의 밀도 차가 원동력이 된다.

해설 자연환기의 풍력환기량은 풍속에 비례한다.

20 다음 중 인체에서 열의 손실이 이루어지는 요인으로 볼 수 없는 것은?

① 인체 표면의 열복사

② 인체 주변 공기의 대류

③ 호흡, 땀 등의 수분 증발

④ 인체 내 음식물의 산화작용

해설 인체 열 손실의 주요 요인은 열복사, 대류, 수분 증발이 있다.

21 파티클보드에 관한 설명으로 옳지 않은 것은?

① 합판에 비하여 면내 강성은 떨어지나 휨강도는 우수하다.

② 폐재, 부산물 등 저가의 재료를 이용하여 넓은 면적의 판상제를 만들 수 있다.

③ 목재 및 기타 식물의 섬유질소편에 합성수지 접착제를 도포하여 가열압착성형한 판상제품이다.

④ 수분이나 높은 습도에 대하여 그다지 강하지 않기 때문에 이와 같은 조건하에서 사용하는 경우에는 방습 및 방수처리가 필요하다.

해설 파티클보드는 합판에 비해 면내 강성은 우수하나 휨강도는 낮다.

22 목재의 건조방법 중 인공건조법에 속하지 않는 것은?

① 증기 건조법

② 열기 건조법

③ 진공 건조법

④ 대기 건조법

해설 목재의 인공건조 방법은 증기, 열기, 진공을 이용한 방법이 사용된다. 대기 건조법은 자연건조에 해당된다.

23 모자이크 타일의 점토재료로 알맞은 것은?

① 도기질   ② 토기질

③ 자기질   ④ 석기질

해설 모자이크 타일은 욕실 바닥 등에 사용되는 타일로 흡수율이 가장 낮은 자기질 점토를 사용해 만든다.

24 탄소강에서 탄소량이 증가함에 따라 일반적으로 감소하는 물리적 성질은?

① 비열   ② 항장력

③ 전기저항   ④ 열전도율

해설 탄소강의 탄소량이 증가하면 열전도율은 감소하고 비열, 전기저항, 항장력은 증가한다.

* **항장력** : 물체를 당길 때 그 외력에 의해 파괴되는 순간의 파괴강도

25 건축용 접착제로서 요구되는 성능으로 옳지 않은 것은?

① 진동, 충격의 반복에 잘 견뎌야 한다.

② 충분한 접착성과 유동성을 가져야 한다.

③ 내수성, 내열성, 내산성이 있어야 한다.

④ 고화(固化) 시 체적수축 등의 변형이 있어야 한다.

해설 접착제는 고화 시 체적수축 등의 변형이 없어야 한다.

* **고화(固化)** : 굳는 과정

26 혼합한 미장재료에 아직 반죽용 물을 섞지 않은 상태로 정의되는 용어는?

① 실러

② 양생

③ 건비빔

④ 물걷힘

해설
• **실러** : 바탕의 흡수조정과 접착력 증진에 사용
• **양생** : 콘크리트 타설이나 미장 후 시멘트의 응결을 위해 온도, 하중, 충격 등을 받지 않도록 보호 및 관리하는 것
• **건비빔** : 물을 혼합하지 않고 시멘트와 골재 등을 비비는 것
• **물걷힘** : 반죽해 시공한 재료의 물기가 흡수되거나 증발되는 현상

27 블로운 아스팔트의 성능을 개량하기 위해 동식물성 유지와 광물질 분말을 혼입한 것으로 일반지붕 방수공사에 이용되는 것은?

① 아스팔트 펠트

② 아스팔트 프라이머

③ 아스팔트 컴파운드

④ 스트레이트 아스팔트

해설
• **아스팔트 펠트** : 목면, 양모 등을 사용한 원지에 스트레이트 아스팔트를 침투시켜 만든 방수재
• **아스팔트 프라이머** : 아스팔트를 휘발성 용제로 녹인 것으로 작업면의 접착력을 높이기 위해 사용된다.
• **스트레이트 아스팔트** : 아스팔트 펠트, 루핑의 바탕 침투제 및 지하실 방수공사에 사용된다.

28 다음 중 건축재료의 사용목적에 의한 분류에 속하지 않는 것은?

① 구조재료

② 차단재료

③ 방화재료

④ 유기재료

해설 유기재료와 무기재료의 분류는 재료의 화학적 성분에 의한 분류이다.

29 콘크리트가 시일이 경과함에 따라 공기 중의 탄산가스 작용을 받아 알칼리성을 잃어가는 현상은?

① 중성화　　　　② 크리프
③ 건조수축　　　④ 동결융해

해설 • 크리프 : 재료가 장시간 하중을 받아 소성 변형이 생기는 현상
• 건조수축 : 재료의 수분이 없어지면서 용적이 작아지는 현상
• 동결융해 : 콘크리트가 겨울에 얼고 봄에는 녹는 현상

30 다음 중 알칼리성 바탕에 가장 적당한 도장 재료는?

① 유성바니시
② 유성페인트
③ 유성에나멜페인트
④ 염화비닐수지도료

해설 염화비닐수지는 알칼리성에 강해 시멘트나 콘크리트의 바탕면에 사용할 수 있다.

31 재료의 성질 중 납과 같이 압력이나 타격에 의해 박편으로 펴지는 성질은?

① 연성　　　　② 전성
③ 인성　　　　④ 취성

해설 • 연성 : 재료를 당겼을 때 늘어나는 성질
• 전성 : 재료가 때리거나 누르는 힘에 의해 얇게 펴지는 성질
• 인성 : 재료가 외력의 힘을 받아 변형이 되면서 파괴되기 전까지 견디는 성질
• 취성 : 재료가 외력에 의해 작은 변형이 생기면 파괴되는 성질

32 콘크리트용 혼화제 중 작업성능이나 동결융해 저항성능의 향상을 목적으로 사용되는 것은?

① AE제　　　　② 증점제
③ 방청제　　　④ 유동화제

해설 • AE제 : 시공연도, 내구성, 동결융해 저항성을 향상
• 증점제 : 점성을 증대시킴.
• 방청제 : 녹의 발생이나 부식을 방지
• 유동화제 : 콘크리트의 유동성 증대

33 다음 중 내화성이 가장 높은 석재는?

① 대리석　　　　② 응회암
③ 석회암　　　　④ 화강암

해설 석재의 내화도
• 대리석 : 약 800℃
• 응회암 : 약 1,000℃
• 석회암 : 약 800℃
• 화강암 : 약 800℃

34 페어글라스라고도 불리우며 단열성, 차음성이 좋고 결로방지에 효과적인 유리는?

① 강화유리
② 복층유리
③ 자외선투과유리
④ 샌드브라스트유리

해설 페어글라스는 2장의 유리 사이에 공기층이 있어 단열, 차음, 결로방지 등에 우수한 효과가 있다.

35 다음 중 열경화성수지에 속하는 것은?

① 페놀수지
② 아크릴수지
③ 염화비닐수지
④ 폴리에틸렌수지

해설 아크릴수지, 염화비닐수지, 폴리에틸렌수지는 열가소성수지이다.

36 동(Cu)과 아연(Zn)의 합금으로 놋쇠라고도 불리는 것은?

① 청동　　　　② 황동
③ 주석　　　　④ 경석

해설 • 청동 : 구리와 주석의 합금
• 황동 : 구리와 아연의 합금

37 시멘트의 안정성 측정에 사용되는 시험법은?

① 브레인법

② 표준체법

③ 슬럼프 테스트

④ 오토클레이브 팽창도 시험

해설
• 브레인법 : 시멘트 분말도 시험
• 표준체법 : 시멘트 분말도 시험
• 슬럼프 테스트 : 시멘트의 워커빌리티(시공연도) 시험
• 오토클레이브 팽창도 시험 : 시멘트의 안정성 시험

38 석재의 인력에 의한 표면 가공 순서로 옳은 것은?

① 혹두기 → 정다듬 → 도드락다듬 → 잔다듬
   → 물갈기

② 혹두기 → 도드락다듬 → 정다듬 → 잔다듬
   → 물갈기

③ 정다듬 → 혹두기 → 잔다듬 → 도드락다듬
   → 물갈기

④ 정다듬 → 잔다듬 → 혹두기 → 도드락다듬
   → 물갈기

해설 석재가공의 도구와 순서
혹두기(쇠메) → 정다듬(정) → 도드락다듬(도드락망치) → 잔다듬(날망치) → 물갈기(숫돌)

39 수화속도를 지연시켜 수화열을 작게 한 시멘트로 댐공사나 건축용 매스콘크리트에 사용되는 것은?

① 백색 포틀랜드 시멘트

② 조강 포틀랜드 시멘트

③ 초조강 포틀랜드 시멘트

④ 중용열 포틀랜드 시멘트

해설
• 백색 포틀랜드 시멘트 : 미장용, 도장용, 타일공사 등에 사용
• 조강 포틀랜드 시멘트 : 한중 또는 수중, 긴급공사에 사용
• 초조강 포틀랜드 시멘트 : 조강 포틀랜드 시멘트보다 조기 강도를 더욱 높인 시멘트로 긴급공사에 사용

40 다음 설명에 알맞은 굳지 않은 콘크리트의 성질을 표시하는 용어는?

거푸집 등의 형상에 순응하여 채우기 쉽고, 분리가 일어나지 않는 성질을 말한다.

① 플라스티시티(plasticity)

② 펌퍼빌리티(pump ability)

③ 컨시스턴시(consistency)

④ 피니셔빌리티(finish ability)

해설
• 펌퍼빌리티 : 펌프 압송에 적절한 묽기
• 컨시스턴시 : 콘크리트 타설면에 대한 마감작업 용이성 수준
• 피니셔빌리티 : 콘크리트 표면의 끝막이 수준

41 다음 중 지붕공사에서 금속판을 잇는 방법이 아닌 것은?

① 평판 잇기

② 기와가락 잇기

③ 마름모 잇기

④ 쪽매 잇기

해설 쪽매는 마룻널 잇기의 방법이다.

42 창의 옆벽에 밀어 넣고 열고 닫을 때 실내의 유효면적을 감소시키지 않는 창호는?

① 미닫이 창호

② 회전 창호

③ 여닫이 창호

④ 붙박이 창호

해설 미닫이 창호는 개폐 시 벽면과 밀착되어 실내의 유효 면적을 감소시키지 않는다.

43 다음 중 건축물의 구성양식에 의한 분류와 가장 거리가 먼 것은?

① 일체식   ② 가구식

③ 절충식   ④ 조적식

해설 절충식은 목구조에서 지붕틀의 구조 형식이다.

정답 37. ④ 38. ① 39. ④ 40. ① 41. ④ 42. ① 43. ③

44 철골구조 트러스보에 관한 설명으로 옳지 않은 것은?

① 플레이트 보의 웨브재로서 빗재, 수직재를 사용한다.

② 비교적 간사이가 작은 구조물에 사용된다.

③ 휨모멘트는 현재가 부담한다.

④ 전단력은 웨브재의 축방향력으로 작용하므로 부재는 모두 인장재 또는 압축재로 설계한다.

해설 철골구조의 트러스보는 간사이가 15m를 넘는 큰 구조물에 사용된다.

45 내부 입면도 작도에 관한 설명으로 옳지 않은 것은?

① 집기와 가구의 높이를 정확하게 표현한다.

② 벽면의 마감 재료를 표현한다.

③ 몰딩이 있으면 정확하게 작도한다.

④ 기둥과 창호의 위치가 가장 중요한 표현 요소이므로 진하게 표시한다.

해설 내부 입면도(전개도)는 실내 벽면의 장식 및 마감을 표기하는 도면이다. 기둥과 창호가 진하게 표현되어야 하는 도면은 단면도에 가깝다.

46 벽돌벽 쌓기에서 1.5B 쌓기의 두께는? (공간쌓기 아님)

① 90mm   ② 190mm

③ 290mm   ④ 330mm

해설
• 1.5B 쌓기 : 190(1.0B)+10(줄눈)+90(0.5B)=290
• 1.5B 공간쌓기(단열재 80) : 190(1.0B)+80(줄눈)+90(0.5B)=360

47 건축제도통칙(KS F 1501)에 따른 도면의 접는 크기로 옳은 것은?

① A1   ② A2

③ A3   ④ A4

해설 작성된 도면을 보관이나 이동 등 취급상 접어야 할 경우 A4 크기를 원칙으로 한다.

48 도면의 치수기입 방법으로 옳지 않은 것은?

① 치수는 특별히 명시하지 않는 한, 마무리 치수로 표시한다.

② 치수기입은 치수선에 평행하게 도면의 왼쪽에서 오른쪽으로, 아래로부터 위로 읽을 수 있도록 기입한다.

③ 치수기입은 치수선 아랫부분에 기입하는 것이 원칙이다.

④ 좁은 간격이 연속될 때에는 인출선을 사용하여 치수를 기입한다.

해설 치수기입 시 값을 표시하는 문자의 위치는 치수선 위로 가운데 기입하는 것을 원칙으로 한다.

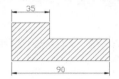

49 다음 중 실내건축 투시도 그리기에서 가장 마지막으로 해야 할 작업은?

① 서 있는 위치 결정

② 눈높이 결정

③ 입면 상태의 가구 설정

④ 질감의 표현

해설 실내투시도의 작성 과정
㉠ 서 있는 위치와 눈높이를 결정
㉡ 소점의 위치를 표시
㉢ 실내의 윤곽을 표시
㉣ 가구를 설정하고 표시
㉤ 세부적으로 그리고 질감을 표현

50 블록구조에 대한 설명으로 옳지 않은 것은?

① 단열, 방음효과가 크다.

② 타 구조에 비해 공사비가 비교적 저렴한 편이다.

③ 콘크리트구조에 비해 자중이 가볍다.

④ 균열이 발생하지 않는다.

해설 블록구조의 단점
- 횡력에 대한 저항력이 약해 지진에 취약하다.
- 재료 간 접착을 사용한 쌓기구조로 균열이 발생되기 쉽다.

51 다음 지붕평면도에서 박공지붕은?

①   ②

③   ④

해설 ① 모임지붕 ② 박공지붕
③ 합각지붕 ④ 꺾인지붕

52 치수를 자 또는 삼각자의 눈금으로 잰 후 제도지에 같은 길이로 분할할 때 사용하는 제도용구는?

① 디바이더 ② 운형자
③ 컴퍼스 ④ T자

해설 · 디바이더 : 컴퍼스와 비슷한 모양으로 양끝의 침으로 같은 길이로 분할할 때 사용
· 운형자 : 자유로운 곡선을 그리는 데 사용
· 컴퍼스 : 원이나 호를 그리는 데 사용
· T자 : 수평선을 그리고 삼각자를 사용해 수직선과 사선을 그리는 데 사용

53 건축제도에서 사용하는 선의 종류 중 굵은 실선의 용도로 옳은 것은?

① 보이지 않는 부분을 표시
② 단면의 윤곽을 표시
③ 중심선, 절단선, 기준선을 표시
④ 상상선 또는 1점쇄선과 구별할 때 표시

해설 건축제도에서 선의 사용
· 굵은 실선 : 절단면의 윤곽을 표시
· 가는 실선 : 기술, 기호, 치수 등을 표시
· 파선 : 보이지 않는 가려진 부분을 표시
· 1점쇄선 : 중심이나 기준, 경계 등을 표시
· 2점쇄선 : 상상선이나 1점쇄선과 구분할 때 표시
· 파단선 : 표시선 이후 부분의 생략을 표시

54 철근콘크리트구조의 슬래브에서 단변과 장변의 길이의 비가 얼마 이하일 때 2방향 슬래브로 정의하는가?

① 1 ② 2
③ 3 ④ 4

해설 · 1방향 슬래브(변장비 > 2)
장변과 단변의 비가 2배를 넘는 경우
· 2방향 슬래브(변장비 ≤ 2)
장변과 단변의 비가 2배를 넘지 않는 경우

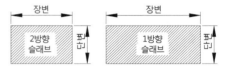

55 건축제도용구에 관한 설명으로 옳지 않은 것은?

① 일반적으로 삼각자는 45° 등변삼각형과 60° 직각삼각형 2가지가 1쌍이다.
② 운형자는 원호를 그릴 때 사용한다.
③ 스케일자는 1/100, 1/200, 1/300, 1/400, 1/500, 1/600의 축척이 매겨져 있다.
④ 제도 샤프는 0.3mm, 0.5mm, 0.7mm, 0.9mm 등을 사용한다.

해설 운형자는 자유곡선을 그릴 때 사용한다. 원과 호를 그릴 때는 컴퍼스나 원형 템플릿을 사용한다.

[운형자]

[컴퍼스]

[원형 템플릿]

56 건축도면 중 입면도에 표기해야 할 사항으로 적합한 것은?

① 창호의 형상
② 실의 배치와 넓이
③ 기초판의 두께와 너비
④ 건축물과 기초와의 관계

해설 입면도는 건축물의 외관을 표현한 도면으로 외부 마감재와 창호의 유형, 지붕의 형태 등이 표시된다.

57 건축제도 시 선긋기에 관한 설명으로 옳지 않은 것은?

① 선긋기를 할 때에는 시작부터 끝까지 일정한 힘과 각도를 유지해야 한다.
② 삼각자의 오른쪽 옆면을 이용할 경우에는 아래에서 위로 선을 긋는다.
③ T자와 삼각자 등이 사용된다.
④ 삼각자의 왼쪽 옆면을 이용할 경우에는 아래에서 위로 선을 긋는다.

해설
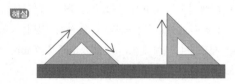

58 철골구조에서 주각부의 구성재가 아닌 것은?

① 베이스 플레이트
② 클립 앵글
③ 거싯 플레이트
④ 윙 플레이트

해설 철골구조의 주각부
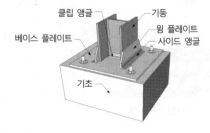

59 건축설계도면 중 창호도에 관한 설명으로 옳지 않은 것은?

① 축척은 보통 1/50~1/100로 한다.
② 창호 기호는 한국산업표준의 KS F 1502를 따른다.
③ 창호 기호에서 W는 창, D는 문을 의미한다.
④ 창호 재질의 종류와 모양, 크기 등은 기입할 필요가 없다.

해설 창호도 샘플
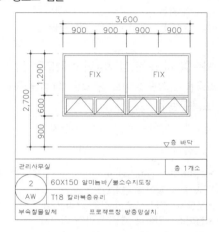

60 건축 부재를 양 끝단에서 잡아당길 때 재축방향으로 발생되는 주요응력은?

① 인장응력　　② 압축응력
③ 전단응력　　④ 휨모멘트

해설
• 압축응력 : 재료에 수직하중을 가했을 때 부재의 내부에서 저항하는 힘
• 전단응력 : 부재의 단면을 따라 서로 밀려 잘려나가는 것에 대해 저항하는 힘
• 휨모멘트 : 휨모멘트 외력에 의해 부재에 생기는 단면력으로 재료를 휘게 하는 힘

정답 **56.** ① **57.** ② **58.** ③ **59.** ④ **60.** ①

01 균형의 원리에 관한 설명으로 틀린 것은?

① 크기가 큰 것이 작은 것보다 시각적 중량 감이 크다.

② 기하학적 형태가 불규칙적인 형태보다 시 각적 중량감이 크다.

③ 색의 중량감은 색의 속성 중 특히 명도, 채도에 따라 크게 작용한다.

④ 복잡하고 거친 질감이 단순하고 부드러운 것보다 시각적 중량감이 크다.

해설 기하학적 형태는 삼각형, 다각형, 원과 같은 형태를 나타내며 중량감이 작아 보인다.

02 주택 부엌의 크기 결정 요소에 속하지 않는 것은?

① 가족 수
② 대지 면적
③ 주택 연면적
④ 작업대의 면적

해설 주택에서 부엌의 크기는 거주자의 수, 주택의 면적, 작업대의 면적, 주방의 형식 등에 따라 결정된다.

03 상점계획에서 요구되는 5가지 광고 요소 (AIDMA 법칙)에 속하지 않는 것은?

① 흥미(Interest)
② 주의(Attention)
③ 기억(Memory)
④ 유인(Attraction)

해설 AIDMA법칙
소비자가 상품을 구매하는데 5단계를 거쳐 구매
1. Attention – 주목
2. Interest – 관심
3. Desire – 욕구
4. Memory – 기억
5. Action – 행동

04 다음은 피보나치 수열의 일부분이다. "21" 바로 다음에 나오는 숫자는?

> 1, 2, 3, 5, 8, 13, 21

① 30　② 34
③ 40　④ 44

해설 피보나치의 수열 : 첫 번째 값이 1이고 두 번째 값이 2일 때 이후 값은 이전의 두 개의 값을 더한 3으로 이루어는 수열을 말한다.

05 특정한 사용목적이나 많은 물품을 수납하기 위해 건축화된 가구로, 빌트 인 가구(built-in furniture)라고도 불리는 것은?

① 작업용 가구　② 붙박이 가구
③ 이동식 가구　④ 조립식 가구

해설 붙박이 가구는 공간의 목적에 따라 필요한 가구를 건축화하여 건축 시공단계에서 설치되는 가구를 뜻한다.

06 상점의 상품 진열 계획에서 골든 스페이스 의 범위로 바른 것은?(단, 바닥에서의 높이)

① 650~1,050mm
② 750~1,150mm
③ 850~1,250mm
④ 950~1,350mm

해설 상점에 진열되는 유효높이는 1,500mm이며 850~1,250mm는 고객의 시선과 손이 가장 잘 가는 골든 스페이스라 한다.

07 쇼핑센터 내의 주요 보행 동선으로 고객을 각 상점으로 고르게 유도하는 동시에 휴식 처로서의 기능도 가지고 있는 것은?

① 핵상점　② 전문점
③ 몰(mall)　④ 코트(court)

• **핵상점(중심상점)** : 쇼핑센터의 중심으로 고객을 유입시키는 기능을 하는 것으로 백화점이나 대형마트에 해당된다.
• **전문점** : 전문점의 배치는 쇼핑센터 공간에서 동선을 길게 유도할 수 있는 곳으로 하여 쇼핑센터에 머무는 시간을 길게 한다.
• **몰(mall)** : 쇼핑센터의 주요 동선으로 고객을 유도하는 동시에 고객의 휴식을 위한 공간이다.
• **코트(court)** : 몰(mall)에 휴식을 취하거나 머무를 수 있는 공간이 있는 장소를 말한다.

08 기하학적인 정의로 크기가 없고 위치만 존재하는 디자인 요소는?

① 점 ② 선
③ 면 ④ 입체

점은 형태가 없고 위치 정보만을 표시한다.

09 고대 로마시대에 음식물을 먹거나 잠을 자기 위해 사용했던 긴 의자로, 몸을 기댈 수 있도록 좌판의 한쪽 끝이 올라간 형태를 가진 것은?

① 세티 ② 카우치
③ 체스터필드 ④ 라운지 소파

• **세티** : 등받이와 팔걸이가 있는 서양식 의자

• **카우치** : 침상을 겸하는 긴 의자

• **체스터필드** : 겉천을 깔아 누빈 서양식 소파로, 등받이와 팔걸이 높이가 같다.

• **라운지 소파** : 공공건물이나 상점에서 사용자가 휴식을 취하거나 대화 등을 할 수 있는 소파

10 다음 중 주택의 부엌과 식당 계획 시 가장 중요하게 고려하여야 할 사항은?

① 조명배치 ② 작업동선
③ 색채조화 ④ 채광계획

부엌과 식당은 가사노동이 이루어지는 곳으로 노동 절감을 위해 작업동선의 계획을 가장 중요시 해야 한다.

11 수평 블라인드로 날개의 각도, 승강으로 일광, 조망, 시각의 차단 정도를 조절할 수 있는 것은?

① 롤 블라인드
② 로만 블라인드
③ 베니션 블라인드
④ 버티컬 블라인드

베니션 블라인드

12 다음 중 고대 그리스 건축의 오더에 속하지 않는 것은?

① 도리아식 ② 터스칸식
③ 코린트식 ④ 이오니아식

13 다음 중 실내디자인의 진행과정에 있어서 가장 먼저 선행되는 작업은?

① 조건파악
② 기본계획
③ 기본설계
④ 실시설계

실내디자인의 진행과정
기획 → 조건파악 → 기본계획 → 기본설계 → 실시설계 → 시공

정답 8. ① 9. ② 10. ② 11. ③ 12. ② 13. ①

14 주거공간을 주 행동에 의해 구분할 경우, 다음 중 사회공간에 속하지 않는 것은?

① 거실　　　　② 식당

③ 서재　　　　④ 응접실

해설 • 개인공간 : 침실, 노인방, 자녀방, 서재, 작업실 등
• 사회공간 : 거실, 식당, 응접실 등

15 작업구역에는 전용의 국부조명방식으로 조명하고, 기타 주변 환경에 대하여는 간접조명과 같은 낮은 조도 레벨로 조명하는 조명방식은?

① TAL 조명방식

② 반직접 조명방식

③ 반간접 조명방식

④ 전반확산 조명방식

해설 TAL(task ambient lighting) 조명은 여러 개의 광원으로 작업대 부분을 낮은 조도로 조명하므로 피로도가 낮고 작업에 필요한 밝기를 얻는 데 유리하다.

16 실내외의 온도 차에 의한 공기의 밀도 차가 원동력이 되는 환기의 종류는?

① 중력환기　　　② 풍력환기

③ 기계환기　　　④ 국소환기

해설 중력환기는 실내외의 온도 차, 풍력 등에 의한 자연환기 방식이다.

17 건구온도 28℃인 공기 80kg과 건구온도 14℃인 공기 20kg을 단열 혼합하였을 때, 혼합공기의 건구온도는?

① 16.8℃　　　② 18℃

③ 21℃　　　④ 25.2℃

해설 혼합공기의 건구온도
$80 \times 28 + 20 \times 14 / 80 + 20 = 25.2$

18 휘도의 단위로 사용되는 것은?

① [lx]　　　② [lm]

③ [lm/m^2]　　　④ [cd/m^2]

해설 • lx – 조도
• lm – 광속
• lm/m^2 – 광속 발산도

19 우리나라의 기후조건에 맞는 자연형 설계 방법으로 틀린 것은?

① 겨울철 일사 획득을 높이기 위해 경사지붕보다 평지붕이 유리하다.

② 건물의 형태는 정방형보다 동서축으로 약간 긴 장방형이 유리하다.

③ 여름철에 증발냉각 효과를 얻기 위해 건물 주변에 연못을 설치하면 유리하다.

④ 여름에는 일사를 차단하고 겨울에는 일사를 획득하기 위한 차양설계가 필요하다.

해설 겨울철 일사 획득을 높이기 위해서는 평지붕보다 경사지붕이 유리하다.

20 실내에서는 음을 갑자기 중지시켜도 소리는 그 순간에 없어지는 것이 아니라 점차로 감쇠되다가 들리지 않게 된다. 이와 같이 음 발생이 중지된 후에도 소리가 실내에 남는 현상은?

① 확산　　　　② 잔향

③ 회절　　　　④ 공명

해설 • 확산 : 밀도나 농도 차이로 액체나 기체가 퍼져나가는 현상
• 회절 : 파동이 장애물 뒤로 돌아서 진행되는 현상
• 공명 : 두 개의 진동체 중 하나가 진동하면 다른 하나도 따라 울리게 되는 현상으로 진폭이 급격하게 늘어나는 현상 등을 말한다.

21 석질이 치밀하고 박판으로 채취할 수 있어 슬레이트로서 지붕, 외벽, 마루 등에 사용되는 석재는?

① 부석　　　　② 점판암

③ 대리석　　　④ 화강암

정답 **14.** ③　**15.** ①　**16.** ①　**17.** ④　**18.** ④　**19.** ①　**20.** ②　**21.** ②

해설 • 부석 : 콘크리트 골재, 단열재 등에 사용
• 대리석 : 실내장식 및 마감재 등에 사용
• 화강암 : 외장재, 구조재 등에 사용

22 미장재료에 관한 설명으로 틀린 것은?

① 석고 플라스터는 내화성이 우수하다.

② 돌로마이트 플라스터는 건조 수축이 크기 때문에 수축 균열이 발생한다.

③ 킨즈시멘트는 고온소성의 무수석고를 특별한 화학처리를 한 것으로 경화 후 아주 단단하다.

④ 회반죽은 소석고에 모래, 해초풀, 여물 등을 혼합하여 바르는 미장재료로서 건조 수축이 거의 없다.

해설 회반죽은 건조 수축이 커서 여물, 해초풀을 사용해 균열을 감소시킨다.

23 물체의 외력을 가하면 변형이 생기나 외력을 제거하면 순간적으로 원래의 형태로 회복되는 성질을 말하는 것은?

① 탄성 ② 소성
③ 강도 ④ 응력도

해설 • 소성 : 재료가 외력의 영향으로 변형이 생긴 후 그 외력을 제거해도 변형된 그대로 유지하는 성질
• 강도 : 외력에 대해 저항하는 성질
• 응력도 : 단위 면적상에 작용하는 응력

24 골재의 성인에 의한 분류 중 인공골재에 속하는 것은?

① 강모래
② 산모래
③ 중정석
④ 부순 모래

해설 • 천연골재 : 강이나 산에서 채취한 자갈과 모래
• 인공골재 : 부순 모래, 부순 자갈

25 콘크리트의 컨시스턴시(consistency)를 측정하는 데 사용되는 것은?

① 표준체법
② 브레인법
③ 슬럼프 시험
④ 오토클레이브 팽창도 시험

해설 컨시스턴시란 시멘트, 골재, 물이 배합된 정도로 점도나 농도 등 반죽의 질기를 말하며 슬럼프 테스트로 측정할 수 있다.

26 다음 중 혼화재에 속하는 것은?

① AE제 ② 기포제
③ 방청제 ④ 플라이애시

해설 • 혼화제 : 적은 양을 사용해 용적에 포함되지 않는 약품으로 AE제, 유동화제, 방수제, 기포제 등이 있다.
• 혼화재 : 많은 양을 사용해 용적에 포함되는 재료로 플라이애시, 실리카퓸 등이 있다.

27 콘크리트용 골재의 조립률 산정에 사용되는 체에 속하지 않는 것은?

① 0.3mm ② 5mm
③ 20mm ④ 50mm

해설 조립률 산정에 사용되는 체의 종류
0.15mm, 0.3mm, 0.6mm, 1.2mm, 2.5mm, 5mm, 10mm, 20mm, 40mm, 80mm

28 풍화되기 쉬우므로 실외용으로는 적합하지 않으나, 석질이 치밀하고 견고할 뿐만 아니라 연마하면 아름다운 광택이 나므로 실내장식용으로 적합한 석재는?

① 대리석 ② 화강암
③ 안산암 ④ 점판암

해설 • 화강암 : 구조재, 내장재로 사용
• 안산암 : 외장재로 사용
• 점판암 : 지붕재로 사용

29 유성페인트에 대한 설명으로 바른 것은?

① 붓바름 작업성 및 내후성이 우수하다.

② 저온다습할 경우에도 건조시간이 짧다.

③ 내알칼리성은 우수하지만, 광택이 없고 마감면의 마모가 크다.

④ 염화비닐수지계, 멜라민수지계, 아크릴수지계 페인트가 있다.

해설 유성페인트는 건성유와 안료를 섞어 만든 도료로, 건조시간이 길고 광택이 있는 페인트이다.

30 다음 중 바닥재료에 요구되는 성질과 가장 거리가 먼 것은?

① 열전도율이 커야 한다.

② 청소가 용이해야 한다.

③ 내구, 내화성이 커야 한다.

④ 탄력이 있고 마모가 적어야 한다.

해설 강화마루 등 주택의 바닥재의 경우 열전도율이 좋아야 우수한 제품으로 볼 수 있다. 본 문제에서는 요구되는 성질과 가장 거리가 먼 것이라고 되어 있지만 한 번 더 생각해봐야 할 문제이다.

31 구리(Cu)와 주석(Sn)을 주체로 한 합금으로 건축장식철물 또는 미술공예재료에 사용되는 것은?

① 황동   ② 청동

③ 양은   ④ 듀랄루민

해설
- **황동** : 구리와 아연을 혼합하여 만든 합금
- **청동** : 구리와 주석을 혼합하여 만든 합금
- **양은** : 구리와 니켈, 아연을 혼합하여 만든 합금
- **듀랄루민** : 알루미늄에 구리, 마그네슘, 망간을 혼합하여 만든 합금

32 천연 아스팔트에 해당하지 않는 것은?

① 아스팔타이트

② 록 아스팔트

③ 블로운 아스팔트

④ 레이크 아스팔트

해설
- **천연 아스팔트** : 레이크 아스팔트, 록 아스팔트, 아스팔타이트
- **석유계 아스팔트** : 블로운 아스팔트, 스트레이트 아스팔트

33 도자기질 타일을 다음과 같이 구분하는 기준이 되는 것은?

> 내장타일, 외장타일, 바닥타일, 모자이크타일

① 호칭명에 따라

② 소지의 질에 따라

③ 유약의 유무에 따라

④ 타일 성형법에 따라

해설
- 내장타일, 외장타일, 바닥타일→호칭명의 구분
- 자기질, 도기질, 석기질→ 소지의 질 구분
- 사유, 무유→ 유약의 유무 구분
- 압축법, 압출법→성형법의 구분

34 그림과 같은 블록의 명칭은?

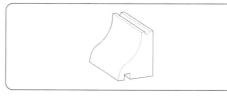

① 반블록   ② 창쌤블록

③ 인방블록   ④ 창대블록

해설

[반블록]   [창쌤블록]   [인방블록]

35 다음과 같은 특징을 갖는 목재용 방부제는?

> - 유용성 방부제
> - 도장이 가능하며 독성이 있음.
> - 처리재는 무색으로 성능 우수

① 콜타르   ② 크레오소트유

③ 염화아연용액   ④ 펜타클로로페놀

해설 • 콜타르 : 방부성은 우수하나 페인트칠이 불가능
• 크레오소트유 : 값이 저렴한 흑갈색 방부제
• 염화아연용액 : 수용성 방부제로 살균효과가 있다.

36 목재의 연륜에 대한 설명으로 틀린 것은?

① 추재율과 연륜밀도가 큰 목재일수록 강도가 작다.

② 연륜의 조밀은 목재의 비중이나 강도와 관계가 있다.

③ 추재율은 목재의 횡단면에서 추재부가 차지하는 비율을 말한다.

④ 춘재부와 추재부가 수간의 횡단면상에 나타나는 동심 원형의 조직을 말한다.

해설 추재율과 연륜(나이테)밀도가 큰 목재는 강도가 우수하다.
* 추재 : 가을과 겨울에 자란 목질 부분

37 기본 점성이 크며 내수성, 내약품성, 전기절연성이 모두 우수한 만능형 접착제로 금속, 플라스틱, 도자기, 유리, 콘크리트 등의 접합에 사용되는 것은?

① 요소수지 접착제

② 비닐수지 접착제

③ 멜라민수지 접착제

④ 에폭시수지 접착제

해설 • 요소수지 : 값이 저렴한 목재용으로 많이 사용
• 비닐수지 : 사용성이 우수한 접착제로 종이, 직물, 도배용으로 사용
• 멜라민수지 : 열에 대한 안정성, 내열성, 내수성이 우수한 접착제로 목재, 합판 등에 사용

38 소다석회유리에 대한 설명으로 틀린 것은?

① 풍화되기 쉽다.

② 내산성이 높다.

③ 용융되지 않는다.

④ 건축일반용 창호유리 등으로 사용된다.

해설 소다석회유리는 일반적인 판유리로 용융되기 쉽다.

39 비교적 굵은 철선을 격자형으로 용접한 것으로 콘크리트 보강용으로 사용되는 금속제품은?

① 메탈 폼(metal form)

② 와이어 로프(wire rope)

③ 와이어 메시(wire mesh)

④ 펀칭 메탈(punching metal)

해설 와이어 로프 : 탄소강선을 꼬아서 만든 철선으로 다양한 용도로 사용된다.

40 다음 중 열경화성수지에 해당하지 않는 것은?

① 페놀수지   ② 요소수지

③ 멜라민수지   ④ 염화비닐수지

해설 염화비닐수지는 열가소성수지이다.

41 강재나 목재를 삼각형을 기본으로 짜서 하중을 지지하는 것으로 결점이 판으로 구성되어 있으며 부재는 인장과 압축력만 받도록 한 구조는?

① 트러스구조   ② 내력벽구조

③ 라멘구조   ④ 아치구조

해설 트러스구조

42 철골구조의 주각부에 사용되는 부재가 아닌 것은?

① 래티스(lattice)

② 베이스 플레이트(base plate)

③ 사이드 앵글(side angle)

④ 윙 플레이트(wing plate)

[해설] 철골구조의 주각부

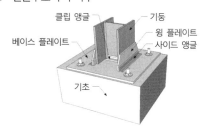

클립 앵글   기둥
베이스 플레이트   윙 플레이트
    사이드 앵글
기초

43 철근콘크리트구조에서 철근과 콘크리트의 부착에 영향을 주는 요인에 대한 설명으로 틀린 것은?

① 철근의 표면상태 – 이형철근의 부착강도는 원형철근보다 크다.

② 콘크리트의 강도 – 부착강도는 콘크리트의 압축강도나 인장강도가 작을수록 커진다.

③ 피복두께 – 부착강도를 제대로 발휘시키기 위해서는 충분한 피복두께가 필요하다.

④ 다짐 – 콘크리트의 다짐이 불충분하면 부착강도가 저하된다.

[해설] 콘크리트의 부착강도는 콘크리트의 압축강도나 인장강도가 커질수록 커진다.

44 층고를 최소화할 수 있으나 바닥판이 두꺼워서 고정하중이 커지며, 뼈대의 강성을 기대하기가 어려운 구조는?

① 튜브구조

② 전단벽구조

③ 박판구조

④ 무량판구조

[해설] **무량판구조** : 보를 없애는 대신 슬래브의 두께를 150mm 이상 두껍게 하여 하중에 저항하는 구조로 천장의 공간을 확보하고 층고를 낮게 할 수 있는 이점이 있다.

45 가볍고 가공성이 좋은 장점이 있으나 강도가 작고 내구력이 약해 부패, 화재 위험 등이 높은 구조는?

① 목구조

② 블록구조

③ 철골구조

④ 철골철근콘크리트구조

[해설] • 블록구조 : 횡력에 약해 지진에 취약
• 철골구조 : 고열에 약해 화재에 취약
• 철골철근콘크리트구조 : 자중이 무거움.

46 건축제도에 사용되는 척도로 틀린 것은?

① 2/1   ② 1/60

③ 1/300   ④ 1/500

[해설] 건축제도의 척도
• 실척 : 1/1
• 축척 : 1/2, 1/3, 1/4, 1/5, 1/10, 1/20, 1/25, 1/30, 1/40, 1/50, 1/100, 1/200, 1/250, 1/300, 1/500, 1/600, 1/1000, 1/1200, 1/2000, 1/2500, 1/3000, 1/5000, 1/6000
• 배척 : 2/1, 5/1

47 실시설계도에서 일반도에 속하지 않는 것은?

① 전개도   ② 부분 상세도

③ 배치도   ④ 기초 평면도

[해설] 실시설계도의 일반도
평면도, 입면도, 단면도, 배치도, 전개도, 부분 상세도 등이 있다.

48 철근콘크리트 보에서 늑근의 주된 사용목적은?

① 압축력에 대한 저항

② 인장력에 대한 저항

③ 전단력에 대한 저항

④ 휨에 대한 저항

[해설] 철근콘크리트 보에서 "스터럽"이라 하는 늑근은 전단력에 저항하기 위해 배근한다.

[정답] 43. ②   44. ④   45. ①   46. ②   47. ④   48. ③

49 벽돌쌓기법 중 벽의 모서리나 끝에 반절이나 이오토막을 사용하는 것으로 가장 튼튼한 쌓기법은?

① 미국식 쌓기
② 프랑스식 쌓기
③ 영국식 쌓기
④ 네덜란드식 쌓기

해설 영국식 쌓기 : 쌓는 단을 길이와 마구리를 번갈아 가면서 쌓고 벽의 끝단에서 이오토막을 사용해 마무리한다.

50 다음 중 건축제도용구가 아닌 것은?

① 홀더   ② 원형 템플릿
③ 데오돌라이트   ④ 컴퍼스

해설 데오돌라이트는 망원경을 사용한 야외용 측량기구이다.

51 철골구조에서 사용되는 고력볼트접합의 특성으로 바르지 않은 것은?

① 접합부의 강성이 크다.
② 피로강도가 크다.
③ 노동력 절약과 공기단축 효과가 있다.
④ 현장 시공설비가 복잡하다.

해설 고력볼트접합은 마찰을 이용한 방법으로 시공 시 소음이 적고 조립 및 해체가 용이하다.

52 프리스트레스트 콘크리트 구조의 특징으로 틀린 것은?

① 스팬을 길게 할 수 있어서 넓은 공간을 설계할 수 있다.
② 부재 단면의 크기를 작게 할 수 있고 진동이 없다.
③ 공기를 단축하고 시공 과정을 기계화할 수 있다.
④ 고강도 재료를 사용하므로 강도와 내구성이 크다.

해설 프리스트레스트 콘크리트는 부재의 단면을 작게 할 수 있으나 진동이 발생한다.

53 주택에서의 부엌에 대한 설명으로 가장 적합한 것은?

① 방위는 서쪽이나 북서쪽이 좋다.
② 개수대의 높이는 주부의 키와는 무관하다.
③ 소규모 주택일 경우 거실과 한 공간에 배치할 수 있다.
④ 가구 배치는 가열대, 개수대, 냉장고, 조리대 순서로 한다.

해설
• 부엌의 방위 : 음식물의 부패 우려가 있어 서쪽은 피한다.
• 개수대의 높이 : 부엌의 작업대 및 개수대의 높이는 850mm 정도로 사용자의 키와 연관된다.
• 부엌가구(작업대)의 배치 : 준비대 → 개수대 → 조리대 → 가열대 → 배선대 순이다.

54 다음 중 구조양식이 같은 것끼리 짝지어지지 않은 것은?

① 목구조와 철골구조
② 벽돌구조와 블록구조
③ 철근콘크리트조와 돌구조
④ 프리패브와 조립식 철근콘크리트조

해설
• 목구조, 철골구조 : 가구식 구조
• 벽돌구조, 블록구조 : 조적식 구조
• 프리패브, 조립식 철근콘크리트조 : 조립식 구조

55 다음 중 벽돌구조의 장점에 해당하는 것은?

① 내화, 내구적이다.
② 횡력에 강하다.
③ 고층 건축물에 적합한 구조이다.
④ 실내면적이 타 구조에 비해 매우 크다.

해설 벽돌구조는 조적식으로 횡력에 약해 지진에 취약하다.

56 사람을 그리려면 각 부분의 비례 관계를 알아야 한다. 사람을 8등분으로 나누어 보았을 때 비례 관계가 가장 적절하게 표현된 것은?

번호	신체부위	비례
A	머리	1
B	목	1
C	다리	3.5
D	몸통	2.5

① A ② B
③ C ④ D

해설 인체의 8등분 비율은 보통 머리 1을 기준으로 한다.

57 제도 연필의 경도에서 무르기로부터 굳기의 순서대로 바르게 나열한 것은?

① HB – B – F – H – 2H
② B – HB – F – H – 2H
③ B – F – HB – H – 2H
④ HB – F – B – H – 2H

해설 연필 굳기
• H : Hard의 H로 딱딱한 심
• B : Black의 B로 진한 심
• F : Firm의 F로 굳은 심(H와 B의 중간 굳기)

58 블록조에서 창문의 인방보는 벽단부에 최소 얼마 이상 걸쳐야 하는가?

① 5cm ② 10cm
③ 15cm ④ 20cm

해설

59 목구조에서 사용되는 철물에 대한 설명으로 틀린 것은?

① 듀벨은 볼트와 같이 사용하여 접합제 상호 간의 변위를 방지하는 강한 이음을 얻는 데 사용한다.
② 꺾쇠는 몸통이 정방형, 원형, 평판형인 것을 각각 각꺾쇠, 원형꺾쇠, 평꺾쇠라 한다.
③ 감잡이쇠는 강봉 토막의 양끝을 뾰족하게 하고 ㄴ자형으로 구부린 것으로 두 부재의 접합에 사용된다.
④ 안장쇠는 안장 모양으로 한 부재에 걸쳐 놓고 다른 부재를 받게 하는 이음, 맞춤의 보강철물이다.

해설 감잡이쇠는 ㄷ자 모양의 철물로 왕대공과 평보의 맞춤에 사용된다.

60 다음 창호 표시기호의 의미로 바른 것은?

① 알루미늄 합금 창 2번
② 알루미늄 합금 창 2개
③ 알루미늄 2중창
④ 알루미늄 문 2짝

해설 창호 표시기호의 의미

01 균형의 종류와 그 실례의 연결이 바르지 않은 것은?

① 방사형 균형 – 판테온의 돔
② 대칭적 균형 – 타지마할 궁
③ 비대칭적 균형 – 눈의 결정체
④ 결정학적 균형 – 반복되는 패턴의 카펫

해설 눈의 결정 모양은 중앙을 기준으로 방사형으로 확장되는 모양이다.

02 다음 설명에 알맞은 부엌의 작업대 배치 방식은?

> • 인접한 세 벽면에 작업대를 붙여 배치한 형태이다.
> • 비교적 규모가 큰 공간에 적합하다.

① 일렬형 　　　　② ㄴ자형
③ ㄷ자형(U자형) 　④ 병렬형

해설 ㄷ자형(U자형) 작업대는 벽의 3면에 붙여 설치되므로 다소 넓은 공간이 필요하지만 수납 공간의 확보가 용이하고 작업의 효율이 매우 높다.

03 상점 쇼윈도 전면의 눈부심 방지 방법으로 틀린 것은?

① 차양을 쇼윈도에 설치하여 햇빛을 차단한다.
② 쇼윈도 내부를 도로면보다 약간 어둡게 한다.
③ 유리를 경사지게 처리하거나 곡면유리를 사용한다.
④ 가로수를 쇼윈도 앞에 심어 도로 건너편 건물의 반사를 막는다.

해설 상점 쇼윈도의 눈부심을 방지하기 위해서는 쇼윈도의 내부를 외부보다 밝게 계획해야 한다.

04 평화롭고 정지된 모습으로 안정감을 느끼게 하는 선은?

① 수직선 　　　　② 수평선
③ 기하곡선 　　　④ 자유곡선

해설
• 수직선 : 고결함과 희망, 상승감, 긴장감 등 종교적인 느낌
• 기하곡선 : 포물선은 속도감, 쌍곡선은 단순 반복, 와선은 동적인 느낌이 강하다.
• 자유곡선 : 자유분방, 풍부한 표정

05 동일한 두 개의 의자를 나란히 합해 2명이 앉을 수 있도록 설계한 의자는?

① 세티 　　　　　② 카우치
③ 풀업 체어 　　　④ 체스터필드

해설
• 세티 : 팔걸이와 등받이가 있는 긴 안락의자로 서양의 대표적인 의자 형식이다.

[2개를 설치한 경우]

06 다음 중 상점계획에서 중점을 두어야 하는 내용과 관계가 먼 것은?

① 조명설계
② 간판디자인
③ 상품배치방식
④ 상점주의 동선

해설 상점계획은 고객이 물품을 구매하는데 있어 필요한 사항인 조명, 간판, 전시, 고객동선, 인테리어 등을 우선시 해야 한다.

정답 1.③ 2.③ 3.② 4.② 5.① 6.④

07 천장과 더불어 실내공간을 구성하는 수평적 요소로 인간의 감각 중 시각적, 촉각적 요소와 밀접한 관계를 갖는 것은?

① 벽   ② 기둥
③ 바닥   ④ 개구부

[해설]
• 공간의 수평적 요소 : 천장, 바닥
• 공간의 수직적 요소 : 기둥, 벽

08 주거공간을 주 행동에 의해 구분할 경우, 다음 중 사회적 공간에 해당하는 것은?

① 거실   ② 침실
③ 욕실   ④ 서재

[해설] 침실과 서재는 개인공간이며, 욕실은 위생공간으로 구분할 수 있다.

09 주택의 거실에 대한 설명으로 틀린 것은?

① 다목적 기능을 가진 공간이다.
② 가족의 휴식, 대화, 단란한 공동생활의 중심이 되는 곳이다.
③ 전체 평면의 중앙에 배치하여 각 실로 통하는 통로로서의 기능을 부여한다.
④ 거실의 면적은 가족 수와 가족의 구성형태 및 거주자의 사회적 지위나 손님의 방문 빈도와 수 등을 고려하여 계획한다.

[해설] 거실은 주택의 공동생활에 중심인 곳에 위치하여 이동이 쉬워야 하나 각 실의 통로가 되어서는 안 된다.

10 원룸 주택 설계 시 고려해야 할 사항으로 바르지 않은 것은?

① 내부공간을 효과적으로 활용한다.
② 접객공간을 충분히 확보하도록 한다.
③ 환기를 고려한 설계가 이루어져야 한다.
④ 사용자에 대한 특성을 충분히 파악한다.

[해설] 원룸은 1인 생활을 목적으로 하므로 접객공간은 고려대상이 아니다.

11 가구와 설치물의 배치 결정 시 다음 중 가장 우선시 되어야 할 상황은?

① 재질감   ② 색채감
③ 스타일   ④ 기능성

[해설] 실의 가구와 시설물은 기능을 가장 우선시하여 배치한다.

12 광원을 넓은 면적의 벽면에 배치하여 비스타(vista)적인 효과를 낼 수 있으며 시선에 안락한 배경으로 작용하는 건축화 조명방식은?

① 코퍼 조명   ② 광창 조명
③ 코니스 조명   ④ 광천장 조명

[해설]
• 코퍼 조명 : 천장면의 일부를 원형이나 사각형 모양으로 매립하는 조명방식
• 광창 조명 : 벽면에 넓게 배치하는 건축화 조명방식
• 코니스 조명 : 벽과 천장이 만나는 모서리 부분에 광원을 길게 심어 넣은 건축화 조명방식
• 광천장 조명 : 천장면에 넓게 배치하는 건축화 조명방식

13 특정한 사용목적이나 많은 물품을 수납하기 위해 건축화된 가구는?

① 가동가구
② 이동가구
③ 붙박이가구
④ 모듈러가구

[해설] 가동가구, 이동가구 : 이동이 가능

14 다음 중 공간배치 및 동선의 편리성과 가장 관련이 있는 실내디자인의 기본조건은?

① 경제적 조건
② 환경적 조건
③ 기능적 조건
④ 정서적 조건

[해설] 실내디자인의 기본조건 중 동선과 편리성이 관련된 조건은 기능적 조건이라 볼 수 있다.

정답 7. ③   8. ①   9. ③   10. ②   11. ④   12. ②   13. ③   14. ③

15 부엌의 기능적인 수납을 위해서는 기본적으로 4가지 원칙이 만족되어야 하는데, 다음 중 "수납장 속에 무엇이 들었는지 쉽게 찾을 수 있게 수납한다."와 관련된 원칙은?

① 접근성
② 조절성
③ 보관성
④ 가시성

해설 • 접근성 : 가사노동 시 가깝고 편리한 위치
• 조절성 : 수납장의 높이나 위치를 조절
• 보관성 : 많고 다양한 물품을 수납
• 가시성 : 수납된 물품을 쉽게 찾을 수 있는 정도

16 음파는 파동의 하나이기 때문에 물체가 진행방향을 가로막고 있다고 해도 그 물체의 후면에도 전달되는 현상은?

① 회절
② 반사
③ 간섭
④ 굴절

해설 회절과 반사

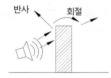

17 측창 채광에 대한 설명으로 틀린 것은?

① 편측창 채광은 조명도가 균일하지 못하다.
② 천창 채광에 비해 시공, 관리가 어렵고 빗물이 새기 쉽다.
③ 측창 채광은 천창 채광에 비해 개방감이 좋고 통풍에 유리하다.
④ 측창 채광 중 벽의 한 면에만 채광하는 것을 편측창 채광이라 한다.

해설 천창은 채광이 매우 우수하나 지붕면에 설치되므로 시공 및 관리가 어렵고 빗물이 스며들 수 있다.

18 다음 중 일조 조절을 위해 사용되는 것이 아닌 것은?

① 루버
② 반자
③ 차양
④ 처마

해설 반자는 천장을 가린 구조물을 뜻한다.

19 실내외의 온도 차에 의한 공기의 밀도 차가 원동력이 되는 환기방법은?

① 풍력환기
② 중력환기
③ 기계환기
④ 인공환기

해설 실내외의 온도 차에 의한 공기의 밀도 차를 이용한 환기는 중력환기로 자연환기법에 속한다.

20 다음은 건물 벽체의 열 흐름을 나타낸 그림이다. 빈칸 안에 알맞은 용어는?

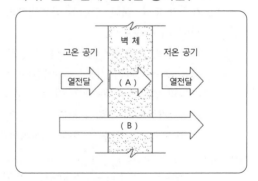

① A : 열복사, B : 열전도
② A : 열흡수, B : 열복사
③ A : 열복사, B : 열대류
④ A : 열전도, B : 열관류

해설 • 열전도 : 고체 내부의 고온부에서 저온부로 열이 이동
• 열관류 : 고체 양쪽의 온도가 다른 경우 고온에서 저온으로 열이 통과

21 콘크리트 혼화재료와 용도의 연결이 바르지 않은 것은?

① 실리카퓸 – 압축강도 증대

② 플라이애시 – 수화열 증대

③ AE제 – 동결융해 저항성능 향상

④ 고로슬래그 분말 – 알칼리 골재 반응 억제

해설 플라이애시 : 콘크리트에 섞어 수화열을 낮아지게 하고, 시공연도(워커빌리티)를 좋게 한다.

22 유성페인트에 대한 설명으로 틀린 것은?

① 건조시간이 길다.

② 내후성이 우수하다.

③ 내알칼리성이 우수하다.

④ 붓바름 작업성이 우수하다.

해설 유성페인트는 내알칼리성이 약해 콘크리트면에 바로 칠을 할 수 없다.

23 개울에서 생긴 지름 20~30cm 정도의 둥글고 넓적한 돌로 기초 잡석다짐이나 바닥 콘크리트 지정에 사용되는 것은?

① 판돌   ② 견칫돌

③ 호박돌   ④ 사괴석

해설 • 판돌 : 얇고 넓은 판상 형태의 돌
• 견칫돌 : 사각뿔 모양의 방추형 돌
• 사괴석 : 한식구조에서 돌담에 사용되는 육면체 돌

24 플라스틱 재료의 일반적 성질로 바르지 않은 것은?

① 내열성, 내화성이 적다.

② 전기절연성이 우수하다.

③ 흡수성이 적고 투수성이 거의 없다.

④ 가공이 불리하고 공업화 재료로는 불합리하다.

해설 플라스틱은 가공성이 좋으며 공업화 재료로서 합리적이다.

25 굳지 않은 콘크리트의 반죽질기를 나타내는 지표는?

① 슬럼프   ② 침입도

③ 블리딩   ④ 레이턴스

해설 • 침입도 : 아스팔트의 품질검사 항목
• 블리딩 : 콘크리트를 틀(거푸집)에 부어 넣을 때 골재와 시멘트풀이 갈라지고 물이 위로 올라오는 현상
• 레이턴스 : 블리딩 현상으로 떠오른 미세물질의 얇은 막

26 일반적으로 목재의 심재부분이 변재부분보다 작은 것은?

① 비중   ② 강도

③ 신축성   ④ 내구성

해설 목재의 심재는 비중, 강도, 내구성이 크고 신축성은 작다.

27 알루미늄의 일반적인 성질에 대한 설명으로 바르지 않은 것은?

① 열반사율이 높다.

② 내화성이 부족하다.

③ 전성과 연성이 풍부하다.

④ 압연, 인발 등의 가공성이 나쁘다.

해설 알루미늄은 가공성과 내식성이 우수해 생활용품으로 많이 사용된다.

28 경화 콘크리트의 역학적 기능을 대표하는 것으로, 경화 콘크리트의 강도 중 일반적으로 가장 큰 것은?

① 휨강도   ② 압축강도

③ 인장강도   ④ 전단강도

해설 콘크리트의 강도란 압축강도를 의미한다.

29 중밀도 섬유판(MDF)에 대한 설명으로 틀린 것은?

① 밀도가 균일하다.

② 측면의 가공성이 좋다.

③ 표면에 무늬인쇄가 불가능하다.

④ 가구제조용 판상재료로 사용된다.

해설 MDF(Medium Density Fiberboard)는 톱밥 등 폐목재에 접착제를 섞어 고온의 열과 압력을 가해 만든 목재로 강도가 우수하고 형상 및 표면에 대한 가공성이 좋다.

30 주로 천연의 유기섬유를 원료로 한 원지에 스트레이트 아스팔트를 함침시켜 만든 아스팔트 방수 시트재는?

① 아스팔트 펠트

② 블로운 아스팔트

③ 아스팔트 프라이머

④ 아스팔트 루핑

해설 • 블로운 아스팔트 : 아스팔트 루핑의 표층, 지붕과 옥상 방수 및 아스콘의 재료로 사용된다.
• 아스팔트 프라이머 : 아스팔트를 휘발성 용제로 녹인 것으로 작업면의 접착력을 높이기 위해 사용된다.
• 아스팔트 루핑 : 펠트 양면에 블로운 아스팔트로 피복하고 표면에 방지제를 살포한 제품

31 다음 설명에 알맞은 목재 방부재는?

• 유성 방부재로 도장이 불가능하다.
• 독성은 적으나 자극적인 냄새가 있다.

① 크레오소트유

② 황산동 1% 용액

③ 염화아연 4% 용액

④ 펜타클로로페놀(PCP)

해설 황산동과 염화아연은 수성 방부재이며, PCP는 방부력이 우수하고 도장이 가능하다.

32 건축재료를 사용목적에 따라 분류할 때, 차단재료로 보기 힘든 것은?

① 실링재

② 아스팔트

③ 콘크리트

④ 글라스울

해설 차단재료 : 방수, 방습, 단열 등을 위해 사용되는 재료이다. 콘크리트는 구조재료이다.

33 자외선에 의한 화학작용을 피해야 하는 의류, 약품, 식품 등을 취급하는 장소에 사용되는 유리제품은?

① 열선반사유리

② 자외선흡수유리

③ 자외선투과유리

④ 저방사(low-E)유리

해설 • 열선반사유리 : 열선 에너지의 단열이 우수한 유리
• 자외선투과유리 : 자외선을 그대로 투과시키는 유리
• 저방사유리 : 열적외선의 반사율을 높인 유리로 로이유리라고도 한다.

34 금속의 방식방법에 대한 설명으로 틀린 것은?

① 큰 변형을 준 것은 가능한 한 풀림하여 사용한다.

② 가능한 한 이종금속과 인접하거나 접촉하여 사용하지 않는다.

③ 표면을 평활하고 깨끗하게 하며, 습윤상태를 유지하도록 한다.

④ 균질한 것을 선택하고 사용할 때 큰 변형을 주지 않도록 한다.

해설 금속의 표면은 항상 깨끗하고 물기나 습기가 없도록 건조한 상태를 유지해야 한다.

정답 29. ③ 30. ① 31. ① 32. ③ 33. ② 34. ③

35 시멘트의 응결에 대한 설명으로 바른 것은?

① 온도가 높을수록 응결이 낮아진다.

② 석고는 시멘트의 응결촉진제로 사용된다.

③ 시멘트에 가하는 수량이 많아지면 응결이 늦어진다.

④ 신선한 시멘트로서 분말도가 미세한 것일수록 응결이 늦어진다.

해설 시멘트의 응결
• 온도가 높을수록 응결이 빨라진다.
• 응결을 지연시켜야 할 경우 석고를 사용한다.
• 시멘트의 분말도가 미세할수록 응결이 빨라진다.

36 기본 점성이 크며 내수성, 내약품성, 전기절연성이 모두 우수한 만능형 접착제로, 금속, 플라스틱, 도자기, 유리, 콘크리트 등의 접합에 사용되는 것은?

① 에폭시 접착제

② 요소수지 접착제

③ 페놀수지 접착제

④ 멜라민수지 접착제

해설 • 요소수지 접착제 : 목재, 공작용 등
• 페놀수지 접착제 : 합판, 고무, 섬유 등
• 멜라민수지 접착제 : 고무, 유리 등

37 시멘트의 경화 중 체적 팽창으로 팽창 균열이 생기는 정도를 나타낸 것은?

① 풍화   ② 조립률

③ 안정성   ④ 침입도

해설 • 풍화 : 빛, 비, 바람 등 지속된 자연환경의 영향으로 변질되는 현상이다.
• 조립률 : 콘크리트에 사용되는 골재의 입도이다.
• 침입도 : 물질의 점도나 경도를 측정하는 지표로 아스팔트의 품질검사 항목이다.

38 다음 중 경량벽돌에 해당하는 것은?

① 다공벽돌   ② 내화벽돌

③ 광재벽돌   ④ 홍예벽돌

해설 경량벽돌은 점토에 톱밥 등의 유기재료를 혼합해 만든 것으로 톱질, 못질이 가능한 다공질벽돌이다.

39 회반죽에 여물을 사용하는 주된 이유는?

① 균열 방지   ② 경화 촉진

③ 크리프 증가   ④ 내화성 증가

해설 회반죽의 여물은 경화 시 균열을 완화시키고 박리현상을 방지한다.

40 석재를 인력으로 가공할 때 표면이 가장 거친 것에서 고운 순으로 맞게 나열한 것은?

① 혹두기 – 도드락다듬 – 정다듬 – 잔다듬 – 물갈기

② 정다듬 – 혹두기 – 잔다듬 – 도드락다듬 – 물갈기

③ 정다듬 – 혹두기 – 도드락다듬 – 잔다듬 – 물갈기

④ 혹두기 – 정다듬 – 도드락다듬 – 잔다듬 – 물갈기

해설 석재가공의 도구와 순서
혹두기(쇠메) → 정다듬(정) → 도드락다듬(도드락 망치) → 잔다듬(날망치) → 물갈기(숫돌)

41 1889년 프랑스 파리에 만든 에펠탑의 건축구조는?

① 벽돌구조

② 블록구조

③ 철골구조

④ 철근콘크리트구조

해설 에펠탑은 철골구조로 된 대표적인 철탑이다.

[에펠탑 하부의 일부분]

42 실시설계도에서 일반도에 속하지 않는 것은?

① 기초 평면도　　② 전개도
③ 부분 상세도　　④ 배치도

기초 평면도는 구조도에 속한다.

43 건축제도의 치수기입에 대한 설명으로 틀린 것은?

① 협소한 간격이 연속될 때에는 인출선을 사용하여 치수를 쓴다.
② 치수는 특별히 명시하지 않는 한 마무리 치수로 표시한다.
③ 치수기입은 치수선에 평행하게 도면의 왼쪽에서 오른쪽으로, 위에서 아래로 읽을 수 있도록 기입한다.
④ 치수기입은 항상 치수선 중앙 윗부분에 기입하는 것이 원칙이다.

도면의 치수는 왼쪽에서 오른쪽으로, 아래에서 위로 읽을 수 있도록 기입해야 한다.

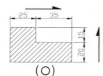 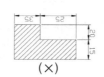

(O)　　　　　(X)

44 벽돌벽면의 치장줄눈 중 평줄눈은?

① 　　②

③ 　　④

① – 민줄눈, ③ – 빗줄눈, ④ – 내민줄눈

45 삼각자 1조로 만들 수 없는 각도는?

① 15°　　　　② 25°
③ 105°　　　④ 150°

삼각자는 45°와 60°자가 1조이다.

46 목구조에 사용되는 연결 철물에 대한 설명으로 바른 것은?

① 띠쇠는 ㄷ자형으로 된 철판에 못, 볼트 구멍이 뚫린 것이다.
② 감잡이쇠는 평보를 ㅅ자보에 달아맬 때 연결시키는 보강철물이다.
③ ㄱ자쇠는 가로재와 세로재가 직교하는 모서리부분에 직각이 맞도록 보강하는 철물이다.
④ 안장쇠는 큰 보를 따낸 후 작은 보를 걸쳐 받게 하는 철물이다.

• 띠쇠 : I자 모양으로 토대와 기둥, 평기둥과 층도리 등을 연결한다.
• 감잡이쇠 : ㄷ자 모양으로 왕대공과 평보를 연결한다.
• 안장쇠 : 안장 모양으로 큰 보에 작은 보를 걸치게 하는 철물이다.

47 2층 이상의 기둥 전체를 하나의 단일재로 사용하는 기둥으로 상하를 일체화시켜 수평력에 견디게 하는 기둥은?

① 통재기둥　　② 평기둥
③ 층도리　　　④ 샛기둥

• 평기둥 : 각 층에 배치하는 기둥
• 층도리 : 2층 이상의 건물에 각 층을 구분하는 가로 부재
• 샛기둥 : 평기둥 사이에 세우는 기둥

48 철근콘크리트구조의 1방향 슬래브의 최소 두께는 얼마인가?

① 80mm　　　② 100mm
③ 120mm　　④ 150mm

해설 1방향 슬래브의 최소 두께는 100mm 이상으로 한다.

49 실내를 입체적으로 실제와 같이 눈에 비치도록 그린 그림은?

① 평면도　　　② 투시도
③ 단면도　　　④ 전개도

해설
• 평면도 : 건축물을 횡으로 절단하여 표현한 도면
• 단면도 : 건축물을 종으로 절단하여 표현한 도면
• 전개도 : 실내의 벽면을 표현한 도면

50 KS F 1501에 따른 도면의 크기에 대한 설명으로 바른 것은?

① 접은 도면의 크기는 B4의 크기를 원칙으로 한다.
② 제도지를 묶기 위한 여백은 35mm로 하는 것이 기본이다.
③ 도면은 그 길이 방향을 좌우방향으로 놓은 것을 정위치로 한다.
④ 제도용지의 크기는 KS M ISO 216의 B열의 B0~B6에 따른다.

해설
• 접은 도면의 크기는 A4의 크기를 원칙으로 한다.
• 제도지를 묶기 위한 여백은 25mm로 하는 것이 기본이다.
• 제도용지의 크기는 KS A 5201에 따라 A0~A4에 따른다.

51 철골구조에서 단일재를 사용한 기둥은?

① 형강 기둥
② 플레이트 기둥
③ 트러스 기둥
④ 래티스 기둥

해설
• 단일재 기둥 : 형강 기둥(I형강, H형강을 사용)
• 복합재 기둥 : 플레이트 기둥, 트러스 기둥, 래티스 기둥 등

52 속 빈 콘크리트 블록에서 A종 블록의 전단 면적에 대한 압축강도는 최소 얼마 이상이어야 하는가?

① 4MPa　　　② 6MPa
③ 8MPa　　　④ 10MPa

해설 블록의 전단 면적에 대한 압축강도
A종 : 4MPa, B종 : 6MPa, C종 : 8MPa

53 그림과 같은 평면 표시기호는?

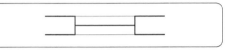

① 접이문　　　② 망사문
③ 미서기창　　④ 붙박이창

해설 창호 기호의 표시

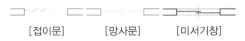

[접이문]　　　[망사문]　　　[미서기창]

54 제도지의 치수 중 틀린 것은?(단, 보기항의 치수는 mm임)

① A0−841×1,189
② A1−594×841
③ A2−420×594
④ A3−210×297

해설 제도용지의 규격

종류	A0	A1	A2	A3	A4
치수	1,189× 841	841× 594	594× 420	420× 297	297× 210
테두리선 여백	10	10	10	5	5

55 건축 도면에서 주로 사용되는 축척이 아닌 것은?

① 1/25　　　② 1/35
③ 1/50　　　④ 1/100

해설 건축제도의 척도
- 실척 : 1/1
- 축척 : 1/2, 1/3, 1/4, 1/5, 1/10, 1/20, 1/25, 1/30, 1/40, 1/50, 1/100, 1/200, 1/250, 1/300, 1/500, 1/600, 1/1000, 1/1200, 1/2000, 1/2500, 1/3000, 1/5000, 1/6000
- 배척 : 2/1, 5/1

56 건축설계도면에서 전개도에 대한 설명으로 틀린 것은?

① 각 실 내부의 의장을 명시하기 위해 작성하는 도면이다.

② 각 실에 대하여 벽체 및 문의 모양을 그려야 한다.

③ 일반적으로 축척은 1/200 정도로 한다.

④ 벽면의 마감재료 및 치수를 기입하고, 창호의 종류와 치수를 기입한다.

해설 전개도는 실내 벽면의 형태, 마감 등을 표시하는 도면으로 1/50 축척을 적용해 작성한다.

57 다음의 평면 표시기호가 나타내는 것은?

① 셔터달린창   ② 오르내리창
③ 주름문   ④ 미들창

해설
- 오르내리창 :
- 주름문 :
- 미들창 :

58 인장재에 대한 저항력이 작은 콘크리트에 미리 긴장재에 의한 압축력을 가하여 만든 구조는?

① PEB구조

② 판조립식 구조

③ 철골철근콘크리트구조

④ 프리스트레스트 콘크리트구조

해설 프리스트레스트 콘크리트(prestressed concrete)
콘크리트는 인장강도가 작으므로 인장력이 생기는 부분에 미리 강도를 증가시킨다.

59 철골구조에서 주요 구조체의 접합방법으로 최근 거의 사용되지 않는 것은?

① 고력볼트접합

② 리벳접합

③ 용접

④ 고력볼트와 맞댄 용접의 병용

해설 리벳을 사용한 접합은 시공상에 따른 강도의 영향이 크며 작업 시 능률이 떨어지며 소음이 크다.

60 철골구조에 대한 설명으로 틀린 것은?

① 철골구조는 하중을 전달하는 주요 부재인 보나 기둥 등을 강재를 이용하여 만든 구조이다.

② 철골구조를 재료상 라멘구조, 가새골조구조, 튜브구조, 트러스구조 등으로 분류할 수 있다.

③ 철골구조는 일반적으로 부재를 접합하여 뼈대를 구성하는 가구식 구조이다.

④ 내화피복을 필요로 한다.

해설 라멘구조, 가새골조구조, 튜브구조, 트러스구조는 구조형식에 의한 분류이다.

CBT 필기시험 안내 및 기출 복원문제

큐넷의 CBT 필기시험 체험하기

부록
II

SECTION 1 새로 도입된 CBT 시험방식

2016년 4회까지는 시험지(종이)와 OMR 답안카드를 사용한 PBT 시험방식으로 시험 종료 이후 시험지를 가지고 퇴실할 수 있었지만 2016년 5회부터는 시험방식이 CBT시험으로 변경되었다.

(1) CBT시험

전자문제지인 CBT(Computer Based Testing) 형식으로 변경되었다. 컴퓨터용 사인펜으로 마킹하는 방법이 아닌 모니터 화면으로 문제를 풀고 답을 체크하면서 진행한다. 컴퓨터를 사용한 시험이므로 시험결과를 바로 확인할 수 있다.

(2) CBT시험 과정

❶ 수험자 정보확인

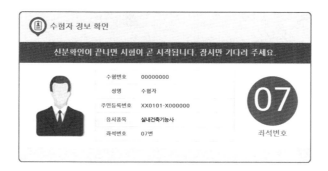

❷ 안내 및 유의사항 등을 확인

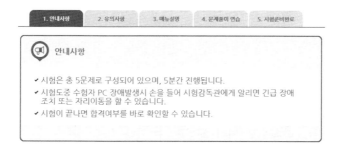

❸ 문제의 보기 번호나 답안 표기란의 번호를 클릭해 시험 진행

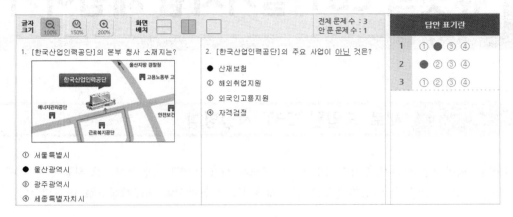

❹ 답안 제출

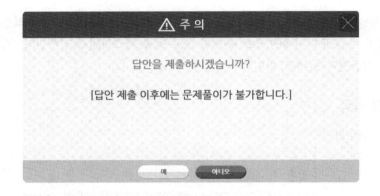

❺ 결과 확인

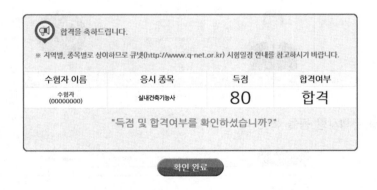

(3) CBT시험 체험하기

한국산업인력공단이 운영하는 국가 자격증·시험정보 포털사이트 "큐넷"에서 실제로 시험을 응시하는 것과 동일한 환경으로 미리 체험할 수 있다.

① "큐넷"을 검색하여 홈페이지에 접속한다.

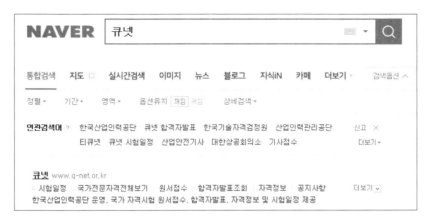

② 큐넷 홈페이지 우측 아래에서 **CBT 체험하기** 버튼을 클릭한다.

③ **CBT 필기 자격시험 체험하기** 버튼을 클릭해 CBT시험 가상체험을 시작한다. 필기시험 응시 전 필히 큐넷의 CBT웹체험 서비스를 이용해서 실제 시험에서 당황하는 일이 없도록 한다.

❶ 수험번호와 성명을 확인한다.

❷ 시험 도중 수험자의 PC에 장애가 발생한 경우 손을 들어 시험감독관에게 알려 조치를 취하거나 자리를 이동한다.

❸ 답은 각 문제마다 요구하는 가장 적합한 답 1개만 선택한다.

❹ 부정행위는 퇴실 조치 및 시험무효, 3년간 응시자격이 정지된다.

❺ 시험 진행 시 부정행위를 하지 않도록 한다.

자격종목	시험시간	학습일자	점 수
실내건축기능사	60분		

본 문제는 2017년도 시험에 응시한 수험생의 기억을 토대로 기출문제와 출제범위 내에서 재구성한 문제입니다. 실제 출제되었던 문제와 다소 차이가 있을 수 있습니다.

▌정답 및 해설 ▶ 529쪽 ▌

01 일반적으로 규칙적인 요소들의 반복으로 디자인에 시각적인 질서를 부여하는 통제된 운동감각을 의미하는 디자인의 원리는?

① 리듬 ② 통일
③ 강조 ④ 균형

02 창유리의 일반적인 강도는 어떤 강도를 뜻하는가?

① 압축강도 ② 휨강도
③ 전단강도 ④ 인장강도

03 콘크리트 내부에 미세한 독립된 기포를 발생시켜 콘크리트의 작업성 및 동결융해 저항성을 향상시키기 위한 혼화제는?

① AE제 ② 플라이애시
③ 기포제 ④ 유동화제

04 일종의 스프링 힌지로 전화부스나 공중화장실에 사용되는 것으로 완전히 닫히지 않고 약간 열린 상태로 유지시키는 창호 철물은?

① 도어체크 ② 도어스톱
③ 레버터리 힌지 ④ 플로어 힌지

05 물체의 밀도가 1kg/m³라 하면 이 물체의 비중은 얼마인가?

① 0.1 ② 0.01
③ 0.001 ④ 0.0001

06 다음 아스팔트 중 석유계 아스팔트에 해당되는 것은?

① 스트레이트 아스팔트
② 레이크 아스팔트
③ 록 아스팔트
④ 아스팔타이트

07 실제 16m의 거리를 축척 1/200로 도면에 작성하면 얼마의 길이로 표시되는가?

① 8mm ② 80mm
③ 4mm ④ 40mm

08 벽과 같은 고체를 통하여 유체(공기)에서 유체로 열이 전해지는 현상은?

① 대류 ② 전도
③ 관류 ④ 복사

09 건축제도의 치수기입에 관한 설명으로 옳지 않은 것은?

① 치수는 특별히 명시하지 않는 한 마무리 치수로 표시한다.
② 치수기입은 치수선 중앙 윗부분에 기입하는 것이 원칙이다.
③ 협소한 간격이 연속될 때에는 인출선을 사용하여 치수선을 쓴다.
④ 치수의 단위는 cm를 원칙으로 하고, 이때 단위기호는 쓰지 않는다.

10 상점 기본 계획 시 상점구성 방법으로 옳지 않은 것은? (AIDMA법칙)

① A : Attention(주의)
② I : Interest(흥미)
③ D : Desire(욕망)
④ M : Money(금전)

11 다음 그림은 어떤 창호의 평면기호인가?

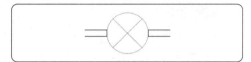

① 쌍여닫이문
② 여닫이문
③ 회전문
④ 아코디언문

12 다음 중 점토제품으로 보기 어려운 것은?

① 자기질 타일
② 테라코타
③ 내화벽돌
④ 테라초

13 천장, 벽의 구조체에 의해 광원의 빛이 천장 또는 벽면으로 가려지게 하여 반사광으로 간접조명인 방식은?

① 광천장 조명
② 코브 조명
③ 국부 조명
④ 코니스 조명

14 주택의 부엌가구 배치 유형 중 실내의 벽면을 이용하여 작업대를 배치한 형식으로 작업면이 넓어 효율이 가장 좋은 형식은?

① 일자형
② L자형
③ ㄷ자형
④ 아일랜드형(섬형)

15 건축재료에서 물체에 외력이 작용하면 순간적으로 변형이 생겼다가 외력을 제거하면 원래의 상태로 되돌아가는 성질은?

① 탄성
② 소성
③ 점성
④ 연성

16 주택의 설계방향으로 옳지 않은 것은?

① 가족 본위의 주거
② 가사노동의 절감
③ 넓은 주거공간의 지향
④ 생활의 쾌적함 증대

17 스툴의 종류 중 편안한 휴식을 위해 발을 올려놓는 가구는?

① 세티
② 오토만
③ 카우치
④ 체스터필드

18 건축재료 중 구조재료에 가장 요구되는 성능은?

① 외관이 좋은 것이어야 한다.
② 열전도율이 큰 것이어야 한다.
③ 재질이 균일하고 강도가 큰 것이어야 한다.
④ 탄력성이 있고 마멸이나 미끄럼이 적은 것이어야 한다.

19 다음 설명에 알맞은 지각심리 원리는?

> 유사한 배열로 구성된 형들이 방향성을 지니고 연속되어 보이는 하나의 그룹으로 지각되는 법칙으로 공동운명의 법칙이라고도 한다.

① 연속성의 원리
② 폐쇄성의 원리
③ 유사성의 원리
④ 근접성의 원리

20 공동(空胴)의 대형 점토제품으로 난간벽, 돌림대, 창대 등에 사용되는 것은?

① 타일
② 도관
③ 테라초
④ 테라코타

21 강의 열처리 방법으로 옳지 않은 것은?

① 불림　　　　　② 단조
③ 풀림　　　　　④ 담금질

22 다음 설명에 해당되는 종이의 종류는?

실시 도면을 작성할 때 사용되는 원도지로 연필을 이용하여 그린다. 투명성이 있고 경질이며 청사진 작업이 가능하고 오랫동안 보관 할 수 있으며 수정이 용이한 종이로 건축제도에 많이 사용된다.

① 켄트지　　　　② 방안지
③ 백상지　　　　④ 트레이싱지

23 석재의 인력에 의한 표면가공 순서로 옳은 것은?

① 흑두기 → 정다듬 → 도드락다듬 → 잔다듬 → 물갈기
② 흑두기 → 도드락다듬 → 정다듬 → 잔다듬 → 물갈기
③ 정다듬 → 흑두기 → 잔다듬 → 도드락다듬 → 물갈기
④ 흑두기 → 잔다듬 → 정다듬 → 도드락다듬 → 물갈기

24 제도용지의 규격에 있어서 세로와 가로의 비로써 옳은 것은?

① $1 : \sqrt{2}$　　　② $1 : 2$
③ $1 : \sqrt{3}$　　　④ $1 : 3$

25 조적조 벽체에서 표준형 벽돌 1.5B 쌓기의 두께로 옳은 것은? (단, 공간쌓기가 아닌 경우)

① 190mm　　　② 220mm
③ 280mm　　　④ 290mm

26 유닛 가구(unit furniture)에 관한 설명으로 틀린 것은?

① 필요에 따라 가구의 형태를 변화시킬 수 있다.
② 특정한 사용목적이나 많은 물품을 수납하기 위해 건축화된 가구이다.
③ 공간의 조건에 맞도록 조합시킬 수 있으므로 공간의 이용 효율을 높일 수 있다.
④ 단일가구를 원하는 형태로 조합하여 사용할 수 있으므로 다목적으로 사용이 가능하다.

27 특정한 사용목적이나 많은 물품을 수납하기 위해 건축화된 가구로서 빌트인 가구라고도 불리는 가구는?

① 작업용 가구　　② 붙박이 가구
③ 이동식 가구　　④ 조립식 가구

28 실내디자인 진행 과정에 있어서 가장 먼저 선행되어야 하는 작업은 ?

① 조건파악　　　② 기본계획
③ 기본설계　　　④ 실시설계

29 변성암의 일종으로 석질이 치밀하며 색과 무늬가 아름답고 연마하면 아름다운 광택이 있어 실내장식용 건축재로 많이 사용되는 것은?

① 화강암　　　　② 대리석
③ 사암　　　　　④ 석회암

30 약동감, 생동감 넘치는 에너지와 운동감과 속도감을 주나 너무 많으면 불안정한 느낌을 주는 선의 종류는?

① 사선　　　　　② 곡선
③ 수직선　　　　④ 수평선

부록 II

31 20kg의 골재가 있다. 5mm 체에 몇 kg 이상 통과하여야 잔골재라 할 수 있는가?

① 10kg   ② 13kg

③ 15kg   ④ 17kg

32 건물의 외벽, 창, 지붕 등에 설치하여 인접 건물에 화재가 발생한 경우 수막을 형성함으로써 화재의 연소를 방지하는 설비는?

① 스프링클러   ② 드렌처

③ 연결살수설비   ④ 옥내소화전

33 안전유리의 종류로 판유리를 약 600℃의 온도로 가열하였다가 급랭시킨 유리는?

① 고온유리   ② 복층유리

③ 무늬유리   ④ 강화유리

34 보통 포틀랜드 시멘트보다 C_3S나 석고 성분이 많고 분말도가 높아 조기에 강도가 발휘되는 시멘트는?

① 고로 시멘트

② 백색 포틀랜드 시멘트

③ 중용열 포틀랜드 시멘트

④ 조강 포틀랜드 시멘트

35 건축법에 따른 초고층 건물의 기준으로 옳은 것은?

① 층수가 20층 이상이거나 높이가 50m 이상인 건축물

② 층수가 30층 이상이거나 높이가 100m 이상인 건축물

③ 층수가 50층 이상이거나 높이가 200m 이상인 건축물

④ 층수가 100층 이상이거나 높이가 400m 이상인 건축물

36 주택에서 부엌의 일부에 간단한 식탁을 설치하거나 식당과 부엌을 하나의 공간에 구성하는 형식은?

① 다이닝 포치

② 리빙 다이닝

③ 다이닝 키친

④ 리빙 다이닝 키친

37 건축도면을 작도할 때 우리나라에서 사용되는 투상법은?

① 제1각법   ② 제2각법

③ 제3각법   ④ 제4각법

38 다음 지붕의 형식 중 주택에 일반적으로 사용되는 지붕이 아닌 것은?

① 박공지붕   ② 모임지붕

③ 합각지붕   ④ 톱날지붕

39 직경 13mm의 이형철근을 200mm 간격으로 배치할 때 도면표시 방법으로 옳은 것은?

① D13#200   ② D13@200

③ ∅13#200   ④ ∅13@200

40 바닥 등의 슬래브를 케이블로 달아매는 특수구조는?

① 공기막구조   ② 셸구조

③ 커튼월구조   ④ 현수구조

41 벽돌벽 등에 장식적으로 사각형이나 십자형태의 구멍을 내어 쌓는 것으로 담장에 많이 사용되는 쌓기법은?

① 무늬쌓기   ② 공간쌓기

③ 내어쌓기   ④ 영롱쌓기

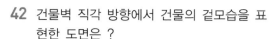

42 건물벽 직각 방향에서 건물의 겉모습을 표현한 도면은 ?

① 평면도　　　　② 단면도
③ 입면도　　　　④ 배치도

43 목구조의 왕대공 지붕틀에서 압축력과 휨모멘트를 동시에 받는 부재는?

① ㅅ자보　　　　② 빗대공
③ 평보　　　　　④ 중도리

44 기온, 습도, 기류의 3요소의 조합에 의한 실내 온열감각을 기온의 척도로 나타낸 것은?

① 유효온도　　　② 작용온도
③ 등가온도　　　④ 불쾌지수

45 건축제도에서 선긋기에 관한 설명으로 옳지 않은 것은?

① 한번 그은 선은 중복해서 긋지 않는다.
② 굵은 선의 굵기는 0.8mm 정도면 적당하다.
③ 시작부터 끝까지 일정한 힘을 주어 일정한 속도로 긋는다.
④ 용도에 따른 선의 굵기는 축척과 도면의 크기에 관계없이 동일하게 한다.

46 10cm×10cm인 목재를 40KN의 힘으로 잡아당겼을 때 끊어졌다면, 이 목재의 인장강도는 얼마인가?

① 4MPa　　　　② 40MPa
③ 400MPa　　　④ 4000MPa

47 회반죽 바름은 공기 중의 어느 성분과 작용하여 경화하는가?

① 산소　　　　　② 탄산가스
③ 질소　　　　　④ 수소

48 액화석유가스(LPG)에 관한 설명으로 옳지 않은 것은?

① 공기보다 가볍다.
② 용기(bomb)에 넣을 수 있다.
③ 가스 절단 등 공업용으로도 사용된다.
④ 프로판가스(propane gas)라고도 한다.

49 목조벽체를 수평력에 견디게 하고 안정한 구조로 하는 데 필요한 부재는?

① 멍에　　　　　② 장선
③ 가새　　　　　④ 동바리

50 돌쌓기 시 1켜의 높이는 모두 동일한 것을 쓰고 수평줄눈이 일직선으로 통하게 쌓는 돌쌓기 방식은?

① 바른층쌓기
② 허튼층쌓기
③ 층지어쌓기
④ 허튼쌓기

51 다음과 같은 조건에서 철근콘크리트보의 중량은?

> • 보 단면의 너비 : 40cm
> • 보의 춤 : 60cm
> • 보의 길이 : 900cm
> • 철근콘크리트보의 단위중량 : 2,400kg/m³

① 5,184kg　　　② 518.4kg
③ 2,592kg　　　④ 259.2kg

52 철근콘크리트구조의 슬래브에서 단변을 lx, 장변을 ly라 할 때 2방향 슬래브에 해당되는 기준은?

① ly / lx ≥ 1　② ly / lx ≤ 1
③ ly / lx ≥ 2　④ ly / lx ≤ 2

53 석재의 표면을 구성하고 있는 조직을 무엇이라 하는가?

① 석목
② 석리
③ 층리
④ 도리

54 1,200형 에스컬레이터의 공칭 수송능력은?

① 4,800인/h
② 6,000인/h
③ 7,200인/h
④ 9,000인/h

55 벽돌 벽체 내쌓기에서 벽돌을 2켜씩 내쌓기 할 경우 내쌓는 부분의 길이는 얼마 이내로 하는가?

① $\frac{1}{2}$B
② $\frac{1}{4}$B
③ $\frac{1}{6}$B
④ $\frac{1}{8}$B

56 보강콘크리트블록조에서 내력벽의 벽량은 최소 얼마 이상으로 하여야 하는가?

① 10cm/m^2
② 15cm/m^2
③ 18cm/m^2
④ 21cm/m^2

57 다음 중 건축도면의 표시기호와 표시사항의 연결이 옳지 않은 것은?

① ϕ – 반지름
② V – 용적
③ Wt – 무게
④ THK – 두께

58 건축제도에서 보이지 않는 부분을 표시하는 데 사용하는 선의 종류는?

① 파선
② 1점쇄선
③ 2점쇄선
④ 가는 실선

59 다음 설명에 알맞은 아파트 평면 형식은?

- 프라이버시 확보가 유리하다.
- 통행부의 면적이 작아 건물의 이용도가 높다.
- 좁은 대지에서 집약적 주거형식이 가능하다.

① 편복도형
② 중복도형
③ 계단실형
④ 집중형

60 공간을 폐쇄적으로 완전 차단하지 않고 공간의 영역을 분할하는 상징적 분할에 이용되는 것은?

① 커튼
② 고정벽
③ 블라인드
④ 바닥의 높이 차

자격종목	시험시간	학습일자	점 수
실내건축기능사	60분		

본 문제는 2018년도 시험에 응시한 수험생의 기억을 토대로 기출문제와 출제범위 내에서 재구성한 문제입니다. 실제 출제되었던 문제와 다소 차이가 있을 수 있습니다.

▌정답 및 해설 ▶ 533쪽▌

부록 II

01 점토의 성질에 대한 설명으로 옳지 않은 것은?

① 주성분은 실리카와 알루미나이다.
② 양질의 점토는 습윤상태에서 현저한 가소성을 나타낸다.
③ 비중은 일반적으로 2.5~2.6 정도이다.
④ 인장강도는 압축강도의 약 5배이다.

02 합성수지의 일반적인 성질에 대한 설명으로 맞지 않은 것은?

① 가소성, 가공성이 크다.
② 내화, 내열성이 작고 비교적 저온에서 연화, 연질된다.
③ 흡수성이 크고 전성, 연성이 작다.
④ 내산, 내알칼리 등의 내화학성 및 전기절연성이 우수한 것이 많다.

03 프리스트레스트 콘크리트구조의 특징이 아닌 것은?

① 스팬을 길게 할 수 있어서 넓은 공간을 설계할 수 있다.
② 부재 단면의 크기를 작게 할 수 있고 진동이 없다.
③ 공기를 단축하고 시공 과정을 기계화할 수 있다.
④ 고강도 재료를 사용하므로 강도와 내구성이 크다.

04 다음 중 가구식 구조는 어느 것인가?

① 돌구조
② 벽돌구조
③ 철근콘크리트구조
④ 철골구조

05 다음 중 열경화성수지에 포함되는 것은?

① 페놀수지
② 염화비닐수지
③ 폴리아미드수지
④ 스티롤수지

06 다음 특징을 가진 유리제품은?

> • 2장 또는 3장의 유리를 일정한 간격을 두고 겹치고 그 주변을 금속테로 감싸붙여 내부의 공기를 빼고 청정한 완전건조공기를 넣어 만든다.
> • 단열, 방서, 방음 효과가 크고, 결로방지용으로도 우수하다.

① 망입유리   ② 접합유리
③ 복층유리   ④ 내열유리

07 다음 중 석유계 아스팔트에 포함되는 것은?

① 스트레이트 아스팔트
② 레이크 아스팔트
③ 록 아스팔트
④ 아스팔타이트

08 파티클(particle)보드에 대한 설명으로 틀린 것은?

① 합판에 비하여 면내 강성은 떨어지나 휨 강도는 우수하다.

② 폐재, 부산물 등 저가치재를 이용하여 넓은 면적의 판상제품을 만들 수 있다.

③ 목재 및 기타 식물의 섬유질소편에 합성수지 접착제를 도포하여 가열 압착 성형한 판상제품이다.

④ 수분이나 고습도에 대하여 그다지 강하지 않기 때문에 이와 같은 조건하에서 사용하는 경우에는 방습 및 방수처리가 필요하다.

09 치수표시에 관한 설명으로 맞지 않은 것은?

① 협소한 간격이 연속될 때에는 인출선을 사용한다.

② 필요한 치수의 기재가 누락되는 일이 없도록 한다.

③ 치수는 특별히 명시하지 않은 한 마무리 치수로 표시한다.

④ 치수는 치수선을 중단하고 선의 중앙에 기입한다.

10 건축구조의 특성으로 틀린 것은?

① 목구조는 시공이 용이하며 외관이 미려, 경쾌하나 내구성이 부족하다.

② 블록구조는 외관이 장중하고, 횡력에 강하나 내화성이 부족하다.

③ 철근콘크리트구조는 내진, 내화, 내구성이 우수하나 중량이 무겁고 공기가 길다.

④ 철골구조는 고층건축에 적합하나 내화성이 부족하고 공사비가 고가이다.

11 붙박이 가구 시스템을 디자인할 경우, 다음의 고려사항 중 적당하지 않은 것은?

① 기능의 편리성

② 분산적 배치

③ 크기의 비례와 조화

④ 실내 마감재료로서 조화

12 다음 중 용접결합이 아닌 것은?

① 언더컷(under cut)

② 오버랩(over lap)

③ 크랙(crack)

④ 클리어런스(clearance)

13 석재에 대한 설명으로 틀린 것은?

① 압축강도가 크고 불연성이다.

② 가공이 용이하고 가구재로 적합하다.

③ 내구성, 내화학성, 내마모성이 우수하다.

④ 화강암은 화열에 닿으면 균열이 발생하여 파괴된다.

14 골재의 성인에 의한 분류 중 인공골재에 속하는 것은?

① 강모래   ② 산모래

③ 중정석   ④ 부순모래

15 선의 종류에 따른 용도로 바르지 않은 것은?

① 실선 – 물체의 보이는 부분을 나타내는 데 사용

② 파선 – 물체의 보이지 않는 부분의 모양을 표시하는 데 사용

③ 1점쇄선 – 물체의 절단한 위치를 표시하거나 경계선으로 사용

④ 2점쇄선 – 물체의 중심축, 대칭축을 표시하는 데 사용

16 표준형 점토벽돌의 크기로 올바른 것은?

① 190mm×90mm×57mm

② 210mm×100mm×60mm

③ 190mm×90mm×60mm

④ 210mm×100mm×57mm

17 척도에 관한 설명으로 알맞은 것은?

① 축척은 실물보다 크게 그리는 척도이다.

② 실척은 실물보다 작게 그리는 척도이다.

③ 배척은 실물과 같게 그리는 척도이다.

④ NS(No Scale)는 그림의 형태가 치수에 비례하지 않는 것을 뜻한다.

18 KS(1501) 건축제도 통칙에서 도면에 쓰이는 기호와 그 표시사항의 연결이 틀린 것은?

① THK – 두께 ② L – 길이

③ R – 반지름 ④ V – 너비

19 다음 중 건축제도용구로 알맞지 않은 것은?

① 스케일 ② 원형 템플릿

③ 스캐너 ④ 컴퍼스

20 주택의 부엌가구 배치 유형 중 실내의 벽면을 이용하여 작업대를 배치한 형식으로 작업면이 넓어 효율이 가장 좋은 형식은?

① 일자형 ② L자형

③ ㄷ자형 ④ 아일랜드형(섬형)

21 건축 재료에서 물체에 외력이 작용하면 순간적으로 변형이 생겼다가 외력을 제거하면 원래의 상태로 되돌아가는 성질은?

① 탄성 ② 소성

③ 점성 ④ 연성

22 보통 포틀랜드 시멘트보다 C_3S나 석고 성분이 많고 분말도가 높아 조기에 강도가 발휘되는 시멘트는?

① 고로 시멘트

② 백색 포틀랜드 시멘트

③ 중용열 포틀랜드 시멘트

④ 조강 포틀랜드 시멘트

23 주택 부엌의 크기 결정 요소에 속하지 않는 것은?

① 가족 수

② 대지 면적

③ 주택 연면적

④ 작업대의 면적

24 다음 설명에 알맞은 석재의 종류는?

> • 청회색 또는 흑색으로 흡수율이 작고 대기 중에서 변색, 변질하지 않는다.
> • 석질이 치밀하고 박판으로 채취할 수 있어 슬레이트로서 지붕 등에 사용된다.

① 응회암 ② 사문암

③ 점판암 ④ 대리석

25 KS(1501)기준 건축제도에 사용되는 척도로 틀린 것은?

① 1/5 ② 1/10

③ 1/15 ④ 1/25

26 다음 중 벽돌구조의 장점에 해당하는 것은?

① 내화, 내구적이다.

② 횡력에 강하다.

③ 고층 건축물에 적합한 구조이다.

④ 실내면적이 타 구조에 비해 매우 크다.

27 플라스틱 재료의 일반적 성질로 바르지 않은 것은?

① 내열성, 내화성이 적다.
② 전기절연성이 우수하다.
③ 흡수성이 적고 투수성이 거의 없다.
④ 가공이 불리하고 공업화 재료로는 불합리하다.

28 건축재료를 사용목적에 따라 분류할 때, 차단재료로 보기 힘든 것은?

① 실링재   ② 아스팔트
③ 콘크리트   ④ 글라스울

29 시멘트의 경화 중 체적 팽창으로 팽창 균열이 생기는 정도를 나타낸 것은?

① 풍화   ② 조립률
③ 안정성   ④ 침입도

30 미장재료인 회반죽에 여물을 사용하는 주된 이유는?

① 균열 방지   ② 경화 촉진
③ 크리프 증가 ④ 내화성 증가

31 다음 중 선의 굵기가 가장 굵어야 하는 것은?

① 절단선   ② 지시선
③ 외형선   ④ 경계선

32 다음 설명에 알맞은 창은?

> • 크기와 형태에 제약 없이 자유로이 디자인할 수 있다.
> • 창을 통한 환기가 불가능하다.

① 고정창   ② 미닫이창
③ 여닫이창   ④ 오르내리창

33 다음 중 대면판매형식의 적용이 가장 적절한 상품은?

① 서적   ② 침구
③ 의류   ④ 귀금속

34 촉각 또는 시각으로 지각할 수 있는 어떤 물체 표면상의 특징을 뜻하는 것은?

① 색채   ② 채도
③ 질감   ④ 패턴

35 상점의 쇼윈도 평면형식에 해당되지 않는 것은?

① 홀형   ② 만입형
③ 다층형   ④ 돌출형

36 상업공간의 동선계획으로 바르지 않은 것은?

① 종업원동선은 길이를 짧게 한다.
② 고객동선은 행동의 흐름이 막힘이 없도록 한다.
③ 종업원동선은 고객동선과 교차되지 않도록 한다.
④ 고객동선은 길이를 될 수 있는 대로 짧게 한다.

37 주관적 온열요소인 인체의 활동상태의 단위로 사용되는 것은?

① clo   ② met
③ m/s   ④ MRT

38 건축물의 밑바닥 전부를 일체화하여 두꺼운 기초판으로 구축한 기초의 명칭은?

① 온통기초   ② 연속기초
③ 복합기초   ④ 독립기초

39 건축제도에 필요한 제도용구와 설명이 바르게 연결된 것은?

① T자 – 주로 철재로 만들며, 원형을 그릴 때 사용한다.

② 운형자 – 합판을 많이 사용하며 원호를 그릴 때 주로 사용한다.

③ 자유곡선자 – 원호 이외의 곡선을 자유자재로 그릴 때 사용한다.

④ 삼각자 – 플라스틱 재료로 많이 만들며, 15°, 50°의 삼각자 두 개를 한 쌍으로 많이 사용한다.

40 다음 중 목재면의 투명 도장 등 주로 내부용으로 사용되는 도료는?

① 수성페인트

② 유성페인트

③ 래커 에나멜

④ 클리어 래커

41 할로겐 램프에 대한 설명으로 틀린 것은?

① 휘도가 낮다.

② 백열전구에 비해 수명이 길다.

③ 연색성이 좋고 설치가 용이하다.

④ 흑화가 거의 일어나지 않고 광속이나 색온도의 저하가 극히 적다.

42 유사조화에 대한 설명으로 바른 것은?

① 강력, 화려함, 남성적인 이미지를 준다.

② 다양한 주제와 이미지들이 요구될 때 주로 사용된다.

③ 대비보다 통일에 조금 더 치우쳐 있다고 볼 수 있다.

④ 질적, 양적으로 전혀 상반된 두 개의 요소가 조화를 이루는 경우에 주로 나타난다.

43 비철금속 중 동(copper)에 대한 설명으로 틀린 것은?

① 가공성이 풍부하다.

② 열과 전기의 양도체이다.

③ 건조한 공기 중에서는 산화하지 않는다.

④ 염수 및 해수에는 침식되지 않으나 맑은 물에는 빨리 침식된다.

44 실내공간의 바닥에 대한 설명으로 틀린 것은?

① 공간을 구성하는 수평적 요소이다.

② 신체와 직접 접촉되는 부분이므로 촉감을 고려한다.

③ 노인이 거주하는 실내에서는 바닥의 높이 차가 없는 것이 좋다.

④ 바닥면적이 좁을 경우 바닥에 높이 차를 두는 것이 공간을 넓게 보이는 데 효과적이다.

45 일조의 직접적인 효과로 볼 수 없는 것은?

① 광 효과

② 열 효과

③ 조망 효과

④ 보건·위생적 효과

46 실내디자인의 가장 중요한 목표는 생활공간을 쾌적하게 하는 것인데 이를 위해 일반적으로 가장 우선시 되어야 하는 것은?

① 기능　　　　② 미

③ 개성　　　　④ 유행

47 음의 고저(pitch)를 결정하는 요소는?

① 음속　　　　② 음색

③ 주파수　　　④ 잔향시간

48 주거공간을 주행동에 의해 구분할 경우, 다음 중 사회적 공간에 포함되는 것은?

① 거실　　　　② 침실
③ 욕실　　　　④ 서재

49 다음과 같은 특징을 갖는 동합금은?

- 일명 놋쇠라고도 한다.
- 주로 동 70%와 아연 30%로 된 합금을 말한다.
- 논슬립, 줄눈대, 코너비드 등에 사용된다.

① 황동　　　　② 단동
③ 청동　　　　④ 포금

50 목재의 결점 중 성장 중에 가지가 말려들어가서 만들어진 것으로 주위의 목질과 단단히 연결되어 있어 강도에는 영향이 미치지 않는 것은?

① 지선　　　　② 산옹이
③ 수지낭　　　④ 컴프레션 페일러

51 제도용 지우개가 갖추어야 할 조건으로 틀린 것은?

① 지운 후 지우개 색이 남지 않을 것
② 부드러울 것
③ 지운 부스러기가 적고 지우개의 경도가 클 것
④ 종이 면을 거칠게 상처내지 않을 것

52 개방형 공간구성의 특징으로 올바른 것은?

① 공간사용의 융통성과 극대화
② 프라이버시 보장과 에너지 절약
③ 조직화를 통한 시각적 모호함 제거
④ 복수의 구성요소의 독립적 공간 확보

53 원룸 주택 설계 시 고려해야 할 상황으로 바르지 않은 것은?

① 내부공간을 효율적으로 활용한다.
② 환기를 고려한 설계가 이루어져야 한다.
③ 사용자에 대한 특성을 충분히 파악한다.
④ 원룸이므로 활동공간과 취침공간을 구분하지 않는다.

54 공간의 환기횟수를 계산하는 방법으로 올바른 것은?

① 환기량/실용적
② 실용적/환기량
③ 환기시간/실용적
④ 실용적/환기시간

55 개구부의 너비가 크거나 상부의 하중이 클 때에 인방돌의 뒷면에 강재로 보강하는 이유로 알맞은 것은?

① 석재는 휨모멘트에 약하므로
② 석재는 전단력이 약하므로
③ 석재는 압축력이 약하므로
④ 석재는 수직력이 약하므로

56 실내건축 설계 시 일반적으로 가장 먼저 작성되는 도면은?

① 평면도　　　　② 천장도
③ 단면도　　　　④ 전개도

57 지붕의 빗물을 받아 지반으로 보내기 위한 것으로 원형, 사각형 모양을 1.2m 간격으로 벽면에 고정시켜 설치하는 것은?

① 선홈통　　　　② 처마홈통
③ 낙수받이돌　　④ 루프드레인

58 벽의 기능으로 올바르지 않은 것은?

① 구조적으로 천장과 바닥과는 관계없이 독립적이다.

② 개구부(창, 문)를 포함하여 내부와 외부를 연결한다.

③ 벽의 높이에 따라 심리적, 시각적으로 공간을 분리하고 프라이버시를 확보한다.

④ 외부로부터 바람, 소리, 열의 이동 등을 차단하고 제어한다.

59 굵은 골재 및 잔골재의 체가름 시험방법에 사용되는 체의 호칭 치수에 속하지 않는 것은?

① 20mm ② 25mm

③ 30mm ④ 35mm

60 시멘트의 저장에 대한 설명으로 틀린 것은?

① 포대시멘트의 쌓아올리는 높이는 13포대 이하로 한다.

② 시멘트는 방습적인 구조로 된 사일로나 창고에 저장한다.

③ 저장 중에 약간이라도 굳은 시멘트는 공사에 사용하지 않는다.

④ 포대시멘트를 목조창고에 보관하는 경우, 바닥과 지면 사이에 최소 0.1m 이상의 거리를 유지하여야 한다.

자격종목	시험시간	학습일자	점 수
실내건축기능사	60분		

본 문제는 2019년도 2회 시험에 응시한 수험생의 기억을 토대로 기출문제와 출제범위 내에서 재구성한 문제입니다. 실제 출제되었던 문제와 다소 차이가 있을 수 있습니다.

▌정답 및 해설 ▶ 536쪽▌

01 점토, 톱밥, 목탄 등을 혼합하여 소성시킨 것으로 구멍을 내거나 못치기가 가능한 다공벽돌을 무엇이라 하는가? [신규 유형]

① 내화벽돌　　② 적벽돌
③ 경량벽돌　　④ 이형벽돌

02 건축제도용구의 설명으로 옳지 않은 것은?

① 컴퍼스-연필이나 펜을 끼워 원을 그릴 때 사용
② 운형자-수직선을 그리는 데 사용
③ 삼각스케일-도면의 축척에 맞는 크기를 표시하거나 측정하는 데 사용
④ 지우개판-지울 부분 이외의 부분을 가리고 지우는 판

03 벽, 기둥 등의 모서리 부분에 미장바름을 보호하기 위해 붙인 것으로 모서리쇠라고도 불리는 것은?

① 와이어라스　　② 조이너
③ 코너비드　　④ 메탈라스

04 다음 중 바닥재료에 요구되는 성질과 가장 거리가 먼 것은?

① 열전도율이 커야 한다.
② 청소가 용이해야 한다.
③ 내구성, 내화성이 커야 한다.
④ 탄력이 있고 마모가 적어야 한다.

05 일반적인 공기조화설비의 조절대상이 되지 않는 것은?

① 습도　　② 온도
③ 기류　　④ 벽체의 복사열

06 알루민산철3석회를 극히 적게 넣어 인조석이나 마감에 사용되는 시멘트는?

① 백색 포틀랜드 시멘트
② 조강 포틀랜드 시멘트
③ 석회 슬래그 시멘트
④ 중용열 포틀랜드 시멘트

07 상점계획에서 파사드 구성에 요구되는 소비자 구매심리 5단계 중 포함되지 않는 것은?

① 주의(Attention)
② 욕구(Desire)
③ 기억(Memory)
④ 유인(Attraction)

08 플라스틱 건설재료의 일반적인 성질이 아닌 것은?

① 내약품성이 우수하다.
② 착색이 자유롭고 접착성과 가공성이 좋다.
③ 압축강도가 인장강도보다 매우 작다.
④ 내수성 및 내투습성은 일부를 제외하고 극히 양호하다.

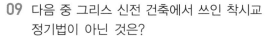

09 다음 중 그리스 신전 건축에서 쓰인 착시교
정기법이 아닌 것은?

① 모서리 쪽의 기둥 간격을 보다 좁게 만들
었다.

② 기둥을 옆에서 볼 때 중앙부가 약간 부풀
어 오르도록 만들었다.

③ 기둥과 같은 수직 부재를 위쪽으로 갈수
록 약간 안쪽으로 기울어지게 만들었다.

④ 아키트레이브, 코니스 등에 의해 형성되
는 긴 수평선을 아래쪽으로 약간 볼록하
게 만들었다.

10 건축물의 단열조치 사항으로 옳지 않은 것은?

① 2중 창호를 사용한다.

② 외단열 공법을 적용한다.

③ 열전도율이 높은 단열제품을 사용한다.

④ 지반에서부터 바닥높이를 높게 한다.

11 거실에 식사공간을 두고, 부엌과 거리를 두
어 동선이 길어질 수 있는 식당 형식은?

① D형　　　　　　② LD형

③ DK형　　　　　　④ LDK형

12 석재의 일반적인 성질에 관한 설명으로 틀
린 것은?

① 불연성이다.

② 내구성, 내수성이 우수하다.

③ 비중이 크고 가공성이 좋지 않다.

④ 압축강도는 인장강도에 비해 매우 작다.

13 웨브 플레이트의 좌굴을 방지하기 위하여
설치하는 것은?

① 앵커 볼트　　　② 베이스 플레이트

③ 스티프너　　　　④ 플랜지

14 휨, 전단, 비틀림 등에 대하여 역학적으로
유리하며, 특히 단면에 방향성이 없으므로
뼈대의 입체구성을 하는 데 적합하고 공장,
체육관, 전시장 등의 건축물에 많이 사용되
는 구조는?

① 경량철골구조　　② 강관구조

③ 막구조　　　　　④ 조립식 구조

15 다음 중 기경성 미장재료에 속하는 것은?

① 크림용 석고 플라스터

② 보드용 석고 플라스터

③ 시멘트 모르타르

④ 돌로마이트 플라스터

16 2인용 침대 대신 1인용 침대 2개를 배치한
형식은?

① 더블싱글베드　　② 슈퍼싱글베드

③ 더블베드　　　　④ 트윈베드

17 주택의 평면도에 표시되어야 할 사항으로
틀린 것은?

① 가구의 높이

② 기준선

③ 벽, 기둥, 창호

④ 실의 배치와 넓이

18 도면의 크기와 표제란에 대한 설명으로 틀
린 것은?

① 제도용지의 크기는 번호가 커짐에 따라
작아진다.

② A0의 넓이는 약 $1m^2$이다.

③ 큰 도면을 접을 때는 A4의 크기로 접는
것이 원칙이다.

④ 표제란은 도면 왼쪽 위 모서리에 표시하
는 것이 원칙이다.

19 다음 설명에 알맞은 형태의 지각심리는?

> 여러 종류의 형틀이 모두 일정한 규모, 색채, 질감, 명암, 윤곽선을 갖고 모양만이 다를 경우에는 모양에 따라 그룹화되어 지각된다.

① 접근성　　　② 연속성
③ 유사성　　　④ 폐쇄성

20 다음 중 로마인이 계승한 그리스 오더에 속하지 않는 것은?

① 도리아식　　　② 터스칸식
③ 코린트식　　　④ 이오니아식

21 콘크리트의 크리프에 대한 설명으로 틀린 것은?

① 재하 초기에 증가가 현저하다.
② 작용응력이 클수록 크리프가 크다.
③ 물시멘트비가 클수록 크리프가 크다.
④ 시멘트 페이스트가 많을수록 크리프는 작다.

22 건축도면 제도 시 치수기입법에 대한 설명으로 틀린 것은?

① 전체 치수는 바깥쪽에, 부분 치수는 안쪽에 기입한다.
② 치수는 치수선의 중앙에 기입한다.
③ 치수는 cm 단위를 원칙으로 한다.
④ 치수는 특별히 명시하지 않은 한 마무리 치수로 표시한다.

23 돌쌓기 1켜의 높이는 모두 동일한 것을 쓰고 수평줄눈이 일직선으로 통하게 일치되도록 쌓는 방식은?

① 바른층쌓기　　　② 허튼층쌓기
③ 층지어쌓기　　　④ 허튼쌓기

24 트레이싱지에 대한 설명으로 바른 것은?

① 계획 도면의 스케치에 주로 사용한다.
② 연질이어서 쉽게 찢어진다.
③ 습기에 약하다.
④ 오래 보관되어야 할 도면의 제도에 쓰인다.

25 다음 각 구조에 대한 설명으로 잘못된 것은?

① PC의 접합 응력을 향상시키기 위해 기둥에 CFT를 적용한다.
② 초고층 골조의 강성을 증대시키기 위해 아웃리거(out rigger)를 설치한다.
③ 프리스트레스트(prestressed)구조에서 강성을 증대시키기 위해 강선에 미리 인장을 작용한다.
④ 철골구조 접합부의 피로강도를 증진시키기 위해 고력볼트를 접합한다.

26 쇼핑센터 내의 주요 보행 동선으로 고객을 각 상점으로 고르게 유도하는 동시에 휴식 처로서의 기능도 가지고 있는 것은?

① 핵상점　　　② 전문점
③ 몰(mall)　　　④ 코트(court)

27 건축공간에서 인간생활을 지탱하는 촉각적 요소 중 가장 밀접한 관계를 지니는 것은?

① 천장　　　② 벽
③ 바닥　　　④ 가구

28 일점쇄선의 표시 내용으로 적절하지 않은 것은?

① 기준선
② 중심선
③ 경계선
④ 외형선

29 물체에 외력을 가하면 변형이 생기나 외력을 제거하면 원래의 형태로 회복되는 성질은?

① 탄성
② 소성
③ 강도
④ 응력도

30 선형의 수직요소로 크기, 형상을 가지고 있으며 구조적 요소 또는 강조적, 상징적 요소로 쓰이는 것은?

① 바닥
② 기둥
③ 보
④ 천장

31 자연적 재료가 주는 질감의 느낌으로 가장 알맞은 것은?

① 친근감
② 차가움
③ 세련됨
④ 현대적임

32 철근콘크리트구조에서 철근과 콘크리트의 부착에 영향을 주는 요인에 대한 설명으로 틀린 것은?

① 철근의 표면상태 – 이형철근의 부착강도는 원형철근보다 크다.
② 콘크리트의 강도 – 부착강도는 콘크리트의 압축강도나 인장강도가 작을수록 커진다.
③ 피복두께 – 부착강도를 제대로 발휘시키기 위해서는 충분한 피복두께가 필요하다.
④ 다짐 – 콘크리트의 다짐이 불충분하면 부착강도가 저하된다.

33 제도용구 중 치수를 옮기거나 선과 원주를 같은 길이로 나눌 때 사용하는 것은?

① 컴퍼스
② 디바이더
③ 삼각스케일
④ 운형자

34 경화 콘크리트의 역학적 기능을 대표하는 것으로, 경화 콘크리트의 강도 중 일반적으로 가장 큰 것은?

① 휨강도
② 압축강도
③ 인장강도
④ 전단강도

35 실내의 간접조명에 대한 설명으로 바른 것은?

① 조명률이 좋다.
② 눈부심이 일어나기 쉽다.
③ 균일한 조도를 얻을 수 있다.
④ 매우 좁은 각도로 빛이 배광되므로 강조조명에 적합하다.

36 다음 설명이 나타내는 현상은?

> 벽면 온도가 여기에 접촉하는 공기의 노점온도 이하에 있으면 공기는 포함하고 있던 수증기를 그대로 전부 포함할 수 없게 되어 남는 수증기가 물방울이 되어 벽면에 붙는다.

① 잔향
② 열교
③ 결로
④ 환기

37 다음 중 실내디자인에서 리듬감을 주기 위한 방법으로 가장 거리가 먼 것은?

① 방사
② 반복
③ 조화
④ 점이

38 콘크리트의 컨시스턴시(consistency)를 측정하는 데 사용되는 것은?

① 표준체법
② 브레인법
③ 슬럼프 시험
④ 오토클레이브 팽창도 시험

39 연필 프리핸드에 대한 설명으로 바른 것은?

① 번지거나 더러워지는 단점이 있다.

② 연필은 폭넓게 명암을 나타내기 어렵다.

③ 간단히 수정할 수 없기에 사용상 불편이 많다.

④ 연필의 종류가 적어서 효과적으로 사용하는 것이 불가능하다.

40 다음 중 금속 보강재로 옳은 것은?

① 쐐기　　　② 촉

③ 산지　　　④ 꺾쇠

41 건축 부재를 양 끝단에서 잡아당길 때 재축 방향으로 발생되는 주요 응력은?

① 인장응력

② 압축응력

③ 전단응력

④ 휨모멘트

42 다음 설명에 알맞는 비철금속은?

> • 비중이 철의 1/3 정도로 경량이다.
> • 열전기전도성이 크며 반사율이 높다.
> • 내화성이 부족하다.

① 납

② 아연

③ 니켈

④ 알루미늄

43 합판에 대한 설명 중 잘못된 것은?

① 보통 합판은 2, 4, 6장 등 짝수로 교차해 만든다.

② 품질이 일반 판재에 비해 균질하다.

③ 수축, 팽창이 적고 곡면판을 만들 수 있다.

④ 갈라짐과 강도의 차이가 작다.

44 석회암이 변화되어 결정화한 것으로 주성분은 탄산석회이며, 갈면 광택이 나는 석재는?

① 응회암　　　② 화강암

③ 대리석　　　④ 점판암

45 제도 글자에 대한 설명으로 틀린 것은?

① 숫자는 아라비아 숫자를 원칙으로 한다.

② 문장은 가로쓰기가 곤란할 때에는 세로쓰기도 할 수 있다.

③ 글자체는 수직 또는 30° 경사의 고딕체로 쓰는 것을 원칙으로 한다.

④ 글자의 크기는 각 도면의 상황에 맞추어 알아보기 쉬운 크기로 한다.

46 철근콘크리트구조의 슬래브에서 단변을 l_x, 장변을 l_y라 할 때 2방향 슬래브에 해당되는 기준은?

① $l_y/l_x \geq 1$　　　② $l_y/l_x \leq 1$

③ $l_y/l_x \geq 2$　　　④ $l_y/l_x \leq 2$

47 소다석회유리의 일반적 성질에 대한 설명으로 틀린 것은?

① 풍화되기 쉽다.

② 내산성이 높다.

③ 내알칼리성이 높다.

④ 건축 일반용 창호유리에 사용된다.

48 상점의 공간구성에 있어서 판매공간에 속하는 것은?

① 파사드공간

② 상품관리공간

③ 시설관리공간

④ 상품전시공간

49 다음 설명에 알맞은 부엌가구의 배치유형은?

> • 작업대를 중앙에 놓거나 벽면에 직각이 되도록 배치한 형태이다.
> • 주로 개방된 공간의 오픈 시스템에서 사용된다.

① ㄱ자형　　　　② ㄷ자형
③ 병렬형　　　　④ 아일랜드형

50 기본 점성이 크며 내수성, 내약품성, 전기 절연성이 우수한 만능형 접착제로 금속, 플라스틱, 도자기, 유리, 콘크리트 등의 접합에 사용되는 것은?

① 요소수지 접착제
② 페놀수지 접착제
③ 멜라민수지 접착제
④ 에폭시수지 접착제

51 유성페인트에 대한 설명으로 바른 것은?

① 붓의 마름 작업성 및 내후성이 우수하다.
② 저온다습할 경우에도 건조시간이 짧다.
③ 내알칼리성은 우수하지만, 광택이 없고 마감면의 마모가 크다.
④ 염화비닐수지계, 멜라민수지계, 아크릴 수지계 페인트가 있다.

52 구조체 자체의 무게가 적어 넓은 공간의 지붕 등에 쓰이는 것으로 다음 그림과 같은 텐트 형식의 구조는?

① 절판구조　　　② 막구조
③ 셸구조　　　　④ 현수구조

53 다음 중 집회공간에서 음의 명료도에 끼치는 영향이 가장 작은 것은?

① 음의 세기
② 실내의 온도
③ 실내의 소음량
④ 실내의 잔향시간

54 벽돌쌓기 설명으로 옳지 않은 것은?

① 1일 벽돌쌓기의 높이는 1.2m 이내, 최대 1.5m를 넘을 수 없다.
② 배관 등 설비를 묻기 위한 홈은 길이 6m, 깊이는 벽두께의 1/2을 넘을 수 없다.
③ 영롱쌓기는 장식을 목적으로 사각형이나 십자형태로 구멍을 내어 쌓는다.
④ 벽돌쌓기에 사용되는 시멘트모르타르의 두께는 10mm이다.

55 조도 분포의 정도를 표시하며 최고조도에 대한 최저조도의 비율로 나타낸 것은?

① 휘도　　　　　② 조명도
③ 균제도　　　　④ 광도

56 목재의 재료적 특성으로 틀린 것은?

① 열전도율과 열팽창률이 작다.
② 음의 흡수 및 차단성이 크다.
③ 가연성이 크고 내구성이 부족하다.
④ 풍화 및 마멸에 잘 견디며 마모성이 작다.

57 다음 재료 중 천연 아스팔트가 아닌 것은?

① 블로운 아스팔트
② 레이크 아스팔트
③ 록 아스팔트
④ 아스팔타이트

58 평면도는 몇 m에서 수평절단한 도면인가?

① 0.5m   ② 1.0m

③ 1.5m   ④ 1.8m

59 주거공간의 동선에 대한 설명으로 틀린 것은?

① 동선은 일상생활의 움직임을 표시하는 선이다.

② 동선은 길고, 가능한 직선적으로 계획하는 것이 바람직하다.

③ 하중이 큰 가사노동의 동선은 되도록 남쪽에 오도록 하는 것이 좋다.

④ 개인·사회·가사노동권의 3개 동선은 서로 분리되어 간섭이 없도록 한다.

60 재료의 화학적 성질에 관한 설명으로 옳지 않은 것은?

① 알루미늄 새시는 콘크리트나 모르타르에 접하면 부식된다.

② 산을 취급하는 화학공장에서 콘크리트의 사용은 바닥의 얼룩을 방지해 준다.

③ 대리석을 외부에 사용하면 광택이 상실되어 장식적인 효과가 감소된다.

④ 유성페인트를 콘크리트나 모르타르면에 칠하면 줄무늬가 생긴다.

자격종목	시험시간	학습일자	점 수
실내건축기능사	60분		

본 문제는 2020년도 3회(6월 28일) 필기시험에 응시한 필자의 기억을 토대로 기출문제를 바탕으로 하여 재구성 했습니다. 실제 출제된 문제와 다소 차이가 있을 수 있습니다(오차범위 2문제 내외). **▌정답 및 해설 ▶ 539쪽▌**

01 디자인 요소 중 선에 관한 설명으로 옳지 않은 것은?

① 곡선은 우아하며 흥미로운 느낌을 준다.
② 수평선은 안정감, 차분함, 편안한 느낌을 준다.
③ 수직선은 심리적 엄숙함과 상승감의 효과를 준다.
④ 사선은 경직된 분위기를 부드럽고 유연하게 한다.

02 상점 정면(facade) 구성에 요구되는 5가지 광고요소(AIDMA법칙)에 속하지 않는 것은?

① 주의　　　　② 흥미
③ 디자인　　　④ 기억

03 조선시대 주택에서 남자 주인이 거처하던 방으로서 서재와 남자손님의 접객으로 사용된 공간은?

① 안방　　　　② 대청
③ 침방　　　　④ 사랑방

04 다음 설명에 알맞은 건축화 조명의 종류는?

• 벽면 전체 또는 일부분을 광원화하는 방식이다.
• 광원을 넓은 벽면에 매입함으로써 비스타(vista)적인 효과를 낼 수 있다.

① 광창 조명　　② 광천장 조명
③ 코니스 조명　④ 밸런스 조명

05 다음 특징을 가진 유리제품은?

• 2장 또는 3장의 유리를 일정한 간격을 두고 겹치고 그 주변을 금속테로 감싸붙여 내부의 공기를 빼고 청정한 완전건조공기를 넣어 만든다.
• 단열, 방서, 방음 효과가 크고, 결로방지용으로도 우수하다.

① 망입유리　　② 접합유리
③ 복층유리　　④ 내열유리

06 건축제도용구에 관한 설명으로 옳지 않은 것은?

① 일반적으로 삼각자는 15°, 45° 등변삼각형 자 2개와 60° 직각삼각형 자 1개, 총 3가지가 1쌍이다.
② 컴퍼스는 원호를 그릴 때 사용한다.
③ 스케일자는 1/100, 1/200, 1/300, 1/400, 1/500, 1/600의 축척이 매겨져 있다.
④ 제도 샤프는 0.3mm, 0.5mm, 0.7mm, 0.9mm 등을 사용한다.

07 다음 중 혼화재에 속하는 것은?

① AE제　　　　② 기포제
③ 방청제　　　④ 플라이애시

08 천연 아스팔트에 해당하지 않는 것은?

① 아스팔타이트　② 록 아스팔트
③ 블로운 아스팔트　④ 레이크 아스팔트

09 래커의 특징으로 옳지 않은 것은?

① 주로 목재 바탕에 사용된다.

② 도막이 단단하다.

③ 섬유소에 가소제, 안료 등을 혼합한 페인트이다.

④ 건조가 느리다.

10 건축제도(KS F 1501)에 사용되는 척도로 틀린 것은?

① 1/5   ② 1/50

③ 1/400   ④ 1/500

11 건물의 외부 보를 제외하고 내부에는 보 없이 바닥판만으로 구성하여 천장의 공간을 확보하고 층고를 낮게 할 수 있는 구조는?

① 내력벽 구조

② 전단 코어 구조

③ 강성 골조 구조

④ 무량판구조

12 목구조에서 사용되는 철물에 대한 설명으로 틀린 것은?

① 듀벨은 볼트와 같이 사용하여 접합제 상호 간의 변위를 방지하는 강한 이음을 얻는 데 사용한다.

② 꺾쇠는 몸통이 정방형, 원형, 평판형인 것을 각각 각꺾쇠, 원형꺾쇠, 평꺾쇠라 한다.

③ 감잡이쇠는 강봉 토막의 양끝을 뾰족하게 하고 ㄴ자형으로 구부린 것으로 두 부재의 접합에 사용된다.

④ 안장쇠는 안장 모양으로 한 부재에 걸쳐 놓고 다른 부재를 받게 하는 이음, 맞춤의 보강철물이다.

13 천장과 더불어 실내공간을 구성하는 수평적 요소로 인간의 감각 중 시각적, 촉각적 요소와 밀접한 관계를 갖는 것은?

① 벽   ② 기둥

③ 바닥   ④ 개구부

14 부엌의 기능적인 수납을 위해서는 기본적으로 4가지 원칙이 만족되어야 하는데, 다음 중 "수납장 속에 무엇이 들었는지 쉽게 찾을 수 있게 수납한다."와 관련된 원칙은?

① 접근성   ② 조절성

③ 보관성   ④ 가시성

15 열전도율의 단위로 바른 것은?

① W ② W/m

③ $W/m \cdot K$ ④ $W/m^2 \cdot K$

16 도막 방수재, 실링재로 사용되는 열경화성 수지는?

① 아크릴수지

② 염화비닐수지

③ 폴리스티렌수지

④ 폴리우레탄수지

17 콘크리트가 타설된 후 비교적 가벼운 물이나 미세한 물질 등이 상승하고, 무거운 골재나 시멘트가 침하하는 현상은?

① 쿨링   ② 블리딩

③ 레이턴스   ④ 콜드조인트

18 석재의 강도 중 일반적으로 가장 큰 것은?

① 휨강도   ② 인장강도

③ 전단강도   ④ 압축강도

19 트레이싱지에 대한 설명으로 바른 것은?

① 불투명한 제도용지이다.

② 연질이어서 쉽게 찢어진다.

③ 습기에 약하다.

④ 오래 보관되어야 할 도면의 제도에 쓰인다.

20 다음 각 도면에 대한 설명으로 옳지 않은 것은?

① 평면도에서는 실의 배치와 넓이, 개구부의 위치나 크기를 표시한다.

② 천장 평면도는 절단하지 않고 단순히 건물을 위에서 내려다본 도면이다.

③ 단면도는 건물을 수직으로 절단한 후, 그 앞면을 제거하고 건물을 수평방향으로 본 도면이다.

④ 입면도는 건물의 외형을 각 면에 대하여 직각으로 투사한 도면이다.

21 프리캐스트(PC) 콘크리트의 공사 과정으로 옳은 것은?

① PC설계→조립→운송→접합→배근 및 콘크리트 타설

② PC설계→운송→조립→접합→배근 및 콘크리트 타설

③ PC설계→접합→조립→운송→배근 및 콘크리트 타설

④ PC설계→운송→접합→조립→배근 및 콘크리트 타설

22 점토의 성질에 대한 설명으로 틀린 것은?

① 주성분은 실리카와 알루미나이다.

② 인장강도는 압축강도의 약 5배이다.

③ 비중은 일반적으로 2.5~2.6 정도이다.

④ 양질의 점토는 습윤상태에서 현저한 가소성을 나타낸다.

23 마르셀 브로이어가 디자인한 작품으로 강철 파이프를 휘어 기본 골조를 만들고 가죽을 접합하여 좌판, 등받이, 팔걸이를 만든 의자는?

① 바실리 의자

② 파이미오 의자

③ 바르셀로나 의자

④ 힐하우스 래더백 의자

24 상업공간의 동선계획으로 바르지 않은 것은?

① 종업원동선은 길이를 짧게 한다.

② 고객동선은 행동의 흐름이 막힘이 없도록 한다.

③ 종업원동선은 고객동선과 교차되지 않도록 한다.

④ 고객동선은 길이를 될 수 있는 대로 짧게 한다.

25 주택계획에 대한 설명으로 틀린 것은?

① 침실의 위치는 소음원이 있는 쪽은 피하고, 정원 등의 공지에 면하도록 하는 것이 좋다.

② 부엌의 위치는 항상 쾌적하고, 일광에 의한 건조 소독을 할 수 있는 남쪽 또는 동쪽이 좋다.

③ 리빙 다이닝 키친(LDK)은 대규모 주택에서 주로 채용되며 작업 동선이 길어지는 단점이 있다.

④ 거실의 형태는 일반적으로 정사각형의 형태가 직사각형의 형태보다 가구의 배치나 실의 활용에 불리하다.

26 합판에 대한 설명으로 틀린 것은?

① 함수율 변화에 따른 팽창 수축의 방향성이 없다.

② 뒤틀림이나 변형이 적은 비교적 큰 면적의 평면 재료를 얻을 수 있다.

③ 표면가공법으로 흡음효과를 낼 수 있으며 외장적 효과도 높일 수 있다.

④ 목재를 얇은 판으로 만들어 이들을 섬유 방향이 서로 직교되도록 짝수로 적층하여 접착시킨 판을 말한다.

27 강의 응력도-변형률 곡선에서 탄성한도지점은 어디인가?

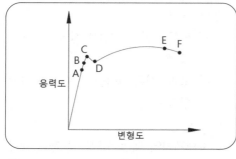

① A

② B

③ C

④ D

28 건축제도 시 선긋기에 대한 설명으로 틀린 것은?

① 수평선은 왼쪽에서 오른쪽으로 긋는다.

② 시작부터 끝까지 굵기가 일정하게 한다.

③ 연필은 진행되는 방향으로 약간 기울여서 그린다.

④ 삼각자의 왼쪽 옆면을 이용하여 수직선을 그을 때는 위쪽에서 아래 방향으로 긋는다.

29 건축용 글라스 섬유로 강화된 평판 또는 판상 제품으로 사용되는 열경화성수지는?

① 아크릴수지

② 폴리에틸렌수지

③ 염화비닐수지

④ 폴리에스테르수지

30 실내투시도 또는 기념건축물과 같은 정적인 건물의 표현에 효과적인 투시도는?

① 평행투시도

② 유각투시도

③ 경사투시도

④ 조감도

31 리듬의 요소에 속하지 않는 것은?

① 반복

② 점이

③ 균형

④ 방사

32 시멘트의 분말도에 대한 설명으로 틀린 것은?

① 시멘트의 분말도가 클수록 수화반응이 촉진된다.

② 시멘트의 분말도가 클수록 강도의 발현속도가 빠르다.

③ 시멘트의 분말도는 브레인법 또는 표준체법에 의해 측정한다.

④ 시멘트의 분말도가 과도하게 미세하면 시멘트를 장기간 저장하더라도 풍화가 발생하지 않는다.

33 미장재료 중 돌로마이트 플라스터에 대한 설명으로 틀린 것은?

① 기경성 미장재료이다.

② 소석회에 비해 점성이 높다.

③ 석고 플라스터에 비해 응결시간이 짧다.

④ 건조수축이 커서 수축균열이 발생하는 결점이 있다.

34 건축재료를 화학조성에 의해 분류할 경우, 다음 중 무기재료에 해당하지 않는 것은?

① 석재

② 철강

③ 아스팔트

④ 콘크리트

35 다음은 재료의 역학적 성질에 관한 설명이다. ( ) 안에 알맞은 용어는?

압연강, 고무와 같은 재료는 파괴에 이르기까지 고감도의 응력에 견딜 수 있고 동시에 큰 변형을 나타내는 성질을 갖는데, 이를 ( )이라고 한다.

① 강성

② 취성

③ 인성

④ 탄성

36 단기강도가 우수하므로 도로 및 수중공사 등 긴급공사나 공기단축이 필요한 경우에 사용되는 시멘트는?

① 보통 포틀랜드 시멘트

② 조강 포틀랜드 시멘트

③ 저열 포틀랜드 시멘트

④ 중용열 포틀랜드 시멘트

37 주택 침실의 소음 방지 방법으로 바르지 않은 것은?

① 도로 등의 소음원으로부터 격리시킨다.

② 창문은 2중창으로 시공하고 커튼을 설치한다.

③ 벽면에 붙박이장을 설치하여 소음을 차단한다.

④ 침실 외부에 나무를 제거하여 조망을 좋게 한다.

38 주택의 평면계획에 대한 설명으로 틀린 것은?

① 부엌, 욕실, 화장실은 각각 분산 배치하고 외부와 연결한다.

② 침실은 독립성을 확보하고 다른 실의 통로가 되지 않게 한다.

③ 각 실의 방향은 일조, 통풍, 소음, 조망 등을 고려하여 결정한다.

④ 각 실의 관계가 깊은 것은 인접시키고 상반되는 것은 격리시킨다.

39 대상 물체의 모양을 도면으로 표현할 때 크기를 비율에 맞춰 줄이거나 늘이기 위해 사용하는 제도용구는?

① T자

② 축척자

③ 자유곡선자

④ 운형자

40 목재 건조의 목적과 가장 거리가 먼 것은?

① 옹이의 제거

② 목재 강도의 증가

③ 전기절연성의 증가

④ 목재 수축에 의한 손상 방지

41 화강암에 대한 설명으로 틀린 것은?

① 내화성이 크다.

② 내구성이 우수하다.

③ 구조재 및 내·외장재로 사용이 가능하다.

④ 절리의 거리가 비교적 커서 대재(大才)를 얻을 수 있다.

42 창호철물과 사용되는 창호의 연결이 바르지 않은 것은?

① 레일 – 미닫이문

② 크레센트 – 오르내리창

③ 플로어 힌지 – 여닫이문

④ 레버터리 힌지 – 쌍여닫이창

43 미장재료 중 돌로마이트 플라스터에 대한 설명으로 틀린 것은?

① 소석회에 비해 작업성이 좋다.
② 보수성이 크고 응결시간이 길다.
③ 회반죽에 비하여 조기강도 및 최종강도가 크다.
④ 여물을 혼입할 경우 건조수축이 발생하지 않는다.

44 벽돌쌓기 설명으로 옳지 않은 것은?

① 1일 벽돌쌓기의 높이는 1.8m로 제한한다.
② 영국식 쌓기는 가장 튼튼한 쌓기법이다.
③ 영롱쌓기는 장식을 목적으로 사각형이나 십자형태로 구멍을 내어 쌓는다.
④ 벽돌쌓기에 사용되는 시멘트모르타르의 두께는 10mm이다.

45 선의 종류에 따른 용도로 바르지 않은 것은?

① 실선 – 물체의 보이는 부분을 나타내는 데 사용
② 파선 – 물체의 보이지 않는 부분의 모양을 표시하는 데 사용
③ 1점쇄선 – 물체의 절단한 위치를 표시하거나 경계선으로 사용
④ 2점쇄선 – 물체의 중심축, 대칭축을 표시하는 데 사용

46 주택의 부엌가구 배치 유형 중 실내의 벽면을 이용하여 작업대를 배치한 형식으로 작업면이 넓어 효율이 가장 좋은 형식은?

① 일자형
② L자형
③ ㄷ자형
④ 아일랜드형(섬형)

47 건축법에 따른 초고층 건물의 기준으로 옳은 것은?

① 층수가 20층 이상이거나 높이가 50m 이상인 건축물
② 층수가 30층 이상이거나 높이가 100m 이상인 건축물
③ 층수가 50층 이상이거나 높이가 200m 이상인 건축물
④ 층수가 100층 이상이거나 높이가 400m 이상인 건축물

48 온열감각을 기온의 척도인 유효온도로 나타내는 데 필요한 3요소가 아닌 것은?

① 기온   ② 습도
③ 기류   ④ 대류

49 벽돌구조에서 배관설치를 위한 벽의 홈파기에 대한 설명으로 옳은 것은?

① 홈은 벽두께의 1/6을 넘을 수 없다.
② 홈은 벽두께의 1/5을 넘을 수 없다.
③ 홈은 벽두께의 1/4을 넘을 수 없다.
④ 홈은 벽두께의 1/3을 넘을 수 없다.

50 여러 가지 도형 중에서 여성적이면서 부드러운 느낌을 주는 도형은?

① 삼각형
② 오각형
③ 마름모
④ 타원

51 정원이 500명이고 실용적이 1,000m³인 실내의 환기횟수는? (1인당 필요 환기량 : 18m³/h)

① 8회   ② 9회
③ 10회   ④ 11회

52 상업공간의 실시설계 단계에서 진행되지 않는 사항은?

① 내구성, 마감효과, 경제성을 고려한 마감재와 시공법을 확정

③ 업종에 따른 판매대의 유형, 크기 등을 결정하고, 설치가구에 따른 조명기구의 선택 및 조명방식을 결정

③ 상품, 설비, 가구의 배치와 동선계획, 공간의 구획 등을 종합적으로 검토

④ 시공과 관련된 법규를 검토

53 인장재에 대한 저항력이 작은 콘크리트에 미리 긴장재(PC강선)에 의한 압축력을 가하여 만든 구조는?

① PEB구조

② 판조립식 구조

③ 철골철근콘크리트구조

④ 프리스트레스트 콘크리트구조

54 철골구조의 특징으로 잘못된 것은?

① 벽돌구조에 비하여 수평력이 강하다.

② 내화성이 높아 화재의 위험성이 적다.

③ 넓은 공간을 확보하기 위한 장스팬구조가 가능하다.

④ 건식 공법으로 철근콘크리트구조에 비하여 동절기 공사가 용이하다.

55 목구조에 사용되는 철물의 용도에 대한 설명으로 바르지 않은 것은?

① 감잡이쇠 : 왕대공과 평보의 연결

② 주걱볼트 : 큰 보와 작은 보의 맞춤

③ 띠쇠 : 왕대공과 ㅅ자보의 맞춤

④ ㄱ자쇠 : 모서리 기둥과 층도리의 맞춤

56 실내에서 발생되는 소리를 외부에서 들리지 않도록 사용하는 재료 중 흡음률이 가장 높은 것은?

① 커튼(벨벳)

② 나무조각

③ 타일

④ 점토

57 수조면의 단위면적에 입사하는 광속을 뜻하는 용어는?

① 광속발산도

② 광도

③ 휘도

④ 조도

58 목구조에서 주요 구조부의 하부 순서로 옳은 것은?

① 기둥 → 평보 → 깔도리 → 처마도리 → 서까래

② 기둥 → 깔도리 → 평보 → 처마도리 → 서까래

③ 기둥 → 처마도리 → 평보 → 깔도리 → 서까래

④ 기둥 → 깔도리 → 처마도리 → 평보 → 서까래

59 구조의 형식은 평면적인 구조와 입체적인 구조로 구분할 수 있다. 다음 중 성격이 다른 구조는?

① 구조

② 막구조

③ 셸구조

④ 벽식구조

60 벽체의 설명으로 옳지 않은 것은?

① 공간과 공간을 시각적으로 분리한다.

② 천장과 바닥을 구조적으로 지지한다.

③ 외부의 바람, 소리, 열의 이동 등을 차단한다.

④ 공간을 구성하는 수평적 요소이다.

2021년 제3회 기출 복원문제

자격종목	시험시간	학습일자	점 수
실내건축기능사	60분		

본 문제는 2021년도 3회 시험에 응시한 수험생(필자)의 기억을 토대로 기출문제와 출제범위에서 재구성한 문제입니다. 실제 출제되었던 문제와 다소 차이가 있을 수 있습니다.

▮ 정답 및 해설 ▸ 542쪽 ▮

01 다음 중 목구조에 대한 설명으로 잘못된 것은?

① 비중에 비해 강도가 우수하다.
② 가벼우며 가공이 용이하다.
③ 건식구조에 속하므로 공기가 짧다.
④ 고층 및 대규모 건축에 유리하다.

02 벽돌의 쌓기법 중 아름답지만 내부에 통줄눈이 생겨 담장 등 장식용에 적절한 벽돌쌓기 방법은?

① 영국식 쌓기
② 네덜란드식 쌓기
③ 프랑스식 쌓기
④ 미국식 쌓기

03 주택의 설계방향으로 옳지 않은 것은?

① 가족 본위의 주거
② 가사노동의 절감
③ 넓은 주거공간의 지향
④ 생활의 쾌적함 증대

04 상점의 판매형식 중 대면판매에 관한 설명으로 옳지 않은 것은?

① 상품 설명이 용이하다.
② 포장대나 계산대를 별도로 둘 필요가 없다.
③ 고객과 종업원이 진열장을 사이에 두고 상담 및 판매하는 형식이다.
④ 상품에 직접 접촉하므로 선택이 용이하며 측면판매에 비해 진열면적이 커진다.

05 겨울철 연료의 소모량을 예측할 수 있는 지표로 사용되기도 하며 한기에 노출되어 추운 정도를 나타내는 것은?

① 건구온도
② 노점온도
③ 체감온도
④ 실제온도

06 건축제도 시 선긋기의 유의사항으로 알맞은 것은?

① 모든 종류의 선은 일목요연하게 같은 굵기로 긋는다.
② 축척과 도면의 크기에 따라서 선의 굵기를 다르게 한다.
③ 한 번 그은 선은 중복해서 여러 번 긋는다.
④ 가는 선일수록 선의 농도를 낮게 조정한다.

07 형태나 크기의 제약이 없어 자유로운 디자인이 가능한 창은?

① 고정창
② 미닫이창
③ 여닫이창
④ 오르내리창

08 현대 건축재료의 발달사항으로 옳지 않은 것은?

① 고성능
② 생산성
③ 중량화
④ 공업화

09 건축 설계도면에서 중심선, 절단선, 경계선 등으로 사용되는 선은?

① 실선   ② 일점쇄선

③ 이점쇄선   ④ 파선

10 수직선이 주는 조형효과로 올바른 것은?

① 위엄, 권위

② 안정, 평화

③ 약동감

④ 유연함

11 다음 설명에 알맞은 공간의 조직 형태는?

> 하나의 형이나 공간이 지배적이고 이를 둘러싼 주위의 형이나 공간이 종속적으로 배열된 경우도 보통 지배적인 형태는 종속적인 형태보다 크기가 크며 단순하다.

① 직선식   ② 방사식

③ 군생식   ④ 중앙집중식

12 철근콘크리트구조에서 사용되는 이형철근이 원형철근보다 우수한 부분은?

① 인장강도   ② 압축강도

③ 공사비용   ④ 부착강도

13 다음 그림은 극장의 단면이다. 흡음재의 정도가 낮아야 할 곳은?

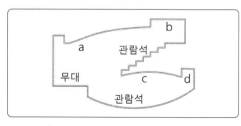

① a   ② b

③ c   ④ d

14 다음 중 실용적 장식품에 해당되지 않는 것은?

① 그림   ② 벽시계

③ 스크린   ④ 스탠드 램프

15 상업공간의 동선계획으로 바르지 않은 것은?

① 종업원동선은 길이를 짧게 한다.

② 고객동선은 행동의 흐름이 막힘이 없도록 한다.

③ 종업원동선은 고객동선과 교차되지 않도록 한다.

④ 고객동선은 길이를 될 수 있는 대로 짧게 한다.

16 건축제도에서 접이문의 평면 표시기호로 옳은 것은?

①  ②

③ ④

17 건축제도에 필요한 제도용구와 설명이 바르게 연결된 것은?

① T자 – 주로 철재로 만들며, 원형을 그릴 때 사용한다.

② 운형자 – 합판을 많이 사용하며 원호를 그릴 때 주로 사용한다.

③ 자유곡선자 – 원호 이외의 곡선을 자유자재로 그릴 때 사용한다.

④ 삼각자 – 플라스틱 재료로 많이 만들며, 15°, 50°의 삼각자 두 개를 한 쌍으로 많이 사용한다.

18 콘크리트 혼화제 중 작업성능이나 동결융해 저항성능의 향상을 목적으로 쓰이는 것은?

① AE제   ② 중점제

③ 기포제   ④ 유동화제

19 결로방지를 위한 방법으로 알맞지 않은 것은?

① 환기를 통해 습한 공기를 제거한다.
② 실내 기온을 노점온도 이하로 유지한다.
③ 건물 내부의 표면온도를 높인다.
④ 낮은 온도의 난방을 오래 하는 것이 높은 온도의 난방을 짧게 하는 것보다 결로방지에 유리하다.

20 건축용 일반 창호유리로 많이 사용되는 유리의 종류는?

① 소다석회유리   ② 고규산유리
③ 칼륨석회유리   ④ 붕사석회유리

21 주택의 부엌가구 배치 유형 중 실내의 벽면을 이용하여 작업대를 배치한 형식으로 작업면이 넓어 효율이 가장 좋은 형식은?

① 일자형   ② L자형
③ ㄷ자형   ④ 아일랜드형(섬형)

22 바름재료 중 회반죽에 대한 설명으로 옳지 않은 것은?

① 풀과 여물을 넣은 석회반죽이다.
② 기경성 재료로 분류된다.
③ 회반죽은 건조 수축이 커서 해초풀을 사용해 균열을 감소시킨다.
④ 회반죽은 물과 화학반응을 일으켜 경화한다.

23 다음 중 철골구조의 특징에 대한 설명으로 틀린 것은?

① 내화적이다.
② 내진적이다.
③ 장스팬이 가능하다.
④ 해체, 수리가 용이하다.

24 경화 콘크리트의 성질 중 하중이 지속하여 재하될 경우 변형이 시간과 더불어 증대하는 현상을 뜻하는 용어는?

① 크리프   ② 블리딩
③ 레이턴스   ④ 건조수축

25 내알칼리성이 가장 우수한 도료는?

① 유성페인트
② 유성바니시
③ 알루미늄페인트
④ 염화비닐수지도료

26 주로 내장용으로 사용되는 타일로 자기, 석기, 도기로 만들어지는 타일은?

① 클링커 타일   ② 모자이크 타일
③ 보더 타일   ④ 테라코타

27 철근콘크리트구조 중 기둥과 보가 없는 평면적 구조 시스템은?

① 라멘구조   ② 벽식구조
③ 무량판구조   ④ 보강블록조

28 황금분할과 가장 관계가 깊은 디자인 요소는?

① 비례   ② 강조
③ 리듬   ④ 질감

29 다음 그림과 같은 형태의 조명방식은?

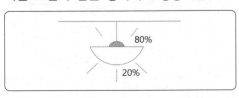

① 반직접조명   ② 간접조명
③ 반간접조명   ④ 전반확산조명

30 다음 중 화성암에 속하지 않는 석재는?

① 화강암   ② 안산암

③ 현무암   ④ 점판암

31 실내디자인 등 다양한 디자인 활동에서 디자인의 적응상황 등을 연구하여 색채를 선정하는 과정을 무엇이라 하는가?

① 색감계획   ② 색채관리

③ 색채계획   ④ 색채조합

32 목재를 절삭 또는 파쇄하여 작은 조각으로 만들어 접착제를 섞어 고온·고압으로 성형한 판재는?

① 합판   ② 섬유판

③ 집성목재   ④ 파티클보드

33 기본 점성이 크며 내수성·내약품성·전기절연성이 우수한 만능형 접착제로 금속·플라스틱·도자기·유리·콘크리트 등의 접합에 사용되는 것은?

① 요소수지 접착제

② 페놀수지 접착제

③ 멜라민수지 접착제

④ 에폭시수지 접착제

34 콘크리트에 사용되는 골재에 요구되는 성질로 옳지 않은 것은?

① 골재의 크기는 동일하여야 한다.

② 골재에는 불순물이 포함되어 있지 않아야 한다.

③ 골재의 모양은 둥글고 구형에 가까운 것이 좋다.

④ 골재의 강도는 콘크리트 중의 경화시멘트 페이스트의 강도 이상이어야 한다.

35 스툴의 종류 중 편안한 휴식을 위해 발을 올려놓는 가구는?

① 세티

② 오토만

③ 카우치

④ 체스터필드

36 개구부의 너비가 크거나 상부의 하중이 클 때에 인방돌의 뒷면에 강재로 보강하는 이유로 알맞은 것은?

① 석재는 휨모멘트에 약하므로

② 석재는 전단력이 약하므로

③ 석재는 압축력이 약하므로

④ 석재는 수직력이 약하므로

37 목재에 관한 설명 중 옳지 않은 것은?

① 섬유포화점 이하에서는 함수율이 감소할수록 목재강도는 증가한다.

② 섬유포화점 이상에서는 함수율이 증가해도 목재강도는 변화가 없다.

③ 가력방향이 섬유에 평행할 경우 압축강도가 인장강도보다 크다.

④ 심재는 일반적으로 변재보다 강도가 크다.

38 제도용지의 크기로 틀린 것은?

① A6 : 105×148

② A4 : 210×297

③ A3 : 297×420

④ A0 : 831×1159

39 시멘트의 경화 중 체적 팽창으로 팽창 균열이 생기는 정도를 나타낸 것은?

① 풍화   ② 조립률

③ 안정성   ④ 침입도

40 천장과 함께 실내공간을 구성하는 수평적 요소로서 생활을 지탱하는 역할을 하는 것은?

① 벽 ② 바닥
③ 기둥 ④ 개구부

41 다음 중 열가소성수지에 해당하는 것은?

① 요소수지
② 아크릴수지
③ 멜라민수지
④ 실리콘수지

42 금속의 방식법에 관한 설명으로 옳지 않은 것은?

① 가능한 한 건조 상태로 유지할 것
② 큰 변형을 주지 않도록 주의할 것
③ 상이한 금속은 인접, 접촉시켜 사용하지 말 것
④ 부분적으로 녹이 생기면 나중에 함께 제거할 것

43 삼각자 1조로 만들 수 없는 각도는?

① 15° ② 25°
③ 105° ④ 150°

44 2점쇄선의 설명으로 옳지 않은 것은?

① 가상선으로 사용된다.
② 1점쇄선과 구분되어야 할 경우 사용된다.
③ 상상선으로 사용된다.
④ 중심이나 경계를 표시할 경우 사용된다.

45 화학조성에 따라 재료를 분류할 경우 무기 재료에 속하지 않는 것은?

① 흙 ② 철
③ 점토 ④ 목재

46 스페이스 프레임에 대한 설명으로 옳은 것은?

① 모든 방향에 대한 응력을 전달하기 위하여 절점은 항상 자유로운 핀(pin)접합으로만 이루어져야 한다.
② 풍하중과 적설하중은 구조계산 시 고려하지 않는다.
③ 기하학적인 곡면으로는 구조적 결함이 많이 발생하기 때문에 주로 평면 형태로 제작된다.
④ 구성부재를 규칙적인 3각형으로 배열하면 구조적으로 안정이 된다.

47 주택 부엌의 작업삼각형(work triangle)의 구성에 포함되지 않는 것은?

① 냉장고 ② 배선대
③ 개수대 ④ 가열대

48 건축재료의 성질 중 재료에 외력을 가했을 경우 작은 변형만 일어나도 파괴되는 성질을 무엇이라 하는가?

① 취성 ② 연성
③ 인성 ④ 전성

49 아스팔트 방수공사에서 방수층 1층에 사용되는 것은?

① 아스팔트 펠트
② 스트레치 루핑
③ 아스팔트 루핑
④ 아스팔트 프라이머

50 플레이트보에서 웨브의 좌굴을 방지하기 위해 설치하는 보강재는?

① 커버 플레이트 ② 플랜지 앵글
③ 스티프너 ④ 웨브 플레이트

51 설계도면 중 실시설계도를 가장 잘 설명한 것은?

① 계획설계를 바탕으로 설계에 대한 기본적인 내용을 알 수 있도록 작성한 도면을 뜻한다.

② 구조도는 골조, 구조와 관련된 도면으로, 기초평면도·배근도·일람표·골조도 등의 도면으로 나누어진다.

③ 설계도서를 근거로 하여 실제로 시공할 수 있도록 상세하게 도시한 것으로, 시공상세도·시방서·시공계획서 등이 있다.

④ 설계 초기에 계획단계에서 건축물의 전체적인 구상을 나타낸 그림이나 도면으로, 구상도·동선도 등이 있다.

52 도시, 교외 또는 건물이 위치한 곳의 기후를 무엇이라 하는가?

① 국지기후
② 도시기후
③ 대륙성기후
④ 이상기후

53 다음 중 석재에 대한 내용으로 올바른 것은 어느 것인가?

① 중량이 큰 것은 높은 곳에 사용한다.
② 외벽, 특히 콘크리트 표면에 부착되는 석재는 연석을 피한다.
③ 가공할 때는 되도록 예각으로 만든다.
④ 석재를 구조재로 사용할 경우 인장재로만 사용해야 한다.

54 1점쇄선으로 표기할 수 없는 선은?

① 가상선
② 중심선
③ 기준선
④ 경계선

55 쇼핑센터 내의 주요 보행 동선으로 고객을 각 상점으로 고르게 유도하는 동시에 휴식처로서의 기능도 가지고 있는 것은?

① 핵상점
② 전문점
③ 몰(mall)
④ 코트(court)

56 보강블록조에서 내력벽으로 둘러싸인 부분의 최대 바닥면적은 얼마인가?

① 40m^2
② 60m^2
③ 80m^2
④ 100m^2

57 광원을 넓은 면적의 벽면에 배치하여 비스타(vista)적인 효과를 낼 수 있으며 시선에 안락한 배경으로 작용하는 건축화 조명방식은?

① 코퍼 조명
② 광창 조명
③ 코니스 조명
④ 광천장 조명

58 제도연필의 경도에서 무르기로부터 굳기의 순서대로 바르게 나열한 것은?

① HB – B – F – H – 2H
② B – HB – F – H – 2H
③ B – F – HB – H – 2H
④ HB – F – B – H – 2H

59 다음 건축구조의 분류 중 건식구조에 해당되는 것은?

① 벽돌구조
② 철근콘크리트구조
③ 목구조
④ 블록구조

60 미장공사에 사용하며 기둥이나 벽의 모서리 부분을 보호하고 정밀한 시공을 위해 사용하는 철물은?

① 논슬립
② 코너비드
③ 메탈라스
④ 메탈 폼

2022년 제3회 기출 복원문제

자격종목	시험시간	학습일자	점 수
실내건축기능사	60분		

본 문제는 2022년도 3회 시험에 응시한 필자의 기억을 토대로 기출문제와 출제범위에서 재구성한 문제입니다.
실제 출제되었던 문제와 다소 차이가 있을 수 있습니다.

▌ 정답 및 해설 ▶ 546쪽 ▌

01 목재의 기건재 함수율로 옳은 것은?

① 5%

② 15%

③ 25%

④ 35%

02 철근콘크리트의 특징으로 옳은 것은?

① 물을 사용한 습식구조로 공기가 길어질 수 있다.

② 부재의 크기, 형상을 자유롭게 구성할 수 없다.

③ 압축력에는 강하지만 인장력에 취약한 구조이다.

④ 날씨 등 양생조건에 관계없이 균일한 시공을 할 수 있다.

03 건축재료의 발전사항으로 볼 수 없는 것은?

① 석기시대에는 돌, 흙, 나무 등의 자연에서 얻을 수 있는 천연재료를 사용하였다.

② 18세기 후반 산업혁명 이후 많은 재료가 개발되었지만 20세기 이후 사용되는 재료도 과거와 크게 다르지 않다.

③ 20세기 이후 효율적인 공법과 에너지를 절약할 수 있도록 발전되었다.

④ 현대건축 재료는 대형화 및 고층화를 이루기 위해 고성능화되었다.

04 상점계획에서 파사드 구성에 요구되는 소비자 구매심리 5단계에 해당하지 않는 것은?

① 기억(Memory)

② 욕망(Desire)

③ 주의(Attention)

④ 유인(Attraction)

05 다음 중 바닥재료에 요구되는 성질이 아닌 것은?

① 내구성이 우수하고 외관이 좋아야 한다.

② 표면이 매끄럽고 부드러워야 한다.

③ 마멸, 마모 및 미끄러짐이 적어야 한다.

④ 청소 및 관리가 용이해야 한다.

06 점두(shop front)의 쇼윈도를 폐쇄형으로 설계하기 어려운 상점은? [신규 유형 문제]

① 패션잡화점   ② 귀금속점

③ 음식점   ④ 가구점

07 다음 창호기호가 의미하는 내용은?

① 알루미늄합금 창 2번

② 알루미늄합금 창 2개

③ 알루미늄합금 창 2층

④ 알루미늄합금 창 2중창

08 건축도면 중 전개도에 대한 정의로 바른 것은?

① 부대시설의 배치를 나타낸 도면

② 각 실 내부의 의장을 명시하기 위해 작성하는 도면

③ 지반, 바닥, 처마 등의 높이를 나타낸 도면

④ 실의 배치 및 크기를 나타낸 도면

09 집성목재에 대한 설명으로 틀린 것은?

① 톱밥, 대팻밥, 나무 부스러기를 이용하므로 경제적이다.

② 요구된 치수, 형태의 재료를 비교적 용이하게 제조할 수 있다.

③ 강도상 요구에 따라 단면과 치수를 변화시킨 구조재료를 설계, 제작할 수 있다.

④ 제재품이 갖는 옹이, 할열 등의 결함을 제거, 분산시킬 수 있으므로 강도의 편차가 적다.

10 재를 직각이나 대각선으로 접합하는 것을 무엇이라 하는가?

① 이음   ② 맞춤

③ 붙임   ④ 끼움

11 용착금속이 끝부분에서 모재와 융합하지 않고 덮여 있는 부분이 있는 용접 결함은?

① 언더컷(under cut)

② 오버랩(over lap)

③ 크랙(crack)

④ 클리어런스(clearance)

12 주택에서 실내 수납공간의 크기를 결정하는 요소로 거리가 먼 것은?   [신규 유형 문제]

① 물건의 크기   ② 물건의 재질

③ 사용횟수   ④ 사용자 동선

13 단열재가 갖추어야 할 일반적 요건으로 틀린 것은?

① 흡수율이 낮을 것

② 열전도율이 낮을 것

③ 수증기 투과율이 높을 것

④ 기계적 강도가 우수할 것

14 선의 종류에 따른 용도로 바르지 않은 것은?

① 실선 – 물체의 보이는 부분을 나타내는 데 사용

② 파선 – 물체의 보이지 않는 부분의 모양을 표시하는 데 사용

③ 1점쇄선 – 물체의 절단한 위치를 표시하거나 경계선으로 사용

④ 2점쇄선 – 물체의 중심축, 대칭축을 표시하는 데 사용

15 건축재료를 화학조성에 의해 분류할 경우, 무기재료에 해당하지 않는 것은?

① 석재   ② 도자기

③ 알루미늄   ④ 플라스틱

16 열린 여닫이문을 저절로 닫히게 하는 장치를 무엇이라 하는가?

① 문버팀쇠   ② 도어스톱

③ 도어체크   ④ 크레센트

17 다음 설명에 알맞은 형태의 지각심리는?

> 유사한 배열로 구성된 형들이 방향성을 지니고 연속되어 보이는 하나의 그룹으로 지각되는 법칙으로, 공동운명의 법칙이라고도 한다.

① 근접성   ② 유사성

③ 연속성   ④ 폐쇄성

18 와이어로프, PS와이어를 사용하여 인장재가 힘을 받도록 설계한 철골구조는?

① 트러스구조
② 셸구조
③ 절판구조
④ 현수구조

19 도면에서 길이가 4m이다. 축척이 1/200일 때 도면에 나타나는 길이로 바른 것은?

① 4mm
② 20mm
③ 40mm
④ 80mm

20 커튼의 유형 중 창문 전체를 커튼으로 처리하지 않고 반 정도만 친 형태는?

① 새시 커튼
② 글라스 커튼
③ 드로우 커튼
④ 드레퍼리 커튼

21 대리석에 대한 설명으로 틀린 것은?

① 산과 알칼리에 강하다.
② 석질이 치밀, 견고하고 색채, 무늬가 다양하다.
③ 석회석이 변화되어 결정화한 것으로 탄산석회가 주성분이다.
④ 강도는 매우 높지만 풍화되기 쉽기 때문에 실외용으로는 적합하지 않다.

22 다음 연필심 중 가장 단단한 심은?

① HB
② 2H
③ 4B
④ H

23 벽체에서의 결로 발생형태에 따른 결로 방지대책으로 바르지 않은 것은?

① 표면결로: 실내 표면온도를 높인다.
② 표면결로: 실내수증기의 발생량을 억제한다.
③ 내부결로: 벽체 내부로의 수증기 침입을 억제한다.
④ 내부결로: 벽체 내부 온도가 노점온도 이하가 되도록 한다.

24 다음 중 화성암에 속하지 않는 석재는?

① 화강암   ② 안산암
③ 현무암   ④ 점판암

25 블록구조와 벽돌구조의 공통사항으로 옳은 것은?   [신규 유형 문제]

① 건식공법을 사용한다.
② 횡력에 취약하여 지진에 약하다.
③ 일체식 구조로 볼 수 있다.
④ 구조형식은 가구식 구조로 분류된다.

26 세기와 높이가 일정한 음으로, 확성기나 마이크로폰의 성능실험 등에 음원으로 사용되는 것은?

① 소음   ② 진음
③ 간헐음   ④ 잔향음

27 조강 포틀랜드 시멘트에 관한 설명으로 옳지 않은 것은?

① 경화에 따른 수화열이 작다.
② 공기 단축을 필요로 하는 공사에 사용된다.
③ 초기에 고강도를 발생하게 하는 시멘트이다.
④ 보통 포틀랜드 시멘트보다 C_3S나 석고가 많다.

28 시멘트의 분말도에 대한 설명으로 틀린 것은?

① 시멘트의 분말도가 클수록 수화반응이 촉진된다.

② 시멘트의 분말도가 클수록 강도의 발현속도가 빠르다.

③ 시멘트의 분말도는 브레인법 또는 표준체법에 의해 측정한다.

④ 시멘트의 분말도가 과도하게 미세하면 시멘트를 장기간 저장하더라도 풍화가 발생하지 않는다.

29 목재문 중 울거미를 짜서 중간에 살을 배치해 양면에 판자를 붙인 형식의 문은?

① 양판문   ② 플러시문

③ 판자문   ④ 단판문

30 실내외의 온도 차에 의한 공기의 밀도 차가 원동력이 되는 환기방법은?

① 기계환기   ② 인공환기

③ 풍력환기   ④ 중력환기

31 아래 설명에 가장 적합한 종이의 종류는?

> 실시도면을 작성할 때에 사용되는 원도지로 연필을 이용하여 그린다. 투명성이 있고 경질이며, 청사진 작업이 가능하고, 오랫동안 보존할 수 있고, 수정이 용이한 종이로 건축제도에 많이 쓰인다.

① 켄트지   ② 방안지

③ 트레팔지   ④ 트레이싱지

32 실내디자인의 가장 중요한 목표는 생활공간을 쾌적하게 하는 것인데 이를 위해 일반적으로 가장 우선시되어야 하는 것은?

① 기능   ② 미

③ 개성   ④ 유행

33 벽돌쌓기 설명으로 옳지 않은 것은?

① 1일 벽돌쌓기의 높이는 1.2m 이내, 최대 1.5m를 넘을 수 없다.

② 배관 등 설비를 묻기 위한 홈은 길이 6m, 깊이는 벽두께의 1/2을 넘을 수 없다.

③ 영롱쌓기는 장식을 목적으로 사각형이나 십자형태로 구멍을 내어 쌓는다.

④ 벽돌쌓기에 사용되는 시멘트모르타르의 두께는 10mm이다.

34 실내디자인에서 실의 규모, 가구의 크기를 결정하는 데 있어 가장 중요한 기준은?

① 모듈

② 휴먼스케일

③ 그리드

④ 공간의 마감재

35 다음 중 선긋기의 유의사항으로 알맞은 것은?

① 모든 종류의 선은 일목요연하게 같은 굵기로 긋는다.

② 축척과 도면의 크기에 따라서 선의 굵기를 다르게 한다.

③ 한 번 그은 선은 중복해서 여러 번 긋는다.

④ 가는 선일수록 선의 농도를 낮게 조정한다.

36 주거공간의 동선에 대한 설명으로 틀린 것은?

① 동선은 일상생활의 움직임을 표시하는 선이다.

② 동선은 길고, 가능한 한 직선적으로 계획하는 것이 바람직하다.

③ 하중이 큰 가사노동의 동선은 되도록 남쪽에 오도록 하는 것이 좋다.

④ 개인 · 사회 · 가사노동권의 3개 동선은 서로 분리되어 간섭이 없도록 한다.

37 도면을 축척 1/250로 그릴 때, 삼각스케일의 어느 축척으로 사용해야 가장 편리한가?

① 1/100   ② 1/200

③ 1/400   ④ 1/500

38 도료의 원료 중 아마인유, 건조성 지방유 등을 가열, 열화시켜 건조제를 첨가한 것은?

[신규 유형 문제]

① 바니시

② 오일스테인

③ 안료

④ 보일유

39 아스팔트 8층 방수에서 바탕처리에 사용되는 재료는?

① 아스팔트 펠트

② 아스팔트 프라이머

③ 아스팔트 루핑

④ 블로운 아스팔트

40 다음 중 수경성 미장재료에 속하는 것은?

① 회사벽

② 회반죽

③ 석고플라스터

④ 돌로마이트 플라스터

41 실내공간을 실제 크기보다 더 크고 넓게 보이게 하려는 방법으로 옳은 것은?

① 큰 창을 두어 시선이 외부공간으로 연결되게 한다.

② 벽지는 무늬가 작은 것을 선택한다.

③ 큰 가구는 공간 중앙에 배치한다.

④ 질감이 거친 마감재를 사용한다.

42 측창 채광에 대한 설명으로 틀린 것은?

① 편측창 채광은 조명도가 균일하지 못하다.

② 천창 채광에 비해 시공, 관리가 어렵고 빗물이 새기 쉽다.

③ 측창 채광은 천창 채광에 비해 개방감이 좋고 통풍에 유리하다.

④ 측창 채광 중 벽의 한 면에만 채광하는 것을 편측창 채광이라 한다.

43 실내공간을 형성하는 기본 구성요소 중 다른 요소들에 비해 시대와 양식에 의한 변화가 거의 없는 것은?

① 벽   ② 바닥

③ 천장   ④ 지붕

44 창호철물과 사용되는 창호의 연결이 바르지 않은 것은?

① 레일－미닫이문

② 크레센트－오르내리창

③ 플로어 힌지－여닫이문

④ 레버터리 힌지－쌍여닫이창

45 제물치장콘크리트에 대한 설명으로 바른 것은?

① 콘크리트 표면을 유성페인트로 마감한 것이다.

② 콘크리트 표면을 모르타르로 마감한 것이다.

③ 콘크리트 표면을 시공한 그대로 마감한 것이다.

④ 콘크리트 표면을 수성페인트로 마감한 것이다.

46 건축구조의 분류방법 중 구성방식에 의한 분류법이 아닌 것은?

① 가구식 구조　　② 조적식 구조

③ 일체식 구조　　④ 건식구조

47 일반적으로 규칙적인 요소들의 반복으로 디자인에 시각적인 질서를 부여하는 통제된 운동감각을 의미하는 디자인의 원리는?

① 리듬　　　　　③ 강조

② 통일　　　　　④ 균형

48 콘크리트용 골재로서 요구되는 일반적인 성질로 알맞은 것은?

① 모양이 편평하고 세장한 것이 좋다.

② 모양이 구형에 가까운 것으로, 표면이 매끄러운 것이 좋다.

③ 입도는 조립에서 세립까지 연속적으로 균등하게 혼합되어 있어야 한다.

④ 골재의 강도는 콘크리트 중의 경화시멘트 페이스트의 강도보다 작아야 한다.

49 선형의 수직요소로 크기, 형상을 가지고 있으며 구조적 요소 또는 강조적, 상징적 요소로 쓰이는 것은?

① 바닥　　　　　② 기둥

③ 보　　　　　　④ 천장

50 급경성으로 내알칼리성 등의 내화학성이나 접착력이 크고 또한 내수성이 우수하며 금속, 석재, 도자기, 글라스, 콘크리트, 플라스틱재 등의 접착에 사용되는 접착제는?

① 요소수지 접착제

② 페놀수지 접착제

③ 멜라민수지 접착제

④ 에폭시수지 접착제

51 목재 이음에 사용되는 철물로 전단력에 저항을 위해 사용되는 철물은?

① 듀벨　　　　　② 띠쇠

③ 꺾쇠　　　　　④ 안장쇠

52 상업공간의 동선계획으로 바르지 않은 것은?

① 종업원동선은 길이를 짧게 한다.

② 고객동선은 행동의 흐름이 막힘이 없도록 한다.

③ 종업원동선은 고객동선과 교차되지 않도록 한다.

④ 고객동선은 길이를 될 수 있는 대로 짧게 한다.

53 다음 중 가구식 구조가 아닌 것은?

① 목구조　　　　② 강구조

③ 철근콘크리트구조　④ 철골구조

54 테라코타에 대한 설명으로 틀린 것은?

① 일반석재보다 가볍고 화강암보다 압축강도가 크다.

② 거의 흡수성이 없으며 색조가 자유로운 장점이 있다.

③ 공동의 대형 점토제품으로 구조용과 장식용이 있으나, 주로 장식용으로 사용된다.

④ 재질은 도기, 건축용 벽돌과 유사하나 1차 소성한 후 시유하여 재소성하는 점이 다르다.

55 다음 설명에 알맞은 성분별 유리의 종류는?

- 용융되기 쉽다.
- 내산성이 높으나 알칼리에 약하다.
- 건축일반용 창호유리에 사용된다.

① 고규산유리　　② 소다석회유리

③ 붕사석회유리　　④ 칼륨석회유리

56 웨브 플레이트의 좌굴을 방지하기 위하여 설치하는 것은?

① 앵커볼트
② 베이스플레이트
③ 스티프너
④ 플랜지

57 방부제 중 무색·무취이며 방부력이 우수하고 페인트칠이 가능한 것은?

① 콜타르　　　　② 크레오소트유
③ 염화아연용액　④ 펜타클로로페놀

58 거실의 한 부분에 식탁을 설치하는 형태로, 식사실의 분위기 조성에 유리하며, 거실의 가구들을 공동으로 이용할 수 있으나, 부엌과의 연결로 보아 작업동선이 길어질 수 있는 식사실의 유형은?

① 리빙 키친　　　② 리빙 다이닝
③ 다이닝 키친　　④ 리빙 다이닝 키친

59 평면도는 보통 바닥면으로부터 어느 정도 높이에서 절단한 수평투상도를 말하는 것인가?

① 0.5~1.2m　　② 1.2~1.5m
③ 1.2~1.8m　　④ 1.8~2.2m

60 다음 중 인체지지용 가구에 포함되지 않는 것은?

① 테이블　　　② 소파
③ 침대　　　　④ 휴식용 의자

자격종목	시험시간	학습일자	점 수
실내건축기능사	60분		

본 문제는 2023년도 1회 시험에 응시한 필자의 기억을 토대로 기출문제와 출제범위에서 재구성한 문제입니다. 실제 출제되었던 문제와 다소 차이가 있을 수 있습니다.

┃정답 및 해설 ▶ 550쪽┃

01 상점의 동선계획에서 동선의 길이가 길수록 유리한 것은?

① 직원동선
② 고객동선
③ 상품동선
④ 점주동선

02 벽돌쌓기법에 대한 설명 중 틀린 것은?

① 영식 쌓기는 처음 한 켜는 마구리쌓기, 다음 한 켜는 길이쌓기를 교대로 쌓는 것으로 통줄눈이 생기지 않는다.
② 네덜란드식 쌓기는 영국식과 같으나 모서리 끝에 칠오토막을 사용하지 않고 이오토막을 사용한다.
③ 프랑스식 쌓기는 부분적으로 통줄눈이 생기므로 구조벽체로는 부적합하다.
④ 영롱쌓기는 벽돌벽 등에 장식적으로 구멍을 내어 쌓는 것이다.

03 다음 미장재료에 대한 설명 중 틀린 것은?

① 석고 플라스터는 내화성이 우수하다.
② 돌로마이트 플라스터는 건조 수축이 크기 때문에 수축균열이 발생한다.
③ 킨즈시멘트는 고온소성의 무수석고를 특별한 화학처리를 한 것으로 경화 후 아주 단단하다.
④ 회반죽은 소석고에 모래, 해초풀, 여물 등을 혼합하여 바르는 미장재료로서 건조수축이 거의 없다.

04 목재접합방법 중 길이 방향에 직각이나 일정한 각도를 가지도록 경사지게 붙여대는 것을 무엇이라 하는가?

① 이음
② 맞춤
③ 쪽매
④ 산지

05 테라코타(terra-cotta)에 관한 설명으로 알맞은 것은?

① 공동(空胴)의 대형 점토제품을 말한다.
② 석재보다 무거우며 내화성, 내구성이 부족하다.
③ 원료 점토에 분탄, 톱밥 등을 혼합해서 소성한 것이다.
④ 구조용과 장식용이 있으며 주로 건물의 구조용에 쓰인다.

06 다음 설명에 알맞은 무기질 단열재료는?

> 암석으로부터 인공적으로 만들어진 내열성이 높은 광물섬유를 이용하여 만드는 제품으로, 단열성 · 흡음성이 뛰어나다.

① 암면
② 세라믹 파이버
③ 펄라이트판
④ 테라초

07 다음 중 수익 창출을 목적으로 하는 영리공간과 가장 거리가 먼 것은?

① 백화점
② 호텔
③ 도서관
④ 펜션

08 철근콘크리트구조의 특성으로 틀린 것은?

① 내화성이 크다.

② 공사 시 동절기 기후의 영향을 크게 받는다.

③ 균열이 발생하지 않는다.

④ 설계가 비교적 자유롭다.

09 석재의 사용상 주의점으로 틀린 것은?

① 동일 건축물에는 동일 석재로 시공하도록 한다.

② 중량이 큰 것은 높은 곳에 사용하지 않도록 한다.

③ 재형(材形)에 예각부가 생기며 결손되기 쉽고 풍화 방지에 나쁘다.

④ 석재는 취약하므로 구조재는 직압력재로 사용하지 않도록 한다.

10 다음 설명에 알맞은 창의 종류는?

> • 천장 가까이에 있는 벽에 위치한 창문으로 채광을 얻고 환기를 시킨다.
> • 좁고 긴 창을 사용해 욕실, 화장실 등과 같이 높은 프라이버시를 요하는 실에 적합하다.

① 베이 윈도

② 윈도 월

③ 측창

④ 고창

11 모래붙임루핑에 유사한 제품을 지붕재료로 사용하기 좋은 형으로 만든 것으로, 기와나 슬레이트 대용으로 사용하는 것은?

① 아스팔트 펠트   ② 아스팔트 유제

③ 아스팔트 블록   ④ 아스팔트 싱글

12 열에 대한 설명으로 틀린 것은?

① 열은 온도가 낮은 곳에서 높은 곳으로 이동한다.

② 열이 이동하는 형식에는 복사, 대류, 전도가 있다.

③ 대류는 유체의 흐름에 의해서 열이 이동되는 것을 총칭한다.

④ 벽과 같은 고체를 통하여, 유체(공기)에서 유체(공기)로 열이 전해지는 현상을 열관류라고 한다.

13 와이어로프(wire rope) 또는 PS 와이어 등의 케이블을 사용하여 주로 인장재가 힘을 받도록 설계된 철골구조는?

① 경량철골구조

② 현수구조

③ 철골철근콘크리트구조

④ 강관구조

14 주택계획에 대한 설명으로 틀린 것은?

① 침실의 위치는 소음원이 있는 쪽은 피하고, 정원 등의 공지에 면하도록 하는 것이 좋다.

② 부엌의 위치는 항상 쾌적하고, 일광에 의한 건조 소독을 할 수 있는 남쪽 또는 동쪽이 좋다.

③ 리빙 다이닝 키친(LDK)은 대규모 주택에서 주로 채용되며 작업동선이 길어지는 단점이 있다.

④ 거실의 형태는 일반적으로 정사각형의 형태가 직사각형의 형태보다 가구의 배치나 실의 활용에 불리하다.

15 건축구조를 구성방식에 따라 분류할 때 가구식 구조에 해당하는 것으로 짝지어진 것은?

① 벽돌구조 – 돌구조
② 목구조 – 철골구조
③ 블록구조 – 벽돌구조
④ 철근콘크리트구조 – 철골철근콘크리트구조

16 웨브 플레이트의 좌굴을 방지하기 위하여 설치하는 것은?

① 앵커볼트
② 베이스플레이트
③ 스티프너
④ 플랜지

17 다음 설명에 알맞은 성분별 유리의 종류는?

• 용융되기 쉽다.
• 내산성이 높으나 알칼리에 약하다.
• 건축일반용 창호유리에 사용된다.

① 고규산유리　　② 소다석회유리
③ 붕사석회유리　④ 칼륨석회유리

18 벽돌구조와 블록구조의 공통된 특징으로 옳은 것은?

① 구조체가 하나로 결합된 일체식 구조이다.
② 횡력에 취약하다.
③ 건식구조로 공기가 짧다.
④ 고층건물에 적합하다.

19 건축구조의 분류방법 중 구성방식에 의한 분류법이 아닌 것은?

① 가구식 구조　　② 조적식 구조
③ 일체식 구조　　④ 건식구조

20 콘크리트용 골재로서 요구되는 일반적인 성질로 알맞은 것은?

① 모양이 편평하고 세장한 것이 좋다.
② 모양이 구형에 가까운 것으로, 표면이 매끄러운 것이 좋다.
③ 입도는 조립에서 세립까지 연속적으로 균등하게 혼합되어 있어야 한다.
④ 골재의 강도는 콘크리트 중의 경화시멘트 페이스트의 강도보다 작아야 한다.

21 도면을 축척 1/250로 그릴 때, 삼각스케일의 어느 축척으로 사용해야 가장 편리한가?

① 1/100　　　　② 1/200
③ 1/400　　　　④ 1/500

22 다음 중 선긋기의 유의사항으로 알맞은 것은?

① 모든 종류의 선은 일목요연하게 같은 굵기로 긋는다.
② 축척과 도면의 크기에 따라서 선의 굵기를 다르게 한다.
③ 한 번 그은 선은 중복해서 여러 번 긋는다.
④ 가는 선일수록 선의 농도를 낮게 조정한다.

23 벽돌쌓기 설명으로 옳지 않은 것은?

① 1일 벽돌쌓기의 높이는 1.2m 이내, 최대 1.5m를 넘을 수 없다.
② 배관 등 설비를 묻기 위한 홈은 길이 6m, 깊이는 벽두께의 1/2을 넘을 수 없다.
③ 영롱쌓기는 장식을 목적으로 사각형이나 십자형태로 구멍을 내어 쌓는다.
④ 벽돌쌓기에 사용되는 시멘트모르타르의 두께는 10mm이다.

24 아래 설명에 가장 적합한 종이의 종류는?

> 실시도면을 작성할 때에 사용되는 원도지로 연필을 이용하여 그린다. 투명성이 있고 경질이며, 청사진 작업이 가능하고, 오랫동안 보존할 수 있고, 수정이 용이한 종이로 건축제도에 많이 쓰인다.

① 켄트지　　　　② 방안지
③ 트레팔지　　　④ 트레이싱지

25 목재문 중 울거미를 짜서 중간에 살을 배치해 양면에 판자를 붙인 형식의 문은?

① 양판문　　　　② 플러시문
③ 판자문　　　　④ 단판문

26 도면에서 길이가 4m이다. 축척이 1/200일 때 도면에 나타나는 길이로 바른 것은?

① 4mm
② 20mm
③ 40mm
④ 80mm

27 다음 연필심 중 가장 단단한 심은?

① HB　　　　　② 2H
③ 4B　　　　　④ H

28 건축재료를 화학조성에 의해 분류할 경우, 무기재료에 해당하지 않는 것은?

① 석재　　　　　② 도자기
③ 알루미늄　　　④ 목재

29 열린 여닫이문을 저절로 닫히게 하는 장치로 문과 문틀에 고정해 설치하는 철물은?

① 문버팀쇠　　　② 도어스톱
③ 도어체크　　　④ 크레센트

30 용착금속이 끝부분에서 모재와 융합하지 않고 덮여 있는 부분이 있는 용접 결함은?

① 언더컷(under cut)
② 오버랩(over lap)
③ 크랙(crack)
④ 클리어런스(clearance)

31 다음 창호기호가 의미하는 내용은?

① 알루미늄합금창 2번
② 알루미늄합금창 2개
③ 알루미늄합금창 2짝
④ 알루미늄합금 2중창

32 광원을 넓은 면적의 벽면에 배치하여 비스타(vista)적인 효과를 낼 수 있으며 시선에 안락한 배경으로 작용하는 건축화 조명방식은?

① 코퍼 조명
② 광창 조명
③ 코니스 조명
④ 광천장 조명

33 다음 재료 중 취성이 가장 큰 재료는?

① 플라스틱
② 알루미늄
③ 납
④ 유리

34 목재의 건조방법 중 인공건조법에 속하지 않는 것은?

① 증기 건조법　　② 열기 건조법
③ 진공 건조법　　④ 대기 건조법

35 주택 침실의 소음 방지방법으로 바르지 않은 것은?

① 도로 등의 소음원으로부터 격리시킨다.
② 창문은 2중창으로 시공하고 커튼을 설치한다.
③ 벽면에 붙박이장을 설치하여 소음을 차단한다.
④ 침실 외부에 나무를 제거하여 조망을 좋게 한다.

36 콘크리트 혼화제 중 작업성능이나 동결융해 저항성능의 향상을 목적으로 쓰이는 것은?

① AE제　　　② 중점제
③ 기포제　　　④ 유동화제

37 건축공간에서 인간생활을 지탱하는 촉각적 요소 중 가장 밀접한 관계를 지니는 것은?

① 천장　　　② 벽
③ 바닥　　　④ 가구

38 일조의 직접적인 효과로 볼 수 없는 것은?

① 광 효과　　　② 열 효과
③ 조망 효과　　　④ 보건·위생적 효과

39 다음 중 선의 종류에 따른 용도로 바르지 않은 것은?

① 실선 – 물체의 보이는 부분을 나타내는 데 사용
② 파선 – 물체의 보이지 않는 부분의 모양을 표시하는 데 사용
③ 1점쇄선 – 물체의 절단한 위치를 표시하거나 경계선으로 사용
④ 2점쇄선 – 물체의 중심축, 대칭축을 표시하는 데 사용

40 건축도면 중 전개도에 대한 정의로 옳은 것은?

① 부대시설의 배치를 나타낸 도면
② 각 실 내부의 의장을 명시하기 위해 작성하는 도면
③ 지반, 바닥, 처마 등의 높이를 나타낸 도면
④ 실의 배치 및 크기를 나타낸 도면

41 금속의 방식방법에 대한 설명으로 틀린 것은?

① 큰 변형을 준 것은 가능한 한 풀림하여 사용한다.
② 가능한 한 이종금속과 인접하거나 접촉하여 사용하지 않는다.
③ 표면을 평활하고 깨끗하게 하며, 습윤상태를 유지하도록 한다.
④ 균질한 것을 선택하고 사용할 때 큰 변형을 주지 않도록 한다.

42 다음 내용 중 선의 느낌으로 잘못된 것은?

① 수직선 – 남성적인 느낌과 상승감을 준다.
② 수평선 – 서정적이면서 안정감을 준다.
③ 사선 – 강하고 엄숙한 느낌을 준다.
④ 곡선 – 여성적이면서 부드러운 느낌을 준다.

43 유성페인트에 대한 설명으로 틀린 것은?

① 건조시간이 길다.
② 내후성이 우수하다.
③ 내알칼리성이 우수하다.
④ 붓바름 작업성이 우수하다.

44 다음 중 열경화성수지에 속하는 것은?

① 페놀수지　　　② 아크릴수지
③ 염화비닐수지　　　④ 폴리에틸렌수지

45 평면도는 건물의 바닥면으로부터 보통 어느 높이에서 절단한 수평 투상도인가?

① 1m   ② 1.2m

③ 1.5m   ④ 1.8m

46 합판에 관한 설명으로 옳지 않은 것은?

① 곡면가공이 가능하다.

② 함수율 변화에 의한 신축변형이 적다.

③ 표면가공법으로 흡음효과를 낼 수 있고 의장적 효과도 높일 수 있다.

④ 2장 이상의 단판인 박판을 2, 4, 6매 등의 짝수로 섬유 방향이 직교하도록 붙여 만든 것이다.

47 강의 열처리방법에 속하지 않는 것은?

① 인발   ② 불림

③ 풀림   ④ 담금질

48 조선시대 주택에서 남자 주인이 거처하던 방으로서 서재와 접객공간으로 사용된 공간은?

① 안방   ② 대청

③ 침방   ④ 사랑방

49 굳지 않은 콘크리트의 성질을 표시하는 용어 중 굳지 않은 콘크리트의 유동성 정도, 반죽질기를 나타내는 용어는?

① 컨시스턴시   ② 워커빌리티

③ 펌퍼빌리티   ④ 피니셔빌리티

50 실내의 공기오염을 나타내는 종합적 지표로서의 오염물질은?

① O_2 ② O_3

③ CO ④ CO_2

51 여러 가지 도형 중에서 여성적이면서 부드러운 느낌을 주는 도형은?

① 삼각형   ② 오각형

③ 마름모   ④ 타원

52 마르셀 브로이어가 디자인한 작품으로 강철파이프를 휘어 기본 골조를 만들고 가죽을 접합하여 좌판, 등받이, 팔걸이를 만든 의자는?

① 바실리 의자

② 파이미오 의자

③ 바르셀로나 의자

④ 힐하우스 래더백 의자

53 재료의 역학적 성질 중 물체에 외력이 작용하면 변형이 생기나 외력을 제거하면 순간적으로 원래의 형태로 회복되는 성질은?

① 전성   ② 소성

③ 탄성   ④ 연성

54 차음성이 높은 재료의 특성과 가장 거리가 먼 것은?

① 무겁다

② 단단하다

③ 치밀하다

④ 다공질이다

55 단기강도가 우수하므로 도로 및 수중공사 등 긴급공사나 공기단축이 필요한 경우에 사용되는 시멘트는?

① 보통 포틀랜드 시멘트

② 조강 포틀랜드 시멘트

③ 저열 포틀랜드 시멘트

④ 중용열 포틀랜드 시멘트

56 건축물의 단열을 위한 조치사항으로 틀린 것은?

① 외벽 부위는 외단열로 시공한다.

② 건물의 창호는 가능한 한 크게 설계한다.

③ 건물 옥상에는 조경을 하여 최상층 지붕의 열저항을 높인다.

④ 외피의 모서리 부분은 열교가 발생하지 않도록 단열재를 연속적으로 설치한다.

57 석고 플라스터 미장재료에 대한 설명으로 바르지 않은 것은?

① 내화성이 우수하다.

② 수경성 미장재료이다.

③ 회반죽보다 건조 수축이 크다.

④ 원칙적으로 해초 또는 풀즙을 사용하지 않는다.

58 구매심리 AIDMA법칙으로 잘못된 것은?

① Attention – 주의

② Interest – 흥미

③ Deal – 거래

④ Memory – 기억

59 다음 중 금속, 석재, 도자기, 글라스, 콘크리트, 플라스틱재 등의 접합에 모두 사용할 수 있는 접착제는?

① 요소수지 접착제

② 페놀수지 접착제

③ 멜라민수지 접착제

④ 에폭시수지 접착제

60 리듬의 원리에 해당되지 않는 것은?

① 반복　　　　　② 대칭

③ 점이　　　　　④ 방사

2024년 제1회 기출 복원문제

자격종목	시험시간	학습일자	점 수
실내건축기능사	60분		

본 문제는 2024년도 1회(1월 22일) 시험에 응시한 필자의 기억을 토대로 기출문제와 출제범위 내에서 재구성한 문제입니다. 실제 출제되었던 문제와 다소 차이가 있을 수 있습니다.

┃정답 및 해설 ▶ 553쪽┃

01 철근콘크리트기둥의 배근에 관한 설명 중 틀린 것은?

① 기둥을 보강하는 세로철근, 즉 축방향 철근이 주근이 된다.

② 나선철근은 주근의 좌굴과 콘크리트가 수평으로 터져 나가는 것을 구속한다.

③ 주근의 최소 개수는 사각형이나 원형 띠 철근으로 둘러싸인 경우 6개, 나선철근으로 둘러싸인 경우 4개로 하여야 한다.

④ 비합성 압축부재의 축방향 주철근 단면적은 전체 단면적의 0.01배 이상, 0.08배 이상으로 해야 한다.

02 거실의 가구 배치방법 중 가구를 두 벽면에 연결시켜 배치하는 형식으로 시선이 마주치지 않아 안정감이 있는 것은?

① 직선형
② 대면형
③ ㄱ자형
④ ㄷ자형

03 원룸형 주택설계 시 고려해야 할 사항으로 바르지 않은 것은?

① 내부공간을 효율적으로 활용한다.

② 환기를 고려한 설계가 이루어져야 한다.

③ 사용자에 대한 특성을 충분히 파악한다.

④ 원룸이므로 활동공간과 취침공간을 구분하지 않는다.

04 대리석에 대한 설명으로 틀린 것은?

① 산과 알칼리에 강하다.

② 석질이 치밀, 견고하고 색채, 무늬가 다양하다.

③ 석회석이 변화되어 결정화한 것으로 탄산석회가 주성분이다.

④ 강도는 매우 높지만 풍화되기 쉽기 때문에 실외용으로는 적합하지 않다.

05 다음 중 내화성이 가장 약한 석재는?

① 화강암
② 안산암
③ 사암
④ 응회암

06 다음 중 건축재료의 사용목적에 의한 분류에 해당하지 않는 것은?

① 무기재료
② 구조재료
③ 마감재료
④ 차단재료

07 구조용 재료에 요구되는 성질과 관계가 없는 것은?

① 재질이 균일하고 강도가 큰 것

② 색채와 촉감이 우수한 것

③ 가볍고 큰 재료를 용이하게 구할 수 있는 것

④ 내화, 내구성이 큰 것

08 아스팔트 루핑을 절단하여 만든 것으로 지붕 재료로 주로 사용되는 아스팔트 제품은?

① 아스팔트 펠트　② 아스팔트 유제
③ 아스팔트 타일　④ 아스팔트 싱글

09 45°와 60° 삼각자의 2개 1조로 그을 수 있는 빗금의 각도가 아닌 것은?

① 30°　　　　② 50°
③ 105°　　　④ 135°

10 아래 설명에 가장 적합한 종이의 종류는?

실시도면을 작성할 때에 사용되는 원도지로, 연필을 이용하여 그린다. 투명성이 있고 경질이며, 청사진 작업이 가능하고, 오랫동안 보존할 수 있고, 수정이 용이한 종이로 건축제도에 많이 쓰인다.

① 켄트지　　　② 방안지
③ 트레팔지　　④ 트레이싱지

11 건축제도의 글자에 관한 설명으로 옳지 않은 것은?

① 숫자는 아라비아 숫자를 원칙으로 한다.
② 왼쪽에서부터 가로쓰기를 원칙으로 한다.
③ 글자체는 수직 또는 30° 경사의 명조체로 쓰는 것을 원칙으로 한다.
④ 글자의 크기는 각 도면의 상황에 맞추어 알아보기 쉬운 크기로 한다.

12 매장계획에서 진열장을 중앙에 배치하거나 곡선형태의 원형으로 설치해서 내부에 레지스터나 포장대 등을 배치하는 형식은?

① 직립배치형　② 사행배치형
③ 환상배열형　④ 굴절배치형

13 용착금속이 홈에 차지 않고 홈 가장자리가 남아 있는 불완전 용접은?

① 언더컷　　　② 블로홀
③ 오버랩　　　④ 피트

14 조립식 구조(prefabricated structures)의 특징과 가장 거리가 먼 것은?

① 공기가 단축된다.
② 현장에서의 작업비중이 높아진다.
③ 품질향상과 감독관리가 용이하다.
④ 대량생산이 가능하다.

15 다음 중 주요 구조부에 해당되지 않는 것은?

① 내력벽
② 주계단
③ 기둥
④ 차양

16 수평 블라인드로 날개의 각도, 승강의 일광, 조망, 시각의 차단 정도를 조절할 수 있지만 먼지가 쌓이면 제거하기 어려운 단점이 있는 것은?

① 롤 블라인드
② 로만 블라인드
③ 베니션 블라인드
④ 버티컬 블라인드

17 층고를 최소화할 수 있으나 바닥판이 두꺼워서 고정하중이 커지며, 뼈대의 강성을 기대하기가 어려운 구조는?

① 튜브구조
② 스페이스 프레임
③ 라멘구조
④ 플랫 슬래브

18 선의 종류에 따른 용도로 바르지 않은 것은?

① 실선 – 물체의 보이는 부분을 나타내는 데 사용

② 파선 – 물체의 보이지 않는 부분의 모양을 표시하는 데 사용

③ 1점쇄선 – 물체의 절단한 위치를 표시하거나 경계선으로 사용

④ 2점쇄선 – 물체의 중심축, 대칭축을 표시하는 데 사용

19 제도용지에 관한 내용으로 옳지 않은 것은?

① A0 용지의 넓이는 약 $1m^2$이다.

② A2 용지의 크기는 A0 용지의 1/4이다.

③ 제도용지의 가로와 세로의 길이비는 $\sqrt{2}$: 1이다.

④ 큰 도면을 접을 때에는 A3의 크기로 접는 것을 원칙으로 한다.

20 굳지 않은 콘크리트의 반죽질기를 나타내는 지표는?

① 슬럼프　　② 침입도
③ 블리딩　　④ 레이턴스

21 알루민산철3석회를 극히 적게 넣어 인조석이나 마감에 사용되는 시멘트는?

① 백색 포틀랜드 시멘트

② 조강 포틀랜드 시멘트

③ 석회 슬래그 시멘트

④ 중용열 포틀랜드 시멘트

22 목재의 장점에 해당하는 것은?

① 내화성이 좋다.

② 재질과 강도가 일정하다.

③ 외관이 아름답고 감촉이 좋다.

④ 함수율에 따라 팽창과 수축이 작다.

23 다음 설명에 알맞은 건축화 조명의 종류는?

- 벽면 전체 또는 일부분을 광원화하는 방식이다.
- 광원을 넓은 벽면에 매입함으로써 비스타(vista)적인 효과를 낼 수 있다.

① 광창 조명　　② 광천장 조명
③ 코니스 조명　　④ 밸런스 조명

24 다음과 같은 특징을 갖는 의자는?

- 등받이와 팔걸이가 없는 형태의 보조의자이다.
- 가벼운 작업이나 잠시 걸터앉아 휴식을 취하는 데 사용된다.

① 스툴　　② 카우치
③ 이지 체어　　④ 라운지 체어

25 다음 중 실내디자인의 목적과 가장 거리가 먼 것은?

① 생산성을 최대화한다.

② 미적인 공간을 구성한다.

③ 쾌적한 환경을 조성한다.

④ 기능적인 조건을 최적화한다.

26 다음 건축구조의 분류 중 건식구조에 해당되는 것은?

① 벽돌구조　　② 철근콘크리트구조
③ 목구조　　④ 블록구조

27 개구부의 너비가 크거나 상부의 하중이 클때에 인방돌의 뒷면에 강재로 보강하는 이유로 알맞은 것은?

① 석재는 휨모멘트에 약하므로

② 석재는 전단력이 약하므로

③ 석재는 압축력이 약하므로

④ 석재는 수직력이 약하므로

28 다음 보기에서 설명하는 목재접합의 종류는?

> 나무 마구리를 감추면서 튼튼한 맞춤을 할 때, 예를 들어 창문 등의 마무리에 이용되며, 일반적으로 2개의 목재 귀를 45°로 빗잘라 직각으로 맞댄다.

① 연귀맞춤　　② 통맞춤
③ 턱이음　　　④ 맞댄쪽매

29 다음 중 푸르킨예 현상에 대한 설명으로 옳은 것은?

① 어떤 조명 아래에서 물체의 색을 오랫동안 보면 그 색의 감각이 약해지는 현상
② 수면에 뜬 기름이나 전복껍질에서 나타나는 색의 현상
③ 어두워질 때 단파장의 색이 잘 보이는 현상
④ 노랑, 빨강, 초록 등 유채색을 느끼는 세포의 지각현상

30 재료가 외력의 영향으로 변형이 생긴 후 그 외력을 제거해도 변형된 그대로 유지하는 성질은?

① 소성　　　　② 전성
③ 점성　　　　④ 연성

31 철근콘크리트구조에 사용되는 철근에 관한 내용으로 옳은 것은?

① 압축력에 취약한 부분에 철근을 배근한다.
② 철근을 합산한 총단면적이 같을 때 가는 철근을 사용하는 것이 부착응력을 증대시킬 수 있다.
③ 철근의 이음길이는 콘크리트 압축강도와는 무관하다.
④ 철근의 이음은 인장력이 큰 곳에서 한다.

32 강의 열처리방법 중 담금질에 의하여 감소하는 것은?

① 강도
② 경도
③ 신장률
④ 전기저항

33 소다석회유리의 일반적 성질에 대한 설명으로 틀린 것은?

① 풍화되기 쉽다.
② 내산성이 높다.
③ 내알칼리성이 높다.
④ 건축 일반용 창호유리에 사용된다.

34 A2 제도용지 외곽에 그려지는 테두리선의 간격의 거리로 알맞은 것은? (단, 철을 하지 않는 경우)

① 5mm　　　　② 10mm
③ 15mm　　　④ 20mm

35 실내공기오염의 종합적 지표로서 이용되는 오염물질은?

① 라돈
② 부유분진
③ 일산화탄소
④ 이산화탄소

36 황동에 대한 설명 중 옳은 것은?

① 건축용 장식재나 미술공예용으로 많이 사용된다.
② 내식성이 크고 주조성이 우수하다.
③ 구리와 주석을 주성분으로 한 합금이다.
④ 가공이 쉽고 외관이 좋아 창호철물 등에 사용된다.

37 철근콘크리트구조의 내화성 강화방법으로 틀린 것은?

① 피복두께를 얇게 한다.
② 내화성이 높은 골재를 사용한다.
③ 콘크리트 표면을 회반죽 등의 단열재로 보호한다.
④ 익스팬디드 메탈 등을 사용하여 피복콘크리트가 박리되는 것을 방지한다.

38 건축구조의 구성방식에 의한 분류 중 하나로 건식공법을 사용하며 목재와 철골을 주로 사용하는 구조는?

① 가구식 구조
② 캔틸레버 구조
③ 조적식 구조
④ RC 구조

39 도막 방수재, 실링재로 사용되는 열경화성 수지는?

① 아크릴수지
② 염화비닐수지
③ 폴리스티렌수지
④ 폴리우레탄수지

40 합판에 대한 설명 중 잘못된 것은?

① 소드 베니어 방식이 가장 생산율이 높다.
② 품질이 일반 판재에 비해 균질하다.
③ 수축, 팽창이 적고 곡면판을 만들 수 있다.
④ 갈라짐과 강도의 차이가 작다.

41 자기질 타일의 흡수율로 옳은 것은?

① 1% 이하　　② 3% 이하
③ 5% 이하　　④ 10% 이하

42 고체 양쪽의 유체 온도가 다를 때 고체를 통하여 유체에서 다른 쪽 유체로 열이 전해지는 현상을 무엇이라 하는가?

① 대류　　　　② 복사
③ 증발　　　　④ 열관류

43 주택의 거실에 대한 설명으로 틀린 것은?

① 다목적 기능을 가진 공간이다.
② 가족의 휴식, 대화, 단란한 공동생활의 중심이 되는 곳이다.
③ 전체 평면의 중앙에 배치하여 각 실로 통하는 통로로서의 기능을 부여한다.
④ 거실의 면적은 가족 수와 가족의 구성형태 및 거주자의 사회적 지위나 손님의 방문 빈도와 수 등을 고려하여 계획한다.

44 쇼핑센터 내의 주요 보행 동선으로 고객을 각 상점으로 고르게 유도하는 동시에 휴식처로서의 기능도 가지고 있는 것은?

① 핵상점
② 전문점
③ 몰(mall)
④ 코트(court)

45 디자인 요소 중 점에 대한 설명으로 틀린 것은?

① 화면상에 있는 두 점의 크기가 같을 때 주의력은 균등하게 작용한다.
② 선과 마찬가지로 형태의 외곽을 시각적으로 설명하는 데 사용될 수 있다.
③ 화면상에 있는 하나의 점은 관찰자의 시선을 화면 안에 특정한 위치로 이끈다.
④ 다수의 점은 2차원에서 면이나 형태로 지각될 수 있으나 운동을 표현하는 시각적 조형효과는 만들 수 없다.

46 두 개 또는 그 이상의 유사한 시각요소들이 서로 가까이 있으면 하나의 그룹으로 보려는 경향과 관련된 형태의 지각심리는?

① 유사성　　　　② 연속성
③ 폐쇄성　　　　④ 근접성

47 판매방식 중 고객이 점원과 마주하여 상품 설명을 통해 판매하는 방식은?

① 방문판매　　　② 측면판매
③ 판촉판매　　　④ 대면판매

48 시멘트의 안정성 측정에 사용되는 시험법은?

① 브레인법
② 표준체법
③ 슬럼프 테스트
④ 오토클레이브 팽창도 시험

49 선형의 수직요소로 크기, 형상을 가지고 있으며 구조적 요소 또는 강조적·상징적 요소로 쓰이는 것은?

① 바닥　　　　　② 기둥
③ 보　　　　　　④ 천장

50 목구조에서 본기둥 사이에 벽을 이루는 것으로서, 가새의 옆휨을 막는 데 사용되는 기둥은?

① 평기둥　　　　② 샛기둥
③ 동자기둥　　　④ 통재기둥

51 미장재료 중 돌로마이트 플라스터에 대한 설명으로 틀린 것은?

① 기경성 미장재료이다.
② 소석회에 비해 점성이 높다.
③ 석고 플라스터에 비해 응결시간이 짧다.
④ 건조수축이 커서 수축균열이 발생하는 결점이 있다.

52 벽돌구조와 블록구조의 공통된 특징으로 옳은 것은?

① 구조체가 하나로 결합된 일체식 구조이다.
② 횡력에 취약하다.
③ 건식구조로 공기가 짧다.
④ 고층건물에 적합하다.

53 다음 중 주택의 바닥재료에 요구되는 성질과 가장 거리가 먼 것은?

① 열전도율이 작아야 한다.
② 청소가 용이해야 한다.
③ 내구, 내화성이 커야 한다.
④ 탄력이 있고 마모가 적어야 한다.

54 콘크리트 혼화재 중 포졸란을 사용할 경우의 효과에 관한 설명으로 옳지 않은 것은?

① 발열량이 적다.
② 블리딩이 감소한다.
③ 시공연도가 좋아진다.
④ 초기강도 증진이 빨라진다.

55 유성페인트에 대한 설명으로 바른 것은?

① 붓바름 작업성 및 내후성이 우수하다.
② 저온다습할 경우에도 건조시간이 짧다.
③ 내알칼리성은 우수하지만, 광택이 없고 마감면의 마모가 크다.
④ 염화비닐수지계, 멜라민수지계, 아크릴수지계 페인트가 있다.

56 절충식 지붕틀에서 지붕 하중이 크고 간사이가 넓을 때 중간에 기둥을 세우고 그 위 지붕보에 직각으로 걸쳐대는 부재의 명칭은?

① 베개보　　　　② 서까래
③ 추녀　　　　　④ 우미량

57 다음 설명이 나타내는 현상은?

> 벽면 온도가 여기에 접촉하는 공기의 노점온도 이하에 있으면 공기는 포함하고 있던 수증기를 그대로 전부 포함할 수 없게 되어 남는 수증기가 물방울이 되어 벽면에 붙는다.

① 잔향   ② 열교
③ 결로   ④ 환기

58 다음 중 실내디자인에서 리듬감을 주기 위한 방법으로 가장 거리가 먼 것은?

① 방사   ② 반복
③ 조화   ④ 점이

59 음의 잔향시간에 대한 설명으로 틀린 것은?

① 잔향시간은 실의 용적에 비례한다.
② 잔향시간이 길면 앞소리를 듣기 어렵다.
③ 잔향시간은 벽면 흡음도의 영향을 받는다.
④ 실의 형태는 잔향시간의 가장 주된 결정 요소이다.

60 프리스트레스트 콘크리트구조의 특징이 아닌 것은?

① 스팬을 길게 할 수 있어서 넓은 공간을 설계할 수 있다.
② 부재 단면의 크기를 작게 할 수 있고 진동이 없다.
③ 공기를 단축하고 시공과정을 기계화할 수 있다.
④ 고강도 재료를 사용하므로 강도와 내구성이 크다.

CBT 기출 복원문제 정답 및 해설

CBT 기출

2017년 제5회 정답 및 해설

01	02	03	04	05	06	07	08	09	10	11	12	13	14	15
①	②	①	③	③	①	②	③	④	④	③	④	②	③	①
16	17	18	19	20	21	22	23	24	25	26	27	28	29	30
③	②	③	①	④	②	④	①	①	④	②	②	①	②	①
31	32	33	34	35	36	37	38	39	40	41	42	43	44	45
④	②	④	④	③	③	③	④	②	④	④	③	①	①	④
46	47	48	49	50	51	52	53	54	55	56	57	58	59	60
②	②	①	③	①	①	④	②	④	②	②	①	①	③	④

01 • 리듬 : 규칙적인 요소들의 반복으로 나타나는 일체된 운동감
• 통일 : 여러 개의 사물이나 형태가 하나의 기준에 따라 일관됨
• 강조 : 시각적으로 중요한 것과 그렇지 않은 것을 구별하는 것으로 흥미나 관심의 초점이 됨.
• 균형 : 한쪽으로 기울거나 치우치지 않은 상태

02 유리의 강도는 휨강도를 말한다.

03 • 플라이애시 : 구형에 가까운 모양으로 모르타르의 유동성을 높이고 응고 시 수축과 발열을 감소시킨다.
• 기포제 : 콘크리트에 기포를 발생시켜 중량을 경감시킨다.
• 유동화제 : 비벼놓은 콘크리트에 첨가하는 것으로 콘크리트를 부드럽게 하여 워커빌리티를 향상시킨다.

04 • 도어체크 : 문 상부에 설치되어 문을 자동으로 닫히게 하는 철물이다.

• 도어스톱 : 문이 열린 상태가 고정될 수 있도록 지지하는 것으로, 바닥 고정식과 문 고정식이 있다.

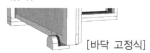

[바닥 고정식]

• 플로어 힌지 : 현관, 상가 등 출입이 잦은 곳의 자재문, 강화도어 바닥에 설치되는 힌지로, 무거운 문을 닫히게 해주는 철물이다.

플로어 힌지

05 $\dfrac{1\text{kg}/\text{m}^3}{1\text{g}/\text{cm}^3} \;\rightarrow\; \dfrac{1\text{kg}/\text{m}^3}{1{,}000\text{kg}/\text{m}^3} = 0.001$

06 • 석유계 아스팔트 : 스트레이트 아스팔트, 블로운 아스팔트
• 천연 아스팔트 : 록 아스팔트, 레이크 아스팔트, 아스팔타이트

07 16m＝1,600cm＝16,000mm

→16,000mm÷200＝80mm

08 • 대류 : 유체가 부력에 의한 운동으로 열을 전달
• 전도 : 온도가 높은 곳에서 낮은 곳으로 열을 전달
• 복사 : 열 전달 물질이 없이 고온체에서 저온체로 열을 전달

09 건축제도에서 사용되는 단위는 mm를 원칙으로 한다.

10 AIDMA법칙 : 소비자가 상품을 구매하는데 5단계를 거쳐 구매
1. Attention – 주목
2. Interest – 관심
3. Desire – 욕구
4. Memory – 기억
5. Action – 행동

11 • 쌍여닫이문 :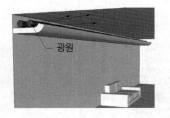
• 여닫이문 :
• 아코디언문(주름문) :

12 테라초 : 대리석의 종석에 백색 시멘트를 가하여 혼합해 만든 인조석이다.

13 코브 조명은 천장이나 벽에 반사되는 간접조명이면서 건축화 조명에 속한다.

광원

14 • 일자형(직선형) : 규모가 작은 좁은 면적의 주방에 적절
• L자형 : L자형의 싱크대를 벽면에 배치하고 남은 공간에 식탁을 두어 활용
• 아일랜드형(섬형) : 주방 가운데 조리대와 같은 작업대를 두어 여러 방향에서 작업

15 • 소성 : 외력을 가했을 때 한계에 도달하면 외력이 없어도 변형이 증대되는 성질

• 점성 : 유체 내에서 서로 접촉하는 정도로 끈끈한 성질
• 연성 : 늘어나는 성질

16 주택의 설계방향
• 생활이 쾌적할 수 있도록 한다.
• 가사노동을 줄일 수 있도록 한다.
• 가족의 생활방식 등 특성이 일치되어 가족 본위의 주거가 되어야 한다.
• 공간의 사용이 편리해야 한다.

17 의자의 종류
• 세티 : 등받이와 팔걸이가 있는 서양식 의자

• 오토만 : 상자형식의 쿠션 의자로 안쪽에 물건을 수납

• 카우치 : 침상을 겸하는 긴 의자

• 체스터필드 : 겉천을 깔아 누빈 서양식 소파로 등받이와 팔걸이 높이가 같다.

18 구조재료는 건축물의 하중을 지지하므로 재질이 균일하고 강도가 커야 한다.

19 이미지나 대상이 일정한 방향성을 가지고 이어질 때 하나의 그룹으로 인지하는 법칙을 연속성의 법칙(law of continuity)이라 한다.

20 테라코타는 속이 빈 대형의 장식용 점토제품이다. 소성제품이므로 형상이나 크기를 다양하게 만들 수 있다.

21 강의 열처리 방법에는 불림, 풀림, 담금질, 뜨임이 있으며, 단조는 금속을 두들겨서 형태를 만드는 성형방법이다.

22 트레이싱지(tracing paper) : 기름종이라고도 불리는 투명성이 우수한 종이로 원본 도면을 깔고 데고 스케치를 하거나 청사진을 굽는 데 사용된다.

23 • 혹두기(혹따기) : 쇠메로 쳐서 적당히 다듬는 일
• 정다듬 : 정으로 때려 형태를 다듬는 일
• 도드락다듬 : 도드락망치를 사용해 마무리로 다듬는 일
• 잔다듬 : 날망치로 정교하게 다듬는 일
• 물갈기 : 물을 뿌리면서 작업면을 갈아내는 일

24 A열 제도용지의 비는 $1 : \sqrt{2}$
• A4 : $210\text{mm} \times 297\text{mm}$
• A3 : $297\text{mm} \times 420\text{mm}$
• A2 : $420\text{mm} \times 594\text{mm}$
• A1 : $594\text{mm} \times 841\text{mm}$
• A0 : $841\text{mm} \times 1{,}189\text{mm}$

25 1.5B 쌓기(1.0B+줄눈+0.5B)의 두께
1.0B=190, 줄눈=10, 0.5B=90
→190+10+90=290mm

26 ②의 내용은 붙박이 가구에 대한 설명이다.

27 특정한 목적으로 사용되는 가구 및 집기를 건물과 일체화한 것을 붙박이 가구(built-in)라 한다.

28 실내디자인의 과정
조건파악 → 기본계획 → 기본설계 → 실시설계

29 대리석 : 색과 무늬가 아름다워 실내장식재로 사용된다.

30 • 사선 : 동적이면서 불안한 느낌, 건축에는 강한 표정을 나타냄.
• 곡선 : 유연하고 동적인 느낌
• 수직선 : 존엄성, 엄숙함 등 종교적인 느낌
• 수평선 : 평화로움, 안정감, 영원 등 정지된 느낌

31 잔골재는 모래와 같이 작은 크기의 골재로 5mm 체에 중량으로 85% 이상 통과한 골재이다.

32 • 스프링클러 : 배관을 천장으로 연결하여 천장면에 설치된 분사기구로 발화 초기에 작동하는 자동소화설비이다.

• 연결살수설비 : 소방용 펌프차에서 송수구를 통해 보내진 압력수로 소화하는 설비로 폐쇄형과 개방형이 있다.
• 옥내소화전 : 옥내에 설치하는 소화전으로 주택가, 공장 등의 주요 시설에 설치되며 단구식, 쌍구식, 부동식 등으로 구분한다.

33 강화유리
600℃의 고열로 열처리해 강도를 높인 유리로 일반유리의 3~5배 높은 강도를 가지며 파괴되면 일반유리와는 다르게 모래알처럼 부서진다. 성형후에는 가공이 불가능하다.

34 • 고로 시멘트 : 수축, 균열이 적고 바닷물에 대한 저항성이 크고 장기강도가 우수
• 백색 포틀랜드 시멘트 : 건축물의 내부, 외부의 도장 및 마감용으로 사용
• 중용열 포틀랜드 시멘트 : 방사선 차단, 내수성, 내화학성, 내식성 등 내구성이 우수해 댐, 항만, 해안공사 등 대형 구조물에 사용

35 건축법상 초고층 건물은 50층 이상이거나 높이가 200m 이상인 건축물을 말한다.

36 • 다이닝 포치 : 테라스, 정원, 옥상 등 옥외에서 식사를 할 수 있는 공간이다.
• 리빙 다이닝(L.D) : 거실 일부에 식당을 배치한 구성으로 "다이닝 알코브"(dining alcove)라 하기도 한다.
• 리빙 다이닝 키친(L.D.K) : 거실 일부에 주방과 식사실을 구성하는 것으로 소규모 주택에 많이 적용된다.

37 우리나라 투상법은 제도 통칙(KS F 1501)에 따라 제3각법을 사용한 작도를 원칙으로 한다.

38 톱날지붕은 공장에 사용된다.

[박공]　[모임]　[합각]　[솟을]　[꺾인]　[톱날]

39 D13@200의 D13은 이형철근 직경 13mm를 뜻하며, @200은 배근간격을 뜻한다.

40 현수구조는 구조물에 케이블로 달아매는 구조
이다.

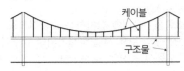

41 영롱쌓기는 모든 면을 채워서 쌓는 일반적인 쌓기
와는 다르게 사각형이나 십자모양으로 구멍을 내
어 쌓는다.

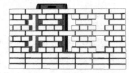

42 • 입면도 : 건축물의 외관을 표현한 도면
• 전개도 : 실내의 벽면을 표현한 도면

43 • ㅅ자보 : 압축력, 휨모멘트
• 빗대공 : 압축력
• 평보 : 인장력, 휨모멘트
• 중도리 : 휨응력

44 유효온도는 실내 온열감각을 기온의 척도로 나
타낸다.

45 선의 굵기는 출력용지 크기에 비례한다.

46 $N/mm^2 = 1MPa$
$\rightarrow 400 \times 1,000/(10 \times 10)(10 \times 10) = 40MPa$

47 회반죽은 기경성 재료로 공기 중의 탄산가스와 반
응해 경화한다.

48 액화석유가스는 공기보다 무거워 누설되면 위험
하다.

49 가새 : 기둥의 상부와 기둥의 하부를 대각선 빗재
로 고정해 수평외력에 저항하는 가장 효과적인
보강재이다.

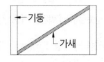

50 바른층쌓기

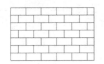

51 $40cm \times 60cm \times 900cm \times 2,400kg/m^3$
$= 0.4m \times 0.6m \times 9m \times 2,400kg/m^3 = 5,184kg$

52 2방향 슬래브의 장변(ly)은 단변길이(lx)의 2배를
넘지 않는다.

53 암석을 눈으로 확인할 수 있는 외적인 부분을 석
리라 한다.

54 1,200형 에스컬레이터는 탑승 폭이 1,200mm로
성인 2명이 단에 오를 수 있으며 시간당 9,000명
을 수송할 수 있다.

55 벽돌벽 쌓기에서 내쌓기
1켜씩 : 1/8B, 2켜씩 : 1/4B

56 보강콘크리트블록조의 벽량은 15cm/m² 이상으로
한다.

57 ϕ =지름
R =반지름

58 파선(-----)은 보이지 않거나 가려진 부분을
표시할 때 사용된다.

59 계단실형(홀형)은 복도를 사용하지 않아 통행부
면적이 감소되고 엘리베이터를 통해 각 주호로 출
입하므로 프라이버시 확보에 유리하다.

60 커튼, 고정벽, 블라인드는 시각적으로 차단된다.

CBT 기출 · 2018년 제4회 정답 및 해설

01	02	03	04	05	06	07	08	09	10	11	12	13	14	15
④	③	②	④	①	③	①	①	④	②	①	④	②	④	④
16	17	18	19	20	21	22	23	24	25	26	27	28	29	30
①	④	④	③	③	①	④	②	③	③	①	④	③	③	①
31	32	33	34	35	36	37	38	39	40	41	42	43	44	45
③	①	④	③	③	④	②	①	③	④	①	③	④	④	③
46	47	48	49	50	51	52	53	54	55	56	57	58	59	60
①	③	①	①	②	③	①	④	①	①	①	①	①	④	④

01 점토의 압축강도는 인장강도의 약 5배 정도로 압축강도가 더 우수하다.

02 합성수지는 흡수성이 작고, 전성과 연성이 커서 가공이 용이하다.

03 프리스트레스트 콘크리트(prestressed concrete) PC강선을 사용해 인장강도를 증가시킨 콘크리트 제품으로 공기단축, 강한 내구성, 장스팬의 장점이 있다.

04 가구식 구조(架構式構造)는 가늘고 긴 부재를 맞추어 구조체를 만드는 구조형식으로, 목구조와 철골구조가 있다.

05 열경화성수지의 종류
에폭시수지, 실리콘수지, 폴리에스테르수지, 페놀수지, 요소수지 등

06 • 망입유리 : 판유리에 철망을 삽입한 유리로, 도난방지용으로 사용된다.
• 접합유리 : 2장 이상의 판유리를 수지 층을 넣어 접합한 유리로, 건축물, 차량 등에 안전유리로 사용된다.
• 내열유리 : 연화점이 높은 유리로, 급열이나 급랭에 강하다.

07 석유계 아스팔트의 종류
스트레이트 아스팔트, 아스팔트 컴파운드, 블로운 아스팔트 등

08 파티클보드는 나무조각 등의 재료를 다층으로 붙여 가공하므로 방향성이 적고 강성이 우수해 가구 제작 등에 많이 사용된다.

09 건축제도에서 치수는 치수선 중간을 중단하지 않고 치수선 중앙 위에 기입하는 것이 원칙이며 단위는 mm를 사용한다.

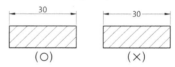

10 조적구조에 해당되는 블록구조는 좌우로 흔드는 횡력에 약하므로 지진에 취약하다.

11 붙박이 가구는 실에 고정되는 필수적인 가구로 기능과 편리성이 명확한 경우에 설치되어야 한다.

12 클리어런스는 리벳 접합 시 수직재의 면과 리벳의 거리를 뜻한다.

13 석재는 외관이 장중하며 내구성, 압축강도, 내화학성 등이 우수하나 가공이 어려운 단점이 있다.

14 • 강모래 : 강이나 하천에서 채취한 골재
• 산모래 : 육지에서 채취한 골재
• 중정석 : 도료, 제지, 직물제조 등에 사용되는 광물
• 부순모래 : 암석을 파쇄기로 잘게 부순 모래

15 물체의 중심축은 1점쇄선으로 표시하고, 2점쇄선은 가상선, 상상선에 사용된다.

16 표준형 점토벽돌의 크기

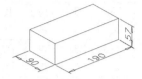

17 • **축척** : 실제 크기를 일정한 비율로 작게 그림
• **실척** : 실제 크기와 같게 그림
• **배척** : 실제 크기를 일정한 비율로 크게 그림

18 너비- W, 용적- V

19 스캐너는 컴퓨터를 활용한 사진, 문서 등을 입력하는 도구이다.

20 • **일자형(직선형)** : 규모가 작은 좁은 면적의 주방에 적절
• **L자형** : L자형의 싱크대를 벽면에 배치하고 남은 공간에 식탁을 두어 활용
• **아일랜드형(섬형)** : 주방 가운데 조리대와 같은 작업대를 두어 여러 방향에서 작업

21 • **소성** : 외력을 가했을 때 한계에 도달하면 외력이 없어도 변형이 증대되는 성질
• **점성** : 유체 내에서 서로 접촉하는 정도로 끈끈한 성질
• **연성** : 늘어나는 성질

22 • **고로 시멘트** : 수축, 균열이 적고 바닷물에 대한 저항성이 크고 장기강도가 우수
• **백색 포틀랜드 시멘트** : 건축물의 내부, 외부의 도장 및 마감용으로 사용
• **중용열 포틀랜드 시멘트** : 방사선 차단, 내수성, 내화학성, 내식성 등 내구성이 우수해 댐, 항만, 해안공사 등 대형 구조물에 사용

23 주택에서 부엌의 크기는 거주자의 수, 주택의 면적, 작업대의 면적, 주방의 형식 등에 따라 결정된다.

24 • **응회암** : 내화성이 좋고 가공이 용이해 조각용으로 사용된다.
• **사문암** : 내장재 및 장식재로 사용된다.

• **대리석** : 갈아내면 광택을 낼 수 있어 장식재, 마감재로 많이 사용된다.

25 건축제도의 척도
• **실척** : 1/1
• **축척** : 1/2, 1/3, 1/4, 1/5, 1/10, 1/20, 1/25, 1/30, 1/40, 1/50, 1/100, 1/200, 1/250, 1/300, 1/500, 1/600, 1/1000, 1/1200, 1/2000, 1/2500, 1/3000, 1/5000, 1/6000
• **배척** : 2/1, 5/1

26 벽돌구조는 조적식으로 횡력에 약해 지진에 취약하다.

27 플라스틱은 가공성이 좋으며 공업화 재료로서 합리적이다.

28 **차단재료** : 방수, 방습, 단열 등을 위해 사용되는 재료이다. 콘크리트는 구조재료이다.

29 • **풍화** : 빛, 비, 바람 등 지속된 자연환경의 영향으로 변질되는 현상
• **조립률** : 콘크리트에 사용되는 골재의 입도
• **침입도** : 물질의 점도나 경도를 측정하는 지표로 아스팔트의 품질검사 항목이다.

30 회반죽의 여물은 경화 시 균열을 완화시키고 박리현상을 방지한다.

31 건축도면에서 가장 두꺼운 선은 단면과 외형을 나타내는 선이다.

32 고정창(fixed window)은 개폐가 되지 않아 환기는 불가능하고 채광만 가능하지만 개폐를 고려하지 않으므로 디자인이 자유롭다.

33 서적, 침구, 의류는 측면판매에 적절한 상품이다.

34 색채, 채도, 질감, 패턴 모두 시각적인 지각이 가능하지만 질감만이 시각과 촉각으로 지각할 수 있는 표면상의 특징이다.
*촉각 : 피부에 닿아서 느낄 수 있는 감각

35 • **쇼윈도의 평면형식** : 홀형, 만입형, 돌출형
• **쇼윈도의 입면형식** : 단층형, 다층형

36 상업공간의 고객동선은 가능한 길게 하여 상품의 구매를 유도한다.

37 • clo : 의복의 단열성능 측정 단위
　• m/s : 속도의 단위
　• MRT : 평균 복사온도

38 • 연속기초(줄기초) : 벽체를 따라 연속으로 받치는 기초
　• 복합기초 : 2개 이상의 기둥을 받치는 기초로 연속기초와 독립기초가 결합된 형태의 기초
　• 독립기초 : 하나의 기둥을 하나의 기초판이 받치는 기초

39 • T자 : 주로 나무로 만들며, 수평선을 그릴 때 사용
　• 운형자 : 자유곡선을 그릴 때 사용
　• 자유곡선자 : 사용자가 직접 자를 구부려 필요한 곡선을 그릴 때 사용
　• 삼각자 : 45°, 60°의 자가 한 쌍을 이루며 사선이나 수직선을 그릴 때 사용

40 수성페인트, 유성페인트, 래커 에나멜은 불투명 도장이다.

41 할로겐 램프는 백열등을 개량한 것으로 휘도가 높고 안정된 빛을 비추면서 수명이 길다.

42 유사조화는 성격이 비슷한 선이나 형태, 재질, 색상 등의 요소가 조화를 이루는 것이다. 개개의 요소 중에서 공통성이 존재하므로 뚜렷하고 선명한 이미지를 준다.

43 구리는 공기 중에서 산화되지는 않으나 습기가 많거나 이산화탄소의 영향을 받으면 청록색의 녹이 발생한다.

44 바닥면적이 좁은 경우에는 단을 두지 않는 것이 공간을 넓게 보이게 한다.

45 일조(日照)
　태양광은 적외선에 의한 열, 빛 효과는 물론 자외선으로 인한 생육, 살균 등의 효과도 있다.

46 실내디자인의 기능적, 정서적, 심미적, 환경적 조건 중 가장 우선해야 할 조건은 기능적 조건이다. 실내의 쾌적성은 기능과 관련된다.

47 • 음속 : 소리가 갖는 전파속도
　• 음색 : 발생된 소리의 구분, 음이 갖는 특색
　• 잔향시간 : 공간에 소리가 남아 울리는 시간

48 • 거실 : 사회적 공간
　• 욕실 : 위생공간
　• 침실, 서재 : 개인공간

49 • 황동 : 구리(동)와 아연의 합금
　• 단동 : 구리와 아연의 합금으로 아연의 함유량을 20% 이하로 낮춰 붉은색이 강조된 합금
　• 청동 : 구리와 주석의 합금
　• 포금 : 구리, 주석, 납, 아연의 합금

50 목재의 결함
　• 옹이 : 줄기와 가지가 교차되는 곳이 말려들어감.
　• 썩정이 : 벌목이나 운반과정 중에 생긴 상처가 변색되거나 부패균으로 인해 목재 내부가 썩어 섬유조직이 분해되는 것
　• 껍질박이 : 수목이 성장 중에 나무껍질이 목질부에 파고들어간 상태
　• 갈라짐 : 목질부분의 수축으로 목질 내부가 갈라지는 현상
　• 송진구멍 : 제재목의 송진이 나오는 구멍

51 지우개는 부스러기가 적게 나오면서 경도가 작은 것이 좋다. 경도가 커서 딱딱한 것은 좋지 않다.

52 개방형 공간은 시각적으로 오픈된 공간으로 프라이버시 및 독립적인 공간은 확보하기 어려우나 공간활용을 융통성있게 극대화할 수 있는 장점이 있다.

53 원룸도 사람이 거주하는 주택이므로 욕실을 포함한 나머지 공간도 파티션 등 칸막이나 가구 등을 활용해 공간을 구분해야 한다.

54 환기횟수=환기량/실용적
　예 정원이 500명, 실용적 $1,000m^3$,
　1인당 필요 환기량이 $18m^3/h$인 경우의 환기횟수
　→ 환기횟수=$500 \times 18/1,000 = 9,000/1,000 = 9$

55 개구부의 너비가 큰 경우 인방을 휨모멘트가 강한 강재로 보강해야 한다.

56 작성된 평면도를 기준으로 입면도, 단면도, 천장도 등이 작성된다.

57 단순 칸막이 역할을 하는 비내력벽, 장막벽, 파티션 등도 있지만 아파트의 벽식구조, 철근콘크리트구조 등 일체식 구조형식의 벽은 바닥과 하나가 된다.

부록
II

58 홈통은 빗물을 지면이나 하수구로 보내는 우수처리장치이다. 빗물은 지붕면에서 처마홈통, 깔대기홈통, 장식홈통, 선홈통, 낙수받이의 순으로 처리된다.
- **선홈통** : 지붕의 빗물을 지상으로 유도하기 위해 벽면에 설치
- **처마홈통** : 처마 끝에 설치하여 지붕면으로부터 떨어지는 빗물을 받는 통
- **낙수받이돌** : 선홈통에서 나오는 빗물을 받는 돌

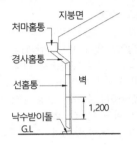

- **루프드레인** : 옥상이나 지붕 위 홈통 입구에 설치되어 이물질을 거르는 철물

59
- **잔골재용 체의 규격**
  0.15mm, 0.3mm, 0.6mm, 1.2mm, 2.5mm, 5mm 등
- **굵은 골재용 체의 규격**
  10mm, 15mm, 20mm, 25mm, 30mm, 40mm 50mm 등

60 시멘트는 습하지 않고 서늘한 곳에서 지상 30cm 이상 되는 마루에 보관해야 한다.

2019년 제2회 정답 및 해설

01	02	03	04	05	06	07	08	09	10	11	12	13	14	15
③	②	③	①	④	①	④	③	④	③	②	④	③	②	④
16	17	18	19	20	21	22	23	24	25	26	27	28	29	30
④	①	④	③	②	④	③	①	③	①	③	④	④	①	②
31	32	33	34	35	36	37	38	39	40	41	42	43	44	45
①	②	②	②	③	③	③	③	①	④	①	③	①	③	③
46	47	48	49	50	51	52	53	54	55	56	57	58	59	60
④	③	④	④	④	①	②	②	②	③	④	①	③	②	②

01 경량벽돌(다공질벽돌)
점토에 30~50%의 톱밥 및 분탄 등을 섞어 구운 벽돌로, 가볍고 방음·가공성이 우수하다.

02 운형자는 자유로운 곡선을 그리는 데 사용되며 다양한 종류와 크기로 구성된다.

03
- **와이어 라스** : 가는 철선을 가공해 마름모나 원, 그물망처럼 만든 미장 바름용 철물
- **조이너** : 보드 등의 재료를 시공할 때 조인트(결합) 부분에 부착하는 줄눈 재료로, 알루미늄·플라스틱이 많이 사용된다.
- **메탈라스** : 강판을 잔금으로 갈라 그물모양으로 늘어뜨려 만든 것으로, 펜스, 간이계단, 미장바탕 등에 많이 사용된다.

04 강화마루 등 주택 바닥재의 경우 열전도율이 좋아야 우수한 제품으로 볼 수 있다. 본 문제에서는 요구되는 성질과 가장 거리가 먼 것이라고 되어 있지만 한 번 더 생각해봐야 할 문제이다.

05 공기조화설비란 건물 내부의 온도, 습도, 기류를 실내공간의 목적 및 요구에 따라 조절하는 설비를 말한다.

06 • **조강 포틀랜드 시멘트**: 조기강도가 우수한 시멘트로, 재령 7일이면 보통 포틀랜드 시멘트의 28일 강도를 가진다.
• **석회 시멘트**: 주성분인 슬래그에 소석회를 혼합한 시멘트로, 기초나 해안공사에 사용된다.
• **중용열 포틀랜드 시멘트**: 장기강도가 우수한 시멘트로, 특히 방사선 차단, 내수성, 내화학성, 내식성 등 내구성이 우수해 댐, 항만, 해안공사 등 대형 구조물에 사용된다.

07 **구매심리의 5단계(AIDMA법칙)**
　㉠ 주의(Attention)
　㉡ 흥미(Interest)
　㉢ 욕구(Desire)
　㉣ 기억(Memory)
　㉤ 행동(Action)

08 플라스틱은 인장강도가 압축강도보다 매우 작기 때문에 강화재를 혼합한다.

09 그리스 신전 건축에서 사용된 착시교정기법은 수직적인 요소에 해당되는 기둥에 배흘림 기법을 적용하였다.

11 LD(living dining)형은 거실 일부에 식당을 배치한 구성으로 "다이닝 알코브(dining alcove)"라고도 한다.

12 석재의 인장강도는 압축강도에 비해 작다.

13 • **앵커 볼트** : 철골구조, 목구조 등에서 구조물을 연결하는 볼트
• **베이스 플레이트** : 철골구조 주각의 받침판
• **플랜지** : 형강 상하의 날개부분

14 강관구조는 단면의 방향성이 없고 트러스구조를 구성하는 데 적합하여 큰 공간을 요하는 공장, 체육관 등에 사용된다.

15 • **기경성 미장재료** : 석회, 진흙, 회반죽, 돌로마이트 등
• **수경성 미장재료** : 석고, 시멘트 계열 재료

16 **트윈베드** : 2인용 침대 대신에 1인용 침대 2개를 배치한 형식이다.

17 가구의 높이는 단면도, 전개도(실내입면도)에 표시된다.

18 표제란은 도면의 오른쪽이나 아래쪽에 작성한다.
　※ 실내건축기능사 실기시험에서는 왼쪽 위 모서리에 한다.

19 **게슈탈트 4법칙**
• **유사성** : 시각적인 요소가 유사하여 자연스럽게 패턴이나 그룹으로 지각된다.
• **연속성** : 유사한 배열로 구성된 형상이 방향성을 갖고 연속되어 보이는 하나의 그룹으로 지각되는 것으로, 공동운명의 법칙이라고도 한다.
• **폐쇄성** : 형상을 지각하는 데 있어 시각적인 요소들이 폐쇄적인 느낌을 준다.
• **접근성** : 가까이 있는 2개 이상의 물체는 그룹이나 패턴으로 지각된다.

20 **그리스 오더(기둥형식)**
• **도리아식** : 간결하고 남성다운 세련된 형식
• **코린트식** : 장식이 풍부하고 화려한 여성적인 형식
• **이오니아식** : 곡선을 사용한 둥근 장식으로 우아한 형식

21 크리프는 재료에 지속적으로 외력을 가했을 경우 외력의 증가 없이 시간이 지날수록 변형이 커지는 현상으로 시멘트 페이스트가 많을수록 커진다.

22 치수기입의 단위는 mm를 원칙으로 한다.

23 **바른층 쌓기**

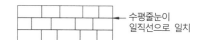

수평줄눈이 일직선으로 일치

부록 **II**

24 트레이싱지는 반투명한 용지로 잘 찢기지 않지만 습기에 약해 종이가 울어 변형될 수 있다.

25 PC구조는 프리캐스트 콘크리트를 사용한 구조이며, CFT는 Concrete Filled steel Tube로, 콘크리트를 채운 고강도 강관기둥이다.

26 • **핵상점(중심상점)** : 쇼핑센터의 중심으로 고객을 유입시키는 기능을 하며, 백화점이나 대형마트에 해당된다.
  • **전문점** : 쇼핑센터 공간에서 동선을 길게 유도할 수 있는 곳에 배치하여 쇼핑센터에 머무는 시간을 길게 한다.
  • **몰(mall)** : 쇼핑센터의 주요 동선으로 고객을 유도하는 동시에 고객의 휴식을 위한 공간이다.
  • **코트(court)** : 몰(mall)에 휴식을 취하거나 머무를 수 있는 공간이 있는 장소를 말한다.

27 건축공간에서 바닥은 인간생활과 관련이 있으며, 촉각적으로 가장 밀접한 관계가 있는 것은 바닥에 놓이는 가구로 볼 수 있다.

28 외형선은 굵은 실선으로 표현한다.

29 • **소성** : 재료가 외력의 영향으로 변형이 생긴 후 그 외력을 제거해도 변형된 그대로 유지하는 성질
  • **강도** : 외력에 대해 저항하는 성질
  • **응력도** : 단위 면적상에 작용하는 응력

30 • **수평요소** : 바닥, 보, 천장
  • **수직요소** : 기둥

31 • 주된 자연재료인 목재는 따뜻함, 온화함, 친근감을 준다.
  • 금속재료는 현대적이고 세련되나 차가운 느낌을 준다.

32 콘크리트의 부착강도는 콘크리트의 압축강도나 인장강도가 커질수록 커진다.

33 • **컴퍼스** : 원이나 호를 작성
  • **삼각스케일** : 축척을 사용한 길이를 측정
  • **운형자** : 자유로운 곡선을 작성

34 콘크리트의 강도란 압축강도를 의미한다.

35 간접조명
  • **장점** : 균일한 조도와 눈의 피로가 적다.
  • **단점** : 조명의 효율이 낮고 설치 및 유지보수가 어렵다.

36 • **잔향** : 실내에서 발생된 음이 그친 후에 남아서 들리는 소리
  • **열교** : 실내에서 주변의 온도보다 높아지는 현상
  • **환기** : 내부의 공기를 다른 장소의 공기로 교환

37 리듬의 종류
  반복, 점이, 점층, 방사, 억양 등이 있다.

38 컨시스턴시란 시멘트, 골재, 물이 배합된 정도로 점도나 농도 등 반죽의 질기를 말하며 슬럼프 테스트로 측정할 수 있다.

39 연필심의 무르기에 따라 9H부터 6B까지 16단계가 있다. 연필의 가장 큰 특징은 지울 수 있지만 번져서 작업면이 더러워지기가 쉽다는 점이다.

40 산지, 쐐기, 촉의 재료는 나무나 꺾쇠는 금속을 사용한 보강철물이다.

41 • **압축응력** : 재료에 수직하중을 가했을 때 부재의 내부에서 저항하는 힘
  • **전단응력** : 부재의 단면을 따라 서로 밀려 잘려 나가는 것에 대해 저항하는 힘
  • **휨모멘트** : 휨모멘트 외력에 의해 부재에 생기는 단면력으로 재료를 휘게 하는 힘

42 • **납(Pb)** : 인이라고도 하며 방사선을 차단한다.
  • **아연(Zn)** : 철의 부식을 방지한다.
  • **니켈(Ni)** : 열선, 자석, 스테인리스강 등 다양한 용도로 사용된다.

43 보통 합판은 3, 5, 7장 등 홀수로 교차해 만든다.

44 • **응회암** : 가공이 용이해 조각용이나 장식재로 사용
  • **화강암** : 강도와 내구성이 우수해 구조재, 외장재로 사용
  • **점판암** : 넓은 판재를 얻을 수 있어 지붕재로 많이 사용

45 건축제도의 글자는 15° 경사의 고딕체로 쓰는 것을 원칙으로 한다.

46 2방향 슬래브의 장변(l_y)은 단변길이(l_x)의 2배를 넘지 않는다.

47 소다석회유리는 내알칼리성이 낮다.

48 파사드공간은 출입구 벽면, 쇼윈도 부분으로 상품의 광고 공간이 되며, 상품관리공간과 시설관리공간은 영업 및 관리 공간에 해당된다.

49 아일랜드형 : 작업대를 중앙에 두는 방식으로 개방된 공간에 사용하며 섬형으로도 불린다.

50 에폭시수지는 내산, 내식, 내알칼리성이 우수하고, 콘크리트의 균열, 금속의 이음(접착), 항공기 조립 접착에 사용된다.

51 유성페인트는 건성유와 안료를 섞어 만든 도료로 건조시간이 길고, 광택이 있는 페인트이다.

52 • 절판구조 : 평면체를 아코디언과 같은 주름을 잡아 지지하중을 증대시킨 구조
 • 셸구조 : 곡면판의 역학적 특징을 활용한 구조
 • 현수구조 : 구조물에 케이블로 달아매는 구조

53 실내온도는 음의 명료도를 높이기 위한 방법과 무관하다.

54 배관 등 설비를 묻기 위한 홈은 길이 3m, 깊이는 벽두께의 1/3을 넘을 수 없다.

55 • 휘도 : 반사체 표면에 닿는 빛의 양
 • 조명도(조도) : 단위면적에 도달한 빛의 밝기를 측정하는 단위
 • 광도 : 진행방향의 수직면을 통과한 빛의 양

56 목재는 햇빛, 바람 등 기후환경으로 인해 부패나 변형이 쉽게 일어나며 마모에 약하다.

57 평면도의 절단 위치

1.2~1.5m

58 블로운 아스팔트는 석유계 아스팔트에 해당된다.

59 동선은 가능한 짧게 하는 것이 좋다.

60 콘크리트는 산에 취약하여 산도가 높은 약품이 닿으면 콘크리트가 약해지고 흡수되어 철근의 부식 등을 유발할 수 있다.

부록
Ⅱ

CBT 기출 2020년 제3회 정답 및 해설

01	02	03	04	05	06	07	08	09	10	11	12	13	14	15
④	③	④	①	③	①	④	③	④	③	④	③	③	④	③
16	17	18	19	20	21	22	23	24	25	26	27	28	29	30
④	②	④	③	②	②	②	①	④	③	④	②	④	④	①
31	32	33	34	35	36	37	38	39	40	41	42	43	44	45
③	④	③	③	③	②	④	①	④	①	①	④	④	①	④
46	47	48	49	50	51	52	53	54	55	56	57	58	59	60
③	③	④	④	④	②	③	④	②	②	①	④	②	④	④

01 • 사선 : 단조롭지 않고 동적이며 흥미를 유발한다.
 • 곡선 : 경직된 분위기를 부드럽고 유연하게 한다.

02 구매심리의 5단계(AIDMA법칙).
 ① 주의(Attention)
 ② 흥미(Interest)
 ③ 욕구(Desire)
 ④ 기억(Memory)
 ⑤ 행동(Action)

03 • 안방 : 안채에 있는 주거의 근본이 되는 방
　• 대청 : 집 중앙에 위치하면서 개방감이 있는 큰 마루
　• 침방 : 궁중에서 바느질을 하는 방

04 • 광창 조명 : 벽면 전체 또는 일부분을 광원화하는 방식
　• 광천장 조명 : 천장면에 넓게 배치하는 건축화 조명방식
　• 코니스 조명 : 벽과 천장이 만나는 모서리 부분에 광원을 길게 심어 넣은 조명방식
　• 밸런스 조명 : 커튼과 같은 형태로 벽의 상부나 벽에 설치되는 방식

05 • 망입유리 : 철망을 넣은 유리로, 파손 시 철망이 남아 도난방지용으로 사용
　• 접합유리 : 2장의 유리를 접착제를 사용해 접합한 유리로, 파손 시 유리가 비산하는 것을 방지
　• 내열유리 : 규산질을 포함한 내열성이 강한 유리

06 삼각자는 45°자와 60°자로 총 2가지가 1쌍이다.

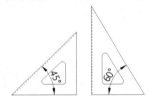

07 • 혼화제 : 적은 양을 사용해 용적에 포함되지 않는 약품으로 AE제, 유동화제, 방수제, 기포제 등이 있다.
　• 혼화재 : 많은 양을 사용해 용적에 포함되는 재료로 플라이애시, 실리카퓸 등이 있다.

08 • 천연 아스팔트 : 레이크아스팔트, 록아스팔트, 아스팔타이트
　• 석유계 아스팔트 : 블로운아스팔트, 스트레이트 아스팔트

09 래커페인트(lacquer paint)는 빠른 건조와 단단한 도막을 형성해 목재 바탕에 사용된다.

10 건축제도의 척도
　• 실척 : 1/1
　• 축척 : 1/2, 1/3, 1/4, 1/5, 1/10, 1/20, 1/25, 1/30, 1/40, 1/50, 1/100, 1/200, 1/250, 1/300, 1/500, 1/600, 1/1000, 1/1200, 1/2000, 1/2500, 1/3000, 1/5000, 1/6000
　• 배척 : 2/1, 5/1

11 무량판구조 : 보를 없애는 대신 슬래브의 두께를 150mm 이상 두껍게 하여 하중에 저항하는 구조로 천장의 공간을 확보하고 층고를 낮게 할 수 있는 이점이 있다.

12 감잡이쇠는 ㄷ자 모양의 철물로 왕대공과 평보의 맞춤에 사용된다.

13 • 공간의 수평적 요소 : 천장, 바닥
　• 공간의 수직적 요소 : 기둥, 벽

14 • 접근성 : 가사노동 시 가깝고 편리한 위치
　• 조절성 : 수납장의 높이나 위치를 조절
　• 보관성 : 많고 다양한 물품을 수납
　• 가시성 : 수납된 물품을 쉽게 찾을 수 있는 정도

15 열전도율 : 온도가 다른 두 물체에서 전해지는 열량의 수치로, 과거에는 kcal/m · h · ℃를 사용하였으나 국제단위계(SI, System of International units)를 사용함에 따라 현재는 W/m · K을 사용하고 있다.

16 • 아크릴수지 : 도료, 방풍유리, 조명용품 등
　• 염화비닐수지 : 시트, 판재 등
　• 폴리스티렌수지 : 스티로폼, 천장재 등

17 • 블리딩 : 콘크리트를 틀(거푸집)에 부어 넣을 때 골재와 시멘트풀이 갈라지고 물이 위로 올라오는 현상
　• 레이턴스 : 블리딩으로 인한 얇은 막을 형성하는 층으로, 이어붙이기를 할 경우 이 미세물질을 제거해야 한다.

18 석재의 압축강도는 인장강도의 10~40배 정도이다.

19 트레이싱지는 경질의 반투명한 제도용지로, 습기에 약해 장시간 보관이 용이하지 않다.

20 천장 평면도는 천장 위에서 절단하여 투영시킨 도면이다. 단순히 건물 위에서 내려다본 도면은 지붕 평면도이다.

21 프리캐스트(PC) 콘크리트의 프로세스
　1. PC설계 : PC의 구조계산, 접합부 설계
　2. 제작 : 몰드, PC부재 제작
　3. 운송 : 운송계획, 현장반입 검사
　4. 조립 : 부재 현장조립
　5. 접합 : 부재 접합 및 검사
　6. 타설 : 철근 배근 및 콘크리트 타설

22 점토의 압축강도는 인장강도의 5배 정도이다.

23 마르셀 브로이어가 디자인한 바실리 의자

24 상업공간의 고객동선은 가능한 한 길게 하여 상품의 구매를 유도한다.

25 리빙 다이닝 키친(LDK)은 거실, 식당, 부엌을 하나의 공간에 마련한 것으로 소규모 주택에 사용된다.

26 합판은 단판을 직교로 하여 홀수(3, 5, 7장)로 적층해 접착한다.

27 A : 비례한도점, C : 상위항복점, D : 하위항복점, E : 최대강도점, F : 파괴강도점

28 삼각자를 사용해 수직선을 그릴 때는 아래에서 위로 긋는다.

29 아크릴, 폴리에틸렌, 염화비닐수지는 열가소성수지이다.

30 1소점을 사용하는 평행투시도는 건물이나 가구가 수평선과 수직선으로 그려져 정적인 실내투시도에 효과적이다.

31 리듬은 규칙적인 운동감으로 반복, 점층(점이), 억양, 대비, 방사 등이 있다.

32 분말도는 시멘트 가루의 입자 크기를 말하며 입자가 고운 것을 분말도가 높다고 한다. 분말도가 높으면 풍화되기 쉽다.

33 돌로마이트 플라스터 : 소석회와 수산화마그네슘을 포함한 백색의 미장재료로 석고 플라스터보다 응결이 늦다.

34 무기재료에는 석재, 철, 콘크리트가 해당되며, 유기재료는 목재, 아스팔트나 플라스틱과 같은 합성수지를 말한다.

35 • **강성** : 재료가 외력에 의해 충격 등 힘을 받을 경우 변형에 저항하는 성질
  • **취성** : 재료가 외력에 의해 작은 변형이 생기면 파괴되는 성질

• **탄성** : 재료가 외력의 영향으로 변형이 생긴 후 다시 외력을 제거하면 본래 형태로 돌아가는 성질

36 조강 포틀랜드 시멘트는 조기강도가 우수한 시멘트로 재령 7일이면 보통 포틀랜드 시멘트의 28일 강도를 나타낸다.

37 건물 주변의 나무 등 조경도 소음을 차단할 수 있는 좋은 방법으로 볼 수 있다.

38 부엌, 욕실, 화장실은 수도배관이 설치되는 공간으로 설비의 유지관리, 비용절감 등을 위해 가깝게 배치하는 것이 유리하다.

39 • **T자** : 제도기 위에 걸쳐대어 수평선을 긋고 삼각자의 받침이 되는 자
  • **축척자**(스케일)
  • **자유곡선자** : 줄 형태이며 재고자 하는 곡선의 형태로 구부려서 사용하는 자
  • **운형자** : 자유로운 곡선을 그리는 자

40 **목재 건조의 효과** : 변형 방지, 부식 방지, 가공성 증대, 강도 증진, 무게 감소 등

41 화강암의 내화도는 약 800℃로 다른 석재에 비해 낮다.

42 레버터리 힌지는 스프링이 달린 경첩에 의해 자동으로 열린 상태를 유지해 주는 철물로, 공중전화의 문처럼 완전히 닫히지 않게 하는 문에 사용된다.

43 돌로마이트 플라스터는 경화 시 수축률에 의한 균열이 발생되므로 여물이나 해초풀 등을 섞어 균열을 방지한다.

44 1일 벽돌쌓기의 높이는 1.2m 이내, 최대 1.5m를 넘을 수 없다.

45 물체의 중심축은 1점쇄선으로 표시하고, 2점쇄선은 가상선, 상상선에 사용된다.

46 • **일자형(직선형)** : 규모가 작은 좁은 면적의 주방에 적절
  • **L자형** : L자형의 싱크대를 벽면에 배치하고 남은 공간에 식탁을 두어 활용
  • **아일랜드형(섬형)** : 주방 가운데 조리대와 같은 작업대를 두어 여러 방향에서 작업

47 건축법상 초고층 건물은 50층 이상이거나 높이가 200m 이상인 건축물을 말한다.

48 유효온도는 실감온도나 감각온도라고도 하며, 온도 · 습도 · 기류, 3요소를 측정해 온열감에 대한 감각적 효과를 나타낸다.

49 벽돌조에서 배관 등 설비를 묻기 위한 홈은 길이 3m, 깊이는 벽두께의 1/3을 넘을 수 없다.

50 여성적인 느낌을 주는 도형은 원이나 타원과 같이 곡선으로 이루어진 도형이며, 사각형이나 오각형과 같이 각진 도형은 남성적인 느낌을 준다.

51 환기횟수＝환기량/실용적
＝500×18/1,000＝9,000/1,000＝9회

52 상품, 설비, 가구의 배치와 동선계획, 공간의 구획 등을 종합적으로 검토하는 것은 실시설계의 전 단계인 기본설계 단계에서 진행한다.

53 프리스트레스트 콘크리트(prestressed concrete) : 콘크리트는 인장강도가 작으므로 인장력이 생기는 부분에 미리 강도를 증가시킨다.

54 철골구조의 구조체는 강재를 사용해 화재에 취약하다.

55 주걱볼트는 기둥과 처마도리를 접합해 연결한다.

56 벨벳은 소리를 흡수하는 기능성 원단으로, 사용 목적에 따라 2겹, 3겹을 붙여 사용한다.

57 • 광속 발산도 : 면의 단위면적에서 발산하는 광속
• 휘도 : 광원의 외관상 단위면적당 밝기
• 광도 : 광원에서 특정 방향에 대한 밝기

58
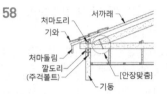

59 돔, 막, 셸구조는 입체적인 구조이고, 벽식구조는 평면적인 구조이다.

60 벽체는 공간을 구성하는 수직적 요소이다.

2021년 제3회 정답 및 해설

01	02	03	04	05	06	07	08	09	10	11	12	13	14	15
④	③	③	④	③	②	①	③	②	①	④	④	①	①	④
16	**17**	**18**	**19**	**20**	**21**	**22**	**23**	**24**	**25**	**26**	**27**	**28**	**29**	**30**
④	③	①	②	①	③	④	①	①	④	②	②	①	③	④
31	**32**	**33**	**34**	**35**	**36**	**37**	**38**	**39**	**40**	**41**	**42**	**43**	**44**	**45**
③	④	④	①	④	①	③	④	③	②	②	④	②	④	④
46	**47**	**48**	**49**	**50**	**51**	**52**	**53**	**54**	**55**	**56**	**57**	**58**	**59**	**60**
④	②	①	④	③	②	①	②	①	③	③	④	②	③	②

01 목재는 비중에 비해 강도는 우수하지만 다른 재료에 비해서는 강도가 약해 고층건물에는 유리하지 않다.

02 불식쌓기로도 불리는 프랑스식 쌓기는 한 켜에서 길이와 마구리가 번갈아 나오도록 쌓는 방법이다. 내부에 통줄눈이 많이 생기는 단점이 있지만 외관이 아름다워 높은 강도를 필요로 하지 않는 벽체에 사용된다.

03 주택의 설계방향
• 생활이 쾌적할 수 있도록 한다.
• 가사노동을 줄일 수 있도록 한다.
• 가족의 생활방식 등 특성이 일치되어 가족 본위의 주거가 되어야 한다.
• 공간의 사용이 편리해야 한다.

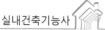

04 • **대면판매** : 점원과 고객이 대면한 상태에서 이루어지는 일괄적 판매방식으로, 측면판매에 비해 진열면적이 작다.
　　• **측면판매** : 점원과 고객이 같은 방향에서 판매가 이루어지는 방식으로, 상품에 직접 접촉하므로 선택이 용이하다.

05 체감온도는 온도계의 온도가 아닌 몸이 느끼는 온도로, 사람이 한기에 노출된 피부로부터 열을 뺏길 때 느끼는 추운 정도로 느낌온도라고도 한다.

06 선긋기 시 유의사항
　　• 선의 두께와 유형은 정보를 전달하는 것으로, 표현 대상에 따라 다른 두께로 긋는다.
　　• 선은 중복해서 여러 번 긋지 않고 한 번에 긋는다.
　　• 선의 두께가 가늘수록 농도를 높게 조정한다.

07 고정창(fixed window)은 개폐가 되지 않아 환기는 불가능하고 채광만 가능하지만 개폐를 고려하지 않으므로 디자인이 자유롭다.

08 현대의 건축재료는 재료의 고성능화, 높은 생산성, 공업화 방향으로 발달하였다.

09 • **실선** : 단면선, 외형선 등
　　• **일점쇄선** : 중심선, 절단선, 경계선
　　• **이점쇄선** : 중심축이나 일점쇄선과 구분이 필요한 경우
　　• **파선** : 가려져서 보이지 않는 부분

10 • **안정감** – 수평선
　　• **약동감** – 사선
　　• **유연함** – 곡선

11 • **직선식** : 축을 따라서 공간단위가 직선에 따라 반복적으로 형성되는 조직형태
　　• **방사식** : 중심을 기준으로 밖으로 다수의 선형요소가 결합하는 회전적이고 동적인 패턴을 보이는 형태
　　• **군생식** : 규칙적으로 구성되지 않으며 성장이나 변화에 융통성을 가지는 형태

12 이형철근은 마디와 리브로 인해 부착면적이 원형철근보다 크다.

13 음원이 발생되는 무대 부근의 흡음률이 높아지면 관람석에서는 음성 및 음향효과가 저하될 수 있다.

14 실용적 장식품은 사용하거나 용도가 있는 것을 뜻한다. 모형, 그림 등 예술품은 일반적인 장식품이다.

15 상업공간의 고객동선은 가능한 한 길게 하여 상품의 구매를 유도한다.

16 보기 ① : 미닫이문
　　보기 ② : 망사문
　　보기 ③ : 셔터문

17 • **T자** : 주로 나무로 만들며, 수평선을 그릴 때 사용한다.
　　• **운형자** : 자유곡선을 그릴 때 사용한다.
　　• **자유곡선자** : 사용자가 직접 자를 구부려 필요한 곡선을 그릴 때 사용한다.
　　• **삼각자** : 45°, 60°의 자가 한 쌍을 이루며 사선이나 수직선을 그릴 때 사용한다.

18 AE제(air-entraining agent) : 콘크리트 내부에 작은 기포를 만들어 작업의 효율성을 높이고 동결융해를 막기 위해 사용된다.

19 결로방지에 있어 실내 기온은 노점온도 이상으로 유지해야 한다.

20 소다석회유리 : 자외선 투과율이 적은 유리로, 일반적인 창호유리에 많이 사용된다.

21 • **일자형(직선형)** : 규모가 작은 좁은 면적의 주방에 적절하다.
　　• **L자형** : L자형의 싱크대를 벽면에 배치하고 남은 공간에 식탁을 두어 활용한다.
　　• **아일랜드형(섬형)** : 주방 가운데 조리대와 같은 작업대를 두어 여러 방향에서 작업한다.

22 회반죽 : 기경성 재료로 공기 중 탄산가스와 반응해 경화한다.

23 강재를 사용하는 철골구조는 고온에 약하므로 화재에 대비한 피복이 필요하다.

24 재료에 지속적으로 외력을 가한 경우 외력의 증가 없이 시간이 지날수록 변형이 커지는 것을 크리프라 한다.
　　* 재하(載荷) : 하중을 가하거나 중량물을 싣는 것

25 염화비닐수지도료 : 내알칼리성 도료로, 수지성

피막을 만든다. 건조시간이 빠르고 도막이 단단하여 콘크리트나 모르타르면에 사용이 가능하다.

26 • 클링커 타일 : 요철이 있어 미끄럼 방지에 적합한 타일로, 테라스·옥상 등 외부 바닥용으로 사용된다.
  • 보더 타일 : 정사각형 모양이 아닌 가로, 세로의 길이 비율이 3배가 넘는 긴 타일
  • 테라코타 : 양질의 점토를 구워 만들어낸 입체적인 타일로, 조각물이나 장식용으로 많이 사용된다.
  * 본문 169쪽에서는 모자이크 모양의 자기질 타일로 서술하였으나, 석기·도기로도 만들어진다.

27 • 라멘구조 : 기둥, 보, 바닥으로 구성
  • 무량판구조 : 보를 없애고 슬래브를 두껍게 한 구조
  • 보강블록조 : 블록구조를 보강한 조적식 구조

28 비례의 종류 : 황금비, 피보나치 수열(상가 수열비), 정수비, 루트비 등이 있다.

29 배광방식에 따른 조명의 분류

구분	형태
반직접조명	상향 : 10~40%, 하향 : 60~90%
간접조명	상향 : 90~100%, 하향 : 0~10%
반간접조명	상향 : 60~90%, 하향 : 10~40%
직접조명	상향 : 0~10%, 하향 : 90~100%

30 점판암은 응회암, 사암과 같은 수성암으로 분류된다.

31 색채계획 : 디자인 대상에 적절한 색채를 선택하는 과정

32 • 합판 : 얇은 널빤지를 홀수 겹으로 붙인 판
  • 섬유판 : 톱밥 등 목재의 식물성 재료를 펄프로 만들어 접착제·방부제 등을 첨가해 만든다.
  • 집성목재 : 단판을 섬유방향과 평행하게 여러 장 붙여 접착한 판

33 에폭시수지는 내산성·내식성·내알칼리성이 우수하고, 콘크리트의 균열, 금속의 이음(접착), 항공기 조립 접착에 사용된다.

34 골재는 잔골재와 굵은 골재가 적절히 혼합된 것을 사용한다.

35 의자의 종류
  • 세티 : 팔걸이와 등받이가 있는 대표적인 서양식 의자
  • 카우치 : 침상을 겸하는 긴 의자
  • 체스터필드 : 겉천을 깔아 누빈 서양식 소파로 등받이와 팔걸이 높이가 같다.

36 개구부의 너비가 큰 경우 인방을 휨모멘트가 강한 강재로 보강해야 한다.

37 가력방향이 섬유에 평행할 경우 인장강도가 압축강도보다 크다.
(섬유평행방향 인장강도 > 섬유평행방향 압축강도 > 섬유직각방향 인장강도 > 섬유직각방향 압축강도)

38
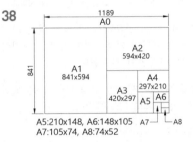
A5:210x148, A6:148x105
A7:105x74, A8:74x52

39 • 풍화 : 빛, 비, 바람 등 자연환경의 지속적인 영향으로 변질되는 현상이다.
  • 조립률 : 콘크리트에 사용되는 골재의 입도이다.
  • 침입도 : 물질의 점도나 경도를 측정하는 지표로, 아스팔트의 품질검사 항목이다.

40 • 수직적 요소 : 벽, 기둥, 개구부
  • 수평적 요소 : 바닥, 천장

41 요소수지, 멜라민수지, 실리콘수지는 열경화성수지이다.

42 부분적으로 생긴 녹은 즉시 제거하고 도장해야 한다.

43 삼각자는 45°와 60°자가 1조이다.
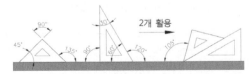

44 중심이나 기준, 경계 등을 표시할 때는 1점쇄선을 사용한다.

45 • 무기재료 : 흙, 금속, 점토, 시멘트 등
• 유기재료 : 목재, 섬유판, 아스팔트, 합성수지 등

46 스페이스 프레임(입체트러스)의 특징
• 축방향력으로만 응력을 전달하기 위하여 절점
은 항상 자유로운 핀(pin)접합으로만 이루어져
야 한다.
• 구조계산 시 풍하중과 적설하중을 고려해야 한다.
• 기하학적인 곡면은 구조적 결함이 적어 주로 곡
면형태로 제작된다.
• 구성부재를 규칙적인 3각형으로 배열하면 구조
적으로 안정이 된다.

47 부엌의 작업삼각형이란 개수대, 가열대, 냉장고
가 이루는 삼각형으로, 각 변의 합은 5m 내외이
며 길이가 짧을수록 작업의 능률이 높다.

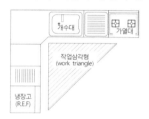

48 • 취성 : 재료가 외력에 의해 작은 변형이 생기면
파괴되는 성질
• 연성 : 재료를 당겼을 때 늘어나는 성질
• 인성 : 재료가 외력의 힘을 받아 변형이 되면서
파괴되기 전까지 견디는 성질
• 전성 : 때리거나 누르는 힘에 의해 재료가 얇게
펴지는 성질

49 아스팔트 방수는 8층으로 구성되며, 시공 시 가장
먼저 모르타르 마감면에 아스팔트 프라이머를 도
포한다.

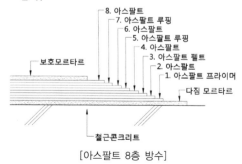

[아스팔트 8층 방수]

50 스티프너는 웨브의 좌굴을 방지할 목적으로 사용
된다.

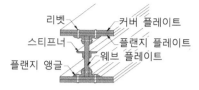

51 보기 ① : 기본설계도에 대한 설명이다.
보기 ③ : 시공도에 대한 설명이다.
보기 ④ : 계획설계도에 대한 설명이다.

52 국지기후는 중기후와 소기후의 중간 정도의 규모
로, 도시・교외・분지 기후 등이 포함된다.

53 • 석재 사용 시 중량이 큰 것은 낮은 곳에 사용한다.
• 가공할 때는 되도록 둔각으로 만든다.
• 석재는 압축강도에 비해 인장강도가 약하다.
• 연석은 강도・경도가 낮은 무른 돌로서 외벽마감
재로 사용하면 탈락되어 사고위험이 매우 높다.

54 1점쇄선 : 중심이나 기준, 경계 등을 표시하며 가
상선, 상상선은 2점쇄선으로 표시한다.

55 • 핵상점(중심상점) : 쇼핑센터의 중심으로 고객
을 유입시키는 기능을 하는 것으로, 백화점이나
대형마트에 해당된다.
• 전문점 : 전문점의 배치는 쇼핑센터 공간에서
동선을 길게 유도할 수 있는 곳으로 하여 쇼핑
센터에 머무는 시간을 길게 한다.
• 몰(mall) : 쇼핑센터의 주요 동선으로 고객을 유
도하는 동시에 고객의 휴식을 위한 공간이다.
• 코트(court) : 몰(mall)에 휴식을 취하거나 머무
를 수 있는 공간이 있는 장소를 말한다.

56 내력벽으로 둘러싸인 부분의 바닥면적은 80m² 를
넘지 않아야 한다.

57 • 코퍼 조명 : 천장면의 일부를 원형이나 사각형
모양으로 매립하는 조명방식
• 광창 조명 : 벽면에 넓게 배치하는 건축화 조명
방식
• 코니스 조명 : 벽과 천장이 만나는 모서리 부분
에 광원을 길게 심어 넣은 건축화 조명방식
• 광천장 조명 : 천장면에 넓게 배치하는 건축화
조명방식

58 연필 굳기
- H : Hard의 H로 딱딱한 심
- B : Black의 B로 진한 심
- F : Firm의 F로 굳은 심(H와 B의 중간 굳기)

59 • 습식구조 : 조적구조, 철근콘크리트구조
- 건식구조 : 철골구조, 조립식 구조, 목구조

60 • 논슬립 : 계단의 미끄럼방지 철물
- 메탈라스 : 강판을 잔금으로 갈라서 그물모양으로 늘어뜨려 만든 것으로, 간이 계단이나 미장 바탕 등에 사용
- 와이어 메시 : 철선을 격자모양으로 교차시켜 만든 것으로, 철근대용으로 사용

CBT 기출 2022년 제3회 정답 및 해설

01	02	03	04	05	06	07	08	09	10	11	12	13	14	15
②	①	②	④	②	④	①	②	①	②	②	②	③	④	④
16	17	18	19	20	21	22	23	24	25	26	27	28	29	30
③	③	④	②	①	①	②	④	④	②	②	①	④	②	④
31	32	33	34	35	36	37	38	39	40	41	42	43	44	45
④	①	②	②	②	②	④	④	②	③	①	②	②	④	③
46	47	48	49	50	51	52	53	54	55	56	57	58	59	60
④	①	③	②	④	①	④	③	①	④	③	④	②	②	①

01 목재의 함수율
- 전건재 : 0%
- 기건재 : 15%
- 섬유포화점 : 30%

02 철근콘크리트구조의 단점
- 철근콘크리트는 시공 시 날씨의 영향을 많이 받는다.
- 콘크리트는 날씨 등 양생조건이 나쁘면 강도에 영향을 주고, 균일한 시공이 어렵다.
- 물을 사용한 습식구조로 공기가 길다.

03 20세기 이후 베이클라이트, 고분자화합물인 플라스틱과 같은 신소재가 개발되어 그 활용 범위가 다양하며, 새로운 건축재료가 개발, 적용되고 있다.

04 구매심리의 5단계(AIDMA법칙)
① 주의(Attention)
② 흥미(Interest)
③ 욕구(Desire)
④ 기억(Memory)
⑤ 행동(Action)

05 바닥 및 마감재는 표면이 매끄러우면 미끄럽고, 부드러우면 내구성이 좋지 않아서 적합하지 않다.

06 쇼윈도의 유형
- 폐쇄형 : 쇼윈도가 매장과 분리되어 독립적이고 계절에 따른 변화 등 자유로운 디스플레이가 가능하다. 매장 규모가 큰 경우에 유리하다.

- 개방형 : 쇼윈도의 칸막이가 없어 매장과 연결된 형식으로, 외부에서 쇼윈도를 통해 매장 내부가 드러난다. 매장 규모가 협소한 경우에 유리하다.

• 반개방형(혼합형) : 폐쇄형과 개방형의 중간 형태로, 쇼윈도 공간을 벽으로 완전 폐쇄하지 않고 패널이나 커튼 등 부분적으로 차단하는 방식이다. 매장 규모가 협소한 경우에 유리하다.

07 창호 표시기호의 의미

08 • 배치도 : 부대시설의 배치를 나타낸 도면
• 단면도 : 지반, 바닥, 처마 등의 높이를 나타낸 도면
• 평면도 : 실의 배치 및 크기를 표현

09 집성목재 : 단판을 섬유 방향과 평행하게 여러 장 붙여 접착한 판이다. 톱밥, 나무 부스러기는 섬유판의 원료이다.

10 • 이음 : 재를 길이 방향으로 연속되게 이어서 접합
• 맞춤 : 재를 직각이나 대각선으로 접합

11 용접결함 중 오버랩은 용접재와 모재가 융합되지 않고 겹침, 전류가 약할 때 발생된다.

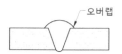

12 주택의 수납공간은 가족구성원의 특징, 수납물건의 사용빈도, 물품의 크기, 사용자 동선 등을 파악해 공간의 크기를 결정한다.

13 단열재는 외부의 온도를 차단하기 위한 재료로, 흡수율·열전도율·습기의 투과율이 낮아야 한다.

14 • 1점쇄선 : 물체의 중심선이나 축, 절단위치, 경계선을 표시하는 데 사용
• 2점쇄선 : 가상선, 상상선에 사용

15 • 무기질 재료 : 흙, 금속, 점토, 시멘트 등
• 유기질 재료 : 목재, 섬유판, 아스팔트, 합성수지 등

16 • 문버팀쇠 : 열린 문의 위치를 고정하는 철물
• 도어스톱 : 여닫이문을 고정하는 철물
• 크레센트 : 오르내리창이나 미서기창의 잠금 철물

17 게슈탈트 4법칙
• 유사성 : 시각적인 요소가 유사하여 자연스럽게 패턴이나 그룹으로 지각된다.
• 연속성 : 유사한 배열로 구성된 형상이 방향성을 지니고 연속되어 보이는 하나의 그룹으로 지각하는 것으로, 공동운명의 법칙이라고도 한다.
• 폐쇄성 : 형상을 지각하는 데 있어 시각적인 요소들이 폐쇄적인 느낌을 준다.
• 근접성 : 가까이 있는 2개 이상의 물체는 그룹이나 패턴으로 지각된다.

18 현수구조 : 주요 구조부를 와이어로프, PS와이어 등의 케이블로 달아 매어 인장력으로 지탱하는 구조이다.

19 $4m \div 200 = 0.02m \rightarrow 20mm$

20 커튼의 유형
• 글라스 커튼 : 창의 안쪽 부분에 거는 투명한 커튼
• 드로우 커튼 : 인활막이라고도 하며 무대·공연장 등에 사용되는 것으로, 무대의 배후가 노출되는 것을 방지하는 커튼
• 드레퍼리 커튼 : 두꺼운 직물(천)로 만든 커튼
• 새시 커튼(sashi curtain) : 창의 일부나 반 정도만 치는 커튼

21 대리석은 결정질의 석회석으로, 다양한 색과 광택을 내어 조각·건축재·장식재로 널리 사용된다. 산과 알칼리에는 취약한 단점이 있다.

22 연필의 H는 Hard, B는 Black이다. 심의 무르기에 따라 9H부터 6B까지 16단계가 있다. 연필의 가장 큰 특징은 지울 수 있지만 번져서 작업면이 더러워지기가 쉽다는 점이다.

23 벽체 내부의 결로를 방지하기 위해서는 내부의 온도가 노점온도 이상으로 유지되어야 한다.
용어 노점온도 : 공기 중의 수증기가 물방울이 될 때의 온도

24 화성암계의 석재는 화강암, 안산암, 현무암 등이 있다.

25 블록구조와 벽돌구조는 습식공법으로 쌓아 올리는 조적식 구조로, 좌우로 흔드는 횡력에 취약하다.

26 • **소음** : 생활에 방해가 되는 듣기 싫은 소리
• **간헐음** : 지속시간이 짧은 간헐적 소음
• **잔향음** : 소리를 멈춘 후에도 공간에 남아 울리는 소리

27 조강 포틀랜드 시멘트는 경화에 따른 수화열이 커 조기강도가 높다.

28 분말도는 시멘트 가루의 입자 크기를 말하며 입자가 고운 것을 분말도가 높다고 한다. 분말도가 높으면 풍화되기 쉽다.

29 **플러시문** : 울거미(문틀)를 짜서 중간에 살을 30cm 간격으로 배치해 양면에 판자를 붙인 형식의 문이다.

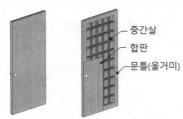

중간살
합판
문틀(울거미)

30 **중력환기** : 실내와 실외의 온도차에 의한 자연환기법

31 • **켄트지** : 중요 도면을 작성하는 백상지
• **방안지** : 종이에 격자 눈금이 있는 제도용지
• **트레팔지** : 트레이싱지와 유사한 비닐종이로 인쇄, 조명에도 사용된다.

32 실내디자인의 기능적·정서적·심미적·환경적 조건 중 가장 우선해야 할 조건은 기능적 조건이다. 실내의 쾌적성은 기능과 관련된다.

33 배관 등 설비를 묻기 위한 홈은 **길이 3m, 깊이는 벽두께의 1/3**을 넘을 수 없다.

34 실내디자인에서 공간의 규모, 가구의 크기는 인체척도를 기준으로 한다.

35 선긋기의 유의사항
• 선의 두께와 유형은 정보를 전달하는 것으로 표현 대상에 따라 다른 두께로 긋는다.
• 선은 중복해서 여러 번 긋지 않고 한 번에 긋는다.
• 선의 두께가 가늘수록 농도를 높게 조정한다.

36 동선은 가능한 한 짧고 단순하게 하는 것이 좋다.

37 삼각스케일에는 1/100, 1/200, 1/300, 1/400, 1/500, 1/600의 총 6가지 축척이 표시되어 있고, 표시가 없는 축척인 경우 배수값의 축척으로 나누어 사용하는 것이 편하다.

38 **보일유**(boiled oil) : 경화, 건조성 향상을 목적으로 도료에 사용되는 기름이다.

39 • **아스팔트 프라이머** : 아스팔트를 휘발성 용제로 녹인 것으로, 작업면의 접착력을 높이기 위해 사용된다.
• **아스팔트 펠트** : 목면, 양모 등을 사용한 원지에 스트레이트 아스팔트를 침투시켜 만든 방수재
• **아스팔트 루핑** : 펠트 양면에 블로운 아스팔트로 피복하고 표면에 방지제를 살포한 제품
• **블로운 아스팔트** : 아스팔트 루핑의 표층, 지붕과 옥상 방수 및 아스콘의 재료로 사용된다.

40 수경성 미장재료에는 석고와 시멘트계 재료가 있다.

41 실내공간을 넓어 보이게 하는 방법
• 크기가 작은 가구를 이용한다.
• 큰 가구는 벽에 붙여 배치한다.
• 벽지는 무늬가 큰 것을 선택한다.
• 마감은 질감이 거친 것보다는 고운 것을 사용한다.
• 창이나 문 등의 개구부를 크게 하여 시선이 연결되도록 계획한다.

42 • 천창은 채광이 매우 우수하나 지붕면에 설치되므로 시공 및 관리가 어렵고 빗물이 스며들 수 있다.
• 측창은 천창에 비해 채광량이 적으나 시공 및 관리가 용이하다.

43 바닥은 공간의 수평적 요소로, 가구의 배치와 사용, 동선과 밀접하여 시대의 흐름에 있어 큰 변화가 없다.

44 **레버터리 힌지** : 스프링이 달린 경첩에 의해 자동으로 열린 상태를 유지해 주는 철물로, 공중전화의 문처럼 완전히 닫히지 않게 하는 문에 사용된다.

45 제물치장 : 재료 자체가 마감이 되는 치장방식

46 • **구조형식(구성)에 의한 분류** : 가구식, 조적식, 일체식
　• **공법에 의한 분류** : 건식, 습식, 조립식
　• **재료에 의한 분류** : 목구조, 돌구조, 강구조, RC구조

47 • **리듬** : 규칙적인 요소들의 반복으로 나타나는 일체화된 운동감
　• **통일** : 여러 개의 사물이나 형태가 하나의 기준에 따라 일관됨.
　• **강조** : 시각적으로 중요한 것과 그렇지 않은 것을 구별하는 것으로, 흥미나 관심의 초점이 됨.
　• **균형** : 한쪽으로 기울거나 치우치지 않은 상태

48 **콘크리트용 골재의 일반적 성질**
　• 모양이 둥글고 거친 것이 좋다
　• 입도는 조립에서 세립까지 연속적으로 균등히 혼합되어야 한다.
　• 골재의 강도는 콘크리트 중의 경화시멘트 페이스트의 강도보다 커야 한다.

49 • **수평요소** : 바닥, 보, 천장
　• **수직요소** : 기둥

50 • **요소수지, 멜라민수지** : 합판과 같은 목재 접합에 사용
　• **페놀수지** : 전기 및 통신재료로 많이 사용

51 • **듀벨**

 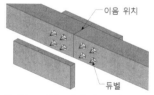

이음 위치

듀벨

　• **꺾쇠** : ㅅ자보와 중도리를 접합하는 철물
　• **주걱볼트** : 기둥과 처마도리를 접합하는 주걱모양의 철물
　• **안장쇠** : 큰 보와 작은 보를 설치할 때 사용되는 안장모양의 철물

52 상업공간의 고객동선은 가능한 한 길게 하여 상품의 구매를 유도한다.

53 가구식 구조(架構式構造)는 가늘고 긴 부재를 맞추어 구조체를 만드는 구조형식으로, 목구조와 철골구조(강구조)가 있다.

54 테라코타는 점토로, 석재보다는 압축강도가 작다.

55 소다석회유리는 자외선 투과율이 낮은 유리로, 일반적인 창호유리에 많이 사용된다.

56 스티프너는 웨브의 좌굴을 방지할 목적으로 사용된다.

57 • **콜타르** : 방부성은 우수하나 페인트칠이 불가능
　• **크레오소트유** : 값이 저렴한 흑갈색 방부제
　• **염화아연용액** : 수용성 방부제로 살균효과가 있다.

58 • **리빙 키친(LK)** : 주부와 가족이 멀어지지 않기 위해 부엌과 거실이 하나로 결합된 것을 말한다.
　• **리빙 다이닝(LD)** : 거실 일부에 식당을 배치한 구성으로, '다이닝 알코브(dining alcove)'라고도 한다.
　• **다이닝 키친(DK)** : 주방 일부에 식당을 배치한 구성으로, 가사노동을 절감시킬 수 있다.
　• **리빙 다이닝 키친(LDK)** : 거실 일부에 주방과 식사실을 구성하는 것으로, 소규모 주택에 많이 적용된다.

59 일반적인 평면도는 해당 층의 바닥면에서 1.2~1.5m 높이를 수평으로 잘라 위에서 아래로 내려다본 모습을 작성한 도면이다.

60 **인체계 가구** : 인체를 직접 지지하는 가구로, 침대ㆍ의자ㆍ소파 등이 있다. 테이블ㆍ책상ㆍ작업대 등은 준인체계 가구에 해당된다.

부록 Ⅱ

01	02	03	04	05	06	07	08	09	10	11	12	13	14	15
②	②	④	②	①	①	③	③	④	④	④	①	②	③	②
16	17	18	19	20	21	22	23	24	25	26	27	28	29	30
③	②	②	④	③	④	②	②	④	②	②	②	④	③	②
31	32	33	34	35	36	37	38	39	40	41	42	43	44	45
①	②	④	④	④	①	④	③	④	②	③	③	③	①	②
46	47	48	49	50	51	52	53	54	55	56	57	58	59	60
④	①	④	①	④	④	①	③	④	②	②	③	③	④	②

01 상품구매를 유도하기 위해 고객의 동선은 길게 하는 것이 유리하다.

02 네덜란드식(화란식) 쌓기는 모서리에 칠오토막을 사용한다. 이오토막은 영식 쌓기에 사용된다.

03 회반죽은 건조수축으로 인한 균열이 발생하여 해초풀이나 여물을 혼합해서 사용한다.

04 • 이음 : 재를 길이 방향으로 연속되게 이어서 접합하는 것
  • 쪽매 : 좁은 판을 넓은 판으로 만들기 위해 이음 모양을 나타낸 것으로, 마룻널에 많이 사용
  • 산지 : 목재접합 시 단단히 고정하기 위해 재와 재 사이에 넣는 조각

05 양질의 점토를 구워낸 것으로, 미술용 · 건축용 장식재 등으로 많이 사용된다.

06 암면은 석회, 규산이 주성분이며 흡음, 단열, 보온성 등이 우수해 단열재나 흡음재로 많이 사용된다.

07 수익 창출을 목적으로 하는 상업공간으로는 백화점, 극장, 식당, 호텔, 상점 등이 있다.

08 철근콘크리트구조는 습식구조로 경화 시 팽창하면서 균열이 발생할 수 있다.

09 석재는 내구성 · 내수성이 우수하고 압축강도가 높아 구조재로도 사용된다.

10 • 베이 윈도 : 벽면에서 돌출시킨 창

  • 윈도 월 : 벽면 전체를 창으로 함
  • 측창 : 벽면에 낮게 설치하여 개폐 및 유지관리가 용이한 창

11 • 아스팔트 펠트 : 옥상방수용
  • 아스팔트 유제 : 간단한 방수나 도로포장용
  • 아스팔트 블록 : 공장의 바닥재, 도로포장용

12 열은 온도가 높은 곳에서 낮은 곳으로 이동한다.

13 현수구조

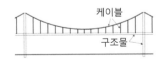

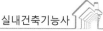

14 리빙 다이닝 키친(LDK)은 거실, 식당, 부엌을 하나의 공간에 마련한 것으로, 소규모 주택에 사용된다.

15 **가구식 구조** : 긴 재를 끼워맞추거나 이음 등을 사용해 접합하는 구조로, 목구조와 철골구조가 해당된다.

16 스티프너는 웨브의 좌굴을 방지할 목적으로 사용된다.

17 소다석회유리는 자외선 투과율이 낮은 유리로, 일반적인 창호유리에 많이 사용된다.

18 벽돌구조와 블록구조는 쌓아 올리는 조적식 구조로, 지진과 같이 좌우로 흔드는 횡력에 취약하다.

19 • **구조형식(구성)에 의한 분류** : 가구식, 조적식, 일체식
   • **공법에 의한 분류** : 건식, 습식, 조립식
   • **재료에 의한 분류** : 목구조, 돌구조, 강구조, RC 구조

20 **콘크리트용 골재의 일반적 성질**
   • 모양이 둥글고 거친 것이 좋다
   • 입도는 조립에서 세립까지 연속적으로 균등히 혼합되어야 한다.
   • 골재의 강도는 콘크리트 중의 경화시멘트 페이스트의 강도보다 커야 한다.

21 삼각스케일에는 1/100, 1/200, 1/300, 1/400, 1/500, 1/600의 총 6가지 축척이 표시되어 있고, 표시가 없는 축척인 경우 배수값의 축척으로 나누어 사용하는 것이 편하다.

22 **선긋기의 유의사항**
   • 선의 두께와 유형은 정보를 전달하는 것으로, 표현 대상에 따라 다른 두께로 긋는다.
   • 선은 중복해서 여러 번 긋지 않고 한 번에 긋는다.
   • 선의 두께가 가늘수록 농도를 높게 조정한다.

23 배관 등 설비를 묻기 위한 홈은 길이 3m, 깊이는 벽두께의 1/3을 넘을 수 없다.

24 • **켄트지** : 중요 도면을 작성하는 백상지
   • **방안지** : 종이에 격자 눈금이 있는 제도용지
   • **트레팔지** : 트레이싱지와 유사한 비닐종이로 인쇄, 조명에도 사용된다.

25 **플러시문** : 울거미(문틀)를 짜서 중간에 살을 30cm 간격으로 배치해 양면에 판자를 붙인 형식의 문이다.

26 $4m \div 200 = 0.02m \rightarrow 20mm$

27 연필의 H는 Hard, B는 Black이다. 심의 무르기에 따라 9H부터 6B까지 16단계가 있다. 연필의 가장 큰 특징은 지울 수 있지만 번져서 작업면이 더러워지기가 쉽다는 점이다.

28 • **무기질 재료** : 석재, 흙, 금속, 점토, 시멘트 등
   • **유기질 재료** : 목재, 섬유판, 아스팔트, 합성수지 등

29 • **문버팀쇠** : 열린 문의 위치를 고정하는 철물
   • **도어스톱** : 여닫이문을 고정하는 철물
   • **크레센트** : 오르내리창이나 미서기창의 잠금 철물

30 용접결함 중 오버랩은 용접재와 모재가 융합되지 않고 겹치는 것을 말하며, 전류가 약할 때 발생한다.

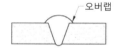

31 창호 표시기호의 의미

32 • **코퍼 조명** : 천장면의 일부를 원형이나 사각형 모양으로 매립하는 조명방식
   • **광창 조명** : 벽면에 넓게 배치하는 건축화 조명방식
   • **코니스 조명** : 벽과 천장이 만나는 모서리 부분에 광원을 길게 심어 넣은 건축화 조명방식
   • **광천장 조명** : 천장면에 넓게 배치하는 건축화 조명방식

33 취성(脆性, brittleness) : 약간의 변형에도 쉽게 파괴되는 성질로, 취성이 큰 대표적인 재료에는 유리가 있다.

34 목재의 건조방법
- 인공건조방법 : 증기법, 열기법, 진공법, 훈연법
- 자연건조방법
  - 대기건조법 : 직사광선을 피해 그늘에서 공기 중에 서서히 건조하는 방법
  - 침수건조법(침지법) : 흐르는 물에 담근 후 공기 중에 서서히 건조하는 방법

35 건물 주변의 나무 등 조경도 소음을 차단할 수 있는 좋은 방법으로 볼 수 있다.

36 AE제(air-entraining agent)는 콘크리트 내부에 작은 기포를 만들어 작업의 효율성을 높이고 동결융해를 막기 위해 사용된다.

37 건축공간에서 바닥은 인간생활과 관련이 있으며, 촉각적으로 가장 밀접한 관계가 있는 것은 바닥에 놓이는 가구로 볼 수 있다.

38 일조(日照) : 태양광은 적외선에 의한 열효과, 빛효과는 물론 자외선으로 인한 생육, 살균 등의 위생적 효과도 있다.

39 물체의 중심축은 1점쇄선으로 표시하고, 2점쇄선은 가상선, 상상선에 사용된다.

40 전개도는 실내 벽면의 창호나 의장적인 마감을 표시하는 도면이다.
- 부대시설의 배치 : 배치도
- 지반, 바닥, 처마 등의 높이 : 단면도
- 실의 배치 및 크기 : 평면도

41 금속의 표면은 항상 깨끗하고 물기나 습기가 없도록 건조한 상태를 유지해야 한다.

42 수직선 : 엄숙, 고결, 숭배, 권위 등의 느낌을 준다.

43 유성페인트는 내알칼리성이 약해 콘크리트면에 바로 칠을 할 수 없다.

44 아크릴수지, 염화비닐수지, 폴리에틸렌수지는 열가소성수지이다.

45 평면도는 건축물의 창과 문이 걸치는 1.2m 높이에서 절단한 수평 투상도이다.

> 참고 문제의 보기가 '1.2 ~ 1.5m' 구간으로 표기된 경우도 있으나 위 문제와 같이 1.2m와 1.5m가 제시된 경우 1.2m를 답으로 본다.

46 합판은 단판인 박판을 3, 5, 7매 등의 홀수로 섬유방향이 직교하도록 붙여 만든 것이다.

47 열처리는 강을 가열, 냉각 등의 방법으로 재료의 특성을 변하게 하는 것으로, 불림·풀림·담금질이 있다. 인발과 압출은 가공방법에 해당된다.

48
- 안방 : 안채로 주거의 근본이 되는 방
- 대청 : 집 중앙에 위치하면서 개방감이 있는 큰 마루
- 침방 : 궁중에서 바느질을 하는 방

49
- 워커빌리티 : 콘크리트의 작업성을 나타낸다.
- 펌퍼빌리티 : 콘크리트가 펌프를 통과하는 정도를 나타낸다.
- 피니셔빌리티 : 콘크리트 마무리작업의 용이성을 나타낸다.

50 이산화탄소(CO_2)는 공기오염의 지표가 되는 물질이다.

51 여성적인 느낌을 주는 도형은 원이나 타원과 같이 곡선으로 이루어진 도형이며, 사각형이나 오각형과 같이 각진 도형은 남성적인 느낌을 준다.

52 마르셀 브로이어가 디자인한 바실리 의자

53
- 전성 : 재료가 때리거나 누르는 힘에 의해 얇게 펴지는 성질
- 소성 : 재료가 외력의 영향으로 변형이 생긴 후 그 외력을 제거해도 변형된 그대로 유지하는 성질
- 연성 : 재료를 당겼을 때 늘어나는 성질

54 다공질 재료는 작은 구멍이 많은 재료로, 음을 차단하지 않고 흡수한다.

55 조강 포틀랜드 시멘트는 조기강도가 우수한 시멘트로, 재령 7일이면 보통 포틀랜드 시멘트의 28일 강도를 나타낸다.

56 건축물의 단열을 위해서는 창을 가능한 한 작게 설치하여 열의 이동과 손실을 최소화한다.

57 석고 플라스터는 회반죽보다 건조 수축이 작다.

58 AIDMA법칙 - 구매심리 5단계
   1. Attention(주의)   2. Interest(흥미)
   3. Desire(욕망)   4. Memory(기억)
   5. Action(행동)

59 에폭시수지는 접착력이 우수하여 무거운 금속은 물론 항공기재의 접착에도 사용된다.

60 리듬은 요소의 규칙적인 반복으로 만들어내는 운동감으로, 반복 · 점층 · 억양 · 대비(대립) · 방사 등이 있다.

CBT 기출   2024년 제1회 정답 및 해설

01	02	03	04	05	06	07	08	09	10	11	12	13	14	15
③	③	④	①	①	①	②	④	②	④	③	③	①	②	④
16	17	18	19	20	21	22	23	24	25	26	27	28	29	30
③	④	④	④	①	①	③	①	①	①	③	①	①	③	①
31	32	33	34	35	36	37	38	39	40	41	42	43	44	45
②	③	③	②	④	④	①	①	④	①	①	④	③	③	④
46	47	48	49	50	51	52	53	54	55	56	57	58	59	60
④	④	④	②	②	③	②	①	④	①	①	③	③	④	②

01 주근의 최소 개수는 사각형이나 원형 띠철근으로 둘러싸인 경우 4개, 나선철근으로 둘러싸인 경우 6개로 하여야 한다.

02 ㄱ자형(코너형)은 두 벽면이 만나는 코너에 설치하는 가구로 시선이 마주치지 않는다.

← 두 벽이 만나는 코너

03 원룸도 사람이 거주하는 주택이므로 욕실을 포함한 나머지 공간도 파티션 등 칸막이나 가구 등을 활용해 공간을 구분해야 한다.

04 대리석은 결정질의 석회석으로, 다양한 색과 광택을 내어 조각 · 건축재 · 장식재로 널리 사용된다. 산과 알칼리에는 취약한 단점이 있다.

05 화강암의 내화도는 600℃ 정도로 낮은 반면, 응회암과 안산암은 내화도가 높다.

06 건축재료는 사용목적에 따라 구조재, 마감재, 차단재로 분류된다.

07 구조용 재료는 마감재에 가려지므로 색채와 촉감이 우수한 것과는 거리가 멀다.

08 아스팔트 싱글은 목면, 양모, 폐지 등을 혼합해서 만든 원지에 아스팔트를 도포 및 착색한 지붕마감재료로 사용된다.

09 삼각자는 45°와 60°자가 1조이다. 삼각자 기본 각도 이외에도 15°, 105°, 150° 등의 각도를 만들 수 있다.

10 • 켄트지 : 중요 도면을 작성하는 백상지
   • 방안지 : 종이에 격자 눈금이 있는 제도용지
   • 트레팔지 : 트레이싱지와 유사한 비닐종이로 인쇄, 조명에도 사용된다.

11 글자체는 수직 또는 15° 경사의 고딕체로 쓰는 것을 원칙으로 한다.

12 • 직립(직렬)배치형 : 진열장과 통로가 평행으로 고객동선의 흐름과 부분별 진열이 용이하다.
   • 굴절배치형 : 진열장의 배치와 고객의 동선이 굴절된 곡선 형태로 대면판매, 측면판매에 용이하다.
   • 사행배치형 : 이형의 진열대를 배치하여 고객이 매장의 코너까지 접근이 용이하다.

13 언더컷은 용접결함의 하나로, 과한 용접전류와 아크의 장시간 사용으로 발생한다.

14 조립식 구조의 특징
   • 대량생산
   • 공사비 절감
   • 공기단축
   • 품질향상과 관리감독이 용이

15 차양 : 햇볕을 가리거나 비가 들이치는 것을 막기 위해 처마 끝에 이어붙인 좁은 지붕

16 베니션(수평) 블라인드

17 플랫 슬래브(무량판구조)
   보를 없애는 대신 슬래브의 두께를 150mm 이상 두껍게 하여 하중에 저항하는 구조로, 천장 공간을 확보하고 층고를 낮게 할 수 있는 이점이 있다.

18 물체의 중심축은 1점쇄선으로 표시하고, 2점쇄선은 가상선, 상상선에 사용된다.

19 큰 도면을 접을 때에는 A4의 크기로 접는 것을 원칙으로 한다.

20 • 침입도 : 아스팔트의 품질검사 항목
   • 블리딩 : 콘크리트를 틀(거푸집)에 부어 넣을 때 골재와 시멘트풀이 갈라지고 물이 위로 올라오는 현상
   • 레이턴스 : 블리딩 현상으로 떠오른 미세물질의 얇은 막

21 • 조강 포틀랜드 시멘트 : 조기강도가 우수한 시멘트로, 재령 7일이면 보통 포틀랜드 시멘트의 28일 강도를 가진다.
   • 석회 슬래그 시멘트 : 주성분인 슬래그에 소석회를 혼합한 시멘트로, 기초나 해안공사에 사용된다.
   • 중용열 포틀랜드 시멘트 : 장기강도가 우수한 시멘트로, 특히 방사선 차단 · 내수성 · 내화학성 · 내식성 등 내구성이 우수해 댐 · 항만 · 해안공사 등 대형 구조물에 사용된다.

22 목재의 특징
   • 내화성이 좋지 않아서 화재에 취약하다.
   • 재질과 방향에 따른 강도가 일정하지 않다.
   • 외관이 아름답고 감촉이 좋다.
   • 함수율에 따라 팽창과 수축이 크다.

23 • 광창 조명 : 벽면 전체 또는 일부분을 광원화하는 방식
   • 광천장 조명 : 천장면에 넓게 배치하는 건축화 조명방식
   • 코니스 조명 : 벽과 천장이 만나는 모서리 부분에 광원을 길게 심어 넣은 조명방식
   • 밸런스 조명 : 커튼과 같은 형태로 벽의 상부나 벽에 설치되는 방식

24 여러 가지 스툴

25 실내디자인의 목적
   • 생활하기 쾌적한 환경을 추구한다.
   • 공간에서 예술적 · 서정적 욕구를 해결한다.
   • 편리한 환경(기능)이 되도록 물리적 · 환경적 조건을 해결한다.

26 벽돌구조, 철근콘크리트구조, 블록구조는 시공 시 물을 사용하는 습식구조로 분류된다.

27 개구부의 너비가 큰 경우 휨모멘트가 강한 강재로 인방을 보강해야 한다.

28 연귀맞춤
마구리를 45°로 따내어 맞추는 방식으로, 마구리 부분이 감추어진다.

29 푸르킨예 현상
주변 밝기에 따라 물체의 색이 다르게 보이는 것으로, 밝은 곳(명소시)에서 어두운 곳(암소시)으로 이동했을 때 적색은 더 어둡게, 녹색과 청색은 더 밝게 보인다. 낮에 적색은 밤에 흑색으로, 낮에 청색은 밤에 회색으로 보이는 현상

30 • 전성 : 누르는 힘에 의해 재료가 얇게 펴지는 성질
• 점성 : 유체 내부의 힘에 저항하는 성질로 끈적한 정도
• 연성 : 재료를 당겼을 때 늘어나는 성질

31 철근콘크리트구조의 철근
• 인장력이 취약한 부분에 철근을 배근한다.
• 콘크리트의 압축강도와 철근의 부착강도는 비례한다.
• 철근의 이음은 인장력이 작은 곳에서 한다.

32 담금질은 고온으로 가열하여 소정의 시간 동안 유지한 후에 냉수·온수 또는 기름에 담가 냉각해서 경화시키는 과정으로, 늘어나거나 커지는 신장률은 감소한다.

33 소다석회유리는 내알칼리성이 낮다.

34 제도용지의 테두리선(묶지 않을 경우)
A0: 10mm, A1: 10mm, A2: 10mm, A3: 5mm, A5: 5mm

35 이산화탄소(CO_2)는 탄소를 포함하는 물질이 연소하거나 동물의 활동에 의해 발생되는 것으로, 공기오염의 지표가 된다.

36 보기 ①, ②, ③은 청동에 대한 설명이다.

37 철근콘크리트의 피복두께는 철근을 감싸는 콘크리트의 두께로 내화성을 높이기 위해서는 피복두께를 두껍게 한다.

38 • 캔틸레버 구조 : 한쪽은 고정되고 다른 한쪽을 내밀어 돌출시킨 구조물
• 조적식 구조 : 물을 사용하는 습식공법을 사용하며 벽돌구조, 블록구조, 돌구조 등이 있다.
• RC 구조 : 철근콘크리트구조를 뜻하며 물을 사용하는 습식공법을 사용한다.

39 • 아크릴수지 : 도료, 방풍유리, 조명용품 등
• 염화비닐수지 : 시트, 판재 등
• 폴리스티렌수지 : 스티로폼, 천장재 등

40 합판은 목재를 회전시켜 만드는 로터리 베니어 방식이 생산율이 높다.

41 자기질 타일은 견고하고 바탕면의 흡수율이 1% 이하로 바닥이나 외벽에 사용된다.

42 • 대류 : 따뜻한 공기가 위로 올라가고 차가운 공기가 아래로 내려오면서 순환하여 공기가 데워지는 현상
• 복사 : 열이 매질을 통하지 않고 고온이 물체에서 저온의 물체로 직접 열이 전달되는 현상
• 증발 : 액체의 표면에서 발생되는 것으로 액체가 기체로 변하는 기화현상

43 거실은 주택의 공동생활에 중심인 곳에 위치하여 이동이 쉬워야 하나 각 실의 통로가 되어서는 안된다.

44 • 핵상점(중심상점) : 쇼핑센터의 중심으로 고객을 유입시키는 기능을 하는 것으로, 백화점이나 대형마트에 해당된다.
• 전문점 : 전문점의 배치는 쇼핑센터 공간에서 동선을 길게 유도할 수 있는 곳으로 하여 쇼핑센터에 머무는 시간을 길게 한다.
• 몰(mall) : 쇼핑센터의 주요 동선으로 고객을 유도하는 동시에 고객의 휴식을 위한 공간이다.
• 코트(court) : 몰(mall)에 휴식을 취하거나 머무를 수 있는 공간이 있는 장소를 말한다.

45 연속된 다수의 점으로 운동감을 표현할 수 있다.

46 게슈탈트 4법칙
- **유사성** : 시각적인 요소가 유사하여 자연스럽게 패턴이나 그룹으로 지각된다.
- **연속성** : 유사한 배열로 구성된 형상이 방향성을 지니고 연속되어 보이는 하나의 그룹으로 지각하는 것으로, 공동운명의 법칙이라고도 한다.
- **폐쇄성** : 형상을 지각하는 데 있어 시각적인 요소들이 폐쇄적인 느낌을 준다.
- **근접성** : 가까이 있는 2개 이상의 물체는 그룹이나 패턴으로 지각된다.

47 대면판매
고객이 점원과 마주하여 상품설명을 통해 판매하는 방식으로, 귀금속·의약품 등 전문적이고 고가인 상품이 주를 이룬다.

48
- **브레인법** : 시멘트 분말도 시험
- **표준체법** : 시멘트 분말도 시험
- **슬럼프 테스트** : 시멘트의 워커빌리티(시공연도) 시험
- **오토클레이브 팽창도 시험** : 시멘트의 안정성 시험

49
- **수평요소** : 바닥, 보, 천장
- **수직요소** : 기둥

50
- **평기둥** : 아래층에서 위층까지 하나의 부재로 된 기둥
- **동자기둥** : 절충식 지붕틀의 수직부재
- **통재기둥** : 아래층(1층)에서 위층(2층)까지 하나의 부재로 된 기둥

51 돌로마이트 플라스터
소석회와 수산화마그네슘을 포함한 백색의 미장재료로, 석고 플라스터보다 응결이 늦다.

52 벽돌구조와 블록구조는 재료를 쌓는 형식으로, 좌우로 흔드는 횡력에 취약하다.

53 강화마루 등 주택 바닥재의 경우 열전도율이 커야 우수한 제품으로 볼 수 있다.

54 포졸란
콘크리트의 혼화재로, 워커빌리티 향상, 블리딩 감소, 화학적 저항성 증대, 장기강도가 향상된다.

55 유성페인트는 건성유와 안료를 섞어 만든 도료로, 건조시간이 길고, 광택이 있는 페인트이다.

56 베개보

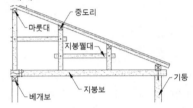

57
- **잔향** : 실내에서 발생된 음이 그친 후에 남아서 들리는 소리
- **열교** : 실내에서 주변의 온도보다 높아지는 현상
- **환기** : 내부의 공기를 다른 장소의 공기로 교환

58 리듬의 종류
반복, 점이, 점층, 방사, 억양 등이 있다.

59 잔향시간
발생된 음원의 소리가 멈춘 후에도 공간에 소리가 남아 울리는 시간을 말하는 것으로, 공간의 형태보다는 크기와 연관된다.

60 프리스트레스트 콘크리트(prestressed concrete)
PC강선을 사용해 인장강도를 증가시킨 콘크리트 제품으로, 공기단축, 강한 내구성, 장스팬의 장점이 있다.

Craftsman
Interior Architecture

66

수험생 여러분!

기출 복원문제까지 모두 학습했습니다.

수고하셨습니다.

실전에 대비하여 성안당출판사 문제은행에 탑재된

CBT 모의고사도 풀어보길 권합니다.

99

모의고사 응시권

스마트 실내건축기능사 필기
모의고사 1~13회 무료 응시권
무료 응시

쿠폰번호

smart2025-1131-6352-0801

CBT 모의고사 쿠폰 사용안내

성안당 e러닝 홈페이지(https://bm.cyber.co.kr) 접속 ▶ 회원 가입 ▶ 로그인 후
PC(https://bm.cyber.co.kr/) 또는 모바일(https://bm.cyber.co.kr/m/)에서
온라인 모의고사 버튼 클릭(PC: 우측 상단에 위치, 모바일: 중앙에 위치)

▶ 나의 시험지 목록 ▶ 쿠폰 등록하기 ▶ 쿠폰번호 입력 ▶ 나의 시험지 목록에서 시험 응시

❖ 쿠폰 유효기간 : 2024년 9월 1일~2025년 12월 31일
❖ 모의고사 응시기간 : 등록일로부터 60일
☎ 관련 문의 : 031-950-6352

스마트 실내건축기능사 필기

2019.	3.	15.	초 판 1쇄 발행
2020.	5.	25.	개정증보 1판 2쇄 발행
2021.	2.	17.	개정증보 2판 2쇄 발행
2022.	4.	27.	개정증보 3판 2쇄 발행
2023.	5.	10.	개정증보 4판 2쇄 발행
2024.	1.	10.	개정증보 5판 1쇄 발행
2025.	**1.**	**8.**	**개정증보 6판 1쇄 발행**

지은이 | 황두환
펴낸이 | 이종춘
펴낸곳 | BM ㈜도서출판 **성안당**
주소 | 04032 서울시 마포구 양화로 127 첨단빌딩 3층(출판기획 R&D 센터)
　　　 10881 경기도 파주시 문발로 112 파주 출판 문화도시(제작 및 물류)
전화 | 02) 3142-0036
　　　 031) 950-6300
팩스 | 031) 955-0510
등록 | 1973. 2. 1. 제406-2005-000046호
출판사 홈페이지 | www.cyber.co.kr
ISBN | 978-89-315-1131-4 (13540)
정가 | 28,000원

이 책을 만든 사람들
책임 | 최옥현
진행 | 이희영
표지 디자인 | 박현정
본문 디자인 | 이다혜
홍보 | 김계향, 임진성, 김주승, 최정민
국제부 | 이선민, 조혜란
마케팅 | 구본철, 차정욱, 오영일, 나진호, 강호묵
마케팅 지원 | 장상범
제작 | 김유석